新工科建设·电子信息类系列教材

现代通信与雷达原理基础教程

陈 会 主编

電子工業出版社
Publishing House of Electronics Industry
北京·BEIJING

内 容 简 介

本书主要介绍通信与雷达的概念、原理、组成、特点及分析方法等。在重点论述现代通信与雷达技术基本原理的基础上，力求反映国内外相关技术的最新发展。全书分为 9 章，内容包括通信与雷达导论、模拟调制与解调、数字基带传输、模拟信号的数字传输、数字调制与传输、雷达收发机及终端设备、雷达方程与目标检测、雷达测量的基本原理及现代雷达系统简介。本书内容广泛、概念清晰、理论分析严谨、逻辑性强，便于读者理解与掌握。部分章节附有 MATLAB 仿真代码，注重理论与应用。另外，每章包含一定数量的例题，并附有适量的习题，便于读者进一步巩固与掌握相关知识点。

本书可作为普通高等学校电子科学与技术、电磁场与无线技术、电子与信息工程、自动化、机电一体化等专业本科生和研究生的教材，也可作为通信与雷达等领域工程技术人员的参考书。

图书在版编目（CIP）数据

现代通信与雷达原理基础教程 / 陈会主编. —北京：电子工业出版社，2023.10

ISBN 978-7-121-46436-2

Ⅰ. ①现… Ⅱ. ①陈… Ⅲ. ①通信原理－高等学校－教材②雷达－高等学校－教材 Ⅳ. ①TN911②TN951

中国国家版本馆 CIP 数据核字（2023）第 183735 号

责任编辑：赵玉山　　文字编辑：张天运
印　　刷：北京盛通数码印刷有限公司
装　　订：北京盛通数码印刷有限公司
出版发行：电子工业出版社
　　　　　北京市海淀区万寿路 173 信箱　　　邮编：100036
开　　本：787×1092　　1/16　　印张：18.75　　字数：480 千字
版　　次：2023 年 10 月第 1 版
印　　次：2025 年 1 月第 2 次印刷
定　　价：59.00 元

凡所购买电子工业出版社图书有缺损问题，请向购买书店调换。若书店售缺，请与[illegible]发行部联系，联系及邮购电话：（010）88254888，88258888。

质量投诉请发邮件至 zlts@phei.com.cn，盗版侵权举报请发邮件至 dbqq@phei.com.cn。

本书咨询联系方式：zhangty@phei.com.cn。

前　言

随着无线技术的迅猛发展，通信与雷达已经成为现代信息社会的重要组成部分。简单地说，通信一般指的是信息的传输与交换，实现信息的传播与共享，比如，人们喜闻乐见的无线电广播电视及5G通信等。至于“高大上”的雷达，通常是指利用物体的回波信号来发现和跟踪我们感兴趣的目标的电子设备。长期以来，这两个无线领域的集大成者却是独立发展的，并各自取得了令人瞩目的成就。近年来，随着人们对两者交叉与融合的研究，通信与雷达技术有一体化发展的趋势。这部分比较前沿的内容，包括5G通信系统，我们在第1章中作介绍，以拓宽读者的学术视野。

通信与雷达的原理和技术专业性很强，但这些知识对于电磁场与无线技术、电子与信息工程及机电一体化等非通信、非雷达专业的学生而言，仍然是非常重要并应挖掘的内容。然而，受课时和专业等方面的限制，学生不可能用两个学期甚至更长的时间去学习通信与雷达这两门专业基础课程，因此，类似于“通信与雷达系统概论”的综合课程应运而生。令人遗憾的是，目前国内外还很难找到一本这方面的教材。于是，我们尝试编写了本教材，以方便新一轮基础教育课程改革形势下的“教”与“学”。

本教材的主要内容涉及通信与雷达的基本原理、基本技术及典型的雷达系统。各章节的内容如下：通信与雷达导论、模拟调制与解调、数字基带传输、模拟信号的数字传输、数字调制与传输、雷达收发机及终端设备、雷达方程与目标检测、雷达测量的基本原理及现代雷达系统简介。

与传统的教材相比，本教材具有如下特点。

（1）本教材第1章的导论不同于传统教材，不仅在内容布局上新颖独到，而且还增加了通信与雷达融合的工作原理与设计方法，以便读者进一步了解通信与雷达融合发展的前沿技术。

（2）本教材涉及通信与雷达两个大方向、大专业的内容，并注重通信与雷达两部分在工作原理、技术和系统等方面的比较，以加深对这些内容的理解与应用。

（3）本教材加入了便于学生完成课程设计或前沿技术综述的知识点，比如，涉及部分通信与雷达理论算法的MATLAB分析与仿真等内容。

（4）有些雷达经典教材未提供习题，这对读者学习和掌握基本内容并不方便，因此，本教材选编了部分习题，便于读者课后复习与巩固。

在课程教学实践及本教材的编写过程中，我们坚持以提高学生的思想政治素养为根本任务，以培养高素质人才为目标。同时，结合二十大精神，贯彻和落实课程思政的教育理念，帮助学生在深入理解和应用通信与雷达原理和技术的基础上，进一步增强创新与实践能力。

本教材的编写工作由陈会负责，并由课程组敬守钊、张永鸿、徐跃杭和赵晨曦等老师协助完成。感谢电子科技大学教务处、电子科学与工程学院相关领导和老师在本教材编写过程中的大力支持与帮助。

限于成书时间及作者水平，书中难免存在疏漏与不当之处，敬请读者与同行专家批评指正。

编　者

目 录

第 1 章

通信与雷达导论

在人们的日常生活中，通信与雷达技术的应用随处可见。可以毫不夸张地说，通信与雷达已经成为现代信息社会的两个重要主题。为此，本章首先对通信与雷达的基本情况进行简单介绍，其主要内容包括通信的基本概念；通信系统的分类与通信方式；信号与噪声；信号频谱与信道通频带；信息的度量、信道容量的基本概念；数字信号的最佳接收、多路复用、同步技术及差错控制编码等的基本概念；通信系统的性能指标及典型通信系统简介；雷达的基本任务；雷达的工作频率和技术参数；雷达模糊函数的基本概念；雷达的分类及应用；通信与雷达的发展与展望。

1.1 通信及系统简介

1.1.1 通信的基本概念

通信就是利用信号将包含信息的消息进行空间传递的过程。简单地说，通信就是信息的空间传递。下面对信号（Signal）、信息（Information）和消息（Message）等几个与通信密切相关的术语进行介绍。首先，信息是一切事物运动状态或存在方式的不确定性描述，是人们欲知或欲表达的事物的运动规律，通常以消息的形式（如语音、文字、音乐、数据、图片或活动图像等）表现出来。其次，消息是信息的外在表现形式或信息的逻辑载体，而信息是消息的内涵。最后，信号是信息的载体，也就是说，信息的传输需要借助信号的产生、传输和接收等过程来实现。

由于“交通”与“通信”具有较强的类比性，因此，可用一些交通运输（包括公路和铁路运输等）实例作为比较对象，例如，交通/通信、运输/传输、运载工具/信号、货物/信息、道路/信道等。因此，当我们把有线电话系统和陆路交通系统放在一起进行对比时，更能透彻地理解通信原理中的许多概念和问题。

1.1.2 通信系统的概念及模型

通信系统是用于进行通信的设备硬件、软件和传输介质的集合，其作用就是将信息从信源传送到一个或多个目的地。实现信息传递所需的一切技术设备（包括信道）的总和称为通信系统。通信系统的一般模型如图 1.1.1 所示。

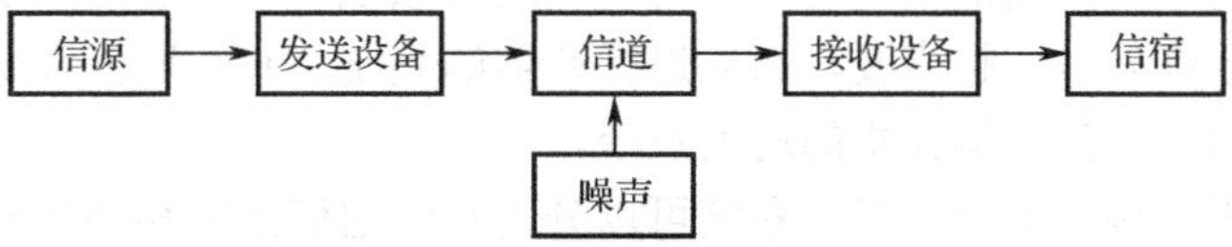

图 1.1.1 通信系统的一般模型

图 1.1.2 所示的通信系统包括有线长途电话系统和无线广播通信系统，这些系统是早期人们广泛采用和接受的服务。

（a）有线长途电话系统示意图

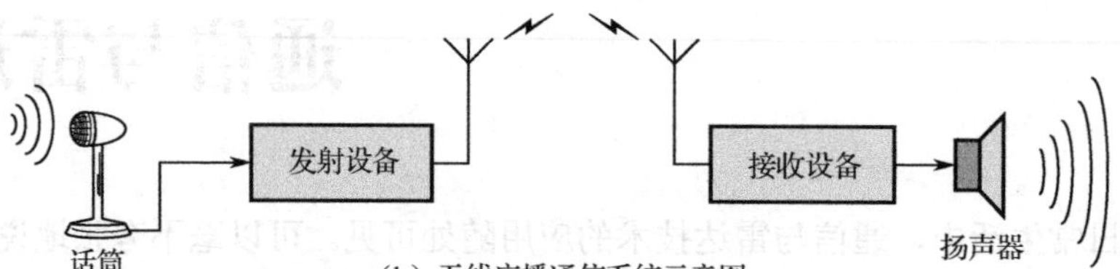

（b）无线广播通信系统示意图

图 1.1.2 早期典型的通信系统应用实例

1.2 通信系统的分类与通信方式

1.2.1 通信系统的分类

通信系统可以按各种方法进行分类，比如，按信号特征、工作频道、传输介质、信号复用方式、调制方式及通信业务等类型来分。下面简单介绍这些分类方法及相应的系统。

按信道中传输信号的特征进行分类，通信系统可以分为模拟通信系统和数字通信系统。

模拟通信系统（Analog Communication System）是以模拟信号形式传输模拟消息的系统，如图 1.2.1（a）所示。比如，人们常用的电话通信系统。

数字通信系统（Digital Communication System）是以数字信号形式传输模拟消息的系统，如图 1.2.1（b）所示。比如，数字电话通信系统和移动通信系统。

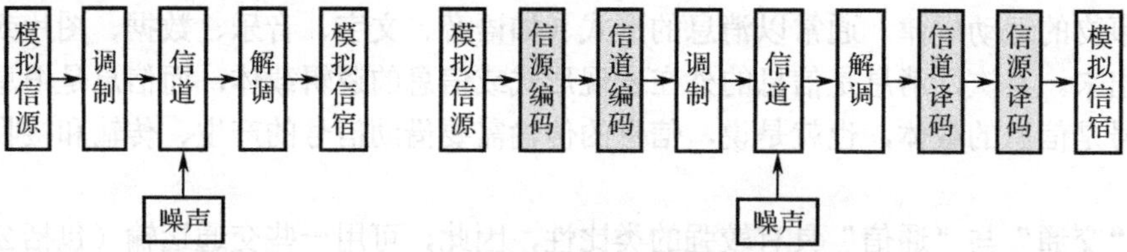

（a）模拟通信系统　　（b）数字通信系统

图 1.2.1 模拟和数字通信系统模型

为了提高模拟通信的质量，人们提出了数字通信，因此，数字通信可以理解为模拟通信的升级版。数字通信具有以下优点：抗干扰能力强，便于进行信号加工与处理，提高了传输质量，数字信息易于加密且保密性强，增大了通信系统的灵活性和通用性。但是，数字通信仍然有缺点，比如，增大了信道的带宽。

模拟通信系统是一种信号波形传输系统，而数字通信系统则是信号状态传输系统。这两种典型通信系统的信号传输过程如图 1.2.2 所示。

利用传输介质的不同，通信系统可以分为无线通信系统和有线通信系统两类。无线通信系统是利用无线电波、红外线、超声波、激光进行通信的系统。有线通信系统是利用导线（包括电缆、光缆和波导等）作为传输介质的通信系统。

按照信号是否采用调制来分，通信系统可以分为基带通信系统和调制通信系统。基带通信系统是传输没有经过任何调制处理的信号的系统。调制通信系统是传输已经经过调制处理的信号的系统。

按信号复用方式对通信系统进行分类。传输多路信号有三种复用方式，即频分复用、时分复用和码分复用。频分复用是用频谱搬移的方法使不同信号占据不同的频率范围；时分复用是用脉冲调制的方法使不同信号占据不同的时间区间；码分复用是用正交的脉冲序列分别携带不同信号。传统的模拟通信中都采用频分复用，随着数字通信的发展，时分复用通信系统的应用愈来愈广泛，码分复用主要用于空间通信的扩频通信中。

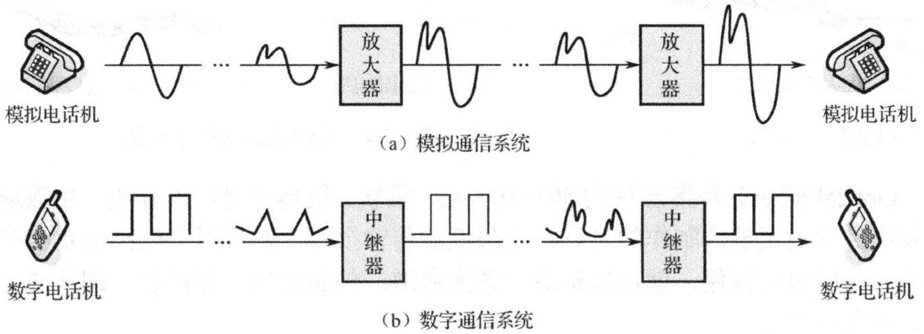

图 1.2.2　典型模拟和数字通信系统的信号传输过程

除上述各种通信系统外，还有根据业务种类和工作波段划分的通信系统，比如，电话通信系统、电报通信系统、广播通信系统、电视通信系统、数据通信系统、长波通信系统、中波通信系统、短波通信系统、微波通信系统和光通信系统等。

1.2.2　信道和传输介质

简单地说，信道就是信号传输或经过的路径。或者说，信道就是为信号提供传输的通道。这与交通中的道路、铁道和大气等概念类似。信道也可以按各种方法进行分类。比如，可以分为狭义信道和广义信道两种类型。其中，狭义信道是指信号的传输介质，而广义信道则是指传输介质（狭义信道）和信号必须经过的各种通信设备（发送机、接收机、调制器、解调器、放大器等）。

广义信道按照它涉及的功能，可以分为调制信道和编码信道。其中，调制信道是指在具有调制和解调过程的任何一种通信方式中，从调制器的输出到解调器的输入之间的信号传输途径。编码信道是指从编码器的输出到解码器的输入之间的信号传输途径。调制信道对信号的影响是通过乘性干扰及加性干扰使已调制信号发生模拟性的变化；而编码信道对信号的影响则是一种数字序列的变换，即把一种数字序列变成另一种数字序列（产生误码）。

按照信道中传输信号的特征来分，信道可以分为模拟信道和数字信道两种。其中，模拟信道是指传输模拟信号的信道（模拟信号经过的途径），而数字信道是指传输数字信号的信道（数字信号经过的途径）。

传输介质是指可以传播（传输）电信号（光信号）的物质。它可以分为有线介质和无线介质。其中，有线介质通常指双绞线、同轴电缆、架空明线、多芯电缆和光纤。双绞线（Twisted Pair）的类型包括屏蔽型（STP）和非屏蔽型（UTP），如图 1.2.3 所示。

同轴电缆（Coaxial Cable）可以分为基带同轴电缆和宽带同轴电缆两种类型，其基本结构如图 1.2.4 所示。其中，基带同轴电缆用于直接传输数字数据信号，它的传输距离通常小于几千米；宽带同轴电缆则主要用于传输高频信号，它的传输距离一般小于几十千米。

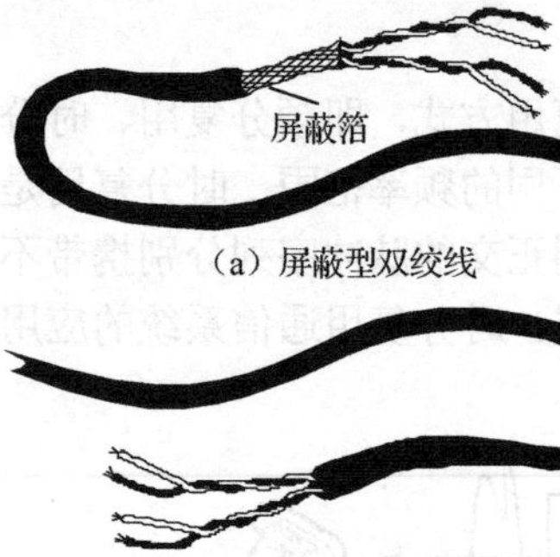

（a）屏蔽型双绞线

（b）非屏蔽型双绞线

图 1.2.3　双绞线

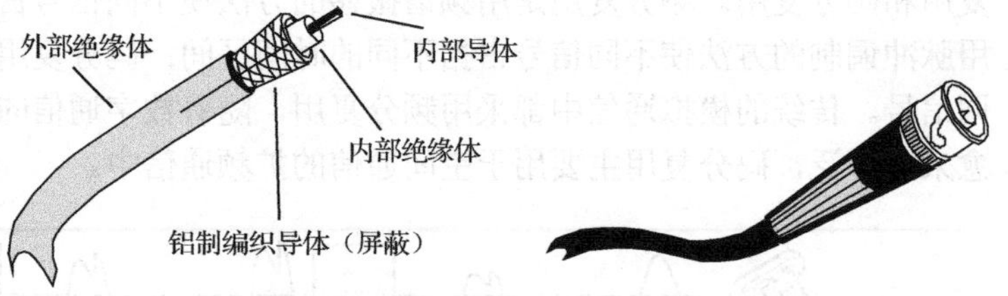

（a）一段同轴电缆　（b）一段与连接器相连的同轴电缆

图 1.2.4　同轴电缆的基本结构

光纤（Optical Fiber）是指直径为 50～100μm、柔软、能传导光波的介质，由玻璃和塑料构成，使用超高纯度石英玻璃制作的光纤具有最低的传输损耗。在折射率较高的单根光纤外面，再用折射率较低的包层包住，就可以构成一条光通道。外面再加一保护套，即构成一单芯光导纤维电缆，即单芯光缆。

表 1.2.1　单模光纤和多模光纤相关性能的比较

项　目	单 模 光 纤	多 模 光 纤
距离	长	短
数据传输率	高	低
光源	激光	发光二极管
信号衰减	小	大
端接	较难	较易
造价	高	低

光纤可以分为单模和多模两类。其中，多模光纤是指允许一束光沿纤芯反射传播，而单模光纤是指仅允许单一波长的光沿纤芯直线传播，在其中不产生反射。关于单模光纤和多模光纤的直径，单模小，而多模大。单模光纤和多模光纤相关性能的比较如表 1.2.1 所示。

无线介质主要是指可以传输电磁波（类比飞机），即无线电波和光波的空间或大气。主要以无线电波和光波为传输载体。

无线电波的传播方式有多种，主要涉及如下：①地面波传播，即无线电波沿地球表面传播。②天波传播，即利用电离层对电波的一次或多次反射进行的远距离传播。③地-电离层波导传播，即电波在从地球表面至低电离层下缘之间的球壳形空间（地-电离层波导）内的传播。④视距传播，包括直射波传播和大地反射波传播。直射波传播是指由发射天线辐射的电波像光线一样按直线传播，直接传到接收点。大地反射波传播是指由发射天线发射、经地面反射到达接收点。⑤散射传播是指利用对流层或电离层介质中的不均匀体或流星余迹对无线电波的散射作用而进行的传播。⑥外大气层及行星际空间电波传播是指以宇宙飞船、人造地球卫星或星体为对象，在地-空、空-空之间进行的电波传播。

1.2.3　通信方式

通信方式是指通信双方（或多方）之间的工作形式和信号传输方式。它是通信各方在通信实施之前必须首先确定的问题。根据不同的标准，通信方式也有多种分类法，具体如表 1.2.2 所示。其中，典型的通信方式如图 1.2.5 所示。

表 1.2.2　通信方式的类别

按通信对象数量分类	按信号传输方向与时间分类	按通信终端连接方式分类	按数字信号传输顺序分类	按同步方式分类
点到点通信	单工通信	两点间直通方式	串行通信	同步通信

续表

按通信对象数量分类	按信号传输方向与时间分类	按通信终端连接方式分类	按数字信号传输顺序分类	按同步方式分类
点到多点通信	半双工通信	两点间交换方式	并行通信	异步通信
多点到多点通信	全双工通信			

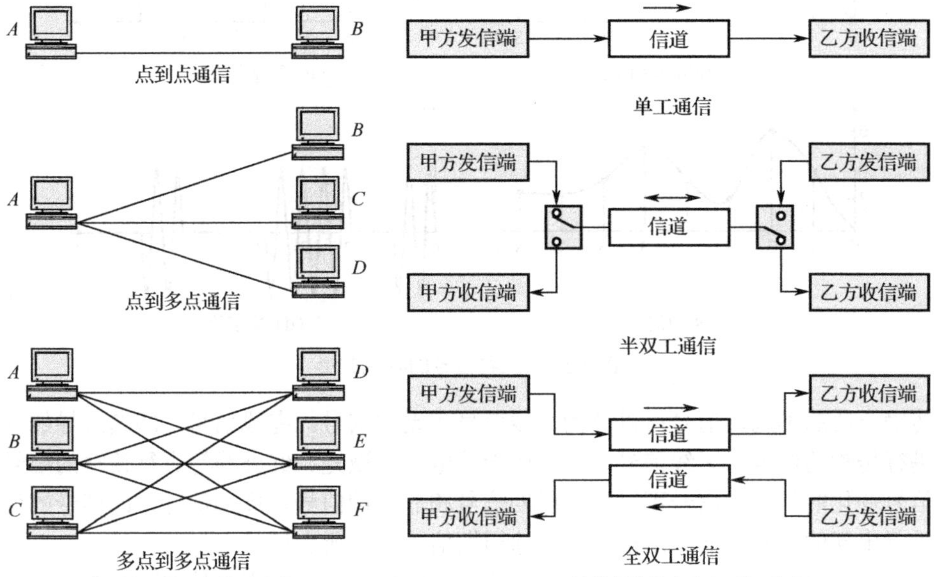

（a）按通信对象数量分类　　（b）按信号传输方向与时间分类

图 1.2.5　典型的通信方式

1.3　信号、噪声与干扰

直觉告诉我们，噪声和干扰总是与信号相伴的。也就是说，只要有信号的地方，噪声或干扰一定少不了。因此，在通信领域，信号、噪声和干扰是永恒的主题。本节简单介绍一下这三个与信息密切相关的要素。

1.3.1　信号

信号是消息的物理载体，通常以某种客观物理量、客观现象、符号或语言文字等形式表现出来。信号必须具有可观测性、可变化性，而用于通信的信号还必须具有可控制性。

对于电通信系统而言，能够表示消息的电压、电流和无线电波统称为电信号，而能够携带消息的光波称为光信号。信号也可以有如下多种分类方法。

按信息载体的不同，信号可以分为电信号和光信号。电信号，即电压信号、电流信号、电荷信号和电磁波（无线电）信号；光信号，即利用光亮度的强弱来携带信息的信号。

按信息的内容，信号可以分为语音信号、图片信号、活动图像（视频）信号、文字信号、数据信号等。

按信号的调制方式，信号可以分为基带信号和已调信号。基带信号，即未经调制的信号；已调信号，即经过某种调制的信号。

按信号的特征，信号可以分为模拟信号、离散信号和数字信号。模拟信号，即参量（因变量）取值随时间（自变量）的连续变化而连续变化的信号；离散信号，即在时间上取离散值的信号；数字信号，即用参量的有限个取值携带消息的信号。上述三种信号的波形示意图非常形象地阐述了各自的特点，如图 1.3.1 所示。

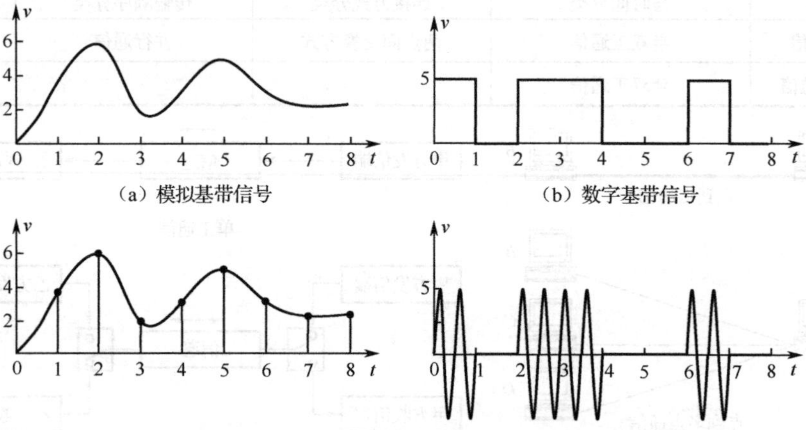

（a）模拟基带信号　（b）数字基带信号

（c）离散信号　（d）数字信号

图 1.3.1　三种信号的时域波形

按传输介质的不同，信号可以分为有线信号和无线信号。有线信号，即通过导线（电缆）或光缆进行传输的信号；无线信号，即利用无线电波、激光、红外线等进行传输的信号。

按信号变化的特点，信号可以分为周期信号和非周期信号。周期信号，即信号的变化按一定规律重复出现的信号；非周期信号，即除周期信号外的所有信号。

按信号的变化规律，信号可以分为确定信号和随机信号。确定信号的变化规律是已知的；随机信号的变化规律是未知的。

1.3.2　噪声

噪声是指不携带有用信息的信号。噪声的种类很多，也有多种分类方式。常见噪声可按表 1.3.1 进行分类。图 1.3.2 给出了两种噪声实例，其中，图 1.3.2（a）是人们常遇到的热噪声，而图 1.3.2（b）则是典型的正弦信号叠加噪声的情况。

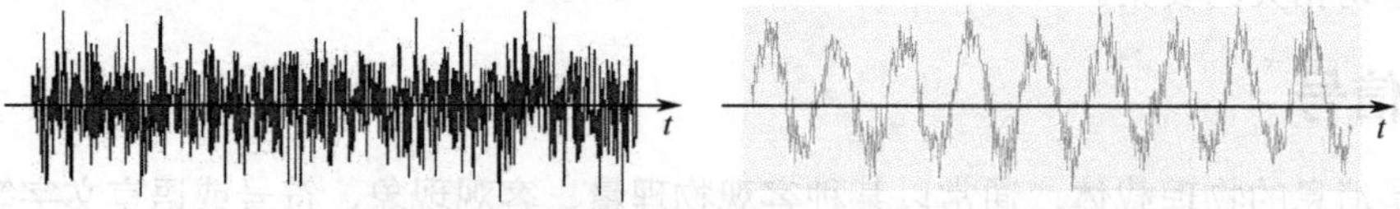

（a）热噪声　（b）正弦信号+噪声

图 1.3.2　噪声实例

表 1.3.1　常见的噪声分类

按来源分	按表现形式分	按对信号的作用形式分
自然噪声	单频噪声	加性噪声
人为噪声	脉冲噪声	乘性噪声
内部噪声	起伏噪声	

下面简单描述一下各种噪声的定义或说明。自然噪声是指存在于自然界的各种电磁波。人为噪声是指来源于人类的各种活动。内部噪声是指通信系统设备内部由元器件本身产生的热噪声、散弹噪声及电源噪声等。单频噪声是一种以某一固定频率出现的连续波噪声，如 50Hz 的

交流电噪声。脉冲噪声是一种随机出现的无规律噪声，如闪电、车辆通过时产生的噪声。起伏噪声主要是内部噪声，而且是一种随机噪声。

下面来看看几种常见的噪声。高斯噪声是指服从高斯分布的噪声；白噪声是指噪声的功率谱密度在整个频率范围内都是均匀分布的噪声；带限噪声是指不是白色噪声的噪声，也称有色噪声。高斯白噪声是指统计特性服从高斯分布、功率谱密度均匀分布的噪声。

1.3.3　干扰

在通信服务和理论研究中，除噪声外，人们也会常常提到干扰这个概念。其实，干扰也是一种电信号，是一种由噪声引起的对通信产生不良影响的效应。但并不是所有噪声都会产生干扰，比如，数字信号上会出现小尖峰脉冲噪声，由于其幅度还不会造成电路判断错误，因此还不能称之为干扰。当然，噪声与干扰的界定是比较困难的，在实际工程中，不管噪声是否能形成干扰，我们都尽量把它们降到最低。

乘性噪声（干扰）一般是一个复杂的函数，常常包括各种线性畸变、非线性畸变、交调畸变和衰落畸变等，通常只能用随机过程进行描述。加性噪声（干扰）包括上述的人为噪声、自然噪声和内部噪声，是信道噪声（干扰）的主要研究内容。这样我们就把不同信道对信号的干扰抽象为乘性和加性两种。从抗干扰的角度上讲，信道不同的实质就是 $n(t)$和 $v_i(t)$ 的不同。如果从信号传输的角度上看，不同的信道，其实质就是传输方式（有线或无线）的不同、传输损耗的不同和频响特性的不同。

抗干扰是通信系统研究的主要问题之一，除在理论与方法上寻求解决外（如角度调制比幅度调制的抗干扰性好，数字通信系统比模拟通信系统的抗干扰性好），在实用技术上也有很多措施（如屏蔽、滤波等）。如果用交通类比的话，道路两边加装封闭式护栏可比喻为“屏蔽”；道路入口处的限高栏、限宽锥筒可起到“滤波”作用。

1.4　信号频谱与信道通频带

1.4.1　信号频谱的概念

通常，我们习惯于在时间域（简称时域）考虑问题，研究函数（信号）幅度（因变量）与时间（自变量）的关系。而在通信领域我们常常需要了解信号幅度和相位与频率（自变量）之间的关系。也就是说，要在频率域（简称频域）中研究信号。

1．周期信号的频谱

任意一个满足狄里赫利条件的周期信号 $f(t)$（实际工程中所遇到的周期信号一般都满足）可用三角函数信号的线性组合来表示，即

$$f(t)=\frac{a_0}{2}+\sum_{n=1}^{\infty}(a_n\cos\omega_0 t+b_n\sin\omega_0 t) \tag{1.4.1}$$

其中，

$$a_0=\frac{2}{T_0}\int_{-T_0/2}^{T_0/2}f(t)\mathrm{d}t$$

$$a_n=\frac{2}{T_0}\int_{-T_0/2}^{T_0/2}f(t)\cos\omega_0\mathrm{d}t$$

$$b_n=\frac{2}{T_0}\int_{-T_0/2}^{T_0/2}f(t)\sin\omega_0\mathrm{d}t$$

所以，信号 $f(t)$ 可以进一步表示为如下形式：

$$f(t)=c_0+c_1\cos(\omega_0 t+\varphi_1)+c_2\cos(2\omega_0 t+\varphi_2)+\cdots$$
$$=c_0+\sum_{n=1}^{\infty}c_n\cos(n\omega_0 t+\varphi_n) \tag{1.4.2}$$

上式表明，任何满足狄里赫利条件的周期函数都可分解为直流和各次谐波分量之和。其中，第一项 c_0 是常数项，是 $f(t)$ 在一周期内的平均值，表示信号所具有的直流分量。第二项 $c_1\cos(\omega_0 t+\varphi_1)$ 称为基波或一次谐波，它的角频率与周期信号的角频率相同。c_1 是基波振幅，φ_1 是基波初相角。特别地，$c_n\cos(n\omega_0 t+\varphi_n)$ 分量称为 n 次谐波。c_n 是 n 次谐波振幅，φ_n 是其初相角。

图 1.4.1 给出了对称方波及其前几次谐波的示意图。可见谐波次数取得越高，近似程度越好。由此得出结论，基波决定信号的大体形状，谐波改变信号的“细节”。若把图 1.4.1 反过来理解，就是低通滤波的概念。比如，对于信号（d），若用低通滤波器将 7 次谐波滤掉，就会得到信号（c）；若将所有谐波滤掉，就得到基波信号（a）。也就是说，低通滤波可以去除高频纹波或抖动，起到圆滑波形的作用。

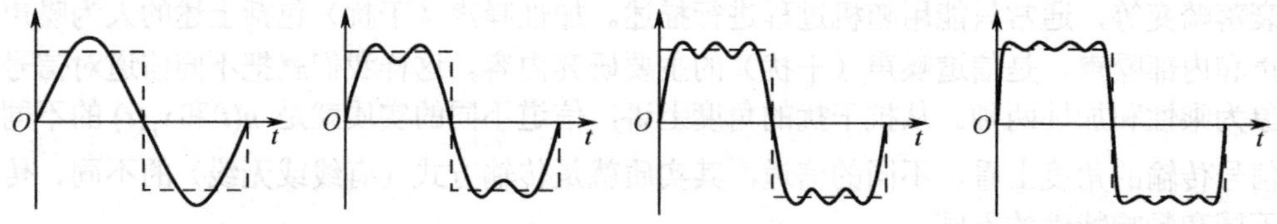

（a）原始方波和基波　（b）基波+3次谐波　（c）基波+3次谐波+5次谐波　（d）基波+3次谐波+5次谐波+7次谐波

图 1.4.1　对称方波及其谐波示意图

根据欧拉公式，有

$$f(t)=\sum_{n=-\infty}^{\infty}F(n\omega_0)\mathrm{e}^{\mathrm{j}n\omega_0 t}$$

$$F(n\omega_0)=\frac{1}{T_0}\int_{-T_0/2}^{T_0/2}f(t)\mathrm{e}^{-\mathrm{j}n\omega_0 t}\mathrm{d}t$$

$$F(n\omega_0)=|F(n\omega_0)|\mathrm{e}^{\mathrm{j}\varphi(n\omega_0)}$$

其中，$F(n\omega_0)$ 称为 $f(t)$ 的频谱函数，其实部称为幅频函数，虚部称为相频函数。

由信号与系统的知识可知，周期信号的频谱具有以下几个特点。

（1）谱线只出现在基波频率的整数倍处，即各次谐波点上，具有非周期性、离散性的特点，而谱线的间隔就是基频 ω_0。因此，周期越大，谱线越密。也就是单位频带中谐波个数越多。

（2）各次谐波振幅（谱线的高低）的总变化规律是随着谐波次数的增大而逐渐减小的。

（3）各次谐波振幅随频率的衰减速度与原始信号的波形有关。即时域波形变化越慢，频谱的高次谐波衰减越快，高频成分越少。反之，时域波形变化越剧烈，频谱中该次谐波成分越多，衰减越慢。

总之，周期信号的频谱具有离散性、谐波性和收敛性三大特点。

2. 非周期信号的频谱

对于一个周期为 T_0 的周期信号 $f(t)$，如果令其周期为无穷大，则该周期信号就变成一个只含一个周期波形的非周期信号，其傅里叶变换为

$$F(\omega)=\lim_{T_0\to\infty}\frac{1}{2\pi}\int_{-T_0/2}^{T_0/2}f(t)\mathrm{e}^{-\mathrm{j}n\omega_0 t}=\int_{-\infty}^{\infty}f(t)\mathrm{e}^{-\mathrm{j}nt}\mathrm{d}t$$

则傅里叶变换对为

$$F(\omega)=F[f(t)]=\int_{-\infty}^{\infty}f(t)\mathrm{e}^{-\mathrm{j}\omega t}\mathrm{d}t$$

$$f(t)=F^{-1}[F(\omega)]=\frac{1}{2\pi}\int_{-\infty}^{\infty}F(\omega)\mathrm{e}^{\mathrm{j}\omega t}\mathrm{d}\omega$$

我们知道无论是一个周期信号还是一个非周期信号都可在频域进行研究分析。对于周期信号，借助傅里叶级数可得到与该信号相对应的频谱函数 $F(n\omega_0)$；而对于一个非周期信号，可用傅里叶变换求得该信号的频谱函数 $F(\omega)$。$F(n\omega_0)$与 $F(\omega)$虽然都叫频谱函数，但概念不一样。

对于非周期信号，根据频谱宽度我们把信号分为频带有限信号（简称带限信号）和频带无限信号。频带有限信号又包括：（1）低通型信号，即频谱从零开始到某一个频率截止，由于频谱从直流开始，信号能量集中在从直流到截止频率的频段上；（2）带通型信号，即频谱存在于从不等于零的某一频率到另一个较高频率的频段。这两种信号的频谱如图 1.4.2 所示。

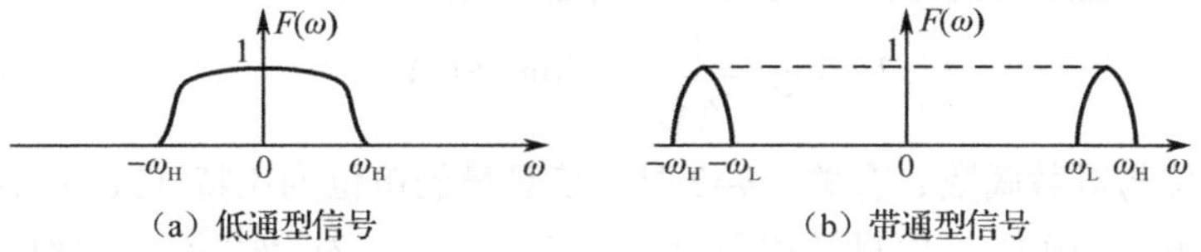

图 1.4.2　低通型和带通型信号的频谱

1.4.2　信道通频带

任何一个信道不管是一个设备、一个电路或是一个传输介质，对信号的传输都有影响，除线路损耗外，还主要表现在两个方面：对不同频率信号的幅度衰减，通常是传输信号的频率越高，信道对信号的衰减越大；对不同频率信号的延迟。

下面介绍几个重要的概念和术语。

频响特性（频率特性）是指当把输入信号的频率从小到大连续改变时，所对应的信道输出信号与频率的关系；幅频特性是指当把输入信号的频率从小到大连续改变时，所对应的信道输出信号与幅值的关系；频率响应曲线（简称频响曲线）是输出信号的幅值与频率的变化曲线。通频带是指以输出信号幅度的最大值为标准（一般是频响曲线中心频率所对应的值），定义输出幅值下降到最大值的 70%时所对应的两个频率之间的频段。图 1.4.3 是几种常见信号的通频带示意图。

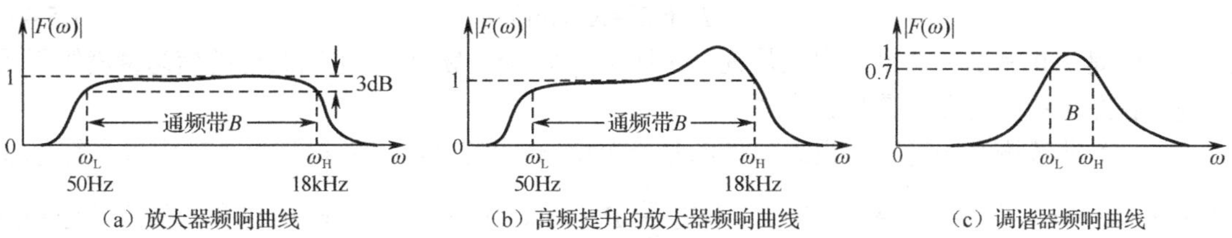

图 1.4.3　几种常见信号的通频带示意图

1.5　信息的度量与香农公式

1.5.1　信息及其度量

信息量是指能够衡量信息多少的物理量，通常用 I 表示。根据概率论知识，事件的不确定性可用事件出现的概率来描述。可能性越小，概率越小；反之，概率越大。因此，消息中包含的信息量与消息发生的概率密切相关。消息出现的概率越小，消息中包含的信息量就越大。

假设 $P(x)$是一个消息发生的概率，I 是从该消息获悉的信息，根据上面的认知，显然 I 与 $P(x)$之间的关系反映为如下规律。

（1）信息量是概率的函数，即

$$I=f[P(x)]$$

（2）$P(x)$越小，I 越大；反之，I 越小，且

$$P(x)\to 1 \text{ 时，} I\to 0$$

$$P(x)\to 0 \text{ 时，} I\to \infty$$

（3）若干个互相独立事件构成的消息，所含信息量等于各独立事件信息量之和，也就是说，信息具有相加性，即

$$I[P(x_1)P(x_2)\cdots]=I[P(x_1)]+I[P(x_2)]+\cdots$$

综上所述，信息量 I 与消息出现的概率 $P(x)$之间的关系应为

$$I=\log_a\frac{1}{P(x)}=-\log_a P(x) \tag{1.5.1}$$

信息量的单位与对数底数 a 有关。a=2 时，信息量的单位为比特（bit）；a=e 时，信息量的单位为奈特（nit）；a=10 时，信息量的单位为十进制单位，为哈特莱。目前广泛使用的单位为比特。

例 1.5.1　设二进制离散信源，以相等的概率发送数字 0 或 1，则信源每个输出的信息量为

$$I(0)=I(1)=\text{lb}\frac{1}{1/2}=\text{lb}2=1\text{（bit）} \tag{1.5.2}$$

可见，传送等概率的二进制波形之一（P=1/2）的信息量为 1bit。同理，传送等概率的四进制波形之一（P=1/4）的信息量为 2bit，这时每一个四进制波形需要用 2 个二进制脉冲表示；传送等概率的八进制波形之一（P=1/8）的信息量为 3bit，这时至少需要 3 个二进制脉冲。

综上所述，对于离散信源，M 个波形等概率（P=1/M）发送，且每一个波形的出现是独立的，即信源是无记忆的，则传送 M 进制波形之一的信息量为

$$I=\text{lb}\frac{1}{P}=\text{lb}\frac{1}{1/M}=\log_2 M\text{（bit）} \tag{1.5.3}$$

式中，P 为每一个波形出现的概率，M 为传送的波形数。若 M 是 2 的整幂次，比如，$M=2^K$（K=1, 2, 3⋯），则式（1.5.3）可改写为

$$I=\text{lb}\,2^K=K\text{（bit）} \tag{1.5.4}$$

式中，K 是二进制脉冲数目，也就是说，传送每一个 M（M=2K）进制波形的信息量就等于用二进制脉冲表示该波形所需的脉冲数目。

如果是非等概率的情况，设离散信源是一个由 n 个符号组成的符号集，其中每个符号 x_i（i=1, 2, 3, ⋯, n）出现的概率为 $P(x_i)$，且有 $\sum_{i=1}^{n}P(x_i)=1$，则 $x_1, x_2, \cdots, x_n$ 所包含的信息量分别为 $-\text{lb}P(x_1), -\text{lb}P(x_2), \cdots, -\text{lb}\,P(x_n)$。于是，每个符号所含信息量的统计平均值，即平均信息量为

$$\begin{aligned}H(x)&=P(x_1)[\text{lb}P(x_1)]+P(x_2)[\text{lb}P(x_2)]+\cdots+P(x_n)[\text{lb}\,P(x_n)]\\&=-\sum_{i=1}^{n}P(x_i)\text{lb}P(x_i)\text{（bit/符号）}\end{aligned} \tag{1.5.5}$$

由于 H 同热力学中的熵形式一样，故通常又称它为信息源的熵，其单位为 bit/符号。

例 1.5.2　一离散信源由 0，1，2，3 四个符号组成，它们出现的概率分别为 3/8，1/4，1/4，1/8，且每个符号的出现都是独立的。试求某消息 201020130213001203210100321010023102002010312032100120210 的信息量。

解：此消息中，0 出现 23 次，1 出现 14 次，2 出现 13 次，3 出现 7 次，共有 57 个符号，故该消息的信息量为

$$I = 23\text{lb}\frac{8}{3} + 14\text{lb}4 + 13\text{lb}4 + 7\text{lb}8 = 108\text{（bit）}$$

每个符号的算术平均信息量为

$$\bar{I} = \frac{I}{\text{符号数}} = \frac{108}{57} = 1.89\text{（bit/符号）}$$

若用熵的概念来计算，由式（1.5.5）得

$$\begin{aligned} H &= -\frac{3}{8}\text{lb}\frac{3}{8} - \frac{1}{4}\text{lb}\frac{1}{4} - \frac{1}{4}\text{lb}\frac{1}{4} - \frac{1}{8}\text{lb}\frac{1}{8} \\ &= 1.906\text{（bit/符号）} \end{aligned}$$

则该消息的信息量为

$$I=57\times1.906=108.64\text{（bit）}$$

可见，两种算法的结果有一定误差，但当消息很长时，用熵的概念来计算比较方便。而且随着消息序列长度的增大，两种计算误差将趋于零。

以上我们介绍了离散消息所含信息量的度量方法。对于连续消息，信息论中有一个重要结论，就是任何形式的待传信息都可以用二进制形式表示而不失主要内容。抽样定理告诉我们：一个频带受限的连续信号，可以用每秒一定数目的抽样值代替。而每个抽样值可以用若干个二进制脉冲序列来表示。因此，以上信息量的定义和计算同样适用于连续信号。

1.5.2 香农公式

带宽为 B（Hz）的连续信道，其输入信号为 $x(t)$，信道加性高斯白噪声为 $n(t)$，则信道输出为

$$y(t)=x(t)+n(t) \tag{1.5.6}$$

式中，输入信号 $x(t)$的功率为 S；信道加性高斯白噪声 $n(t)$的功率为 N，$n(t)$的均值为零，方差为 σ_n^2，其一维概率密度函数为

$$p(n) = \frac{1}{\sqrt{2\pi}\sigma_n}\exp\left(-\frac{n^2}{2\sigma_n^2}\right) \tag{1.5.7}$$

对于频带限制在 B（Hz）的输入信号，按照理想情况的抽样速率 $2B$ 对信号和噪声进行抽样，将连续信号变为离散信号。此时连续信道的信道容量为

$$\begin{aligned} C&=\max I(X,Y)R_B=\max[H(X)-H(X/Y)]\cdot 2B \\ &=\max[H(Y)-H(Y/X)]\cdot 2B \end{aligned} \tag{1.5.8}$$

当 x 服从高斯分布，其均值为零，方差为 σ^2 时，$H(X)$和 $H(Y)$可获得最大熵：

$$H(X) = -\int_{-\infty}^{\infty} p(x)\lg p(x)\text{d}x = \text{lb}\sqrt{2\pi\text{e}S} \tag{1.5.9}$$

$$H(Y) = -\int_{-\infty}^{\infty} p(y)\lg p(y)\text{d}y = \text{lb}\sqrt{2\pi\text{e}(S+N)} \tag{1.5.10}$$

连续信源的相对条件熵为

$$\begin{aligned} H(Y/X) &= -\int_{-\infty}^{\infty} p(x)\text{d}x\int_{-\infty}^{\infty} p(y/x)\lg p(x)\text{d}y \\ &= -\int_{-\infty}^{\infty} p(x)\text{d}x\int_{-\infty}^{\infty} p(n)\lg p(n)\text{d}n \\ &= -\int_{-\infty}^{\infty} p(n)\lg p(n)\text{d}n \\ &= \text{lb}\sqrt{2\pi\text{e}N} = H(n) \end{aligned} \tag{1.5.11}$$

因此，连续信道的信道容量为

$$\begin{aligned}C&=\max\left[H(Y)-H(Y/X)\right]\cdot 2B\\&=\left[\mathrm{lb}\sqrt{2\pi\mathrm{e}(S+N)}-\mathrm{lb}\sqrt{2\pi\mathrm{e}S}\right]\cdot 2B\\&=2B\left(\mathrm{lb}\sqrt{\frac{S+N}{N}}\right)\\&=B\mathrm{lb}\left(1+\frac{S}{N}\right)(\mathrm{bit/s})\end{aligned}\tag{1.5.12}$$

上式就是著名的香农（Shannon）信道容量公式，简称香农公式。

香农公式表明，当信号与信道加性高斯白噪声的平均功率给定时，在具有一定带宽的信道上，理论上单位时间内可能传输信息量的极限数值。若传输速率小于或等于信道容量，则总可以找到一种信道编码方式，实现无差错传输；若传输速率大于信道容量，则不可能实现无差错传输。

若 $n(t)$ 的单边功率谱密度为 n_0，则在带宽 B 内的噪声功率 $N=n_0B$。因此，香农公式的另一形式为

$$C=B\mathrm{lb}\left(1+\frac{S}{n_0B}\right)(\mathrm{bit/s})\tag{1.5.13}$$

由香农公式可得以下结论。

（1）增大信号功率 S 可以增大信道容量，若信号功率趋于无穷大，则信道容量也趋于无穷大，即

$$\lim_{S\to\infty}C=\lim_{S\to\infty}B\mathrm{lb}\left(1+\frac{S}{n_0B}\right)\to\infty$$

（2）减小噪声功率 N（或减小噪声功率谱密度 n_0）可以增大信道容量，若噪声功率趋于零（或噪声功率谱密度趋于零），则信道容量趋于无穷大，即

$$\lim_{N\to 0}C=\lim_{N\to 0}B\mathrm{lb}\left(1+\frac{S}{N}\right)\to\infty$$

（3）增大信道带宽 B 可以增大信道容量，但不能使信道容量无限制增大。信道带宽 B 趋于无穷大时，信道容量的极限值为

$$\begin{aligned}\lim_{B\to\infty}C&=\lim_{B\to\infty}B\,\mathrm{lb}\left(1+\frac{S}{n_0B}\right)=\frac{S}{n_0}\lim_{B\to\infty}\frac{n_0B}{S}\mathrm{lb}\left(1+\frac{S}{n_0B}\right)\\&=\frac{S}{n_0}\mathrm{lbe}\approx 1.44\frac{S}{n_0}\end{aligned}\tag{1.5.14}$$

香农公式给出了通信系统所能达到的极限信息传输速率，达到极限信息传输速率的通信系统称为理想通信系统。但是，香农公式只证明了理想通信系统的“存在性”，却没有指出这种通信系统的实现方法。因此，理想通信系统的实现还任重道远。

1.5.3 香农公式的应用

由香农公式（1.5.12）可以看出，对于一定的信道容量 C 来说，信道带宽 B、信号噪声功率比（简称信噪比）S/N 及传输时间三者之间可以互相转换。若增大信道带宽，可以换来信噪比的降低，反之亦然。如果信噪比不变，那么增大信道带宽可以换取传输时间的减小，等等。如果信道容量给定，互换前的带宽和信噪比分别为 B_1 和 S_1/N_1，互换后的带宽和信噪比分别为 B_2 和 S_2/N_2，则有

$$B_1 \mathrm{lb}(1+S_1/N_1)=B_2 \mathrm{lb}(1+S_2/N_2)$$

由于信道的噪声功率谱密度 n_0 往往是给定的，所以上式也可写成

$$B_1 \mathrm{lb}\left(1+\frac{S_1}{n_0 B_1}\right)=B_2 \mathrm{lb}\left(1+\frac{S_2}{n_0 B_2}\right)$$

例如，设互换前信道带宽 B_1=3kHz，希望信息传输速率为 10^4bit/s。为了保证这些信息能够无误地通过信道，则要求信道容量至少为 10^4bit/s 才行。

互换前，在 3kHz 带宽情况下，使得信息传输速率达到 10^4bit/s，要求信噪比 $S_1/N_1 \approx 9$ 倍。如果将带宽进行互换，设互换后的信道带宽 B_2=10kHz。这时，信息传输速率仍为 10^4bit/s，则所需要的信噪比 $S_2/N_2=1$。

可见，信道带宽 B 的变化可使输出信噪比也变化，而保持信息传输速率不变。这种信噪比和带宽的互换性在通信工程中有很大的用处。例如，在宇宙飞船与地面的通信中，宇宙飞船上的发射功率不可能做得很大，因此可用增大带宽的方法来换取信噪比要求的降低。相反，如果信道通频带比较紧张，如有线载波电话信道，这时主要考虑频带利用率，可用提高信号功率来增大信噪比，或采用多进制的方法来换取较窄的通频带。

上面我们讨论的是信道带宽和信噪比的互换。事实上，信道带宽或信噪比与传输时间也存在着互换关系，但限于篇幅，故不再展开论述。

1.6　最佳接收、多路复用与数字复接技术、同步技术及差错控制编码

1.6.1　数字信号的最佳接收

如何在噪声和干扰的背景中有效地检测出有用信号，是通信系统的重要任务，最佳接收理论就是为解决这个问题而提出来的。最佳接收理论又称为信号检测理论，它是利用概率论和数理统计的方法来研究信号检测的问题。主要研究的内容包括假设检验、参数估计及信号滤波这三个方面的问题。其中，假设检验是研究如何从噪声中判决有用信号是否出现，参数估计是研究从噪声中测量有用信号的参数，而信号滤波则是研究如何在噪声和干扰的情况下将信号过滤出来。通常，最佳接收针对某种标准下系统性能可以达到最好的效果，因而最佳接收也是一个相对概念。在数字通信系统中，常用的最佳准则是输出信噪比最大准则和差错概率最小准则。

通信中，发射机的信号到达接收机时会不可避免受到噪声和干扰的影响，接收机内部的噪声又进一步加剧了信号质量的恶化。因此，接收机必须根据畸变了的信号，用统计的方法判决出接收到的是哪一个波形，尽量减少判决错误。在接收端，根据信号和噪声的统计特性，选择某种判决准则，使接收机获得正确判决的概率最大。

在数字通信系统中，滤波器是其中重要的部件之一，滤波器特性的选择直接影响数字信号的恢复。在数字信号接收中，滤波器的作用有两个，一是使滤波器输出的有用信号成分尽可能强；二是抑制信号带外噪声，使滤波器输出的噪声成分尽可能小，减小噪声对信号判决的影响。

通常对最佳线性滤波器的设计有两种准则：一种是使滤波器输出的信号波形与发送信号波形之间的均方误差最小，由此而导出的最佳线性滤波器称为维纳滤波器；另一种是使滤波器输出信噪比在某一特定时刻达到最大，由此而导出的最佳线性滤波器称为匹配滤波器。在数字通信中，匹配滤波器具有更广泛的应用。

由数字信号的判决原理我们知道，抽样判决器输出数据正确与否，与滤波器输出信号波形

和发送信号波形之间的相似程度无关，即与滤波器输出信号波形的失真程度无关，而只取决于抽样时刻信号的瞬时功率与噪声平均功率之比，即信噪比。信噪比越大，错误判决概率就越小；反之，信噪比越小，错误判决概率就越大。因此，为了使错误判决概率尽可能小，就要选择合适的滤波器传输特性，使滤波器输出信噪比尽可能大。当选择的滤波器传输特性使输出信噪比达到最大值时，该滤波器就称为输出信噪比最大的最佳线性滤波器。

$$H(\omega) = KS^*(\omega)e^{-j\omega t_0} \tag{1.6.1}$$

式中，K 为常数，通常可选择 K=1。$S^*(\omega)$是输入信号频谱函数 $S(\omega)$的复共轭。式（1.6.1）就是我们所要求的最佳线性滤波器的传输函数，该滤波器在给定时刻 t_0 能获得最大输出信噪比 $2E/n_0$。这种滤波器的传输函数除相乘因子 $Ke^{-j\omega t_0}$ 外，与信号频谱函数的复共轭相一致，所以称该滤波器为匹配滤波器。

匹配滤波器是以抽样时刻信噪比最大为标准来构造接收机的结构的。在数字通信中，人们通常更关心判决输出的数据正确率，因此，使输出总误码率最小的差错概率最小准则，更适合作为数字信号接收的准则，但限于篇幅，本书不再对此展开讨论。

1.6.2 多路复用与数字复接技术

在现代数字通信系统中，通常存在信道多路复用和数字复接等技术方面的问题。比如，当实际信道所提供的带宽比一路信号所占用的带宽要宽很多时，为了提高频带利用率，充分利用信道资源，通常考虑多路复用技术以实现同一信道中同时传输多路信号。此外，为了扩大传输容量，通常将若干个低等级的支路比特流汇集成一个高等级的比特流在信道中传输，这个过程称为数字复接。完成数字复接功能的设备是数字复接器，而在接收端需要完成分接功能（将复合数字信号分离成各支路信号）的是数字分接器。

下面将简单介绍这两个方面的内容。

1. 多路复用

通信中常常提及两个信道，即物理信道和逻辑信道。其中，物理信道是指信号经过的通信设备和传输介质，强调信道的物质存在性（与广义信道强调的内容不同）；逻辑信道是指在一个物理信道中通过各种复用技术为传输多路信号而划分出来的各路信号通道。

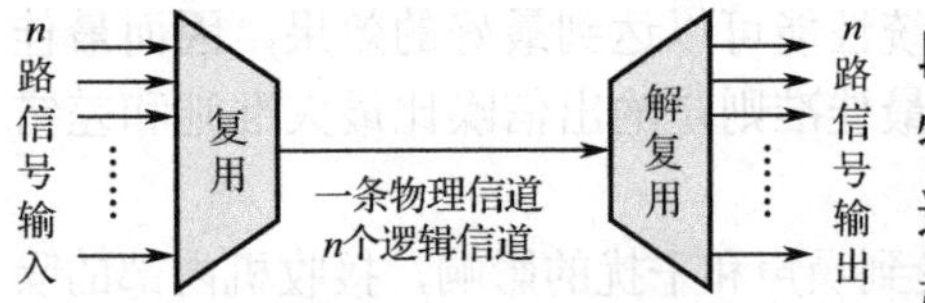

图 1.6.1　多路复用的原理示意图

多路复用指在同一个物理信道（如一个无线电频段、一个无线电频率、一对线缆、一条光纤等）中利用特殊技术传输多路信号，即在一条物理信道内产生多个逻辑信道，每个逻辑信道传送一路信号，其原理示意图如图 1.6.1 所示。

目前常用的复用技术包括频分复用技术、时分复用技术、空分复用技术、码分复用技术和波分复用技术。其中，频分复用（FDM）是指在一个具有较宽通频带的物理信道中，通过调制技术将多路频谱重叠的信号分别调制到不同的频带上使得它们的频谱不再重叠（并保证都处在信道的通频带内）。它的特点是，各路信号在时间上相互重叠，而在频率上各占其位互不干扰，如图 1.6.2（a）所示。FDM 要求信道具有较宽的通频带以保证容纳多路信号的频谱。时分复用（TDM）是指在一个物理信道中，根据抽样定理通过脉冲调制等技术将多路频谱重叠的信号分时在信道中传输。它的特点是，各路信号（调制后）传输时在时间上相互不重叠，而在频率上频谱重叠，任意时刻信道上只有一路信号，各路信号按规定的时间定时传送，如图 1.6.2（b）所示。空分复用（SDM）是指利用空间位置的不同，划分出多路信道进行通信的复用方式。码分复用（CDM）是指利用一种特殊的调制技术将多路时间重叠、频谱重叠的信号变为传输码型不同的信号在信道中传输的一种方式。它的特点是，多路信号在时间上和频谱上都重叠，但它们的码型不一样，如图 1.6.2（c）所示。波分复用（WDM）是光通信中的复用技术，其原理与 FDM 类似。

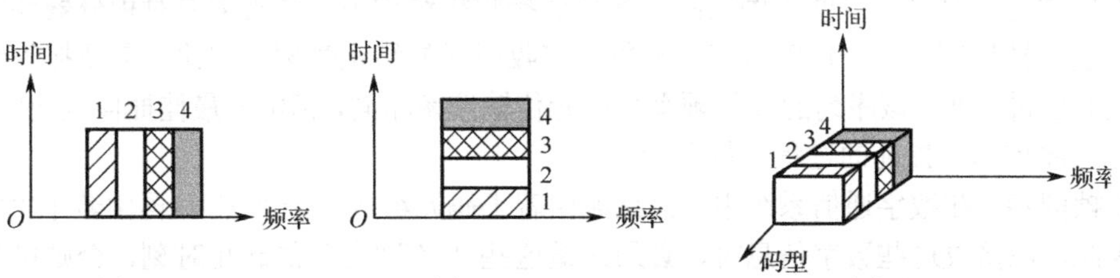

（a）FDM　　（b）TDM　　（c）CDM

图 1.6.2　三种常见的复用方式示意图

2. 数字复接

数字复接实质上是对数字信号的时分多路复用。数字复接系统的组成原理如图 1.6.3 所示。数字复接设备由数字复接器和数字分接器组成。数字复接器将若干个低等级支路信号按时分复用的方式合并为一个高等级合路信号。数字分接器将一个高等级的合路信号分解为原来的低等级支路信号。

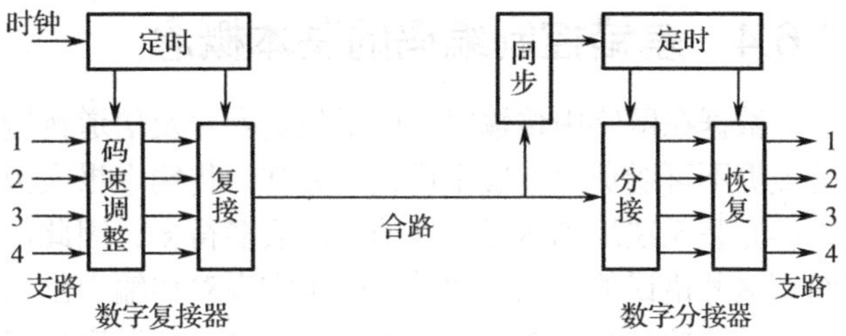

图 1.6.3　数字复接系统的组成原理

在数字复接中，若复接器输入端的各支路信号与本机定时信号是同步的，则称为同步复接器；若不是同步的，则称为异步复接器。如果输入各支路数字信号与本机定时信号标称速率相同，但实际上有一个很小的容差，那么这种复接器称为准同步复接器。

在数字复接器中，码速调整单元完成对输入各支路信号的速率和相位进行必要的调整，形成与本机定时信号完全同步的数字信号，使输入到复接单元的各支路信号是同步的。定时单元受内部时钟或外部时钟控制，产生复接需要的各种定时控制信号。码速调整单元及复接单元受定时单元控制。在数字分接器中，合路数字信号和相应的时钟同时送给数字分接器。数字分接器的定时单元受合路时钟控制，因此它的工作节拍与数字复接器定时单元同步。同步单元从合路信号中提出帧同步信号，用它再去控制数字分接器的定时单元。恢复单元把分解出的数字信号恢复出来。

1.6.3　同步技术的基本概念

在数字通信系统和相干解调的模拟通信系统中，由于收发双方不在一个地方，要使它们步调一致地协调工作，必须要由同步系统来保证。所谓同步，是指收发双方在时间上步调一致，故又称为定时。在数字通信系统中，按照同步的功能，同步可分为载波同步、位同步、帧同步和网同步。同步也是一种信息，按照获取和传输同步信息方式的不同，又可分为外同步法和自同步法。下面分别介绍载波同步、位同步和帧同步的基本概念。

（1）载波同步。载波同步又称为载波恢复，就是指在接收设备中产生一个与发送端载波同频、同相的本地振荡信号，便于相干解调。在模拟通信系统中常需要载波同步，它是相干解调的基础。在数字通信系统中也常需要载波同步、位同步和帧同步等，它们是恢复调制信号所必需的。载波同步的方法一般分为两类：一类是在发送端发送有用信号的同时，在适当的频谱位置插入一个或几个载波信号（称为导频），然后从接收信号中提取出载波信号，这类方法叫插入导频法；另一类方法不专门发送导频，而是从接收信号中直接提取载波，这类方法叫直接法。

（2）位同步。位同步又称为时钟同步、时钟恢复或码元同步。码元同步是为了确定每个接收码元准确的起止时刻，以便正确判决。在最佳接收机结构中，通常需要对积分器和匹配滤波器的输出进行抽样判决，判决时刻应对准每个接收码元的终止时刻。因此，需要接收终端提供一个位定时脉冲序列，该序列的重复频率与码元传输速率相同，相位与最佳抽样判决时刻一致。将这种定时序列脉冲提前的过程为位同步。

（3）帧同步。在数字通信系统中，信息流由若干码元组成一个“字”，再由若干“字”组成“句”。因此，在接收这些数字信息时，必须知道这些“字”“句”的起止时刻，否则接收端无法正确恢复信息。在数字时分多路通信系统中，各路信码都在指定的时隙内传送，形成一定的帧结构。为了使接收端能够准确地分离各路信号，在发送端必须提供每帧的起止标记，在接收端检测并获取这一标志的过程，称为帧同步。

1.6.4 差错控制编码的基本概念

数据在网络中传输时，由于信道噪声及信道传输特性不理想等因素的影响，接收端所收到的数据不可避免地会发生错误。通常，传输中报文数据的部分内容出错的情况可能比整个报文内容完整无缺地到达目的地的情况要多得多。因此，一个可靠的数据传输系统必须具有检测或纠正这种错误的机制。通过编码来实现对传输中出现的错误检测或纠正的方法称为差错控制编码。差错控制编码的基本（实现）方法是在发送端将被传输的数据信息（信息码）中增加一些多余的比特（监督码），使原来彼此相互独立没有关联的信息码与监督码经过某种变换后产生某种规律性或相关性。接收端按照一定的规则对信息码与监督码之间的相互关系进行校验，一旦传输发生差错，信息码与监督码的关系就会受到破坏，接收端可以发现从而纠正传输中产生的错误。通过差错控制编码这一环节，可使系统具有一定的检错或纠错能力，减少接收信息中的错误，提高系统的抗干扰能力。在开放式系统互连（OSI）模型中，检测错误或纠正错误可以在数据链路层实现，也可以在传输层实现。所谓检测错误（简称检错），是指接收端仅对接收到的信息进行正确或错误判断，而不对错误进行纠正。所谓纠正错误（简称纠错），是指接收端不仅能对接收到的信息进行正确或错误判断，而且能对错误进行纠正。

一般地，信息传输涉及可行性编码、可靠性编码、有效性编码和安全性编码这 4 个领域的编码或信号设计。可靠性编码常又称为信道编码，狭义的信道编码又称为纠错编码。主要目的是通过设计信号自身具有的数据结构，使信息传输的接收端能够检测或纠正数据在传输中发生的部分差错。

差错控制编码技术主要有以下 4 种：（1）检错重发；（2）前向纠错，接收端利用发送端在发送码元序列中加入的差错控制码元，不但能够发现错码，还能将错码恢复其正确取值；（3）反馈校验；（4）检错删除。在这 4 种技术中，除第（3）种外，其共同特点是都在接收端识别有无错码。在发送端需要在信息码元序列中增加一些差错控制码元，它们称为监督码元。这些监督码元和信息码元之间有确定的关系，比如，某种函数关系，使接收端有可能利用这种关系发现或纠正可能存在的错码。

差错控制编码又称为纠错编码。有的编码方法只能检错，不能纠错。一般说来，付出的代价越大，检（纠）错的能力越强。这里所说的代价，就是指增加的监督码元多少，它通常用多余度来衡量。设编码序列中信息码元数量为 k，总码元数为 n，则比值 k/n 就是码率；而监督码元数$(n-k)$和信息码元数 k 之比为$(n-k)/k$，称为冗余度。从理论上讲，差错控制以降低信息传输速率为代价换取传输可靠性的提高。

现在用一个例子说明纠错编码的基本原理。设有一种由三位二进制数字构成的码组，共有 8 种不同的可能组合。若将其全部用来表示天气，则可以表示 8 种不同的天气，例如，"000"（云），"001"（晴），"010"（阴），"011"（雪），"100"（雨），"101"（霜），"110"（冰雹），"111"（雾）。其中任一码组在传输中若发生一个或多个错码，则将变成另一个信息码组。这时，接收端将无法发现错误。

若在上述 8 种码组中只准许使用 4 种来传送天气，例如，"000" 表示云，"011" 表示晴，"101" 表示霜，"110" 表示冰雹。这里，最前面的两位二进制数字是信息位，其组合表示 4 种需要传送的天气，而最后一位二进制数字是监督位。整个码组的组成结构如表 1.6.1 所示。这时，虽然只能传送 4 种不同的天气，但是接收端却有可能发现码组中的一个错码。例如，若"000"（云）中错了一位，则接收码组将变成"100"或"010"或"001"。这三种码组都是不准使用的，称为禁用码组。接收端在收到禁用码组时，就认为发现了错码。当发生三个错码时，"000" 变成了"111"，它也是禁用码组，故这种编码也能检测三个错码。但是这种码不能发现一个码组中的两个错码，因为发生两个错码后产生的是许用码组。

表 1.6.1　信息位和监督位的关系

表示的信息	信息位	监督位
云	00	0
晴	01	1
霜	10	1
冰雹	11	0

由上述实例可知，纠错编码的基本原理可简单描述如下：为了使信源信息具有检错和纠错能力，应当按一定的规则在信息码中增加一些冗余码（又称监督码），使这些冗余码与被传送信息码之间建立一定的关系，发送端完成这个任务的过程就称为差错控制编码（或纠错编码）；在接收端，根据信息码与监督码的特定关系，实现检错或纠错，输出原信息码，完成这个任务的过程就称为差错控制译码（或纠错译码）。另外，无论检错和纠错，都有一定的识别范围。差错控制编码原则上是以降低信息传输速率来换取信息传递可靠性的提高的。我们研究差错控制编码正是为了寻求较好的编码方式，在尽可能少地增加冗余码的情况下来实现尽可能强的检错和纠错能力。

1.7　通信系统的性能指标及典型通信系统简介

评价通信系统的性能指标比较多，但通常是指有效性和可靠性。有效性是指反映信息传输的速率问题，而可靠性是指代表信息传输的质量（准确程度）问题。

对模拟通信系统而言，有效性常用系统的传输带宽来衡量，而可靠性则用接收端最终输出的信噪比来评价。系统的传输带宽主要取决于两个方面：传输介质和对信号的处理方式。对数字通信系统来讲，用信息传输速率（比特率）来衡量系统的有效性，而可靠性用差错率衡量。差错率包括两个内容，即误码率和误信率。

下面重点讨论传输速率和差错率两个指标。

1.7.1　传输速率

码元传输速率 R_{Bd} 简称传码率，又称符号速率。它表示单位时间内传输码元的数目，单位是波特（Baud），记为 Bd。例如，若 1 秒内传 2400 个码元，则码元传输速率为 2400Bd。

数字信号有多进制和二进制之分，但码元传输速率与进制数无关，只与传输的码元间隔 T_{s} 有关：

$$R_{Bd}=\frac{1}{T_s}\text{(Bd)} \tag{1.7.1}$$

通常在给出码元传输速率时，有必要说明码元的进制。由于M进制的一个码元可以用$\mathrm{lb}M$个二进制码元来表示，因而在保证信息传输速率不变的情况下，M进制的码元传输速率R_{BdM}与二进制的码元传输速率R_{Bd2}之间有以下转换关系：

$$R_{Bd2}=R_{BdM}\mathrm{lb}M\text{（Bd）}$$

信息传输速率R_b简称传信率，又称比特率等。它表示单位时间内传递的平均信息量或比特数，单位是比特/秒，可记为bit/s、b/s。

每个码元或符号通常都含有一定比特数的信息量，因此码元传输速率和信息传输速率有确定的关系，即

$$R_b=R_{Bd}\cdot H\text{（bit/s）} \tag{1.7.2}$$

式中，H为信源中每个符号所含的平均信息量（熵）。等概率传输时，熵有最大值$\mathrm{lb}M$，信息传输速率也达到最大，即

$$R_b=R_{Bd}\mathrm{lb}M\text{（bit/s）} \tag{1.7.3}$$

或

$$R_{Bd}=\frac{R_b}{\mathrm{lb}M}\text{(Bd)} \tag{1.7.4}$$

式中，M为符号的进制数。例如码元传输速率为1200Bd，采用八进制（M=8）时，信息传输速率为3600bit/s；采用二进制（M=2）时，信息传输速率为1200bit/s，可见，二进制的码元传输速率和信息传输速率在数量上相等，有时简称它们为数码率。

比较不同通信系统的有效性时，单看它们的传输速率是不够的，还应看在这样的传输速率下所占信道的带宽。所以，真正衡量数字通信系统传输效率的应当是单位频带内的码元传输速率，即频带利用率η，表示为

$$\eta=\frac{R_{Bd}}{B}\text{(Bd/Hz)} \tag{1.7.5}$$

数字信号的传输带宽B取决于码元传输速率R_{Bd}，而码元传输速率和信息传输速率有着确定的关系。为了比较不同系统的传输效率，又可定义频带利用率为

$$\eta=\frac{R_b}{B}\text{(bit/(s·Hz))} \tag{1.7.6}$$

1.7.2 差错率

1. 误码率（码元差错率）P_e

误码率指发生差错的码元数在传输总码元数中所占的比例，更确切地说，误码率是码元在传输系统中被传错的概率，即

$$P_e=\frac{\text{错误码元数}}{\text{传输总码元数}} \tag{1.7.7}$$

2. 误信率（信息差错率）P_b

误信率指发生差错的比特数在传输总比特数中所占的比例，即

$$P_b=\frac{\text{错误比特数}}{\text{传输总比特数}} \tag{1.7.8}$$

显然，在二进制中有

$$P_b=P_e$$

1.7.3　典型通信系统简介

自 1837 年莫尔斯发明有线电报以来，人类就进入了通信时代。但 1896 年，马可尼发明了无线电报后，人类才真正进入无线通信时代。有线和无线是通信的两种常见方式，但由于无线通信的便捷性，使之在发明之后得到了快速发展。其中，与人们生活息息相关的无线通信就是蜂窝无线移动通信。截至目前，蜂窝移动通信系统已经经历了 5 代技术的发展，即我们通常讲的 1G 到 5G。

1G 时代实现了模拟语音通信，始于 20 世纪 80 年代；2G 时代实现了语音通信数字化，始于 20 世纪 90 年代；3G 时代实现了语音以外的图片等多媒体移动宽带通信，始于 21 世纪初；4G 时代实现了局域高速上网，始于 21 世纪 10 年代。从 1G 到 4G，都是着眼于人与人之间更方便和更快捷的通信，而到了 5G 时代，将实现任何人在任何时候、任何地方都可以与万物进行互联互通。

限于篇幅，下面以目前世界各国都在大力发展和推进建设与应用的 5G 通信系统为例，简单介绍其工作原理、系统组成、关键技术及应用场景。

1．5G 概述

简单地说，5G 指的是第五代无线通信技术，其主要特点包括：（1）波长很短，仅为毫米量级；（2）超宽带；（3）超高速度；（4）超低延时。5G 的频率范围分为两种：一种是 6GHz 以下，这个和 2G/3G/4G 差别不太大；还有一种工作在 24GHz 以上。目前，国际上主要使用 28GHz（波长接近 10mm）进行试验。

移动通信如果用了高频段，那么它最大的问题，就是传输距离大幅缩短，覆盖能力大幅减弱。覆盖同一个区域，需要的 5G 基站数量将大大超过 4G。因此，基站数量增加就意味着建设成本增加。基于以上原因，在高频率的前提下，为了减轻网络建设方面的成本压力，5G 必须寻找新的出路。首先，就是建设大量的微基站。基站有两种，微基站和宏基站。顾名思义，微基站很小，而宏基站很大。宏基站通常建在室外，而且一个基站可以覆盖一大片区域。

微基站无论从体积还是重量来看，它都是很小的。还有更小的只有巴掌那么大的微基站。其实，微基站现在就有不少，在城区和室内经常能看到。进入 5G 时代后，微基站会越来越多，到处都会安装，几乎随处可见。

5G 时代进入毫米波通信，天线也变成毫米量级。这意味着天线不仅能够设计到手机里面，而且还可以放置多根天线，这就是 5G 通信的第三大“杀手锏”——Massive MIMO（大规模多天线技术）。MIMO（Multiple-Input Multiple-Output）就是“多入多出”，即多根天线发送，多根天线接收。在 4G LTE（Long Term Evolution）时代，就已经有了 MIMO，但那时的天线数量并不算多，只能说是 MIMO 的雏形。到了 5G 时代，变成了加强版的大规模 MIMO。5G 时代，天线数量不是按根来算的，而是按“阵”来考虑的，即形成了天线阵列。

需要注意的是，5G 天线有以下几个特点：（1）天线之间的距离不能太近。通常，多天线阵列要求天线之间的距离保持在半个波长以上。如果距离近了，就会互相干扰，影响信号的收发。（2）为了更好地服务某个区域的用户，天线波束需要赋形。在基站上布设天线阵列，通过对射频信号相位的控制，使得相互作用后的电磁波的波瓣变得非常狭窄，并指向它所提供服务的手机，而且能根据手机的移动而改变方向。（3）空间复用技术。由全向的信号覆盖变为了精准指向性服务，而且波束之间不会干扰，在相同的空间中提供更多的通信链路，极大地提高基站的服务容量。

在 5G 之前，用户的信号都是通过基站进行中转的，中转数据包括信令和数据包，如图 1.7.1

（a）所示。而在5G时代，情况就不一样了。5G的第五大特点为D2D，也就是Device to Device（设备到设备）。5G的最大意义是把当前基于IP寻址的互联网世界，扩展成IP-5G ID寻址模式。也就是说，在5G时代，同一基站下的两个用户，如果互相进行通信，他们的数据可以不再通过基站转发，而是直接由手机到手机进行传递，如图1.7.1（b）所示。这样，就节约了大量的空中资源，也减轻了基站的压力。而且，手机端的传输信息和数据，自然不会涉及收费的问题，这样可以为终端用户节省费用。

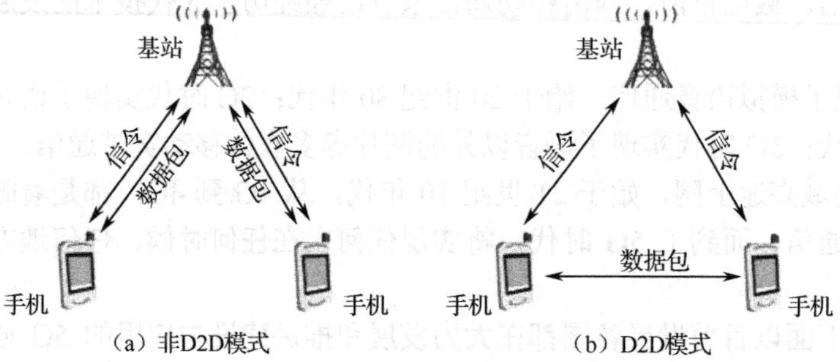

图1.7.1 手机终端的工作模式

2. 5G关键技术分析

在我国科学技术快速发展的进程中，无线移动通信技术已经从3G、4G时代进入5G时代，无线移动网络从传统的通话业务发展为提供丰富数据信息、网络服务的通信系统。5G关键技术包括以下几部分。

1）大规模MIMO技术

对于MIMO技术而言，主要是在发射器和接收器之间设置天线系统，从而提升数据容量，促使用户体验度的提升。大规模MIMO技术的应用，将天线数量控制在几十到几百个，并且移动设备中也会配置具有一定数量的接收天线系统。与传统的MIMO技术相比较，大规模MIMO技术的优势在于：（1）可以促使能源利用率的提升，并确保高频谱的合理利用；（2）可以通过简单预测的方式，针对噪声干扰问题进行有效控制，预防噪声对信号产生干扰；（3）可以为很多用户提供服务，基站（BS）传送信号可以满足相关时频用户的多元化需求，针对介质访问控制（MAC）层的调度算法设计进行简化，实现最终的服务目的。此类技术在应用过程中的优势还有很多，可为5G通信技术的应用提供很好的技术支撑，达到预期的工作目标。

2）认知无线电网络技术

认知无线电（CR）网络技术，可以创造性地解决RF（射频）频谱拥挤问题，高效应用无线电频谱资源，在一定程度上提升频谱资源的利用率，改善5G通信技术的应用现状。在此过程中，相关技术的应用原理为在无干扰类型的CR网络系统中，用户能够采用独立性的频谱资源，不会被其他用户占用。首先，利用CR发射器接收相关接收器所监测的、被占用的频谱；其次，为了能够更好地应用相关CR网络技术，确保频谱资源的协调性，可视图可同时进行其他用户相同频谱的连接，并在出现冲突问题之后合理协调。在未来发展的进程中，CR网络技术具有一定的抗干扰能力，可同时和用户分享相关频谱，预防干扰影响，全面提升资源利用率。

3）移动基站技术

一般情况下，移动基站分布于移动交通设备中，如公交车、私家车与货车等会跟随交通工具移动，因此，所连接的核心网络也能够按照具体的位置而转变，促使网络服务水平与质量的提高。移动基站的优势就是能够提升频带利用率并减少能源消耗量，降低信令的开销，不仅可以提升关键技术的应用效果，还能够增强整体系统的抗干扰能力。

4）绿色通信技术

在 5G 通信系统实际开发与设计的过程中，需要遵循节能环保的工作原则，树立正确的绿色环保观念意识，在降低能源消耗量的情况下，将绿色低碳的理念融入实际工作。在此期间，需要深入室内无线网络技术，并进行研究与分析，避免出现无线网络信号过量损耗的问题，在促使利用率提升的情况下，满足当前的绿色环保要求。室内和室外的各个区域在规划过程中，需要降低基站无线网络资源的分配压力，促使信号高效传送处理。在此过程中，采用先进的可见光通信（VLC）技术与毫米波技术，遵循低能耗的工作原则，重点进行 5G 通信技术的开发，全面提升整体的能源利用效果。

5）超密组网技术

超密组网技术利用增大基站密度的形式，实现最终的技术应用目标，尤其在小型的通信基站中进行部署，能够在一定程度上促使复用效率的提升，形成系统化与完善性的通信机制。采用超密组网技术的措施，主要是无线物理层、虚拟层、编码、MAC、多址技术等，在相关无线物理层技术的支持下，可有效促使 5G 网络频谱宽带的合理使用，提升整体技术的利用率。在无线物理层技术实际应用的过程中，可有效增大网络热点强度，满足各种场景之下的用户通信需求，逐渐减少网络盲点，并增大具体的网络覆盖面积，促使系统容量提升，构建具有立体化特点的网络结构。虚拟层技术主要利用单层实体网络来实现，可达到多层网络虚拟处理良好工作的目的。在单层基站和单层网络的基础上，通过构建虚拟化的网络系统，将宏基站作为主要的虚拟网络平台，可有效开展虚拟层的指令控制工作，并达到高效管理的最终目的。将实体站作为主要的控制平台，可有效进行传输数据的管理。工作人员可以通过单载波技术或多载波技术合理地调控和处理，利用多种方法实现 5G 通信技术的动态化控制。电信运营企业可以按照具体的用户需求、业务特点等，灵活实现网络配置工作目的，合理对其进行调整，保证资源的科学调配，以免发生资源分配不均匀问题，从而为用户提供高质量的服务。

6）无线网络技术

在无线网络技术的改革发展进程中，5G 通信技术应用主要集中在软件定义网络（SDN）和网络功能虚拟化（NFV）的技术领域，通过软件与硬件之间的协调配合，统一技术的应用标准，创建新时期背景下良好的技术模式与体系，通过先进技术的应用与渗透，创建多元化的工作模式，以此形成良好的技术发展体系，促使各方面工作的合理落实与长远发展。

3. 5G 潜在的应用场景

5G 具有通信速度快、覆盖范围广的特点，可在各个领域中高质量应用，形成良好的发展模式，在未来发展的进程中应重视 5G 技术在各个领域中的应用，合理提升各个领域的通信水平。5G 通信技术的快速普及与发展，其应用场景逐渐增多。下面介绍 5G 应用的典型场景，如图 1.7.2 所示。

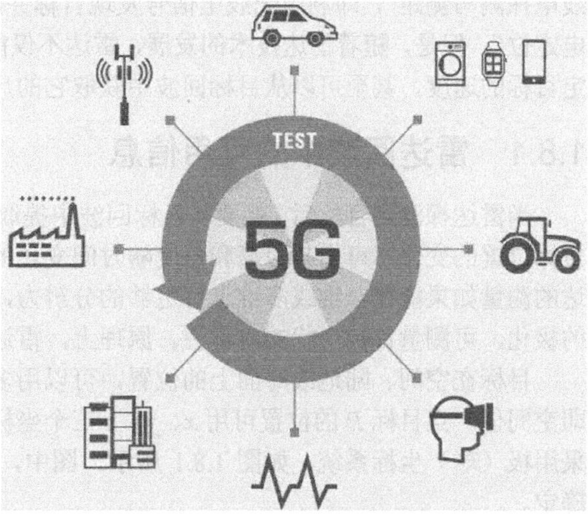

图 1.7.2 5G 应用的典型场景

（1）智慧城市。智慧城市拥有竞争优势，因为它可以主动而不是被动地应对城市居民和企业的需求。为了成为一个智慧城市，市政部门不仅需要感知城市脉搏的数据传感器，还需要用于监控交通流量和社区安全的视频摄像头。

（2）高速通信。根据 5G 最先为大众所知的特点，其吉字节每秒（GB/s）的高速通信能力可以在未来支撑起更多服务。

（3）智能家居。从智能家居行业近两年的发展速度，可以看出智能家居一定是未来家居产业的发展趋势，这些智能家居连接上 5G 之后，人们可以实时监控家居状况并发出指令，以后就不用担心出门忘关空调这些琐碎小事。

（4）超清视频和云游戏。由于更低的价格和新的服务订阅模式，将会有越来越多的电视观众使用 4K/8K 电视。8K 视频的带宽需求超过 100Mbit/s，需要 5G WTTx 的支持。其他基于视频的应用（如家庭监控、流媒体和云游戏）也将受益于 5G WTTx。

（5）增强现实。VR/AR 业务对带宽的需求是巨大的。高质量 VR/AR 内容处理走向云端，满足用户日益增长的体验要求的同时降低了设备价格，VR/AR 将成为移动网络最有潜力的大流量业务。虽然 4G 网络平均吞吐量可以达到 100Mbit/s，但一些高端 VR/AR 应用需要更高的速度和更低的延迟。

（6）智能制造。移动运营商可以帮助制造商和物流中心进行智能制造转型。5G 网络切片和 MEC 使移动运营商能够提供各种增值服务。移动运营商已经能够提供远程控制中心和数据流管理工具来管理大量的设备，并通过无线网络对这些设备进行软件更新。

（7）远程医疗。通过 5G 连接 AI 医疗辅助系统，医疗行业有机会开展个性化的医疗咨询服务。人工智能医疗系统可以嵌入医院呼叫中心、家庭医疗咨询助理设备、本地医生诊所，甚至是缺乏现场医务人员的移动诊所。

（8）无人驾驶。驱动汽车变革的关键技术——自动驾驶、编队行驶、车辆生命周期维护、传感器数据众包等都需要安全、可靠、低延迟和高带宽的连接，这些连接特性在高速公路和密集城市中至关重要，只有 5G 可以同时满足这样严格的要求。

1.8 雷达的基本任务

前面讨论的都是通信及其系统所涉及的基本概念、术语、公式、系统结构和相关技术参数等内容，接下来将介绍雷达的基本概念、术语、基本任务、基本组成、工作频率、技术参数及应用等知识。

首先，我们要明确什么是雷达（Radar），它有什么作用（或者说能够完成什么任务）。众所周知，雷达是舶来品，它是 Radar 的音译，源自 Radio Detection and Ranging 的缩写，意思是“无线电探测与测距”，即利用无线电信号发现目标并确定它的空间位置，因此，雷达又称为“无线电定位”。但是，随着雷达技术的发展，雷达不仅能够测定目标的距离、方位角，而且还可以测定目标的速度，甚至可以从目标回波中获取它的尺寸和形状等重要信息。

1.8.1 雷达回波中的可用信息

当雷达探测到目标后，就要从目标回波中提取有关信息：可对目标的距离和空间角度定位，目标位置的变化率可由其距离和角度随时间变化的规律中得到，并由此建立对目标的跟踪；雷达的测量如果能在一维或多维上有足够的分辨力，则可得到目标尺寸和形状的信息；采用不同的极化，可测量目标形状的对称性。原理上，雷达还可测定目标的表面粗糙度及介电特性等。

目标在空间、陆地或海面上的位置，可以用多种坐标系来表示。最常见的是直角坐标系，即空间任一点目标 P 的位置可用 x、y、z 三个坐标值来决定。在雷达应用中，测定目标坐标常采用极（球）坐标系统，如图 1.8.1 所示。图中，空间任一目标 P 所在位置可用下列三个坐标确定。

（1）目标的斜距 R：雷达到目标的直线距离 OP。

（2）方位角 α：目标斜距 R 在水平面上的投影 OB 与某一起始方向（正北、正南或其他参考方向）在水平面上的夹角。

（3）仰角 β：斜距 R 与它在水平面上的投影 OB 在铅垂面上的夹角，有时也称为倾角或高低角。

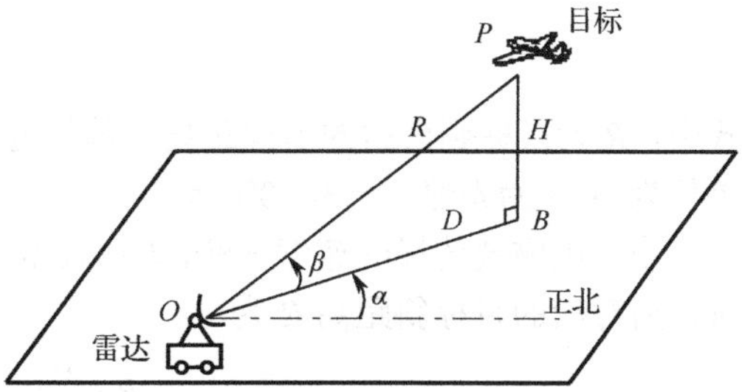

图 1.8.1　用极（球）坐标系统表示目标位置

如果需要知道目标的高度和水平距离，那么利用圆柱坐标系统就比较方便。在这种系统中，目标的位置由以下三个坐标来确定：水平距离 D、方位角 α、高度 H。

这两种坐标系统之间的关系如下：

$$D=R\cos\beta,\quad H=R\sin\beta,\quad \alpha=\alpha$$

上述这些关系仅在目标的距离不太远时是正确的。当距离较远时，由于地面的弯曲，必须做适当的修改。

下面以典型的单基地脉冲雷达为例，简单介绍雷达探测目标的基本原理，图 1.8.2 给出了它的基本组成。简单地说，脉冲雷达通常都包括如下几个重要部分：发射机、接收机、天线、信号处理器及终端设备等。这里不再介绍上述子模块的结构、功能及工作原理，我们将在后面的章节中予以讨论。

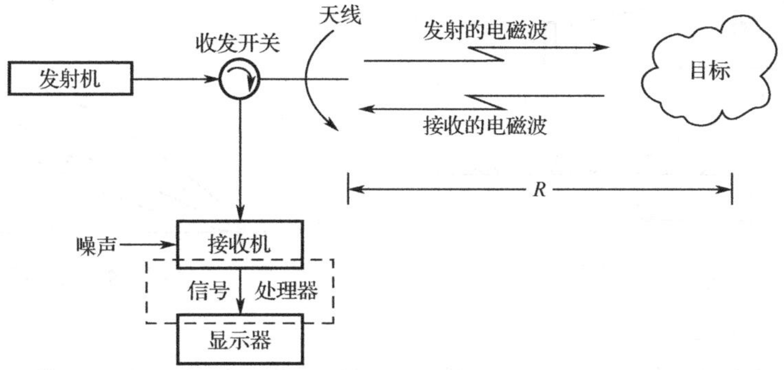

图 1.8.2　雷达的基本组成

根据图 1.8.2 给出的雷达结构，我们可以简单地介绍一下脉冲雷达的工作机理：首先，由雷达发射机产生足够大的电磁能，经收发开关传输到天线，然后由天线将此电磁能定向辐射到大气中。电磁能在大气中以光速（约 3×10^8m/s）传播，若目标恰好位于定向天线的波束范围内，则它将要截取一部分电磁能。此外，目标还将被截取的部分电磁能往各个方向散射（二次散射），其中部分散射的能量朝向雷达接收方向。天线搜集到这部分电磁波后，就经传输线和收发开关反馈给接收机。接收机将这微弱信号放大并经信号处理后即可获取所需信息，并将结果送至终端显示。

1. 目标斜距的测量

雷达工作时，发射机经天线向空间发射一串重复周期一定的高频脉冲。如果在电磁波传播的途径上有目标存在，那么雷达就可以接收到由目标反射回来的回波。由于回波信号往返于雷达与目标之间，它将滞后于发射脉冲一个时间 t_r，如图 1.8.3 所示。我们知道电磁波的能量是以光速传播的，设目标的距离为 R，则传播的距离等于光速乘以时间间隔，即

$$2R=ct_r$$

或

$$R=\frac{ct_{\mathrm{r}}}{2}$$

式中，R 为目标到雷达的单程距离，单位为 m；t_{r} 为电磁波往返于目标与雷达之间的时间间隔，单位为 s；c 为光速，$c=3\times10^{8}$m/s。

由于电磁波传播的速度很快，雷达技术常用的时间单位为 μs，回波脉冲滞后于发射脉冲 1μs 时，所对应的目标斜距离 R 为

$$R=\frac{c}{2}t_{\mathrm{r}}=150\mathrm{m}=0.15\mathrm{km}$$

能测量目标距离是雷达的一个突出优点，测距的精度和分辨力与发射信号带宽（或处理后的脉冲宽度）有关。脉冲越窄，性能越好。

2．目标角位置的测量

目标角位置指方位角或仰角，在雷达技术中测量这两个角位置基本上都是利用天线的方向性来实现的。天线将电磁能量汇集在窄波束内，当天线波束轴对准目标时，回波信号最强，如图 1.8.4 实线所示。当目标偏离天线波束轴时，回波信号减弱，如图 1.8.4 虚线所示。根据接收回波最强时的天线波束指向，就可确定目标的方向，这就是角位置测量的基本原理。天线波束指向实际上也是辐射波前的方向。

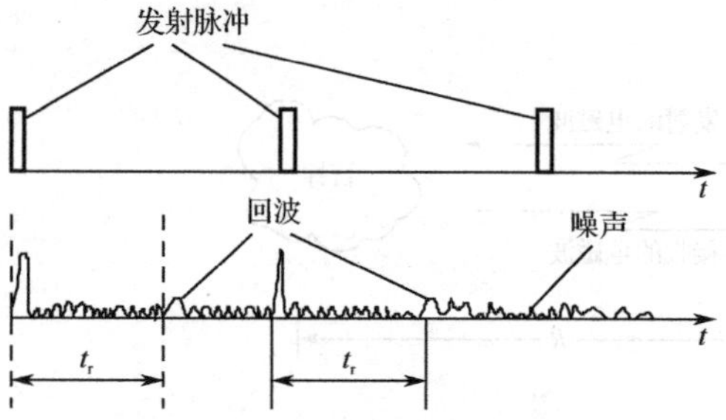

图 1.8.3　雷达测距的原理示意图

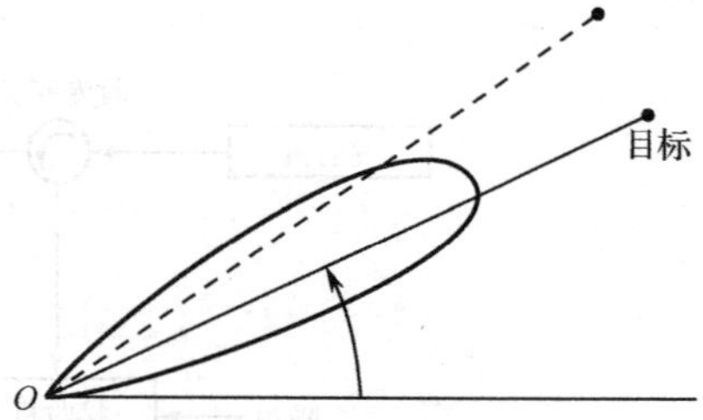

图 1.8.4　角位置测量

3．相对速度的测量

有些雷达除确定目标的位置外，还需测定动目标的相对速度，例如，测量飞机或导弹飞行时的速度。当目标与雷达之间存在相对速度时，接收到回波信号的载频相对于发射信号的载频产生一个频移，这个频移在物理学上称为多普勒频率，它的数值为

$$f_{\mathrm{d}}=\frac{2v_{\mathrm{r}}}{\lambda}$$

式中，f_{d} 为多普勒频率，单位为 Hz；v_{r} 为目标与雷达之间的径向速度，单位为 m/s；λ 为载波波长，单位为 m。

当目标向着雷达运动时，$v_{\mathrm{r}}>0$，回波载频提高；反之，$v_{\mathrm{r}}<0$，回波载频降低。只要能够测量出回波信号的多普勒频率 f_{d}，就可以确定目标与雷达之间的相对速度。

径向速度也可以用距离的变化率来求得，此时精度不高但不会产生模糊。无论是用距离变化率还是用多普勒频率来测量速度，都需要时间。观测时间愈长，则测量精度愈高。

多普勒频率除用作测速外，更广泛的是应用于动目标显示（MTI）、脉冲多普勒（PD）等雷达中，以区分动目标回波和杂波。

4．目标尺寸和形状的测量

如果雷达测量具有足够高的分辨力，就可以提供目标尺寸的测量。由于许多目标的尺寸在数十米量级，因而分辨力应为数米或更小。目前雷达的分辨力在距离维已能达到，但在通常作

用距离下切向距离（RQ）维的分辨力还远达不到，增大天线的实际孔径来解决此问题是不现实的。然而，当雷达和目标的各个部分有相对运动时，就可以利用多普勒频率域的分辨力来获得切向距离维的分辨力。例如，装于飞机和宇宙飞船上的合成孔径雷达，与目标的相对运动是由雷达的运动产生的。高分辨力雷达可以获得目标在距离和切向距离方向的轮廓（雷达成像）。

此外，比较目标对不同极化波（如正交极化等）的散射场，就可以提供目标形状不对称性的量度。复杂目标的回波振幅随着时间会变化，例如，螺旋桨的转动和喷气发动机的转动将使回波振幅的调制各具特点，可经过谱分析检测到。这些信息为目标识别提供了相应的基础。

1.8.2　雷达探测能力——基本雷达方程

设雷达发射机功率为 P_t，当用各向均匀辐射的天线发射时，距雷达 R 远处任一点的功率密度等于功率除以假想的球面积 $4\pi R^2$，即

$$S_1' = \frac{P_t}{4\pi R^2}$$

实际雷达总是使用定向天线将发射机功率集中辐射于某些方向上。天线增益 G 用来表示相对于各向同性天线，实际天线在辐射方向上功率增加的倍数。因此当发射天线增益为 G 时，距雷达 R 处的目标所照射到的功率密度为

$$S_1 = \frac{P_t G}{4\pi R^2}$$

目标截获了一部分照射功率并将它们重新辐射于不同的方向。用雷达截面积 σ 来表示被目标截获入射功率后再次辐射回雷达处功率的大小，或用下式表示在雷达处的回波信号功率密度：

$$S_2 = S_1 \frac{\sigma}{4\pi R^2} = \frac{P_t G}{4\pi R^2} \cdot \frac{\sigma}{4\pi R^2}$$

σ 的大小随具体目标而异，它可以表示目标被雷达“看见”的尺寸。雷达接收天线只收集了回波功率的一部分，设天线的有效接收面积为 A_e，则雷达接收到的回波功率 P_r 为

$$P_r = A_e S_2 \frac{P_t G A_e \sigma}{(4\pi)^2 R^4}$$

当接收到的回波功率 P_r 等于最小可检测信号 S_{min} 时，雷达达到其最大作用距离 R_{max}，超过这个距离后，就不能有效地检测到目标。R_{max} 的表达式为

$$R_{max} = \left[\frac{P_t G A_e \sigma}{(4\pi)^2 S_{min}} \right]^{1/4}$$

1.9　雷达的工作频率和技术参数

1.9.1　雷达的工作频率

按照雷达的工作原理，不论发射波的频率如何，只要是通过辐射电磁能量和利用从目标反射回来的回波，以便对目标探测和定位，都属于雷达系统工作的范畴。常用的雷达工作频率范围为 220MHz～35GHz，实际上各类雷达的工作频率都超出了上述范围。例如，天波超视距（OTH）雷达的工作频率为 4MHz 或 5MHz，而地波超视距的工作频率则低到 2MHz。在频谱的另一端，毫米波雷达可以工作到 94GHz，激光（Laser）雷达工作于更高的频率。工作频率不同

的雷达在工程实现时差别很大。

雷达的工作频率和电磁波频谱如图 1.9.1 所示，实际上绝大部分雷达工作于 200MHz 至 10GHz 频段。20 世纪 70 年代人们研制出能产生毫米波的大功率器件，毫米波雷达获得试制和应用。

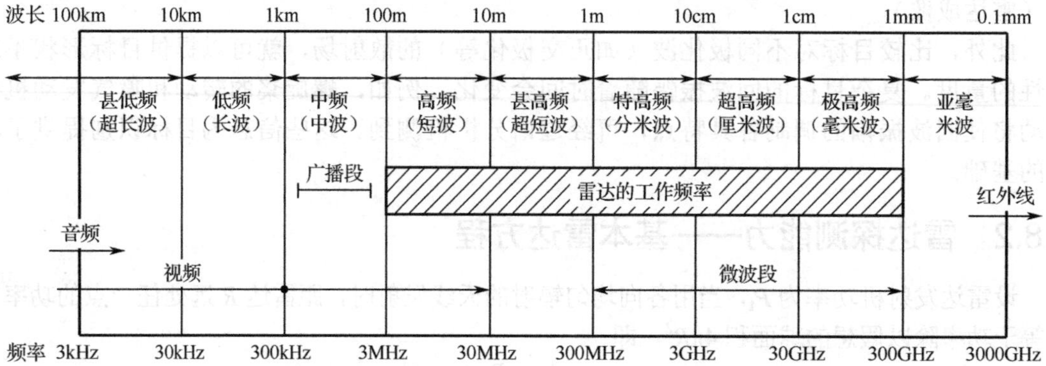

图 1.9.1 雷达的工作频率和电磁波频谱

目前在雷达技术领域里常用频段的名称（比如，L、S、C、X 等英文字母）来命名雷达的工作频率。这是在第二次世界大战中一些国家为了保密而采用的，以后就一直沿用下来，我国也经常采用。表 1.9.1 列出了雷达频段和对应的频率。表中的频段有时用波长表示，例如，22cm 为中心的 20～25cm（S 代表 10cm 为中心，相应地，C 代表 5cm，X 代表 3cm，Ku 代表 2.2cm，Ka 代表 8mm 等）。表中还列出国际电信联盟分配给雷达的频段，例如，L 波段包括的频率范围应是 1000～2000MHz，而 L 波段雷达的工作频率却被约束在 1215～1400MHz。

表 1.9.1 雷达频段和对应的频率

频 段 名 称	频 率	国际电信联盟分配给雷达的频段
UHF 波段	300～1000MHz	420～450MHz，890～940MHz
L 波段	1000～2000MHz	1215～1400MHz
S 波段	2000～4000MHz	2300～2500MHz，2700～3700MHz
C 波段	4000～8000MHz	5250～5925MHz
X 波段	8000～12000MHz	8500～10680MHz
Ku 波段	12～18GHz	13.4～14GHz，15.7～17.7GHz
K 波段	18～27GHz	24.05～24.25GHz
Ka 波段	27～40GHz	33.4～36GHz
mm 波段	40～300GHz	

1.9.2 技术参数

雷达的参数可以分为战术参数和技术参数两部分，分别是雷达用户与生产设备商提出来的，以便彼此之间进行交流，也是性能改进的依据。其中，战术参数是指与战术使用有关的参数，通常是由用户提出来的。技术参数是指分配到雷达各组成部分的技术指标，这些参数是雷达生产设备商根据用户提供的战术参数进行技术分解得到的。

战术参数通常包括威力范围、威力范围内的多目标探测能力、精度（测量值与真实值之间的最小误差）、分辨力（所能区分的最小目标空间范数值）、抗干扰能力、体积、重量、功耗、展开时间、无故障工作时间、故障恢复时间等。

技术参数通常包括雷达天线、发射机、接收机等技术指标。比如，天线波束的形状、天线的增益及扫描方式、工作带宽、频率范围、工作方式、接收机灵敏度、发射功率、发射信号形式等具体的参数。

限于篇幅，本书对这些参数不展开讨论，感兴趣的读者可以进一步阅读书末的参考文献。

1.10　雷达模糊函数

模糊函数（Ambiguity Function）是分析雷达信号和进行波形设计的有效工具。通过研究模糊函数，可以得到在采用最优信号处理技术和发射某种特定信号的条件下，雷达系统所具有的分辨力、模糊度、测量精度和抗干扰能力。

1.10.1　模糊函数的定义及其性质

1. 模糊函数的定义

模糊函数首先是为了研究雷达分辨力而提出的，目的是通过这一函数定量描述当系统工作于多目标环境下，发射一种波形并采用相应的滤波器时，系统对不同距离、不同速度目标的分辨能力。换句话说，就是当“干扰目标”与观测目标之间存在着距离和速度差别时，模糊函数定量地表示了“干扰目标”（邻近的目标）对观测目标的干扰程度。

从分辨两个不同的目标出发，以最小均方差为最佳分辨准则，可以推导出模糊函数的定义式：

$$\chi(\tau,f_{\rm d})=\int_{-\infty}^{\infty}u(t)u^*(t+\tau)\mathrm{e}^{\mathrm{j}2\pi f_{\rm d}t}\mathrm{d}t \tag{1.10.1}$$

式中，$u(t)$和 $u^*(t)$分别表示雷达发射信号的复包络及其对应的共轭，τ 为目标的时延，$f_{\rm d}$为目标的多普勒频率。

需要说明的是，式（1.10.1）并不是模糊函数的唯一形式。比如，可以从匹配滤波器的输出为起点，推出另外一种形式的模糊函数，表示为

$$\chi(\tau,f_{\rm d})=\int_{-\infty}^{\infty}u(t)u^*(t-\tau)\mathrm{e}^{\mathrm{j}2\pi f_{\rm d}t}\,\mathrm{d}t \tag{1.10.2}$$

上述两种定义的形式不同，物理含义也不完全相同。按照国际上的统一建议，称从分辨角度出发定义的模糊函数为正型模糊函数，而称从匹配滤波器输出得到的定义式为负型模糊函数。应用哪种定义形式取决于实际分析的需要。

一般匹配滤波器的输出都经过线性检波器取出包络值，所以用 $\chi(\tau,f_{\rm d})$来表示包络检波器的作用。而当实际分辨目标时，常采用功率响应$\chi(\tau,f_{\rm d})^2$更方便。也就是说，波形的分辨特性由匹配滤波器响应的模平方决定。因而可以将$\chi(\tau,f_{\rm d})$和 $\chi(\tau,f_{\rm d})^2$ 统一称为模糊函数。若不加特别说明，本书中所说的模糊函数均指 $\chi(\tau,f_{\rm d})$。

利用帕塞瓦尔（Parseval）定理及傅里叶变换性质，式（1.10.1）还可改写为另外一种形式：

$$\chi(\tau,f_{\rm d})=\int_{-\infty}^{\infty}U(f-f_{\rm d})U^*(f)\mathrm{e}^{-\mathrm{j}2\pi f\tau}\mathrm{d}f \tag{1.10.3}$$

用三维图形表示的模糊函数称为模糊函数图，它全面表达了相邻目标的模糊度。为方便起见，有时也常用模糊度图来表示模糊函数，它是幅度归一化模糊函数图在某一高度上（如-6dB）的二维截面图，也称为模糊椭圆。

2. 模糊函数的性质

模糊函数有一些重要的性质，可以用来分析一些复杂的信号，其主要性质如下。

（1）关于原点的对称性，即

$$|\chi(\tau,f_{\rm d})|=|\chi(-\tau,-f_{\rm d})|$$

（2）在原点取最大值，即

$$|\chi(\tau,f_{\rm d})|\leqslant|\chi(0,0)|=2E$$

且在原点取值为1，即归一化幅值。

（3）模糊体积不变性，即

$$\int_{-\infty}^{\infty}\int_{-\infty}^{\infty}|\chi(\tau,f_{\rm d})|^2{\rm d}\tau\,{\rm d}f_{\rm d}=|\chi(0,0)|^2=(2E)^2$$

该性质说明了模糊曲面的主峰高度和曲面下的总容积只取决于信号能量，而与信号形式无关。

（4）自变换特性，即

$$\int_{-\infty}^{\infty}\int_{-\infty}^{\infty}|\chi(\tau,f_{\rm d})|^2{\rm e}^{{\rm j}2\pi(f_{\rm d}x-\tau y)}{\rm d}\tau\,{\rm d}f_{\rm d}=|\chi(x,y)|^2$$

该性质说明了模糊函数的二维傅里叶变换式仍为某一波形的模糊函数。但是，这个性质并不能用来反证具有自变换性质的函数为模糊函数。

（5）模糊体积分布的限制，即

$$\int_{-\infty}^{\infty}|\chi(\tau,f_{\rm d})|^2{\rm d}\tau=\int_{-\infty}^{\infty}|\chi(\tau,0)|^2{\rm e}^{-{\rm j}2\pi\tau f_{\rm d}}{\rm d}\tau$$

$$\int_{-\infty}^{\infty}|\chi(\tau,f_{\rm d})|^2{\rm d}f_{\rm d}=\int_{-\infty}^{\infty}|\chi(0,f_{\rm d})|^2{\rm e}^{{\rm j}2\pi\tau f_{\rm d}}{\rm d}f_{\rm d}$$

该性质表明了模糊体积沿 $f_{\rm d}$ 轴的分布完全取决于发射信号复包络的自相关函数或信号的能量谱，而与信号的相位谱无关；模糊体积沿 τ 轴的分布完全取决于发射信号复包络的模值，而与信号的相位调制无关。

（6）组合性质：若 $c(t)=a(t)+b(t)$，则有

$$\chi_c(\tau,f_{\rm d})=\chi_a(\tau,f_{\rm d})+\chi_b(\tau,f_{\rm d})+\chi_{ab}(\tau,f_{\rm d})+{\rm e}^{-{\rm j}2\pi f_{\rm d}\tau}\chi_{ab}^*(-\tau,-f_{\rm d})$$

该性质表明了两个信号相加的合成信号的模糊函数除两个信号本身的模糊函数外，还包括这两个信号的互模糊函数分量。

（7）时间和频率偏移的影响：若 $v(t)=u(t-t_0){\rm e}^{{\rm j}2\pi f_0(t-t_0)}$，则 $v(t)$ 的模糊函数为

$$\chi_v(\tau,f_{\rm d})={\rm e}^{{\rm j}2\pi(f_{\rm d}t_0-f_0\tau)}\chi_u(\tau,f_{\rm d})$$

式中，χ_u 为 $u(t)$ 的模糊函数。

（8）信号周期重复的影响：如果单个脉冲信号 $u(t)$ 的模糊函数为 $\chi_u(\tau,f_{\rm d})$，将信号 $u(t)$ 重复 N 个周期得到信号 $v(t)=\sum_{i=0}^{N-1}c_iu(t-iT_{\rm r})$，其中 c_i 表示复加权系数，$T_{\rm r}$ 为脉冲重复周期，则 $v(t)$ 的模糊函数为

$$\chi_v(\tau,f_{\rm d})=\sum_{m=1}^{N-1}{\rm e}^{{\rm j}2\pi f_{\rm d}mT_{\rm r}}\chi_u(\tau+mT_{\rm r},f_{\rm d})\sum_{i=0}^{N-1-m}c_i^*c_{i+m}{\rm e}^{{\rm j}2\pi f_{\rm d}iT_{\rm r}}+\sum_{m=0}^{N-1}\chi_u(\tau-mT_{\rm r},f_{\rm d})\sum_{i=0}^{N-1-m}c_ic_{i+m}^*{\rm e}^{{\rm j}2\pi f_{\rm d}iT_{\rm r}}$$

1.10.2 雷达分辨力

雷达分辨力是指在各种目标环境下区分两个或两个以上的邻近目标的能力。雷达分辨邻近目标的能力主要从距离、速度、方位角和仰角四个方面考虑，其中方位角和仰角的分辨力取决于波束宽度。一般雷达难以在这四维同时分辨目标，在其中任意一维能分辨目标就认为具有目标分辨的能力。利用距离分辨力和速度分辨力与波形参数的关系，可以通过分辨常数和模糊函

数来分析各种波形的分辨性能，但限于篇幅，本书不再展开讨论。

1.11 雷达的分类及应用

雷达在军、民领域广泛存在，发挥了重要作用。由于雷达的种类有很多，而且不同类型的雷达有着不同的应用，因此雷达的分类与其应用是密切相关的。为了便于描述，我们将介绍各种不同类型的雷达来阐述其应用的方式。

首先，我们来看看雷达的军用情况。军用雷达按战术来分有下列主要类型。

（1）预警雷达（超远程雷达）。它的主要任务是发现洲际导弹，以便及早发出警报。它的特点是作用距离远达数千千米，至于测定坐标的精确度和分辨力是次要的。目前预警雷达不但能发现导弹，而且可用来发现洲际战略轰炸机。

（2）搜索和警戒雷达。其任务是发现飞机，一般作用距离在 400km 以上，有的可达 600km。对测定坐标的精确度、分辨力要求不高。对于担当保卫重点城市或建筑物任务的中程警戒雷达，要求有方位角 360°的搜索空域。

（3）引导指挥雷达（监视雷达）。这种雷达用于歼击机的引导和指挥作战，民用的机场调度雷达亦属这一类。其特殊要求是：①对多批次目标能同时检测；②测定目标的三个坐标，要求测定目标的精确度和分辨力较高，特别是目标间相对位置数据的精确度要求较高。

（4）火控雷达。其任务是控制火炮（或地空导弹）对空中目标进行瞄准攻击，因此要求它能够连续而准确地测定目标的坐标，并迅速地将射击数据传递给火炮（或地空导弹）。这类雷达的作用距离较小，一般只有几十千米，但测量的精确度要求很高。

（5）制导雷达。它和火控雷达同属精密跟踪雷达，不同的是制导雷达对付的是飞机和导弹，在测定它们运动轨迹的同时，再控制导弹去攻击目标。制导雷达要求能同时跟踪多个目标，并对分辨力要求较高。这类雷达天线的扫描方式往往有其特点，并随制导体制而异。

（6）战场监视雷达。这类雷达用于发现坦克、军用车辆、人员和其他在战场上的动目标。

（7）机载雷达。这类雷达除机载预警雷达外，主要有下列几种类型。

① 机载截击雷达。当歼击机按照地面指挥所命令，接近敌机并进入有利空域时，就利用机载截击雷达，准确地测量敌机的位置，以便进行攻击。它要求测量目标的精确度和分辨力高。

② 机载护尾雷达。它用来发现和指示机尾后面一定距离内有无敌机。这种雷达结构比较简单，不要求测定目标的准确位置，作用距离也不远。

③ 机载导航雷达。它装在飞机或舰船上，用以显示地面或港湾图像，以便在黑夜、大雨和浓雾情况下，飞机和舰船能正确航行。这种雷达要求分辨力较高。

④ 机载火控雷达。20 世纪 70 年代后的战斗机上，火控系统的雷达往往是多功能的。它能空对空搜索和截获目标，空对空制导导弹，空对空精密测距和控制机炮射击，空对地观察地形和引导轰炸，进行敌我识别和导航信标的识别，有的还兼有地形跟随和回避的作用，一部雷达往往具有七八部雷达的功能。

机载雷达共同的要求是体积小，质量小及工作可靠性高。

（8）无线电测高仪。它装在飞机上。这是一种连续波调频雷达，用来测量飞机离开地面或海面的高度。

（9）雷达引信。这是装在炮弹或导弹头上的一种小型雷达，用来测量弹头附近有无目标，当距离缩小到弹片足以击伤目标的瞬间，使炮弹（或导弹头）爆炸，提高了击中目标的命中率。

接下来再看看雷达的民用情况。在民用雷达方面，我们可以举出以下一些典型的类型和应用。

（1）气象雷达。这是观察气象的雷达，用来测量暴风雨和云层的位置及其移动路线。

（2）航行管制（空中交通）雷达。在现代航空飞行运输体系中，对于机场周围及航路上的飞机，都要实施严格的管制。航行管制雷达兼有警戒雷达和引导雷达的作用，故有时也称为机场监视雷达，它和二次雷达配合起来应用。二次雷达地面设备发射询问信号，飞机接到信号后，用编码的形式发出一个回答信号，地面收到后在航行管制雷达显示器上显示。这一雷达系统可以鉴定空中目标的高度、速度和属性，用以识别目标。

（3）宇宙航行中用雷达。这种雷达用来控制飞船的交会和对接，以及在月球上的着陆。某些地面上的雷达用来探测和跟踪人造卫星。

（4）遥感设备。安装在卫星或飞机上的某种雷达，可以作为微波遥感设备。它主要感受地球物理方面的信息，由于具有二维高分辨力而可对地形、地貌成像。雷达遥感也参与地球资源的勘探，其中包括对海的情况、水资源、冰覆盖层、森林、地质结构及环境污染等进行测量和地图描绘。也曾利用此类雷达来探测月亮和行星（雷达天文学）。

（5）雷达物位计。雷达物位计主要分为脉冲雷达物位计和导波雷达物位计两种。其中，低频脉冲雷达物位计具有价格优势，但属于淘汰产品。与低频脉冲雷达物位计相比，高频脉冲雷达物位计（主要指24GHz和26GHz两个频段）因其具有能量高、波束角小（方向性好）、天线尺寸小及精度高等优点，而在测量散装料物位、一些直径小而高度并不是很高的小型罐的应用中及煤炭、钢铁和冶金等现场工作环境恶劣的行业得到广泛应用。

此外，在飞机导航、航道探测（用以保证航行安全）、公路上车速测量等方面，雷达也在发挥其积极作用。

除上述雷达的种类及其应用外，还可以依据雷达工作的不同参数来对雷达进行分类，例如，按照雷达信号的形式，雷达可以分为以下几类。

（1）脉冲雷达。此类雷达发射的波形是矩形脉冲，按一定的或交错的重复周期工作，这是目前使用最广的雷达。

（2）连续波雷达。此类雷达发射连续的正弦波，主要用来测量目标的速度。如需同时测量目标的距离，往往需对发射信号进行调制，例如，对连续的正弦信号进行周期性的频率调制。

（3）脉冲压缩雷达。此类雷达发射宽的脉冲波，在接收机中对收到的回波信号加以压缩处理，以便得到窄脉冲。目前实现脉冲压缩主要有两种方法：线性调频脉冲压缩处理和相位编码脉冲压缩处理。脉冲压缩能解决距离分辨力和作用距离之间的矛盾。20世纪70年代研制的新型雷达绝大部分采用脉冲压缩的体制。

此外，还有脉冲多普勒雷达、噪声雷达、频率捷变雷达等。也可以按其他标准对雷达进行分类，分类如下。

（1）按角跟踪方式分，有单脉冲雷达、圆锥扫描雷达、隐蔽锥扫描雷达等。

（2）按测量目标的参量分，有测高雷达、两坐标雷达、三坐标雷达、测速雷达、目标识别雷达等。

（3）按信号处理方式分，有各种分集雷达（频率分集、极化分集等）、相参或非相参积累雷达、动目标显示雷达、合成孔径雷达等。

（4）按天线扫描方法分，有机械扫描雷达、相控阵雷达、频扫雷达等。

1.12 通信与雷达的发展与展望

1.12.1 通信技术的发展

我们用表1.12.1对通信技术和系统的发展历程做一个简单介绍。对于其中的详细解释与说明，读者可以参考书末文献。

表 1.12.1　通信技术和系统的发展历程

年　份	事　件
1837 年	莫尔斯发明有线电报
1864 年	麦克斯韦提出电磁辐射方程
1876 年	贝尔发明有线电话
1896 年	马克尼发明无线电报
1906 年	真空管面世
1918 年	调幅无线电广播、超外差收音机问世
1925 年	开始利用三路明线载波电话进行多路通信
1936 年	调频无线电广播开播
1937 年	提出脉冲编码调制原理
1938 年	电视广播开播
1940—1945 年	雷达和微波通信系统迅速发展
1946 年	第一台电子计算机在美国出现
1948 年	晶体管面世；香农提出信息论
1950 年	时分多路通信应用于电话
1956 年	铺设了越洋电缆
1957 年	第一颗人造地球卫星上天
1958 年	第一颗人造通信卫星上天
1960 年	发明了激光
1961 年	发明了集成电路
1962 年	发射第一颗同步通信卫星；脉冲编码调制进入实用阶段
1960—1970 年	发明了彩色电视；阿波罗号宇宙飞船登月成功；出现高速数字计算机
1970—1980 年	大规模集成电路、商用卫星通信、程控数字交换机、光纤通信系统、微处理机等技术迅速发展
1980 年至今	超大规模集成电路、长波长光纤通信系统、综合业务数字网迅速崛起

1.12.2　雷达技术的发展

雷达技术的发展可以追溯到 19 世纪后期。随着麦克斯韦电磁场理论的建立及赫兹实验的成功，这些电磁学成果为雷达的诞生奠定了科学基础。在第二次世界大战期间，雷达技术得到了广泛应用和发展。特别是进入 20 世纪 70 年代以后，雷达的性能日益提高而应用范围也持续拓宽，举例如下。

（1）由于超大规模集成电路（VLSI）的迅猛发展，数字技术和计算机的应用更为广泛深入，表现在：①动目标检测（MTD）和脉冲多普勒（PD）等雷达的信号处理机更为精致、灵活，性能明显提高；②自动检测和跟踪系统得到完善，提高了工作的自动化程度。

（2）合成孔径雷达（SAR）由于具有很高的距离和角度（切向距）分辨力而可以对实况成像；逆合成孔径雷达（ISAR）则可用于对目标成像。成像处理中已用数字处理代替光学处理。

（3）更多地采用复杂的大时宽带宽脉压信号，以满足距离分辨力和电子反对抗的需要。

（4）高可靠性的固态功率源更为成熟，可以组成普通固态发射机或分布于相控阵雷达的阵元上组成有源阵。

（5）许多场合可用平面阵列天线代替抛物面天线，阵列天线的基本优点是可以快速和灵活地实现波束扫描和波束形状变化，因而有很好的应用前景，例如，在三坐标雷达中实现一维相扫；获得超低旁瓣，用于机载雷达或抗干扰；组成自适应旁瓣相消系统以抗干扰；相控阵雷达连续出现，不仅用于战略而且也用于战术雷达，如制导、战场炮位侦察等。

1.12.3 通信与雷达技术的融合

通信与雷达作为电子信息领域两个重要的部分，长期以来都是相对独立地发展和应用。一方面，从通信与雷达的定义、概念及特点来看，两者是有很大差别的，即通信与雷达研究的内容和解决的问题是不同的。比如，通信主要的目的是实现甲、乙两地信息之间的传输，而雷达则注重探测目标的有无，以及提供目标识别和目标跟踪等信息，因此，雷达可以被视为一种电磁传感器。另一方面，由于通信与雷达这两个领域的内容和范围非常广泛，需要的专业知识非常多，因此，需要这两个领域的专业人士携手合作才能完成技术融合。通信与雷达技术融合的概念和理论并不是现在才提出来的，主要是上述两个方面的客观原因，导致两者长期独立发展。但是，随着电子技术，特别是多功能芯片技术的发展，目前两者融合的研究和应用已经非常普遍。因此，可以预测，随着无线技术的进步及信息融合的发展趋势，未来的通信与雷达必将走向统一。

1990 年前后，为了提高道路安全性、增大交通流动性和保护环境，交通部门决定将可获取的信息与计算和传感器技术应用于交通和道路管理，提出了智能运输系统（ITS）的概念，并已经在世界范围内迅速开发和部署。ITS 专门用于便利系统、安全系统、生产系统和交通辅助系统等应用领域。典型的 ITS 应用包括停车辅助、自适应巡航控制、车道保持辅助、防撞、交通拥堵消散、车辆流量管理和协作式自适应巡航控制及排序等。

在 ITS 的框架内，智能车辆（IV）必须以两种方式工作。一方面，IV 应当以自主方式运行，以借助车载传感器来感应驾驶环境。当今可用的传感技术可分为以下几类：雷达（无线电检测和测距）、激光雷达（光电检测和测距）、超声波和机器视觉。根据有效工作距离，雷达可进一步分为短距离雷达（SRR）和长距离雷达（LRR）。机器视觉主要利用摄像机，包括 3D 摄像机和远红外（IR）摄像机。

本小节以一种用于未来智能交通系统的多功能收发器为例，简单介绍通信与雷达未来的融合前景。该收发器具有在单个硬件平台内实现的雷达（感测）模式和无线电（通信）模式两种操作模式。在所提出的收发器架构中，设计了一种特殊的调制方案，其中雷达模式和无线电模式被布置在不同的时隙中。在雷达周期中采用连续波梯形调频调制方案。雷达周期之后的无线电周期只是传输信号额外的恒定频率周期，可以用作数据传输的恒定载波。这种多功能收发器已经展示了诸如低成本、低复杂度和多功能的许多优点和特征。这将有助于在未来 ITS 和其他类似系统的开发中发挥重要作用。

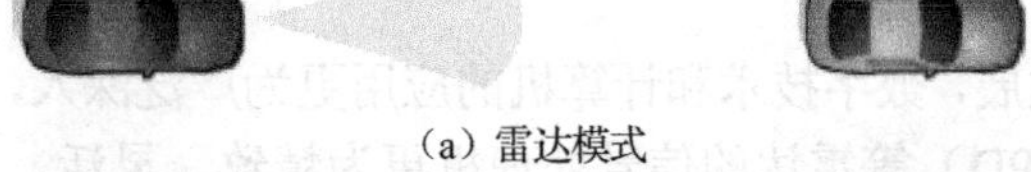

（a）雷达模式

（b）无线电模式

图 1.12.1　未来智能交通车辆的功能性需求

如图 1.12.1 所示，ITS 框架内的 IV 必须以自主的方式工作，以协作的方式交换车辆之间的制动和加速等信息数据，以及车辆与路边建筑或信标之间的交通、道路和天气情况。因此，雷达感测和无线通信功能对未来智能车辆的发展是不可或缺的。此外，若使用相同的收发器平台，可以集成和实现雷达感测和无线通信功能，则这种多功能系统的成本肯定会比两个独立且分离的系统低得多。

首先，激光雷达受到诸如雨、雾或雪等环境条件的极大限制，并且它无法提供自适应巡航控制（ACC）功能通常需要的直接速度信息，基于机器视觉的传感器也无法提供这种信息。其次，超声波传感器只能检测几米的距离，这仅在非常短距离的应用中有用。再者，尽管基于机器视觉的传感器擅长角度测量，但其局限性在于范围和速度测量的能力。就环境条件、测量能力和安装而言，雷达是满足车辆传感要求的最有前途和最强大的解决方案。然而，其实际应用受到高成本的阻碍，该成本主要归因于射频（RF）前端电路和系统集成。通常，可以通过采用高度集成且可大量生产的设计技术来大幅降低成本，该设计技术可同时降低雷达传感器的尺寸和成本。

另一方面，IV 还应以协作的方式进行操作，以交换信息数据和传感参数。另外，在宽带移动互联网应用中，驾驶员和乘客也可能需要其他信息传输和数据通信等方面的服务。在像 ITS 这样的综合高速公路系统中，可以建立三种类型的通信协议，包括服务提供商和最终用户之间的命令/响应、广播到侦听器和对等网络。

总之，雷达感测和无线通信功能对于 ITS 应用和未来 IV 的开发都是必不可少的。同时，雷达与通信操作的这种功能融合也可以在其他应用场景中找到，例如，无线传感器网络，其中每个传感器必须生成感测到的量的正确表示，然后与其他传感器共享通过无线数据链路的节点。图 1.12.2 显示了这两种应用方案。

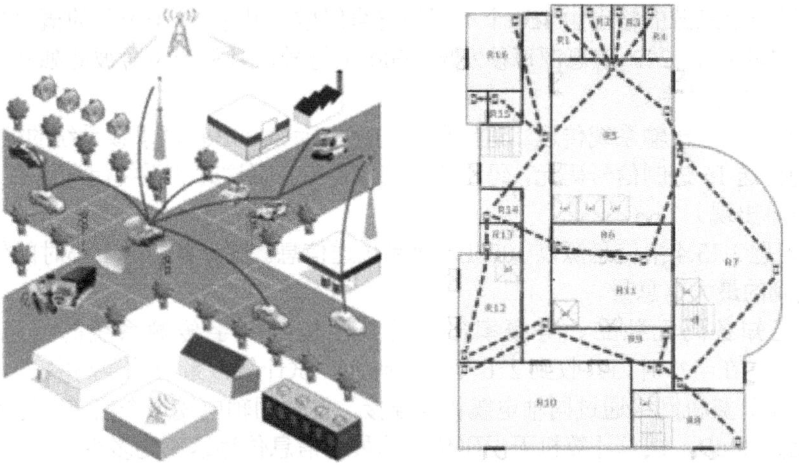

（a）未来的智能交通系统　　（b）无线传感器网络

图 1.12.2　通信和雷达系统的应用场景

通常，使用两个分别专用于雷达感测和无线通信功能的独立系统实现功能融合当然是可能的。但是，如果可以将这两个功能集成在一个收发器平台中，那么这种集成的通信与雷达系统（如智能汽车）肯定会比两个独立的系统具有很多优势，例如，低成本、小型化、多功能、低功耗、低复杂度、快速响应和高效率，如图 1.12.3 所示。

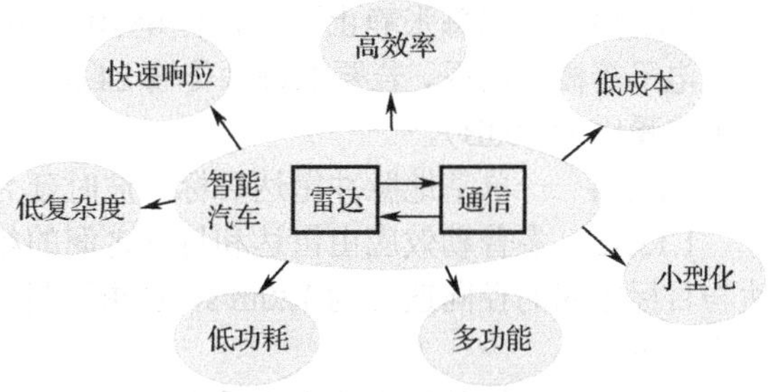

图 1.12.3　多功能集成的优势

1.13　习题

1.13.1　举例说明通信与雷达在概念、原理、技术及系统构成等方面的异同。

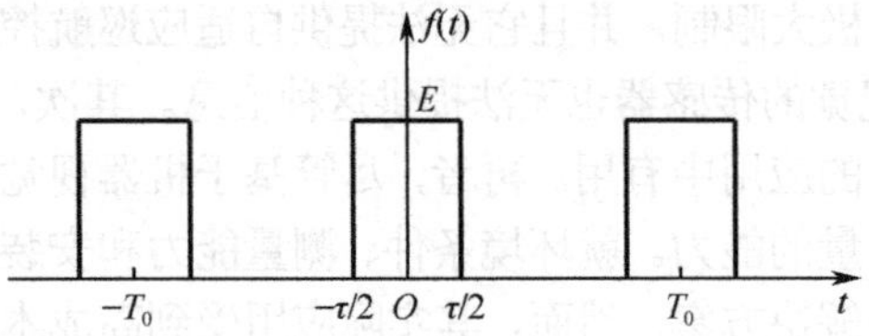

图 1.13.1　周期矩形脉冲信号

1.13.2　求图 1.13.1 所示的周期矩形脉冲信号的频谱函数。

1.13.3　（1）对于二进制独立等概率信号，若码元间隔为 T_s=0.02ms，求该信号的码元传输速率和信息传输速率；（2）若改为八进制信号，在码元传输速率不变的前提下再求信息传输速率；（3）比较上述两个问题的结果，并由此得出什么结论？

1.13.4　某信源符号集由 A、B、C、D、E 和 F 组成，设每一符号独立出现，其出现概率分别为 1/4、1/8、1/8、3/16 和 5/16。试求该信源符号的平均信息量。

1.13.5　一个由字母 A、B、C、D 组成的字，传输的每一字母用二进制脉冲编码，00 代替 A，01 代替 B，10 代替 C，11 代替 D，每个脉冲宽度为 5ms。

（1）不同字母等概率出现时，试计算平均信息传输速率。

（2）若每个字母出现的概率分别为

$$P_A = \frac{1}{5}, P_B = \frac{1}{4}, P_C = \frac{1}{4}, P_D = \frac{3}{10}$$

试计算平均信息传输速率。

1.13.6　设一信息源的输出由 128 个不同的符号组成，其中 16 个出现的概率为 1/32，其余 112 个出现的概率为 1/224。信息源每秒发出 1000 个符号，且每个符号彼此独立。试计算该信息源的平均信息传输速率。

1.13.7　设一数字传输系统传送二进制码元的速率为 2400Bd，试求该系统的信息传输速率；若该系统改为传送 16 进制信号码元，码元传输速率不变，则这时的系统信息速率为多少（设各码元独立等概率出现）？

1.13.8　若题 1.13.4 中信息源以 1000Bd 速率传送信息。试计算传送 1 小时的信息量和传送 1 小时可能达到的最大信息量。

1.13.9　已知各码元独立、等概率出现的某四进制数字传输系统的信息传输速率为 2400bit/s，接收端在半小时内共收到 216 个错误码元，试计算该系统的误码率。

1.13.10　某计算机网络通过同轴电缆相互连接，已知同轴电缆每个信道带宽为 8MHz，信道输出信噪比为 30dB，试求计算机无误码传输的最高信息传输速率为多少。

1.13.11　已知有线电话信道带宽为 3.4kHz，（1）试求信道输出信噪比为 30dB 时的信道容量。（2）若要在该信道中以 33.6kbit/s 的速度传输数据，试求接收端要求的最小信噪比为多少。

1.13.12　已知二进制对称信道的误码率为 $P_e = 0.1$，试计算信道容量。

1.13.13　已知每张静止图片含有 6×10^5 个像素，每个像素具有 16 个亮度电平，且所有这些亮度电平等概率出现。若要求每秒传输 24 幅静止图片，试计算所要求信道的最小带宽（设信道输出信噪比为 30dB）。

1.13.14　一单基地脉冲雷达目标回波时延为 1μs，求目标离雷达的距离。

1.13.15　多普勒效应由雷达和目标之间的相对运动而产生，当发射信号波长为 2cm 时，雷达与目标之间的径向速度为 120m/s，试求当目标飞向雷达和目标飞离雷达时，回波信号的频率各为多少。

1.13.16　已知脉冲雷达中心频率 f_0=3000MHz，回波信号相对发射信号的时延为 1000μs，回波信号的频率为 3000.01MHz，目标运动方向与目标所在方向的夹角为 60°，求目标距离、径向速度与线速度。

1.13.17　一常规脉冲雷达，发射脉宽为 1μs，脉冲重复频率为 1ms，波束宽度为 30°×90°，试问该雷达的距离分辨力和角度分辨力各为多少。

第 2 章

模拟调制与解调

所谓调制，通常是指将信号转换为适合在信道中传输的信号的过程，它可以分为广义的调制和狭义的调制两种。其中，广义的调制包括基带调制和带通调制（也称载波调制，通常简称调制），而狭义的调制就是指载波调制。基带调制是针对数字基带信号的，实际上就是对数字基带信号的编码或波形变换。比如，脉冲幅度调制（Pulse Amplitude Modulation，PAM）、脉冲位置调制（Pulse Position Modulation，PPM）、脉冲宽度调制（Pulse Width Modulation，PWM）。此外，各种码型变换都属于基带调制。

载波调制是指用基带信号去控制载波信号的某一个或几个参数，输出的信号称为已调波或已调信号，基带信号称为调制信号。载波是周期信号，可以是正弦波，也可以是方波、三角波等。在通信系统中，载波一般是正弦波。可以这样说，载波是“运载”基带信号的载体。载波调制不仅可以提高通信的可靠性和有效性，还可以带来别的便利。比如，利用载波调制，可以提高传输距离，同时减小天线尺寸。此外，对于频分复用传输方式，通过载波调制可以把多个节目信号“置于”不同的频段，从而实现多路节目信号在一个无线信道中同时传送的目的。根据调制信号的不同，调制可以分为模拟调制和数字调制；根据载波信号形式的不同，调制可以分为正弦波调制和脉冲调制。在通信系统中，常常使用模拟正弦波调制（简称为模拟调制）和数字正弦波调制（简称为数字调制）。模拟调制包括调幅、调相和调频，而调幅包括标准调幅、双边带调制、单边带调制和残留边带调制。

解调是调制的逆过程，目的是恢复原调制信号。解调的方法包括相干解调和非相干解调。所谓的相干解调是指，在接收端产生一个与发送端同频同相的载波信号，然后与接收到的已调波相乘，最后通过一个低通滤波器得到原调制信号；而非相干解调不需要在接收端产生一个与发送端同频同相的载波信号，直接就恢复原调制信号。

本章将介绍模拟信号调制与解调的基本概念、工作原理及抗噪声性能等方面的内容，而数字调制则放到第 5 章再进行论述。

2.1 幅度调制与解调的原理

幅度调制是用调制信号去控制高频载波的振幅，使其按照调制信号的规律而变化的过程。幅度调制器的一般模型如图 2.1.1 所示。该模型由一个相乘器和一个冲激响应为 $h(t)$的滤波器组成。

设调制信号 $m(t)$的频谱为 $M(\omega)$，则该模型输出已调信号的时域和频域的一般表达式为

$$s_{\mathrm{m}}(t)=[m(t)\cos\omega_{\mathrm{c}}t]*h(t) \tag{2.1.1}$$

$$S_{\mathrm{m}}(\omega)=\frac{1}{2}[M(\omega+\omega_{\mathrm{c}})+(M\omega-\omega_{\mathrm{c}})]H(\omega) \tag{2.1.2}$$

式中，ω_{c} 为载波角频率，$H(\omega)\Leftrightarrow h(t)$。

由以上表达式可见，对于幅度调制信号，在波形上，它的幅度随基带信号规律变化；在频谱结构上，它的频谱完全是基带信号频谱结构在频域内的简单搬移。由于这种搬移在频域上看是线性的，因此，幅度调制通常又称为线性调制。

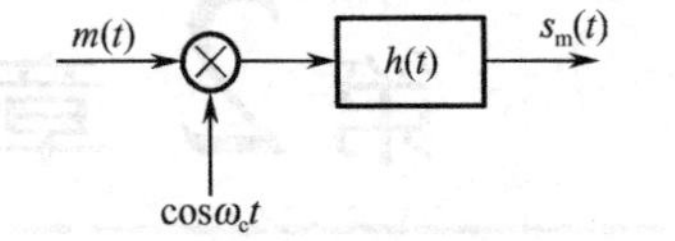

图 2.1.1 幅度调制器的一般模型

图 2.1.1 之所以称为幅度调制器的一般模型，是因为在该模型中，只要适当选择滤波器的特性 $H(\omega)$，便可以得到各种幅度已调信号。例如，调幅（AM）、双边带（DSB）、单边带（SSB）和残留边带（VSB）信号等。

2.1.1 调幅

在图 2.1.1 中，选择滤波器的特性 $H(\omega)$为全通网络，即 $h(t)=\delta(t)$，并假设调制信号 $m(t)$的平均值为 0。将 $m(t)$叠加一个直流偏量 A_0 后与载波相乘（见图 2.1.2），即可形成调幅（AM）信号，其时域和频域表达式分别为

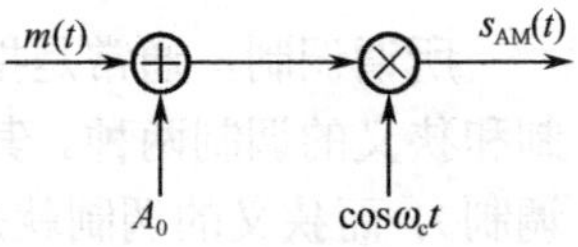

图 2.1.2 AM 调制器模型

$$s_{AM}(t)=[A_0+m(t)]\cos\omega_c t=A_0\cos\omega_c t+m(t)\cos\omega_c t \tag{2.1.3}$$

$$S_{AM}(\omega)=\pi A_0[\delta(\omega+\omega_c)+\delta(\omega-\omega_c)]+\frac{1}{2}[M(\omega+\omega_c)+M(\omega-\omega_c)] \tag{2.1.4}$$

式中，$m(t)$可以是确知信号，也可以是随机信号。AM 信号的典型时域波形和频谱如图 2.1.3 所示。

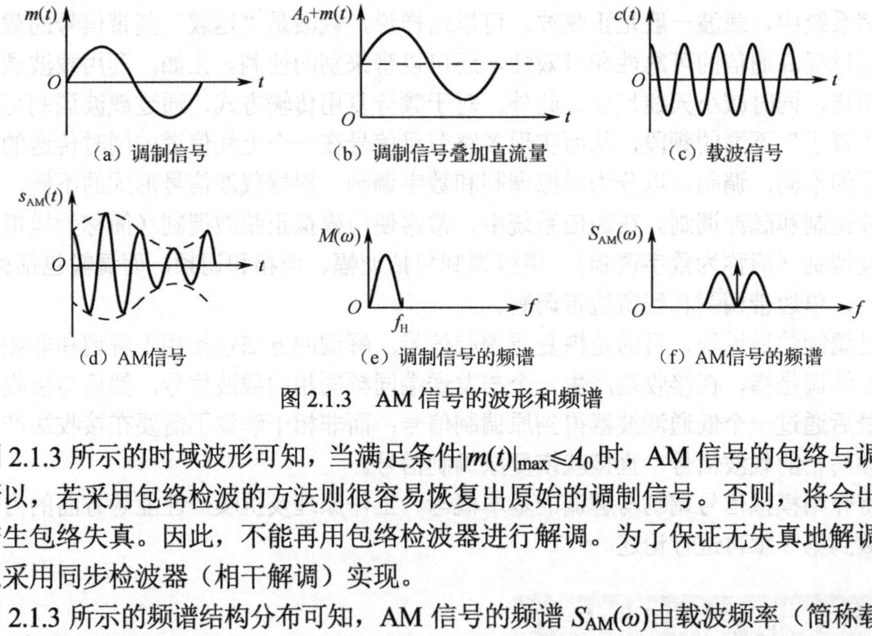

图 2.1.3 AM 信号的波形和频谱

由图 2.1.3 所示的时域波形可知，当满足条件$|m(t)|_{max}\leqslant A_0$时，AM 信号的包络与调制信号成正比。所以，若采用包络检波的方法则很容易恢复出原始的调制信号。否则，将会出现过调幅现象而产生包络失真。因此，不能再用包络检波器进行解调。为了保证无失真地解调出已调信号，可以采用同步检波器（相干解调）实现。

由图 2.1.3 所示的频谱结构分布可知，AM 信号的频谱 $S_{AM}(\omega)$由载波频率（简称载频）分量和上、下两个边带组成。其中，上边带的频谱结构与原调制信号的频谱结构相同，下边带是上边带的镜像。因此，AM 信号是带有载波的双边带信号，它的带宽是基带信号带宽 f_H 的 2 倍，即

$$B_{AM}=2f_H \tag{2.1.5}$$

AM 信号在 1Ω 电阻上的平均功率应等于 $s_{AM}(t)$的均方值。当 $m(t)$为确知信号时，$s_{AM}(t)$的均方值为其平方的时间平均，即

$$\begin{aligned}P_{AM}&=\overline{s_{AM}^2(t)}\\&=\overline{[A_0+m(t)]^2\cos^2\omega_c t}\\&=\overline{A_0^2\cos^2\omega_c t}+\overline{m^2(t)\cos^2\omega_c t}+\overline{2A_0m(t)\cos^2\omega_c t}\end{aligned}$$

通常假设调制信号没有直流分量，即 $\overline{m(t)}=0$。因此

$$P_{AM}=\frac{A_0^2}{2}+\frac{\overline{m^2(t)}}{2}=P_c+P_s \tag{2.1.6}$$

式中，$P_c=A_0^2/2$，为载波功率；$P_s=\overline{m^2(t)}/2$，为边带功率。

由此可见，AM 信号的总功率包括载波功率和边带功率两部分。只有边带功率才与调制信号有关。也就是说，载波分量不携带信息。即使在“满调幅”（$|m(t)|_{max}=A_0$ 时，也称 100%调制）条件下，载波分量仍占据大部分功率，而含有用信息的两个边带占有的功率较小。因此，AM 信号的功率利用率比较低。

2.1.2 抑制载波双边带调制

若将图 2.1.2 中的直流分量 A_0 去掉，则可产生抑制载波的双边带（DSB-SC）信号，简称双边带（DSB）信号，其时域和频域表达式分别为

$$s_{DSB}(t)=m(t)\cos\omega_c t \tag{2.1.7}$$

$$S_{DSB}(\omega)=\frac{1}{2}[M(\omega+\omega_c)+M(\omega-\omega_c)] \tag{2.1.8}$$

其波形和频谱如图 2.1.4 所示。

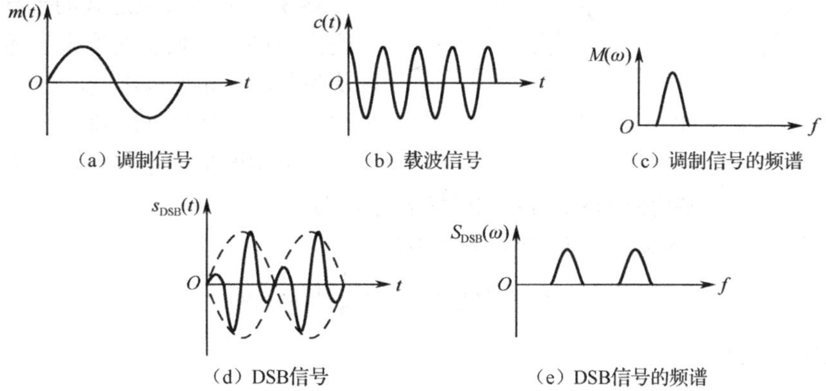

图 2.1.4 DSB 信号的波形和频谱

由图 2.1.4 的时域波形可知，DSB 信号的包络不再与调制信号的变化规律一致，因而不能采用简单的包络检波来恢复调制信号，需采用相干解调（同步检波）。另外，在调制信号 $m(t)$ 的过零点处，高频载波相位有 180°的突变。

由图 2.1.4 的频谱图可知，DSB 信号虽然节省了载波功率，功率利用率提高了，但是它的带宽仍是调制信号带宽的 2 倍，与 AM 信号带宽相同。由于 DSB 信号的上、下两个边带是完全对称的，它们都携带了调制信号的全部信息，因此传输其中的一个边带即可，这就是单边带调制能解决的问题。

2.1.3 单边带调制

1. 用滤波法形成单边带（SSB）信号

产生 SSB 信号最直观的方法是让 DSB 信号通过一个边带滤波器，保留所需要的一个边带，滤除不要的边带。这只需将图 2.1.1 中的 $H(\omega)$设计成图 2.1.5 所示的理想低通特性 $H_{LSB}(\omega)$或理

想高通特性 $H_{\rm USB}(\omega)$，就可分别取出下边带信号频谱 $S_{\rm LSB}(\omega)$或上边带信号频谱 $S_{\rm USB}(\omega)$，如图 2.1.6 所示。

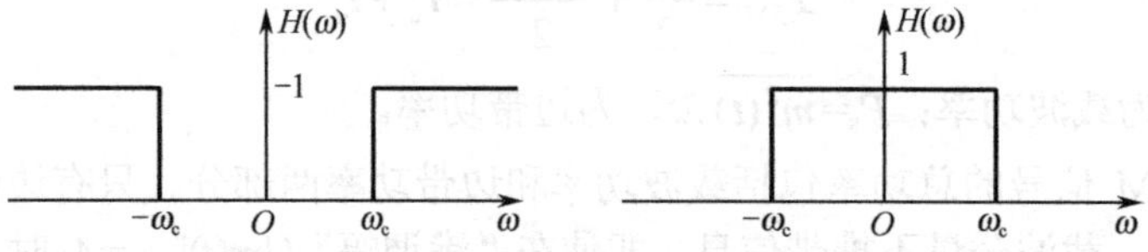

图 2.1.5　形成 SSB 信号的滤波特性

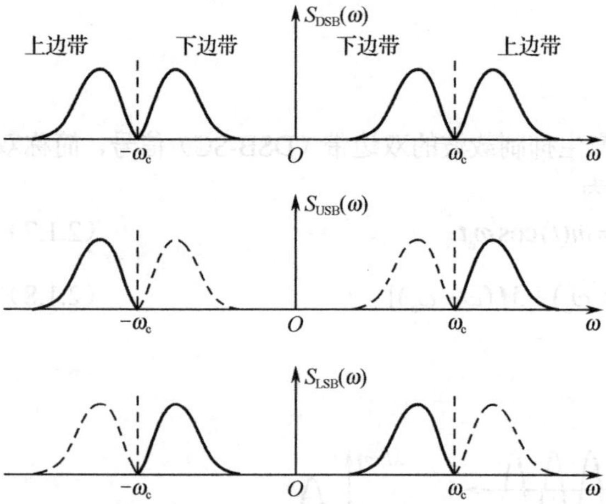

图 2.1.6　SSB 信号的频谱

滤波法形成 SSB 信号的技术难点是，由于一般调制信号都具有丰富的低频成分，经调制后得到的 DSB 信号的上、下边带之间的间隔很窄，这要求单边带滤波器在ω_c 附近具有陡峭的截止特性，才能有效地抑制无用的一个边带。这使滤波器的设计和制作很困难，有时甚至难以实现。为此，在工程中往往采用多级调制滤波的方法。

2．用相移法形成单边带信号

SSB 信号时域表达式的推导比较困难，一般需借助希尔伯特变换来表述。但我们可以从简单的单频调制出发，得到 SSB 信号的时域表达式，然后推广到一般表达式。

设单频调制信号为 $m(t)=A_{\rm m}\cos\omega_{\rm m}t$，载波为 $c(t)=\cos\omega_{\rm c}t$，两者相乘得到 DSB 信号的时域表达式为

$$\begin{aligned} s_{\rm DSB}(t) &= A_{\rm m}\cos\omega_{\rm m}t\cos\omega_{\rm c}t \\ &= \frac{1}{2}A_{\rm m}\cos(\omega_{\rm c}+\omega_{\rm m})t+\frac{1}{2}A_{\rm m}\cos(\omega_{\rm c}-\omega_{\rm m})t \end{aligned}$$

保留上边带，则有

$$\begin{aligned} s_{\rm USB}(t) &= \frac{1}{2}A_{\rm m}\cos(\omega_{\rm c}+\omega_{\rm m})t \\ &= \frac{1}{2}A_{\rm m}\cos\omega_{\rm m}\cos\omega_{\rm c}t-\frac{1}{2}A_{\rm m}\sin\omega_{\rm m}\sin\omega_{\rm c}t \end{aligned}$$

保留下边带，则有

$$\begin{aligned} s_{\rm LSB}(t) &= \frac{1}{2}A_{\rm m}\cos(\omega_{\rm c}-\omega_{\rm m})t \\ &= \frac{1}{2}A_{\rm m}\cos\omega_{\rm m}t\cos\omega_{\rm c}t+\frac{1}{2}A_{\rm m}\sin\omega_{\rm m}t\sin\omega_{\rm c}t \end{aligned}$$

把上、下边带合并起来可以写成

$$s_{\rm SSB}(t)=\frac{1}{2}A_{\rm m}\cos\omega_{\rm m}t\cos\omega_{\rm c}t\mp\frac{1}{2}A_{\rm m}\sin\omega_{\rm m}t\sin\omega_{\rm c}t \tag{2.1.9}$$

式中，“−”表示上边带信号，“+”表示下边带信号。式中的 $A_{\rm m}\sin\omega_{\rm m}t$ 可以看成 $A_{\rm m}\cos\omega_{\rm m}t$ 相移 $\pi/2$，而幅度大小保持不变。我们把这一过程称为希尔伯特变换，记为“^”，则

$$A_{\rm m}\widehat{\cos\omega_{\rm m}t}=A_{\rm m}\sin\omega_{\rm m}t$$

上述关系虽然是在单频调制下得到的，但是它不失一般性，因为任意一个基带波形总可以

表示成许多正弦信号之和。因此，把上述表述方法运用到式（2.1.9），就可以得到调制信号为任意信号的 SSB 信号的时域表达式：

$$s_{\mathrm{SSB}}(t)=\frac{1}{2}m(t)\cos\omega_{\mathrm{c}}t\mp\frac{1}{2}\hat{m}(t)\sin\omega_{\mathrm{c}}t \tag{2.1.10}$$

式中，$\hat{m}(t)$ 是 $m(t)$的希尔伯特变换。若 $M(\omega)$为 $m(t)$的傅里叶变换，则 $\hat{m}(t)$ 的傅里叶变换 $\hat{m}(\omega)$ 为

$$\hat{m}(\omega)=M(\omega)\cdot[-\mathrm{j}\,\mathrm{sgn}\,\omega] \tag{2.1.11}$$

式中，$\mathrm{sgn}\,\omega$ 为符号函数：

$$\mathrm{sgn}\,\omega=\begin{cases}1, & \omega>0\\ -1, & \omega<0\end{cases}$$

式（2.1.11）有明显的物理意义：让 $m(t)$通过传递函数为$-\mathrm{jsgn}\omega$ 的滤波器即可得到 $\hat{m}(t)$。由此可知，$-\mathrm{jsgn}\omega$ 即希尔伯特滤波器的传递函数，记为

$$H_{\mathrm{h}}(\omega)=\frac{\hat{M}(\omega)}{M(\omega)}=-\mathrm{j}\,\mathrm{sgn}\,\omega \tag{2.1.12}$$

上式表明，希尔伯特滤波器本质上就是一个宽带移相网络。当调制信号 $m(t)$幅度不变，并对输入信号的所有频率分量都移相 $\pi/2$ 时，则得到 $\hat{m}(t)$。

由式（2.1.10）可以得到 SSB 相移法的模型，如图 2.1.7 所示。

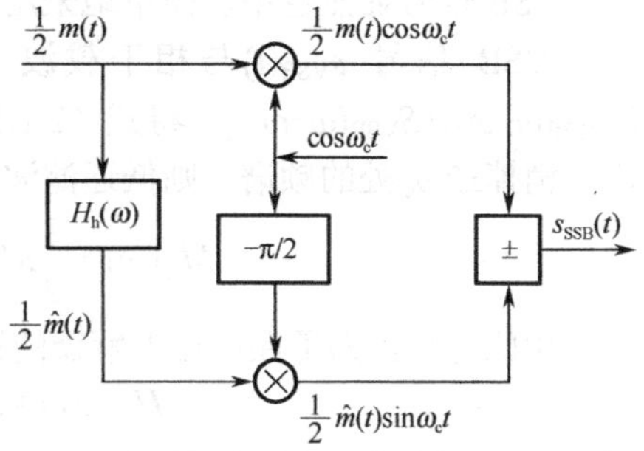

图 2.1.7　相移法形成 SSB 信号

2.1.4　残留边带调制

残留边带（VSB）调制是介于 SSB 与 DSB 之间的一种调制方式，它既克服了 DSB 信号占用频带宽的缺点，又解决了 SSB 信号实现上的难题。在 VSB 中，不是完全抑制一个边带（如同 SSB 中那样），而是逐渐切割，使其残留一小部分，如图 2.1.8 所示。

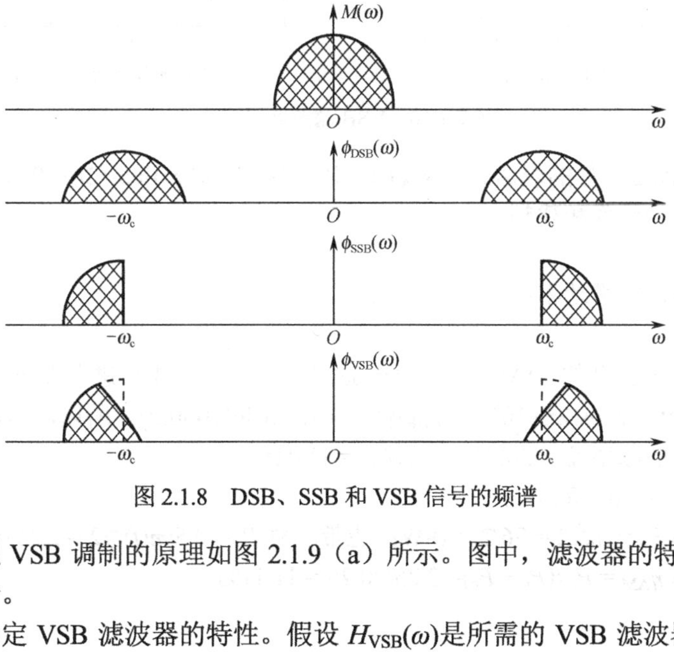

图 2.1.8　DSB、SSB 和 VSB 信号的频谱

用滤波法实现 VSB 调制的原理如图 2.1.9（a）所示。图中，滤波器的特性应按 VSB 调制的要求来进行设计。

现在我们来确定 VSB 滤波器的特性。假设 $H_{\mathrm{VSB}}(\omega)$是所需的 VSB 滤波器的传输特性。由

图 2.1.9（a）可知，VSB 信号的频谱为

$$S_{\mathrm{VSB}}(\omega)=\frac{1}{2}[M(\omega+\omega_{\mathrm{c}})+M(\omega-\omega_{\mathrm{c}})]H_{\mathrm{VSB}}(\omega) \tag{2.1.13}$$

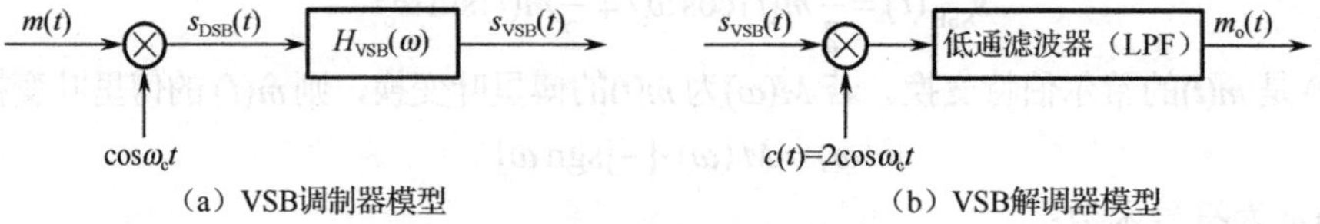

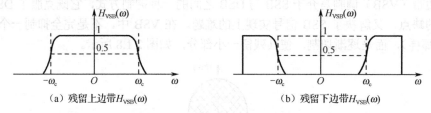

图 2.1.9　VSB 调制和解调器模型

为了确定式中 VSB 滤波器传输特性 $H_{\mathrm{VSB}}(\omega)$应满足的条件，我们来分析一下接收端是如何从该信号中恢复原基带信号的。

VSB 信号显然也不能简单地采用包络检波，而必须采用图 2.1.9（b）所示的相干解调。图中，VSB 信号 $s_{\mathrm{VSB}}(t)$与相干载波 $2\cos\omega_c t$ 的乘积为 $2s_{\mathrm{VSB}}(t)\cos\omega_c t$，它所对应的频谱为 $[S_{\mathrm{VSB}}(\omega+\omega_c)+S_{\mathrm{VSB}}(\omega-\omega_c)]$。将式（2.1.13）代入该频谱公式，并选择合适的低通滤波器的截止频率，消掉$\pm2\omega_c$处的频谱，则低通滤波器的输出频谱 $M_o(\omega)$为

$$M_{\mathrm{o}}(\omega)=\frac{1}{2}M(\omega)[H_{\mathrm{VSB}}(\omega+\omega_{\mathrm{c}})+H_{\mathrm{VSB}}(\omega-\omega_{\mathrm{c}})]$$

由此可知，为了保证相干解调的输出无失真地重现调制信号 $m(t)\Leftrightarrow M(\omega)$，必须要求

$$H_{\mathrm{VSB}}(\omega+\omega_{\mathrm{c}})+H_{\mathrm{VSB}}(\omega-\omega_{\mathrm{c}})=\text{常数}, |\omega|\leqslant\omega_{\mathrm{H}} \tag{2.1.14}$$

式中，ω_{H}是调制信号的最高角频率。

式（2.1.14）表明：VSB 滤波器传输特性 $H_{\mathrm{VSB}}(\omega)$在载频处具有互补对称（奇对称）的特性。满足上式的 $H_{\mathrm{VSB}}(\omega)$的可能形式有两种：图 2.1.10（a）所示的低通滤波器形式和图 2.1.10（b）所示的带通（或高通）滤波器形式。

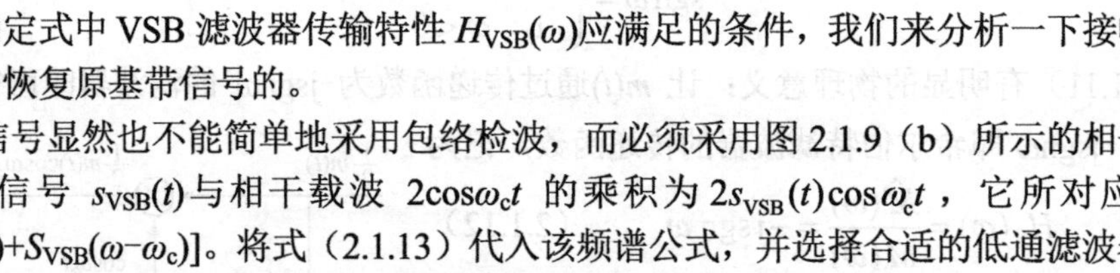

图 2.1.10　VSB 滤波器传输特性

例 2.1.1　某 AM 信号的表达式为 $s_{\mathrm{AM}}(t)=[6+3\sin(1000\pi t)]\cos(2\pi\times10^6 t)$，试求：

（1）调制信号的频率和载频；

（2）调制度；

（3）载波功率、边带功率；

（4）调制效率。

解：将本题中给出的 AM 信号的表达式与式（2.1.3）进行比较可知，载波信号 $c(t)=A_0\cos(2\pi\times10^6 t)\mathrm{V}=6\cos(2\pi\times10^6 t)$，调制信号 $m(t)=3\sin(1000\pi t)$。所以，即可得到如下结论。

（1）调制信号的频率 $f_{\mathrm{m}}=500\mathrm{Hz}$，载频 $f_{\mathrm{c}}=1\mathrm{MHz}$。

（2）调制度 $m=3/6=0.5$。

（3）载波功率 $P_{\mathrm{c}}=A_0^2/2=36/2=18\mathrm{W}$；边带功率 $P_{\mathrm{s}}=0.5|m(t)|^2/2=2.25\mathrm{W}$。

（4）调制效率 $\eta_{\mathrm{AM}}=P_{\mathrm{s}}/(P_{\mathrm{s}}+P_{\mathrm{c}})=2.25/20.25=11.11\%$。

2.1.5　相干解调与包络检波

解调是调制的逆过程，其作用是从接收的已调信号中恢复出原基带信号（调制信号）。解调的方法有相干解调和非相干解调（如包络检波）两类。

1．相干解调

相干解调也叫同步检波。相干解调器的一般模型如图 2.1.11 所示，它由相乘器和低通滤波器组成。相干解调适用于所有线性调制信号的解调。

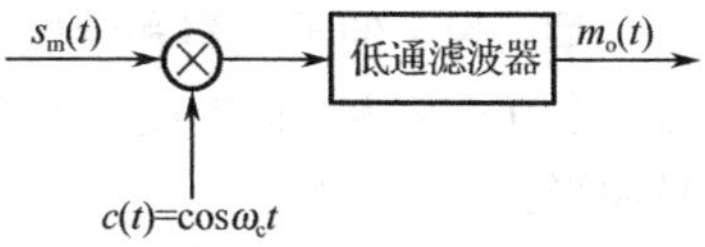

图 2.1.11　相干解调器的一般模型

对于式（2.1.7）所示的 DSB 信号：

$$s_{DSB}(t)=m(t)\cos\omega_c t$$

将其乘以与调制载波同频同相的载波（称为相干载波）后，得到

$$s_{DSB}(t)\cdot\cos\omega_c t=m(t)\cdot\cos^2\omega_c t=\frac{1}{2}m(t)(1+\cos 2\omega_c t)$$

经低通滤波器滤掉 $2\omega_c$ 分量后，得到解调输出：

$$m_o(t)=\frac{1}{2}m(t) \tag{2.1.15}$$

式（2.1.10）所示的 SSB 信号与相干载波相乘后得

$$s_{SSB}(t)\cos\omega_c t=\frac{1}{4}m(t)+\frac{1}{4}m(t)\cos 2\omega_c t\mp\frac{1}{4}\hat{m}(t)\sin 2\omega_c t$$

经低通滤波后，解调输出为

$$m_o(t)=\frac{1}{4}m(t) \tag{2.1.16}$$

应当指出的是，相干解调的关键是必须在已调信号接收端产生与信号载波同频同相的本地载波，否则相干解调后将会使原始基带信号减弱，甚至带来严重失真。这在传输数字信号时尤为严重。

2．包络检波

包络检波器一般由半波或全波整流器和低通滤波器组成。包络检波属于非相干解调，广播接收机中多采用此法。二极管峰值包络检波器如图 2.1.12 所示，它由二极管 V_D 和低通滤波器组成。

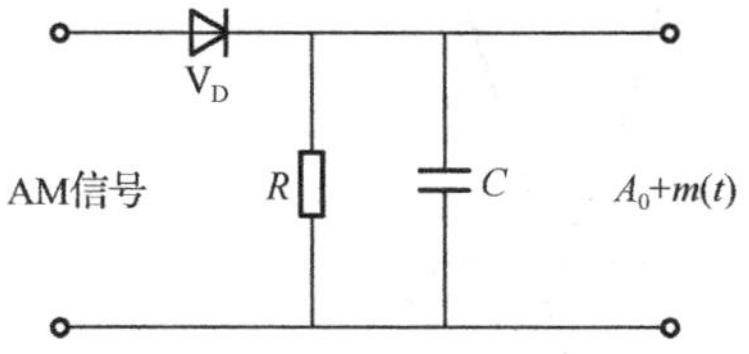

图 2.1.12　二极管峰值包络检波器

设输入信号是 AM 信号：

$$s_{AM}(t)=[A_0+m(t)]\cos\omega_c t$$

在大信号检波时（一般大于 0.5V），二极管处于受控的开关状态。选择 R、C，使其满足如下关系：

$$f_H\ll\frac{1}{RC}\ll f_c \tag{2.1.17}$$

式中，f_H 是调制信号的最高频率，f_c 是载频。在满足式（2.1.17）的条件下，检波器的输出近似为

$$m_o(t)=A_0+m(t) \tag{2.1.18}$$

可见，包络检波器就是从已调波的幅度中提取原基带调制信号，其结构简单，且解调输出是相干解调输出的 2 倍。因此，AM 信号一般都采用包络检波。

需要注意的是，由于 DSB、SSB 和 VSB 信号均是抑制载波的已调信号，其包络不完全载有调制信号的信息，因而不能采用简单的包络检波方法解调。但若插入很强的载波，则仍可用包络检波的方法解调。为了保证检波质量，插入的载波振幅应远大于信号的振幅，同时也要求

插入的载波与调制载波同频同相。

2.1.6 AM 信号的 MATLAB 仿真

利用 MATLAB 软件对常规 AM 进行仿真，有助于理解 AM 的工作原理。下面举例说明。

例 2.1.2 利用 MATLAB 软件画出调制度分别为 50%和 100%的 AM 信号波形。

解：为了便于观察和绘图，做如下假设：（1）用 1Hz 的正弦信号去调制 10Hz 的载波信号；（2）在 0～2s 内，调制度为 50%，而在 2～4s 内，调制度为 100%；（3）画出 0～4s 内的 AM 信号波形。

下面直接给出主要的 MATLAB 代码及注释。

```
fc = 10;                      %载波频率为10Hz
fa = 1;                       %调制信号的频率为1Hz
Ta = 1/fa;
dt = 4*Ta/800;
wc = 2*pi*fc;
wa = 2*pi*fa;
t = 0:dt:4*Ta;
x = cos(wa*t);                %正弦调制信号
x = x(:);
% 前两个AM信号的调制度为50%，而后两个AM信号的调制度为100%
temp1 = zeros(length(t),1);
for (i = 1:1:length(t))
  if (t(i) >= 2*Ta)
    temp1(i) = 1;
  end;
end;
m = 0.5*(1+temp1).*x;
carrier = cos(wc*t);          %正弦载波
carrier = carrier(:);
s = (1+m).*carrier;           %AM信号
```

图 2.1.13 给出了仿真结果。

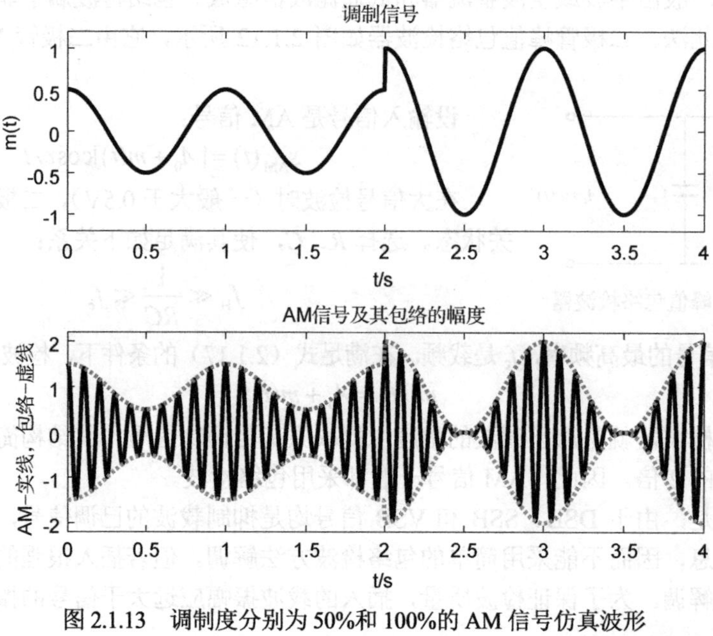

图 2.1.13 调制度分别为 50%和 100%的 AM 信号仿真波形

例 2.1.3　利用 MATLAB 软件绘制上单边带（USB）信号的波形。

解：为了方便起见，做如下假设：（1）用 1Hz 的正弦信号去调制 4Hz 的载波信号；（2）在 0～2s 内，画出 USB 信号的波形。

下面给出主要的 MATLAB 代码及注释。

```
Ac = 1                    %载波幅度
fc = 4;                   %载频为 4Hz
fa = 1;                   %调制信号的频率为 1Hz
Ta = 1/fa;
dt = 2*Ta/200;
wc = 2*pi*fc;
wa = 2*pi*fa;
t = 0:dt:2*Ta;
%正弦调制信号
x = sin(wa*t);
x = x(:);
%希尔伯特变换
y = -cos(wa*t);
y = y(:);
carrierx = cos(wc*t);
carrierx = carrierx(:);
carriery = sin(wc*t);
carriery = carriery(:);
%利用式 (2.1.10)，计算 USB 的波形
s = Ac*(x.*carrierx - y.*carriery)
```

图 2.1.14 给出了仿真结果。

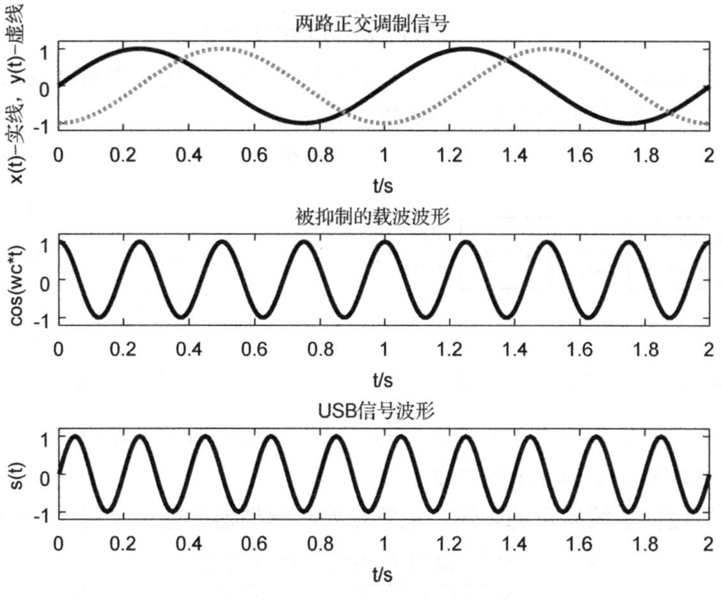

图 2.1.14　USB 信号的仿真结果

2.2　线性调制系统的抗噪声性能分析

抗噪声性能是通信系统的重要指标参数，是我们在实际应用中合理选择调制方式的重要依

据，因此，本节将集中分析和讨论 2.1 节论述的调幅（线性调制）系统的抗噪声性能。首先，我们提出分析线性调制系统抗噪声性能的通用模型，然后以此为依据分别对 DSB 和 SSB 调制系统相干解调的抗噪声性能和普通调幅信号包络检波的抗噪声性能进行分析。

2.2.1 分析模型

上述调幅与解调原理的论述都是在假设无噪声条件下进行的。但是，实际的通信系统都避免不了噪声的影响。由信道和噪声理论可知，通信系统把信道加性噪声中的起伏噪声作为研究对象。起伏噪声又可视为高斯白噪声。下面我们将讨论信道中存在加性高斯白噪声时，各种线性调制系统的抗噪声性能。

评价线性调制系统抗噪声性能的标准是解调器输出信号的信噪比。为了比较不同线性调制方式的抗噪声性能，我们采用一个统一的解调数学模型，如图 2.2.1 所示。

图 2.2.1 中，$s_m(t)$为已调信号，$n(t)$为信道加性高斯白噪声。带通滤波器的作用是滤除已调信号频带以外的噪声，因此，解调器输入端的信号形式仍可认为是 $s_m(t)$（注意，实际中有一定的功率损耗），而噪声为 $n_i(t)$。解调器输出的有用信号为 $m_o(t)$，噪声为 $n_o(t)$。

对于不同的调制系统，将有不同形式的信号 $s_m(t)$，但解调器输入端噪声 $n_i(t)$的形式是相同的，它是由零均值平稳高斯白噪声经过带通滤波器而得到的。当带通滤波器的带宽远小于其中心频率而为 ω_c 时，$n_i(t)$即平稳高斯窄带噪声，它可表示为

$$n_i(t) = n_c(t)\cos\omega_c t - n_s(t)\sin\omega_c t \tag{2.2.1}$$

或者

$$n_i(t) = U(t)\cos[\omega_c t + \theta(t)] \tag{2.2.2}$$

由随机过程知识可知，窄带噪声 $n_i(t)$及其同相分量 $n_c(t)$和正交分量 $n_s(t)$的均值都为 0，且具有相同的方差和平均功率，即

$$\overline{n_i^2(t)} = \overline{n_c^2(t)} = \overline{n_s^2(t)} = N_i \tag{2.2.3}$$

式中，N_i 为解调器输入噪声 $n_i(t)$的平均功率。若白噪声的双边功率谱密度为 n_0，带通滤波器传输特性是高度为 1，带宽为 B 的理想矩形函数（见图 2.2.2），则

$$N_i = n_0 B \tag{2.2.4}$$

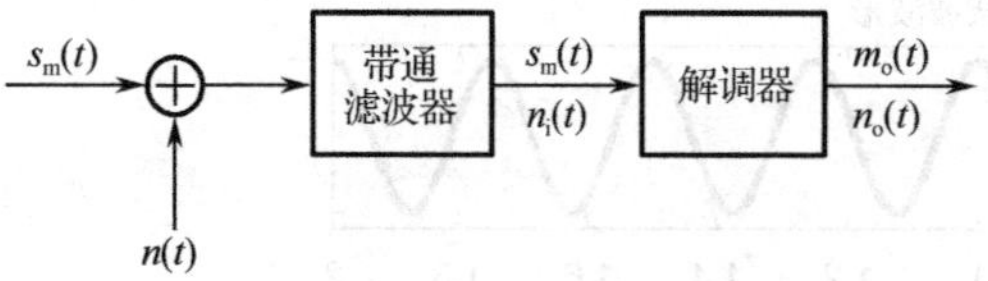

图 2.2.1 解调器抗噪声性能分析模型

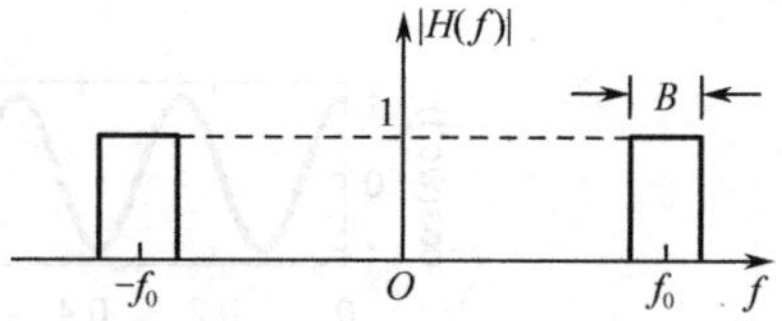

图 2.2.2 带通滤波器的传输特性

为了使已调信号无失真地进入解调器，同时又最大限度地抑制噪声，带宽 B 应等于已调信号的带宽，当然也是窄带噪声 $n_i(t)$的带宽。

评价一个模拟通信系统质量的好坏，最终是要看解调器的输出信噪比。输出信噪比定义为

$$\frac{S_o}{N_o} = \frac{\text{解调器输出有用信号的平均功率}}{\text{解调器输出噪声的平均功率}} = \frac{\overline{m_o^2(t)}}{\overline{n_o^2(t)}} \tag{2.2.5}$$

输出信噪比与调制方式有关，也与解调方式有关。因此在已调信号平均功率相同，而且信道噪声功率谱密度也相同的情况下，输出信噪比反映了系统的抗噪声性能。

为了便于比较同类调制系统采用不同解调器时的性能，还可用输出信噪比和输入信噪比的比值来表示抗噪声性能，即

$$G = \frac{S_o/N_o}{S_i/N_i} \tag{2.2.6}$$

这个比值 G 称为调制制度增益或信噪比增益。式中，S_i/N_i 为输入信噪比，定义为

$$\frac{S_i}{N_i} = \frac{\text{解调器输入信号的平均功率}}{\text{解调器输入噪声的平均功率}} = \frac{\overline{s_m^2(t)}}{\overline{n_i^2(t)}} \tag{2.2.7}$$

下面简单介绍各种调制系统的抗噪声性能。

2.2.2　线性调制系统相干解调的抗噪声性能

在分析 DSB、SSB、VSB 调制系统的抗噪声性能时，模型中的解调器为相干解调器，如图 2.2.3 所示。

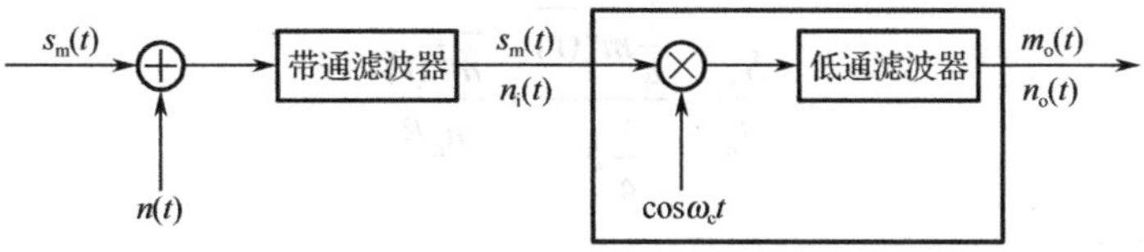

图 2.2.3　线性调制系统相干解调的抗噪声性能分析模型

1．DSB 调制系统的性能

设解调器的输入信号为

$$s_m(t) = m(t)\cos\omega_c t \tag{2.2.8}$$

与相干载波 $\cos\omega_c t$ 相乘后，得

$$m(t)\cos^2\omega_c t = \frac{1}{2}m(t) + \frac{1}{2}m(t)\cos 2\omega_c t$$

经低通滤波器后，输出信号为

$$m_o(t) = \frac{1}{2}m(t) \tag{2.2.9}$$

因此，解调器输出有用信号的平均功率为

$$S_o = \overline{m_o^2(t)} = \frac{1}{4}\overline{m^2(t)} \tag{2.2.10}$$

解调 DSB 时，接收机中带通滤波器的中心角频率 ω_0 与调制载波角频率 ω_c 相同，因此解调器输入端的噪声 $n_i(t)$可表示为

$$n_i(t) = n_c(t)\cos\omega_c t - n_s(t)\sin\omega_c t \tag{2.2.11}$$

它与相干载波 $\cos\omega_c t$ 相乘后，得

$$\begin{aligned} n_i(t)\cos\omega_c t &= [n_c(t)\cos\omega_c t - n_s(t)\sin\omega_c t]\cos\omega_c t \\ &= \frac{1}{2}n_c(t) + \frac{1}{2}[n_c(t)\cos 2\omega_c t - n_s(t)\sin 2\omega_c t] \end{aligned}$$

经低通滤波器后，解调器最终的输出噪声为

$$n_o(t) = \frac{1}{2}n_c(t) \tag{2.2.12}$$

故输出噪声的平均功率为

$$N_o = \overline{n_o^2(t)} = \frac{1}{4}\overline{n_c^2(t)} \tag{2.2.13}$$

根据式（2.2.3）和式（2.2.4），则有

$$N_o = \frac{1}{4}\overline{n_i^2(t)} = \frac{1}{4}N_i = \frac{1}{4}n_0 B \tag{2.2.14}$$

这里，带通滤波器的带宽 $B=2f_H$，为双边带信号的带宽。

解调器输入信号的平均功率为

$$S_i = \overline{s_m^2(t)} = \overline{[m(t)\cos\omega_c t]^2} = \frac{1}{2}\overline{m^2(t)} \tag{2.2.15}$$

由式（2.2.15）及式（2.2.4）可得解调器的输入信噪比为

$$\frac{S_i}{N_i} = \frac{\frac{1}{2}\overline{m^2(t)}}{n_0 B} \tag{2.2.16}$$

又根据式（2.2.10）及式（2.2.14）可得解调器的输出信噪比为

$$\frac{S_o}{N_o} = \frac{\frac{1}{4}\overline{m^2(t)}}{\frac{1}{4}N_i} = \frac{\overline{m^2(t)}}{n_0 B} \tag{2.2.17}$$

因而调制制度增益为

$$G_{DSB} = \frac{S_o/N_o}{S_i/N_i} = 2 \tag{2.2.18}$$

所以，DSB 调制系统的调制制度增益为 2，即 DSB 信号解调器使信噪比改善 1 倍。这是因为采用同步解调，导致输入噪声中的一个正交分量 $n_s(t)$ 被消除。

2. SSB 调制系统的性能

SSB 信号的解调方法与 DSB 信号相同，其区别仅在于解调器之前的带通滤波器的带宽和中心频率不同。因此，SSB 信号解调器的输出噪声与输入噪声的平均功率可由式（2.2.14）给出，即

$$N_o = \frac{1}{4}N_i = \frac{1}{4}n_0 B \tag{2.2.19}$$

这里，$B=f_H$ 为单边带的带通滤波器的带宽。对于 SSB 信号解调器的输入信号与输出有用信号的平均功率，不能简单地照搬 DSB 信号解调器的结果。这是因为 SSB 信号的表达式与 DSB 信号的不同。SSB 信号的表达式由式（2.1.10）给出，即

$$s_m(t) = \frac{1}{2}m(t)\cos\omega_c t \mp \frac{1}{2}\hat{m}(t)\sin\omega_c t \tag{2.2.20}$$

与相干载波相乘后，再经低通滤波器后可得解调器输出信号为

$$m_o(t) = \frac{1}{4}m(t) \tag{2.2.21}$$

因此，输出有用信号的平均功率为

$$S_o = \overline{m_o^2(t)} = \frac{1}{16}\overline{m^2(t)} \tag{2.2.22}$$

输入信号的平均功率为

$$S_i = \overline{s_m^2(t)} = \frac{1}{4}\overline{[m(t)\cos\omega_c t \mp \hat{m}(t)\sin\omega_c t]^2}$$
$$= \frac{1}{4}\left[\frac{1}{2}\overline{m^2(t)} + \frac{1}{2}\overline{\hat{m}^2(t)}\right]$$

因为 $\hat{m}(t)$ 与 $m(t)$ 幅度相同，所以两者具有相同的平均功率，故上式变为

$$S_i = \frac{1}{4}\overline{m^2(t)} \tag{2.2.23}$$

于是，SSB 信号解调器的输入信噪比为

$$\frac{S_{\mathrm{i}}}{N_{\mathrm{i}}}=\frac{\frac{1}{4}\overline{m^2(t)}}{n_0B}=\frac{\overline{m^2(t)}}{4n_0B} \tag{2.2.24}$$

输出信噪比为

$$\frac{S_{\mathrm{o}}}{N_{\mathrm{o}}}=\frac{\frac{1}{16}\overline{m^2(t)}}{\frac{1}{4}n_0B}=\frac{\overline{m^2(t)}}{4n_0B} \tag{2.2.25}$$

因而调制制度增益为

$$G_{\mathrm{SSB}}=\frac{S_{\mathrm{o}}/N_{\mathrm{o}}}{S_{\mathrm{i}}/N_{\mathrm{i}}}=1 \tag{2.2.26}$$

比较式（2.2.18）与式（2.2.26）可知，$G_{\mathrm{DSB}}=2G_{\mathrm{SSB}}$。这是否说明 DSB 调制系统的抗噪声性能比 SSB 调制系统好呢？回答是否定的。对比式（2.2.15）和式（2.2.23）可知，在上述讨论中，DSB 已调信号的平均功率是 SSB 信号的 2 倍，所以两者的输出信噪比是在不同的输入信号平均功率情况下得到的。如果我们在相同输入信号平均功率 S_{i}、相同噪声功率谱密度 n_0、相同基带信号带宽 f_{H} 条件下，对这两种调制方式进行比较，可以发现它们的输出信噪比是相等的。因此两者的抗噪声性能是相同的，但 DSB 信号所需的传输带宽是 SSB 信号的 2 倍。

VSB 调制系统抗噪声性能的分析方法与 SSB 调制系统相似，可以近似认为 VSB 调制系统的抗噪声性能与 SSB 调制系统的相同。

2.2.3　AM 信号包络检波的抗噪声性能

AM 信号可采用相干解调和包络检波。相干解调时，AM 系统的性能分析方法与前面 DSB（或 SSB）系统的相同。实际中，AM 信号常用简单的包络检波法解调，此时，图 2.2.1 模型中的解调器为包络检波器，如图 2.2.4 所示。

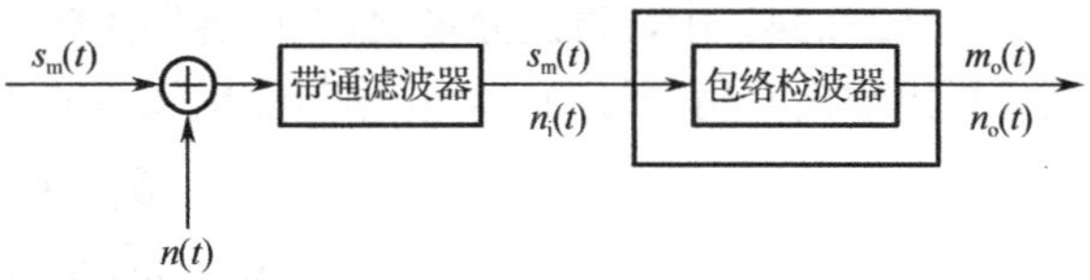

图 2.2.4　AM 信号包络检波的抗噪声性能分析模型

设解调器的输入信号为

$$s_{\mathrm{m}}(t)=[A_0+m(t)]\cos\omega_{\mathrm{c}}t \tag{2.2.27}$$

这里仍假设调制信号 $m(t)$ 的均值为 0，且满足条件 $|m(t)|_{\max}\leqslant A_0$。

输入噪声为

$$n_{\mathrm{i}}(t)=n_{\mathrm{c}}(t)\cos\omega_{\mathrm{c}}t-n_{\mathrm{s}}(t)\sin\omega_{\mathrm{c}}t \tag{2.2.28}$$

则解调器输入信号的平均功率 S_{i} 和输入噪声的平均功率 N_{i} 分别为

$$S_{\mathrm{i}}=\overline{s_{\mathrm{m}}^2(t)}=\frac{A_0^2}{2}+\frac{\overline{m^2(t)}}{2} \tag{2.2.29}$$

$$N_{\mathrm{i}}=\overline{n_{\mathrm{i}}^2(t)}=n_0B \tag{2.2.30}$$

则输入信噪比为

$$\frac{S_{\mathrm{i}}}{N_{\mathrm{i}}}=\frac{A_0^2+\overline{m^2(t)}}{2n_0B} \tag{2.2.31}$$

由于解调器输入的是信号加噪声的混合波形，即

$$\begin{aligned}s_{\mathrm{m}}(t)+n_{\mathrm{i}}(t)&=[A_0+m(t)+n_{\mathrm{c}}(t)]\cos\omega_{\mathrm{c}}t-n_{\mathrm{s}}(t)\sin\omega_{\mathrm{c}}t\\&=E(t)\cos[\omega_{\mathrm{c}}t+\psi(t)]\end{aligned}$$

其中，合成包络为

$$E(t)=\sqrt{[A_0+m(t)+n_c(t)]^2+n_s^2(t)} \tag{2.2.32}$$

合成相位为

$$\psi(t)=\arctan\left[\frac{n_s(t)}{A_0+m(t)+n_c(t)}\right] \tag{2.2.33}$$

则理想包络检波器的输出就是$E(t)$。由式（2.2.32）可知，$E(t)$中的信号和噪声存在非线性关系。因此，计算输出信噪比是一件困难的事。我们来考虑两种特殊情况。

1．大信噪比情况

此时，输入信号幅度远大于噪声幅度，即

$$[A_0+m(t)]\gg\sqrt{n_c^2(t)+n_s^2(t)}$$

因而式（2.2.32）可简化为

$$\begin{aligned}E(t)&=\sqrt{[A_0+m(t)]^2+2[A_0+m(t)]n_c(t)+n_c^2(t)+n_s^2(t)}\\&\approx\sqrt{[A_0+m(t)]^2+2[A_0+m(t)]n_c(t)}\\&\approx[A_0+m(t)]\left[1+\frac{2n_c(t)}{A_0+m(t)}\right]^{1/2}\\&\approx[A_0+m(t)]\left[1+\frac{n_c(t)}{A_0+m(t)}\right]\\&=A_0+m(t)+n_c(t)\end{aligned} \tag{2.2.34}$$

这里利用了近似公式：

$$(1+x)^{\frac{1}{2}}\approx1+\frac{x}{2},\quad |x|\ll1$$

式（2.2.34）中，直流分量A_0被电容器阻隔，有用信号与噪声独立地分成两项，因而可分别计算出输出有用信号的平均功率与输出噪声的平均功率：

$$S_o=\overline{m^2(t)} \tag{2.2.35}$$

$$N_o=\overline{n_c^2(t)}=\overline{n_i^2(t)}=n_0B \tag{2.2.36}$$

则输出信噪比为

$$\frac{S_o}{N_o}=\frac{\overline{m^2(t)}}{n_0B} \tag{2.2.37}$$

由式（2.2.31）和式（2.2.37）可得调制制度增益为

$$G_{AM}=\frac{S_o/N_o}{S_i/N_i}=\frac{2\overline{m^2(t)}}{A_0^2+\overline{m^2(t)}} \tag{2.2.38}$$

显然，AM信号的调制制度增益G_{AM}随A_0的减小而增大。但对包络检波器来说，为了不发生过调制现象，应有$A_0\geqslant|m(t)|_{max}$，所以G_{AM}总是小于1。例如，当为100%的调制（即$A_0=|m(t)|_{max}$）且$m(t)$是正弦信号时，有$\overline{m^2(t)}=\frac{A_0^2}{2}$，代入式（2.2.38），可得

$$G_{AM}=\frac{2}{3} \tag{2.2.39}$$

可以证明，若采用同步检波法解调AM信号，则得到的调制制度增益G_{AM}与式（2.2.38）给出的结果相同。由此可见，对于AM调制系统，在大信噪比的情况下，采用包络检波器解调

时的性能与同步检波器时的性能几乎一样。但应该注意，后者的调制制度增益不受信号与噪声相对幅度假设条件的限制。

2. 小信噪比情况

小信噪比指噪声幅度远大于信号幅度，即

$$[A_0+m(t)] \ll \sqrt{n_c^2(t)+n_s^2(t)}$$

这时式（2.2.32）变成

$$\begin{aligned}E(t)&=\sqrt{[A_0+m(t)]^2+n_c^2(t)+n_s^2(t)+2n_c(t)[A_0+m(t)]}\\&\approx\sqrt{n_c^2(t)+n_s^2(t)+2n_c(t)[A_0+m(t)]}\\&=\sqrt{\left[n_c^2(t)+n_s^2(t)\right]\left\{1+\frac{2n_c(t)[A_0+m(t)]}{n_c^2(t)+n_s^2(t)}\right\}}\\&=R(t)\sqrt{1+\frac{2[A_0+m(t)]}{R(t)}\cos\theta(t)}\end{aligned} \tag{2.2.40}$$

其中，$R(t)$及 $\theta(t)$代表噪声 $n_i(t)$的包络及相位，表达式分别为

$$R(t)=\sqrt{n_c^2(t)+n_s^2(t)}$$

$$\theta(t)=\arctan\left[\frac{n_s(t)}{n_c(t)}\right]$$

$$\cos\theta(t)=\frac{n_c(t)}{R(t)}$$

因为 $R(t) \gg [A_0+m(t)]$，所以利用数学近似式 $(1+x)^{\frac{1}{2}} \approx 1+\frac{x}{2}$（$|x| \ll 1$时）可进一步将 $E(t)$ 近似表示为

$$\begin{aligned}E(t)&\approx R(t)\left[1+\frac{A_0+m(t)}{R(t)}\cos\theta(t)\right]\\&\approx R(t)+[A_0+m(t)]\cos\theta(t)\end{aligned} \tag{2.2.41}$$

这时，$E(t)$中没有单独的信号项，只有受到 $\cos\theta(t)$调制的 $m(t)\cos\theta(t)$项。由于 $\cos\theta(t)$是一个随机噪声，因而，有用信号 $m(t)$被噪声扰乱，致使 $m(t)\cos\theta(t)$也只能看作噪声。因此，输出信噪比急剧下降，这种现象称为解调器的门限效应。开始出现门限效应的输入信噪比称为门限值。这种门限效应是由包络检波器的非线性解调作用引起的。

需要说明的是，用相干解调的方法解调各种线性调制信号时不存在门限效应，原因是信号与噪声可分别进行解调，解调器输出端总是单独存在有用信号项。

由以上分析可得如下结论，在大信噪比情况下，AM 信号包络检波器的抗噪声性能几乎与相干解调相同。但随着输入信噪比的减小，包络检波器将在一个特定输入信噪比值上出现门限效应。一旦出现门限效应，解调器的输出信噪比将急剧恶化。

2.3　非线性调制的原理

正弦载波信号的三个参数是幅度、频率和相位，都可以用基带信号去调节和改变这些参数。2.1 节讨论的便是基带信号调制载波幅度的情况，即调幅（AM）。用基带信号控制正弦载波信号的频率，使之随基带信号大小变化而变化，称之为频率调制，简称调频（FM）；用基带信号控制正弦载波信号的相位，使之随基带信号大小变化而变化，称之为相位调制，简称调相（PM）。

这两种调制中，载波的振幅都保持恒定，而频率和相位都随调制信号的变化而变化。由于这两种情况最终都是改变载波信号的角度，因而合称角度调制，即角度调制（简称调角）是频率调制和相位调制的总称。对于角度调制，已调信号频谱不再是原调制信号频谱的线性搬移，而是频谱的非线性变换，故又称为非线性调制。与幅度调制相比，角度调制最突出的优势是具有较高的抗噪声性能。

2.3.1 角度调制的基本概念

角度调制的载波信号的一般表达式为

$$s_{\mathrm{m}}(t)=A\cos[\omega_{\mathrm{c}}t+\varphi(t)] \tag{2.3.1}$$

所谓调相，是指瞬时相位偏移随调制信号 $m(t)$ 做线性变化，即

$$\varphi(t)=K_{\mathrm{p}}m(t) \tag{2.3.2}$$

式中，K_{p} 是调相灵敏度，单位是 rad/V。将式（2.3.2）代入式（2.3.1）中，则可得调相信号为

$$s_{\mathrm{PM}}(t)=A\cos[\omega_{\mathrm{c}}t+K_{\mathrm{p}}m(t)] \tag{2.3.3}$$

所谓调频，是指瞬时频率偏移随调制信号 $m(t)$ 做线性变化，即

$$\frac{\mathrm{d}\varphi(t)}{\mathrm{d}t}=K_{\mathrm{f}}m(t) \tag{2.3.4}$$

式中，K_{f} 是调频灵敏度，单位是 rad/(s·V)。这时相位偏移为

$$\varphi(t)=K_{\mathrm{f}}\int m(\tau)\mathrm{d}\tau \tag{2.3.5}$$

代入式（2.3.1），则可得调频信号为

$$s_{\mathrm{FM}}(t)=A\cos\left[\omega_{\mathrm{c}}t+K_{\mathrm{f}}\int m(\tau)\mathrm{d}\tau\right] \tag{2.3.6}$$

由式（2.3.3）和式（2.3.6）可知，调相与调频的区别仅在于，调相是相位偏移随调制信号 $m(t)$ 呈线性变化，调频是相位偏移随 $m(t)$ 的积分呈线性变化。若预先不知道调制信号 $m(t)$ 的具体形式，则无法判断已调信号是调相信号还是调频信号。

由式（2.3.3）和式（2.3.6）还可以看出，由于频率和相位之间存在微分与积分的关系，因此调频与调相之间可以相互转换。若将调制信号先微分，而后进行调频，则得到的是调相信号，这种方式叫作间接调相；若将调制信号先积分，而后进行调相，则得到的是调频信号，这种方式叫作间接调频。直接调相和间接调相如图 2.3.1 所示，直接调频和间接调频如图 2.3.2 所示。

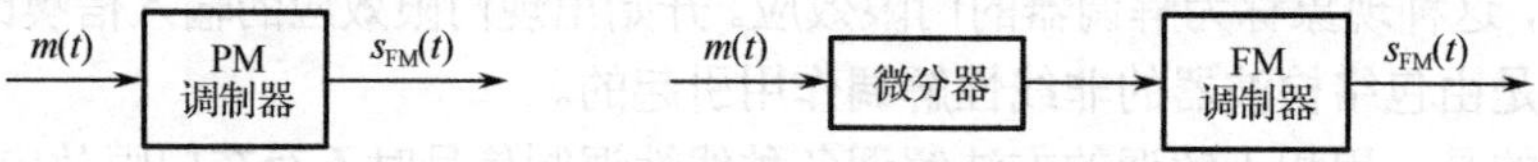

（a）直接调相　　（b）间接调相

图 2.3.1　直接调相和间接调相

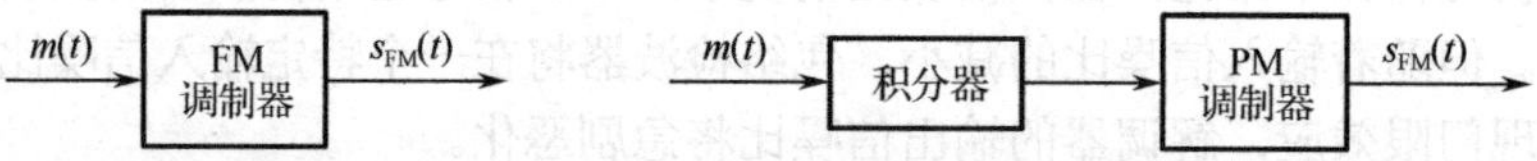

（a）直接调频　　（b）间接调频

图 2.3.2　直接调频和间接调频

2.3.2 窄带调频与宽带调频

前面已经指出，频率调制属于非线性调制，其频谱结构非常复杂，难以表述。但是，当最大相位偏移及相应的最大频率偏移较小时，即一般认为满足

$$\left|K_{\mathrm{f}}\int m(\tau)\mathrm{d}\tau\right| \ll \frac{\pi}{6}\text{（或0.5）} \tag{2.3.7}$$

时，式（2.3.6）可以得到简化，因此可求出它的任意调制信号的频域表达式。这时，信号占据带宽窄，属于窄带调频（NBFM）。反之，属于宽带调频（WBFM）。

1. 窄带调频

调频信号的一般表达式为

$$s_{\mathrm{FM}}(t)=A\cos\left[\omega_{\mathrm{c}}t+K_{\mathrm{f}}\int m(\tau)\mathrm{d}\tau\right]$$

为方便起见，假设 A=1，有

$$\begin{aligned}s_{\mathrm{NBFM}}(t)&=\cos\left[\omega_{\mathrm{c}}t+K_{\mathrm{f}}\int m(\tau)\mathrm{d}\tau\right]\\&=\cos\omega_{\mathrm{c}}t\cos\left[K_{\mathrm{f}}\int m(\tau)\mathrm{d}\tau\right]-\sin\omega_{\mathrm{c}}t\sin\left[K_{\mathrm{f}}\int m(\tau)\mathrm{d}\tau\right]\end{aligned} \tag{2.3.8}$$

当式（2.3.7）满足时，有如下近似关系式成立：

$$\cos\left[K_{\mathrm{f}}\int m(\tau)\mathrm{d}\tau\right]\approx 1$$

$$\sin\left[K_{\mathrm{f}}\int m(\tau)\mathrm{d}\tau\right]\approx K_{\mathrm{f}}\int m(\tau)\mathrm{d}\tau$$

则式（2.3.8）可简化为

$$s_{\mathrm{NBFM}}(t)\approx\cos\omega_{\mathrm{c}}t-\left[K_{\mathrm{f}}\int m(\tau)\mathrm{d}\tau\right]\sin\omega_{\mathrm{c}}t \tag{2.3.9}$$

利用以下傅里叶变换对：

$$m(t)\Leftrightarrow M(\omega)$$

$$\cos\omega_{\mathrm{c}}t\Leftrightarrow\pi[\delta(\omega+\omega_{\mathrm{c}})+\delta(\omega-\omega_{\mathrm{c}})]$$

$$\sin\omega_{\mathrm{c}}t\Leftrightarrow\mathrm{j}\pi[\delta(\omega+\omega_{\mathrm{c}})-\delta(\omega-\omega_{\mathrm{c}})]$$

$$\int m(t)\mathrm{d}t\Leftrightarrow\frac{M(\omega)}{\mathrm{j}\omega}\text{（设 }m(t)\text{的均值为 0）}$$

$$\left[\int m(t)\mathrm{d}t\right]\sin\omega_{\mathrm{c}}t\Leftrightarrow\frac{1}{2}\left[\frac{M(\omega+\omega_{\mathrm{c}})}{\omega+\omega_{\mathrm{c}}}-\frac{M(\omega-\omega_{\mathrm{c}})}{\omega-\omega_{\mathrm{c}}}\right]$$

可得 NBFM 信号的频域表达式为

$$\begin{aligned}S_{\mathrm{NBFM}}(\omega)=&\pi[\delta(\omega+\omega_{\mathrm{c}})-\delta(\omega-\omega_{\mathrm{c}})]\\&+\frac{K_{\mathrm{f}}}{2}\left[\frac{M(\omega-\omega_{\mathrm{c}})}{\omega-\omega_{\mathrm{c}}}-\frac{M(\omega+\omega_{\mathrm{c}})}{\omega+\omega_{\mathrm{c}}}\right]\end{aligned} \tag{2.3.10}$$

式（2.3.9）和式（2.3.10）是 NBFM 信号的时域和频域的一般表达式。将式（2.3.10）与式（2.1.4）表述的 AM 信号的频谱进行比较，可以清楚地看出两种调制的相似性和不同之处。两者都含有一个载波和位于 $\pm\omega_{\mathrm{c}}$ 处的两个边带，所以它们的带宽相同，都是调制信号最高频率的两倍。不同的是，NBFM 信号的两个边频分别乘了因式 $\frac{1}{\omega-\omega_{\mathrm{c}}}$ 和 $\frac{1}{\omega+\omega_{\mathrm{c}}}$，由于因式是频率的函数，因而这种加权是频率加权，加权的结果引起调制信号频谱的失真。另外，NBFM 有一边带和 AM 反相。

以单音调制为例，设调制信号为

$$m(t)=A_{\mathrm{m}}\cos\omega_{\mathrm{m}}t$$

则 NBFM 信号为

$$\begin{aligned} s_{\mathrm{NBFM}}(t) &\approx \cos\omega_{\mathrm{c}}t-\left[K_{\mathrm{f}}\int m(\tau)\mathrm{d}\tau\right]\sin\omega_{\mathrm{c}}t \\ &=\cos\omega_{\mathrm{c}}t-A_{\mathrm{m}}K_{\mathrm{f}}\frac{1}{\omega_{\mathrm{m}}}\sin\omega_{\mathrm{m}}t\sin\omega_{\mathrm{c}}t \\ &=\cos\omega_{\mathrm{c}}t+\frac{A_{\mathrm{m}}K_{\mathrm{f}}}{2\omega_{\mathrm{m}}}[\cos(\omega_{\mathrm{c}}+\omega_{\mathrm{m}})t-\cos(\omega_{\mathrm{c}}-\omega_{\mathrm{m}})t] \end{aligned} \tag{2.3.11}$$

AM 信号为

$$\begin{aligned} s_{\mathrm{AM}}(t) &= (1+A_{\mathrm{m}}\cos\omega_{\mathrm{m}}t)\cos\omega_{\mathrm{c}}t \\ &=\cos\omega_{\mathrm{c}}t-A_{\mathrm{m}}\cos\omega_{\mathrm{m}}\cos\omega_{\mathrm{c}}t \\ &=\cos\omega_{\mathrm{c}}t+\frac{A_{\mathrm{m}}}{2}[\cos(\omega_{\mathrm{c}}+\omega_{\mathrm{m}})t+\cos(\omega_{\mathrm{c}}-\omega_{\mathrm{m}})t] \end{aligned} \tag{2.3.12}$$

它们的频谱如图 2.3.3 所示。由此画出的矢量图如图 2.3.4 所示。在 AM 信号中，两个边频的合成矢量与载波同相，所以只有幅度的变化，没有相位的变化；而在 NBFM 信号中，由于下边频为负，两个边频的合成矢量与载波是正交相加，所以 NBFM 信号不仅有相位的变化 $\Delta\varphi$，幅度也有很小的变化，但当最大相位偏移满足式（2.3.7）时，幅度基本不变。这正是两者的本质区别。

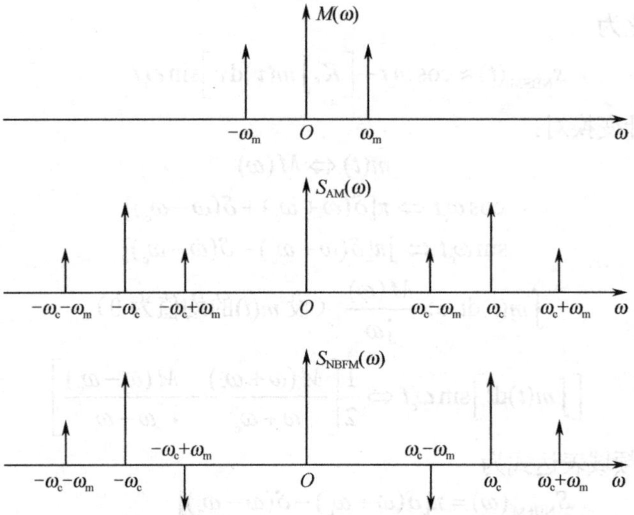

图 2.3.3　单音调制的 AM 信号与 NBFM 信号频谱

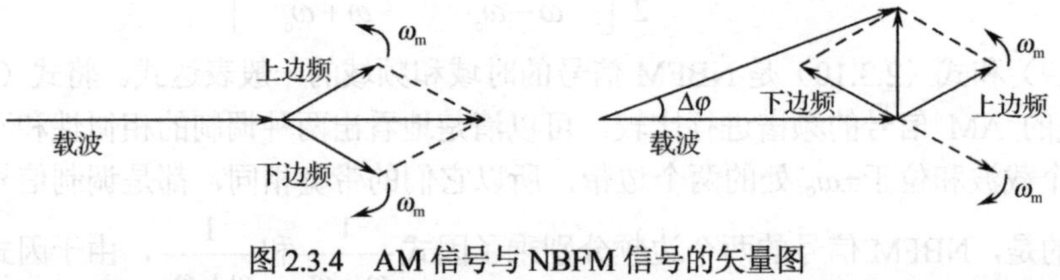

图 2.3.4　AM 信号与 NBFM 信号的矢量图

2．宽带调频

当不满足式（2.3.7）的窄带条件时，调频信号的时域表达式不能简化，因而给 WBFM 信号的频谱分析带来了困难。为使问题简化，我们只研究单音调制的情况，然后把分析的结论推广到多音情况。

设单音调制信号为

$$m(t)=A_{\mathrm{m}}\cos\omega_{\mathrm{m}}t=A_{\mathrm{m}}\cos 2\pi f_{\mathrm{m}}t$$

限于篇幅，这里不做详细推导，直接给出相关结论。

WBFM 信号的级数展开式为

$$\begin{aligned}s_{\text{WBFM}}(t) &= J_0(m_f)\cos\omega_c t - J_1(m_f)[\cos(\omega_c-\omega_m)t - \cos(\omega_c+\omega_m)t] \\ &+ J_2(m_f)[\cos(\omega_c-2\omega_m)t + \cos(\omega_c+2\omega_m)t] \\ &- J_3(m_f)[\cos(\omega_c-3\omega_m)t - \cos(\omega_c+3\omega_m)t] + \cdots \\ &= \sum_{n=-\infty}^{\infty} J_n(m_f)\cos(\omega_c+n\omega_m)t\end{aligned} \tag{2.3.13}$$

式中，m_f为调频指数。

对上式进行傅里叶变换，得 WBFM 信号的频域表达式为

$$S_{\text{WBFM}}(\omega) = \pi\sum_{-\infty}^{\infty} J_n(m_f)[\delta(\omega-\omega_c-n\omega_m)+\delta(\omega+\omega_c+n\omega_m)] \tag{2.3.14}$$

由式（2.3.13）和式（2.3.14）可知，调频信号的频谱包含无穷多个分量。当 n=0 时，只有载波分量 ω_c，WBFM 信号的幅度为 $J_0(m_f)$；当 $n\neq0$ 时，在载频两侧对称地分布上、下边频分量 $\omega_c\pm n\omega_m$，谱线之间的间隔为 ω_m，幅度为 $J_n(m_f)$。当 n 为奇数时，上、下边频极性相反；当 n 为偶数时，上、下边频极性相同。图 2.3.5 给出了单音 WBFM 信号的频谱。

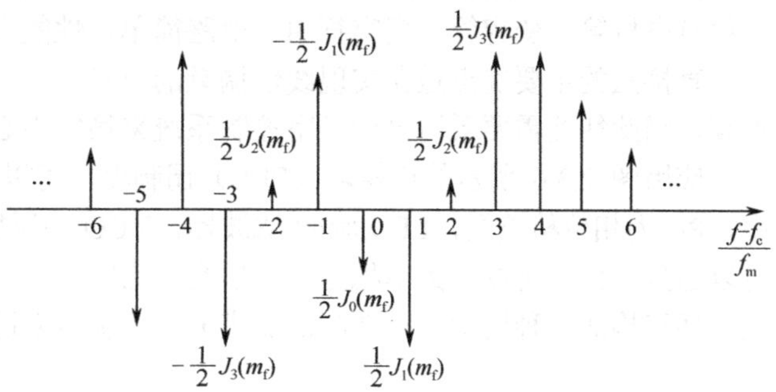

图 2.3.5 单音 WBFM 信号的频谱（m_f=5）

由于调频信号的频谱包含无穷多个频率分量，因此理论上调频信号的带宽为无限宽。然而实际上边频幅度 J_n（m_f）随着 n 的增大而逐渐减小，因此只要取适当的 n 值使边频分量小到可以忽略的程度，调频信号就可近似认为具有有限频谱。根据经验认为：当 $m_f\geq1$ 时，取边频数 $n=m_f+1$ 即可。因为 $n>m_f+1$ 以上的边频幅度 $J_n(m_f)$均小于 0.1，相应产生的功率均在总功率的 2%以下，可以忽略不计。根据这个原则，调频信号的带宽为

$$B_{\text{WBFM}} = 2(m_f+1)f_m = 2(\Delta f + f_m) \tag{2.3.15}$$

它说明调频信号的带宽取决于最大频偏和调制信号的频率，该式称为卡森公式。

若 $m_f\ll1$，则

$$B_{\text{WBFM}} \approx 2f_m$$

这就是 WBFM 信号的带宽，与前面的分析相一致。

若 $m_f\geq10$，则

$$B_{\text{WBFM}} \approx 2\Delta f$$

这是大指数 WBFM 的情况，说明带宽由最大频偏决定。

以上讨论的是单音调频的情况。多音或其他任意信号调制的调频信号的频谱分析是很复杂的。根据经验把卡森公式推广，即可得到任意信号调制时，调频信号带宽的估算公式：

$$B_{\text{WBFM}} = 2(D+1)f_m \tag{2.3.16}$$

式中，f_m 是调制信号的最高频率，D 是最大频偏 Δf 与 f_m 的比值。在实际应用中，当 D>2 时，用下式计算调频信号的带宽更符合实际情况：

$$B_{\text{WBFM}} = 2(D+2)f_m \tag{2.3.17}$$

2.3.3 调频信号的产生与解调

1．调频信号的产生

产生调频信号的方法通常有两种：直接法和间接法。

1）直接法

直接法就是用调制信号直接控制振荡器的频率，使其按调制信号的规律线性变化。

振荡频率由外部电压控制的振荡器叫作压控振荡器（VCO）。每个压控振荡器自身就是一个 FM 调制器，因为它的振荡频率正比于输入控制电压，即

$$\omega_{\mathrm{i}}(t)=\omega_0+K_{\mathrm{f}}m(t)$$

若用调制信号作控制信号，就能产生 FM 波。

控制 VCO 振荡频率的常用方法是改变振荡器谐振回路电抗元件的 L 或 C。L 或 C 可控的元件有电抗管、变容管。变容管由于电路简单、性能良好，目前在 FM 调制器中广泛使用。

直接法的主要优点是在实现线性调频的要求下，可以获得较大的频偏；缺点是频率稳定度不高，因此往往需要采用自动频率控制系统来稳定中心频率。

应用图 2.3.6 所示的锁相环（PLL）调制器，可以获得高质量的调频或调相信号。图 2.3.6 中，PD 为相位检测器，LF 为环路滤波器，VCO 为压控振荡器。这种方案的载频稳定度很高，可以达到晶体振荡器的频率稳定度。但是，它的一个显著缺点是低频调制特性较差，通常可用锁相环路构成一种所谓两点调制的宽带 FM 调制器来进行改善。

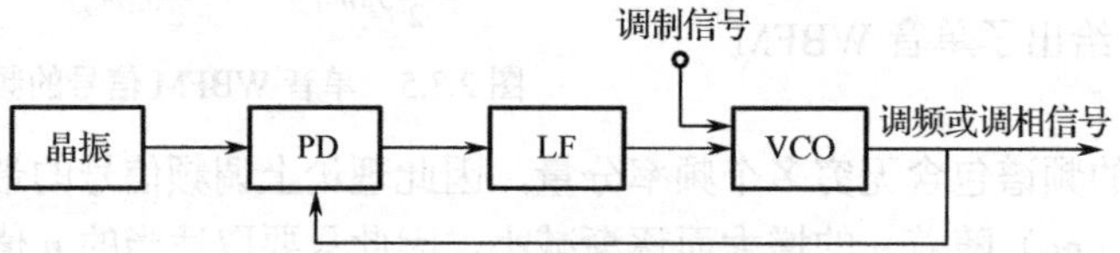

图 2.3.6 锁相环调制器

2）间接法

间接法是对调制信号积分后对载波进行相位调制，从而产生 NBFM 信号。然后，利用倍频器把 NBFM 信号变换成 WBFM 信号，其原理框图如图 2.3.7 所示。

由式（2.3.9）可知，NBFM 信号可看成由正交分量与同相分量合成，即

$$s_{\mathrm{NBFM}}(t)=\cos\omega_{\mathrm{c}}t-\left[K_{\mathrm{f}}\int m(\tau)\mathrm{d}\tau\right]\sin\omega_{\mathrm{c}}t$$

因此，可采用图 2.3.8 所示的框图来实现 NBFM。

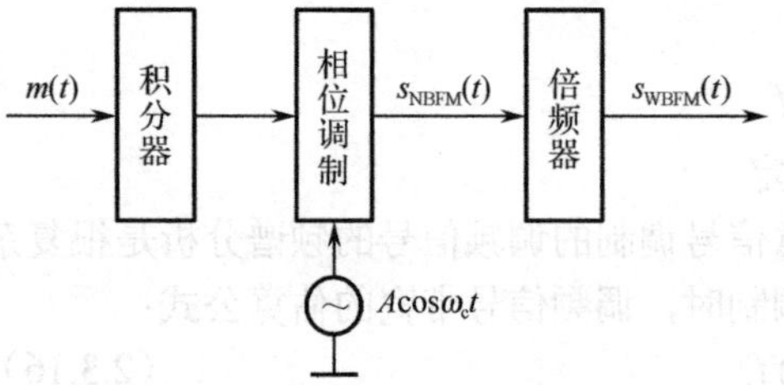

图 2.3.7 间接调频原理框图

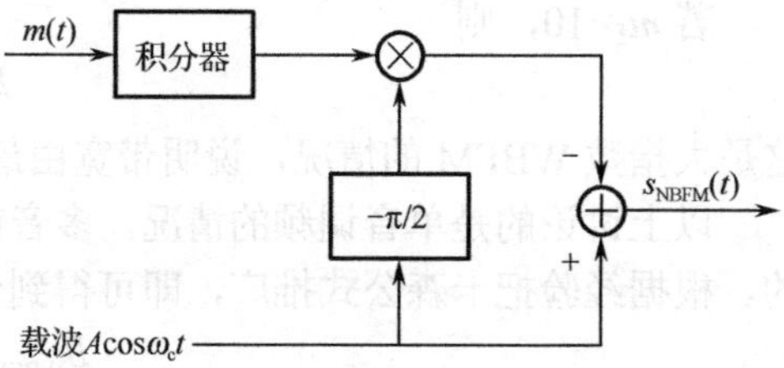

图 2.3.8 NBFM 信号的产生

倍频器的作用是提高调频指数 m_{f}，从而获得 WBFM 信号。倍频器可以用非线性器件实现，然后用带通滤波器滤去不需要的频率分量。以理想平方律器件为例，其输出-输入特性为

$$s_{\mathrm{o}}(t)=as_{\mathrm{i}}^2(t) \tag{2.3.18}$$

当输入信号 $s_i(t)$为调频信号时，有

$$s_i(t) = A\cos[\omega_c t + \varphi(t)]$$

则其输出信号为

$$s_o(t) = \frac{1}{2}aA^2\{1 + \cos[2\omega_c t + 2\varphi(t)]\} \tag{2.3.19}$$

由式（2.3.19）可知，滤除直流成分后可得到一个新的调频信号，其载频和相位偏移均增大为 2 倍，由于相位偏移增大为 2 倍，因此调频指数也必然增大为 2 倍。同理，经 n 次倍频后可以使调频信号的载频和调频指数增大为 n 倍。

例 2.3.1　以典型调频广播的调频发射机为例讨论间接法实现调频的方案。

在这种发射机中，以 f_1=200kHz 为载频，用最高频率 f_m=15kHz 的调制信号产生频偏 Δf_1=25Hz 的 NBFM 信号。而调频广播的最终频偏 Δf=75kHz，载频 f_c 在 88MHz～108MHz 内，因此需要经过 $n = \Delta f / \Delta f_1 = 75\times10^3 / 25 = 3000$ 的倍频，但倍频后新的载频（nf_1）高达 600MHz，不符合载频 f_c 的要求。因此需要混频器进行变频来解决这个问题。

解决上述问题的典型方案如图 2.3.9 所示。其中混频器将倍频器分成两个部分，由于混频器只改变载频而不影响频偏，因此可以根据 WBFM 信号的载频和最大频偏的要求适当选择 f_1, f_2 和 n_1, n_2，使

$$\left.\begin{aligned} f_c &= n_2(n_1 f_1 - f_2) \\ \Delta f &= n_1 n_2 \Delta f_1 \end{aligned}\right\} \tag{2.3.20}$$

例如，在上述方案中选择倍频次数 n_1=64，n_2=48，混频器参考频率 f_2=10.9MHz，则调频发射信号的载频为

$$f_c = n_2(n_1 f_1 - f_2) = 48\times(64\times200\times10^3 - 10.9\times10^6) = 91.2\text{MHz}$$

调频信号的最大频偏为

$$\Delta f = n_1 n_2 \Delta f_1 = 64\times48\times25 = 76.8\text{kHz}$$

调频指数为

$$m_f = \frac{\Delta f}{f_m} = \frac{76.8\times10^3}{15\times10^3} = 5.12$$

图 2.3.9 所示的 WBFM 信号的产生方案是由阿姆斯特朗（Armstrong）于 1930 年提出的，因此称为 Armstrong 间接法。这个方法提出后，使调频技术得到很大的发展。

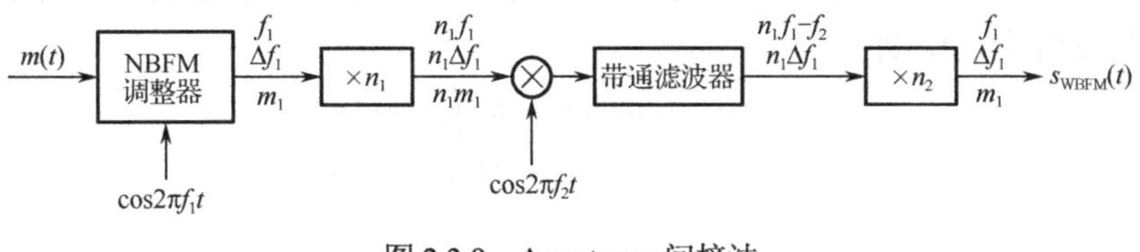

图 2.3.9　Armstrong 间接法

间接法的优点是频率稳定度好；缺点是需要多次倍频和混频，因此电路较复杂。

2．调频信号的解调

调频信号的解调分为非相干解调和相干解调。相干解调仅适用于 NBFM 信号，而非相干解调对 NBFM 信号和 WBFM 信号均适用。

1）非相干解调

非相干解调调频信号的瞬时频率正比于调制信号的幅度，它的一般表达式为

$$s_{FM}(t) = A\cos\left[\omega_c t + K_f \int m(\tau)\mathrm{d}\tau\right] \tag{2.3.21}$$

则解调器的输出应为

$$m_o(t) \propto K_f m(t) \tag{2.3.22}$$

也就是说，调频信号的解调是要产生一个与输入调频信号的频率呈线性关系的输出电压。完成这种频率-电压转换关系的器件是频率检波器，简称鉴频器。

图 2.3.10 给出了一种用振幅鉴频器进行非相干解调的特性与原理框图。图 2.3.10 中，微分器和包络检波器构成了具有近似理想鉴频特性的鉴频器。微分器的作用是把幅度恒定的调频信号 $s_{FM}(t)$变成幅度和频率都随调制信号 $m(t)$变化的调幅调频信号 $s_d(t)$，即

$$s_d(t) = -A[\omega_c + K_f m(t)]\sin\left[\omega_c t + K_f \int m(\tau)\mathrm{d}\tau\right] \tag{2.3.23}$$

包络检波器则将其幅度变化检出，滤去直流，经低通滤波后得解调输出：

$$m_o(t) = K_d K_f m(t) \tag{2.3.24}$$

这里，K_d 为鉴频器的灵敏度。

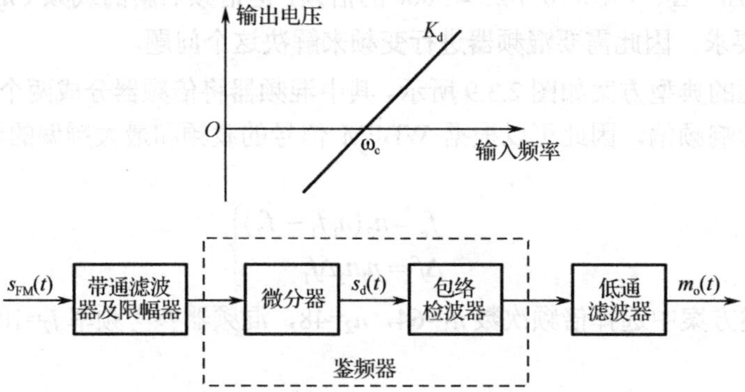

图 2.3.10　鉴频器特性与原理框图

PLL 是一个能够跟踪输入信号相位的闭环自动控制系统。由于 PLL 具有引人注目的特性：载波跟踪特性、调制跟踪特性和低门限特性，使它在无线电通信的各个领域得到了广泛的应用。PLL 鉴频器基本的原理框图如图 2.3.11 所示。它由鉴相器（PD）、环路滤波器（LF）和压控振荡器（VCO）组成。

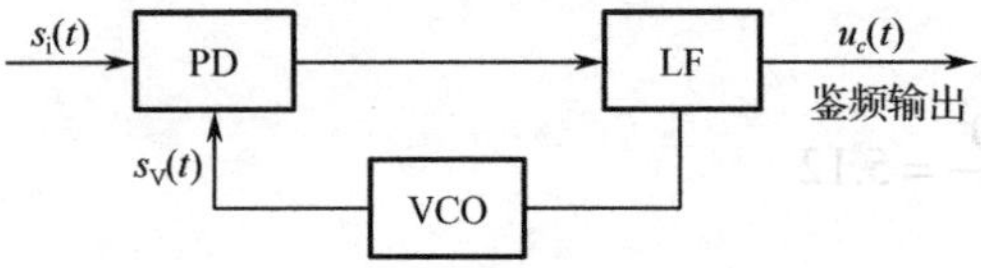

图 2.3.11　PLL 鉴频器基本的原理框图

假设 VCO 输入控制电压为 0 时，振荡频率调整在输入调频信号 $s_i(t)$的载频上，并且与调频信号的未调载波相差 $\pi/2$，即有

$$\begin{aligned} s_i(t) &= A\cos\left[\omega_c t + K_f \int m(\tau)\mathrm{d}\tau\right] \\ &= A\cos[\omega_c t + \theta_1(t)] \end{aligned} \tag{2.3.25}$$

VCO 输出信号为

$$\begin{aligned} s_V(t) &= A_V \sin\left[\omega_c t + K_{VCO} \int u_c(\tau)\mathrm{d}\tau\right] \\ &= A_V \sin[\omega_c t + \theta_2(t)] \end{aligned} \tag{2.3.26}$$

式中，K_{VCO} 为压控灵敏度。

设计 PLL 鉴频器使其工作在调制跟踪状态下，这时 VCO 输出信号的相位 $\theta_2(t)$能够跟踪输入信号的相位 $\theta_1(t)$的变化。也就是说，VCO 输出信号 $s_V(t)$也是调频信号。我们知道，VCO 本身就是一个调频器，它输入端的控制信号 $u_c(t)$必是调制信号 $m(t)$，因此 $u_c(t)$即鉴频输出。

2）相干解调

由于 NBFM 信号可分解成同相分量与正交分量，因而可以采用线性调制中相干解调的方法

来进行解调，如图 2.3.12 所示。

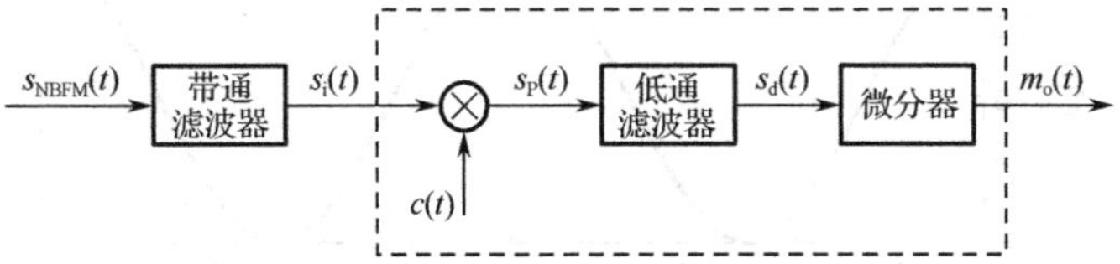

图 2.3.12　NBFM 信号的相干解调

设 NBFM 信号为

$$s_{NBFM}(t) = A\cos\omega_c t - A\left[K_f\int m(\tau)d\tau\right]\sin\omega_c t$$

相干载波为

$$c(t) = -\sin\omega_c t \tag{2.3.27}$$

则相乘器的输出为

$$s_P(t) = -\frac{A}{2}\sin 2\omega_c t + \left[\frac{A}{2}K_f\int m(\tau)d\tau\right](1-\cos 2\omega_c t)$$

经低通滤波器取出其低频分量：

$$s_d(t) = \frac{A}{2}K_f\int m(\tau)d\tau$$

再经微分器得输出信号：

$$m_o(t) = \frac{AK_f}{2}m(t) \tag{2.3.28}$$

2.3.4　调频信号的 MATLAB 仿真

例 2.3.1　利用 MATLAB 软件对调频信号进行仿真。

解：为了方便起见，做如下假设：（1）用 1Hz 的正弦信号去调制 5Hz 的载波信号；（2）在 0～2s 内，画出调频信号的波形。

下面给出主要的 MATLAB 代码及注释。

```
fc = 5;                        %载频为 5Hz
Beta = 3;                      %调频指数为 3
fm = 1;                        %调制信号的频率为 1Hz
Tm = 1/fm;
dt = 2*Tm/200;
wc = 2*pi*fc;
wm = 2*pi*fm;
t = 0:dt:2*Tm;
mf = cos(wm*t);
mf = mf(:);
j = sqrt(-1);
g = exp(j*Beta*sin(wm*t));
g = g(:);
carrier = exp(j*wc*t);
carrier = carrier(:);
s = real(g.*carrier);          %输出的调频信号
```

图 2.3.13 给出了仿真结果。

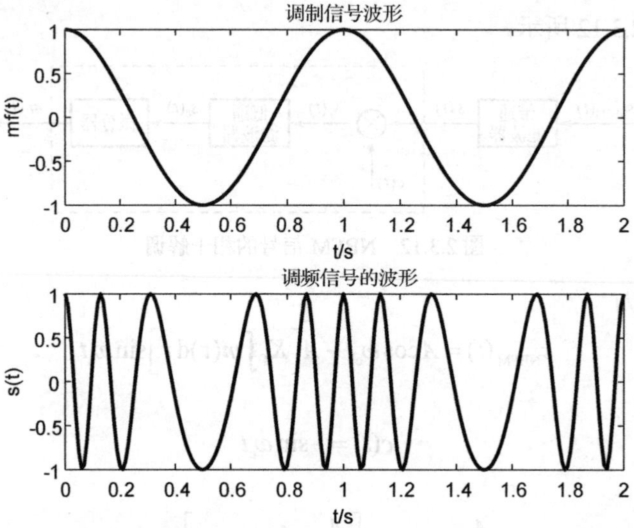

图 2.3.13　调频信号的仿真结果

2.4　调频系统的抗噪声性能

调频系统的抗噪声性能的分析方法和分析模型与线性调制系统的相似，仍可用图 2.2.1 所示的模型，但其中的解调器应是调频解调器。

从前面的分析可知，调频信号的解调有相干解调和非相干解调两种。相干解调仅适用于 NBFM 信号，且需同步信号；而非相干解调适用于 NBFM 信号和 WBFM 信号，而且不需要同步信号，因而是调频系统的主要解调方式，其分析模型如图 2.4.1 所示。

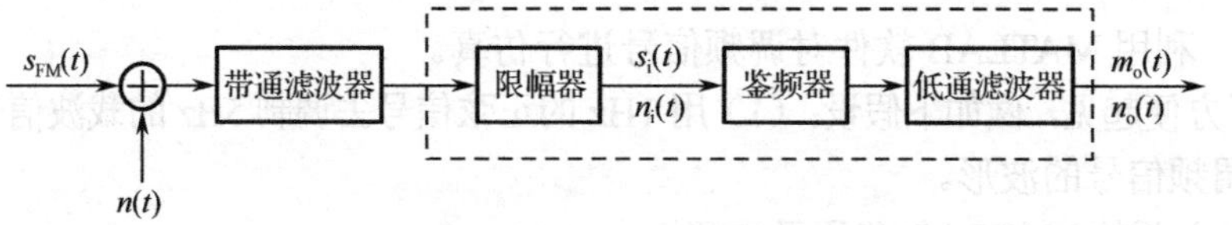

图 2.4.1　调频系统的抗噪声性能分析模型

计算解调器的输入信噪比。设输入调频信号为

$$s_{FM}(t) = A\cos\left[\omega_c t + K_f\int m(\tau)d\tau\right]$$

因而输入信号的平均功率为

$$S_i = \frac{A^2}{2} \tag{2.4.1}$$

理想带通滤波器的带宽与调频信号的带宽 B_{FM} 相同，所以输入噪声功率为

$$N_i = n_0 B_{FM} \tag{2.4.2}$$

因此，输入信噪比为

$$\frac{S_i}{N_i} = \frac{A^2}{2n_0 B_{FM}} \tag{2.4.3}$$

调频系统的抗噪声性能分析可以从大信噪比和小信噪比两种情况来讨论。下面举例说明大信噪比和小信噪比的情况。

2.4.1 大信噪比情况

在大信噪比情况下，信号和噪声的相互作用可以忽略，这时可以把信号和噪声分开来算，经过分析，我们直接给出解调器的输出信噪比：

$$\frac{S_{\text{o}}}{N_{\text{o}}}=\frac{3A^2K_{\text{f}}^2\overline{m^2(t)}}{8\pi^2 n_0 f_{\text{m}}^3} \tag{2.4.4}$$

为使上式具有简明的结果，我们考虑 $m(t)$为单一频率余弦波时的情况，即

$$m(t)=\cos\omega_{\text{m}}t$$

这时的调频信号为

$$s_{\text{FM}}(t)=A\cos[\omega_{\text{c}}t+m_{\text{f}}\sin\omega_{\text{m}}t] \tag{2.4.5}$$

其中

$$m_{\text{f}}=\frac{K_{\text{f}}}{\omega_{\text{m}}}=\frac{\Delta\omega}{\omega_{\text{m}}}=\frac{\Delta f}{f_{\text{m}}} \tag{2.4.6}$$

将这些关系式代入式（2.4.4）可得

$$\frac{S_{\text{o}}}{N_{\text{o}}}=\frac{3}{2}m_{\text{f}}^2\frac{A^2/2}{n_0 f_{\text{m}}} \tag{2.4.7}$$

因此，由式（2.4.3）和式（2.4.7）可得解调器的调制制度增益为

$$G_{\text{FM}}=\frac{S_{\text{o}}/N_{\text{o}}}{S_{\text{i}}/N_{\text{i}}}=\frac{3}{2}m_{\text{f}}^2\frac{B_{\text{FM}}}{f_{\text{m}}} \tag{2.4.8}$$

又因在 WBFM 时，信号带宽为

$$B_{\text{FM}}=2(m_{\text{f}}+1)f_{\text{m}}=2(\Delta f+f_{\text{m}})$$

所以，式（2.4.8）还可以写成

$$G_{\text{FM}}=3m_{\text{f}}^2(m_{\text{f}}+1)\approx 3m_{\text{f}}^3 \tag{2.4.9}$$

上式表明，大信噪比时 WBFM 系统的调制制度增益是很高的，它与调频指数 m_{f}的立方成正比。例如，调频广播中常取 $m_{\text{f}}=5$，则调制制度增益 $G_{\text{FM}}=450$。也就是说，加大调频指数，可使调频系统的抗噪声性能迅速改善。

例 2.4.1 调频系统与调幅系统的抗噪声性能比较。

设调频信号与调幅信号均为单音调制，调制信号的最高频率为 f_{m}，调幅信号为 100%调制。当两者的输入信号平均功率 S_{i} 相等，信道噪声功率谱密度 n_0 也相等时，比较调频系统与调幅系统的抗噪声性能。

解：调频信号的输出信噪比为

$$\left(\frac{S_{\text{o}}}{N_{\text{o}}}\right)_{\text{FM}}=G_{\text{FM}}\left(\frac{S_{\text{i}}}{N_{\text{i}}}\right)_{\text{FM}}=G_{\text{FM}}\frac{S_{\text{i}}}{n_0 B_{\text{FM}}}$$

调幅信号的输出信噪比为

$$\left(\frac{S_{\text{o}}}{N_{\text{o}}}\right)_{\text{AM}}=G_{\text{AM}}\left(\frac{S_{\text{i}}}{N_{\text{i}}}\right)_{\text{AM}}=G_{\text{AM}}\frac{S_{\text{i}}}{n_0 B_{\text{AM}}}$$

则两者输出信噪比的比值为

$$\frac{(S_{\text{o}}/N_{\text{o}})_{\text{FM}}}{(S_{\text{o}}/N_{\text{o}})_{\text{AM}}}=\frac{G_{\text{FM}}}{G_{\text{AM}}}\cdot\frac{B_{\text{AM}}}{B_{\text{FM}}} \tag{2.4.10}$$

根据本题假设条件，有

$$G_{\mathrm{FM}}=3m_{\mathrm{f}}^{2}(m_{\mathrm{f}}+1),\quad G_{\mathrm{AM}}=\frac{2}{3}$$

$$B_{\mathrm{FM}}=2(m_{\mathrm{f}}+1)f_{\mathrm{m}},\quad B_{\mathrm{AM}}=2f_{\mathrm{m}}$$

将这些关系式代入式（2.4.10），得

$$\frac{(S_{\mathrm{o}}/N_{\mathrm{o}})_{\mathrm{FM}}}{(S_{\mathrm{o}}/N_{\mathrm{o}})_{\mathrm{AM}}}=4.5m_{\mathrm{f}}^{2} \tag{2.4.11}$$

显然，在大调频指数时，调频系统的输出信噪比远大于调幅系统。例如，当 $m_{\mathrm{f}}=5$ 时，WBFM 的 $S_{\mathrm{o}}/N_{\mathrm{o}}$ 是 AM 时的 112.5 倍。也可理解成当两者输出信噪比相等时，调频信号的发射功率可减小到调幅信号的 1/112.5。注意，调频系统的这一优越性是以增大传输带宽为代价的。又知

$$B_{\mathrm{FM}}=2(m_{\mathrm{f}}+1)f_{\mathrm{m}}=(m_{\mathrm{f}}+1)B_{\mathrm{AM}} \tag{2.4.12}$$

当 $m_{\mathrm{f}}\gg 1$ 时，

$$B_{\mathrm{FM}}\approx m_{\mathrm{f}}B_{\mathrm{AM}}$$

代入式（2.4.11）有

$$\frac{(S_{\mathrm{o}}/N_{\mathrm{o}})_{\mathrm{FM}}}{(S_{\mathrm{o}}/N_{\mathrm{o}})_{\mathrm{AM}}}=4.5\left(\frac{B_{\mathrm{FM}}}{B_{\mathrm{AM}}}\right)^{2} \tag{2.4.13}$$

式（2.4.13）表明，WBFM 输出信噪比相对于 AM 的改善与它们带宽比的平方成正比。这就意味着，对于调频系统来说，增大传输带宽就可以改善抗噪声性能。在调频系统中，这种以传输带宽换取信噪比的特性是十分有益的。而在调幅系统中，由于带宽是固定的，无法进行带宽与信噪比的互换。这也正是在抗噪声性能方面调频系统优于调幅系统的重要原因。

2.4.2 小信噪比情况与门限效应

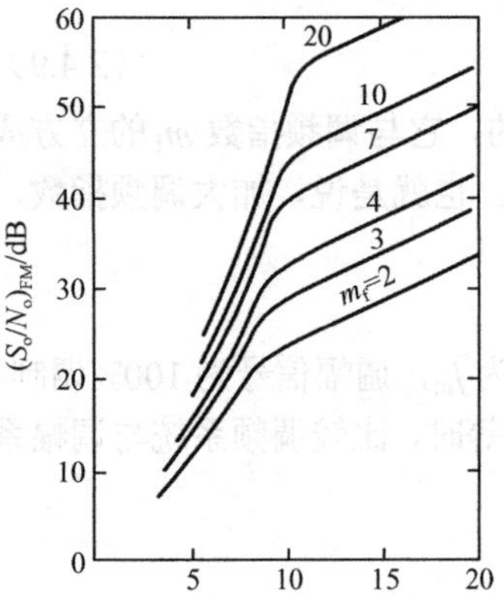

图 2.4.2 非相干解调的门限效应

应该指出，以上分析都是在 $(S_{\mathrm{i}}/N_{\mathrm{i}})_{\mathrm{FM}}$ 足够大的条件下进行的。当 $(S_{\mathrm{i}}/N_{\mathrm{i}})_{\mathrm{FM}}$ 减小到一定程度时，解调器的输出中不存在单独的有用信号项，信号被噪声扰乱，因而 $(S_{\mathrm{o}}/N_{\mathrm{o}})_{\mathrm{FM}}$ 急剧下降。这种情况与 AM 信号包络检波时相似，我们称之为门限效应。出现门限效应时所对应的 $(S_{\mathrm{i}}/N_{\mathrm{i}})_{\mathrm{FM}}$ 值被称为门限值（点），记为 $(S_{\mathrm{i}}/N_{\mathrm{i}})_{\mathrm{b}}$。

图 2.4.2 为单音调制，在不同调频指数 m_{f} 时，调频解调器的输出信噪比与输入信噪比近似关系曲线。由图 2.4.2 可知：（1）m_{f} 不同，门限值不同。m_{f} 越大，门限值 $(S_{\mathrm{i}}/N_{\mathrm{i}})_{\mathrm{b}}$ 越高。当 $(S_{\mathrm{i}}/N_{\mathrm{i}})_{\mathrm{FM}}>(S_{\mathrm{i}}/N_{\mathrm{i}})_{\mathrm{b}}$ 时，$(S_{\mathrm{o}}/N_{\mathrm{o}})_{\mathrm{FM}}$ 与 $(S_{\mathrm{i}}/N_{\mathrm{i}})_{\mathrm{FM}}$ 呈线性关系，且 m_{f} 越大，输出信噪比的改善越明显。（2）当 $(S_{\mathrm{i}}/N_{\mathrm{i}})_{\mathrm{FM}}<(S_{\mathrm{i}}/N_{\mathrm{i}})_{\mathrm{b}}$ 时，$(S_{\mathrm{o}}/N_{\mathrm{o}})_{\mathrm{FM}}$ 将随 $(S_{\mathrm{i}}/N_{\mathrm{i}})_{\mathrm{FM}}$ 的下降而急剧下降，且 m_{f} 越大，$(S_{\mathrm{o}}/N_{\mathrm{o}})_{\mathrm{FM}}$ 下降得越快，甚至比 DSB 调制或 SSB 调制更差。这表明，调频系统以传输带宽换取输出信噪比改善并不是无止境的。随着传输带宽的增大（相当于 m_{f} 加大），输入噪声功率增大，在输入信号平均功率不变的条件下，输入信噪比下降，当输入信噪比减小到一定程度时就会出现门限效应，输出信噪比将急剧恶化。

在空间通信等领域中，对调频接收机的门限效应十分关注，若希望在接收到最小信号功率时仍能满意地工作，就要求门限值向小输入信噪比方向扩展。

降低门限值（也称门限扩展）的方法有很多。目前用得较多的有 PLL 鉴频器和负反馈解调器，它们的门限值比一般鉴频器的门限值低 6～10dB。

另外，还可以采用“预加重”和“去加重”技术来进一步改善调频解调器的输出信噪比。实际上，这也相当于改善了门限值。

2.5 模拟调制方式性能的比较

为了便于在实际应用中合理选择各种模拟调制方式，我们结合前面的分析，将各种模拟调制方式的性能集中总结，如表 2.5.1 所示。需要指出的是，表中的 S_o/N_o 是在相同的解调器输入信号平均功率 S_i、相同噪声功率谱密度 n_0、相同基带信号带宽 f_H 的条件下，由式（2.2.18）、式（2.2.26）、式（2.2.39）和式（2.4.8）计算的结果。其中，AM 为 100%调制，调制信号为单音正弦。

表 2.5.1 各种模拟调制方式的性能

调制方式	信号带宽	制度增益	S_o/N_o	设备复杂度	主要应用
DSB	$2f_m$	2	$\frac{S_i}{n_0 f_m}$	中等	较少应用
SSB	f_m	1	$\frac{S_i}{n_0 f_m}$	复杂	短波的无线电广播和频分多路复用系统等
VSB	略大于 f_m	近似 SSB	近似 SSB	复杂	电视广播
AM	$2f_m$	2/3	$\frac{1}{3}\cdot\frac{S_i}{n_0 f_m}$	简单	中、短波的无线电广播
FM	$2(m_f+1)f_m$	$3m_f^2(m_f+1)$	$\frac{3}{2}m_f^2\cdot\frac{S_i}{n_0 f_m}$	中等	超短波小功率电台（NBFM），调频立体声广播（WBFM）

2.5.1 性能比较

FM 的抗噪声性能最好，DSB、SSB、VSB 的抗噪声性能次之，AM 的抗噪声性能最差。图 2.5.1 给出了各种模拟调制系统的性能曲线，图中的圆点值表示门限值。门限值以下，曲线迅速下跌；门限值以上，DSB、SSB 的信噪比比 AM 高 4.7dB 以上，而 FM（m_f=6）的信噪比比 AM 高 22dB。由此可知，FM 的调频指数 m_f 越大，抗噪声性能越好，但占据的带宽越宽，频带利用率越低。SSB 的带宽最窄，其频带利用率最高。

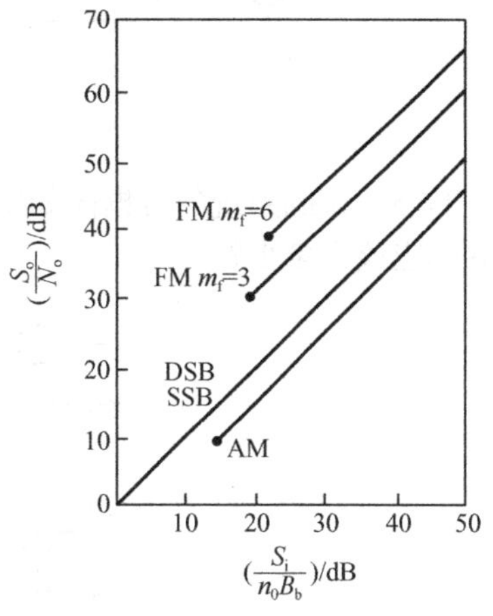

图 2.5.1 各种模拟调制系统的性能曲线

2.5.2 特点与应用

AM 的优点是接收设备简单；缺点是功率利用率低，抗干扰能力差，目前主要用在中、短波的无线电广播中。

DSB 调制的优点是功率利用率高，但带宽与 AM 相同，接收要求同步解调，设备较复杂。应用较少，一般只用于点对点的专用通信。

SSB 调制的优点是功率利用率和频带利用率都较高，抗干扰能力和抗选择性衰落能力均优于 AM，而带宽只有 AM 的一半；缺点是发送和接收设备都复杂。鉴于这些特点，SSB 调制普遍用在频带比较拥挤的场合，如短波的无线电广播和频分多路复用系统中。

VSB 调制的诀窍在于部分抑制了发送边带，同时又利用平缓滚降滤波器补偿了被抑制部分。VSB 调制的性能与 SSB 调制的性能相当。VSB 解调原则上也需同步解调，但在某些 VSB 系统中，附加了一个足够大的载波，就可用包络检波法解调合成信号（VSB+C），这种（VSB+C）方式综合了 AM、SSB 调制和 DSB 调制三者的优点。所有这些特点，使 VSB 调制在电视广播等系统中得到了广泛应用。

FM 波的幅度恒定不变，这使它对非线性器件不甚敏感，给 FM 带来了抗快衰落能力。利用自动增益控制和带通限幅还可以消除快衰落造成的幅度变化效应。WBFM 的抗干扰能力强，可以实现带宽与信噪比的互换，因而 WBFM 广泛应用于长距离、高质量的通信系统中，如空间通信和卫星通信、调频立体声广播等。WBFM 的缺点是频带利用率低，存在门限效应，因此在接收信号弱、干扰大的情况下宜采用 NBFM 这就是小型通信机常采用 NBFM 的原因。

2.6 习题

2.6.1 设 DSB 信号为 $s_{DSB}(t)=x(t)\cos(\omega_c t)$，$\omega_c$ 为载波角频率。为了恢复出 $x(t)$，用信号 $\cos(\omega_c t+\theta)$去乘以 $s_{DSB}(t)$。为了使恢复出的信号是其理想值的 90%，相位 θ 的最大允许值为多少？

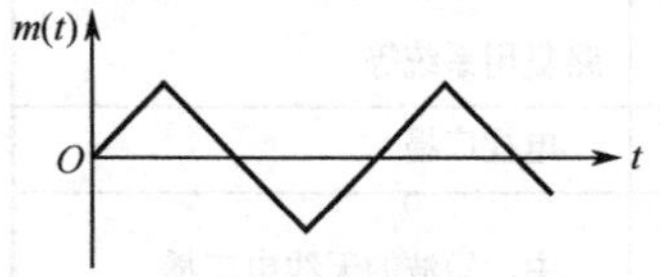

图 2.6.1 调制信号的波形

2.6.2 调制信号的波形如图 2.6.1 所示，试画出其 AM 信号和 DSB 信号的波形图，以及 AM 信号和 DSB 信号通过包络检波后的波形图。

2.6.3 如果调制信号为 $m(t)=2\cos(400\pi t)+4\sin(600\pi t)$，载波信号为 $c(t)=\cos(20000\pi t)$，采用 SSB 调制方式。试分别写出下边带信号和上边带信号的时域表达式，并画出它们的频谱示意图。

2.6.4 试画出图 2.6.2 所示的频谱搬移过程图，标明关键频率。已知 $f_{c1}=60\text{kHz}$，$f_{c2}=4\text{MHz}$，$f_{c3}=100\text{MHz}$，调制信号为频谱在 300～3000Hz 的话音信号。

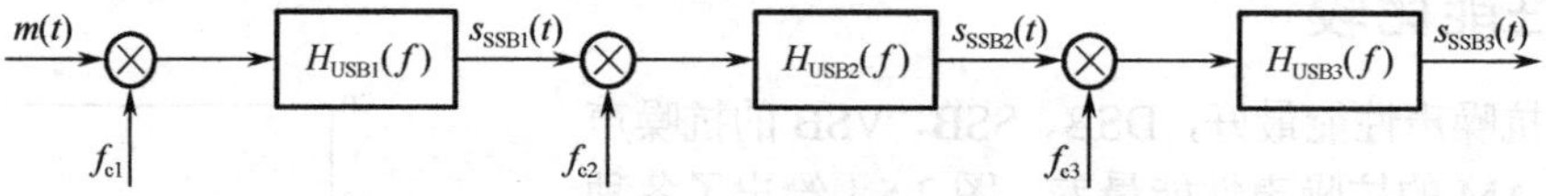

图 2.6.2 话音信号的频谱变换示意图

2.6.5 调制系统的方框图如图 2.6.3 所示。为了在输出端得到 $m_1(t)$和 $m_2(t)$，试问图中的 $c_1(t)$和 $c_2(t)$应该为多少？

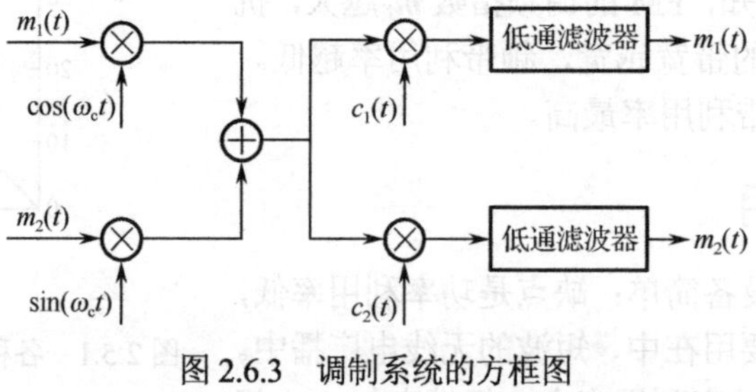

图 2.6.3 调制系统的方框图

2.6.6 DSB 信号通过一个单边功率谱密度为 $P_n(f)=10^{-3}\text{W/Hz}$ 的信道，调制信号的最高频率为 5kHz，载频为 100kHz，接收机接收到已调信号的平均功率为 10kW。设接收机的解调器之前有一个理想带通滤波器。试问：

（1）该理想带通滤波器的中心频率和带宽为多少？

（2）解调器输入信噪比是多少？

（3）解调器输出信噪比是多少？

（4）解调器输出噪声功率谱密度是多少？

2.6.7 在 50Ω 的负载电阻上，有一个调角信号：

$$s(t) = 20\cos[2\times10^{8}\pi t + 3\sin(2000\pi t)]$$

对于这个调角信号，试问：

（1）平均功率为多少？

（2）调频指数是多少？

（3）带宽为多少？

（4）频偏为多少？

（5）能判断它是调频信号还是调相信号吗？

2.6.8 一个上边带信号通过单边功率谱密度为 $P_n(f)=10^{-3}$W/Hz 的信道，调制信号的最高频率为 5kHz，载频为 100kHz，接收机接收到已调信号的平均功率为 10kW。设接收机的解调器之前有一个理想带通滤波器。试问：

（1）该理想带通滤波器的中心频率和带宽为多少？

（2）解调器输入信噪比是多少？

（3）解调器输出信噪比是多少？

2.6.9 设一线性调制系统解调器的输出信噪比为 20dB，输出噪声功率为 10^{-9}W，从发射机到解调器输入端之间的传输损耗为 100dB。试求：

（1）如果调制方式是 DSB，则发射机的输出功率是多少？

（2）如果调制方式是 SSB，则发射机的输出功率是多少？

2.6.10 证明：设解调器输入端的 AM 信号为 $s_{AM}(t)=[A+m(t)]\cos(\omega_c t)$。当 AM 信号采用相干解调的方法进行解调时，其调制制度增益为

$$G_{AM} = \frac{2\overline{m^2(t)}}{A^2 + \overline{m^2(t)}}$$

2.6.11 设信道中加性高斯白噪声的单边功率谱密度为 $P_n(f)=10^{-3}$W/Hz，调制信号 $m(t)$的最高频率为 5kHz，载频为 100kHz。AM 信号通过该信道达到包络检波器输入端的载波功率为 40kW，边带功率为 10kW。试求：包络检波器输入信噪比、输出信噪比、调制制度增益。

2.6.12 某调频信号的振幅为 10V，瞬时频率为 $f(t)= 10^7 +5\times10^3 \cos(2\times10^3\pi t)$Hz。试求：

（1）调频信号的时域表达式；

（2）频偏、调频指数和带宽；

（3）如果调制信号的频率提高一倍，其余参数不变，频偏、调频指数和带宽又为多少？

2.6.13 某 60 路模拟话音信号采用频分复用（FDM）方式传输，模拟话音信号的频率范围为 300～3000kHz，副载波采用 SSB 调制方式，主载波采用 FM 调制方式，防护频带为 1kHz，调频指数为 2。试求：

（1）60 路群信号的带宽；

（2）在信道中传输的调频信号的带宽。

2.6.14 利用 MATLAB 软件绘制调制度为 150%的 AM 信号波形及频谱。为了方便，做如下假设：（1）用 1Hz 的正弦信号去调制 10Hz 的载波信号；（2）画出 0～4s 内的 AM 信号波形及频谱。

2.6.15 利用 MATLAB 软件绘制下单边带（LSB）信号的波形及频谱。为了方便，做如下假设：（1）用 1Hz 的正弦信号去调制 4Hz 的载波信号；（2）在 0～2s 内，画出 LSB 信号的波形及频谱。

第3章

数字基带传输

第 2 章简单介绍了模拟通信中调制与解调的基本概念、原理、方法及各种调制方式的性能比较与抗噪声性能的分析。从本章开始至第 5 章，将讨论数字通信方面的基本内容。

本章首先介绍数字基带信号的基本特性，涉及波形、码型和频谱特性，然后重点讨论如下问题：（1）如何设计数字基带传输的总特性，以消除码间干扰；（2）如何有效减小信道噪声的影响，以提高系统的抗噪声性能。

此外，将眼图、时域均衡和部分响应这三部分作为拓展内容（可供选学），并在 3.7 节进行简要的介绍。

3.1 概述

来自数据终端的原始数据信号，如计算机输出的二进制序列，电传机输出的代码，或者来自模拟信号经数字化处理后的脉冲编码调制（PCM）码组、ΔM 序列等都是数字信号。这些信号往往包含丰富的低频分量，甚至直流分量，因而称之为数字基带信号，如图 3.1.1（a）所示。在某些具有低通特性的有线信道中，特别是传输距离不太远的情况下，数字基带信号可以直接传输，我们称之为数字基带传输，如图 3.1.1（b）所示。而大多数信道，如各种无线信道和光信道，则是带通型的，数字基带信号必须经过载波调制，把频谱搬移到高载处才能在信道中传输，将这种传输称为数字频带（调制或载波）传输，这部分内容将在第 5 章介绍。

（a）数字基带信号　　　　（b）数字基带传输

图 3.1.1　数字基带

在实际应用场合中，数字基带传输虽然不如数字频带传输那样应用得广泛，但对于数字基带传输系统的研究仍是十分有意义的。一是因为近程数据通信系统广泛采用了这种传输方式；二是因为数字基带传输系统的许多问题也是数字频带传输系统必须考虑的；三是因为任何一个采用线性调制的数字频带传输系统都可等效为数字基带传输系统来研究。

数字基带传输系统的基本结构如图 3.1.2 所示。它主要由信道信号形成器、信道、接收滤波器和抽样判决器组成。为了保证系统可靠、有序地工作，还应有同步系统。图 3.1.2 中各部分的作用如下。

（1）信道信号形成器。数字基带传输系统的输入是由终端设备或编码器产生的脉冲序列，它往往不适合直接送到信道中传输。信道信号形成器的作用就是把原始数字基带信号变换成适合于信道传输的数字基带信号，这种变换主要是通过码型变换和波形变换来实现的，其目的是与信道匹配，从而便于传输，减小码间串扰，并且利于同步提取和抽样判决。

（2）信道。它是允许数字基带信号通过的媒质，通常为有线信道，如各种电缆信道的传输特性通常不满足无失真传输条件，甚至是随机变化的。另外噪声还会进入信道。

（3）接收滤波器。它的主要作用是滤除带外噪声，对信道特性均衡，使输出的数字基带波形有利于抽样判决。

（4）抽样判决器。它是在传输特性不理想及噪声背景下，在规定时刻（由位定时脉冲控制）对接收滤波器的输出波形进行抽样判决，以恢复或再生数字基带信号。用来抽样的位定时脉冲则依靠同步提取电路从接收信号中提取，位定时的准确与否将直接影响判决效果。

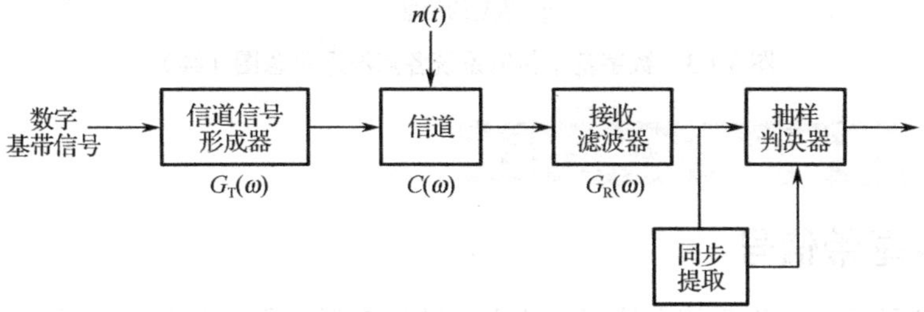

图 3.1.2　数字基带传输系统的基本结构

图 3.1.2 所示数字基带传输系统的各点波形如图 3.1.3 所示。其中，图 3.1.3（a）是输入的数字基带信号，这是最常见的单极性非归零信号；图 3.1.3（b）是进行码型变换后的波形；图 3.1.3（c）是对图 3.1.3（a）进行了码型及波形变换的一种适合在信道中传输的波形；图 3.1.3（d）是信道输出信号，显然由于信道频率特性不理想，波形发生失真并叠加了噪声；图 3.1.3（e）为接收滤波器输出波形，与图 3.1.3（d）相比，失真和噪声减弱；图 3.1.3（f）是位定时同步脉冲；图 3.1.3（g）为恢复的信息，其中第 6 个码元发生误码。产生误码的原因有两点：一是信道噪声；二是传输的总特性（包括收、发滤波器和信道的特性）不理想引起的波形延迟、展宽、拖尾等畸变，使码元之间相互串扰。此时，实际抽样判决值不仅有本码元的值，还有其他码元在该码元抽样时刻的串扰值及噪声。由此可见，接收端能否正确恢复信息取决于能否有效地抑制信道噪声和减少码间串扰，接下来将重点讨论这些内容。

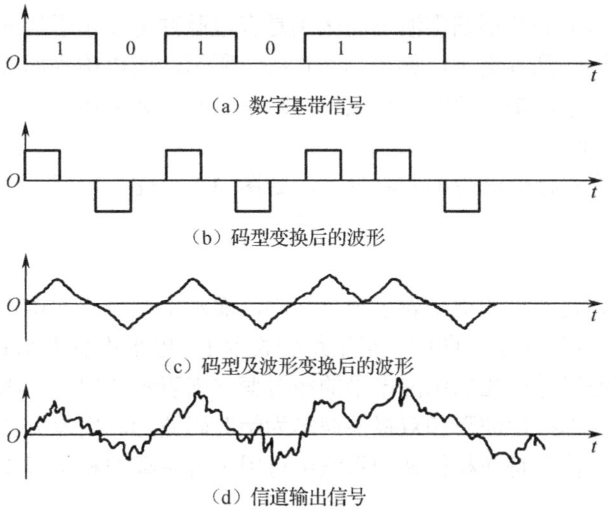

图 3.1.3　数字基带传输系统各点波形示意图

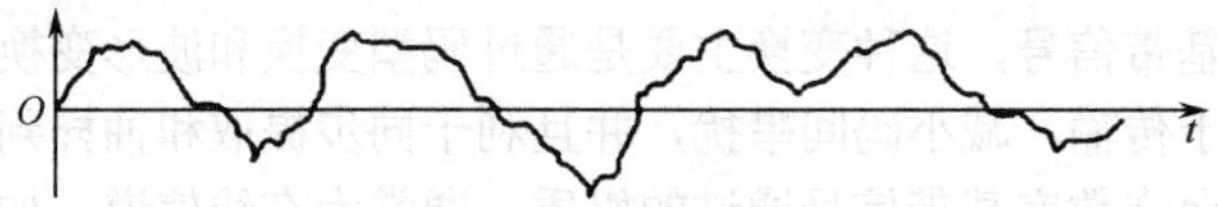

（e）接收滤波器输出波形

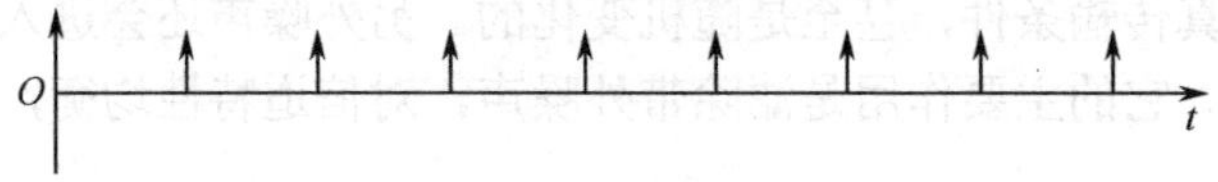

（f）位定时同步脉冲

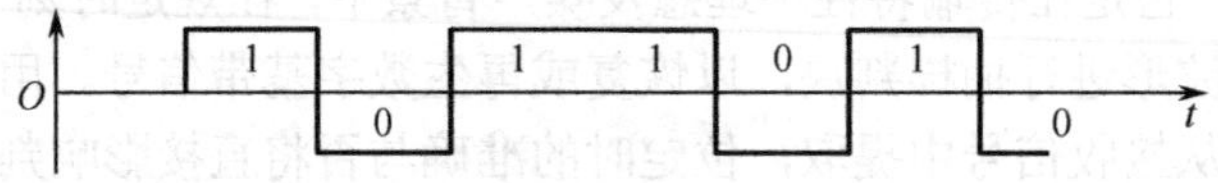

（g）恢复的信息

图 3.1.3　数字基带传输系统各点波形示意图（续）

3.2　数字基带信号及其频谱特性

3.2.1　数字基带信号

数字基带信号是消息代码的电波形（或电脉冲）表示。数字基带信号的类型有很多，常见的有矩形脉冲、三角波、高斯脉冲和升余弦脉冲等。下面以矩形脉冲为例介绍几种最常见的数字基带信号波形。

1．单极性不归零波形

单极性不归零波形如图 3.2.1（a）所示，这是一种最简单、最常用的数字基带信号形式。这种信号脉冲的零电平和正电平分别对应着二进制码 0 和 1，或者说，它在一个码元间隔内用脉冲的有或无来对应表示 1 或 0 码，其特点是极性单一，有直流分量，脉冲之间无间隔。

2．双极性不归零波形

在双极性不归零波形中，脉冲的正、负电平分别对应于二进制码 1、0，如图 3.2.1（b）所示，由于它是幅度相等极性相反的双极性波形，故当 0、1 码等可能出现时无直流分量。这样，恢复信号的判决电平为 0，不受信道特性变化的影响，抗干扰能力也较强。

3．单极性归零波形

单极性归零波形与单极性不归零波形的区别是有电脉冲宽度小于码元间隔，每个有电脉冲在小于码元间隔内总要回到零电平，如图 3.2.1（c）所示，所以称为归零波形。单极性归零波形可以直接提取定时信息，是其他波形提取位定时信号时需要采用的一种过渡波形。

4．双极性归零波形

双极性归零波形是双极性波形的归零形式，如图 3.2.1（d）所示。它兼有双极性波形和不归零波形的特点。

5．差分波形

这种波形不是用码元本身的电平表示消息代码，而是用相邻码元电平的跳变和不变来表示消息代码，如图 3.2.1（e）所示。图中，电平跳变表示 1，电平不变表示 0，当然上述规定也可以反过来。由于差分波形是以相邻脉冲电平的相对变化来表示代码的，因此也称它为相对码波形，相应地，称前面的单极性波形和双极性波形为绝对码波形。用差分波形传送代码可以消除设备初始状态的影响，特别是在相位调制系统中可用于解决载波相位模糊问题。

6．多电平波形

上述各种信号都是一个脉冲对应一个二进制码。实际上还存在一个脉冲对应多个二进制码的情形，这种波形统称为多电平波形或多值波形。例如，若令两个二进制码 00 对应+3E，01 对应+E，10 对应−E，11 对应+3E，则所得波形为 4 电平波形，如图 3.2.1（f）所示。由于这种波形的一个脉冲可以代表多个二进制码，故适用于高数据速率传输系统。

前面已经指出，消息代码的电波波形并非一定是矩形的，还可以是其他形式。但无论采用什么形式的波形，数字基带信号都可以用数学表达式表示出来。假设数字基带信号中各码元波形相同而取值不同，则可表示为

$$s(t)=\sum_{n=-\infty}^{\infty} a_n g(t-nT_{\mathrm{s}}) \tag{3.2.1}$$

式中，a_n 是第 n 个消息代码所对应的电平值，由信码和编码规律决定；T_{s} 为码元间隔；$g(t)$为某种标准脉冲波形，对于二进制码序列，若令 $g_1(t)$代表“0”，$g_2(t)$代表“1”，则

$$a_n g(t-nT_{\mathrm{s}})=\begin{cases} g_1(t-nT_{\mathrm{s}}), & \text{表示符号“0”} \\ g_2(t-nT_{\mathrm{s}}), & \text{表示符号“1”} \end{cases}$$

由于 a_n 是一个随机量，因此，通常在实际中遇到的数字基带信号 $s(t)$都是一个随机的脉冲序列。一般情况下，数字基带信号可表示为

$$s(t)=\sum_{n=-\infty}^{\infty} s_n(t) \tag{3.2.2}$$

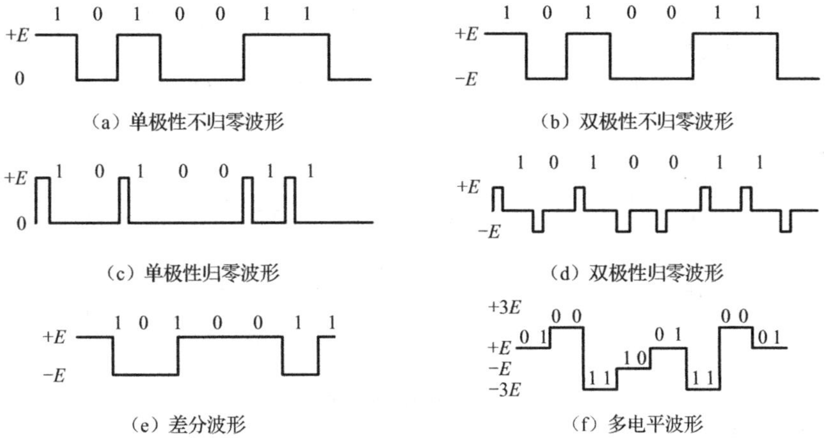

（a）单极性不归零波形　（b）双极性不归零波形

（c）单极性归零波形　（d）双极性归零波形

（e）差分波形　（f）多电平波形

图 3.2.1　几种常见的数字基带信号波形

3.2.2　数字基带信号码型的 MATLAB 仿真

例 3.2.1　数字基带信号码型的 MATLAB 仿真。

基本要求：画出二进制单极性归零码、单极性不归零码、双极性归零码、双极性不归零码 4 种基本码型的信号波形。

解：设仿真中码元宽度为 1，抽样速率 f_{s} 为 200，归零码的占空比为 0.5。

主要的 MATLAB 代码及注释如下所示。

```
Tb = 1;                          %码元宽度
M = 200;                         %每个码元内的抽样点个数
ts = Tb/M;                       %码元间隔
K = 0.5;                         %归零码的占空比
N = 100;                         %输出码元个数
s = randint(1,N);                %输出二进制码元信息
```

```
KK = floor(M*K);
%单极性不归零码
for i = 1 : length(s)
  s1( (i-1)*M+1 : i*M ) = s(i) * ones(1,M);
end
%单极性归零码
for i = 1 : length(s)
  s2( (i-1)*M+1 : i*M ) = s(i) * [ones(1,KK) zeros(1,M-KK)];
end
%双极性不归零码
for i = 1 : length(s)
  s3( (i-1)*M+1 : i*M ) = (-1)^(s(i)-1) * ones(1,M);
end
%双极性归零码
for i = 1 : length(s)
  s4( (i-1)*M+1 : i*M ) = (-1)^(s(i)-1) * [ones(1,KK) zeros(1,M-KK)];
end
```

仿真结果如图 3.2.2 所示。

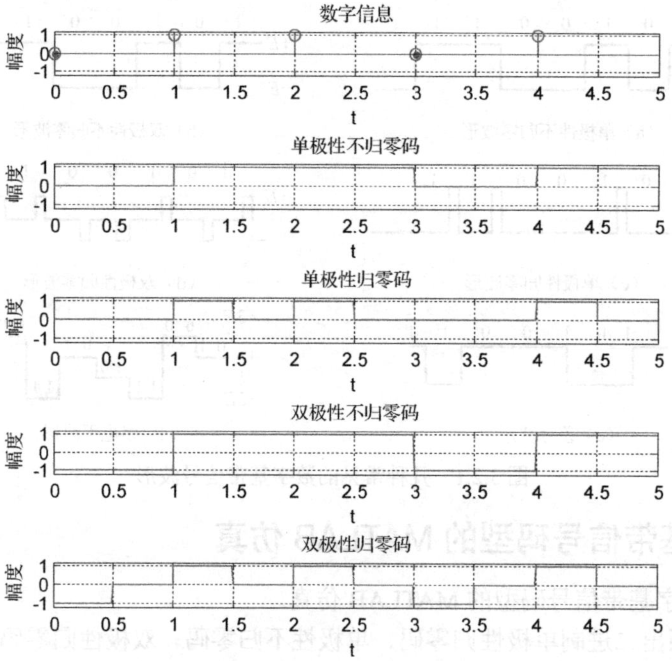

图 3.2.2　仿真结果

3.2.3　数字基带信号的频谱特性

研究数字基带信号的频谱特性是十分必要的，通过频谱分析可以了解信号需要占据的带宽，有无直流分量，有无定时分量等。这样才能针对信号频谱的特点来选择相匹配的信道，以及确定是否可从信号中提取定时信号。

数字基带信号是随机的脉冲序列，没有确定的频谱函数，所以只能用功率谱来描述它的频谱特性。由随机过程的相关函数去求随机过程的功率（或能量）谱密度就是一种典型的分析广义平稳随机过程的方法，但这种计算方法比较复杂。一种比较简单的方法是利用随机过程功率谱的定义来求。

设二进制的随机脉冲序列如图 3.2.3（a）所示，其中，假设 $g_1(t)$表示"0"码，$g_2(t)$表示"1"码。$g_1(t)$和 $g_2(t)$在实际中可以是任意的脉冲，但为了便于在图上区分，把 $g_1(t)$画成宽度为 T_s 的方波，把 $g_2(t)$画成宽度为 T_s 的三角波。

现在假设序列中任一码元间隔 T_s 内 $g_1(t)$和 $g_2(t)$出现的概率分别为 P 和 $1-P$，且认为它们的出现是统计独立的，则 $s(t)$可用式（3.2.2）表征，即

$$s(t)=\sum_{n=-\infty}^{\infty}s_n(t) \tag{3.2.3}$$

其中，

$$s_n(t)=\begin{cases}g_1(t-nT_s), & \text{以概率}P\text{出现}\\ g_2(t-nT_s), & \text{以概率}(1-P)\text{出现}\end{cases} \tag{3.2.4}$$

为了使频谱分析的物理概念清楚、推导过程简化，我们可以把 $s(t)$分解成稳态波 $v(t)$和交变波 $u(t)$。稳态波即随机序列 $s(t)$的统计平均分量，它取决于每个码元间隔内出现 $g_1(t)$、$g_2(t)$概率的加权平均，且每个码元的统计平均波形相同，因此可表示成

$$v(t)=\sum_{n=-\infty}^{\infty}[Pg_1(t-nT_s)+(1-P)g_2(t-nT_s)]=\sum_{n=-\infty}^{\infty}v_n(t) \tag{3.2.5}$$

其波形如图 3.2.3（b）所示，显然 $v(t)$是一个以 T_s 为周期的周期函数。

交变波 $u(t)$是 $s(t)$与 $v(t)$之差，即

$$u(t)=s(t)-v(t) \tag{3.2.6}$$

其中，第 n 个码元为

$$u_n(t)=s_n(t)-v_n(t) \tag{3.2.7}$$

于是有

$$u(t)=\sum_{n=-\infty}^{\infty}u_n(t) \tag{3.2.8}$$

根据式（3.2.4）和（3.2.5），$u_n(t)$可表示为

$$u_n(t)=\begin{cases}g_1(t-nT_s)-Pg_1(t-nT_s)-(1-P)g_2(t-nT_s)\\ \quad=(1-P)[g_1(t-nT_s)-g_2(t-nT_s)], \quad \text{以概率}P\text{出现}\\ g_2(t-nT_s)-Pg_1(t-nT_s)-(1-P)g_2(t-nT_s)\\ \quad=-P[g_1(t-nT_s)-g_2(t-nT_s)], \quad \text{以概率}(1-P)\text{出现}\end{cases}$$

或者写成

$$u_n(t)=a_n[g_1(t-nT_s)-g_2(t-nT_s)] \tag{3.2.9}$$

其中，

$$a_n=\begin{cases}1-P, & \text{以概率}P\text{出现}\\ -P, & \text{以概率}(1-P)\text{出现}\end{cases} \tag{3.2.10}$$

显然，$u(t)$是随机脉冲序列，图 3.2.3（c）画出了 $u(t)$的一个波形。

经过上述分解后，可以通过式（3.2.5）和式（3.2.8），分别求出稳态波 $v(t)$和交变波 $u(t)$的功率谱。然后由式（3.2.6）的关系将两者的功率谱合并起来，即可得到随机脉冲序列 $s(t)$的功率谱。限于篇幅，这里仅给出相关结论。

（1）$v(t)$的功率谱密度 $P_v(f)$由下式给出：

$$P_v(f)=\sum_{m=-\infty}^{\infty}|C_m|^2\delta(f-mf_s) \tag{3.2.11}$$

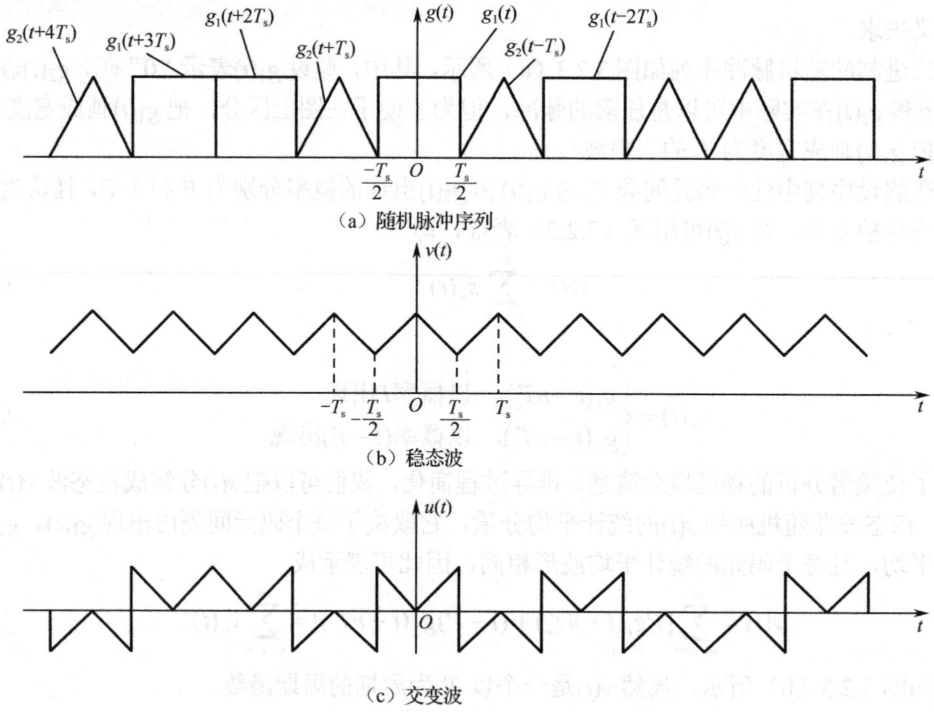

图 3.2.3　随机脉冲序列示意波形

（2）$u(t)$的功率谱密度 $P_u(f)$：

$$
\begin{aligned}
P_u(f) &= \lim_{N\to\infty}\frac{(2N+1)P(1-P)|G_1(f)-G_2(f)|^2}{(2N+1)T_s} \\
&= f_s P(1-P)|G_1(f)-G_2(f)|^2
\end{aligned}
\tag{3.2.12}
$$

（3）$s(t)=u(t)+v(t)$的功率谱密度 $P_s(f)$。

将式（3.2.11）与式（3.2.12）相加，可得到随机脉冲序列 $s(t)$的功率谱密度为

$$
\begin{aligned}
P_s(f)&=P_u(f)+P_v(f) \\
&=f_s P(1-P)|G_1(f)-G_2(f)|^2+|f_s[PG_1(mf_s)+(1-P)G_2(mf_s)]|^2\delta(f-mf_s)
\end{aligned}
\tag{3.2.13}
$$

上式是双边的功率谱密度表示式。如果写成单边的，则有

$$
\begin{aligned}
P_s(f) &= f_s P(1-P)|G_1(f)-G_2(f)|^2 + f_s^2|PG_1(0)+(1-P)G_2(0)|^2\delta(f) \\
&\quad + 2f_s^2\sum_{m=1}^{\infty}|PG_1(mf_s)+(1-P)G_2(mf_s)|^2\delta(f-mf_s),\ f\geqslant 0
\end{aligned}
\tag{3.2.14}
$$

由式（3.2.13）可知，随机脉冲序列的功率谱密度可能包含连续谱的功率谱密度 $P_u(f)$和离散谱的功率谱密度 $P_v(f)$。对于连续谱，由于代表数字信息的 $g_1(t)$和 $g_2(t)$不能完全相同，故 $G_1(f)\neq G_2(f)$。因此，连续谱的功率谱密度 $P_u(f)$总是存在；而离散谱的功率谱密度 $P_v(f)$是否存在，取决于 $g_1(t)$和 $g_2(t)$的波形及其出现的概率 P，参见下面的实例 3.2.2。

例 3.2.2　对于单极性波形，若设 $g_1(t)=0$，$g_2(t)=g(t)$，则随机脉冲序列的双边功率谱密度为

$$
P_s(f) = f_s P(1-P)|G(f)|^2 + \sum_{m=-\infty}^{\infty}|f_s(1-p)G(mf_s)|^2\delta(f-mf_s) \tag{3.2.15}
$$

等概率（P=1/2）时，上式简化为

$$
P_s(f) = \frac{1}{4}f_s|G(f)|^2 + \frac{1}{4}f_s^2\sum_{m=-\infty}^{\infty}|G(mf_s)|^2\delta(f-mf_s) \tag{3.2.16}
$$

（1）若表示“1”码的波形 $g_2(t)=g(t)$为不归零矩形脉冲波形，则其频谱函数为

$$G(f)=T_s\left[\frac{\sin\pi T_s}{\pi f T_s}\right]=T_s\mathrm{Sa}(\pi f T_s)$$

而式（3.2.16）可以简化为

$$\begin{aligned}P_s(f)&=\frac{1}{4}f_sT_s^2\left[\frac{\sin\pi f T_s}{\pi f T_s}\right]+\frac{1}{4}\delta(f)\\&=\frac{T_s}{4}\mathrm{Sa}^2(\pi f T_s)+\frac{1}{4}\delta(f)\end{aligned}\tag{3.2.17}$$

随机脉冲序列的带宽取决于连续谱，实际由单个码元的频谱函数 $G(f)$决定，该频谱的第一个零点在 $f=\frac{1}{T_s}=f_s$，因此单极性不归零信号的带宽 $B_s=f_s$，如图3.2.4所示。

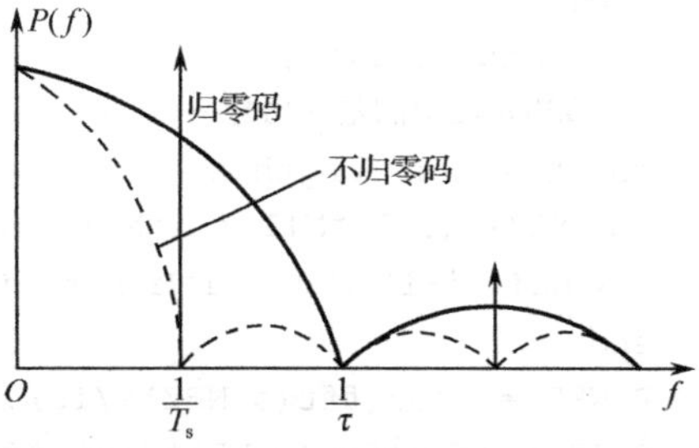

图3.2.4　二进制数字基带信号的功率谱密度

（2）若表示“1”码的波形 $g_2(t)=g(t)$为半占空归零矩形脉冲波形，即当脉冲宽度 $\tau=T_s/2$ 时，其频谱函数为

$$G(f)=\frac{T_s}{2}\mathrm{Sa}\left(\frac{\pi f T_s}{2}\right)$$

而式（3.2.16）可以简化为

$$P_s(f)=\frac{T_s}{16}\mathrm{Sa}^2\left(\frac{\pi f T_s}{2}\right)+\frac{1}{16}\sum_{m=-\infty}^{\infty}\mathrm{Sa}^2\left(\frac{m\pi}{2}\right)\delta(f-mf_s)\tag{3.2.18}$$

不难求出，单极性半占空归零信号的带宽 $B_s=2f_s$。

例3.2.3　对于双极性波形，若设 $g_1(t)=-g_2(t)=g(t)$，则

$$P_s(f)=4f_sP(1-P)|G(f)|^2+\sum_{m=-\infty}^{\infty}|f_s(2P-1)G(mf_s)|^2\delta(f-mf_s)$$

等概率（$P=1/2$）时，上式变为

$$P_s(f)=f_s|G(f)|^2\tag{3.2.19}$$

若 $g(t)$为高为1，脉冲宽度等于码元间隔 T_s 的矩形脉冲，那么上式可写成

$$P_s(f)=T_s\mathrm{Sa}^2(\pi f T_s)\tag{3.2.20}$$

3.2.4　功率谱的MATLAB仿真

例3.2.4　单极性矩形波数字基带信号的功率谱仿真。

仿真要求：计算单极性矩形波数字基带信号的功率谱，并画出其频谱密度图和仿真结果。

解：本例仿真中所用的相关参数值请参见下面的MATLAB代码及注释。

主要仿真代码及注释如下。

```
Tb = 1;                          %码元宽度
M = 20;                          %每个码元内抽样点的个数
ts = Tb/M;                       %码元间隔
K = 0.5;                         %归零波形的占空比，K=1为不归零波形
KK = floor(M*K);
N = 1000;                        %产生码元个数
fs = 1/ts;                       %抽样速率
```

```
df = fs/N/M;                          %频域分辨率
f = 0 : df : (fs-df);                 %考察数据频域范围
%数值计算
P_lilun_NRZ = (sinc(f*Tb)).^2 * Tb/4;          %连续谱
P_lilun_RZ = (sinc(f*Tb/2)).^2 * Tb/16;        %连续谱
%数据仿真
s = randint(1,N);                              %产生二进制码元信息
%形成指定波形的基带信号
for i = 1 : length(s)
  s_NRZ( (i-1)*M+1 : i*M ) = s(i) * ones(1,M);           %单极性不归零波形
  s_RZ( (i-1)*M+1 : i*M ) = s(i) * [ones(1,KK) zeros(1,M-KK)];   %单极性归零波形
end
P_NRZ = (abs(fft(s_NRZ))/fs).^2;
P_RZ = (abs(fft(s_RZ))/fs).^2;
```

仿真结果如图 3.2.5 所示。

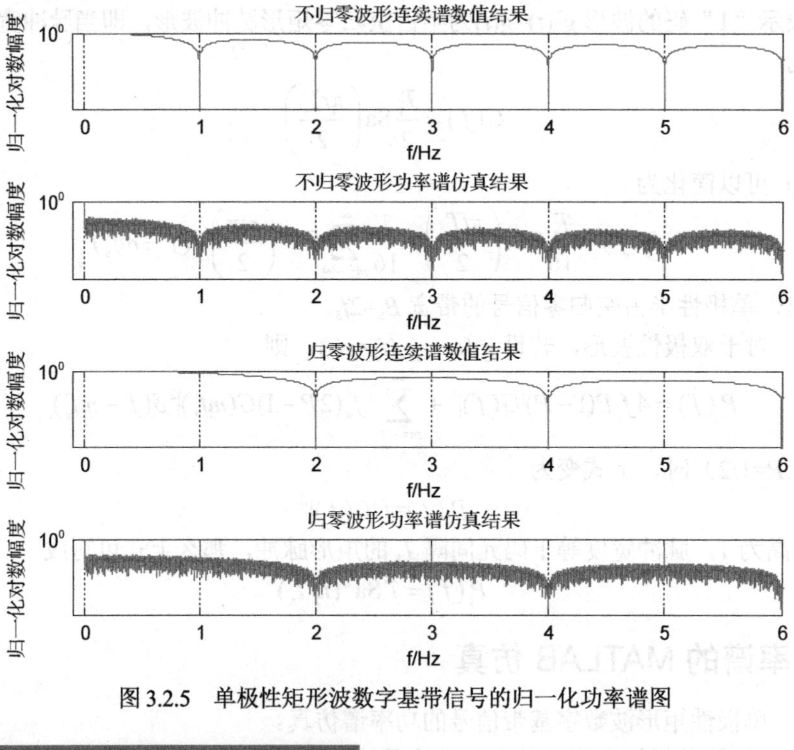

图 3.2.5　单极性矩形波数字基带信号的归一化功率谱图

3.3　数字基带传输的常用码型

在实际的数字基带传输系统中，并不是所有代码的电波形都能在信道中传输。例如，含有直流分量和较丰富低频分量的单极性数字基带波形就不适合在低频传输特性差的信道中传输，因为它有可能造成信号严重畸变。又如，当消息代码中包含长串的连续“1”或“0”码时，不归零波形呈现出连续的固定电平，因而无法获取定时信息。单极性归零码在传送连“0”码时，存在同样的问题。因此，对传输用的数字基带信号主要有两个方面的要求。

（1）对代码的要求：原始消息代码必须编成适合于传输用的码型。

（2）对所选码型的电波形要求：电波形应适合于数字基带系统的传输。

本节先讨论码型的选择问题，后一问题将在以后讨论。

传输码（或称线路码）的结构将取决于实际信道特性和系统工作的条件。通常，传输码的结构应具有下列主要特性。

（1）相应的数字基带信号无直流分量，且低频分量少；

（2）便于从信号中提取定时信息；

（3）信号中高频分量尽量少，以节省传输频带并减少码间串扰；

（4）不受信息源统计特性的影响，即能适应信息源的变化；

（5）具有内在的检错能力，传输码应具有一定规律性，以便利用这一规律性进行宏观监测；

（6）编译码设备要尽可能简单。

满足或部分满足以上特性的传输码种类繁多，下面介绍几种常见的码型。

3.3.1 AMI 码

AMI 码的全称是传号交替反转码，其编码规则是将二进制码“1”（传号）交替地变换为传输码的“+1”和“−1”，而“0”（空号）保持不变，规则如下。

消息代码：1 0 0 1 1 0 0 0 0 0 0 0 1 1 0 0 1 1…

AMI 码： +1 0 0 −1 +1 0 0 0 0 0 0 0 −1 +1 0 0 −1 +1…

AMI 码对应的数字基带信号是正负极性交替的脉冲序列，而 0 电位持不变的规律。AMI 码的优点是，由于+1 与−1 交替，AMI 码的功率谱（见图 3.3.1）中不含直流成分，高、低频分量少，能量集中在频率为 1/2 抽样速率处。位定时频率分量虽然为 0，但只要将数字基带信号经全波整流变为单极性归零波形，便可提取位定时信号。此外，AMI 码的编译码电路简单，便于利用传号极性交替规律观察误码情况。鉴于这些优点，AMI 码是国际电报电话咨询委员会（CCITT）建议采用的传输码之一。

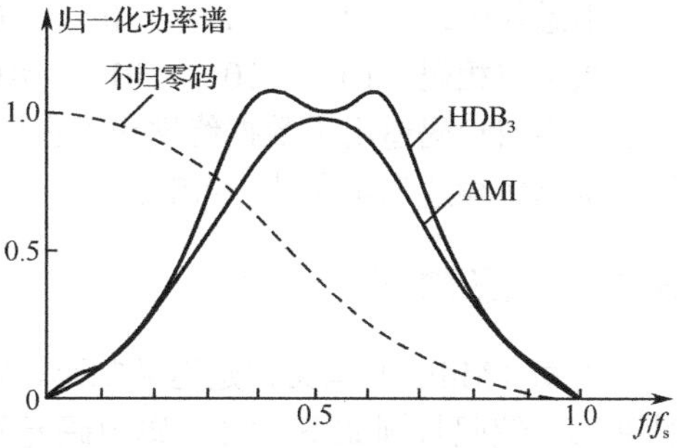

图 3.3.1 AMI 码和 HDB_3 码的功率谱

AMI 码的不足是，当原消息代码出现连“0”码时，信号的电平长时间不跳变，造成提取定时信号困难的问题。解决连“0”码问题的有效方法之一是采用 HDB_3 码。

3.3.2 HDB_3 码

HDB_3 码的全称是 3 阶高密度双极性码，它是 AMI 码的一种改进码型，其目的是保持 AMI 码的优点而克服其缺点，使连“0”个数不超过 3 个，其编码规则如下。

（1）当消息代码的连“0”个数不超过 3 时，仍按 AMI 码的规则编，即传号极性交替。

（2）当连“0”个数超过 3 时，则将第 4 个“0”改为非“0”脉冲，记为+V 或−V，称之为破坏脉冲。相邻 V 码的极性必须交替出现，以确保编好的码中无直流。

（3）为了便于识别，V 码的极性应与其前一个非“0”脉冲的极性相同，否则，将 4 连“0”的第 1 个“0”更改为与该破坏脉冲相同极性的脉冲，并记为+B 或−B。

（4）破坏脉冲之后的传号码极性也要交替，规则如下。

消息代码：	1000	0	1000	0	1	1	000	0	1	1
AMI 码：	−1000	0	+1000	0	−1	+1	000	0	−1	+1
HDB_3 码：	−1000	−V	+100	+V	−1	+1	−B00	−V	+1	−1

其中的±V 脉冲和±B 脉冲与±1 脉冲波形相同，用 V 或 B 符号的目的是示意已将原消息代

码的“0”码变换成了“1”码。

虽然 HDB_3 码的编码规则比较复杂，但译码却比较简单。从上述原理看出，每一个破坏符号 V 总是与前一非“0”符号同极性（包括 B 在内）。

这就是说，从收到的符号序列中可以容易地找到破坏符号 V，于是也断定 V 符号及其前面的 3 个符号必是连“0”符号，从而恢复 4 个连“0”码，再将所有-1 变成+1 后便可得到原消息代码。

HDB_3 码除保持了 AMI 码的优点外，还将连“0”码限制在 3 个以内，故有利于位定时信号的提取。HDB_3 码是应用得最为广泛的码型，A 律 PCM 四次群以下的接口码型均为 HDB_3 码。

在上述两种码型中，每一位二进制码都被变换成一位三电平取值的码，因而有时也把这种码称为 1B/1T 码。

3.3.3 数字双相码

数字双相码又称曼彻斯特（Manchester）码。它用一个周期的正负对称方波表示“0”，而用其反相波形表示“1”。编码规则之一：“0”码用“01”两位码表示，“1”码用“10”两位码表示，规则如下。

消息代码：	1	1	0	0	1	0	1
数字双相码：	10	10	01	01	10	01	10

数字双相码适用于数据终端设备在近距离上传输的情况，本地数据网常采用该码作为传输码，信息传输速率可高达 10Mbit/s。

3.3.4 密勒码

密勒（Miller）码又称延迟调制码，它是双相码的一种变形。编码规则如下：“1”码用码元间隔中心点出现的电平跃变来表示，即用“10”或“01”表示。“0”码有两种情况：单个“0”时，在码元间隔内不出现电平跃变，且与相邻码元的边界处也不出现电平跃变，连“0”时，在两个“0”码的边界处出现电平跃变，即“00”与“11”交替。

为了便于理解，图 3.3.2（a）和（b）示出了消息代码为 11010010 时，数字双相码和密勒码的波形。由图 3.3.2（b）可知，当两个“1”码中间有一个“0”码时，密勒码流中出现最大宽度为 $2T_s$ 的波形，即两个码元间隔。这一性质可用来进行宏观检错。

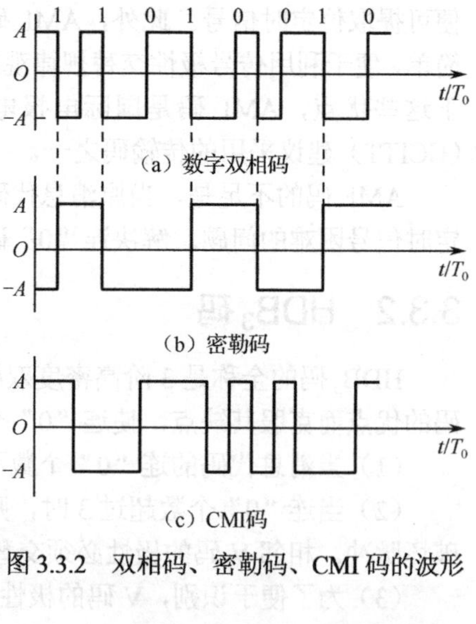

图 3.3.2　双相码、密勒码、CMI 码的波形

3.3.5 CMI 码

CMI 码是传号反转码的简称，与数字双相码类似，它也是一种双极性二电平码。编码规则：“1”码交替用“11”和“00”两位码表示，“0”码固定地用“01”表示，其波形如图 3.3.2（c）所示。

CMI 码有较多的电平跃变，因此含有丰富的定时信息。此外，“10”为禁用码组，不会出现 3 个以上的连码，这个规律可用来宏观检错。由于 CMI 码易于实现，且具有上述特点，因此是 CCITT 推荐的 PCM 高次群采用的接口码型，在速率低于 8.448Mbit/s 的光纤传输系统中，其有时也用作线路传输码。

在数字双相码、密勒码和 CMI 码中，每个原二进制码都用一组 2 位的二进制码表示，因此这类码又称 1B2B 码。

3.3.6　nBmB 码

nBmB 码是把原消息代码的 n 位二进制码作为一组，编成 m 位二进制码的新码组。由于 $m>n$，新码组可能有 2^m 种组合，故多出（2^m-2^n）种组合。从中选择一部分有利码组作为可用码组，其余为禁用码组，以获得好的特性。在光纤数字传输系统中，通常选择 $m=n+1$，有 1B2B 码、2B3B 码、3B4B 码及 5B6B 码等，其中，5B6B 码已实用化，可用作三次群和四次群以上的线路传输码。

3.3.7　4B/3T 码

在某些高速远程传输系统中，1B/1T 码的传输效率偏低。为此可以将输入的二进制码分成若干位一组，然后用较少位数的三元码来表示，以降低编码后的码元传输速率，从而提高频带利用率。4B/3T 码是 1B/1T 码的改进型，它把 4 个二进制码变换成 3 个三元码。显然，在相同的码元传输速率下，4B/3T 码的信息容量大于 1B/1T 码，因而可提高频带利用率。4B/3T 码适用于较高码元传输速率的数据传输系统，如高次群同轴电缆传输系统。

3.4　数字基带脉冲传输与码间串扰

3.1 节定性地介绍了数字基带传输系统的工作原理，初步了解到码间串扰和信道噪声是引起误码的主要因素。下面将定量地分析数字基带脉冲的传输过程，其分析模型如图 3.4.1 所示。

图 3.4.1 中，$\{a_n\}$为发送滤波器的输入符号序列，在二进制的情况下，a_n 取值为 0、1 或−1、+1。为了分析方便，假设$\{a_n\}$对应的数字基带信号 $d(t)$是码元间隔为 T_s，强度由 a_n 决定的单位冲激序列，即

$$d(t)=\sum_{n=-\infty}^{\infty} a_n\delta(t-nT_s) \tag{3.4.1}$$

此信号激励发送滤波器时，发送滤波器的输出信号为

$$s(t)=d(t)*g_T(t)=\sum_{n=-\infty}^{\infty} a_n g_T(t-nT_s) \tag{3.4.2}$$

式中，“*”是卷积符号；$g_T(t)$ 是单个 δ 作用下形成的发送基本波形，即发送滤波器的冲激响应。若发送滤波器的传输特性为 $G_T(\omega)$，则 $g_T(t)$ 由下式确定：

$$g_T(t)=\frac{1}{2\pi}\int_{-\infty}^{\infty} G_T(\omega)e^{j\omega t}d\omega \tag{3.4.3}$$

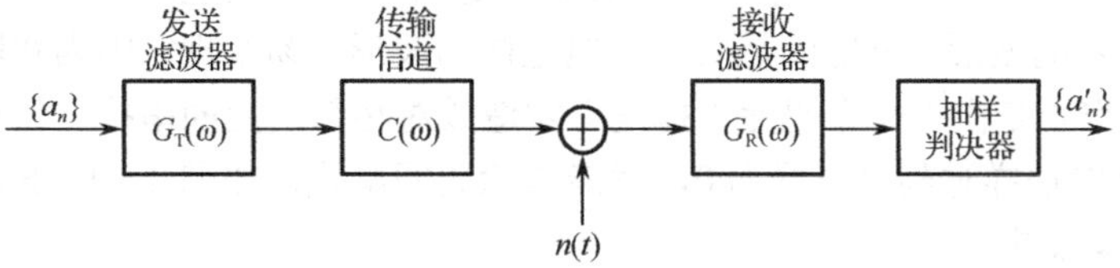

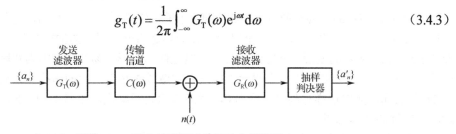

图 3.4.1　数字基带脉冲传输的分析模型

若设信道的传输特性为 $C(\omega)$，接收滤波器的传输特性为 $G_R(\omega)$，则图 3.4.1 所示的数字基带脉冲传输系统的总传输特性为

$$H(\omega)=G_T(\omega)C(\omega)G_R(\omega) \tag{3.4.4}$$

其单位冲激响应为

$$h(t)=\frac{1}{2\pi}\int_{-\infty}^{\infty}H(\omega)e^{j\omega t}d\omega \tag{3.4.5}$$

$h(t)$是单个δ作用下，$H(\omega)$形成的输出波形。因此在$d(t)$作用下，接收滤波器的输出信号$y(t)$可表示为

$$y(t)=d(t)*h(t)+n_R(t)=\sum_{n=-\infty}^{\infty}a_n h(t-nT_s)+n_R(t) \tag{3.4.6}$$

式中，$n_R(t)$是信道噪声$n(t)$经过接收滤波器后输出的噪声。

抽样判决器对$y(t)$进行抽样判决，以确定所传输的数字信息序列$\{a_n\}$。例如，若要对第k个码元a_k进行判决，应在$t=kT_s+t_0$时刻上（t_0是信道和接收滤波器所造成的延迟）对$y(t)$抽样，由式（3.4.6）得

$$y(kT_s+t_0)=a_k h(t_0)+\sum_{n\neq k}a_n h[(k-n)T_s+t_0]+n_R(kT_s+t_0) \tag{3.4.7}$$

式中，第一项$a_k h(t_0)$是第k个码元波形的抽样值，它是确定a_k的依据。第二项$\sum_{n\neq k}a_n h[(k-n)T_s+t_0]$是除第$k$个码元外的其他码元波形在第$k$个抽样时刻上的总和，它对当前码元$a_k$的判决起着干扰作用，所以称为码间串扰值。由于$a_n$是以概率出现的，故码间串扰值通常是一个随机变量。第三项$n_R(kT_s+t_0)$是输出噪声在抽样瞬间的值，它是一种随机干扰，也影响第k个码元的正确判决。

由于码间串扰和信道噪声的存在，当$y(kT_s+t_0)$加到判决电路时，对a_k取值的判决可能判对也可能判错。例如，在二进制数字通信时，a_k的可能取值为“0”或“1”，判决电路的判决门限为V_0，且判决规则为

当$y(kT_s+t_0)>V_0$时，判a_k为“1”

当$y(kT_s+t_0)<V_0$时，判a_k为“0”

显然，只有当码间串扰和信道噪声足够小时，才能基本保证上述判决的正确，否则，有可能发生错判，造成误码。因此，为了使误码率尽可能小，必须最大限度地减小码间串扰和信道噪声的影响。这也正是研究数字基带脉冲传输的基本出发点。

3.5 无码间串扰的数字基带传输特性

由式（3.4.7）可知，若想消除码间串扰，应有

$$\sum_{n\neq k}a_n h[(k-n)T_s+t_0]=0$$

由于a_n是随机的，要想通过各项相互抵消使码间串扰为0是不行的，这就需要对$h(t)$的波形提出要求，如果相邻码元的前一个码元的波形到达后一个码元的抽样时刻时已经衰减到0，如图3.5.1（a）所示的波形，就能满足要求。但这样的波形不易实现，因为实际中的$h(t)$波形有很长的“拖尾”，也正是由于每个码元“拖尾”才造成对相邻码元的串扰，但只要让它在t_0+T_s，t_0+2T_s等后面码元的抽样时刻上正好为0，就能消除码间串扰，如图3.5.1（b）所示。这也是消除码间串扰的基本思想。

由$h(t)$与$H(\omega)$的关系可知，如何形成合适的$h(t)$波形，实际是如何设计$H(\omega)$特性的问题。下面，我们在不考虑信道噪声时，研究如何设计数字基带传输特性$H(\omega)$，以形成在抽样时刻上无码间串扰的冲激响应$h(t)$。

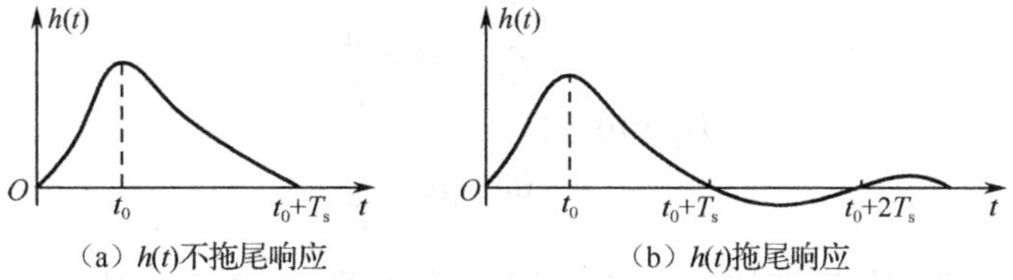

图 3.5.1　消除码间串扰的原理

根据上面的分析，在假设信道和接收滤波器所造成的延迟 t_0=0 时，无码间串扰的数字基带传输系统的冲激响应应满足下式：

$$h(kT_s)=\begin{cases}1, & k=0\\ 0, & k为其他整数\end{cases} \tag{3.5.1}$$

式（3.5.1）说明，无码间串扰的数字基带传输系统的冲激响应除 t=0 时抽样值不为零外，其他抽样时刻 $t=kT_s$ 上的抽样值均为零。通常，我们将式（3.5.1）称为无码间串扰的时域条件。

同样，我们可以得到无码间串扰时，数字基带传输特性应满足的频域条件：

$$\sum_i H\left(\omega+\frac{2\pi i}{T_s}\right)=T_s\text{，}\ |\omega|\leqslant\frac{\pi}{T_s} \tag{3.5.2}$$

该条件称为奈奎斯特第一准则。它为我们提供了检验 $H(\omega)$能否实现无码间串扰传输的理论依据。

式（3.5.2）的物理意义是，将 $H(\omega)$在 ω 轴上以 $2\pi/T_s$ 的间隔切开，然后分段沿 ω 轴平移到($-\pi/T_s$，π/T_s)区间内进行叠加，其结果应当为一个常数（不必一定是 T_s），如图 3.5.2 所示。

显然，满足式（3.5.2）的 $H(\omega)$并不是唯一的。如何设计或选择满足式（3.5.2）的 $H(\omega)$是接下来需要讨论的问题。

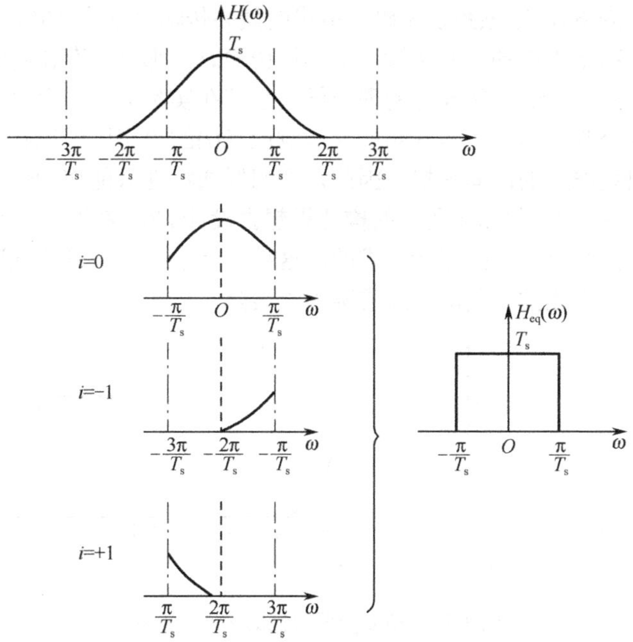

图 3.5.2　满足无码间串扰的数字基带传输特性

容易想到的一种方法，就是式（3.5.2）中只有 i=0 项，即

$$H_{eq}(\omega)=\begin{cases}T_s, & |\omega|\leqslant \dfrac{\pi}{T_s}\\ 0, & |\omega|>\dfrac{\pi}{T_s}\end{cases} \tag{3.5.3}$$

这时，$H(\omega)$为一理想低通滤波器，它的传输特性如图 3.5.3（a）所示，它的冲激响应为

$$h(t)=\frac{\sin\dfrac{\pi}{T_s}t}{\dfrac{\pi}{T_s}t}=\mathrm{Sa}\left(\frac{\pi t}{T_s}\right) \tag{3.5.4}$$

如图 3.5.3（b）所示，$h(t)$在 $t=\pm kT_s$（$k\neq 0$）时有周期性零点，当发送序列的间隔为 T_s时正好巧妙地利用了这些零点，如图 3.5.3（b）中虚线，从而实现了无码间串扰传输。

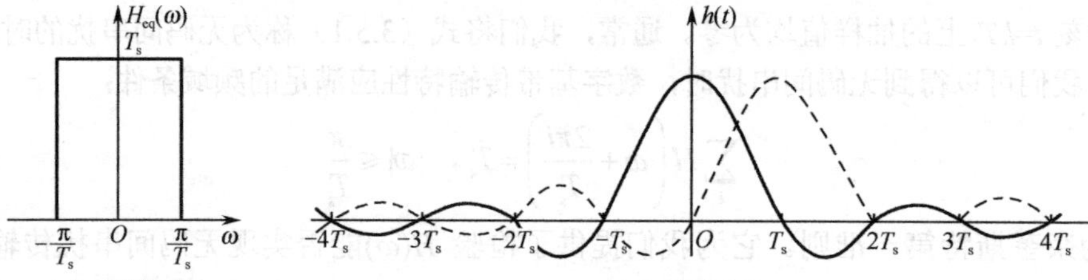

图 3.5.3 理想低通系统

由图 3.5.3 和式（3.5.3）可知，输入序列若以 $1/T_s$的速率进行传输，则所需的最小传输带宽为 $1/2T_s$，这是在抽样时刻，无码间串扰条件下，数字基带传输系统所能达到的极限情况。此时，数字基带传输系统所能提供的最高频带利用率为$\eta=2$（单位为 Bd/Hz）。通常，我们把 $1/2T_s$ 称为奈奎斯特带宽，记为 W_1，则该系统无码间串扰的最高传输速率为 $2W_1$，称为奈奎斯特速率。显然，如果该系统用高于 $1/T_s$ 的码元传输速率进行传输时，那么将存在码间串扰。

令人遗憾的是，式（3.5.3）所表达的理想低通系统在实际应用中存在两个问题：一是理想矩形特性的物理实现极为困难；二是理想的冲激响应 $h(t)$的“尾巴”很长，衰减很慢，当定时存在偏差时，可能出现严重的码间串扰。因此，理想低通特性只能作为理想的“标准”。

在实际应用中，通常按图 3.5.4 所示的构造思想去设计 $H(\omega)$特性，只要图中的 $Y(\omega)$具有对 W_1 呈奇对称的振幅特性，则 $H(\omega)$即所要求的。这种设计也可看成理想低通特性按其对称条件进行“圆滑”的结果，上述的“圆滑”通常称为“滚降”。

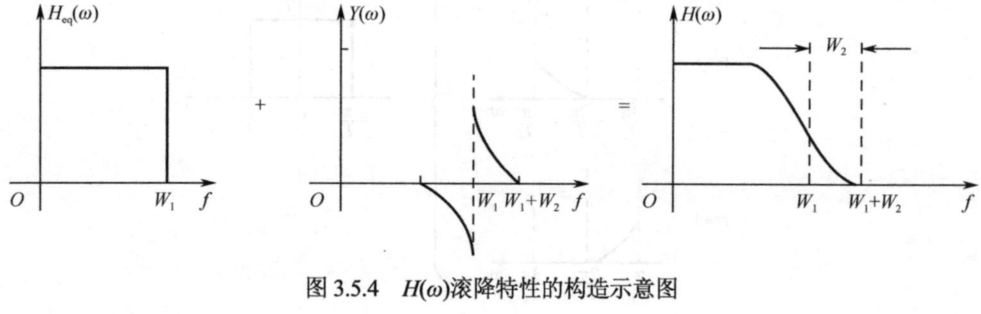

图 3.5.4 $H(\omega)$滚降特性的构造示意图

定义滚降系数为

$$\alpha=\frac{W_2}{W_1} \tag{3.5.5}$$

式中，W_1 是无滚降时的截止频率，W_2 为超出 W_1 的量。

显然，0≤α≤1。α 不同，滚降特性不同。图 3.5.5 画出了按余弦滚降的三种滚降特性和冲激响应。具有滚降系数 α 的余弦滚降特性 $H(\omega)$可表示成

$$H(\omega)=\begin{cases} T_s, & 0\leqslant|\omega|<\dfrac{(1-a)\pi}{T_s} \\ \dfrac{T_s}{2}\left[1+\sin\dfrac{T_s}{2a}\left(\dfrac{\pi}{T_s}-\omega\right)\right], & \dfrac{(1-a)\pi}{T_s}\leqslant|\omega|<\dfrac{(1+a)\pi}{T_s} \\ 0, & |\omega|\geqslant\dfrac{(1+a)\pi}{T_s} \end{cases} \tag{3.5.6}$$

而相应的 $h(t)$为

$$h(t)=\frac{\sin\pi t/T_s}{\pi t/T_s}\cdot\frac{\cos\alpha\pi t/T_s}{1-4\alpha^2t^2/T_s^2}$$

实际的 $H(\omega)$可按不同的 α 来选取。

由图 3.5.5 可以看出，α=0 时，就是理想低通特性；α=1 时，是实际中常采用的升余弦滚降特性，这时，$H(\omega)$可表示为

$$H(\omega)=\begin{cases} \dfrac{T_s}{2}\left(1+\cos\dfrac{\omega T_s}{2}\right), & |\omega|\leqslant\dfrac{2\pi}{T_s} \\ 0, & |\omega|>\dfrac{2\pi}{T_s} \end{cases} \tag{3.5.7}$$

其单位冲激响应为

$$h(t)=\frac{\sin\pi t/T_s}{\pi t/T_s}\cdot\frac{\cos\alpha\pi t/T_s}{1-4t^2/T_s^2} \tag{3.5.8}$$

由图 3.5.5 和式（3.5.8）可知，升余弦滚降系统的 $h(t)$满足抽样值上无码间串扰的传输条件，且各抽样值之间又增加了一个零点，其尾部衰减较快（与 t^2 成反比），这有利于减小码间串扰和位定时误差的影响。但这种系统的频谱宽度是 α=0 时的 2 倍，因而频带利用率为 1Bd/Hz，是最高频带利用率的一半。当 0<α<1 时，带宽 $B=(1+\alpha)/2T_s$，频带利用率 $\eta=2/(1+\alpha)$。

应当指出，在以上讨论中并没有涉及 $H(\omega)$的相移特性。但实际上它的相移特性一般不为零，故需要加以考虑。然而，在推导式（3.5.2）的过程中，我们并没有指定 $H(\omega)$是实函数，所以式（3.5.2）对于一般特性的 $H(\omega)$均适用。

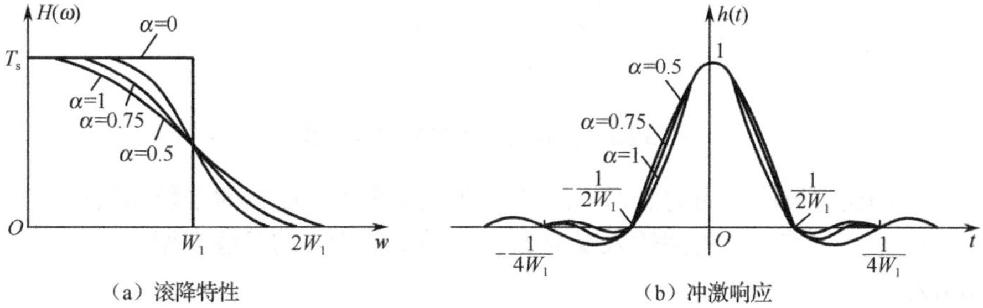

图 3.5.5　余弦滚降系统

3.6　无码间串扰数字基带传输系统的抗噪声性能

码间串扰和信道噪声是影响接收端正确判决而造成误码的两个因素。3.5 节讨论了不考虑信道噪声影响时，能够消除码间串扰的数字基带传输特性。本节讨论在无码间串扰条件下，信道

噪声对数字基带信号传输的影响，即计算信道噪声引起的误码率。

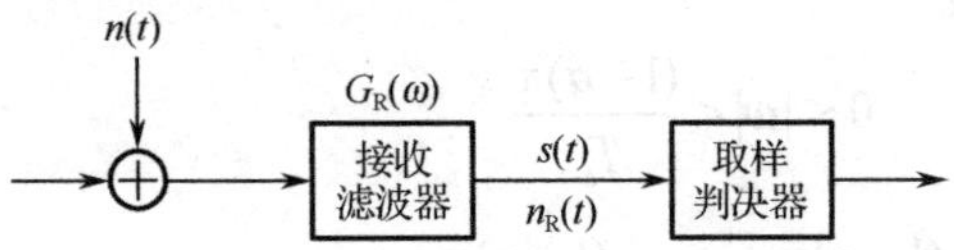

图 3.6.1　抗噪声性能分析模型

若认为信道噪声只对接收端产生影响，则分析模型如图 3.6.1 所示。设二进制接收波形为 $s(t)$，信道噪声 $n(t)$通过接收滤波器后输出的噪声为 $n_R(t)$，则接收滤波器的输出是信号加噪声的混合波形，即

$$x(t)=s(t)+n_R(t)$$

若二进制数字基带信号为双极性信号，设它在抽样时刻的电平取值为$+A$ 或$-A$（分别对应“1”码或“0”码），则 $x(t)$在抽样时刻的取值为

$$x(kT_s)=\begin{cases}A+n_R(kT_s), & \text{发送“1”时}\\ -A+n_R(kT_s), & \text{发送“0”时}\end{cases} \tag{3.6.1}$$

设判决电路的判决门限电平为 V_d，判决规则为

$x(kT_s)>V_d$，判为“1”码

$x(kT_s)<V_d$，判为“0”码

上述判决电路的典型输入波形如图 3.6.2 所示。其中，图 3.6.2（a）是无信道噪声影响时的信号波形，而图 3.6.2（b）则是图 3.6.2（a）波形叠加上信道噪声后的混合波形。

显然，这时的判决门限应选择在 0 电平，不难看出，对图 3.6.2（a）的波形能够毫无差错地恢复基带信号，但对图 3.6.2（b）的波形就可能出现两种判决错误：原“1”错判成“0”或原“0”错判成“1”，图中带“*”的码元就是错码。下面我们具体分析由于信道噪声引起这种误码的概率 P_e（简称误码率）。

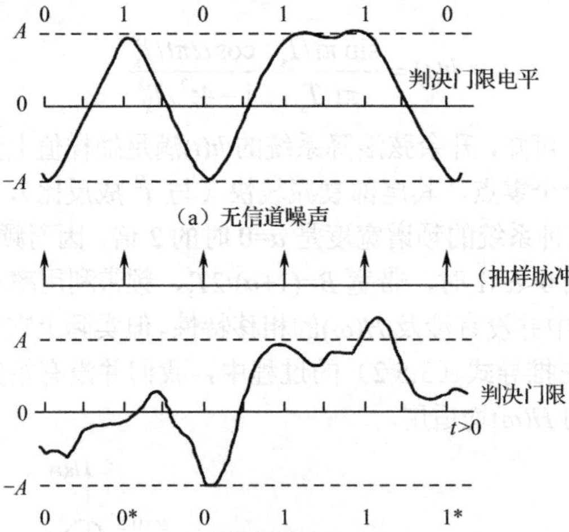

图 3.6.2　判决电路的典型输入波形

信道噪声 $n(t)$通常被假设为均值为 0、双边功率谱密度为 $n_0/2$ 的平稳高斯白噪声，而接收滤波器又是一个线性网络，故电路输入噪声 $n_R(t)$也是均值为 0 的平稳高斯白噪声，且它的功率谱密度 $P_n(\omega)$为

$$P_n(\omega)=\frac{n_0}{2}|G_R(\omega)|^2$$

方差（噪声平均功率）为

$$\sigma_n^2=\frac{1}{2\pi}\int_{-\infty}^{\infty}\frac{n_0}{2}|G_R(\omega)|^2\mathrm{d}\omega \tag{3.6.2}$$

可见，$n_R(t)$瞬时值的统计特性可用下述一维概率密度函数描述：

$$f(V)=\frac{1}{\sqrt{2\pi}\sigma_n}\mathrm{e}^{-V^2/2\sigma_n^2} \tag{3.6.3}$$

式中，V 是信道噪声的瞬时取值 $n_{\mathrm{R}}(kT_{\mathrm{s}})$。

根据式（3.6.1），当发送“1”时，$A+n_{\mathrm{R}}(kT_{\mathrm{s}})$的一维概率密度函数为

$$f_1(x)=\frac{1}{\sqrt{2\pi\sigma_n}}\exp\left[-\frac{(x-A)^2}{2\sigma_n^2}\right] \tag{3.6.4}$$

而当发送“0”时，$-A+n_{\mathrm{R}}(kT_{\mathrm{s}})$的一维概率密度函数为

$$f_0(x)=\frac{1}{\sqrt{2\pi\sigma_n}}\exp\left[-\frac{(x+A)^2}{2\sigma_n^2}\right] \tag{3.6.5}$$

与它们相对应的曲线分别示于图 3.6.3。

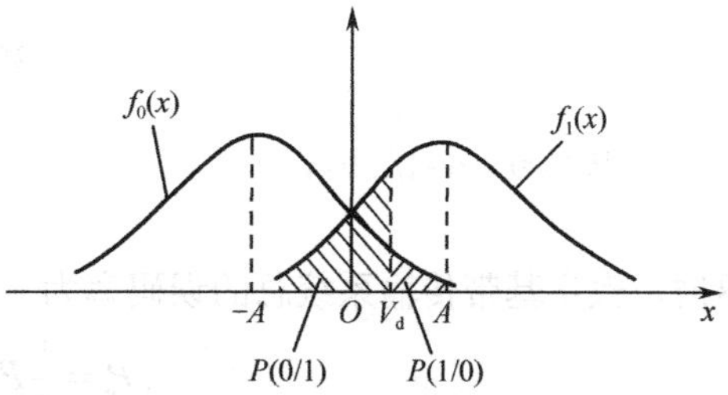

图 3.6.3　$x(t)$的概率密度曲线

这时，在$-A$ 到$+A$ 之间选择一个适当的 V_{d} 作为判决门限电平，根据判决规则将会出现以下几种情况：

$$\text{对“1”码}\begin{cases}x\geqslant V_{\mathrm{d}}, & \text{判为“1”码（判决正确）}\\ x<V_{\mathrm{d}}, & \text{判为“0”码（判决错误）}\end{cases}$$

$$\text{对“0”码}\begin{cases}x\leqslant V_{\mathrm{d}}, & \text{判为“0”码（判决正确）}\\ x>V_{\mathrm{d}}, & \text{判为“1”码（判决错误）}\end{cases}$$

可见，在二进制数字基带信号传输的过程中，信道噪声会引起以下两种误码率。

（1）发“1”错判为“0”的概率 $P(0/1)$：

$$\begin{aligned}P(0/1)&=P(x\leqslant V_{\mathrm{d}})=\int_{-\infty}^{V_{\mathrm{d}}}f_1(x)\mathrm{d}x\\&=\int_{-\infty}^{V_{\mathrm{d}}}\frac{1}{\sqrt{2\pi}\sigma_n}\exp\left[-\frac{(x-A)^2}{2\sigma_n^2}\right]\mathrm{d}x\\&=\frac{1}{2}+\frac{1}{2}\mathrm{erf}\left(\frac{V_{\mathrm{d}}-A}{\sqrt{2}\sigma_n}\right)\end{aligned} \tag{3.6.6}$$

（2）发“0”错判为“1”的概率 $P(1/0)$：

$$\begin{aligned}P(1/0)&=P(x>V_{\mathrm{d}})=\int_{V_{\mathrm{d}}}^{\infty}f_0(x)\mathrm{d}x\\&=\int_{V_{\mathrm{d}}}^{\infty}\frac{1}{\sqrt{2\pi}\sigma_n}\exp\left[-\frac{(x-A)^2}{2\sigma_n^2}\right]\mathrm{d}x\\&=\frac{1}{2}-\frac{1}{2}\mathrm{erf}\left(\frac{V_{\mathrm{d}}+A}{\sqrt{2}\sigma_n}\right)\end{aligned} \tag{3.6.7}$$

$P(0/1)$和 $P(1/0)$分别如图 3.6.3 中的阴影部分所示。若发送“1”码的概率为 $P(1)$，发送“0”码的概率为 $P(0)$，则数字基带传输系统总的误码率可表示为

$$\begin{aligned}P_{\mathrm{e}}&=P(1)P(0/1)+P(0)P(1/0)\\&=P(1)\int_{-\infty}^{V_{\mathrm{d}}}f_1(x)\mathrm{d}x+P(0)\int_{V_{\mathrm{d}}}^{\infty}f_0(x)\mathrm{d}x\end{aligned} \tag{3.6.8}$$

从式（3.6.8）可以看出，误码率 P_{e} 与 $P(1)$、$P(0)$、$f_0(x)$、$f_1(x)$和 V_{d} 有关，而 $f_0(x)$和 $f_1(x)$又与信号的峰值 A 和噪声平均功率 σ_n^2 有关。通常 $P(1)$和 $P(0)$是给定的，因此误码率最终由 A、σ_n^2 和门限电平 V_{d} 决定。在 A 和 σ_n^2 一定的条件下，可以找到一个使误码率最小的判决门限电平，

这个门限电平称为最佳判决门限电平。若令

$$\frac{\mathrm{d}P_0}{\mathrm{d}V_\mathrm{d}}=0$$

则可求得最佳判决门限电平：

$$V_\mathrm{d}^*=\frac{\sigma_n^2}{2A}\ln\frac{P(0)}{P(1)} \tag{3.6.9}$$

当 $P(1)=P(0)=1/2$ 时，

$$V_\mathrm{d}^*=0$$

这时，数字基带传输系统总的误码率为

$$\begin{aligned}P_\mathrm{e}&=\frac{1}{2}P(0/1)+\frac{1}{2}P(1/0)\\&=\frac{1}{2}\left[1-\mathrm{erf}\left(\frac{A}{\sqrt{2}\sigma_n}\right)\right]\\&=\frac{1}{2}\,\mathrm{erf}\left(\frac{A}{\sqrt{2}\sigma_n}\right)\end{aligned} \tag{3.6.10}$$

由式（3.6.10）可知，当发送概率相等时，且在最佳判决门限电平下，系统总的误码率仅依赖于信号峰值 A 与噪声均方根值 σ_n 的比值，而与采用什么样的信号形式无关（当然，这里的信号形式必须是能够消除码间干扰的）。比值 A/σ_n 越大，P_e 越小。

以上分析的是双极性数字基带信号的情况。对于单极性数字基带信号，电平取值为 $+A$（对应“1”码）或 0（对应“0”码）。因此，在发送“0”码时，只需将图 3.6.3 中 $f_0(x)$ 曲线的分布中心由 $-A$ 移到 0 即可。这时式（3.6.9）将变为

$$V_\mathrm{d}^*=\frac{A}{2}+\frac{\sigma_n^2}{A}\ln\frac{P(0)}{P(1)} \tag{3.6.11}$$

当 $P(1)=P(0)=1/2$ 时，

$$V_\mathrm{d}^*=\frac{A}{2}$$

此时，

$$P_\mathrm{e}=\frac{1}{2}\left[1-\mathrm{erf}\left(\frac{A}{2\sqrt{2}\sigma_n}\right)\right]=\frac{1}{2}\,\mathrm{erf}\left(\frac{A}{2\sqrt{2}\sigma_n}\right) \tag{3.6.12}$$

比较式（3.6.10）与式（3.6.12），当单极性与双极性数字基带信号峰值 A 相同，噪声均方根值 σ_n 也相同时，单极性数字基带传输系统的抗噪声性能不如双极性数字基带传输系统。此外，在等概率条件下，单极性数字基带传输系统的最佳判决门限电平为 $A/2$，当信道特性发生变化时，信号幅度将随之变化，故判决门限电平也随之改变，而不能保持最佳状态，从而导致误码率增大。而双极性数字基带传输系统的最佳判决门限电平为 0，与信号幅度无关，因而不随信道特性的变化而变化，故能保持最佳状态。因此，数字基带传输系统多采用双极性数字基带信号进行传输。

3.7 知识拓展

前面 6 节主要介绍了数字基带信号的基本概念、频谱特性、常见码型及实现无码间串扰的基本条件、传输特性与抗噪声性能分析等方面的内容。本节将简单讨论眼图、均衡技术和部分响应系统等知识，作为本章内容的补充，可供读者选学。

3.7.1　眼图

从理论上讲，只要数字基带传输总特性 $H(\omega)$ 满足奈奎斯特第一准则，就可实现无码间串扰传输。但在实际中，由于滤波器部件调试不理想或信道特性的变化等因素，都可能使 $H(\omega)$ 改变，从而使系统性能恶化。计算这些因素所引起的误码率非常困难，尤其在码间串扰和信道噪声同时存在的情况下，系统性能的定量分析更难以进行，因此在实际应用中需要用简便的实验方法来定性测量系统的性能，其中一个有效的实验方法是用示波器观察接收信号的波形。在传输二进制信号波形时，示波器显示的图形很像人的眼睛，故名“眼图”。

观察眼图的方法是用一个示波器跨接在接收滤波器的输出端，然后调整示波器水平扫描周期，使其与接收码元的周期同步。此时可以从示波器显示的图形上，观察出码间干扰和信道噪声的影响，从而估计系统性能的优劣程度。

借助图 3.7.1，我们来了解眼图的形成原理。为了便于理解，暂不考虑信道噪声的影响。图 3.7.1（a）是接收滤波器输出的无码间串扰的双极性数字基带信号波形，用示波器观察它，并将示波器扫描周期调整到码元间隔 T_s，由于示波器的余辉作用，扫描所得的每一个码元波形将重叠在一起，形成图 3.7.1（b）所示的迹线细而清晰的大“眼睛”；图 3.7.1（c）是有码间串扰的双极性数字基带信号波形，由于存在码间串扰，此波形已经失真，示波器的扫描迹线就不完全重合，于是形成的眼图迹线杂乱，“眼睛”张开得较小且眼图不端正，如图 3.7.1（d）所示。对比图 3.7.1（b）和图 3.7.1（d）可知，眼图的“眼睛”张开得越大，眼图越端正，表示码间串扰越小；反之，表示码间串扰越大。

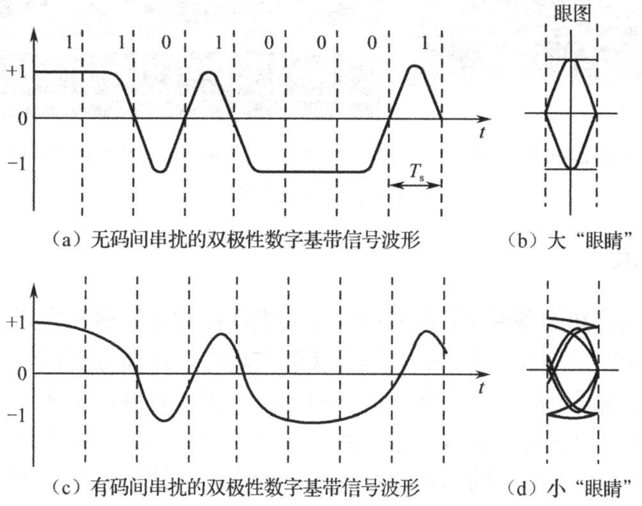

（a）无码间串扰的双极性数字基带信号波形　　（b）大“眼睛”

（c）有码间串扰的双极性数字基带信号波形　　（d）小“眼睛”

图 3.7.1　数字基带信号波形及眼图

当存在信道噪声时，眼图的线迹变成了比较模糊的带状的线，信道噪声越大，线条越宽，线越模糊，“眼睛”张开得越小。不过，应该注意，从图形上并不能观察到噪声的全部形态，例如，出现机会少的大幅度噪声，由于它在示波器上一晃而过，因此用人眼是观察不到的。所以，在示波器上只能大致估计信道噪声的强弱。

从以上分析可知，眼图可以定性反映码间串扰和信道噪声的大小。眼图还可以用来指示接收滤波器的调整，以减小码间串扰，改善系统性能。为了说明眼图和系统性能之间的关系，我们把眼图简化为一个模型，如图 3.7.2 所示。

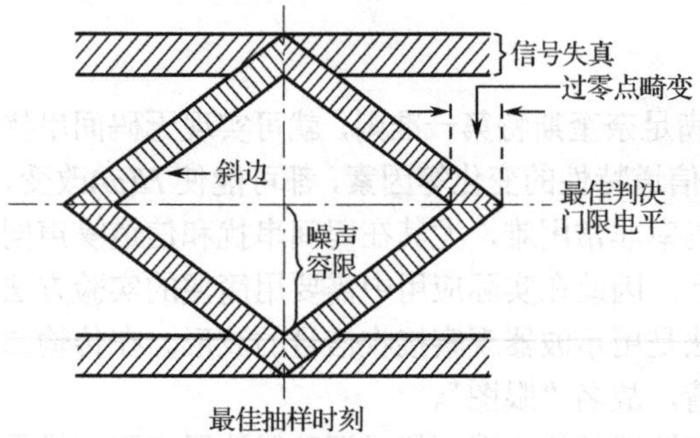

图 3.7.2 眼图的模型

由图 3.7.2 可知：（1）最佳抽样时刻在“眼睛”张开最大的时刻；（2）眼图斜边的斜率决定了系统对抽样定时误差的灵敏程度，即斜率越大，对抽样定时误差越灵敏；（3）图中阴影区的垂直高度表示信号的畸变范围；（4）图中央的横轴位置对应最佳判决门限电平；（5）抽样时刻上，上下两阴影区的间隔距离之半为噪声容限，噪声瞬时值超过它就可能发生错误判决；（6）图中倾斜阴影带与横轴相交的区间表示了接收波形零点位置的变化范围，即过零点畸变，它对于利用信号零交点的平均位置来提取定时信息的接收系统有很大影响。

图 3.7.3 是二进制升余弦频谱信号在示波器上显示的两张眼图照片。图 3.7.3（a）是在几乎无信道噪声和无码间串扰下得到的，而图 3.7.3（b）则是在一定信道噪声和码间串扰下得到的。

顺便指出，接收二进制波形时，在一个码元间隔 T_s 内只能看到一只眼睛；若接收的是 M 进制波形，则在一个码元间隔内可以看到纵向显示的（M–1）只眼睛；另外，当扫描周期为 nT_s 时，可以看到并排的 n 只眼睛。

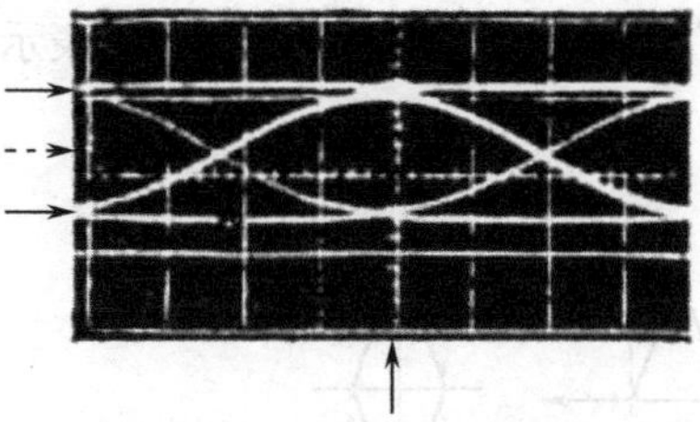

（a）无信道噪声和无码间串扰

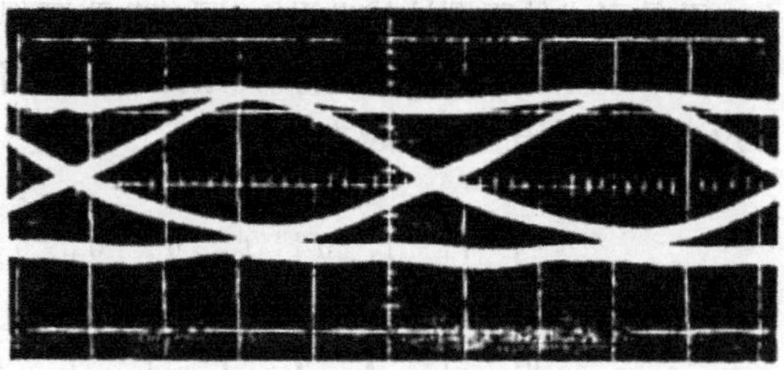

（b）有信道噪声和有码间串扰

图 3.7.3 眼图照片

3.7.2 均衡技术

在信道特性 $C(\omega)$已知的条件下，人们可以精心设计接收滤波器和发送滤波器以达到消除码间串扰和尽量减小信道噪声影响的目的。但在实际实现时，难免存在滤波器的设计误差和信道特性的变化，无法实现理想的传输特性，因而引起波形的失真并产生码间串扰，系统的性能也必然下降。理论和实践均证明，在数字基带系统中插入一种可调（或不可调）滤波器可以校正或补偿系统特性，减小码间串扰的影响，这种起补偿作用的滤波器称为均衡器。

均衡可分为频域均衡和时域均衡。频域均衡指从校正系统的频率特性出发，使包括均衡器在内的数字基带系统的总特性满足无失真传输条件；时域均衡指利用均衡器产生的时间波形去直接校正已畸变的波形，使包括均衡器在内的整个系统的冲激响应满足无码间串扰条件。

频域均衡在信道特性不变，且在传输低速数据时是适用的；而时域均衡可以根据信道特性的变化进行调整，能够有效地减小码间串扰，故在高速数据传输中得以广泛应用。因此，下面重点介绍一下时域均衡及其工作原理。

图 3.4.1 所示的数字基带传输模型的总传输特性如式（3.4.4）表述，当 $H(\omega)$不满足式（3.5.2）的无码间串扰条件时，就会形成有码间串扰的响应波形。如果在接收滤波器和抽样判决器之间插入一个称为横向滤波器的可调滤波器，其冲激响应为

$$h_{\mathrm{T}}(t)=\sum_{n=-\infty}^{\infty}C_n\delta(t-nT_{\mathrm{s}}) \tag{3.7.1}$$

式中，C_n 完全依赖于 $H(\omega)$，那么，理论上就可消除抽样时刻上的码间串扰。

由式（3.7.1）可知，$h_{\mathrm{T}}(t)$是图 3.7.4 所示网络的单位冲激响应，该网络是由无限多的按横向排列的延迟单元和抽头系数组成的，因此称为横向滤波器。该滤波器的功能是将输入信号在抽样时刻上有码间串扰的响应波形变换成抽样时刻上无码间串扰的响应波形。由于这类滤波器的均衡原理是建立在响应波形上的，因此这种均衡称为时域均衡。很显然，横向滤波器可以实现时域均衡。

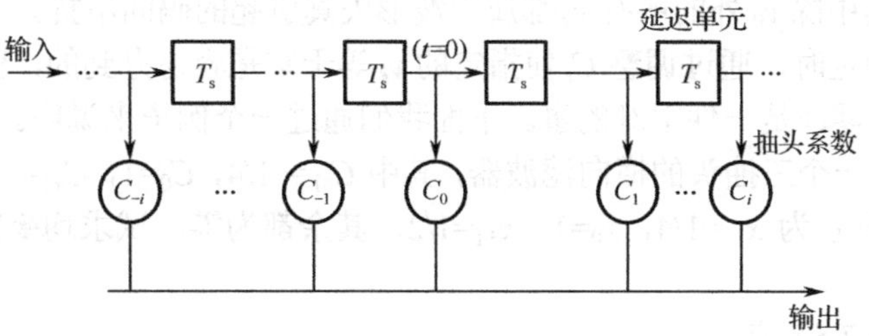

图 3.7.4　横向滤波器

设在数字基带系统接收滤波器与判决电路之间插入一个具有 2*N*+1 个抽头的横向滤波器，如图 3.7.5（a）所示。它的输入（接收滤波器的输出）为 $x(t)$，$x(t)$是被均衡的对象，并设它不附加噪声，如图 3.7.5（b）所示，而图 3.7.5（c）则画出了一个单脉冲响应的波形，即输出波形。

若设有限长横向滤波器的单位冲激响应为 $e(t)$，相应的频率特性为 $E(\omega)$，则

$$e(t)=\sum_{i=-N}^{N}C_i\delta(t-iT_{\mathrm{s}}) \tag{3.7.2}$$

其相应的频率特性为

$$E(\omega)=\sum_{i=-N}^{N}C_i\mathrm{e}^{-\mathrm{j}\omega T_{\mathrm{s}}} \tag{3.7.3}$$

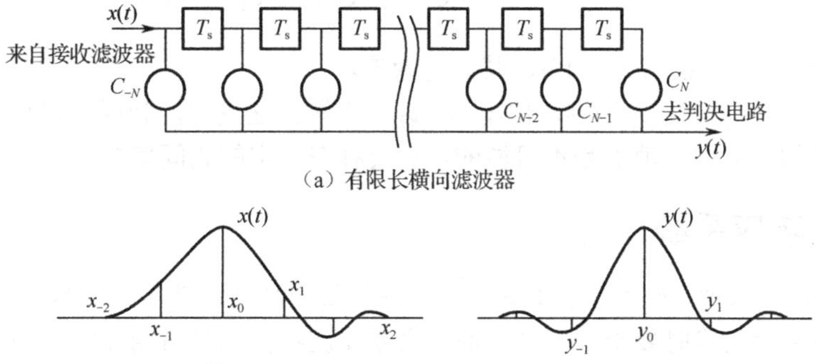

（a）有限长横向滤波器

（b）输入波形　　（c）输出波形

图 3.7.5　有限长横向滤波器及其输入波形、输出波形

由此看出，$E(\omega)$由 2*N*+1 个 C_i 所确定。显然，不同的 C_i 将对应不同的 $E(\omega)$。因此，如果各抽头系数是可调整的，则图 3.7.5 所示的滤波器是通用的。另外，如果抽头系数设计成可调的，也为随时校正系统的时间响应提供了可能条件。

现在我们来求解均衡的输出波形。因为横向滤波器的输出 $y(t)$是 $x(t)$和 $e(t)$的卷积，故利用式（3.7.2）的特点可得

$$y(t)=x(t)*e(t)=\sum_{i=-N}^{N}C_i x(t-iT_{\mathrm{s}}) \tag{3.7.4}$$

于是，在抽样时刻 kT_s+t_0 上有

$$y(kT_s+t_0)=\sum_{i=-N}^{N}C_ix(kT_s+t_0-iT_s)=\sum_{i=-N}^{N}C_ix[(k-i)T_s+t_0]$$

或者简写为

$$y_k=\sum_{i=-N}^{N}C_ix_{k-i} \tag{3.7.5}$$

式（3.7.5）说明，均衡器在第 k 个抽样时刻上得到的抽样值 y_k 将由 $2N+1$ 个 C_i 与 x_{k-i} 乘积之和确定。显然，其中除 y_0 外的所有 y_k 都属于波形失真引起的码间串扰。当输入波形 $x(t)$ 给定，即各种可能的 x_{k-i} 确定时，通过调整 C_i 使指定的 y_k 等于零是容易办到的，但同时要求所有的 y_k（除 $k=0$ 外）都等于零却是一件很难的事。下面我们通过一个例子来说明。

例 3.7.1　设有一个三抽头的横向滤波器，其中 $C_{-1}=-1/4$，$C_0=1$，$C_{+1}=-1/2$；均衡器输入 $x(t)$ 在各抽样点上的值分别为 $x_{-1}=1/4$，$x_0=1$，$x_{+1}=1/2$，其余都为零。试求均衡器输出 $y(t)$ 在各抽样点上的值。

解：根据式（3.7.5）有

$$y_k=\sum_{i=-N}^{N}C_ix_{k-i}$$

当 $k=0$ 时，可得

$$y_0=\sum_{i=-1}^{1}C_ix_{-i}=C_{-1}x_1+C_0x_0+C_1x_{-1}=\frac{3}{4}$$

当 $k=1$ 时，可得

$$y_{+1}=\sum_{i=-1}^{1}C_ix_{1-i}=C_{-1}x_2+C_0x_1+C_1x_0=0$$

当 $k=-1$ 时，可得

$$y_{-1}=\sum_{i=-1}^{1}C_ix_{-1-i}=C_{-1}x_0+C_0x_{-1}+C_1x_{-2}=0$$

同理可求得 $y_{-2}=-1/16$，$y_{+2}=-1/4$，其余均为零。

由此例可知，y_0、y_{-1} 及 y_1 为零，但 y_{-2} 及 y_2 不为零。这说明，利用有限长横向滤波器减小码间串扰是可能的，但完全消除是不可能的，总会存在一定的码间串扰。

3.7.3　部分响应系统

由 3.5 节讨论的两种无码间串扰系统可知，理想低通滤波特性实现困难，$h(t)$ 的尾巴振荡幅度大，收敛慢，从而对定时要求非常高；而升余弦滤波特性频带占用加宽，频带利用率下降，不能适应高速传输的发展。于是，人们自然会想到：能否找到一种传输系统，它允许在一定程度上存在受控的码间串扰，而在接收端可加以消除。这种系统既可以使频带利用率提高到理论极限，又可以形成“尾巴”衰减大、收敛快的传输波形，从而降低对定时取样精度的要求。事实上，这样的系统是存在的，即部分响应系统，它的传输波形称为部分响应波形。

众所周知，波形 $\sin x/x$“拖尾”严重，但通过观察图 3.5.3 所示的 $\sin x/x$ 波形，不难发现如下现象：相距一个码元间隔的两个 $\sin x/x$ 波形的“拖尾”刚好正负相反。因此，如果利用这样的波形组合肯定可以构成“拖尾”衰减很快的脉冲波形。根据这一思路，可用两个间隔为一个码元间隔 T_s 的 $\sin x/x$ 的合成波形来代替 $\sin x/x$，如图 3.7.6（a）所示。合成波形可表示为

$$g(t)=\frac{\sin\left[\frac{\pi}{T_s}\left(t+\frac{T_s}{2}\right)\right]}{\frac{\pi}{T_s}\left(t+\frac{T_s}{2}\right)}+\frac{\sin\left[\frac{\pi}{T_s}\left(t-\frac{T_s}{2}\right)\right]}{\frac{\pi}{T_s}\left(t-\frac{T_s}{2}\right)} \tag{3.7.6}$$

经简化后得

$$g(t)=\frac{4}{\pi}\left[\frac{\cos\frac{\pi t}{T_s}}{1-\frac{4t^2}{T_s^2}}\right] \tag{3.7.7}$$

由图 3.7.6（a）可知，除在相邻的抽样时刻 $t=\pm T_s/2$ 处 $g(t)=1$ 外，其余的抽样时刻上，$g(t)$ 具有等间隔零点。

对式（3.7.6）进行傅里叶变换，可得 $g(t)$ 的频谱函数为

$$G(\omega)=\begin{cases}2T_s\cos\frac{\omega T_s}{2}, & |\omega|\leqslant\frac{\pi}{T_s}\\ 0, & |\omega|>\frac{\pi}{T_s}\end{cases} \tag{3.7.8}$$

可见，$g(t)$ 的频谱限制在 $(-\pi/T_s, \pi/T_s)$ 内，且呈缓变的半余弦滤波特性，如图 3.7.6（b）所示，其传输带宽为 $B=1/2T_s$，频带利用率为 $\eta=R_{Bd}/B=\frac{1}{T_s}/\frac{1}{2T_s}=2$，达到数字基带系统在传输二进制序列时的理论极限值。

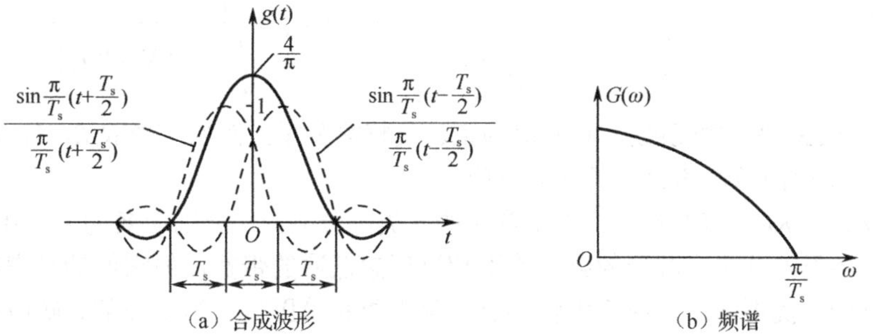

图 3.7.6　$g(t)$ 及其频谱

$g(t)$ 的波形特点如下。

（1）由式（3.7.7）可知，$g(t)$ 波形的波形幅度与 t^2 成反比，而 $\sin x/x$ 波形幅度与 t 成反比，这说明 $g(t)$ 波形拖尾的衰减速度加快了。从图 3.7.6（a）也可看到，相距一个码元间隔的两个 $\sin x/x$ 波形的“拖尾”正负相反而相互抵消，使合成波形“拖尾”迅速衰减。

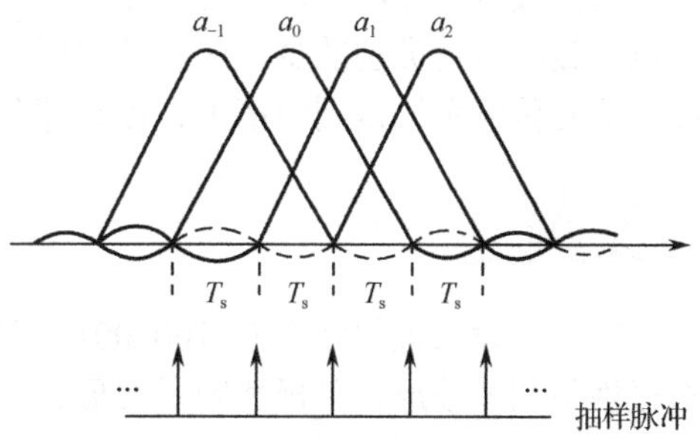

图 3.7.7　码元发生串扰的示意图

（2）若将 $g(t)$ 作为传送波形，且码元间隔为 T_s，则在抽样时刻上仅发生发送码元的抽样值将受到前一码元相同幅度抽样值的串扰，而与其他码元不会发生串扰，如图 3.7.7 所示。表面上看，由于前后码元的串扰很大，似乎无法按 $1/T_s$ 的速率进行传输。但由于这种“串扰”是确定、可控的，在接收端可以消除掉，故仍可按 $1/T_s$ 速率传输码元。

（3）由于存在前一码元留下的有规律的串扰，可能会造成误码的传播（或扩散）。

上面讨论的属于第Ⅰ类部分响应，其系统组成方框图如图 3.7.8 所示。其中，图 3.7.8（a）为原理方框图，图 3.7.8（b）则为实际系统组成框图。

需要指出的是，部分响应信号是由预编码器、相关编码器、发送滤波器、信道和接收滤波器共同产生的。这意味着如果相关编码器的输出为 δ 脉冲序列，发送滤波器、信道和接收滤波器的传输函数应为理想低通特性。但由于部分响应信号的频谱是滚降衰减的，因此对理想低通特性的要求可以略有放松。

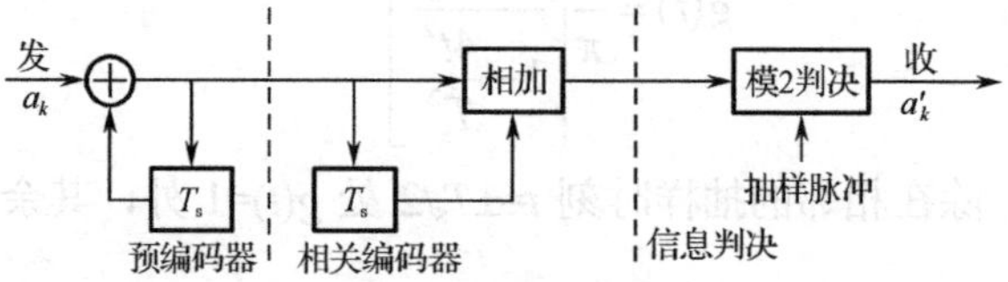

（a）原理方框图

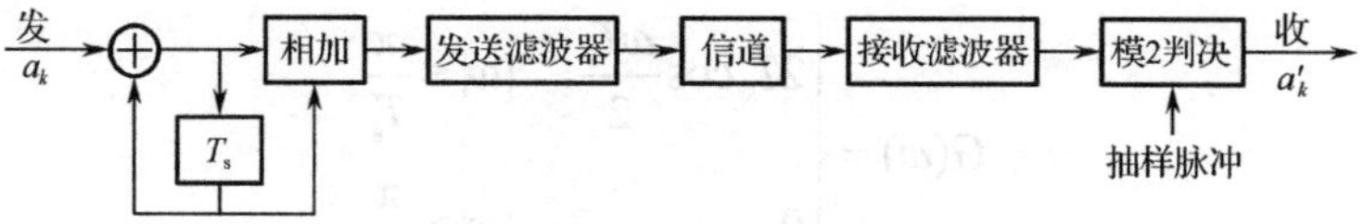

（b）实际系统组成框图

图 3.7.8　第Ⅰ类部分响应的系统组成框图

上述仅针对两个 $\sin x/x$ 波形的合成，得到的部分响应属于第Ⅰ类。通常，部分响应波形的一般形式可以是 N 个 $\sin x/x$ 波形之和，其表达式为

$$g(t)=R_1\frac{\sin\frac{\pi}{T_s}t}{\frac{\pi}{T_s}t}+R_2\frac{\sin\frac{\pi}{T_s}(t-T_s)}{\frac{\pi}{T_s}(t-T_s)}+\cdots+R_N\frac{\sin\frac{\pi}{T_s}[t-(N-1)T_s]}{\frac{\pi}{T_s}[t-(N-1)T_s]} \tag{3.7.9}$$

式中，$R_1, R_2, \cdots, R_N$ 为加权系数，其取值为正、负整数及零。例如，当取 $R_1=1$，$R_2=1$，其余系数 $R_i=0$ 时，就是前面所述的第Ⅰ类部分响应。

根据加权系数 R_N 取值的不同，给出常见的 5 类部分响应，分别命名为Ⅰ、Ⅱ、Ⅲ、Ⅳ、Ⅴ类部分响应。各类部分响应波形的频谱均不超过理想低通的带宽，但它们的频谱结构和对临近码元抽样时刻的串扰不同。目前应用较多的是第Ⅰ类和第Ⅳ类。第Ⅰ类部分响应的频谱主要集中在低频段，适用于信道频带高频严重受限的场合。第Ⅳ类部分响应的无直流分量，且低频分量小，便于通过载波线路，便于边带滤波，实现单边带调制，因而在实际应用中，第Ⅳ类部分响应用得最为广泛，其系统组成方框图可参照图 3.7.8，这里不再画出。此外，以上两类的抽样值电平数比其他类别的少，这也是它们得以广泛应用的原因之一，当输入为 L 进制信号时，经部分响应传输系统得到的第Ⅰ、Ⅳ类部分响应信号的电平数为 $2L-1$。

3.8　习题

3.8.1　设二进制序列为 1001001，以矩形脉冲为例，分别画出相应的单极性不归零波形、双极性不归零波形、单极性归零波形、双极性归零波形、差分波形和四电平波形。

3.8.2　设二进制随机脉冲序列中的“0”和“1”分别由 $g(t)$ 和 $-g(t)$ 表示，它们的出现概率分别为 2/5 及 3/5。

（1）求其功率谱密度；

（2）若 $g(t)$ 为图 3.8.1（a）所示的波形，T_s 为码元间隔，问该序列是否存在位定时分量 $f_s=1/T_s$？

（3）若 $g(t)$改为图 3.8.1（b），重新回答题（1）和（2）所问。

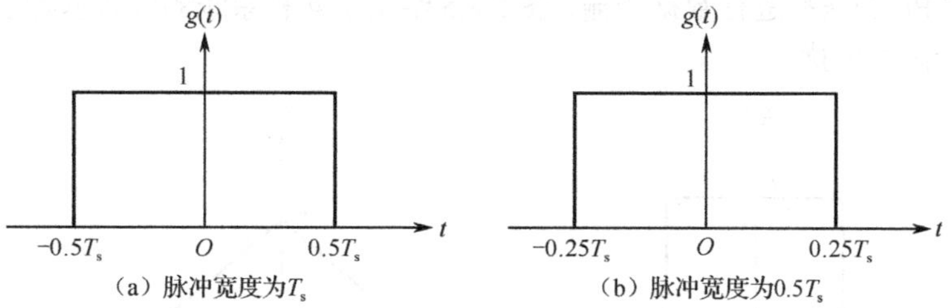

图 3.8.1　二进制随机脉冲波形

3.8.3　设某二进制数字基带信号的基本脉冲为三角形脉冲，如图 3.8.2 所示。图中 T_s 为码元间隔，符号“1”用 $g(t)$表示，符号“0”用零电平表示，且“1”和“0”出现的概率相等。

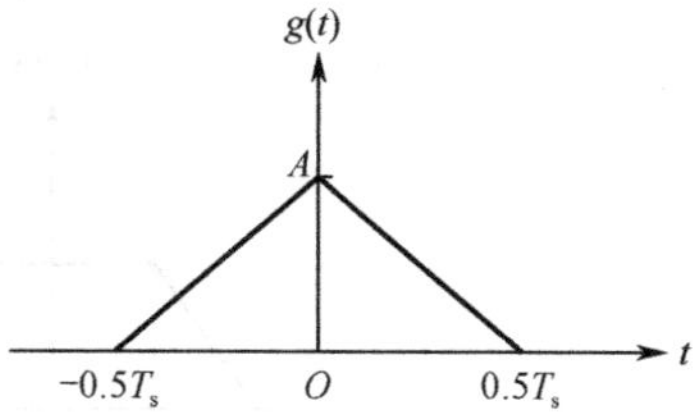

图 3.8.2　三角形脉冲波形

（1）求该数字基带信号的功率谱密度，并画出功率谱密度图；

（2）能否从该数字基带信号中提取码元同步所需频率 $f_s = 1/T_s$ 的分量？

3.8.4　设某二进制数字基带信号中，符号“0”和“1”分别用$-g(t)$和 $g(t)$表示，且“1”和“0”出现的概率相等，$g(t)$是升余弦滚降脉冲，即

$$g(t) = \frac{1}{2}\frac{\cos(\pi t/T_s)}{1-4t^2/T_s^2}\mathrm{Sa}(\pi t/T_s)$$

（1）写出该数字基带信号的频谱表达式，并画出示意图；

（2）从该数字基带信号中能否直接提取频率 $f_s = 1/T_s$ 的位定时分量？

（3）若码元间隔 $T_s = 10^{-4}$s，试求该数字基带信号的码元传输速率及带宽。

3.8.5　已知消息代码为 1001000000000001B，试确定相应的 AMI 码及 HDB_3 码，并分别画出它们的波形图。

3.8.6　已知消息代码为 010101101B，试确定相应的数字双相码和 CMI 码，并分别画出它们的波形图。

3.8.7　某数字基带传输系统的单位冲激响应为图 3.8.3 所示的脉冲。

（1）试求该数字基带传输系统的传输函数 $H(f)$；

（2）假设信道的传输函数 $C(f)=1$，发送滤波器和接收滤波器具有相同的传输函数，即 $G_T(f) = G_R(f)$，试求这时 $G_T(f)$或 $G_R(f)$的表达式。

3.8.8　某数字基带传输系统具有图 3.8.4 所示的传输函数。

（1）试求该数字基带传输系统的单位冲激响应 $h(t)$；

（2）当数字信号的码元传输速率为 $R_{Bd} = \omega_0/\pi$ Bd 时，用奈奎斯特第一准则验证该系统能否实现无码间串扰传输。

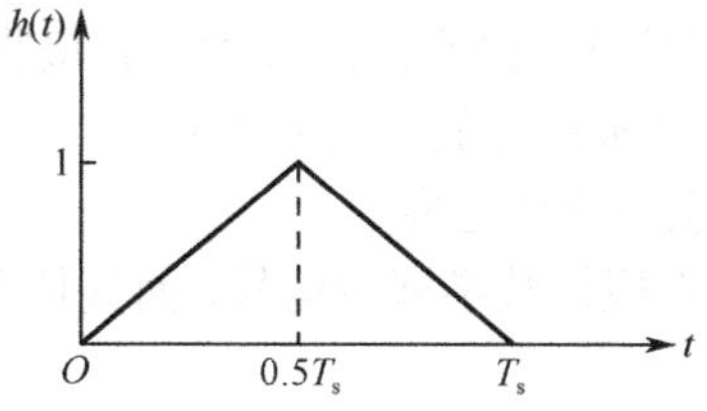

图 3.8.3　单位冲激响应

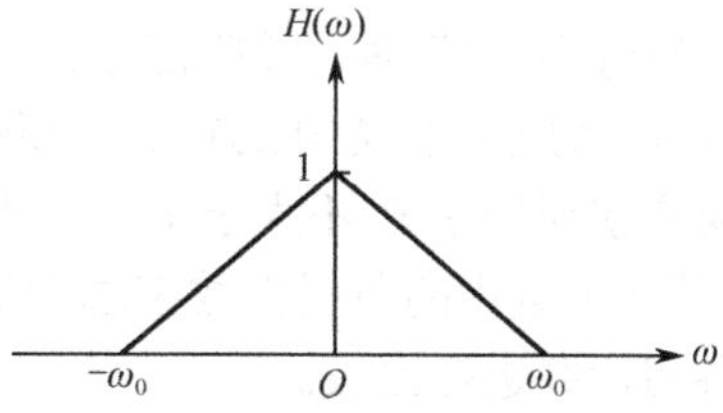

图 3.8.4　传输函数

3.8.9　设数字基带传输系统的发送滤波器、信道及接收滤波器组成的频谱总特性为 $H(f)$。如果系统以 $2/T_s$ Bd 的速率进行数据传输，图 3.8.5 给出了 4 种系统的频谱总特性 $H(f)$，试判断哪些能够实现无码间串扰。

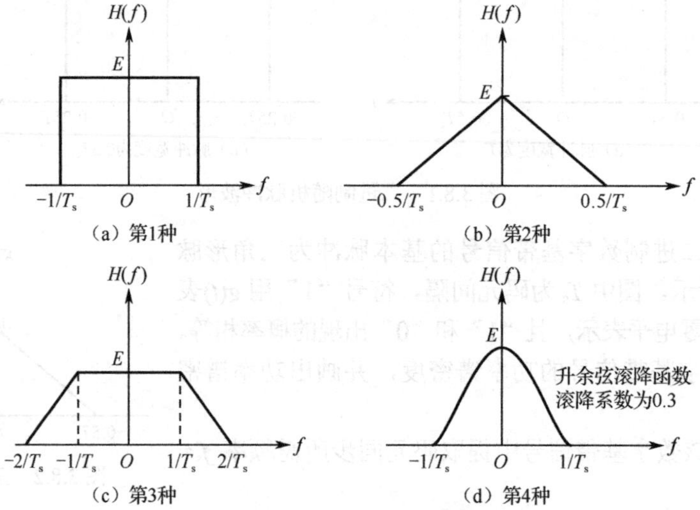

图 3.8.5　4 种系统的频谱总特性

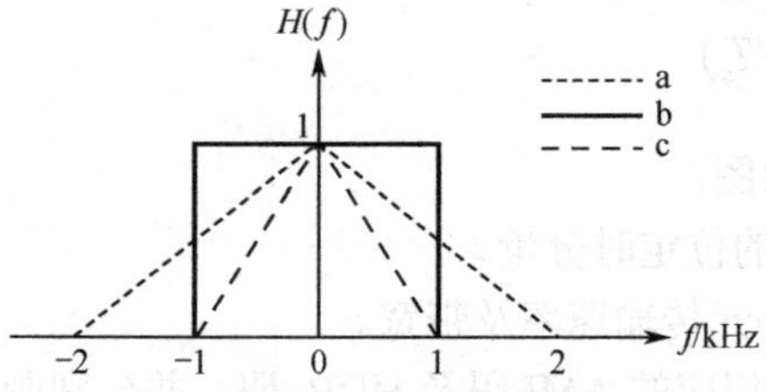

图 3.8.6　传输特性曲线

3.8.10　为了传输码元传输速率为 $R_{Bd}=10^3$Bd 的数字基带信号，试问系统采用图 3.8.6 中所画的哪一种传输特性较好，并简要说明其理由。

3.8.11　设无码间串扰数字基带传输系统的传输特性为 $\alpha=0.3$ 的升余弦滚降滤波器，基带码元为十六进制，码元传输速率为 1200Bd。试求：

（1）该系统的比特率；

（2）传输系统的截止频率值；

（3）该系统的频带利用率。

3.8.12　计算机以 56kbit/s 的速率传输二进制数据，试求升余弦滚降系数分别为 0.25、0.3、0.5、0.75 和 1 时，下面两种方式所要求的传输带宽。

（1）采用 2PAM 基带信号；

（2）采用 8 电平 PAM 基带信号。

3.8.13　在某理想带限信道（$0\leqslant f\leqslant 3000$Hz）上传输 PAM 信号。

（1）要求按 9600bit/s 的速率传输，试选择 PAM 的电平数 M；

（2）如果发送与接收系统采用平方根升余弦频谱，试求滚降系数 α。

3.8.14　某二进制数字基带传输系统所传输的是单极性数字基带信号，且符号“1”和“0”出现的概率相等。

（1）如果符号为“1”时，接收滤波器输出信号在抽样时刻的值 E=1V，且接收滤波器输出噪声是均值为 0、均方根值为 0.25V 的高斯白噪声，试求这时的误码率 P_e；

（2）如果要求误码率 P_e 不大于 10^{-5}，试确定 E 至少应该是多少。

3.8.15　若将上题中的单极性数字基带信号改为双极性数字基带信号，而其他条件不变，重做上题中的各问，并进行比较。

3.8.16 一个二进制随机脉冲序列为 11010001，“1”码对应的基带波形为升余弦波形，持续

时间为 T_s；“0”码对应的基带波形与“1”码的相反。

（1）当示波器扫描周期 $T_0 = T_s$ 时，试画出眼图；

（2）当 $T_0 = 2T_s$ 时，试画出眼图；

（3）比较以上两种眼图的最佳抽样时刻、最佳判决门限电平及噪声容限值。

3.8.17　设计一个三抽头的迫零均衡器。已知输入信号 $x(t)$ 在各抽样点的值依次为 $x_{-2} = 0.05$，$x_{-1} = 0.15$，$x_0 = 0.86$，$x_{+1} = -0.23$，$x_{+2} = 0.12$，其余均为零。

（1）求三个抽头的最佳系数；

（2）比较均衡前后的峰值失真。

3.8.18　对双极性矩形波形数字基带信号的功率谱进行仿真。

3.8.19　对 AMI 码、HDB_3 码的矩形波形数字基带信号的功率谱进行仿真。

第4章

模拟信号的数字传输

模拟信号数字化的方法大致可划分为波形编码和参量编码两类。波形编码是直接把时域波形变换为数字代码序列，比特率通常在 16～64kbit/s 范围内，接收端重建（恢复）信号的质量好。参量编码是利用信号处理技术，提取语音信号的特征参量，再变换成数字代码，其比特率在 16kbit/s 以下，但接收端重建信号的质量不够好。这里只介绍波形编码。

目前使用最普遍的波形编码方法有脉冲编码调制（PCM）和增量调制（ΔM）。图 4.0.1 给出了模拟信号数字传输的原理框图。图中，首先对模拟信息源发出的模拟随机信号进行抽样，获得一系列离散的抽样值，然后将这些抽样值进行量化和编码，变换成数字信号。这时信号便可用数字通信方式传输。在接收端，则将接收到的数字信号进行译码和低通滤波，恢复原模拟随机信号。

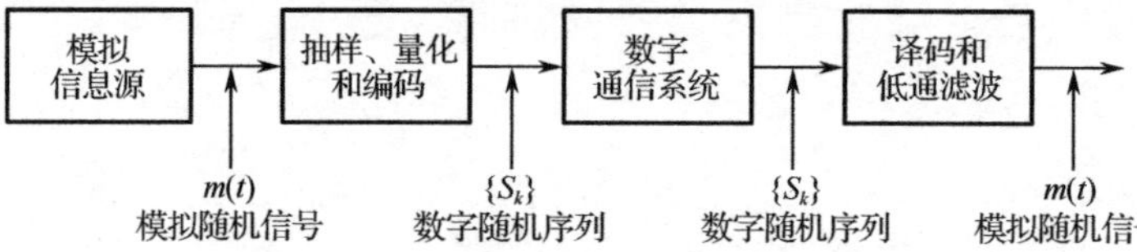

图 4.0.1　模拟信号数字传输的原理框图

4.1　抽样定理

4.1.1　低通信号的抽样定理

一个频带限制在$(0, f_H)$内的时间连续信号 $m(t)$，若以 $T_s \leqslant 1/(2f_H)$的间隔对它进行等间隔（均匀）抽样，则 $m(t)$将由所得到的抽样值完全确定。

此定理告诉我们：若 $m(t)$的频谱在 f_H 以上为零，则 $m(t)$中的信息完全包含在其间隔不大于 $1/(2f_H)$的均匀抽样序列里。换句话说，在信号最高频率分量的每一个周期内起码应抽样两次。或者说，抽样速率 f_s（每秒内的抽样点数）应不小于 $2f_H$。否则，若抽样速率 $f_s<2f_H$，则会产生失真，这种失真叫作混叠失真。

下面我们从频域角度来证明这个定理。设抽样脉冲序列是一个周期性冲激序列，它可以表示为

$$\delta_T(t) = \sum_{n=-\infty}^{\infty} \delta(t - nT_s) \Leftrightarrow \delta_T(\omega) = \frac{2\pi}{T_s} \sum_{n=-\infty}^{\infty} \delta(\omega - n\omega_s) \tag{4.1.1}$$

式中，

$$\omega_s = 2\pi f_s = \frac{2\pi}{T_s}$$

抽样过程可看成 $m(t)$与 $\delta_T(t)$相乘，即抽样后的信号可表示为

$$m_s(t)=m(t)\delta_T(t) \tag{4.1.2}$$

根据冲激函数的性质，$m(t)$与 $\delta_T(t)$相乘的结果也是一个冲激序列，其冲激的强度等于 $m(t)$在相应时刻的取值，即抽样值 $m(nT_s)$。因此抽样后信号 $m_s(t)$又可表示为

$$m_s(t)=\sum_{n=-\infty}^{\infty} m(nT_s)\delta(t-nT_s) \tag{4.1.3}$$

上述关系的时间波形如图 4.1.1（a）、图 4.1.1（c）和图 4.1.1（e）所示。

根据频率卷积定理，式（4.1.3）所表述的抽样后信号的频谱为

$$M_s(\omega)=\frac{1}{2\pi}[M(\omega)*\delta_T(\omega)] \tag{4.1.4}$$

式中，$M(\omega)$是低通信号 $m(t)$的频谱，其最高角频率为 ω_H，如图 4.1.1（b）所示。将式（4.1.1）代入式（4.1.4）有

$$M_s(\omega)=\frac{1}{T_s}\left[M(\omega)*\sum_{n=-\infty}^{\infty}\delta\left(\omega-n\omega_s\right)\right]=\frac{1}{T_s}\sum_{n=-\infty}^{\infty}M(\omega-n\omega_s) \tag{4.1.5}$$

如图 4.1.1（f）所示，抽样后信号的频谱 $M_s(\omega)$由无限多个间隔为 ω_s 的 $M(\omega)$叠加而成。如果 $\omega_s \geqslant 2\omega_H$，即抽样速率 $f_s \geqslant 2f_H$，即抽样间隔为

$$T_s \leqslant \frac{1}{2f_H} \tag{4.1.6}$$

则在相邻的 $M(\omega)$之间没有重叠，而位于 n=0 的频谱就是信号频谱 $M(\omega)$本身。这时，只需在接收端用一个低通滤波器，就能从 $M_s(\omega)$中取出 $M(\omega)$，无失真地恢复原信号。此低通滤波器的特性如图 4.1.1（f）中的虚线所示。

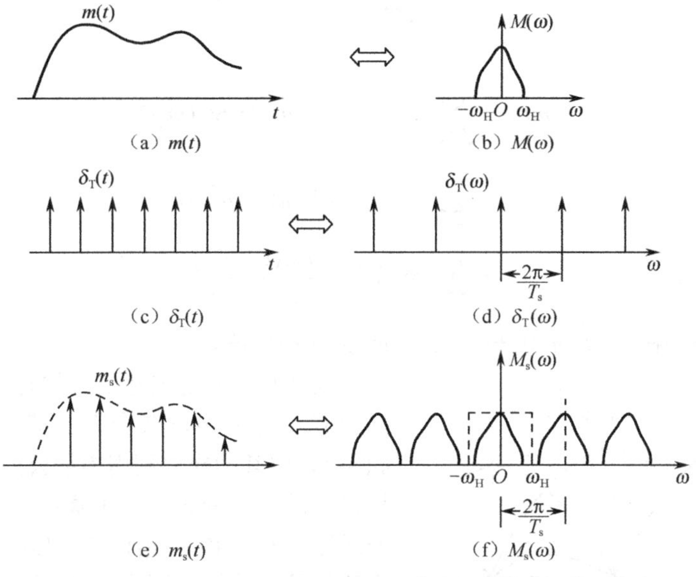

图 4.1.1 抽样过程的时间波形及对应频谱图

若 $\omega_s<2\omega_H$，则抽样后信号的频谱在相邻的周期内发生混叠，如图 4.1.2 所示，此时不可能无失真地重建原信号。因此，必须满足式（4.1.6），$m(t)$才能由 $m_s(t)$完全确定，这就证明了抽样定理。显然，$T_s=1/(2f_H)$是最大允许抽样间隔，它被称为奈奎斯特间隔，相对应的最低抽样速率 $f_s=2f_H$ 称为奈奎斯特速率。

为了加深对抽样定理的理解，我们再从时域角度来证明它。目的是要找出 $m(t)$与各抽样值的关系，若 $m(t)$能表示成仅是抽样值的函数，那么这也就意味着 $m(t)$由抽样值唯一地确定。

根据前面的分析，理想抽样与信号恢复的原理框图如图 4.1.3 所示。

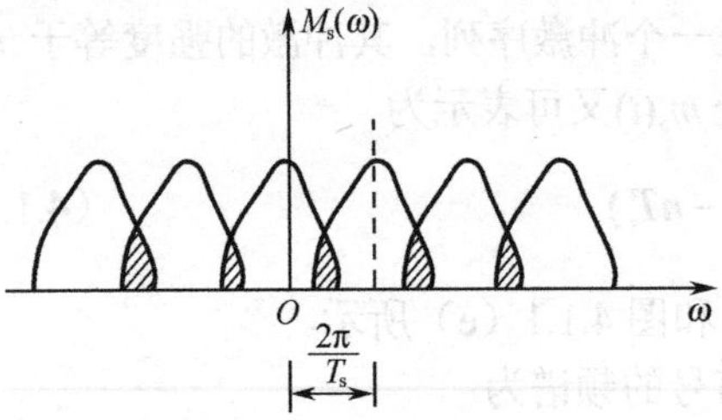

图 4.1.2 混叠现象

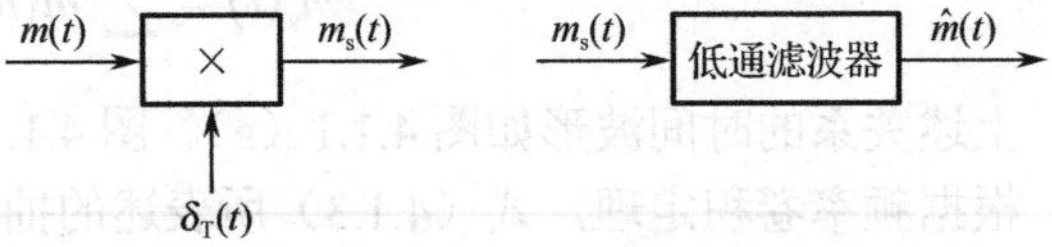

图 4.1.3 理想抽样与信号恢复的原理框图

从频域角度已证明，将 $M_s(\omega)$通过截止频率为 ω_H 的低通滤波器后便可得到 $M(\omega)$。显然，低通滤波器的作用等效于用一个门函数 $D_{\omega_H}(\omega)$ 乘以 $M_s(\omega)$。因此，由式（4.1.5）得

$$M_s(\omega)D_{\omega_H}(\omega)=\frac{1}{T_s}\sum_{n=-\infty}^{\infty}M(\omega-n\omega_s)\cdot D_{\omega_H}(\omega)=\frac{1}{T_s}M(\omega)$$

所以

$$M(\omega)=T_s[M_s(\omega)\cdot D_{\omega_H}(\omega)] \tag{4.1.7}$$

将时域卷积定理用于式（4.1.7），有

$$m(t)=T_s\left[m_s(t)*\frac{\omega_H}{\pi}\mathrm{Sa}(\omega_H t)\right]=m_s(t)*\mathrm{Sa}(\omega_H t) \tag{4.1.8}$$

由式（4.1.3）可知抽样后信号为

$$m_s(t)=\sum_{n=-\infty}^{\infty}m(nT_s)\delta(t-nT_s)$$

所以

$$\begin{aligned}m(t)&=\sum_{n=-\infty}^{\infty}m(nT_s)\delta(t-nT_s)*\mathrm{Sa}(\omega_H t)\\&=\sum_{n=-\infty}^{\infty}m(nT_s)\,\mathrm{Sa}[\omega_H(t-nT_s)]\\&=\sum_{n=-\infty}^{\infty}m(nT_s)\frac{\sin\omega_H(t-nT_s)}{\omega_H(t-nT_s)}\end{aligned} \tag{4.1.9}$$

式中，$m(nT_s)$是 $m(t)$在 $t=nT_s(n=0,\pm1,\pm2,\cdots)$时刻的抽样值。

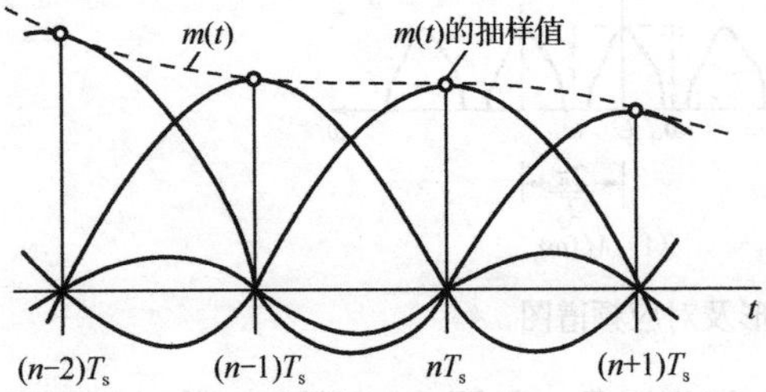

图 4.1.4 信号的重建

式（4.1.9）是重建信号的时域表达式，称为内插公式。它说明以奈奎斯特速率抽样的带限信号 $m(t)$可以由其抽样值利用内插公式重建。这等效为将抽样后的信号通过一个冲激响应为 $\mathrm{Sa}(\omega_H t)$的理想低通滤波器来重建 $m(t)$。图 4.1.4 描述了由式（4.1.9）重建信号的过程。由图 4.1.4 可知，以每个抽样值为峰值画一个 Sa 函数的波形，则合成波形就是 $m(t)$。由于 Sa 函数和抽样后信号的恢复有密切的联系，所以 Sa 函数又称抽样函数。

4.1.2 带通信号的抽样定理

4.1.1 节讨论了低通信号的均匀抽样定理。实际中遇到的许多信号是带通信号。低通信号和

带通信号的界限是这样的：当 $f_L<B$ 时为低通信号，如语音信号，其频率为 300～3400Hz，带宽 $B=f_H-f_L=3400-300=3100\text{Hz}$。当 $f_L\geqslant B$ 时为带通信号，如某频分复用群信号，其频率为 312～552kHz，带宽 $B=f_H-f_L=552-312=240\text{kHz}$。对带通信号的抽样，为了无失真地恢复原信号，抽样后的信号频谱也不能混叠。

如果采用低通抽样定理的抽样速率 $f_s\geqslant 2f_H$，对频率限制在 f_L 与 f_H 之间的带通信号抽样，肯定能满足频谱不混叠的要求，如图 4.1.5 所示。但这样选择的 f_s 太高了，它会使 0～f_L 一大段频谱空隙得不到利用，降低了信道利用率。为了提高信道利用率，同时又使抽样后的信号频谱不混叠，那么 f_s 到底应怎样选择呢？带通信号的抽样定理将回答这个问题。

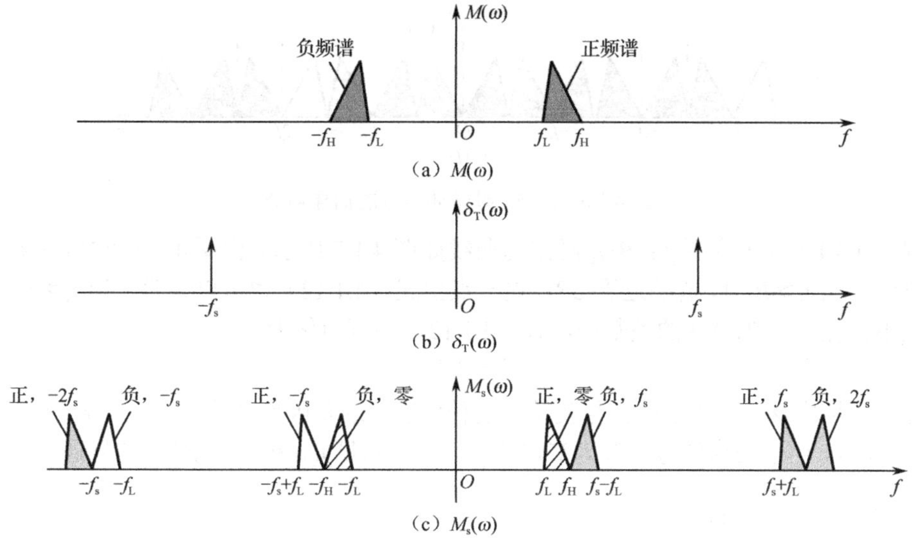

图 4.1.5　带通信号的抽样频谱（$f_s=2f_H$）

带通信号的抽样定理：设带通信号为 $m(t)$，其频率限制在 f_L 与 f_H 之间，带宽为 $B=f_H-f_L$，如果最小抽样速率 $f_s=2f_H/m$，m 是一个不超过 f_H/B 的最大整数，那么 $m(t)$可完全由其抽样值确定。下面分两种情况加以说明。

（1）若最高频率 f_H 为带宽的整数倍，即 $f_H=nB$。此时 $f_H/B=n$ 是整数，则 $m=n$，所以抽样速率 $f_s=2f_H/m=2B$。图 4.1.6 画出了 $f_H=5B$ 时的频谱图，抽样后信号的频谱 $M_s(\omega)$既没有混叠也没有留空隙，而且包含 $m(t)$的频谱 $M(\omega)$，如图 4.1.6（c）中虚线所框的部分，这样，采用带通滤波器就能无失真地恢复原信号，且此时抽样速率（$2B$）远低于按低通信号抽样时 $f_s=10B$ 的要求。显然，若 f_s 再减小，即当 $f_s<2B$ 时，必然会出现混叠失真。

由此可知，当 $f_H=nB$ 时，能重建原信号 $m(t)$的最小抽样速率为

$$f_s=2B \tag{4.1.10}$$

（2）若最高频率不为带宽的整数倍，即

$$f_H=nB+kB,\quad 0<k<1 \tag{4.1.11}$$

此时，$f_H/B=n+k$，由定理知，m 是一个不超过 $n+k$ 的最大整数，显然，$m=n$，所以能恢复出原信号 $m(t)$的最小抽样速率为

$$f_s=\frac{2f_H}{m}=\frac{2(nB+kB)}{n}=2B\left(1+\frac{k}{n}\right) \tag{4.1.12}$$

式中，n 是一个不超过 f_H/B 的最大整数，$0<k<1$。

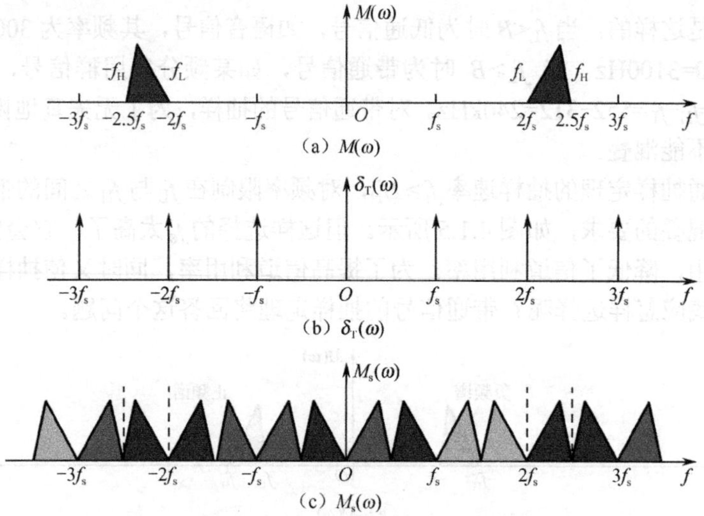

图 4.1.6　f_H=5B 时带通信号的抽样频谱

根据式（4.1.12）和关系f_H=B+f_L画出的曲线如图 4.1.7 所示。由图 4.1.7 可知，f_s在 2B～4B范围内取值，当$f_L \gg B$时，f_s趋近于 2B。这一点由式（4.1.12）也可以说明，当$f_L \gg B$时，n很大，所以不论f_H是否为带宽的整数倍，式（4.1.12）都可简化为

$$f_s \approx 2B \tag{4.1.13}$$

实际中应用广泛的高频窄带信号就符合这种情况，这是因为f_H大而B小，f_L当然也大，很容易满足$f_L \gg B$。由于带通信号一般为窄带信号，容易满足$f_L \gg B$，因此带通信号通常可按 2B 速率抽样。

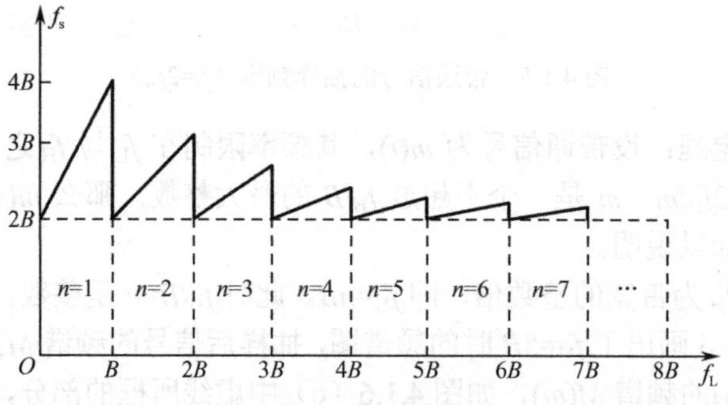

图 4.1.7　f_s与f_L关系

顺便指出，对于一个携带信息的基带信号，可以视为随机基带信号。若该随机基带信号是宽平稳的随机过程，则可以证明：一个宽平稳的随机信号，当其功率谱密度函数在f_H以内时，若以不大于 $1/(2f_H)$的间隔对它进行均匀抽样，则可得一个随机抽样值序列。如果让该随机抽样值序列通过一个截止频率为f_H的低通滤波器，那么其输出信号与原来的宽平稳随机信号的均方差在统计平均意义下为零。也就是说，从统计观点来看，对频带受限的宽平稳随机信号进行抽样，也服从抽样定理。

抽样定理不仅为模拟信号的数字化奠定了理论基础，它还是时分多路复用的理论依据，这部分将在以后有关章节进行介绍。

4.2　脉冲振幅调制

第 2 章中讨论的连续波调制是以连续振荡的正弦信号为载波的。然而，正弦信号并非唯一

的载波形式，时间上离散的脉冲串，同样可以作为载波。脉冲模拟调制就是以时间上离散的脉冲串为载波，用模拟基带信号 $m(t)$去控制脉冲串的某个参数，使其按 $m(t)$的规律变化的调制方式。按照脉冲串受调参量（幅度、宽度和位置）的不同，脉冲调制可分为脉幅调制（PAM）、脉宽调制（PDM）和脉位调制（PPM），信号波形分别如图 4.2.1 所示。虽然这三种信号在时间上都是离散的，但受调参量变化是连续的，因此它们都属于模拟信号。限于篇幅，这里仅介绍脉幅调制（全称脉冲振幅调制），因为它是脉冲编码调制（PCM）的基础。

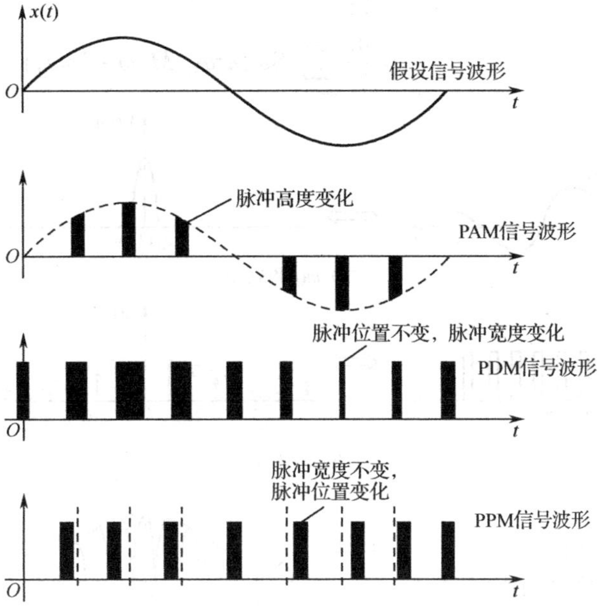

图 4.2.1　PAM、PDM、PPM 信号波形

脉幅调制是脉冲载波的幅度随基带信号变化的一种调制方式。若脉冲载波是冲激脉冲序列，则前面讨论的抽样定理适用于脉幅调制。也就是说，按抽样定理进行抽样得到的信号 $m_s(t)$就是一个脉幅调制信号。

但是，用冲激脉冲序列进行抽样是一种理想抽样的情况，实际中无法实现。因为冲激脉冲序列在实际中是不能获得的，即使能获得，由其抽样后信号的频谱为无穷大，对有限带宽的信道而言无法传递。因此，在实际中通常采用脉冲宽度相对于抽样周期很窄的窄脉冲序列近似代替冲激脉冲序列，从而实现脉幅调制。这里介绍用窄脉冲序列进行实际抽样的两种脉幅调制方式：自然抽样的脉幅调制（又称脉冲调幅）和平顶抽样的脉冲调幅。

4.2.1　自然抽样的脉冲调幅

自然抽样又称曲顶抽样，它指抽样后的脉冲幅度（顶部）随被抽样信号 $m(t)$变化，或者说保持了 $m(t)$的变化规律。自然抽样的脉冲调幅原理框图如图 4.2.2 所示。

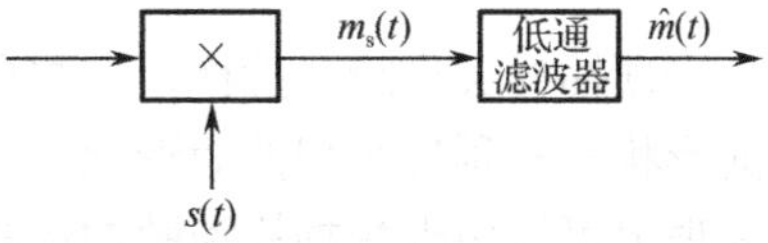

图 4.2.2　自然抽样的脉冲调幅原理框图

设模拟基带信号 $m(t)$的波形及频谱如图 4.2.3（a）所示，脉冲载波以 $s(t)$表示，它是脉冲宽度为 τ，周期为 T_s 的矩形窄脉冲序列，其中 T_s 是由抽样定理确定的，这里取 $T_s=1/(2f_H)$。$s(t)$的波形及频谱如图 4.2.3（b）所示，则自然抽样的脉冲调幅信号 $m_s(t)$［波形及频谱见图 4.2.3（c）］为 $m(t)$与 $s(t)$的乘积，即

$$m_s(t)=m(t)s(t) \tag{4.2.1}$$

其中，$s(t)$的频谱表达式为

$$S(\omega)=\frac{2\pi\tau}{T_s}\sum_{n=-\infty}^{\infty}\text{Sa}\,(n\tau\omega_H)\delta(\omega-2n\omega_H) \tag{4.2.2}$$

由频域卷积定理知，$m_s(t)$的频谱为

$$\begin{aligned}M_s(\omega)&=\frac{1}{2\pi}[M(\omega)*S(\omega)]\\&=\frac{A\tau}{T_s}\sum_{n=-\infty}^{\infty}\text{Sa}\,(n\tau\omega_H)M(\omega-2n\omega_H)\end{aligned} \tag{4.2.3}$$

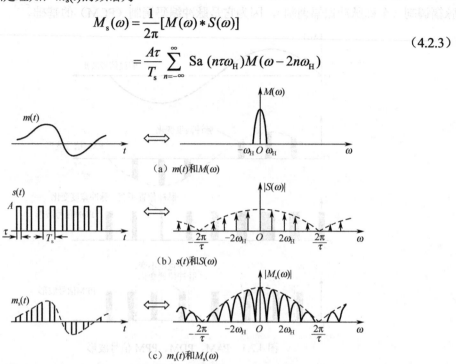

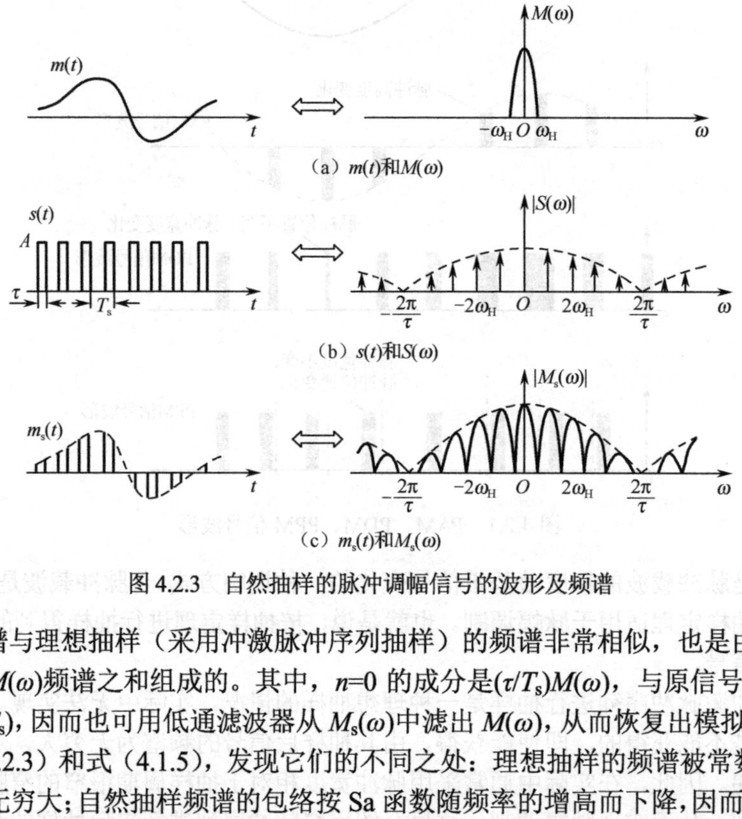

图 4.2.3　自然抽样的脉冲调幅信号的波形及频谱

$m_s(t)$的频谱与理想抽样（采用冲激脉冲序列抽样）的频谱非常相似，也是由无限多个间隔为 $\omega_s=2\omega_H$ 的 $M(\omega)$频谱之和组成的。其中，$n=0$ 的成分是$(\tau/T_s)M(\omega)$，与原信号谱 $M(\omega)$只差一个比例常数(τ/T_s)，因而也可用低通滤波器从 $M_s(\omega)$中滤出 $M(\omega)$，从而恢复出模拟基带信号 $m(t)$。

比较式（4.2.3）和式（4.1.5），发现它们的不同之处：理想抽样的频谱被常数 $1/T_s$ 加权，因而信号带宽为无穷大；自然抽样频谱的包络按 Sa 函数随频率的增高而下降，因而带宽是有限的，且带宽与脉冲宽度 τ 有关。τ 越大，带宽越小，这有利于信号的传输，但 τ 增大会导致时分复用路数减小，显然 τ 的大小要兼顾带宽和时分复用路数这两个互相矛盾的要求。

4.2.2　平顶抽样的脉冲调幅

平顶抽样又称瞬时抽样，它与自然抽样的不同之处在于，它抽样后信号中的脉冲均具有相同的形状——顶部平坦的矩形脉冲，矩形脉冲的幅度即瞬时抽样值。平顶抽样的脉冲调幅信号在原理上可以由理想抽样和脉冲形成电路产生，其原理框图及波形如图 4.2.4 所示，其中脉冲形成电路的作用就是把冲激脉冲变为矩形脉冲。

设基带信号为 $m(t)$，矩形脉冲形成电路的冲激响应为 $h(t)$，$m(t)$经过理想抽样后得到的信号 $m_s(t)$可用式（4.1.3）表示，即

$$m_s(t)=\sum_{n=-\infty}^{\infty}m(nT_s)\delta(t-nT_s)$$

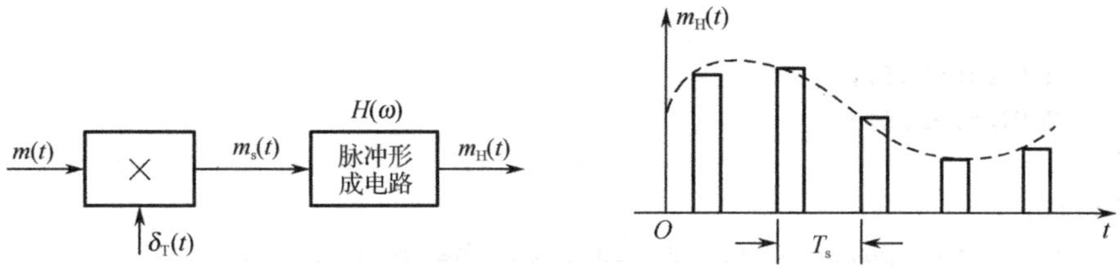

（a）原理框图　　（b）波形

图 4.2.4　平顶抽样的脉冲调幅信号的产生原理框图及波形

这就是说，$m_s(t)$ 是由一系列被 $m(nT_s)$加权的冲激脉冲序列组成的，而 $m(nT_s)$就是第 n 个抽样值的幅度，经过矩形脉冲形成电路时，每当输入一个冲激信号，则在其输出端产生一个幅度为 $m(nT_s)$的矩形脉冲 $h(t)$，因此在 $m_s(t)$ 作用下，便产生一系列被 $m(nT_s)$加权的矩形脉冲序列，这就是平顶抽样的脉冲调幅信号 $m_H(t)$，它表示为

$$m_H(t) = \sum_{n=-\infty}^{\infty} m(nT)h(t - nT_s) \tag{4.2.4}$$

设脉冲形成电路的传输函数为 $H(\omega) \leftrightarrow h(t)$，则输出的平顶抽样的脉冲调幅信号 $m_H(t)$的频谱为

$$M_H(\omega) = M_s(\omega)H(\omega) \tag{4.2.5}$$

利用式（4.1.5）的结果，上式变为

$$M_H(\omega) = \frac{1}{T_s} H(\omega) \sum_{n=-\infty}^{\infty} M\left(\omega - 2n\omega_H\right) = \frac{1}{T_s} \sum_{n=-\infty}^{\infty} H(\omega) M(\omega - 2n\omega_H) \tag{4.2.6}$$

可采用解调从 $m_H(t)$中恢复原基带信号 $m(t)$，如图 4.2.5 所示的解调原理框图。在滤波之前先用特性为 $1/H(\omega)$的频谱校正网络加以修正，然后经过低通滤波器便能无失真地恢复原基带信号 $m(t)$。

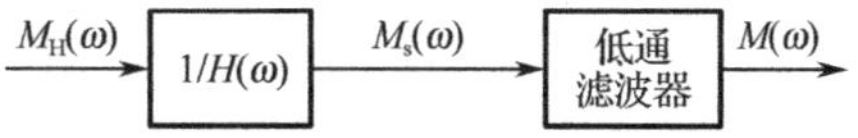

图 4.2.5　平顶抽样的脉冲调幅信号的解调原理框图

在实际应用中，平顶抽样的脉冲调幅信号采用抽样保持电路来实现，得到的脉冲为矩形脉冲。在后面讲到的脉冲编码调制系统的编码中，编码器的输入就是经抽样保持电路得到的平顶抽样脉冲。

在实际应用中，恢复信号的低通滤波器也不可能是理想的，因此考虑到实际滤波器可能实现的特性，抽样速率 f_s 要比 $2f_H$ 选得大一些，一般取 $f_s=(2.5\sim3)f_H$。例如，语音信号频率一般为 300～3400Hz，抽样速率 f_s 一般取 8000Hz。

以上自然抽样和平顶抽样均能构成脉冲调幅通信系统，也就是说可以在信道中直接传输抽样后的信号，但由于它们抗干扰能力差，目前使用得很少，它已经被性能良好的脉冲编码调制所取代。

4.2.3　MATLAB 仿真

例 4.2.1　自然抽样的脉冲调幅信号的频谱。

解： 假设模拟基带信号具有带宽为 50Hz 的矩形频谱，抽样速率为 200Hz。计算并绘制通过对模拟基带信号进行自然抽样而获得的脉冲调幅信号的频谱。

下面给出主要的 MATLAB 代码及注释。

```
B = 50;                     %带宽为 50Hz 的矩形频谱
fs = 200;                   %抽样速率
f = -100:1:1000;
```

```
W = zeros(length(f),1);
W = PULSE(W,f,-B,B);

n = 0:1:6;
%d is the sample pulse width divided by the sampling period.
d = 1/3;
x = pi*n*d;
a = SA(x);

%Generating spectrum of Natural Pulse PAM signal.
Ws = zeros(length(f),1);

%Generating Shifted versions of W due to sampling.
for (i = 1:1:length(n))
  Wtemp = zeros(length(f),1);
  for (j = n(i)*fs+1:1:length(W))
    Wtemp(j) = W(j - n(i)*fs);
  end;
  Ws = Ws + d*a(i)*Wtemp;
end;
```

图 4.2.6 给出了仿真的结果。

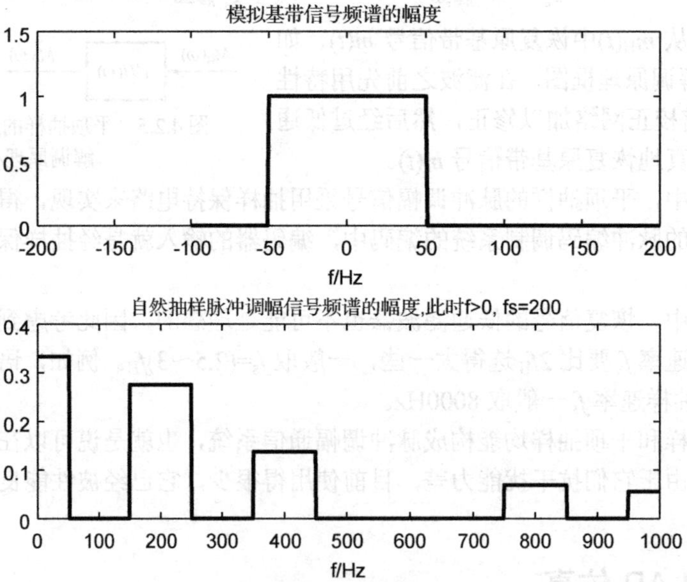

图 4.2.6　仿真的频谱

例 4.2.2　平顶抽样的脉冲调幅信号的频谱。

解： 假定模拟基带信号具有带宽为 5Hz 的矩形频谱，试计算并绘制通过平顶抽样该模拟基带信号而获得的脉冲调幅信号的频谱。

下面给出主要的 MATLAB 代码及注释。

```
B = 5;              %带宽为 5Hz 的矩形频谱
fs = 15;            %抽样速率
```

```
Ts = 1/fs;
f = -10:1:100;

W = zeros(length(f),1);
W = PULSE(W,f,-B,B);

n = 0:1:6;
%d is the sample pulse width divided by the sampling period.
d = 1/3;
tau = d*Ts;
x = pi*tau*f;
H = SA(x);

%Generating spectrum of Flat-top Pulse PAM signal.
Ws = zeros(length(f),1);

%Generating Shifted versions of W due to sampling.
for (i = 1:1:length(n))
  Wtemp = zeros(length(f),1);
  for (j = n(i)*fs+1:1:length(W))
    Wtemp(j) = W(j - n(i)*fs);
  end;
  Ws = Ws + Wtemp;
end;
Ws = Ws.*H*fs;
```

图 4.2.7 给出了仿真结果。

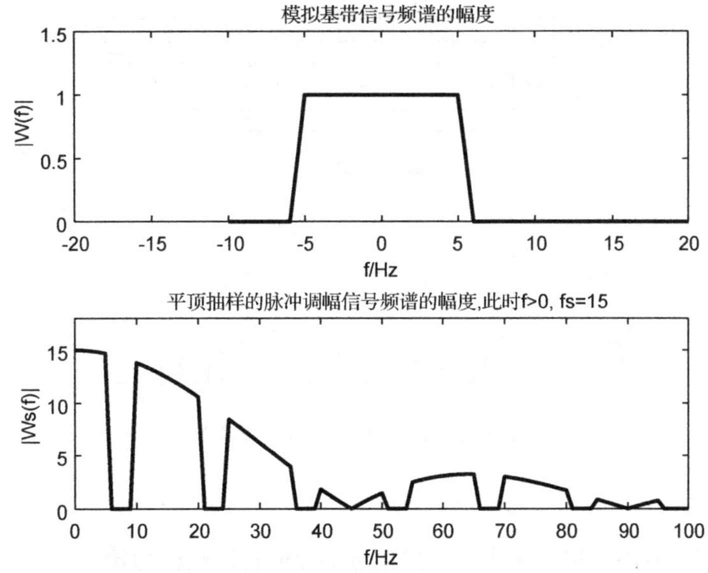

图 4.2.7　仿真的频谱

4.3　脉冲编码调制

脉冲编码调制（PCM）简称脉码调制，它是一种用一组二进制码来代替连续信号的抽样值，从而实现通信的方式。由于这种通信方式抗干扰能力强，它在光纤通信、数字微波通信、卫星通信中均获得了极为广泛的应用。

PCM 是一种典型的语音信号数字化的波形编码方式，其系统原理框图如图 4.3.1 所示。首先，在发送端进行波形编码（主要包括抽样、量化和编码三个过程），把模拟信号变换为二进制码组。编码后的 PCM 码组的数字传输方式可以是直接的基带传输，也可以是对微波、光波等载波调制后的调制传输。在接收端，二进制码组经译码后还原为量化后的抽样值脉冲序列，然后经低通滤波器滤除高频分量，便可得到重建信号 $\hat{m}(t)$。

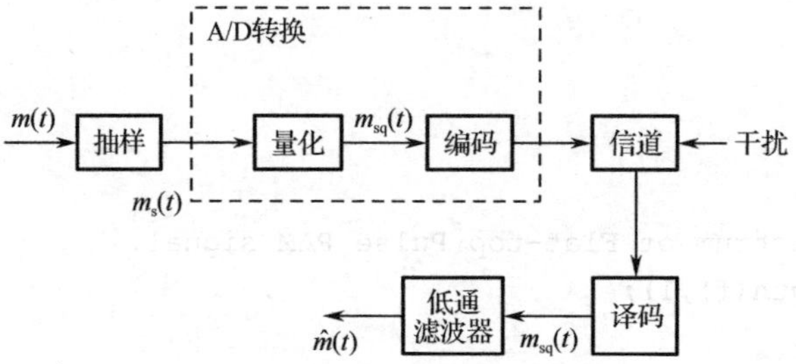

图 4.3.1　PCM 系统原理框图

抽样是按抽样定理把时间上连续的模拟信号转换成时间上离散的抽样信号；量化是把幅度上仍连续（无穷多个取值）的抽样信号进行幅度离散，即指定 M 个规定的电平，把抽样值用最接近的电平表示；编码是用二进制码组表示量化后的 M 个抽样值脉冲。图 4.3.2 给出了 PCM 信号形成的示意图。

综上所述，PCM 信号的形成是模拟信号经过"抽样、量化、编码"三个步骤实现的。其中，抽样定理已经介绍，下面主要讨论量化和编码。

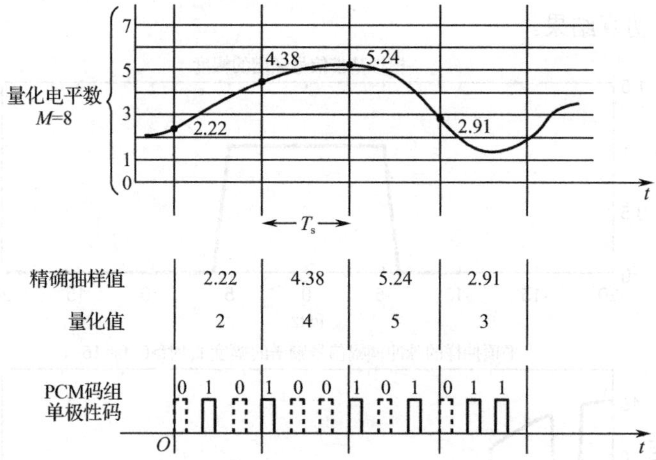

图 4.3.2　PCM 信号形成的示意图

4.3.1　量化

利用预先规定的有限个电平来表示模拟信号抽样值的过程称为量化。时间连续的模拟信号经抽样后的抽样值序列，虽然在时间上离散，但在幅度上仍然是连续的，即抽样值 $m(kT_s)$ 可以取无穷多个可能值，因此仍属模拟信号。如果用 N 位二进制码组来表示该抽样值的大小，以便利用数字传输系统来传输的话，那么，N 位二进制码组只能同 $M=2^N$ 个电平抽样值相对应，而不能同无穷多个可能取值相对应。这就需要把取值无限的抽样值划分成有限的 M 个离散电平，此电平称为量化电平。

量化的物理过程如图 4.3.3 所示。其中，$m(t)$为模拟信号；T_s为抽样间隔；$m(kT_s)$是第 k 个抽样值，在图中用“•”表示；$m_q(t)$表示量化信号，q_1～q_M是预先规定好的 M 个量化电平（这里 M=7）；m_i为第 i 个量化区间的终点电平（分层电平），电平之间的间隔 $\Delta V_i=m_i-m_{i-1}$ 称为量化间隔，那么量化就是将抽样值 $m(kT_s)$转换为 M 个规定电平 q_1～q_M之一，即

$$m_q(kT_s)=q_i,\ m_{i-1}\leqslant m(kT_s)\leqslant m_i \tag{4.3.1}$$

例如，图 4.3.3 中，$t=6T_s$时的抽样值 $m(6T_s)$在 m_5和 m_6之间，此时按规定量化值为 q_6。量化器输出的是图中的阶梯波形 $m_q(t)$，其中

$$m_q(t)=m_q(kT_s),\ kT_s\leqslant t\leqslant(k+1)T_s \tag{4.3.2}$$

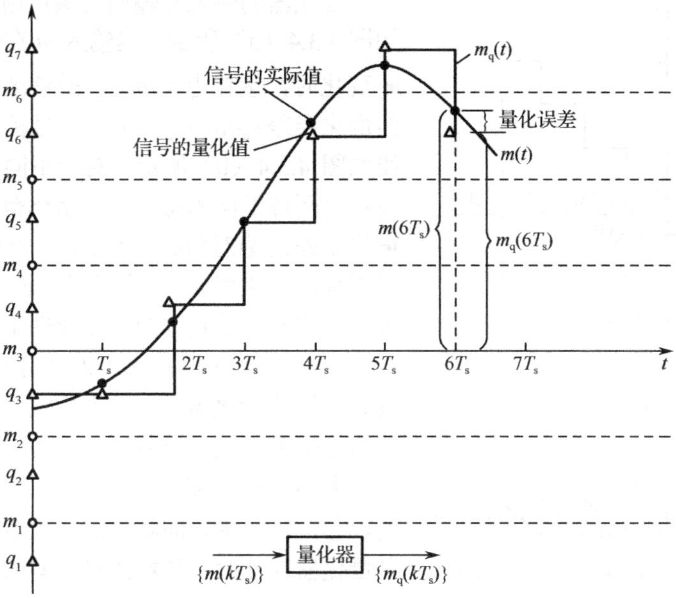

图 4.3.3　量化的物理过程

可以看出，量化信号 $m_q(t)$是对原信号 $m(t)$的近似，当抽样速率一定时，增加量化级数目（量化电平数）和适当选择量化电平，可以使 $m_q(t)$与 $m(t)$的近似程度提高。

$m_q(kT_s)$与 $m(kT_s)$之间的误差称为量化误差。对于语音、图像等随机信号，量化误差也是随机的，它像噪声一样影响通信质量，因此又称量化噪声，通常用均方误差 $E[(m-m_q)^2]$来度量。为方便起见，假设 $m(t)$是均值为零，概率密度为 $f(x)$的平稳随机过程，并用简化符号 m 表示 $m(kT_s)$，m_q表示 $m_q(kT_s)$，则量化噪声的均方误差（平均功率）为

$$N_q=E[(m-m_q)^2]=\int_{-\infty}^{\infty}(x-m_q)^2f(x)\mathrm{d}x \tag{4.3.3}$$

在给定信息源的情况下，$f(x)$是已知的。因此，N_q与量化间隔的分割有关，如何使 N_q最小，是量化理论所要研究的问题。

图 4.3.3 中，量化间隔是均匀的，这种量化称为均匀量化。还有一种是量化间隔不均匀的非均匀量化，非均匀量化克服了均匀量化的缺点，是语音信号实际应用的量化方式。下面分别加以讨论。

1. 均匀量化

量化间隔的表达式为

$$\Delta V_i = \frac{b-a}{M} \tag{4.3.4}$$

量化器输出为

$$m_q = q_i, \quad m_{i-1} \leqslant m \leqslant m_i \tag{4.3.5a}$$

式中，m_i是第 i 个量化区间的终点（也称分层电平），可写成

$$m_i = a + i\Delta V_i \tag{4.3.5b}$$

q_i是第 i 个量化区间的量化电平，可表示为

$$q_i = \frac{m_i + m_{i-1}}{2}, \quad i = 1,2,\cdots,M \tag{4.3.5c}$$

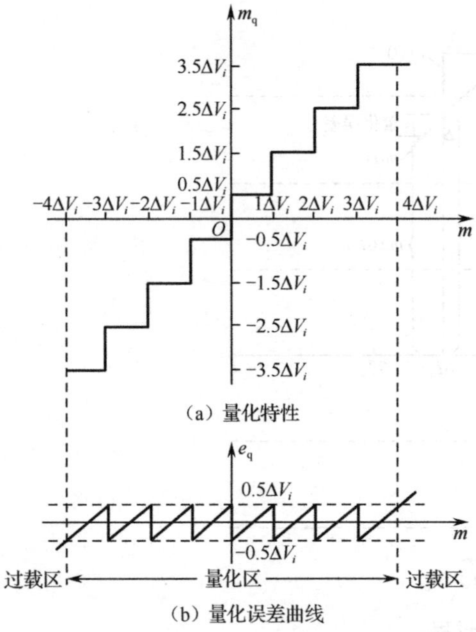

图 4.3.4　均匀量化特性及量化误差曲线

量化器的输入与输出关系可用量化特性来表示，如图 4.3.4（a）所示。当输入 m 在量化区间 $m_{i-1} \leqslant m \leqslant m_i$ 变化时，量化电平 $m_q=q_i$ 是该区间的中点值。相应的量化误差 $e_q=m-m_q$ 与输入信号幅度 m 之间的关系曲线如图 4.3.4（b）所示。对于不同的输入范围，误差显示出两种不同的特性：在量化范围（量化区）内，量化误差的绝对值$|e_q| \leqslant 0.5\Delta V_i$，当信号幅度超出量化范围时，量化值 m_q 保持不变，$|e_q|>0.5\Delta V_i$，此时称为过载或饱和，过载区的误差特性是线性增长的，因而过载误差比量化误差大，对重建信号有很严重的影响。在设计量化器时，应考虑输入信号的幅度范围，使信号幅度不进入过载区，或者进入的概率极小。

上述的量化误差 $e_q=m-m_q$ 通常称为绝对量化误差，它在每一量化间隔内的最大值均为 $0.5\Delta V_i$。在衡量量化器性能时，单看绝对误差的大小是不够的，因为信号有大有小，同样大的噪声对大信号的影响可能不算什么，但对小信号而言有可能造成严重的后果，因此在衡量系统性能时应看噪声与信号的相对大小，把绝对量化误差与信号之比称为相对量化误差，相对量化误差的大小反映了量化器的性能，通常用量化信噪比（S/N_q）来衡量，它被定义为信号功率与量化噪声功率之比，即

$$\frac{S}{N_q} = \frac{E[m^2]}{E[(m-m_q)^2]} \tag{4.3.6}$$

式中，E 表示求统计平均，S 为信号功率，N_q 为量化噪声功率。显然，S/N_q 越大，量化性能越好。下面讨论均匀量化时的量化信噪比。

设输入模拟信号 $m(t)$是均值为零，概率密度为$f(x)$的平稳随机过程，其取值范围为(a,b)，且假设不会出现过载量化，则由式（4.3.6）可得量化噪声功率 N_q 为

$$N_q = E[(m-m_q)^2] = \int_a^b (x-m_q)^2 f(x)\mathrm{d}x \tag{4.3.7}$$

若把积分区间分割成 M 个量化间隔，则上式可表示为

$$N_q = \sum_{i=1}^{M} \int_{m_{i-1}}^{m_i} (x-q_i)^2 f(x)\mathrm{d}x \tag{4.3.8}$$

式中，$m_i = a + i\Delta V_i$，$q_i = a + i\Delta V_i - \frac{\Delta V_i}{2}$。

通常，量化电平数 M 很大，量化间隔 ΔV_i 很小，因而可认为在 ΔV_i 内 $f(x)$ 不变，以 p_i 表示它，且假设各层之间量化噪声相互独立，则 N_q 表示为

$$\begin{aligned} N_q &= \sum_{i=1}^{M} p_i \int_{m_{i-1}}^{m_i} (x-q_i)^2 \mathrm{d}x \\ &= \frac{\Delta V_i^2}{12} \sum_{i=1}^{M} p_i \Delta V_i = \frac{\Delta V_i^2}{12} \end{aligned} \tag{4.3.9}$$

式中，p_i 代表第 i 个量化间隔的概率密度，ΔV_i 为均匀量化间隔，因假设不出现过载现象，故上式中 $\sum_{i=1}^{M} p_i \Delta V_i = 1$。

由式（4.3.9）可知，均匀量化器不过载量化噪声功率 N_q 仅与均匀量化间隔 ΔV_i 有关，而与信号的统计特性无关，一旦均匀量化间隔 ΔV_i 给定，无论抽样值大小，均匀量化 N_q 都是相同的。

按照上面给定的条件，信号功率为

$$S = E[m^2] = \int_a^b x^2 f(x) \mathrm{d}x \tag{4.3.10}$$

若给出信号特性和量化特性，便可求出量化信噪比（S/N_q）。

例 4.3.1　设一个量化电平数为 M 的均匀量化器，其输入信号在区间$[-a, a]$具有均匀概率密度函数，试求该量化器的均匀量化信噪比。

解：由式（4.3.8）得

$$\begin{aligned} N_q &= \sum_{i=1}^{M} \int_{m_{i-1}}^{m_i} (x-q_i)^2 \frac{1}{2a} \mathrm{d}x \\ &= \sum_{i=1}^{M} \int_{-a+(i-1)\Delta V_i}^{-a+i\Delta V_i} \left(x + a - i\Delta V_i + \frac{\Delta V_i}{2} \right)^2 \frac{1}{2a} \mathrm{d}x \\ &= \sum_{i=1}^{M} \left(\frac{1}{2a} \right) \left(\frac{\Delta V_i^3}{12} \right) = \frac{M \cdot \Delta V_i^3}{24a} \end{aligned}$$

因为

$$M \cdot \Delta V_i = 2a$$

所以

$$N_q = \frac{\Delta V_i^2}{12}$$

可见，结果同式（4.3.9）。

又由式（4.3.10）得信号功率为

$$S = \int_{-a}^{a} x^2 \cdot \frac{1}{2a} \mathrm{d}x = \frac{\Delta V_i^2}{12} \cdot M^2$$

因而，量化信噪比为

$$\frac{S}{N_q} = M^2 \tag{4.3.11}$$

或

$$\left(\frac{S}{N_q} \right)_{\mathrm{dB}} = 20 \lg M \tag{4.3.12}$$

由式（4.3.12）可知，量化信噪比随量化电平数 M 的增大而提高，M 越大，信号的逼真度越好。通常量化电平数应根据对量化信噪比的要求来确定。

均匀量化器广泛应用于线性 A/D 转换接口，例如，在计算机的 A/D 转换中，N 为 A/D 转换器的位数，常用的有 8 位、12 位、16 位等不同精度。另外，在遥测遥控系统、仪表、图像信号的数字化接口中，也都使用均匀量化器。

但在语音信号数字化通信（或叫数字电话通信）中，均匀量化则有一个明显的不足：量化信噪比随信号电平的减小而下降。为了克服上述缺点，实际工程中常常采用下面介绍的非均匀量化。

2. 非均匀量化

为了方便讨论，这里首先定义动态范围，它是指满足信噪比要求的输入信号的取值范围。非均匀量化是一种在整个动态范围内量化间隔不相等的量化。也就是说，非均匀量化是根据输入信号的概率密度函数来分布量化电平，以改善量化性能。由均方误差式（4.3.3）可知，在 $f(x)$ 大的地方，设法降低量化噪声 $(m-m_q)^2$，从而降低均方误差，可提高信噪比。这意味着量化电平必须集中在幅度密度高的区域。

在商业电话中，一种简单而又稳定的非均匀量化器为对数量化器，该量化器在出现频率高的低幅度语音信号处，运用小的量化间隔；而在不经常出现的高幅度语音信号处，运用大的量化间隔。

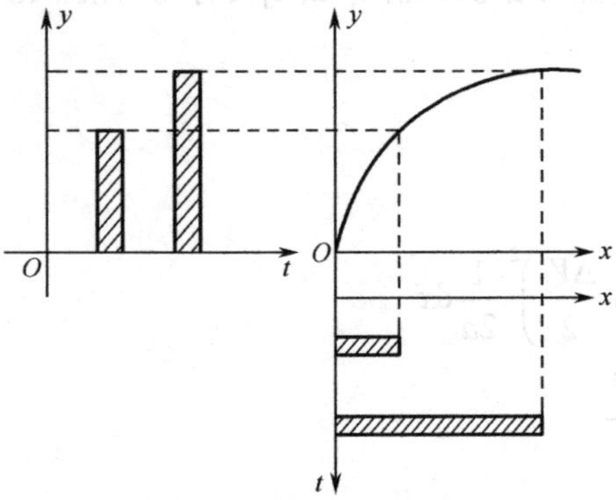

图 4.3.5 压缩与扩张的示意图

实现非均匀量化的方法之一是，把输入量化器的信号 x 先进行压缩处理，再把压缩的信号 y 进行均匀量化。所谓压缩器就是一个非线性变换电路，微弱的信号被放大，强的信号被压缩。压缩器的输入与输出关系表示为

$$y = f(x) \tag{4.3.13}$$

接收端采用一个与压缩特性相反的扩张器来恢复 x。图 4.3.5 画出了压缩与扩张的示意图。通常使用的压缩器中，大多采用对数式压缩，即 $y=\ln x$。广泛采用的两种对数压扩特性是 μ 律压扩和 A 律压扩。美国采用 μ 律压扩，我国和欧洲各国均采用 A 律压扩，下面分别讨论这两种压扩的原理。

1）μ 律压扩特性

$$y = \frac{\ln(1+\mu x)}{\ln(1+\mu)}, \quad 0 \leqslant x \leqslant 1 \tag{4.3.14}$$

式中，x 为归一化输入，y 为归一化输出。归一化是指信号电压与信号最大电压之比，所以归一化的最大值为 1。μ 为压扩参数，表示压扩程度。不同 μ 值的压扩特性如图 4.3.6（a）所示。由图可见，$\mu=0$ 时，压扩特性曲线是一条通过原点的直线，故没有压扩效果，小信号性能得不到改善；μ 值越大压扩效果越明显，一般当 $\mu=100$ 时，压扩效果比较理想，在国际标准中取 $\mu=255$。另外，需要指出的是，μ 律压扩特性曲线是以原点奇对称的，图中只画出了正向部分。

2）A 律压扩特性

$$y = \begin{cases} \dfrac{Ax}{1+\ln A}, & 0 \leqslant x \leqslant \dfrac{1}{A} & \text{(4.3.15a)} \\[2ex] \dfrac{1+\ln Ax}{1+\ln A}, & \dfrac{1}{A} < x \leqslant 1 & \text{(4.3.15b)} \end{cases}$$

其中，式（4.3.15b）是 A 律压扩特性的主要表达式。不难发现，上式中若 $x=0$，则 $y\to-\infty$，这样不满足对压扩特性的要求。所以，当 x 很小时应对它加以修正，即过零点作切线，这就是式（4.3.15a），它是一个线性方程，其斜率 $\mathrm{d}y/\mathrm{d}x=A/(1+\ln A)=16$，对应国际标准取值 $A=87.6$。A

为压扩参数，A=1 时无压扩，A 值越大压扩效果越明显。A 律压扩特性如图 4.3.6（b）所示。

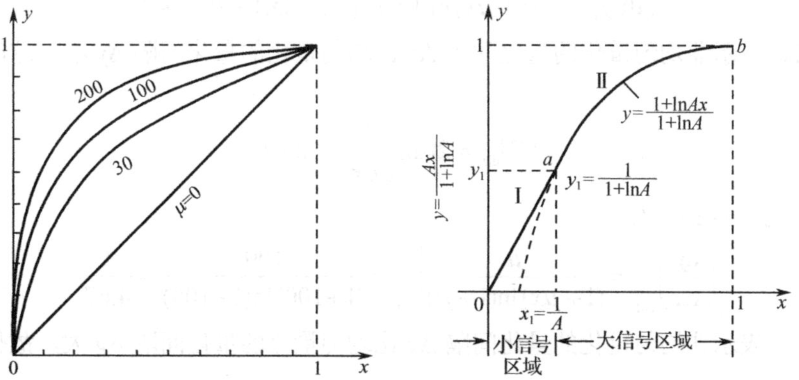

（a）μ律压扩特性　　（b）A律压扩特性

图 4.3.6　压扩特性

图 4.3.7 给出了 μ 为一定取值时的 μ 律压扩特性，其纵坐标是均匀分级的，但由于压扩，导致输入信号 x 非均匀量化，即信号越小则量化间隔 Δx 就越小，信号越大则量化间隔 Δx 也越大。但是，在均匀量化中，量化间隔则是固定不变的。上述对 μ 律压扩特性的分析说明了其对小信号量化信噪比的改善程度。

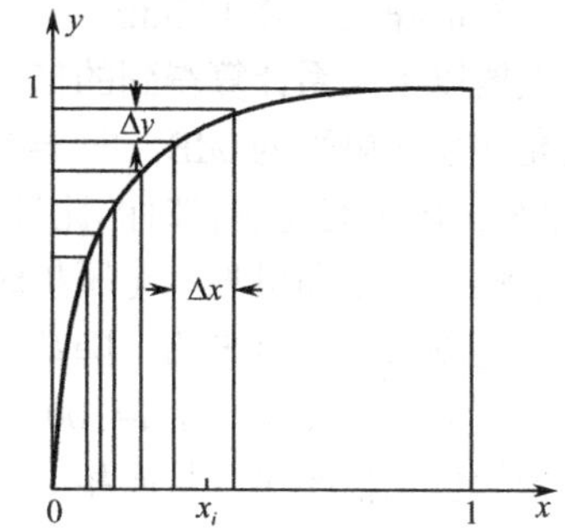

图 4.3.7　μ 为一定取值时的 μ 律压扩特性

例 4.3.2　求 μ=100 时，压扩对大、小信号的量化信噪比的改善量，并与无压扩时（μ=0）的情况进行对比。

解： 因为压扩特性 $y=f(x)$曲线为对数曲线，当量化级较多时，在每一量化级中压扩特性曲线均可看作直线，所以

$$\frac{\Delta y}{\Delta x}=\frac{\mathrm{d}y}{\mathrm{d}x}=y' \tag{4.3.16}$$

对式（4.3.15）求导可得

$$\frac{\mathrm{d}y}{\mathrm{d}x}=\frac{\mu}{(1+\mu x)\ln(1+\mu)}$$

又由式（4.3.16）有

$$\Delta x=\frac{1}{y'}\Delta y$$

因此，量化误差为

$$\frac{\Delta x}{2}=\frac{1}{y'}\cdot\frac{\Delta y}{2}=\frac{\Delta y}{2}\cdot\frac{(1+\mu x)\ln(1+\mu)}{\mu}$$

当 μ>1 时，$\Delta y/\Delta x$ 的比值大小反映了非均匀量化（有压扩）对均匀量化（无压扩）的信噪比的改善程度。当用分贝表示，并用符号 Q 表示信噪比的改善量时，有

$$[Q]_{\mathrm{dB}}=20\lg\left(\frac{\Delta y}{\Delta x}\right)=20\lg\left(\frac{\mathrm{d}y}{\mathrm{d}x}\right) \tag{4.3.17}$$

对于小信号（$x\to 0$），有

$$\left(\frac{\mathrm{d}y}{\mathrm{d}x}\right)_{x\to0}=\frac{\mu}{(1+\mu x)\ln(1+\mu)}\bigg|_{x\to0}=\frac{\mu}{\ln(1+\mu)}=\frac{100}{4.62} \tag{4.3.18}$$

该比值大于 1，表示非均匀量化的量化间隔 Δx 比均匀量化的量化间隔 Δy 小。这时，信噪比的改善量为

$$[Q]_{\mathrm{dB}}=20\lg\left(\frac{\mathrm{d}y}{\mathrm{d}x}\right)=26.7$$

对于大信号（x=1），有

$$\left(\frac{\mathrm{d}y}{\mathrm{d}x}\right)_{x=1}=\frac{\mu}{(1+\mu x)\ln(1+\mu)}\bigg|_{x=1}=\frac{100}{(1+100)\ln(1+100)}=\frac{1}{4.67}$$

该比值小于 1，表示非均匀量化的量化间隔 Δx 比均匀量化的量化间隔 Δy 大，故信噪比下降。以分贝表示为

$$[Q]_{\mathrm{dB}}=20\lg\left(\frac{\mathrm{d}y}{\mathrm{d}x}\right)=20\lg\left(\frac{1}{4.67}\right)=-13.3$$

即大信号信噪比下降 13.3dB。

根据以上关系计算得到的信噪比的改善程度与输入信号电平的关系如表 4.3.1 所示。这里，最大允许输入电平为 0dB，即 x=1；$[Q]_{\mathrm{dB}}>0$ 表示提高了信噪比，而$[Q]_{\mathrm{dB}}<0$ 表示损失了信噪比。图 4.3.8 画出了有无压扩时的比较曲线，其中，μ=0 表示无压扩时的信噪比，μ=100 表示有压扩时的信噪比。由图可见，无压扩时，信噪比随输入信号电平的减小而迅速下降；而有压扩时，信噪比随输入信号电平的下降却比较缓慢。若要求量化信噪比大于 28dB，则 μ=0 时的输入信号电平必须大于−18dB；而 μ=100 时的输入信号电平只要大于−36dB 即可。可见，有压扩提高了小信号的量化信噪比，从而相应扩大了输入信号的动态范围。

表 4.3.1　信噪比的改善程度与输入信号电平的关系

x	1	0.316	0.1	0.0312	0.01	0.003
输入信号电平/dB	0	−10	−20	−30	−40	−50
$[Q]_{\mathrm{dB}}$	−13.3	−3.5	−5.8	−14.4	−20.6	−24.4

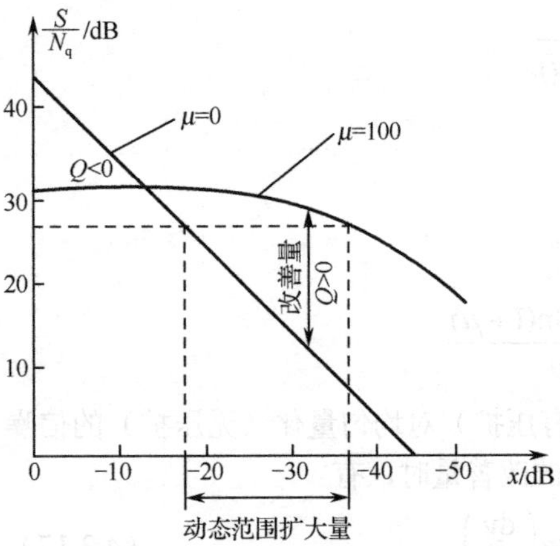

图 4.3.8　有无压扩时的比较曲线

早期的 A 律压扩特性和 μ 律压扩特性是用非线性模拟电路获得的。由于对数压扩特性是连续曲线，且随压扩参数而不同，在电路上实现这样的函数规律是相当复杂的，因而精度和稳定度都受到限制。随着数字电路（特别是大规模集成电路）的发展，另一种压扩技术——数字压扩，日益获得广泛的应用。它是利用数字电路形成许多折线来逼近对数压扩特性的。在实际中常采用的有两种：一种是采用 13 折线的近似 A 律压扩特性，另一种是采用 15 折线的近似 μ 律压扩特性。A 律 13 折线主要用于我国和欧洲各国的 PCM 30/32 路基群中，μ 律 15 折线主要用于北美、日、韩等国家和地区的 PCM 24 路基群中。国际电信联盟电信标准化部门（ITU-T）建议上述两种折线压扩为国际标准，且在国际间数字系统相互连接时，要以 A 律为标准。因此这里重点介绍 A 律 13 折线。

3）*A* 律 13 折线

A 律 13 折线的产生是从不均匀量化的基点出发，设法用 13 段折线逼近 A=87.6 的 *A* 律压扩特性。具体方法：把输入 x 轴和输出 y 轴用两种不同的方法划分。把 x 轴在 0～1（归一化）范围内不均匀分成 8 段，分段的规律是每次以二分之一对分，第一次在 0 到 1 之间的 1/2 处对分，第二次在 0 到 1/2 之间的 1/4 处对分，第三次在 0 到 1/4 之间的 1/8 处对分，其余类推。把 y 轴在 0～1（归一化）范围内采用等分法，均匀分成 8 段，每段间隔均为 1/8。然后把 x，y 各对应段的交点连接起来构成 8 段直线，得到图 4.3.9 所示的 *A* 律 13 折线压扩特性。其中第 1、2 段斜率相同（均为 16），因此可视为一条直线段，故实际上只有 7 根斜率不同的折线。

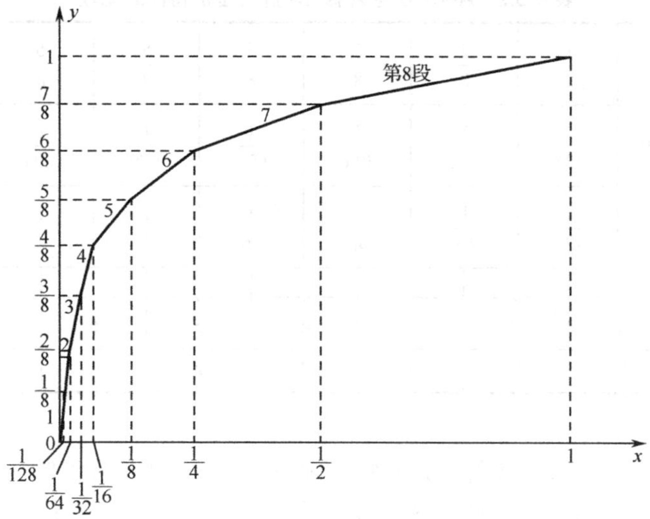

图 4.3.9 *A* 律 13 折线压扩特性

以上分析的是正方向，由于语音信号是双极性信号，因此在负方向也有与正方向对称的一组折线，也是 7 根，但其中靠近零点的 1、2 段斜率也都等于 16，与正方向的第 1、2 段斜率相同，又可以合并为一根，因此，正、负双向共有 2×(8−1)−1=13 折，故称其为 *A* 律 13 折线。但在定量计算时，仍以正、负各有 8 段为准。

下面考察 *A* 律 13 折线与 *A* 律（A=87.6）压扩特性的近似程度。在 *A* 律压扩特性的小信号区分界点（$x=1/A=1/87.6$），相应的 y 可根据式（4.3.15a）表示的直线方程得到，即

$$y=\frac{Ax}{1+\ln A}=\frac{A\cdot\dfrac{1}{A}}{1+\ln A}=\frac{1}{1+\ln 87.6}\approx 0.183$$

因此，当 $y<0.183$ 时，x、y 满足式（4.3.15a），因此由该式可得

$$y=\frac{Ax}{1+\ln A}=\frac{87.6}{1+\ln 87.6}x\approx 16x \tag{4.3.19}$$

由于 *A* 律 13 折线中 y 是均匀划分的，y 的取值在第 1、2 段起始点小于 0.183，故这两段起始点 x、y 的关系可分别由式（4.3.19）求得：y=0 时，x=0；y=1/8 时，x=1/128。

在 y>0.183 时，由式（4.3.15b）得

$$y-1=\frac{\ln x}{1+\ln A}=\frac{\ln x}{\ln(\mathrm{e}A)}$$

即

$$\ln x=(y-1)\ln(\mathrm{e}A)$$

即

$$x=\frac{1}{(\mathrm{e}A)^{1-y}} \tag{4.3.20}$$

其余 6 段用 A=87.6 代入式（4.3.20）计算的 x 值列入表 4.3.2 中的第 2 行，并与按折线分段时的 x 值（第 3 行）进行比较。由表可见，13 折线各段落的分界点与 A=87.6 曲线十分逼近，并且两特性起始段的斜率均为 16，这就是说，A 律 13 折线非常逼近 A=87.6 时的对数压扩特性。

在 A 律压扩特性分析中可以看出，取 A=87.6 有两个目的：一是使特性曲线原点附近的斜率凑成 16；二是使 13 折线逼近时，x 的 8 个段落量化分界点近似于按 2 的幂次递减分割，有利于数字化。

表 4.3.2　A=87.6 与 A 律 13 折线压扩特性的比较

y	0	$\frac{1}{8}$	$\frac{2}{8}$	$\frac{3}{8}$	$\frac{4}{8}$	$\frac{5}{8}$	$\frac{6}{8}$	$\frac{7}{8}$	1
x	0	$\frac{1}{128}$	$\frac{1}{60.6}$	$\frac{1}{30.6}$	$\frac{1}{15.4}$	$\frac{1}{7.79}$	$\frac{1}{3.93}$	$\frac{1}{1.98}$	1
按折线分段时的 x	0	$\frac{1}{128}$	$\frac{1}{64}$	$\frac{1}{32}$	$\frac{1}{16}$	$\frac{1}{8}$	$\frac{1}{4}$	$\frac{1}{2}$	1
段落	1	2	3	4	5	6	7	8	
斜率	16	16	8	4	2	1	1/2	1/4	

4）μ 律 15 折线

采用 15 折线逼近 μ 律压扩特性（μ=255）的原理与 A 律 13 折线类似，也是把 y 轴均分成 8 段，对应于 y 轴分界点 $i/8$ 处的 x 轴分界点的值可根据式（4.3.15）来计算，即

$$x=\frac{256^{y}-1}{255}=\frac{255^{i/8}-1}{255}=\frac{2^{i}-1}{255} \tag{4.3.21}$$

其结果列入表 4.3.3 中，相应的特性如图 4.3.10 所示。由此折线可知，正、负方向各有 8 段线段，正、负的第 1 段因斜率相同而合成一段，所以 16 段线段从形式上变为 15 段折线，故称其 μ 律 15 折线。原点两侧的一段斜率为

$$\frac{1}{8}\div\frac{1}{255}=\frac{255}{8}\approx 32$$

它大约是 A 律 13 折线相应段斜率的 2 倍。另外，小信号的量化信噪比比 A 律 13 折线大一倍多；不过，对于大信号而言，μ 律 15 折线要比 A 律 13 折线差。

表 4.3.3　μ 律 15 折线参数表

i	0	1	2	3	4	5	6	7	8
$y=\frac{i}{8}$	0	$\frac{1}{8}$	$\frac{2}{8}$	$\frac{3}{8}$	$\frac{4}{8}$	$\frac{5}{8}$	$\frac{6}{8}$	$\frac{7}{8}$	1
$x=\frac{2^{i}-1}{255}$	0	$\frac{1}{255}$	$\frac{3}{255}$	$\frac{7}{255}$	$\frac{15}{255}$	$\frac{31}{255}$	$\frac{63}{255}$	$\frac{127}{255}$	1
斜率 $\frac{8}{255}\left(\frac{\Delta y}{\Delta x}\right)$	1	1/2	1/4	1/8	1/16	1/32	1/64	1/128	
段落	1	2	3	4	5	6	7	8	

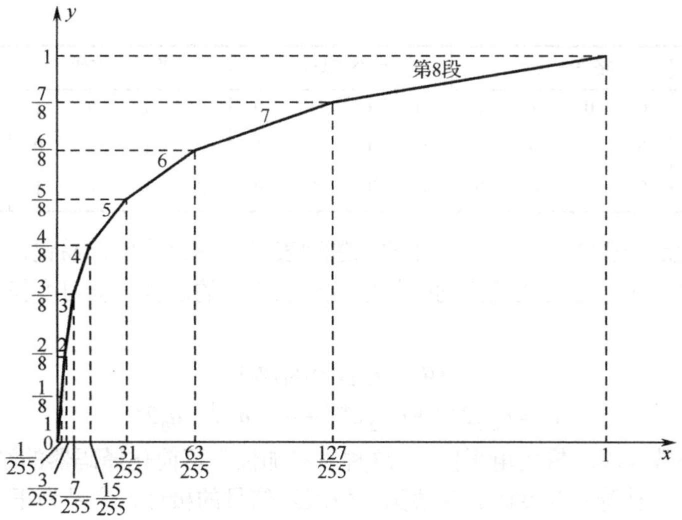

图 4.3.10　μ律 15 折线压扩特性

4.3.2　编码和译码

将量化后的信号电平值变换成二进制码组的过程称为编码，其逆过程称为解码或译码。下面讨论二进制码及编码和译码的工作原理。

1．码字和码型

二进制码具有抗干扰能力强、易于产生等优点，因此 PCM 中一般采用二进制码。对于 M 个量化电平，可以用 N 位二进制码组来表示，其中的每一个码组称为一个码字。为保证通信质量，目前国际上多采用 8 位编码的 PCM 系统。

码型指的是代码的编码规律，其含义是把量化后的所有量化级，按其量化电平的大小次序排列起来，并列出各对应的码字，这种对应关系的整体就称为码型。在 PCM 中常用的二进制码型有三种：格雷二进码（反射二进码）、自然二进码和折叠二进码。表 4.3.4 列出了用 4 位码表示 16 个量化级时的这三种码型。

表 4.3.4　常用的二进制码型

抽样值脉冲极性	格雷二进码	自然二进码	折叠二进码	量化级序号
正极性部分	1　0　0　0	1　1　1　1	1　1　1　1	15
	1　0　0　1	1　1　1　0	1　1　1　0	14
	1　0　1　1	1　1　0　1	1　1　0　1	13
	1　0　1　0	1　1　0　0	1　1　0　0	12
	1　1　1　0	1　0　1　1	1　0　1　1	11
	1　1　1　1	1　0　1　0	1　0　1　0	10
	1　1　0　1	1　0　0　1	1　0　0　1	9
	1　1　0　0	1　0　0　0	1　0　0　0	8
负极性部分	0　1　0　0	0　1　1　1	0　0　0　0	7
	0　1　0　1	0　1　1　0	0　0　0　1	6
	0　1　1　1	0　1　0　1	0　0　1　0	5
	0　1　1　0	0　1　0　0	0　0　1　1	4
	0　0　1　0	0　0　1　1	0　1　0　0	3

续表

抽样值脉冲极性	格雷二进码	自然二进码	折叠二进码	量化级序号
负极性部分	0 0 1 1	0 0 1 0	0 1 0 1	2
	0 0 0 1	0 0 0 1	0 1 1 0	1
	0 0 0 0	0 0 0 0	0 1 1 1	0

自然二进码就是一般的十进制正整数的二进制表示，编码简单、易记，而且译码可以逐比特独立进行。若把自然二进码从低位到高位依次给以 2 倍的加权，就可变换为十进数。如设二进制码为

$$(a_{n-1}, a_{n-2}, \cdots, a_1, a_0)$$

则

$$D = a_{n-1}2^{n-1} + a_{n-2}2^{n-2} + \cdots + a_1 2^1 + a_0 2^0$$

D 是其对应的十进数（表示量化电平值）。这种“可加性”可简化译码器的结构。

折叠二进码是一种符号幅度码。左边第一位表示信号的极性，信号为正，用“1”表示，信号为负，用“0”表示；第二位至最后一位表示信号的幅度，由于当正、负绝对值相同时，折叠二进码的上半部分与下半部分相对零电平对称折叠，其幅度码从小到大按自然二进码规则编码。

与自然二进码相比，折叠二进码的优点是，对于语音信号这样的双极性信号，只要绝对值相同，则可简化为单极性编码。另一个优点是，误码对小信号影响较小。例如，由大信号的 1111 误为 0111，从表 4.3.4 可知，自然二进码由 15 错到 7，误差为 8 个量化级，而对于折叠二进码，误差为 15 个量化级。显然，大信号时误码对折叠二进码影响很大。如果误码发生在由小信号的 1000 误为 0000，这时自然二进码的误差还是 8 个量化级，而折叠二进码的误差却只有 1 个量化级。这一特性是十分可贵的，因为语音信号小幅度出现的概率比大幅度的大，所以，着眼点在于小信号的传输效果。

格雷二进码的特点是，任何相邻电平的码组，只有一位码位发生变化，即相邻码字的距离恒为 1。译码时，若传输或判决有误，量化电平的误差小。另外，这种码除极性码外，当正、负极性信号的绝对值相等时，其幅度码相同，故又称为反射二进码。但这种码不是“可加的”，不能逐比特独立进行，需先转换为自然二进码后再译码。因此，这种码在采用编码管进行编码时才用，在采用电路进行编码时，一般采用折叠二进码和自然二进码。

通过对以上三种码型的比较，可知在 PCM 通信编码中，折叠二进码比自然二进码和格雷二进码优越，它是 A 律 13 折线 PCM 30/32 路基群设备中所采用的码型。

2．码位数的选择与码位的安排

至于码位数的选择，它不仅关系到通信质量的好坏，而且还涉及设备的复杂程度。码位数的多少，决定了量化分层的多少，反之，若信号量化分层数一定，则码位数也被确定。在信号变化范围一定时，用的码位数越多，量化分层越细，量化误差就越小，通信质量当然就更好。但码位数越多，设备越复杂，同时还会使总的传码率增大，传输带宽增大。一般从语音信号的可懂度来说，采用 3～4 位非线性编码即可，若增至 7～8 位时，通信质量就比较理想了。

在 A 律 13 折线编码中，普遍采用 8 位二进制码，对应有 $M=2^8=256$ 个量化级，即正、负输入幅度范围内各有 128 个量化级。这需要将 A 律 13 折线中的每个折线段再均匀划分为 16 个量化级，由于每个段落长度不均匀，因此正或负输入的 8 个段落被划分成 8×16=128 个不均匀的量化级。按折叠二进码的码型，这 8 位码的安排如下：

极性码　段落码　段内码

$$C_1 \quad C_2C_3C_4 \quad C_5C_6C_7C_8$$

其中第 1 位码 C_1 的数值“1”或“0”分别表示信号的正、负极性，称为极性码。对于正、负对

称的双极性信号，在极性判决后被整流（相当取绝对值），以后则按信号的绝对值进行编码，因此只要考虑 A 律 13 折线中正方向的 8 段折线就行了。这 8 段折线共包含 128 个量化级，正好用剩下的 7 位幅度码 $C_2C_3C_4C_5C_6C_7C_8$ 表示。

$C_2C_3C_4$ 为段落码，表示信号绝对值处在哪个段落，3 位码的 8 种可能状态分别代表 8 个段落的起点电平。但应注意，段落码和 8 个段落之间的关系如表 4.3.5 和图 4.3.11 所示。

表 4.3.5　段落码

段落序号	段落码		
	C_2	C_3	C_4
8	1	1	1
7	1	1	0
6	1	0	1
5	1	0	0
4	0	1	1
3	0	1	0
2	0	0	1
1	0	0	0

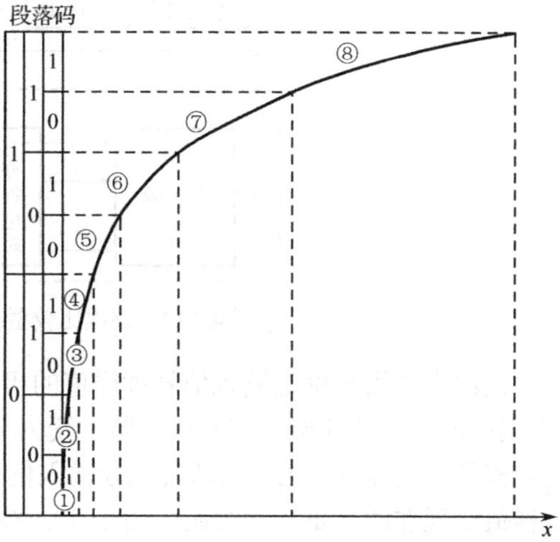

图 4.3.11　段落码和各个段落之间的关系

$C_5C_6C_7C_8$ 为段内码，这 4 位码的 16 种可能状态分别代表每一段落内的 16 个均匀划分的量化级。段内码与 16 个量化级之间的关系如表 4.3.6 所示。

表 4.3.6　段内码

电平序号	段内码				电平序号	段内码			
	C_5	C_6	C_7	C_8		C_5	C_6	C_7	C_8
15	1	1	1	1	7	0	1	1	1
14	1	1	1	0	6	0	1	1	0
13	1	1	0	1	5	0	1	0	1
12	1	1	0	0	4	0	1	0	0
11	1	0	1	1	3	0	0	1	1
10	1	0	1	0	2	0	0	1	0
9	1	0	0	1	1	0	0	0	1
8	1	0	0	0	0	0	0	0	1

3. 编码器原理

实现编码的具体方法和电路很多。图 4.3.12 给出了实现 A 律 13 折线压扩特性的逐次比较型编码器的原理方框图。此编码器根据输入的抽样值脉冲信号编出相应的 8 位折叠二进码 C_1～C_8。C_1 为极性码，其他 7 位码表示抽样值的绝对大小。

逐次比较型编码器的原理与天平称重物的方法相类似，抽样值脉冲信号相当于被测物，标准电平相当于天平的砝码。预先规定好一些作为比较的标准电流（或电压）——权值电流，用符号 I_W 表示。I_W 的个数与码位数有关。当抽样值脉冲到来时，用逐步逼近的方法有规律地用各标准电流 I_W 去和抽样值脉冲比较，每比较一次出一位二进制码，当 $I_s>I_W$ 时，出“1”码；反之出“0”码，直到标准电流 I_W 和输入信号抽样值 I_s 逼近为止，才完成对输入抽样值的非线性量化和编码。下面具体说明各组成部分的功能。

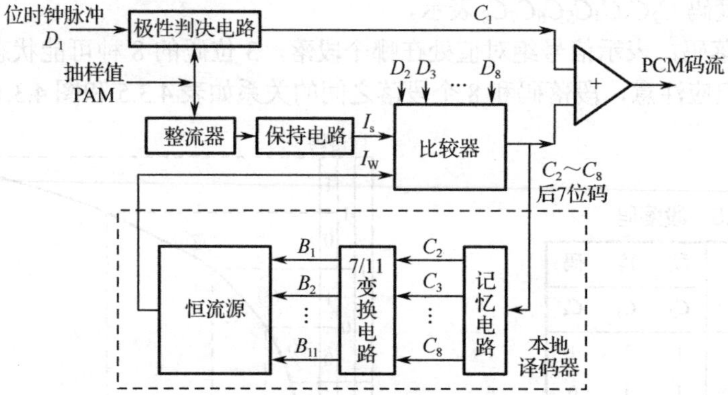

图 4.3.12　逐次比较型编码器的原理方框图

极性判决电路用来确定输入信号抽样值的极性。抽样值为正时，出“1”码；抽样值为负时，出“0”码；同时，整流器将该双极性脉冲变为单极性脉冲。

比较器是编码器的核心。它通过比较输入信号抽样值 I_s 和标准电流 I_W 的大小，从而对输入信号抽样值实现非线性量化和编码。由于在 A 律 13 折线中用 7 位二进制码来代表段落码和段内码，所以对一个输入信号的抽样值需要进行 7 次比较。每次所需的标准电流 I_W 均由本地译码器提供。

本地译码器包括记忆电路、7/11 变换电路和恒流源。记忆电路用来寄存二进制码，因除第一次比较外，其余各次比较都要依据前面比较的结果来确定标准电流 I_W。因此，7 位码组中的前 6 位状态均应由记忆电路寄存下来。

7/11 变换电路的功能是将 7 位的非线性码转换成 11 位的线性码，以便于控制恒流源产生所需的标准电流 I_W。

恒流源用来产生各种标准电流 I_W。在恒流源中，有数个基本的权值电流支路，其个数与量化级数有关。对应按 A 律 13 折线编出的 7 位码，恒流源中需要有 11 个基本的权值电流支路，每个支路均有一个控制开关。每次该哪几个开关接通组成所需的标准电流 I_W，由前面的比较结果经 7/11 变换后得到的控制信号来控制。

保持电路的作用是保持输入信号抽样值的幅度在整个比较过程中不变。这是因为逐次比较型编码器需要在一个抽样周期 T_s 内完成 I_s 与 I_W 的 7 次比较，所以在整个比较过程中都应保持输入信号抽样值的幅度不变，故需要将抽样值脉冲信号展宽并保持。在实际中要用平顶抽样，通常由抽样保持电路实现。

顺便指出，在原理上，模拟信号数字化的过程是抽样、量化以后才进行编码。但实际上量化是在编码过程中完成的，也就是说，此编码器本身包含了量化和编码两个功能。下面我们通过一个例子来说明编码过程。

例 4.3.3　设输入信号抽样值 I_s=+1260Δ（其中 Δ 为一个量化单位，表示输入信号归一化值的 1/2048），采用逐次比较型编码器，按 A 律 13 折线编成 8 位码 $C_1C_2C_3C_4C_5C_6C_7C_8$。

解：编码过程如下。

（1）确定极性码 C_1，由于输入信号抽样值 I_s 为正，故极性码 C_1=1。

（2）确定段落码 $C_2C_3C_4$。

参看表 4.3.7 可知，段落码 C_2 是用来表示 I_s 处于 A 律 13 折线 8 个段落中的前四段还是后

四段，故确定 C_2 的标准电流为

$$I_W = 128\Delta$$

第一次比较结果为 $I_s > I_W$，故 C_2=1，说明 I_s 处于后四段（5～8 段）；C_3 是用来进一步确定 I_s 处于 5～6 段还是 7～8 段，故确定 C_3 的标准电流为

$$I_W=512\Delta$$

第二次比较结果为 $I_s>I_W$，故 C_3=1，说明 I_s 处于 7～8 段。

同理，确定 C_4 的标准电流为

$$I_W=1024\Delta$$

第三次比较结果为 $I_s>I_W$，所以 C_4=1，说明 I_s 处于第 8 段。

经过以上三次比较得段落码 $C_2C_3C_4$ 为“111”，I_s 处于第 8 段，起始电平为 1024Δ。

表 4.3.7　*A* 律 13 折线幅度码及其对应电平

段落序号 i=1～8	电平范围 /Δ	段落码 C_2 C_3 C_4	段落起始电平 I_i/Δ	量化间隔 $\Delta V_i/\Delta$
8	1024～2048	1　1　1	1024	64
7	512～1024	1　1　0	512	32
6	256～512	1　0　1	256	16
5	128～256	1　0　0	128	8
4	64～128	0　1　1	64	4
3	32～64	0　1　0	32	2
2	16～32	0　0　1	16	1
1	0～16	0　0　0	0	1

（3）确定段内码 $C_5C_6C_7C_8$。

段内码是在已知 I_s 所处段落的基础上，进一步表示 I_s 在该段落的哪一量化级（量化间隔）。参看表 4.3.7 可知，第 8 段的 16 个量化间隔均为 $\Delta V_8=64\Delta$，故确定 C_5 的标准电流为

$$I_W=\text{段落起始电平}+8\times\text{量化间隔}$$
$$=1024+8\times64=1536\Delta$$

第四次比较结果为 $I_s<I_W$，故 C_5=0，由表 4.3.6 可知 I_s 处于前 8 级（0～7 量化间隔）。

同理，确定 C_6 的标准电流为

$$I_W=1024+4\times64=1280\Delta$$

第五次比较结果为 $I_s>I_W$，故 C_6=0，表示 I_s 处于前 4 级（0～4 量化间隔）。

确定 C_7 的标准电流为

$$I_W=1024+2\times64=1152\Delta$$

第六次比较结果为 $I_s>I_W$，故 C_7=1，表示 I_s 处于 2～3 量化间隔。

最后，确定 C_8 的标准电流为

$$I_W=1024+3\times64=1216\Delta$$

第七次比较结果为 $I_s>I_W$，故 C_8=1，表示 I_s 处于序号为 3 的量化间隔。

由以上过程可知，非均匀量化（压扩及均匀量化）和编码实际上是通过非线性编码一次实现的。经过以上七次比较，对于模拟抽样值+1260Δ，编出的 PCM 码组为 11110011。它表示 I_s 处于第 8 段，序号为 3 的量化级，其量化电平为 1216Δ，故量化误差等于 44Δ。

顺便指出，若使非线性码与线性码的码字电平相等，即可得出非线性码与线性码间的关系，

如表 4.3.8 所示。编码时，非线性码与线性码间的关系是 7/11 变换关系，如上例中除极性码外的 7 位非线性码 1110011，相对应的 11 位线性码为 10011000000。

表 4.3.8　*A* 律 13 折线非线性码与线性码间的关系

段落序号	非线性码（幅度码）								线性码（幅度码）											
	段落起始	段落码			段内码的权值				B_1	B_2	B_3	B_4	B_5	B_6	B_7	B_8	B_9	B_{10}	B_{11}	B_{12}^*
	电平/Δ	C_2	C_3	C_4	C_6	C_6	C_7	C_8	1024	512	256	128	64	32	16	8	4	2	1	$\Delta V_i/2$
8	1024	1	1	1	512	256	128	64	1	C_5	C_6	C_7	C_8	1*	0	0	0	0	0	0
7	512	1	1	0	256	128	64	32	0	1	C_5	C_6	C_7	C_8	1*	0	0	0	0	0
6	256	1	0	1	128	64	32	16	0	0	1	C_5	C_6	C_7	C_8	1*	0	0	0	0
5	128	1	0	0	64	32	16	8	0	0	0	1	C_5	C_6	C_7	C_8	1*	0	0	0
4	64	0	1	1	32	16	8	4	0	0	0	0	1	C_5	C_6	C_7	C_8	1*	0	0
3	32	0	1	0	16	8	4	2	0	0	0	0	0	1	C_5	C_6	C_7	C_8	1*	0
2	16	0	0	1	8	4	2	1	0	0	0	0	0	0	1	C_5	C_6	C_7	C_8	1*
1	0	0	0	0	8	4	2	1	0	0	0	0	0	0	0	C_5	C_6	C_7	C_8	1*

还应指出，上述编码得到的码组所对应的是输入信号的分层电平 m_i，对于处在同一（如第 i 个）量化间隔内 $m_k \leqslant m < m_{k+1}$ 的信号电平值，编码的结果是唯一的。为使落在该量化间隔内的任一信号电平的量化误差均小于 $\Delta V_i/2$，在译码器中附加了一个 $\Delta V_i/2$ 电路。这等效于将量化电平移到量化间隔的中间，使最大量化误差不超过 $\Delta V_i/2$。因此，译码时的非线性码与线性码间的关系是 7/12 变换关系，这时要考虑表 4.3.8 中带"*"号的项。如上例中，I_s 位于第 8 段，序号为 3 的量化间隔，7 位幅度码 1110011 对应的分层电平为 1216Δ，则译码输出为

$$1216 + \frac{\Delta V_i}{2} = 1216 + \frac{64}{2} = 1248\Delta$$

译码后的量化误差为

$$1260\Delta - 1248\Delta = 12\Delta$$

这样，量化误差小于量化间隔的一半，即 $12\Delta < \Delta V_8/2$（$=32\Delta$）。

这时，7 位非线性幅度码 1110011 所对应的 12 位线性幅度码为 100111000000。

4．PCM 信号的码元传输速率和传输带宽

由于 PCM 要用 N 位二进制码表示一个抽样值，即一个抽样周期 T_s 内要编 N 位码，因此每个码元宽度为 T_s/N，码位越多，码元宽度越小，占用带宽越大。显然，传输 PCM 信号所需要的带宽要比模拟基带信号 $m(t)$ 的带宽大得多。

1）*码元传输速率*

设 $m(t)$ 为低通信号，最高频率为 f_H，抽样定理的抽样速率 $f_s \geqslant 2f_H$，如果量化电平数为 M，则采用二进制码的码元传输速率为

$$f_b = f_s \cdot \log_2 M = f_s \cdot N \tag{4.3.22}$$

式中，N 为二进制编码位数。

2）*传输带宽*

抽样速率的最小值为 $f_s = 2f_H$，这时码元传输速率为 $f_b = 2f_H \cdot N$，按照第 3 章数字基带传输系统中的结论，在无码间串扰并采用理想低通传输特性的情况下，传输 PCM 信号所需的最小传输带宽（奈奎斯特带宽）为

$$B=\frac{f_b}{2}=\frac{N\cdot f_s}{2}=N\cdot f_H \tag{4.3.23}$$

实际中用升余弦的传输特性，此时所需传输带宽为

$$B=f_b=N\cdot f_s \tag{4.3.24}$$

以电话传输系统为例。一路模拟语音信号 $m(t)$的带宽为 4kHz，则抽样速率为f_s=8kHz，若按 A 律 13 折线进行编码，则需 N=8 位码，故所需的传输带宽为 $B=N\cdot f_s$=64kHz。这显然比直接传输语音信号的带宽要大得多。

5. 译码原理

译码的作用是，把收到的 PCM 信号还原成相应的 PAM 抽样值信号，即进行 D/A 转换。

A 律 13 折线译码器的原理框图如图 4.3.13 所示，它与逐次比较型编码器中的本地译码器基本相同，所不同的是增加了极性控制部分和带有寄存读出的 7/12 变换电路，下面简单介绍各部分电路的作用。

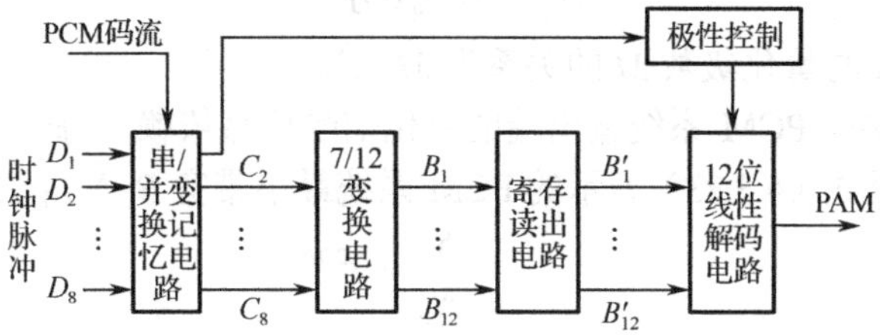

图 4.3.13　A 律 13 折线译码器的原理框图

串/并变换记忆电路的作用是，将输入的串行 PCM 码流变为并行码，并记忆下来，与逐次比较型编码器中本地译码器记忆电路的作用基本相同。

极性控制部分的作用是，根据收到的极性码 C_1 是“1”还是“0”来控制译码后 PAM 信号的极性，恢复原信号极性。

7/12 变换电路的作用是，将 7 位非线性码转变为 12 位线性码。在逐次比较型编码器的本地译码器中采用 7/11 变换电路，使得量化误差有可能大于本段落量化间隔的一半，此译码器中采用 7/12 变换电路，是为了增加了一个 $\Delta V_i/2$ 的恒流电流，人为地补上半个量化级，使最大量化误差不超过 $\Delta V_i/2$，从而改善量化信噪比。7/12 变换关系如表 4.3.8 所示。两种码之间的变换原则是两个码组在各自的意义上所代表的权值必须相等。

寄存读出电路的作用是，将输入的串行码在存储器中寄存起来，待全部接收后再一起读出，送入解码电路。实质上是进行串/并变换。

12 位线性解码电路主要由恒流源和电阻网络组成。与逐次比较型编码器中的恒流源类似。它是在寄存读出电路的控制下，输出相应的 PAM 信号。

4.3.3　PCM 系统的抗噪声性能

前面我们讨论了 PCM 系统的原理，下面分析 PCM 系统的抗噪声性能。由图 4.3.1 所示的 PCM 系统的原理框图可以看出，接收端低通滤波器的输出为

$$\hat{m}(t)=m(t)+n_q(t)+n_e(t)$$

式中，$m(t)$为输出端所需的信号成分，其功率用 S_o 表示；$n_q(t)$为量化噪声引起的输出噪声，其功率用 N_q 表示；$n_e(t)$为信道加性噪声引起的输出噪声，其功率用 N_e 表示。

为了衡量 PCM 系统的抗噪声性能，定义系统总的输出信噪比为

$$\frac{S_o}{N_o}=\frac{E[m^2(t)]}{E[n_q^2(t)]+E[n_e^2(t)]}=\frac{S_o}{N_q+N_e} \tag{4.3.25}$$

可见，分析 PCM 系统的抗噪声性能时将涉及两种噪声：量化噪声和信道加性噪声。由于这两种噪声的产生机理不同，故可认为它们是互相独立的。下面，我们先讨论它们单独存在时的系统性能，然后分析它们共同存在时的系统性能。

1．抗量化噪声性能——（S_o/N_q）

在 4.3.1 节中已经给出了量化信噪比 S_o/N_q 的一般计算公式，以及特殊条件下的计算结果。例如，假设输入信号 $m(t)$ 在区间 $[-a,a]$ 具有均匀分布的概率密度，并对 $m(t)$ 进行均匀量化，其量化级数为 M，在不考虑信道加性噪声的条件下，其量化信噪比 S_o/N_q 与式（4.3.11）的结果相同，即

$$\frac{S_o}{N_q}=\frac{E[m^2(t)]}{E[n_q^2(t)]}=M^2=2^{2N} \tag{4.3.26}$$

式中，二进制码位数 N 与量化级数 M 的关系为 $M=2^N$。

由式（4.3.26）可知，PCM 系统输出端的量化信噪比将依赖于每一个编码组的位数 N，并随 N 指数增大。若根据式（4.3.23）表示的 PCM 系统最小带宽 $B=N\cdot f_H$，式（4.3.26)又可表示为

$$\frac{S_o}{N_q}=2^{2B/f_H} \tag{4.3.27}$$

该式表明，PCM 系统输出端的量化信噪比与系统带宽 B 呈指数关系，充分体现了带宽与信噪比的互换关系。

2．抗信道加性噪声性能——（S_o/N_e）

现在讨论信道加性噪声的影响。信道加性噪声对 PCM 系统性能的影响表现在接收端的判决误码上，“1”码可能误判为“0”码，而“0”码可能误判为“1”码。由于 PCM 信号中每一码组代表着一定的量化抽样值，所以若出现误码，被恢复的量化抽样值就与发送端原抽样值不同，从而引起误差。

在假设信道加性噪声为高斯白噪声的情况下，每一码组中出现的误码可以认为是彼此独立的，并设每个码元的误码率皆为 P_e。另外，考虑到实际 PCM 每个码组中出现多于 1 位误码的概率很低，所以通常只需要考虑仅有 1 位误码的码组错误。例如，若 $P_e=10^{-4}$，在 8 位长码组中有 1 位误码的码组错误概率为 $P_1=8P_e=1/1250$，表示平均每发送 1250 个码组就有一个码组发生错误；而有 2 位误码的码组错误概率为 $P_2=C_8^2P_e=2.8\times10^{-7}$。显然 $P_2\ll P_1$，因此只要考虑 1 位误码引起的码组错误就够了。

由于码组中各位码的加权值不同，因此误差的大小取决于误码发生在码组的哪一位上，而且与码型有关。以 N 位长自然二进码为例，自最低位到最高位的加权值分别为 $2^0, 2^1, 2^2, 2^{i-1}, \cdots, 2^{N-1}$，若量化间隔为 ΔV_i，则发生在第 i 位上的误码所造成的误差为$\pm(2^{i-1}\Delta V_i)$，其产生的噪声功率便是$(2^{i-1}\Delta V_i)^2$。显然，发生误码的位置越高，造成的误差越大。由于已假设每位码元所产生的误码率 P_e 是相同的，因此一个码组中有一位误码产生的平均功率为

$$N_e=E[n_e^2(t)]=P_e\sum_{i=1}^{N}(2^{i-1}\Delta V_i)^2=\Delta V_i^2P_e\cdot\frac{2^{2N}-1}{3}\approx\Delta V_i^2P_e\cdot\frac{2^{2N}}{3} \tag{4.3.28}$$

假设信号 $m(t)$在区间$[-a, a]$内均匀分布，借助例 4.3.1 的分析，输出信号功率为

$$S_o=E[m^2(t)]=\int_{-a}^{a}x^2\cdot\frac{1}{2a}\mathrm{d}x=\frac{\Delta V_i^2}{12}\cdot M^2=\frac{\Delta V_i^2}{12}\cdot2^{2N} \tag{4.3.29}$$

由式（4.3.28）和式（4.3.29），得到仅考虑信道加性噪声时，PCM 系统的输出信噪比为

$$\frac{S_o}{N_e}=\frac{1}{4P_e} \tag{4.3.30}$$

在上面分析的基础上，同时考虑量化噪声和信道加性噪声，PCM 系统输出端的总信噪比为

$$\frac{S_o}{N_o}=\frac{E[m^2(t)]}{E[n_q^2(t)]+E[n_e^2(t)]}=\frac{2^{2N}}{1+4P_e2^{2N}} \tag{4.3.31}$$

由式（4.3.31）可知，在接收端输入大信噪比的条件下，即 $4P_e2^{2N}\gg1$ 时，P_e 很小，可以忽略误码带来的影响，这时只考虑量化噪声的影响就可以了。在接收端输入小信噪比的条件下，即 $4P_e2^{2N}\ll1$ 时，P_e 较大，信道加性噪声起主要作用，总信噪比与 P_e 成反比。

应当指出，以上公式是在自然二进码、均匀量化及输入信号为均匀分布的前提下得到的。

4.3.4　MATLAB 仿真

例 4.3.4　对模拟信号 $x(t)=\sin2\pi t$（$0<t<1$）进行均匀量化。假设量化电平数为 4，每个量化区间的中点为量化电平。利用 MATLAB 软件绘制量化输出结果。

解：假设量化区间分别为(−1,−0.5]、(−0.5,0]、(0,0.5]、(0.5,1]，其相应的量化电平分别为−0.75、−0.25、0.25、0.75。

下面给出 MATLAB 程序的代码。

```
%例 4.3.4  对正弦信号进行均匀量化
%产生模拟信号
T  = 1.2;
t = 0 : 0.01 : T;
x = sin(2*pi*t);
%抽样
fs = 10;                                    %抽样速率
ts = 1/fs;
t1 = 0 : ts : T;
xs = sin(2*pi*t1);
%量化
n = 4;
x_width = max(x)-min(x);                    %量化范围的大小
delta = x_width/n;                          %量化间隔
xx = min(x) : delta : max(x)                %量化分层电平值，量化区域
q = min(x) + delta/2 : delta : max(x)       %量化电平值
for i = 1:length(xs)
  if xs(i) < xx(2)                          %小于第 2 个量化分层电平值的均属于第 1 量化级
    xq(i) = q(1);
  end
  k = 2;
  while k < n+1
    if (xs(i) > xx(k)) & (xs(i) <= xx(k+1))    %xx(k) < x(i) <= xx(k+1)，位于分
层电平值上的向下量化
      xq(i) = q(k);
      k = n+1;
    end
    k = k+1;
  end
end
```

图 4.3.14 给出了仿真结果。

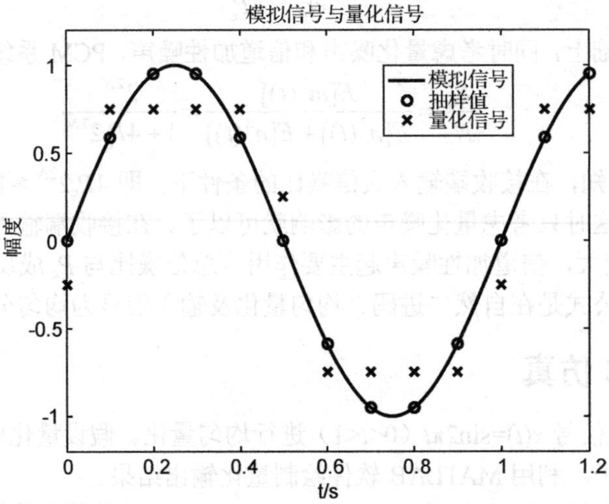

图 4.3.14　对正弦信号进行均匀量化的仿真结果

例 4.3.5　利用 MATLAB 软件编程，绘制近似的 *A* 律 13 折线压扩特性曲线，同时画出 *A*=87.6 的 *A* 律压扩特性曲线与近似曲线并进行对比。

解：下面给出主要的 MATLAB 代码。

```
%对 x 轴对分
x(1) = 0;
x(9) = 1;
for i = 7 : -1 : 1
  x(9-i) = 1/(2^i);
end
%对 y 轴等分
y = 0 : 1/8 : 1;

%A 律压扩特性
 A = 87.6;
 dt = 1/1000;
 xx = 0:dt:1;
 for i = 1:length(xx)
     if xx(i) <= 1/A
         yy(i) = A*xx(i)/(1+log(A));
     else
         yy(i) = (1+log(A*xx(i)))/(1+log(A));
     end
 end
```

图 4.3.15 给出了仿真结果。

例 4.3.6　利用 MATLAB 软件产生一个幅度为 1、工作频率为 1Hz 的正弦信号，并用均匀 PCM 方法分别进行 8 电平和 16 电平量化。分别绘制原正弦信号及其量化信号，并比较两种不同量化电平数下的量化信噪比。

解：下面给出主要的 MATLAB 代码。

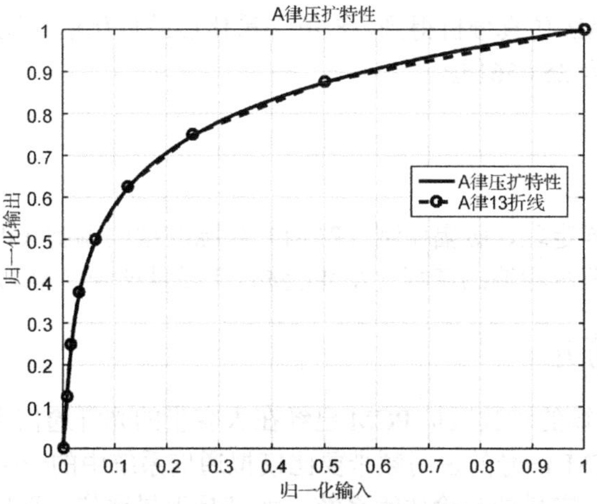

图 4.3.15　*A* 律 13 折线仿真结果

```
%产生模拟信号
A = 1;                           %正弦信号幅度
fc = 1;                          %正弦信号频率
T = 2;
t = 0 : 0.005 : T;               %观察区间
x = A*sin(2*pi*fc*t);
%抽样
fs = 10;                         %抽样速率
ts = 1/fs;
t1 = 0 : ts : T-ts;
xs = A*sin(2*pi*fc*t1);          %抽样信号
%量化与编码
n = 8;                           %量化电平数
%n = 16;                         %量化电平数
[xq, code_n, delta] = unipcm(xs, n);
%计算量化噪声功率和量化信噪比
Nq = delta^2 /12;
Sq = (norm(xq))^2*ts/T;
sqnr = 10*log10(Sq/Nq)
```

图 4.3.16 给出了正弦信号的 8 电平量化 PCM 仿真结果。

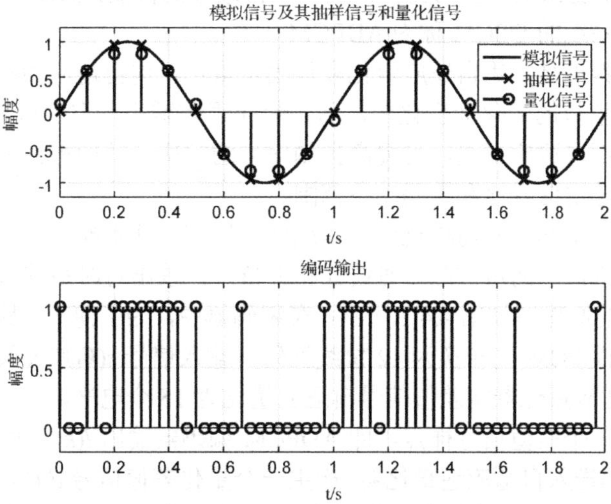

图 4.3.16　正弦信号的 8 电平量化 PCM 仿真结果

同时，通过 MATLAB 仿真分析得到，8 电平量化后的量化信噪比为 19.5134dB，而 16 电平量化后的量化信噪比为 25.6561dB。

4.4 知识拓展

前面重点讨论了抽样定理、脉幅调制（PAM）和脉冲编码调制（PCM）等方面的内容，本节将简单介绍自适应差分脉冲编码调制（ADPCM）和增量调制（ΔM）。

4.4.1 ADPCM 简介

64kbit/s 的 A 律或 μ 律的对数压扩 PCM 已经在大容量的光纤通信系统和数字微波系统中得到了广泛的应用。但 PCM 信号的占用频带要比模拟通信系统中的一个标准话路带宽（4kHz）宽很多倍，这样，对于大容量的长途传输系统，尤其是卫星通信，采用 PCM 的经济性能很难与模拟通信相比。

以较低的速率获得高质量编码，一直是语音编码追求的目标。通常，人们把话路速率低于 64kbit/s 的语音编码方法，称为语音压缩编码技术。语音压缩编码方法很多，其中 ADPCM 是语音压缩编码方法中复杂度较低的一种编码方法，它可在 32kbit/s 的比特率上达到 64kbit/s 的 PCM 数字电话质量。近年来，ADPCM 已成为长途传输中一种国际通用的语音编码方法。

ADPCM 是在差分脉冲编码调制（DPCM）的基础上发展起来的，因此，下面先介绍一下 DPCM。在 PCM 中，是对每个抽样值本身进行独立编码的，因而需要较多编码位数，并会造成数字化的信号带宽增大。一种简单的解决方法是对相邻抽样值的差值而不是抽样值本身进行编码。由于相邻抽样值差值的动态范围比抽样值本身的动态范围小，因此在量化台阶不变（量化噪声不变）的情况下，编码位数可以显著减少，从而达到降低编码的比特率、压缩信号带宽的目的。这种将语音信号相邻抽样值的差值进行量化编码的方法就称为 DPCM，它是一种预测编码的方法。预测编码的设计思想是基于相邻抽样值之间的相关性的。利用这种相关性，可以根据前面的 k 个抽样值预测当前时刻的抽样值，然后把当前抽样值与预测值之间的差值进行量化编码。关于 DPCM 的具体工作原理，限于篇幅，这里不再赘述。

下面对 ADPCM 做简单说明。值得注意的是，DPCM 系统性能的改善是以最佳的预测和量化为前提的。但对语音信号进行预测和量化是个复杂的技术问题，这是因为语音信号在较大的动态范围内变化，为了能在相当宽的变化范围内获得最佳的性能，只能在 DPCM 基础上引入自适应系统。有自适应系统的 DPCM 称为 ADPCM。

ADPCM 的主要特点是，用自适应量化取代固定量化，用自适应预测取代固定预测。自适应量化指量化台阶随信号的变化而变化，从而使量化误差减小；自适应预测指预测系数$\{a_i\}$可以随信号的统计特性而自适应调整，可提高预测信号的精度，从而得到高预测增益。通过这两点改进，可大大提高输出信噪比和编码动态范围。

实际语音信号是一个非平稳随机过程，其统计特性随时间不断变化，但在短时间间隔内，可以近似看成平稳过程，因而可按照短时统计相关特性，求出短时最佳预测系数$\{a_{oi}(k)\}$。

ADPCM 编码器的原理图如图 4.4.1 所示。在编码器中，为了便于电路进行算术运算，要将 A 律或 μ 律 8 位非线性 PCM 码转换为 12 位线性码。输入信号 $s(k)$减去预测信号 $s_e(k)$便得到差值信号 $d(k)$。4 位自适应量化器将差值信号自适应量化为 15 个电平，并用 4 位二进制码表示。这 4 位二进制码表示一个差值信号样点，即 ADPCM 编码器输出 $I(k)$，其传输速率为 32kbit/s。同时，这 4 位二进制码送入自适应逆量化器，产生一个量化差值信号 $d_q(k)$，它再与预测信号 $s_e(k)$ 相加产生重建信号 $s_r(k)$。重建信号和量化差值信号经自适应预测器运算，产生输入预测信号

$s_e(k)$，从而完成反馈。

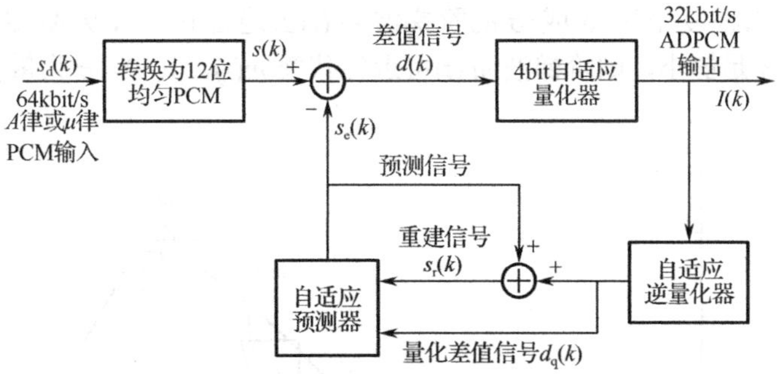

图 4.4.1　ADPCM 编码器的原理图

ADPCM 解码器的原理图如图 4.4.2 所示。解码器是编码器的逆变换过程，它包括一个与编码器反馈部分相同的结构、线性至非线性 PCM 转换器和同步编码调整单元。同步编码调整单元解决在某些情况下同步级联编码中所发生的累计失真。

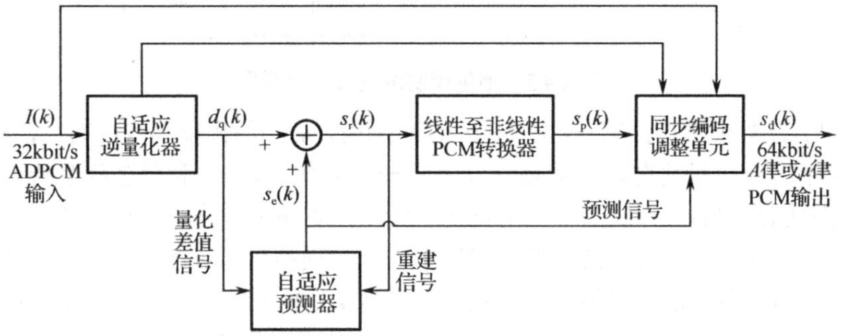

图 4.4.2　ADPCM 解码器的原理图

自适应预测和自适应量化都可改善信噪比，一般 ADPCM 相比 PCM 可多改善 20dB 左右，相当于编码位数可以减小 3～4 位。因此，在维持相同的语音质量下，ADPCM 允许用 32kbit/s 比特率传输，这是标准 64kbit/s PCM 的一半。降低信息传输速率、压缩传输频带是数字通信领域中的一个重要的研究课题。ADPCM 是实现这一目标的一种有效途径。与 64kbit/s PCM 方式相比，在相同信道条件下，32kbit/s 的 ADPCM 方式能使传输的话路加倍。相应地，CCITT 也形成了关于 ADPCM 系统的规范建议 G.721、G.726 等。ADPCM 除用于语音信号压缩编码外，还可以用于图像信号压缩编码，也可以得到较高质量、较低比特率的数字图像信号。

4.4.2　增量调制

增量调制可视为 DPCM 的一个重要特例。提出增量调制的目的在于简化语音编码方法。下面以简单增量调制为例，介绍增量调制方法。至于增量调制的过载特性、动态范围及增量调制系统的抗噪声性能等内容，限于学时和篇幅，这里不再展开讨论。

1．编译码的基本思想

不难想到，一个语音信号，如果抽样速率很高（远大于奈奎斯特速率），抽样间隔很小，那么相邻抽样点之间的幅度变化不会很大，相邻抽样值的相对大小（差值）同样能反映模拟信号的变化规律。若将这些差值编码传输，同样可传输模拟信号所含的信息。此差值又称“增量”，其值可正可负。这种用差值编码进行通信的方式，就称为“增量调制”（Delta Modulation），缩写为 DM 或 ΔM。

下面，用图 4.4.3 对 ΔM 加以说明。图中，$m(t)$代表时间连续变化的模拟信号，可以用一个时间间隔为 Δt，相邻幅度差为$+\sigma$或$-\sigma$的阶梯波 $m'(t)$去逼近它。只要 Δt 足够小，即抽样速率 $f_s=1/\Delta t$ 足够高，且 σ 足够小，则阶梯波 $m'(t)$可近似代替 $m(t)$。其中，σ 为量化台阶，$\Delta t=T_s$ 为抽样间隔。

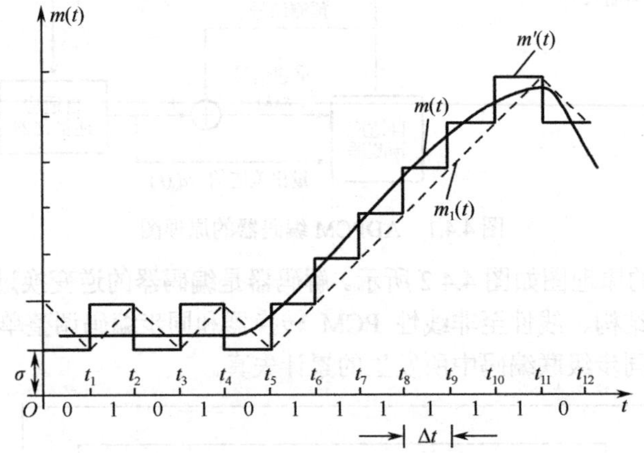

图 4.4.3　增量调制编码波形示意图

阶梯波 $m'(t)$有两个特点：第一，在每个 Δt 间隔内，$m'(t)$的幅度不变；第二，相邻间隔的幅度差不是$+\sigma$（上升一个量化台阶）就是$-\sigma$（下降一个量化台阶）。利用这两个特点，用“1”码和“0”码分别代表 $m'(t)$上升或下降一个量化台阶 σ，则 $m'(t)$就被一个二进制序列表征（见图 4.4.3 横轴下面的序列）。于是，该序列也相当于表征了模拟信号 $m(t)$，实现了 A/D 转换。除用阶梯波 $m'(t)$近似 $m(t)$外，还可用另一种形式——图 4.4.3 中虚线所示的斜变波 $m_1(t)$来近似 $m(t)$。斜变波 $m_1(t)$也只有两种变化：按斜率 $\sigma/\Delta t$ 上升一个量化台阶和按斜率$-\sigma/\Delta t$ 下降一个量化台阶。用“1”码表示正斜率，用“0”码表示负斜率，同样可以获得二进制序列。由于斜变波 $m_1(t)$在电路上更容易实现，实际中常采用它来近似 $m(t)$。

在接收端译码时，若收到“1”码，则在 Δt 时间内按斜率 $\delta/\Delta t$ 上升一个量化台阶 σ，若收到“0”码，则在 Δt 时间内按斜率$-\delta/\Delta t$ 下降一个量化台阶 σ，这样就可以恢复出图 4.4.3 中虚线所示的斜变波。可用一个简单的 RC 积分器来实现，如图 4.4.4 所示。

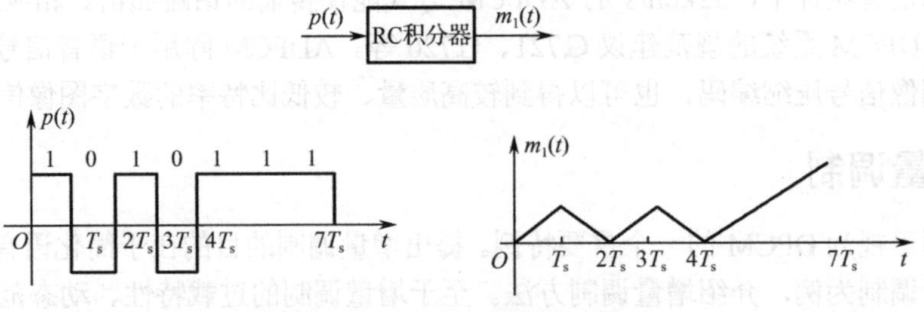

图 4.4.4　RC 积分器译码原理

2．简单 ΔM 系统方框图

根据 ΔM 编、译码的基本思想可以组成一个图 4.4.5 所示的简单 ΔM 系统方框图。发送端编码器是相减器、判决器、本地译码器及脉冲产生器（极性变换电路）组成的一个闭环反馈电路。其中，相减器的作用是取出差值 $e(t)$，使 $e(t)=m(t)-m_1(t)$；判决器的作用是对差值 $e(t)$的极性进行识别和判决，以便在抽样时刻输出编码（增量调制）信号 $c(t)$，即在抽样时刻 t_i 上，若

$$e(t_i)=m(t_i)-m_1(t_i)>0$$

则判决器输出“1”码；若

$$e(t_i)=m(t_i)-m_1(t_i)<0$$

则输出“0”码；积分器和脉冲产生器组成本地译码器，它的作用是根据 $c(t)$形成预测信号 $m_1(t)$，即 $c(t)$为“1”码时，$m_1(t)$上升一个量化台阶 σ，$c(t)$为“0”码时，$m_1(t)$下降一个量化台阶 σ，并送到相减器与 $m(t)$进行幅度比较。

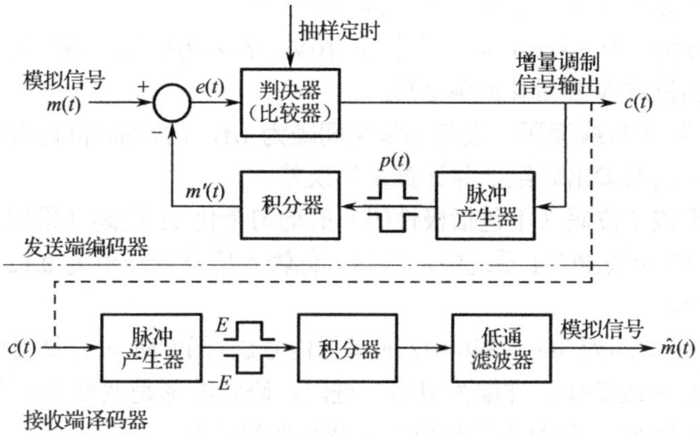

图 4.4.5　简单 ΔM 系统方框图之一

接收端解码电路由接收端译码器和低通滤波器组成。其中，接收端译码器的电路结构和作用与发送端的本地译码器相同，用于由 $c(t)$恢复斜变波 $m_1(t)$；低通滤波器的作用是滤除 $m_1(t)$中的高次谐波，使输出波形平滑，更加逼近原来的模拟信号 $m(t)$。

因为 ΔM 是前后两个抽样值差值的量化编码，所以 ΔM 实际上是最简单的一种 DPCM 方式，预测值仅用前一个抽样值来代替，即当 DPCM 系统的预测器是一个延迟单元，量化电平取为 2 时，该 DPCM 系统就是一个简单 ΔM 系统，如图 4.4.6 所示。用它进行理论分析将更准确、合理。但硬件实现 ΔM 系统时，图 4.4.5 所示的系统要简便得多。

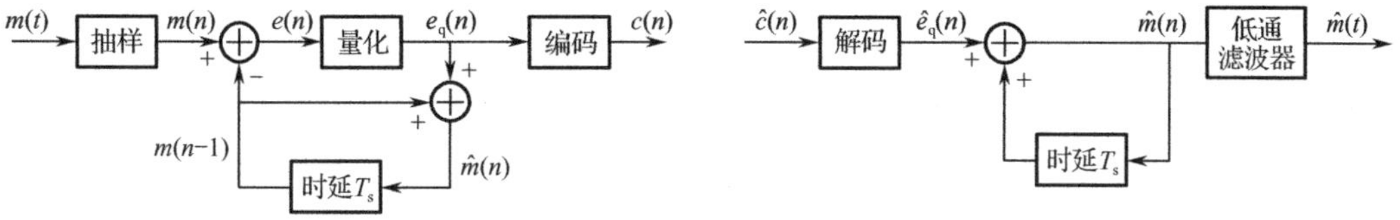

（a）编码器原理　　（b）译码器原理

图 4.4.6　简单 ΔM 系统方框图之二

4.5 习题

4.5.1　已知一低通信号 $m(t)$ 的频谱 $M(f)$ 为

$$M(f)=\begin{cases}1-\dfrac{|f|}{200}, & |f|<200\text{Hz}\\ 0, & \text{其他}\end{cases}$$

（1）假设以 $f_s=300\text{Hz}$ 的抽样速率对 $m(t)$ 进行理想抽样，试画出已抽样信号 $m_s(t)$ 的频谱草图；

（2）若用 $f_s=400\text{Hz}$ 的抽样速率抽样，重做（1）。

4.5.2 对模拟信号 $m(t) = \sin(200\pi t)/(200t)$进行抽样。试问：

（1）无失真恢复所要求的最小抽样速率为多少？

（2）在用最小抽样速率抽样时，1min 有多少个抽样值？

4.5.3 在自然抽样中，模拟信号 $m(t)$和周期性的矩形脉冲串 $c(t)$相乘。已知 $c(t)$的重复频率为 f_s，每个矩形脉冲的宽度为 τ，$f_s\tau<1$。假设时刻 $t = 0$ 对应于矩形脉冲的中心点。试问：

（1）试用 $m(t)$经自然抽样后的频谱，说明 f_s 与 τ 的影响；

（2）自然抽样的无失真抽样条件与恢复 $m(t)$的方法。

4.5.4 设信号 $m(t) = 9 +A\cos(\omega t)$，其中 $A\leqslant 10\text{V}$。若 $m(t)$被均匀量化为 40 个电平，试确定所需的二进制码组的位数 N 和量化间隔 ΔV_i。

4.5.5 采用 A 律 13 折线编码，设最小量化间隔为 1Δ，已知抽样脉冲值为$+635\Delta$。

（1）试求此时编码器输出码组，并计算量化误差；

（2）写出对应于该 7 位码（不包括极性码）的均匀量化 11 位码（采用自然二进码）。

4.5.6 在 A 律 13 折线 PCM 系统中，当归一化输入信号抽样值为 0.12、0.3 与−0.7 时，编码器输出码组是多少？

4.5.7 对 10 路带宽均为 300～3400Hz 的模拟信号进行 PCM 时分复用传输。设抽样速率为 8000Hz，抽样后进行 8 级量化，并编为自然二进码，码元波形是宽度为 τ 的矩形脉冲，且占空比为 1。试求传输此 PCM 时分复用信号所需的奈奎斯特带宽。

4.5.8 一单路语音信号的最高频率为 4kHz，抽样速率为 8kHz，以 PCM 方式传输。设传输信号的波形为矩形脉冲，其宽度为 τ，且占空比为 1。

（1）若抽样后信号按 8 级量化，试求 PCM 二进制基带信号频谱的第一零点频率；

（2）若抽样后信号按 128 级量化，则 PCM 二进制基带信号频谱的第一零点频率又为多少？

4.5.9 已知语音信号的最高频率 f_m=3400Hz，现用 PCM 系统传输，要求信号量化信噪比不低于 30dB。试求此 PCM 系统所需的奈奎斯特带宽。

4.5.10 已知正弦信号的频率为 4kHz，试分别设计线性 PCM 与 ΔM 系统，使量化信噪比都大于 30dB，并比较两系统的比特率。

第 5 章

数字调制与传输

第 3 章讨论了数字基带信号的传输，要求信道应具有低通特性。但实际信道以带通传输为主，因此，需要将数字基带信号对载波进行调制，产生各种适合在带通信道中传输的已调数字信号。数字调制系统的基本结构如图 5.0.1 所示。数字调制与模拟调制的原理是相同的，一般可以采用模拟调制的方法实现数字调制，但是，数字基带信号具有与模拟基带信号不同的特点，其取值是有限的离散状态。这样，可以用载波的某些离散状态来表示数字基带信号的离散状态。采用数字键控的方法来实现数字调制的方法称为键控法。三种基本的数字调制方式分别是振幅键控（ASK）、移频键控（FSK）和移相键控（PSK）。

本章重点论述二进制数字调制系统的基本原理及其抗噪声性能的分析与比较，同时本章将对正交振幅调制（QAM）及正交频分复用（OFDM）等现代数字调制技术的基本原理进行简单介绍和讨论。

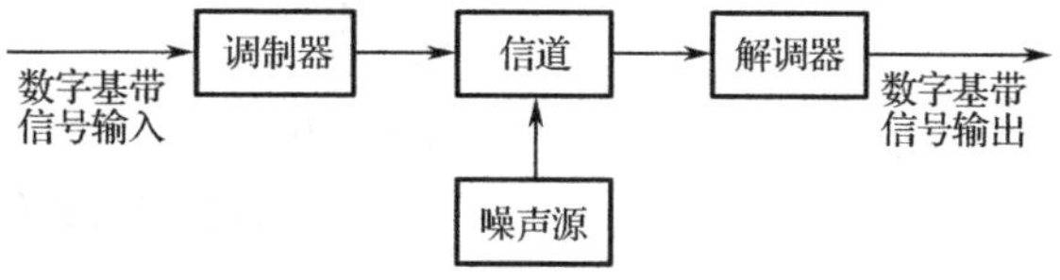

图 5.0.1　数字调制系统的基本结构

5.1　二进制数字调制与解调原理

如果调制信号是二进制数字基带信号，那么这种调制方式称为二进制数字调制。其中，常用的二进制数字调制分别是二进制振幅键控（2ASK）、二进制移频键控（2FSK）和二进制移相键控（2PSK）。

5.1.1　二进制振幅键控

振幅键控是正弦载波的幅度随数字基带信号而变化的数字调制方式。当数字基带信号为二进制时，则这种调制方式为二进制振幅键控。设发送的二进制序列由 0、1 组成，发送符号“0”的概率为 P，发送符号“1”的概率为 $1-P$，且相互独立。该二进制序列可表示为

$$s(t)=\sum_n a_n g(t-nT_s) \tag{5.1.1}$$

其中，

$$a_n=\begin{cases}0，\text{发送概率为}P\\1，\text{发送概率为}1-P\end{cases} \tag{5.1.2}$$

T_s 是二进制数字基带信号的码元间隔，$g(t)$是持续时间为 T_s 的矩形脉冲：

$$g(t)=\begin{cases}1，& 0\leqslant t\leqslant T_s\\0，& \text{其他}\end{cases} \tag{5.1.3}$$

则 2ASK 信号可表示为

$$e_{2ASK}(t)=\sum_n a_n g(t-nT_s)\cos\omega_c t \tag{5.1.4}$$

2ASK 信号的时间波形如图 5.1.1 所示。由此可知，2ASK 信号的时间波形 $e_{2ASK}(t)$随二进制数字基带信号 $s(t)$的通断变化，所以又称通断键控信号（OOK 信号）。

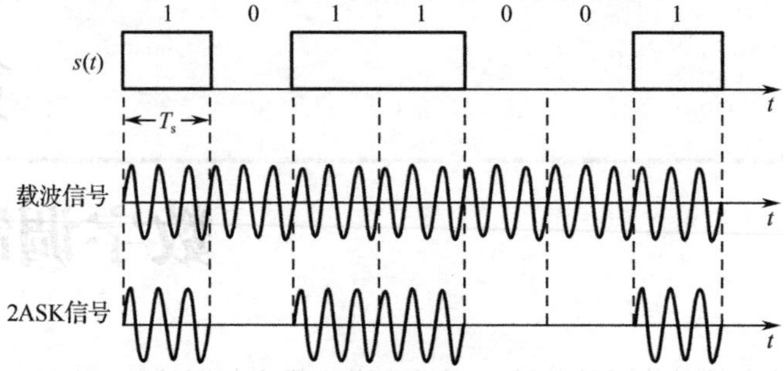

图 5.1.1　2ASK 信号的时间波形

2ASK 信号的产生方法通常有两种，如图 5.1.2 所示。其中，图 5.1.2（a）是采用模拟相乘的方法实现，而图 5.1.2（b）则是采用数字键控的方法实现。

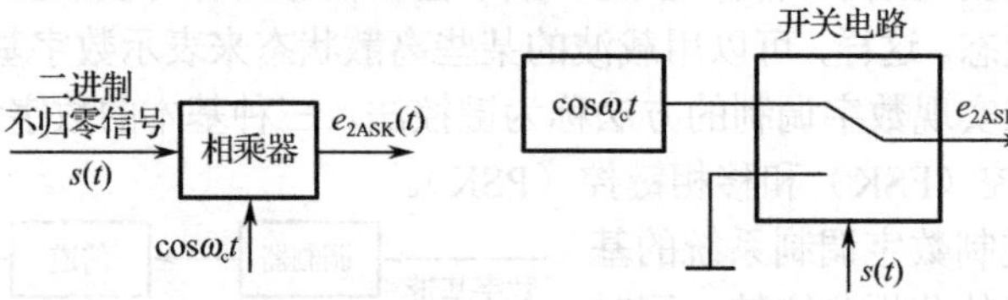

（a）模拟相乘　（b）数字键控

图 5.1.2　2ASK 信号的产生方法

由图 5.1.1 可以看出，2ASK 信号与模拟调制中的 AM 信号类似。所以，对 2ASK 信号的解调也能够采用非相干解调（包络检波法）和相干解调（同步检波法）两种方法，其对应原理如图 5.1.3 所示。2ASK 信号非相干解调过程的时间波形如图 5.1.4 所示。

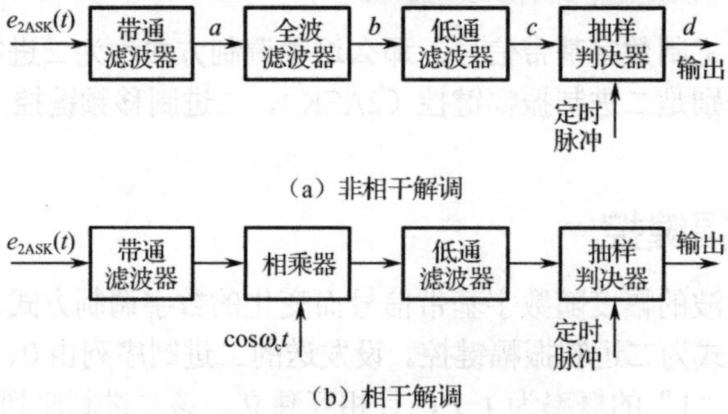

（a）非相干解调

（b）相干解调

图 5.1.3　2ASK 信号的解调原理

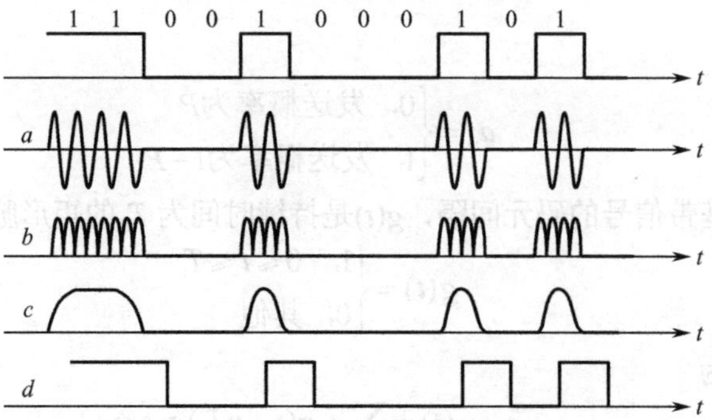

图 5.1.4　2ASK 信号非相干解调过程的时间波形

例 5.1.1　2ASK 是多进制振幅键控（MASK）在 M=2 时的振幅键控调制方式，试编程实现如下要求。

（1）产生 2ASK 信号的波形；

（2）分析 2ASK 信号的功率谱；

（3）仿真 2ASK 信号在高斯白噪声信道中传输时包络解调（匹配滤波器）的误码率，并与理论误码率相比较。

解：下面给出主要的 MATLAB 代码及注释。

```
T=1;                        %符号宽度
A=1;                        %载波振幅
fc=10;                      %载波频率
phi=0;                      %载波相位
constant=10;                %常数
fs=fc*constant;             %抽样速率
ts=1/fs;                    %抽样间隔
num=10000;
a=randint(1, num);
b1=a';
b2=b1*ones(1, T/ts);
b3=b2';
b=reshape(b3, 1, []);       %对信息序列抽样
t= 0 : ts : num*T-ts;
ct=A*cos(2*pi*fc*t);
ask= b .* ct;
ASK=fftshift(fft(ask, length(ask))/(sum(a)*fs));
df= fs/length(ask);
f=[0 : df : (length(ask)-1)*df]-fs/2;
t1=0 : ts : T-ts;
h=cos(2*pi*fc*t1);          %匹配滤波器
r_db= 0 : 15;
Eb=A*A*T/2;
for i = 1 : length(r_db)
  r = 10^(r_db(i)/10);
  n0 = Eb/r;
  delta2 = n0*fs/2;
  n = sqrt(delta2) * randn(1, length(ask));
  recev = ask+n;
  %匹配滤波
  y1 = conv(recev, h)*ts;
  %包络检波
  t2=0 : ts : (length(y1)-1)*ts;
  z= hilbert(y1);                      %求带通信号的解析信号
  z1= z.*exp(-sqrt(-1)*2*pi*fc*t2);
  y= abs(z1);                          %包络检波器输出
  %判决
  Vth= A*T/4;                          %判决门限
  for j = 1 : num
    if y(j*T/ts) >= Vth
      decis(j) = 1;
    else
      decis(j) = 0;
    end
```

```
    end
    %统计误码率
    error=0;
    for j = 1 : num
      if decis(j) ~= a(j)
        error = error+1;
      else
        error = error;
      end
    end
    pe(i) = error/num;
    peth(i) = 0.5*exp(-r/4);
  end
```

本题的 MATLAB 仿真结果如图 5.1.5 所示。

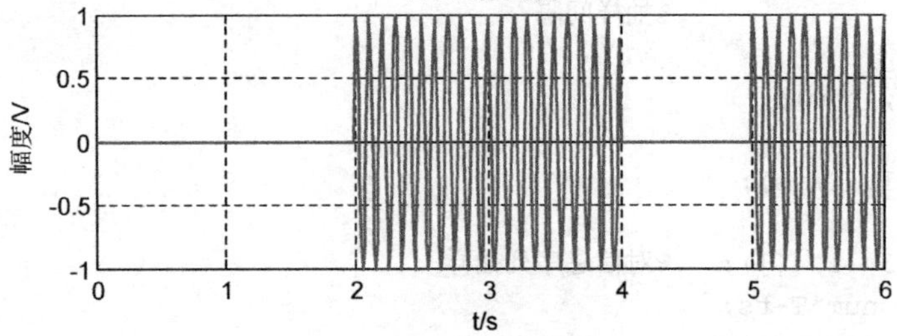

（a）2ASK信号波形

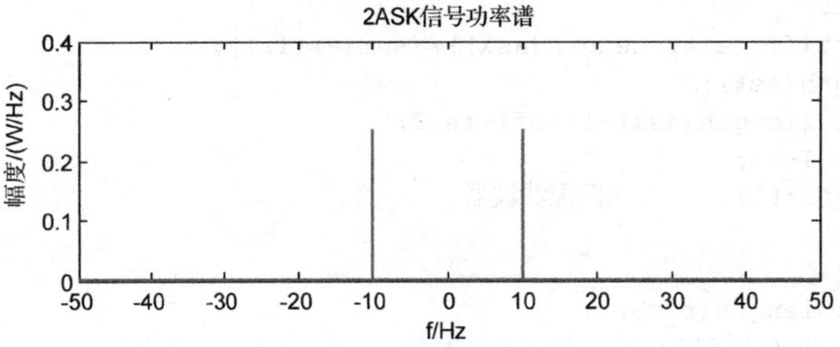

（b）2ASK信号功率谱

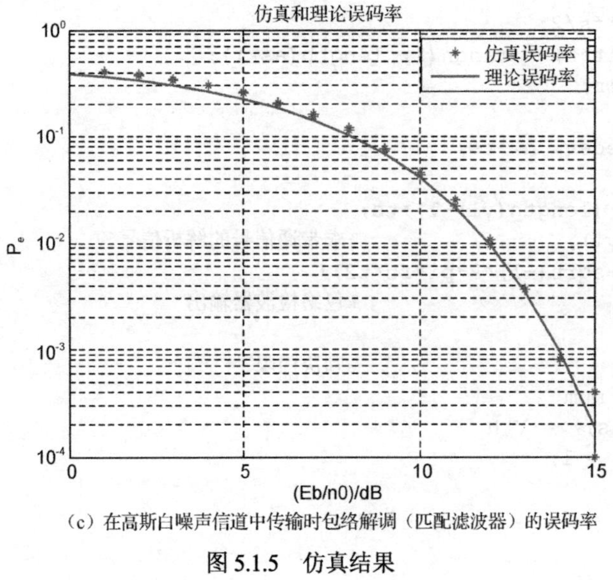

（c）在高斯白噪声信道中传输时包络解调（匹配滤波器）的误码率

图 5.1.5　仿真结果

5.1.2 二进制移频键控

在二进制数字调制中，若正弦载波的频率随二进制数字基带信号在 f_1 和 f_2 两个频率点间变化，则产生 2FSK 信号。2FSK 信号的时间波形如图 5.1.6 所示，图中波形 g 可分解为波形 e 和波形 f，即 2FSK 信号可以看成是两个不同载波的 2ASK 信号的叠加。若二进制数字基带信号的符号“1”对应于载波频率 f_1，符号“0”对应于载波频率 f_2，则 2FSK 信号的时域表达式为

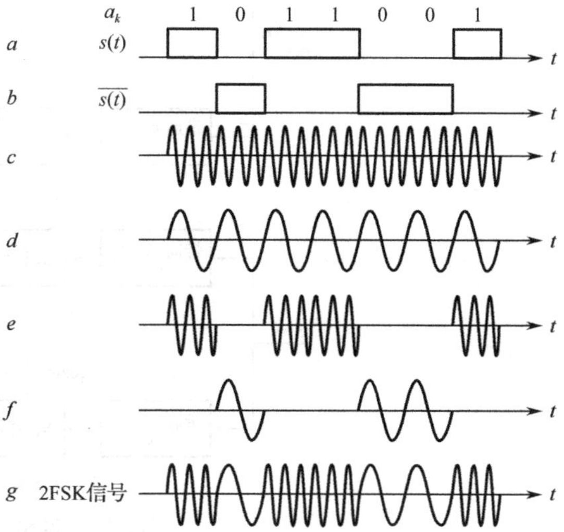

图 5.1.6 2FSK 信号的时间波形

$$e_{\text{2FSK}}(t)=\left[\sum_n a_n g(t-nT_s)\right]\cos(\omega_1 t+\varphi_n)+\left[\sum_n b_n g(t-nT_s)\right]\cos(\omega_2 t+\theta_n) \tag{5.1.5}$$

其中，

$$a_n=\begin{cases}0, & \text{发送概率为}P\\ 1, & \text{发送概率为}1-P\end{cases} \tag{5.1.6}$$

$$b_n=\begin{cases}0, & \text{发送概率为}1-P\\ 1, & \text{发送概率为}P\end{cases} \tag{5.1.7}$$

由图 5.1.6 可看出，b_n 是 a_n 的反码，即若 $a_n=1$，则 $b_n=0$；若 $a_n=0$，则 $b_n=1$，于是 $b_n=a_n$。φ_n 和 θ_n 分别代表第 n 个码元的初始相位。在 2FSK 信号中，φ_n 和 θ_n 不携带信息，通常可令 φ_n 和 θ_n 为零。因此，2FSK 信号的时域表达式可简化为

$$e_{\text{2FSK}}(t)=\left[\sum_n a_n g(t-nT_s)\right]\cos\omega_1 t+\left[\sum_n a_n g(t-nT_s)\right]\cos\omega_2 t$$

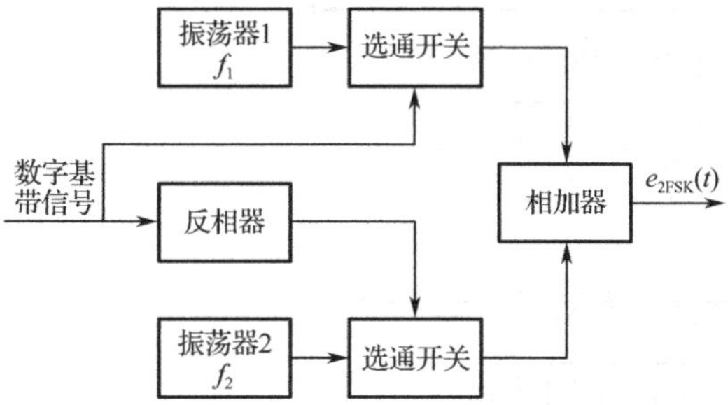

图 5.1.7 数字键控法产生 2FSK 信号的原理图

2FSK 信号的产生，可以采用模拟调频电路来实现，也可以采用数字键控法来实现。图 5.1.7 是数字键控法产生 2FSK 信号的原理图，图中两个振荡器的输出载波受输入的二进制数字基带信号控制，在一个 T_s 期间输出 f_1 或 f_2 两个载波之一。2FSK 信号的解调方法很多，有模拟鉴频法和数字检测法，有非相干解调方法也有相干解调方法。采用非相干解调和相干解调两种方法的原理图如图 5.1.8 所示，其解调原理是将 2FSK 信号分解为上下两路 2ASK 信号，分别进行解调，通过对上下两路的抽样值进行比较最终判决出输出信号。2FSK 非相干解调过程的时间波形如图 5.1.9 所示。

过零检测法是数字检测法中最简单的一种方法。过零检测法解调器的原理图和各点时间波形如图 5.1.10 所示，其基本原理是，2FSK 信号的过零点数随载波频率（简称载频）的不同而不同，通过检测过零点数从而得到频率的变化。在图 5.1.10 中，输入信号经限幅后产生矩形波，经微分、整流、波形整形，形成与频率变化相关的矩形脉冲波，经低通滤波器滤除高次谐波，

便恢复出与原数字信号对应的数字基带信号。

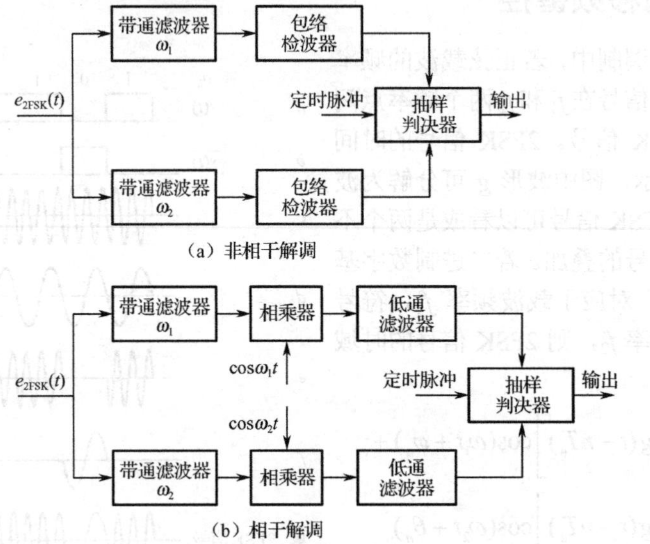

图 5.1.8　2FSK 信号解调原理图

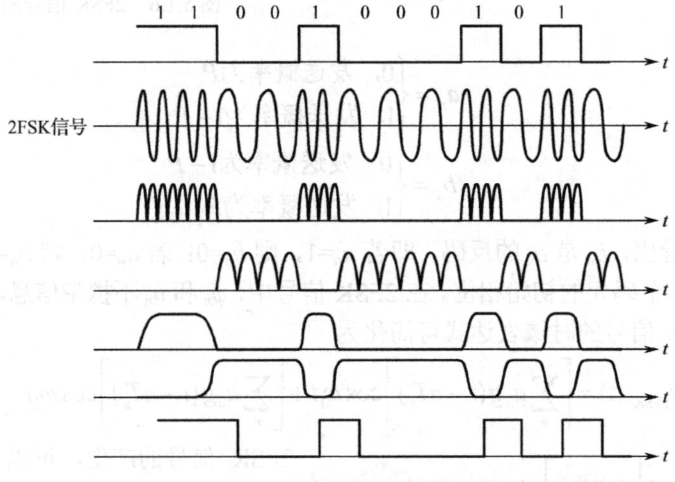

图 5.1.9　2FSK 非相干解调过程的时间波形

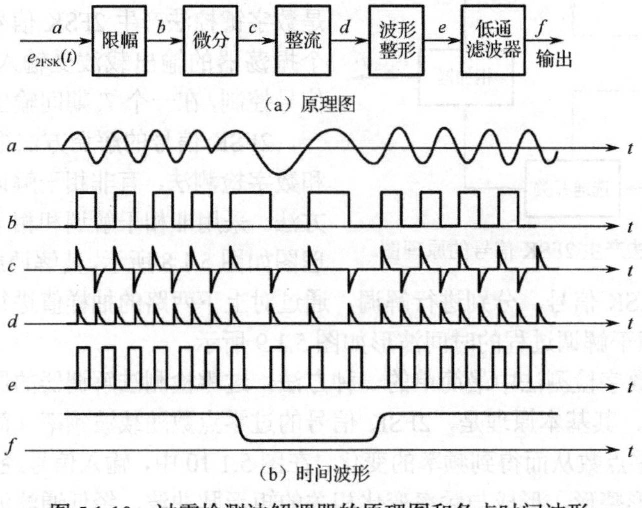

图 5.1.10　过零检测法解调器的原理图和各点时间波形

例 5.1.2　2FSK 是 MFSK 在 M=2 时的移频键控调制方式，试编程实现如下要求。

（1）产生 2FSK 信号的波形；

（2）分析 2FSK 信号的功率谱；

（3）仿真 2FSK 信号在高斯白噪声信道中传输时包络解调（匹配滤波器）的误码率，并与理论误码率相比较。

解： 下面给出主要的 MATLAB 代码及注释。

```
Tb=1;                      %符号宽度
A=1;                       %载波振幅
f1=10;                     %载波频率
f2=f1+1/Tb;
phi=0;                     %载波相位
constant=10;               %常数
fs=f2*constant;            %抽样速率
ts=1/fs;                   %抽样间隔
N=Tb/ts;                   %一个码元中的抽样次数
num=10000;
a=randint(1, num);
%产生 2FSK 信号
t=0 : ts : num*Tb-ts;
fsk= [];
for n = 1 : length(a)
  if (a(n)==0)
    fsk = [fsk cos(2*pi*f1*t((n-1)*N+1:n*N))];
  else
    fsk = [fsk cos(2*pi*f2*t((n-1)*N+1:n*N))];
  end
end

%求 2FSK 信号的功率谱
FSK=fftshift(fft(fsk, length(fsk))/(sum(a)*fs));
df=fs/length(fsk);
f=[0 : df : (length(fsk)-1)*df]-fs/2;

%2FSK 解调
%匹配滤波器冲激响应
t1=0 : ts : Tb-ts;
h1=cos(2*pi*f1*t1);                %f1 频率信号的匹配滤波器
h2=cos(2*pi*f2*t1);                %f2 频率信号的匹配滤波器
%仿真 2FSK 误码率
r_db1 = 0 : 15;
Eb=A*A*Tb/2;
for i = 1 : length(r_db1)
  r = 10^(r_db1(i)/10);
  n0=Eb/r;
  delta2=n0*fs/2;
  n=sqrt(delta2)*randn(1, length(fsk));
  recev=fsk+n;
```

```
    %匹配滤波
    y1=conv(recev, h1)*ts;                  %匹配滤波
    y2=conv(recev, h2)*ts;                  %匹配滤波
    %包络检波
    t2=0 : ts : (length(y1)-1)*ts;
    zc=hilbert(y1);                         %求带通信号的解析信号
    zc1=zc .* exp(-sqrt(-1)*2*pi*f1*t2);
    yc=abs(zc1);                            %包络检波器输出
    zs=hilbert(y2);                         %求带通信号的解析信号
    zs1=zs .* exp(-sqrt(-1)*2*pi*f2*t2);
    ys=abs(zs1);                            %包络检波器输出
    %判决
    for j = 1 : num
      if (yc(j*Tb/ts)>=ys(j*Tb/ts))
        decis(j)=0;
      else
        decis(j)=1;
      end
    end
    %统计误码率
    error=0;
    for j = 1 : num
      if decis(j) ~= a(j)
        error = error+1;
      else
        error = error;
      end
    end
    pb(i) = error/num;
end

%计算理论误码率
r_db2=0 : 0.1 : 15;
for i = 1 : length(r_db2)
  r = 10^(r_db2(i)/10)
  pb_theo(i)=0.5*exp(-r/2);
end
```

本题的 MATLAB 仿真结果如图 5.1.11 所示。

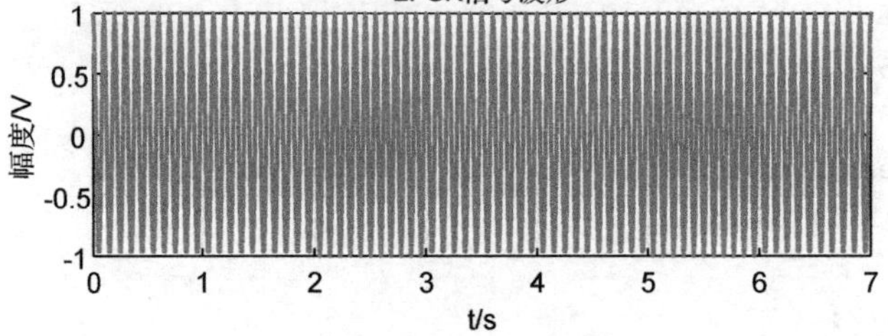

（a）2FSK信号波形

图 5.1.11　仿真结果

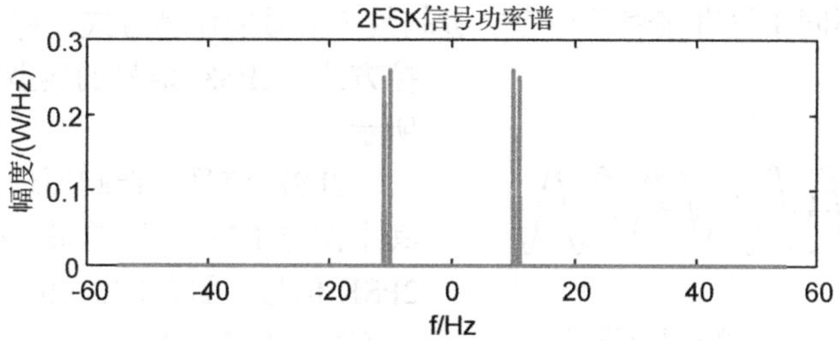

（b）2FSK信号功率谱

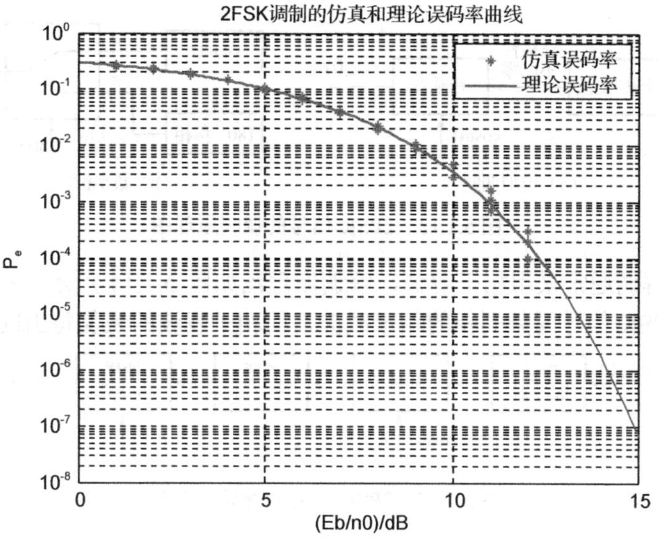

（c）在高斯白噪声信道中传输时包络解调（匹配滤波器）的误码率

图 5.1.11　仿真结果（续）

5.1.3　二进制移相键控

在二进制数字调制中，当正弦载波的相位随二进制数字基带信号离散变化时，则产生二进制移相键控（2PSK）信号。通常用已调信号载波的 0°和 180°分别表示二进制数字基带信号的“1”和“0”。2PSK 信号的时域表达式为

$$e_{2\text{PSK}}(t)=\left[\sum_{n} a_n g(t-nT_s)\right]\cos\omega_c t \tag{5.1.8}$$

其中，a_n 与 2ASK 和 2FSK 时的不同，在 2PSK 调制中，a_n 应选择双极性，即

$$a_n=\begin{cases}1,\ \text{发送概率为}P\\ -1,\ \text{发送概率为}1-P\end{cases} \tag{5.1.9}$$

若 $g(t)$是脉冲宽度为 T_s，高度为 1 的矩形脉冲时，则有

$$e_{2\text{PSK}}(t)=\begin{cases}\cos\omega_c t,\ \text{发送概率为}P\\ -\cos\omega_c t,\ \text{发送概率为}1-P\end{cases} \tag{5.1.10}$$

由式（5.1.10）可看出，当发送二进制符号“1”时，已调信号 $e_{2\text{PSK}}(t)$取 0°相位，当发送二进制符号“0”时，$e_{2\text{PSK}}(t)$取 180°相位。若用 φ_n 表示第 n 个符号的绝对相位，则有

$$\varphi_n(t)=\begin{cases}0°,\ \text{发送符号“1”}\\ 180°,\ \text{发送符号“0”}\end{cases} \tag{5.1.11}$$

这种以载波的不同相位直接表示相应二进制数字信号的调制方式，称为二进制绝对移相键控方式。2PSK 信号的典型时间波形如图 5.1.12 所示。

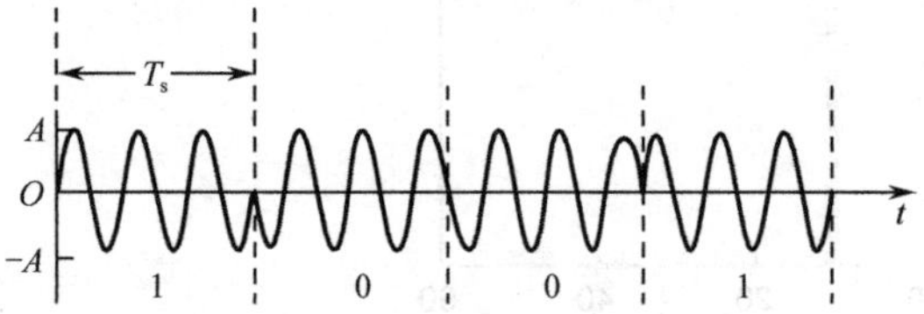

图 5.1.12　2PSK 信号的典型时间波形

2PSK 信号的调制原理图如图 5.1.13 所示，其中图 5.1.13（a）是采用模拟调制的方法产生 2PSK 信号，图 5.1.13（b）是采用数字键控的方法产生 2PSK 信号。

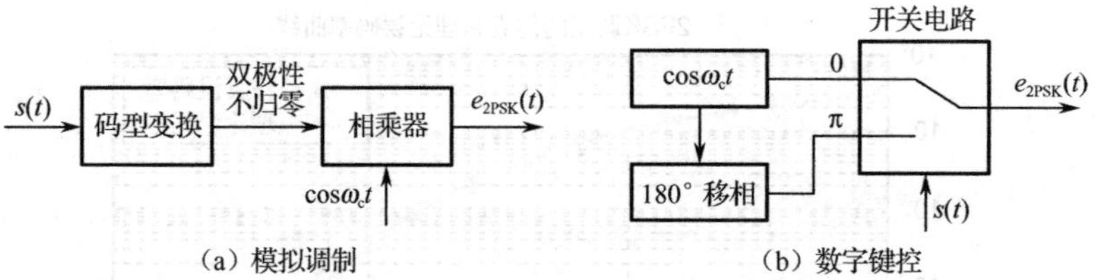

图 5.1.13　2PSK 信号的调制原理图

2PSK 信号的解调通常采用相干解调，解调原理图如图 5.1.14 所示。在相干解调过程中需要用到与接收的 2PSK 信号同频同相的相干载波，而相干载波的恢复将由同步技术实现。

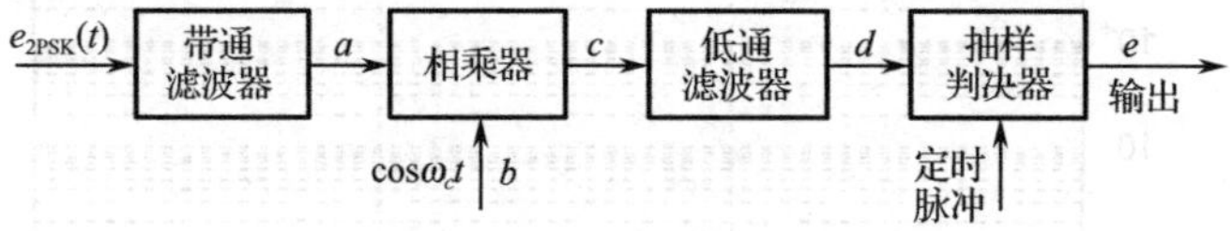

图 5.1.14　2PSK 信号的解调原理图

2PSK 信号相干解调各点的时间波形如图 5.1.15 所示。当恢复的相干载波产生 180°倒相时，解调出的数字基带信号将与发送的数字基带信号正好相反，解调器输出数字基带信号全部出错。这种反向现象通常称为“倒 π”现象。由于在 2PSK 信号的载波恢复过程中存在着 180°相位模糊，所以 2PSK 信号的相干解调存在随机的“倒 π”现象，从而使得 2PSK 调制方式在实际中很少采用。

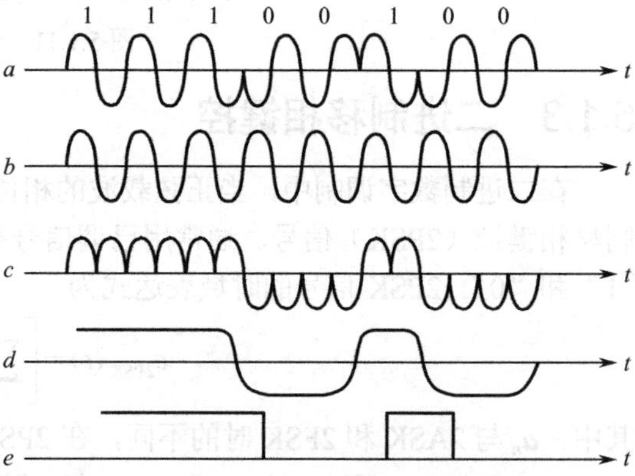

图 5.1.15　2PSK 信号相干解调各点的时间波形

例 5.1.3　利用 MATLAB 编程仿真 MPSK 调制系统，要求：（1）画出 5 个码元内的 4PSK（QPSK）信号波形；（2）完成 QPSK 系统误比特率的 Monte Carlo 的仿真。

解：下面给出主要的 MATLAB 代码及注释。

```
%产生二进制序列 a，长度为 no_seq
no_seq=100000;
Rb=100;                              %比特率
Tb=1/Rb;
Ts=2*Tb;
fc=2*Rb;                             %载波频率
A=1;
constant=10;                         %抽样常数
```

```
fs=constant*fc;                    %以 constant 倍的载波频率抽样
ts=1/fs;                           %抽样间隔
N=Tb/ts;                           %一个比特内的样点数
a=randint(1,no_seq);               %产生长度为 no_seq 的二进制序列
%a=randint(1,no_seq);              %产生长度为 no_seq 的二进制序列
No_sample=length(a)*N;             %样点总数
%内插及显示原码序列
a1=a(:);
a2=a1*ones(1, N);
a3=a2';
a4=reshape(a3, 1, []);
t=[0 : No_sample-1]*ts;

%产生 pi/4 型相位配置的 QPSK 信号
mapping=[5*pi/4 3*pi/4 7*pi/4 pi/4];
qpsk = [];
for k = 1 : 2 : no_seq
  index = 0;
  for j = k : k+1
    index = 2*index+a(j);
  end
  index = index+1;
  theta = mapping(index);
  qpsk = [qpsk, A*cos(2*pi*fc*t((k-1)*N+1 :(k+1)*N)+theta)];
end

%求 4PSK 信号的频谱
df=fs/2000;                               %频域分辨率，2000 点 FFT
f=[0 : df : df*(2000-1)]-fs/2;            %设置频率轴
QPSK=fft(qpsk, 2000) /fs;

%QPSK 经过有噪声信道，解调，误码率统计
Eb=(1/2)*(A^2)*Tb;                        %接收信号的比特能量
snr_in_db1 = 0 : 10;                      %仿真 Eb/n0 范围，以 dB 为单位
for k = 1 : length(snr_in_db1)
%引入噪声后的接收 QPSK 信号
  snr = 10^(snr_in_db1(k)/10);
  n0 = Eb/snr;
  delta = sqrt(n0*(fs/2));
  noise = delta*randn(1, No_sample);
  rqpsk = qpsk+noise;
%QPSK 信号解调
%同相支路与 cos(2*pi*fc*t)，正交支路与-sin(2*pi*fc*t)相乘
Xc1 = rqpsk .* cos(2*pi*fc*t);
Xs1 = rqpsk .* (-sin(2*pi*fc*t));
%同相支路和正交支路各在一个码元间隔内积分，得到 Xc 和 Xs
Xc2 = reshape(Xc1, Ts/ts, []);            %按一个码元间隔内的点数排序
Xc = sum(Xc2)*ts;
Xs2 = reshape(Xs1, Ts/ts, []);            %按一个码元间隔内的点数排序
Xs = sum(Xs2)*ts;
%判决
```

```
decis = [];
for m = 1 : no_seq/2
  theta = mod(angle(Xc(m)+i*Xs(m)), 2*pi);
  if(theta>3*pi/2)
    decis = [decis 1 0];
  elseif(theta<pi/2)
    decis = [decis 1 1];
  elseif(theta<pi)
    decis = [decis 0 1];
  else
    decis = [decis 0 0];
  end
end
%误比特率统计
biterror = 0;
for n = 1 : no_seq
  if (a(n) ~= decis(n))
    biterror = biterror+1;
  end
end
%计算误比特率
pb(k) = biterror/no_seq;
end
%根据公式计算理论误比特率
snr_in_db2 = 0 : 0.1 : 10;                %计算理论曲线信噪比取值，以 dB 为单位
for i = 1 : length(snr_in_db2)
  snr = 10^(snr_in_db2(i)/10);
  theo_pb(i) = (1/2)*erfc(sqrt(snr));
end
```

图 5.1.16 给出了 MATLAB 的仿真结果。

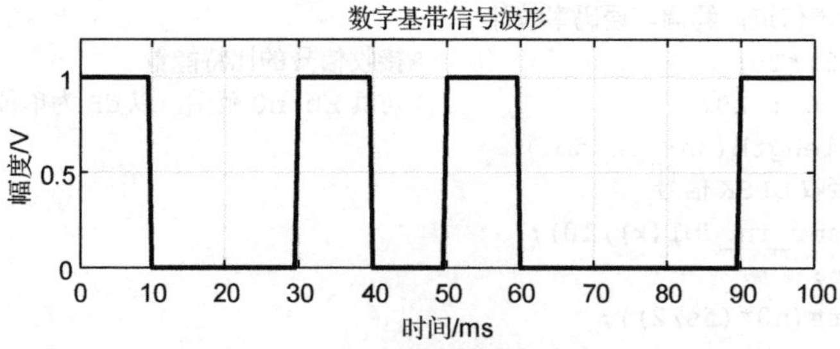

（a）原始数字基带信号波形

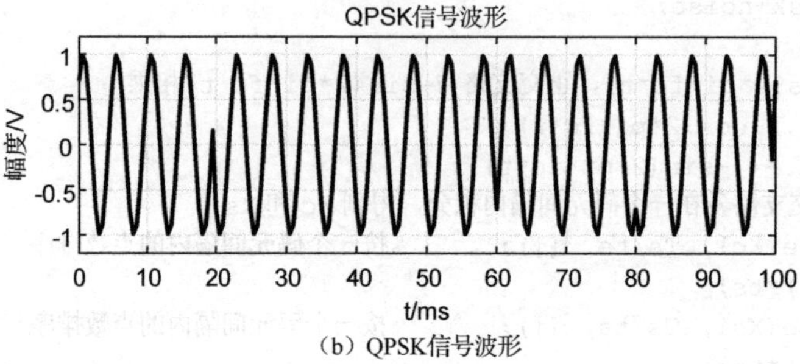

（b）QPSK信号波形

图 5.1.16　QPSK 信号的仿真结果

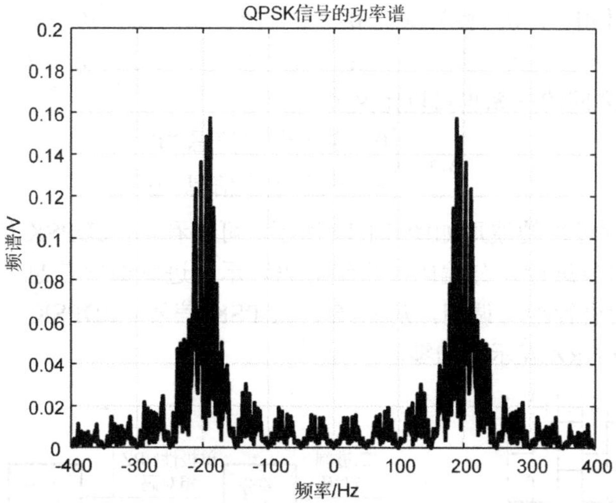

（c）QPSK信号的功率谱

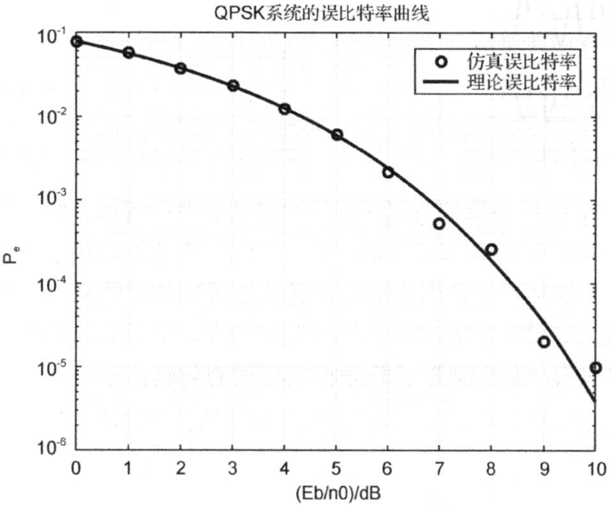

（d）QPSK系统的误比特率曲线

图 5.1.16　QPSK 信号的仿真结果（续）

5.1.4　二进制差分相位键控

在 2PSK 信号中，信号相位的变化是以未调正弦载波的相位为参考的，并用载波相位的绝对数值表示数字信息，所以称为绝对移相。由图 5.1.15 所示 2PSK 信号的解调波形可以看出，由于在相干载波恢复中载波相位的 180°相位模糊，因此解调出的二进制数字基带信号出现反向现象，难以实际应用。为了解决 2PSK 信号解调过程中的反向工作问题，提出了二进制差分相位键控（2DPSK）。

2DPSK 调制方式是用前后相邻码元的载波相对相位变化来表示数字信息的。假设前后相邻码元的载波相位差为 $\Delta\varphi$，可定义一种数字信息与 $\Delta\varphi$ 之间的关系为

$$\Delta\varphi=\begin{cases}0, & \text{表示数字信息“0”}\\ \pi, & \text{表示数字信息“1”}\end{cases}$$

则一组二进制数字信息与其对应的 2DPSK 信号的载波相位关系如下。

二进制数字信息：　1　1　0　1　0　0　1　1　1　0

2DPSK 信号相位：0（参）π　0　0　π　π　π　0　π　0　0

或　　　　　　π（参）0　π　π　0　0　0　π　0　π　π

数字信息与 $\Delta\varphi$ 之间的关系也可以定义为

$$\Delta\varphi=\begin{cases}0，表示数字信息“1”\\ \pi，表示数字信息“0”\end{cases}$$

2DPSK 信号调制过程的波形如图 5.1.17 所示。可以看出，2DPSK 信号的实现方法：首先对二进制数字基带信号进行差分编码，将绝对码表示二进制数字信息变换为用相对码表示二进制数字信息，然后进行绝对调相，从而产生 2DPSK 信号。2DPSK 信号的调制器原理图如图 5.1.18 所示，图中 NRZ 表示不归零。

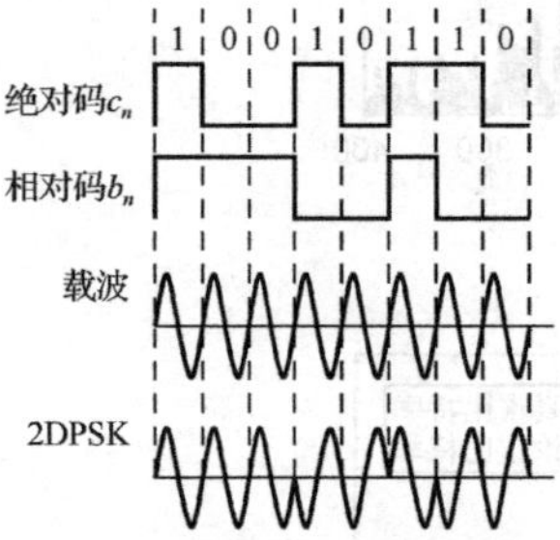

图 5.1.17　2DPSK 信号调制过程的波形

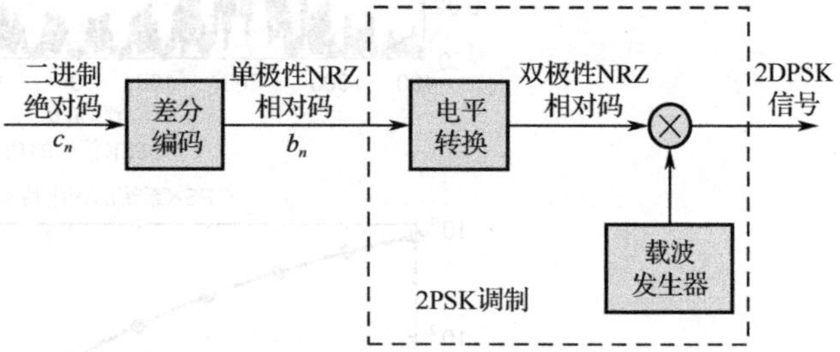

图 5.1.18　2DPSK 信号的调制器原理图

2DPSK 信号可以采用相干解调方式（极性比较法）进行解调，解调器原理图和解调过程各点时间波形如图 5.1.19 所示，其解调原理：对 2DPSK 信号进行相干解调，恢复出相对码，再通过码反变换器变换为绝对码，从而恢复出发送的二进制数字信息。在解调过程中，若相干载波产生 180°相位模糊，解调出的相对码将产生反向现象，但是经过码反变换器后，输出的绝对码不会发生任何反向现象，从而解决了载波相位模糊的问题。

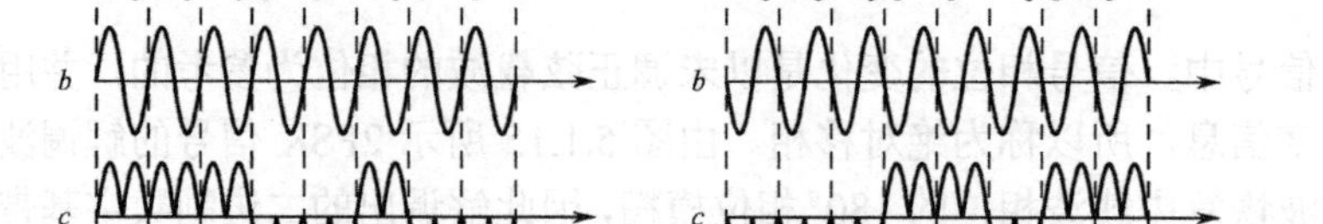

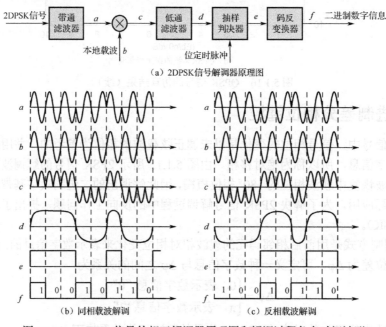

（a）2DPSK信号解调器原理图

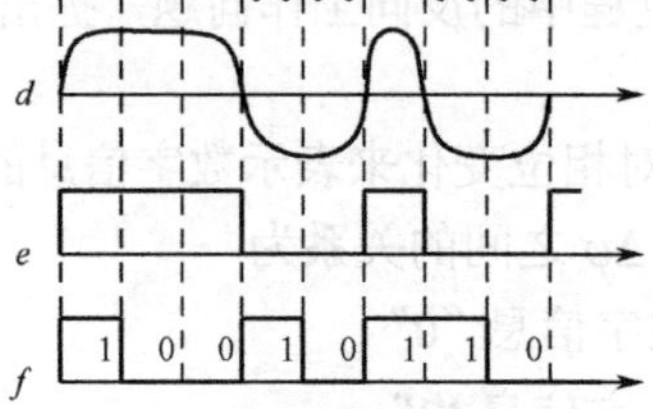

（b）同相载波解调

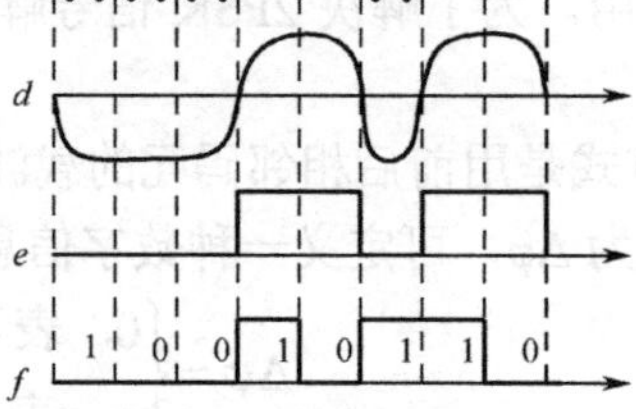

（c）反相载波解调

图 5.1.19　2DPSK 信号的相干解调器原理图和解调过程各点时间波形

2DPSK 信号也可以采用差分相干解调方式（相位比较法）进行解调，解调器原理图和解调过程各点时间波形如图 5.1.20 所示，其解调原理是直接比较前后码元的相位差，从而恢复发送的二进制数字信息。由于解调的同时完成了码反变换，故解调器中不需要码反变换器。由于差分相干解调方式不需要专门的相干载波，因此它是一种非相干解调方法。

2DPSK 系统是一种实用的数字调相系统，但其抗加性高斯白噪声性能比 2PSK 系统的要差。

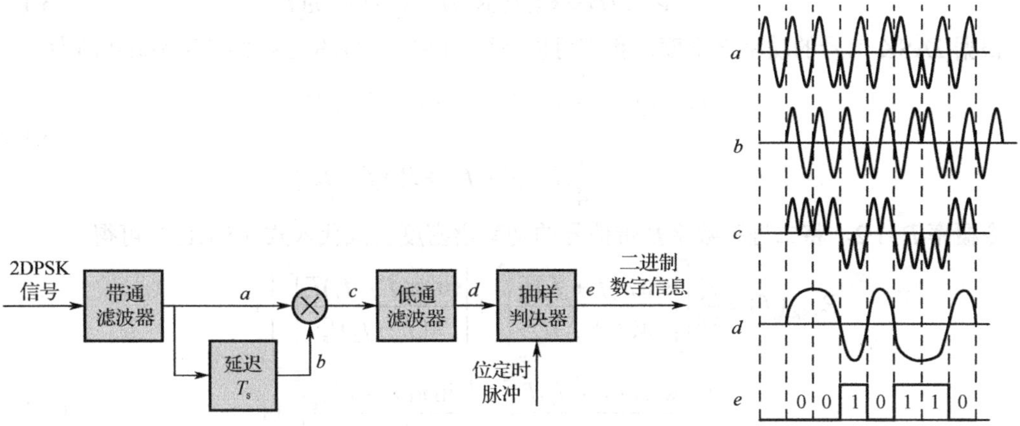

（a）差分相干解调器　　（b）各点时间波形

图 5.1.20　2DPSK 信号差分相干解调器原理图和解调过程各点时间波形

5.1.5　二进制数字调制信号的功率谱密度

1．2ASK 信号的功率谱密度

由式（5.1.4）可知，2ASK 信号的表达式与双边带调幅信号的时域表达式类似。若二进制数字基带信号 $s(t)$的功率谱密度 $P_s(f)$为

$$\begin{aligned} P_s(f) &= f_s P(1-P)|G(f)|^2 + \sum_{m=-\infty}^{\infty} |f_s(1-P)G(mf_s)|^2 \delta(f - mf_s) \\ &= \frac{T_s}{4}\mathrm{Sa}^2(\pi f T_s) + \frac{1}{4}\delta(f)\left(设P = \frac{1}{2}\right) \end{aligned} \tag{5.1.12}$$

则 2ASK 信号的功率谱密度 $P_{2ASK}(f)$为

$$\begin{aligned} P_{2ASK}(f) &= \frac{T_s}{16}\left[\left|\frac{\sin\pi(f+f_c)T_s}{\pi(f_c+f)T_s}\right|^2 + \left|\frac{\sin\pi(f-f_c)T_s}{\pi(f-f_c)T_s}\right|^2\right] \\ &\quad + \frac{1}{16}[\delta(f+f_c) + \delta(f-f_c)] \end{aligned} \tag{5.1.13}$$

2ASK 信号的功率谱密度示意图如图 5.1.21 所示，其由离散谱和连续谱两部分组成。离散谱由载波分量确定，连续谱由数字基带信号波形 $g(t)$确定，2ASK 信号的带宽 B_{2ASK} 是数字基带信号波形带宽的两倍，即 $B_{2ASK}=2B$。

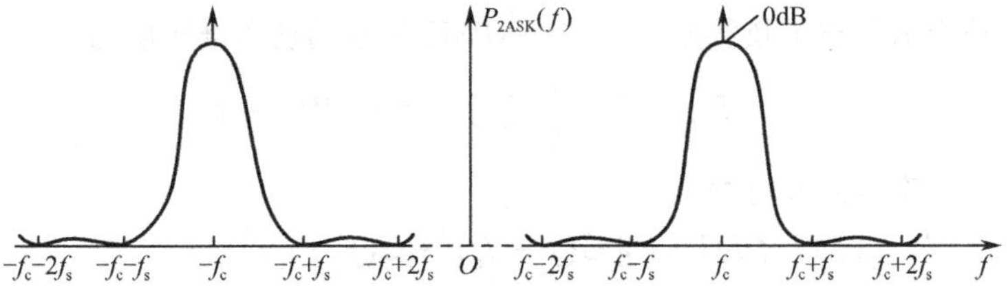

图 5.1.21　2ASK 信号的功率谱密度示意图

2. 2FSK 信号的功率谱密度

相位不连续的 2FSK 信号，可以看成由两个不同载波的 2ASK 信号的叠加，其中一个频率为 f_1，另一个频率为 f_2。因此，相位不连续的 2FSK 信号的功率谱密度可以近似表示成两个不同载波的 2ASK 信号功率谱密度的叠加。相位不连续的 2FSK 信号的时域表达式为

$$e_{2\text{FSK}}(t) = s_1(t)\cos\omega_1 t + s_2(t)\cos\omega_2 t \tag{5.1.14}$$

根据 2ASK 信号的功率谱密度，我们可以得到 2FSK 信号的功率谱密度 $P_{2\text{FSK}}(f)$ 为

$$\begin{aligned} P_{2\text{FSK}}(f) = &\frac{1}{4}[P_{s_1}(f+f_1) + P_{s_1}(f-f_1)] + \\ &\frac{1}{4}[P_{s_2}(f+f_2) + P_{s_2}(f-f_2)] \end{aligned} \tag{5.1.15}$$

令概率 P=1/2，将二进制数字基带信号的功率谱密度公式代入式（5.1.15）可得

$$\begin{aligned} P_{2\text{FSK}}(f) = &\frac{T_\text{s}}{16}\left[\left|\frac{\sin\pi(f+f_1)T_\text{s}}{\pi(f+f_1)T_\text{s}}\right|^2 + \left|\frac{\sin\pi(f-f_2)T_\text{s}}{\pi(f-f_2)T_\text{s}}\right|^2\right] + \\ &\frac{T_s}{16}\left[\left|\frac{\sin\pi(f+f_1)T_\text{s}}{\pi(f+f_2)T_\text{s}}\right|^2 + \left|\frac{\sin\pi(f-f_1)T_\text{s}}{\pi(f-f_2)T_\text{s}}\right|^2\right] + \\ &\frac{1}{16}[\delta(f+f_1) + \delta(f-f_1) + \delta(f+f_2) + \delta(f-f_2)] \end{aligned} \tag{5.1.16}$$

由式（5.1.16）可得，相位不连续的 2FSK 信号的功率谱由离散谱和连续谱组成，如图 5.1.22 所示。其中，离散谱位于两个载频 f_1 和 f_2 处；连续谱由两个中心位于 f_1 和 f_2 处的双边谱叠加形成；若两个载波频差小于 f_s，则连续谱在 f_c 处出现单峰；若载频差大于 f_s，则连续谱出现双峰。若以 2FSK 信号功率谱第一个零点之间的频率间隔计算 2FSK 信号的带宽，则该 2FSK 信号的带宽 $B_{2\text{FSK}}$ 为

$$B_{2\text{FSK}} = |f_2 - f_1| + 2f_\text{s} \tag{5.1.17}$$

其中，$f_\text{s}=1/T_\text{s}=R_\text{B}$。

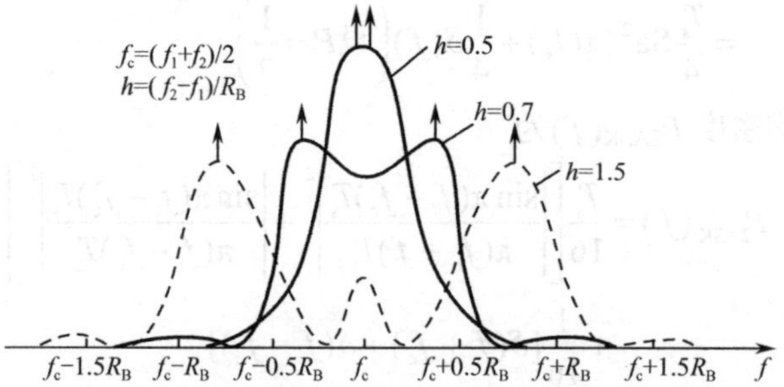

图 5.1.22 相位不连续的 2FSK 信号的功率谱密度示意图

3. 2PSK 及 2DPSK 信号的功率谱密度

2PSK 与 2DPSK 信号有相同的功率谱。由式（5.1.8）可知，2PSK 信号可表示为双极性不归零二进制数字基带信号与正弦载波相乘，则 2PSK 信号的功率谱密度为

$$P_{2\text{PSK}}(f) = \frac{1}{4}[P_s(f+f_\text{c}) + P_s(f-f_\text{c})] \tag{5.1.18}$$

代入数字基带信号功率谱密度可得

$$\begin{aligned} P_{2\text{PSK}}(f) = &f_\text{s}P(1-P)[|G(f+f_\text{c})|^2 + |G(f-f_\text{c})|^2] + \\ &\frac{1}{4}f_\text{s}^2(1-2P)^2|G(0)|^2[\delta(f+f_\text{c}) + \delta(f-f_\text{c})] \end{aligned} \tag{5.1.19}$$

若二进制数字基带信号采用矩形脉冲，且符号“1”和符号“0”出现的概率相等，即当 P=1/2 时，2PSK 信号的功率谱密度可简化为

$$P_{2PSK}(f)=\frac{T_s}{4}\left[\left|\frac{\sin\pi(f+f_c)T_s}{\pi(f+f_c)T_s}\right|^2+\left|\frac{\sin\pi(f-f_c)T_s}{\pi(f-f_c)T_s}\right|^2\right] \tag{5.1.20}$$

由式（5.1.19）和式（5.1.20）可以看出，一般情况下 2PSK 信号的功率谱由离散谱和连续谱组成，其结构与 2ASK 信号的功率谱类似，带宽也是数字基带信号带宽的两倍。当二进制数字基带信号的符号“1”和符号“0”出现的概率相等时，不存在离散谱。2PSK 信号的功率谱密度示意图如图 5.1.23 所示。

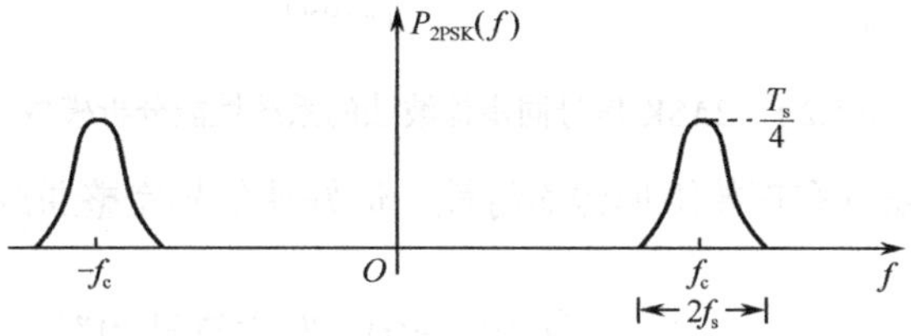

图 5.1.23　2PSK 信号的功率谱密度示意图

5.2　二进制数字调制系统的抗噪声性能

5.1 节讨论了二进制数字调制系统的工作原理，给出了各种调制信号的产生和相应解调的方法。本节将对上述调制系统的抗噪声性能进行分析。通常，通信系统的抗噪声性能指的是系统克服加性噪声影响的能力。在数字通信系统中，衡量系统抗噪声性能的重要指标是误码率，因此，我们只需要分析在信道等效为加性高斯白噪声的干扰下系统的误码性能，并推导出误码率与信噪比之间的数学关系即可。

5.2.1　2ASK 系统的抗噪声性能

对 2ASK 信号的解调有两种方法，即同步检波法和包络检波法。由于两种方法的解调器结构不同，因此分析方法也不同，需要分如下两种情况进行讨论。

1．同步检波法的系统性能

对 2ASK 系统，同步检波法的系统性能分析模型如图 5.2.1 所示。在一个码元间隔 T_s 内，发送端输出的信号波形 $s_T(t)$为

$$s_T(t)=\begin{cases}u_T(t)，发送符号“1”\\0，发送符号“0”\end{cases} \tag{5.2.1}$$

其中，

$$u_T(t)=\begin{cases}A\cos\omega_c t，\quad 0<t<T_s\\0，\quad 其他\end{cases} \tag{5.2.2}$$

式中，A 为信号振幅，ω_c为载波角频率。在(0, T_s)时间间隔中，接收端带通滤波器输入合成波形 $y_i(t)$为

$$y_i(t)=\begin{cases}u_i(t)+n_i(t)，发送符号“1”\\n_i(t)，发送符号“0”\end{cases} \tag{5.2.3}$$

其中，

$$u_{\mathrm{i}}(t)=\begin{cases}AK\cos\omega_{\mathrm{c}}t, & 0<t<T_{\mathrm{s}}\\0, & \text{其他}\end{cases}$$
$$=\begin{cases}a\cos\omega_{\mathrm{c}}t, & 0<t<T_{\mathrm{s}}\\0, & \text{其他}\end{cases} \tag{5.2.4}$$

其中，K 是一个比例常数，$a=AK$。

$u_{\mathrm{i}}(t)$为发送信号经信道传输后的输出。$n_{\mathrm{i}}(t)$为加性高斯白噪声，其均值为零，方差为σ_n^2。

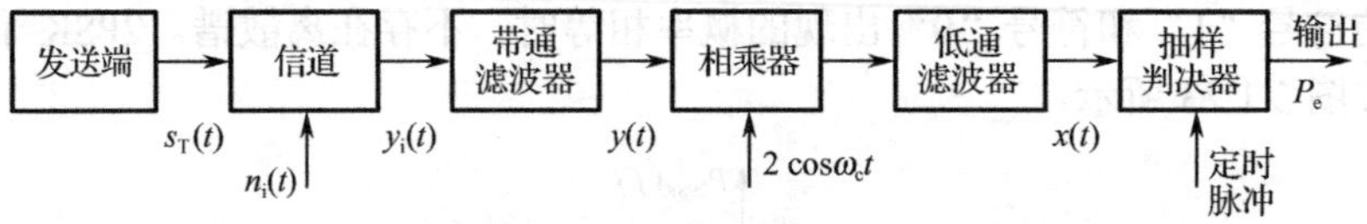

图 5.2.1　2ASK 信号同步检波法的系统性能分析模型

设接收端带通滤波器具有理想矩形传输特性，恰好使信号完整通过，则带通滤波器的输出波形 $y(t)$为

$$y(t)=\begin{cases}u_{\mathrm{i}}(t)+n(t), & \text{发送符号“1”}\\n(t), & \text{发送符号“0”}\end{cases} \tag{5.2.5}$$

其中，假设 $n(t)$为窄带高斯噪声，其均值为零，方差为σ_n^2。

输出波形 $y(t)$与相干载波 $2\cos\omega_{\mathrm{c}}t$ 相乘后的信号中包含了如下频谱成分：第一项 $a+n_{\mathrm{c}}(t)$和 $n_{\mathrm{c}}(t)$为低频成分，第二项和第三项均为中心频率在 $2f_{\mathrm{c}}$ 的带通分量。因此，通过理想低通滤波器的输出波形 $x(t)$为

$$x(t)=\begin{cases}a+n_{\mathrm{c}}(t), & \text{发送符号“1”}\\n_{\mathrm{c}}(t), & \text{发送符号“0”}\end{cases} \tag{5.2.6}$$

式中，a 为信号成分；$n_{\mathrm{c}}(t)$为低通型高斯噪声，其均值为零，方差为σ_n^2。

设第 k 个符号的抽样时刻为 kT_{s}，则 $x(t)$在 kT_{s} 时刻的抽样值 x 为

$$x=\begin{cases}a+n_{\mathrm{c}}(kT_{\mathrm{s}})\\n_{\mathrm{c}}(kT_{\mathrm{s}})\end{cases}=\begin{cases}a+n_{\mathrm{c}}, & \text{发送符号“1”}\\n_{\mathrm{c}}, & \text{发送符号“0”}\end{cases} \tag{5.2.7}$$

式中，n_{c} 是均值为零，方差为σ_n^2的高斯随机变量。

由随机信号的理论分析可得当发送符号“1”时的抽样值 $x=a+n_{\mathrm{c}}$ 的一维概率密度函数 $f_1(x)$和当发送符号“0”时的抽样值 $x=n_{\mathrm{c}}$ 的一维概率密度函数 $f_0(x)$各自的表达式，由此可绘制出 $f_1(x)$和 $f_0(x)$的曲线，如图 5.2.2 所示。

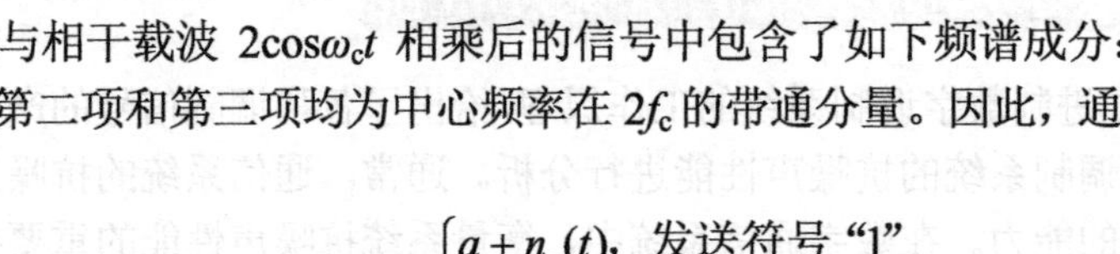

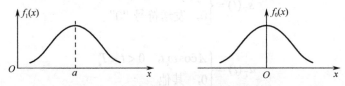

图 5.2.2　抽样值 x 的一维概率密度函数

假设抽样判决器的判决门限为 b，则当抽样值 $x>b$ 时判为符号“1”输出，当抽样值 $x\leqslant b$ 时判为符号“0”输出。当发送的符号为“1”时，若抽样值 $x\leqslant b$ 判为符号“0”输出，则发生将符号“1”判为符号“0”的错误；当发送的符号为“0”时，若抽样值 $x>b$ 判为符号“1”输出，则发生将符号“0”判为符号“1”的错误。

若发送的第 k 个符号为“1”，则错误接收的概率记为 $P(0/1)$；若发送的第 k 个符号为“0”，

则错误接收的概率记为 $P(1/0)$。因此，系统总的误码率为将符号“1”判为符号“0”的错误概率与将符号“0”判为符号“1”的错误概率的统计平均，即

$$\begin{aligned}P_e &= P(1)P(0/1)+P(0)P(0/1)\\ &= P(1)\int_{-\infty}^{b} f_1(x)\mathrm{d}x + P(0)\int_{b}^{\infty} f_0(x)\mathrm{d}x\end{aligned} \tag{5.2.8}$$

式（5.2.8）表明，当符号的发送概率 $P(1)$、$P(0)$及概率密度函数 $f_1(x)$、$f_0(x)$一定时，系统总的误码率 P_e 将与判决门限 b 有关，其几何表示如图 5.2.3 所示。误码率 P_e 等于图中阴影的面积。改变判决门限 b，阴影的面积将随之改变，即误码率 P_e 的大小将随判决门限 b 的变化而变化。进一步分析可得，当判决门限 b 取 $P(1)f_1(x)$与 $P(0)f_0(x)$两条曲线的相交时的 b^*时，阴影的面积最小，即判决门限取为 b^*时，此时系统的误码率 P_e 最小。这个门限就称为最佳判决门限，其值为

$$b^* = \frac{a}{2} + \frac{\sigma_n^2}{a}\ln\frac{P(0)}{P(1)} \tag{5.2.9}$$

当发送的二进制符号“1”和“0”等概率出现时，即当 $P(1)=P(0)$时，最佳判决门限 b^*为

$$b^* = \frac{a}{2} \tag{5.2.10}$$

式（5.2.10）说明，当发送的二进制符号“1”和“0”等概率时，最佳判决门限 b^*为信号抽样值的二分之一。

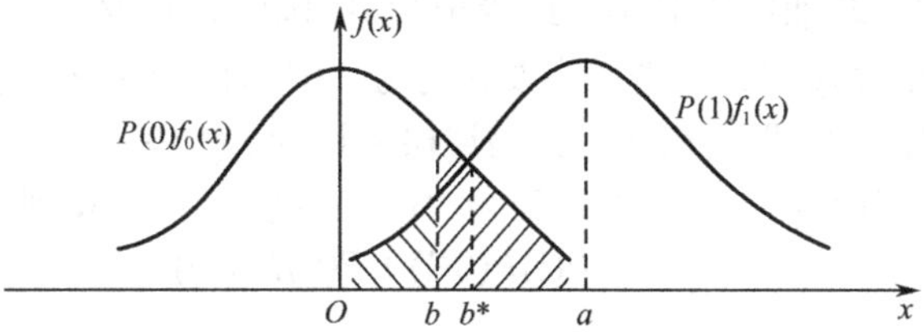

图 5.2.3　同步检波时误码率的几何表示

当发送的二进制符号“1”和“0”等概率，且判决门限取 $b^* = \dfrac{a}{2}$ 时，对 2ASK 信号采用同步检波法进行解调时的误码率 P_e 为

$$P_e = \frac{1}{2}\mathrm{erfc}\left(\sqrt{\frac{r}{4}}\right) \tag{5.2.11}$$

式中，$r = \dfrac{a^2}{2\sigma_n^2}$，为信噪比。

当 $r \gg 1$，即在大信噪比的情况下，式（5.2.11）可近似表示为

$$P_e \approx \frac{1}{\sqrt{\pi r}}\mathrm{e}^{-\frac{r}{4}} \tag{5.2.12}$$

2．包络检波法的系统性能

包络检波法的解调过程不需要相干载波，比较简单。包络检波法的系统性能分析模型如图 5.2.4 所示。接收端带通滤波器的输出波形与相干检波法的相同，即

$$y(t) = \begin{cases}[a+n_c(t)]\cos\omega_c t - n_s(t)\sin\omega_c t，发送符号“1”\\ n_c(t)\cos\omega_c t - n_s(t)\sin\omega_c t，发送符号“0”\end{cases}$$

包络检波器能检测出输入波形包络的变化。包络检波器的输入波形 $y(t)$可进一步表示为

$$y(t)=\begin{cases}\sqrt{[a+n_{\mathrm{c}}(t)]^2+n_{\mathrm{s}}^2(t)}\cos[\omega_{\mathrm{c}}t+\varphi_1(t)]，\text{发送符号“1”}\\ \sqrt{n_{\mathrm{c}}^2(t)+n_{\mathrm{s}}^2(t)}\cos[\omega_{\mathrm{c}}t+\varphi_0(t)]，\text{发送符号“0”}\end{cases} \tag{5.2.13}$$

式中，$\sqrt{[a+n_{\mathrm{c}}(t)]^2+n_{\mathrm{s}}^2(t)}$ 和 $\sqrt{n_{\mathrm{c}}^2(t)+n_{\mathrm{s}}^2(t)}$ 分别是发送符号“1”和发送符号“0”时的包络，而且这些包络参数将会通过包络检波器输出，并记为输出波形 $V(t)$。

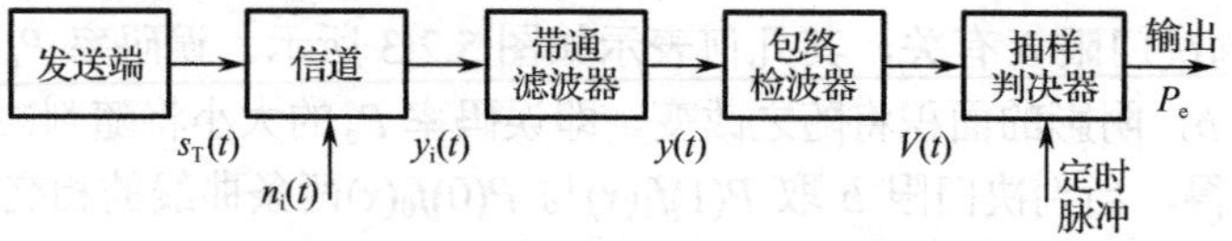

图 5.2.4　包络检波法的系统性能分析模型

在 kT_{s} 时刻，包络检波器输出波形的抽样值 V 为

$$V=\begin{cases}\sqrt{[a+n_{\mathrm{c}}(t)]^2+n_{\mathrm{s}}^2(t)}，\text{发送符号“1”}\\ \sqrt{n_{\mathrm{c}}^2(t)+n_{\mathrm{s}}^2(t)}，\text{发送符号“0”}\end{cases} \tag{5.2.14}$$

由随机信号的理论分析可得，当发送符号“1”时，抽样值对应的一维概率密度函数 $f_1(V)$ 和当发送符号“0”时抽样值对应的一维概率密度函数 $f_0(V)$各自的表达式。限于篇幅，这里不再给出具体的函数形式。

当发送符号“1”时，若抽样值 V 小于或等于判决门限 b，则发生将符号“1”判为符号“0”的错误，其错误概率记为 $P(0/1)$；同理，当发送符号“0”时，若抽样值 V 大于判决门限 b，则发生将符号“0”判为符号“1”的错误，其错误概率记为 $P(1/0)$。

若发送符号“1”的概率为 $P(1)$，发送符号“0”的概率为 $P(0)$，则系统总的误码率 P_{e} 为

$$\begin{aligned}P_{\mathrm{e}}&=P(1)P(0/1)+P(0)P(1/0)\\&=P(1)[1-Q\sqrt{2r},b_0)]+P(0)\mathrm{e}^{-b_0^2/2}\end{aligned} \tag{5.2.15}$$

与同步检波法类似，在系统输入信噪比一定的情况下，系统误码率将与归一化判决门限 b_0 有关。

为了方便后面的分析和讨论，这里首先定义信噪比为 r，且 $r=\dfrac{a^2}{2\sigma_n^2}$ 成立。最佳归一化判决门限 b_0^* 可通过求极值的方法得到，下面进行简单讨论。

（1）在大信噪比（$r\gg1$）的条件下，最佳判决门限 b^* 为

$$b^*=\frac{a}{2} \tag{5.2.16}$$

此时，最佳归一化判决门限 b_0^* 为

$$b_0^*=\frac{b^*}{\sigma_n}=\sqrt{\frac{r}{2}} \tag{5.2.17}$$

（2）在小信噪比（$r\ll1$）的条件下，最佳判决门限 b^* 为

$$b^*=\sqrt{2\sigma_n^2} \tag{5.2.18}$$

此时，最佳归一化判决门限 b_0^* 为

$$b_0^*=\frac{b^*}{\sigma_n}=\sqrt{2} \tag{5.2.19}$$

在实际工作中，系统总是工作在大信噪比的情况下，因此最佳归一化判决门限应取 $b_0^*=$

$\sqrt{\frac{r}{4}}$。此时系统的总误码率 P_e 为

$$P_e = \frac{1}{4}\operatorname{erf}\left(\sqrt{\frac{r}{4}}\right) + \frac{1}{2}e^{-r/4} \tag{5.2.20}$$

当 $r \to \infty$ 时，上式的下界为

$$P_e = \frac{1}{2}e^{-r/4} \tag{5.2.21}$$

比较式（5.2.11）、式（5.2.12）和式（5.2.21）可以看出，在相同的信噪比条件下，同步检波法的误码性能优于包络检波法的性能；在大信噪比的情况下，包络检波法的误码性能将接近同步检波法的性能。另外，包络检波法存在门限效应，同步检波法无门限效应。

例 5.2.1　设某 2ASK 系统中二进制码元传输速率为 9600Bd，发送符号“1”和符号“0”的概率相等，接收端分别采用同步检波法和包络检波法对该 2ASK 信号进行解调。已知接收端输入信号幅度 a=1mV，信道等效加性高斯白噪声的双边功率谱密度 $n_0/2=4\times10^{-13}$W/Hz。试求：

（1）同步检波法解调时系统总的误码率；

（2）包络检波法解调时系统总的误码率。

解：（1）对于 2ASK 信号，信号功率主要集中在其频谱的主瓣。因此，接收端带通滤波器带宽可取 2ASK 信号频谱的主瓣宽度，即

$$B=2R_{Bd}=2\times9600=19200\text{Hz}$$

带通滤波器的输出噪声平均功率为

$$\sigma_n^2 = n_0/2\times 2B = 4\times10^{-13}\times 2\times 19200 = 1.536\times10^{-8}\,\text{W}$$

信噪比为

$$r = \frac{a^2}{2\sigma_n^2} = \frac{1\times10^{-6}}{2\times1.536\times10^{-8}} = \frac{1\times10^{-6}}{3.072\times10^{-8}} \approx 32.55$$

因为信噪比 $r\approx32.55\gg1$，所以同步检波法解调时系统总的误码率为

$$P_e = \frac{1}{2}\operatorname{erfc}\left(\sqrt{\frac{r}{4}}\right) \approx \frac{1}{\sqrt{\pi r}}e^{-\frac{r}{4}} = \frac{1}{\sqrt{3.1416\times32.55}}e^{-8.138} = 2.89\times10^{-5}$$

（2）包络检波法解调时系统总的误码率为

$$P_e = \frac{1}{2}e^{-\frac{r}{4}} = \frac{1}{2}e^{-8.138} = 1.46\times10^{-4}$$

比较两种方法解调时系统总的误码率可以看出，在大信噪比的情况下，包络检波法的解调性能接近同步检波法的解调性能。

5.2.2　2FSK 系统的抗噪声性能

与 5.2.1 节类似，2FSK 系统的抗噪声性能也可以从同步检波法和包络检波法两种方法入手进行分析和讨论。

1．同步检波法的系统性能

2FSK 信号同步检波法的系统性能分析模型如图 5.2.5 所示。在码元间隔 T_s 内，发送端产生的 2FSK 信号可表示为

$$s_T(t) = \begin{cases} u_{1T}(t), & \text{发送符号“1”} \\ u_{0T}(t), & \text{发送符号“0”} \end{cases} \tag{5.2.22}$$

其中，

$$u_{1T}(t)=\begin{cases}A\cos\omega_1(t), & 0<t<T_s\\ 0，其他\end{cases} \tag{5.2.23}$$

$$u_{0T}(t)=\begin{cases}A\cos\omega_2(t), & 0<t<T_s\\ 0，其他\end{cases} \tag{5.2.24}$$

式中，ω_1 和 ω_2 分别为发送符号“1”和符号“0”的载波角频率，T_s 为码元间隔。在$(0, T_s)$时间间隔内，信道输出合成波形 $y_i(t)$为

$$y_i(t)=\begin{cases}Ku_{1T}(t)+n_i(t)\\ Ku_{0T}(t)+n_i(t)\end{cases}=\begin{cases}a\cos\omega_1 t+n_i(t)，发送符号“1”\\ a\cos\omega_2 t+n_i(t)，发送符号“0”\end{cases} \tag{5.2.25}$$

式中，$n_i(t)$为加性高斯白噪声，其均值为零，方差为 σ_n^2。

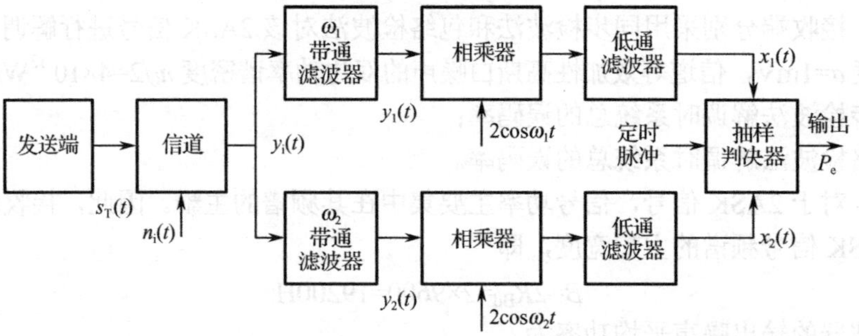

图 5.2.5　2FSK 信号同步检波法的系统性能分析模型

在图 5.2.5 中，解调器采用两个带通滤波器来区分中心频率分别为 ω_1 和 ω_2 的信号。中心频率为 ω_1 的带通滤波器只允许中心频率为 ω_1 的信号频谱成分通过，而滤除中心频率为 ω_2 的信号频谱成分；中心频率为 ω_2 的带通滤波器只允许中心频率为 ω_2 的信号频谱成分通过，而滤除中心频率为 ω_1 的信号频谱成分。这样，接收端上下支路两个带通滤波器的输出波形 $y_1(t)$和 $y_2(t)$分别为

$$\begin{aligned}y_1(t)&=\begin{cases}a\cos\omega_1 t+n_1(t)\\ n_1(t)\end{cases}\\ &=\begin{cases}[a+n_{1c}(t)]\cos\omega_1 t-n_{1s}(t)\sin\omega_1 t，发送符号“1”\\ n_{1c}(t)\cos\omega_1 t-n_{1s}(t)\sin\omega_1 t，发送符号“0”\end{cases}\end{aligned} \tag{5.2.26}$$

$$\begin{aligned}y_2(t)&=\begin{cases}n_2(t)\\ a\cos\omega_2 t+n_2(t)\end{cases}\\ &=\begin{cases}n_{2c}(t)\cos\omega_2 t-n_{2s}(t)\sin\omega_2 t，发送符号“1”\\ [a+n_{2c}(t)]\cos\omega_2 t-n_{2s}(t)\sin\omega_2 t，发送符号“0”\end{cases}\end{aligned} \tag{5.2.27}$$

假设在$(0, T_s)$内发送符号“1”，则上、下支路两个带通滤波器的输出波形分别记为 $y_1(t)$和 $y_2(t)$，而 $y_1(t)$和 $y_2(t)$分别与相干载波 $2\cos\omega_1 t$ 相乘后的波形对应记为 $z_1(t)$和 $z_2(t)$。$z_1(t)$和 $z_2(t)$通过上、下两个支路的低通滤波器的输出分别记为 $x_1(t)$和 $x_2(t)$，且由下式给出：

$$\begin{aligned}x_1(t)&=a+n_{1c}(t)\\ x_2(t)&=n_{2c}(t)\end{aligned} \tag{5.2.28}$$

式中，a 为信号成分；$n_{1c}(t)$和 $n_{2c}(t)$均为低通型高斯噪声，其均值为零，方差为 σ_n^2。假设 $x_1(t)$和 $x_2(t)$在 kT_s 时刻抽样值的一维概率密度函数分别记为 $f(x_1)$和 $f(x_2)$，则当 $x_1(t)$的抽样值 x_1 小于

$x_2(t)$的抽样值 x_2 时，抽样判决器输出符号“0”，发生将符号“1”判为符号“0”的错误，其错误概率 $P(0/1)$为

$$P(0/1)=P(x_1<x_2)=P(x_1-x_2<0)=P(z<0)$$

式中，$z=x_1-x_2$。由随机信号的理论分析可知，错误概率 $P(0/1)$为

$$\begin{aligned}P(0/1)&=P(x_1<x_2)=P(z<0)\\&=\int_{-\infty}^{0}f(z)\mathrm{d}z=\frac{1}{\sqrt{2\pi}\sigma_z}\int_{-\infty}^{0}\exp\left\{-\frac{(x-a)^2}{2\sigma_z^2}\right\}\mathrm{d}z\\&=\frac{1}{2}\mathrm{erfc}\left(\sqrt{\frac{r}{2}}\right)\end{aligned}\tag{5.2.29}$$

同理可得，将符号“0”判为符号“1”的错误概率 $P(1/0)$为

$$P(1/0)=P(x_1>x_2)=\frac{1}{2}\mathrm{erfc}\left[\sqrt{\frac{r}{2}}\right]\tag{5.2.30}$$

于是可得 2FSK 信号采用同步检波法进行解调时系统总的误码率 P_e 为

$$P_e=P(1)P(0/1)+P(0)P(1/0)=\frac{1}{2}\mathrm{erfc}\left(\sqrt{\frac{r}{2}}\right)\tag{5.2.31}$$

式中，$r=\dfrac{a^2}{2\sigma_n^2}$，为信噪比。在大信噪比的情况下，即 $r\gg1$ 时，式（5.2.31）可近似表示为

$$P_e\approx\frac{1}{\sqrt{2\pi r}}\mathrm{e}^{-\frac{r}{2}}\tag{5.2.32}$$

2．包络检波法的系统性能

与 2ASK 信号解调相似，2FSK 信号也可以采用包络检波法解调，其系统性能分析模型如图 5.2.6 所示。

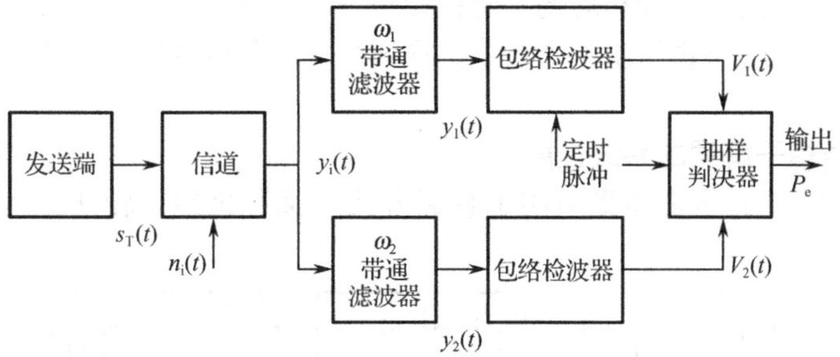

图 5.2.6　2FSK 信号包络检波法的系统性能分析模型

2FSK 信号包络检波法的系统性能分析模型与同步检波法相同，接收端上、下支路两个带通滤波器的输出波形 $y_1(t)$和 $y_2(t)$分别表示为式（5.2.26）和式（5.2.27），若在$(0, T_s)$发送符号“1”，则上、下支路两个带通滤波器的输出波形 $y_1(t)$和 $y_2(t)$分别为

$$\begin{aligned}y_1(t)&=[a+n_{1c}(t)]\cos\omega_1t-n_{1s}(t)\sin\omega_1t\\&=\sqrt{[a+n_{1c}(t)]^2+n_{1s}^2(t)}\cos[\omega_1t+\varphi_1(t)]\end{aligned}\tag{5.2.33}$$

$$\begin{aligned}y_2(t)&=n_{2c}(t)\cos\omega_2t-n_{2s}(t)\sin\omega_2t\\&=\sqrt{n_{2c}^2(t)+n_{2s}^2(t)}\cos[\omega_2t+\varphi_2(t)]\end{aligned}\tag{5.2.34}$$

式中，$V_1(t)=\sqrt{[a+n_{1c}(t)]^2+n_{1s}^2(t)}$ 和 $V_2(t)=\sqrt{n_{2c}^2(t)+n_{2s}^2(t)}$ 分别是 $y_1(t)$和 $y_2(t)$的包络。在 kT_s 时

刻，抽样判决器的抽样值分别为

$$V_1 = \sqrt{[a + n_{1c}]^2 + n_{1s}^2} \tag{5.2.35}$$

$$V_2 = \sqrt{n_{2c}^2 + n_{2s}^2} \tag{5.2.36}$$

由随机信号的理论分析可知，V_1服从广义瑞利分布，V_2服从瑞利分布。V_1、V_2的一维概率密度函数分别记为$f(V_1)$和$f(V_2)$。在 2FSK 信号的解调器中，抽样判决器的判决过程与 2ASK 信号不同。在 2ASK 信号解调中，判决是与一个固定的门限比较。在 2FSK 信号解调中，判决是对上、下两路包络的抽样值进行比较，即当$V_1(t)$的抽样值V_1大于$V_2(t)$的抽样值V_2时，抽样判决器输出为“1”，此时是正确判决；当$V_1(t)$的抽样值V_1小于$V_2(t)$的抽样值V_2时，抽样判决器输出为“0”，此时是错误判决，错误概率为

$$P(0/1)=P(V_1 \leqslant V_2)=\frac{1}{2}\mathrm{e}^{-r/2} \tag{5.2.37}$$

式中，$r=\dfrac{a^2}{2\sigma_n^2}$，为信噪比。

同理可得将符号“0”错判为符号“1”的错误概率$P(1/0)$为

$$P(1/0)=P(V_1>V_2)=\frac{1}{2}\mathrm{e}^{-r/2}$$

2FSK 信号采用包络检波法解调时系统总的误码率P_e为

$$P_\mathrm{e}=P(1)P(0/1)+P(0)P(1/0)=\frac{1}{2}\mathrm{e}^{-r/2} \tag{5.2.38}$$

比较式（5.2.32）和（5.2.38）可知，在大信噪比的情况下，包络检波法的解调性能接近同步检波法的解调性能，且同步检波法的性能较好。

5.2.3 2PSK 和 2DPSK 系统的抗噪声性能

在 2PSK 中，有绝对调相和相对调相两种调制方式，对应的解调方法为相干解调和差分相干解调。限于篇幅，这里不再给出整个系统抗噪声性能的分析过程，而是仅给出一些重要公式和结论。

1．2PSK 信号相干解调的系统性能

2PSK 信号的解调通常都是采用相干解调方式（又称极性比较法），其性能分析模型如图 5.2.7 所示。

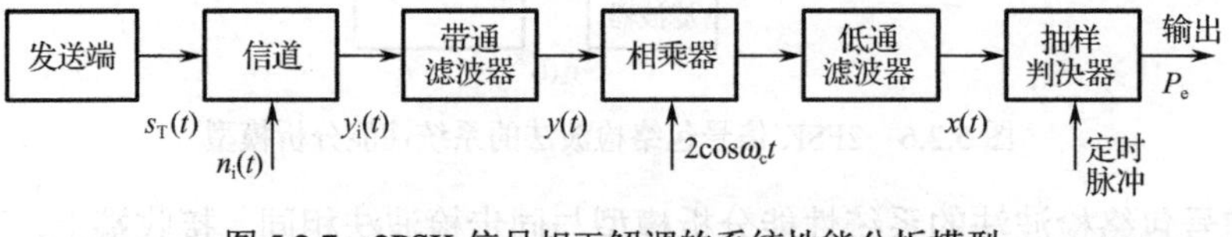

图 5.2.7 2PSK 信号相干解调的系统性能分析模型

2PSK 信号采用相干解调方式与 2ASK 信号采用相干解调方式（同步检波法）的分析方法类似。在发送符号“1”和发送符号“0”的概率相等时，最佳判决门限$b^*=0$。此时，2PSK 系统总的误码率P_e为

$$P_\mathrm{e}=P(1)P(0/1)+P(0)P(0/1)=\frac{1}{2}\mathrm{erfc}\,(\sqrt{r}) \tag{5.2.39}$$

在大信噪比（$r \gg 1$）的情况下，式（5.2.39）可近似表示为

$$P_\mathrm{e} \approx \frac{1}{2\sqrt{\pi r}}\mathrm{e}^{-r} \tag{5.2.40}$$

2．2DPSK 信号相干解调的系统性能

2DPSK 信号有两种解调方式：一种是差分相干解调，另一种是相干解调加码反变换器。我们首先讨论相干解调加码反变换器方式，其系统性能分析模型如图 5.2.8 所示。由图 5.2.8 可知，2DPSK 信号采用相干解调加码反变换器方式解调时，码反变换器输入端的误码率即 2PSK 信号采用相干解调方式时的误码率，由式（5.2.39）确定。该点信号序列是相对码序列，还需要通过码反变换器变成绝对码序列输出。因此，此时只需要再分析码反变换器对误码率的影响即可。

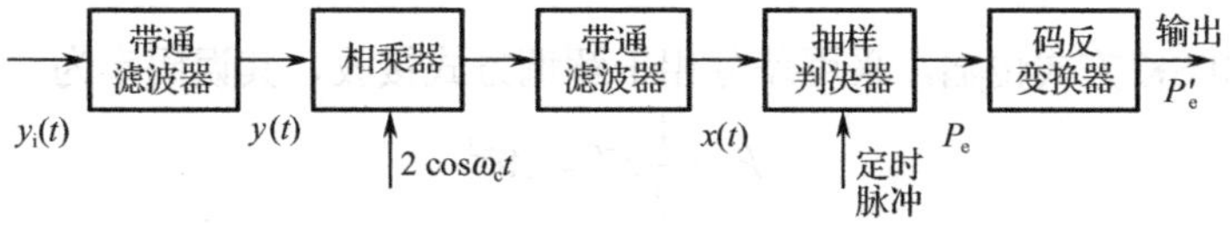

图 5.2.8　2DPSK 信号相干解调加码反变换器的系统性能分析模型

为了节省篇幅，这里省略分析过程，直接给出分析结果。

设 P_e 为码反变换器输入端相对码序列的误码率，并假设每个码出错概率相等且统计独立，P_e'为码反变换器输出端绝对码序列的误码率，则有

$$P'_e=2(1-P_e)P_e \tag{5.2.41}$$

将 2PSK 信号相干解调时的误码率表示式（5.2.39）代入式（5.2.41），则可得到 2DPSK 信号采用相干解调加码反变换器方式解调时系统的误码率为

$$P'_e=\frac{1}{2}[1-(\operatorname{erf}\sqrt{r})^2] \tag{5.2.42}$$

当相对码的误码率 $P_e \ll 1$ 时，式（5.2.41）可近似表示为

$$P'_e=2P_e \tag{5.2.43}$$

即此时码反变换器输出端绝对码序列的误码率是码反变换器输入端相对码序列误码率的两倍。可见，码反变换器的影响是使输出误码率增大。

3．2DPSK 信号差分相干解调系统性能

2DPSK 信号的差分相干解调方式也称相位比较法，是一种非相干解调方式，其系统性能分析模型如图 5.2.9 所示。由解调器原理图可以看出，解调过程中需要对间隔为 T_s 的前后两个码元进行比较。

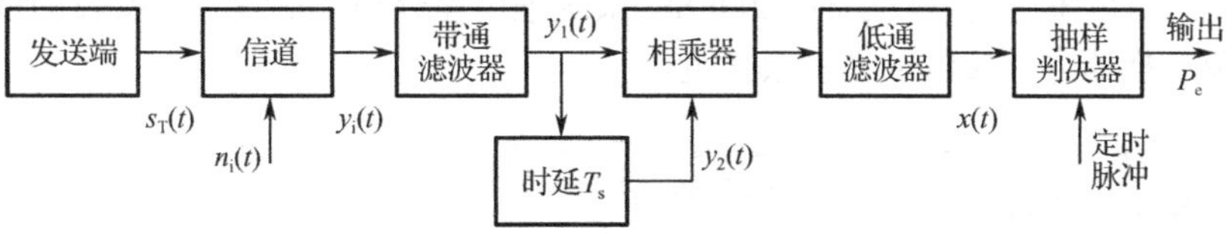

图 5.2.9　2DPSK 信号差分相干解调的系统性能分析模型

假设当前发送的是符号“1”，并且前一个时刻发送的也是符号“1”，则带通滤波器输出和延迟器输出分别记为 $y_1(t)$和 $y_2(t)$。利用随机信号理论，通过一系列分析和处理，最终得到将符号“1”判为符号“0”的错误概率为

$$P(0/1)=P\{x<0\}=\frac{1}{2}\mathrm{e}^{-r} \tag{5.2.44}$$

同理，可以求得将符号“0”判为符号“1”的错误概率 $P(1/0)=P(0/1)$，即

$$P(1/0)=\frac{1}{2}\mathrm{e}^{-r} \tag{5.2.45}$$

因此，2DPSK 信号差分相干解调系统总的误码率 P_e 为

$$P_e = \frac{1}{2}e^{-r} \tag{5.2.46}$$

例 5.2.2 若采用 2DPSK 方式传输二进制数字信息，已知发送端发出的信号振幅为 5V，输入接收端解调器的高斯噪声功率 $\sigma_n^2=3\times10^{-12}$W，现要求误码率 $P_e=10^{-5}$。试求：

（1）采用差分相干解调方式接收时，由发送端到解调器输入端的衰减为多少？

（2）采用相干解调加码反变换器方式接收时，由发送端到解调器输入端的衰减为多少？

解：

（1）采用 2DPSK 方式传输，采用差分相干解调方式接收，其误码率为

$$P_e = \frac{1}{2}e^{-r} = 10^{-5}$$

可得

$$r = 10.82$$

又因为

$$r = \frac{a^2}{2\sigma_n^2}$$

可得

$$a = \sqrt{2\sigma_n^2 r} = \sqrt{6.492\times10^{-11}} = 8.06\times10^{-6}$$

则振幅衰减分贝数为

$$k = 20\lg\frac{5}{a} = 20\lg\frac{5}{8.06\times10^{-6}} = 115.9\text{dB}$$

（2）采用相干解调加码反变换器方式接收时误码率为

$$P_e \approx 2P = \text{erfc}\,(\sqrt{r}) \approx \frac{1}{\sqrt{\pi r}}e^{-r} = 10^{-5}$$

可得

$$r = 9.8$$

$$a = \sqrt{2\sigma_n^2 r}\sqrt{5.88\times10^{-11}} = 7.67\times10^{-6}$$

则振幅衰减分贝数为

$$k = 20\lg\frac{5}{a} = 20\lg\frac{5}{7.67\times10^{-6}} = 116.3\text{dB}$$

由此可见，当系统误码率较小时，2DPSK 系统采用差分相干解调方式接收的性能与采用相干解调加码反变换器方式接收的性能很接近。

5.3 二进制数字调制系统的性能比较

5.2 节讨论了各种二进制数字通信系统的抗噪声性能，本节将对这些系统的误码率、带宽及对信道特性变化的敏感性等方面的性能进行比较。

5.3.1 误码率

二进制数字调制方式有 2ASK、2FSK、2PSK 及 2DPSK，每种数字调制方式又有相干解调方式和非相干解调方式。表 5.3.1 列出了各种二进制数字调制系统的误码率 P_e 与输入信噪比 r 的数学关系。

表 5.3.1　二进制数字调制系统的误码率公式

调制方式	误码率	
	相干解调	非相干解调
2ASK	$\frac{1}{2}\mathrm{erfc}\left(\sqrt{\frac{r}{4}}\right)$	$\frac{1}{2}\mathrm{e}^{-\frac{r}{4}}$
2FSK	$\frac{1}{2}\mathrm{erfc}\left(\sqrt{\frac{r}{2}}\right)$	$\frac{1}{2}\mathrm{e}^{-\frac{r}{2}}$
2PSK/2DPSK	$\frac{1}{2}\mathrm{erfc}(\sqrt{r})$	$\frac{1}{2}\mathrm{e}^{-r}$

由表 5.3.1 可以看出，从横向来比较，对同一种数字调制信号，采用相干解调方式的误码率低于采用非相干解调方式的误码率。从纵向来比较，在误码率 P_e 一定的情况下，2PSK、2FSK、2ASK 系统所需要的信噪比关系为

$$r_{2ASK}=2r_{2FSK}=4r_{2PSK} \tag{5.3.1}$$

式（5.3.1）表明，若都采用相干解调方式，在误码率 P_e 相同的情况下，2ASK 系统所需要的信噪比是 2FSK 系统的 2 倍，2FSK 系统是 2PSK 系统的 2 倍，2ASK 系统是 2PSK 系统的 4 倍。若都采用非相干解调方式，在误码率 P_e 相同的情况下，2ASK 系统所需要的信噪比是 2FSK 系统的 2 倍，2FSK 系统是 2DPSK 系统的 2 倍，2ASK 系统是 2DPSK 系统的 4 倍。

将式（5.3.1）转换为分贝表示式，即

$$(r_{2ASK})_{dB}=3dB+(r_{2FSK})_{dB}=6dB+(r_{2PSK})_{dB} \tag{5.3.2}$$

式（5.3.2）表明，若都采用相干解调方式，在误码率 P_e 相同的情况下，对于所需要的信噪比，2ASK 系统比 2FSK 系统高 3dB，2FSK 系统比 2PSK 系统高 3dB，2ASK 系统比 2PSK 系统高 6dB。若都采用非相干解调方式，在误码率 P_e 相同的情况下，对于所需要的信噪比，2ASK 系统比 2FSK 系统高 3dB，2FSK 系统比 2DPSK 系统高 3dB，2ASK 系统比 2DPSK 系统高 6dB。

反过来，若信噪比 r 一定，2PSK 系统的误码率低于 2FSK 系统，2FSK 系统的误码率低于 2ASK 系统。

根据表 5.3.1 所画出的三种数字调制系统的误码率 P_e 与信噪比 r 的关系曲线如图 5.3.1 所示。可以看出，在相同的信噪比 r 下，相干解调时 2PSK 系统的误码率 P_e 最小。例如，在误码率为 $P_e=10^{-5}$ 的情况下，相干解调时三种二进制数字调制系统所需要的信噪比如表 5.3.2 所示。

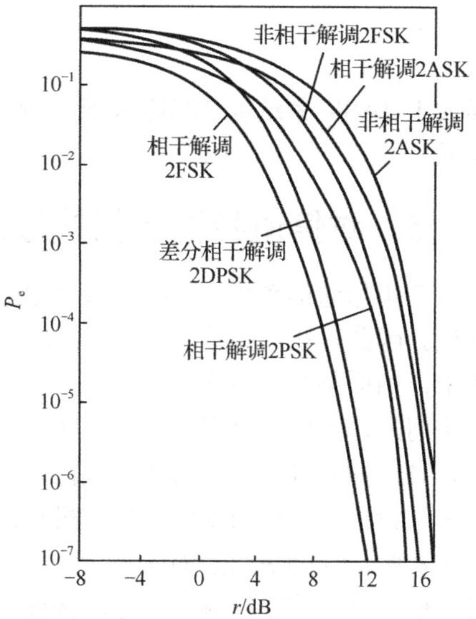

图 5.3.1　误码率 P_e 与信噪比 r 的关系曲线

表 5.3.2　$P_e=10^{-5}$ 时 2ASK 系统、2FSK 系统和 2PSK 系统所需要的信噪比

调制方式	信噪比	
	倍	分贝
2ASK	36.4	15.6

续表

调制方式	信噪比	
	倍	分贝
2FSK	18.2	12.6
2PSK	9.1	9.6

在信噪比为 r=10 的情况下，三种二进制数字调制系统的误码率如表 5.3.3 所示。

表 5.3.3　r=10 时 2ASK 系统、2FSK 系统、2PSK 系统的误码率

调制方式	误码率	
	相干解调	非相干解调
2ASK	1.26×10^{-2}	4.1×10^{-2}
2FSK	7.9×10^{-4}	3.37×10^{-3}
2PSK	3.9×10^{-6}	2.27×10^{-5}

5.3.2　带宽

若传输的码元间隔为 T_s，则 2ASK 系统和 2PSK（2DPSK）系统的带宽近似为 $2/T_s$，即

$$B_{2\text{ASK}}=B_{2\text{PSK}}=\frac{2}{T_s}$$

2ASK 系统和 2PSK（2DPSK）系统具有相同的带宽。2FSK 系统的带宽近似为

$$B_{2\text{FSK}}=|f_2-f_1|+\frac{2}{T_s}$$

其大于 2ASK 系统或 2PSK 系统的带宽。因此，从频带利用率上看，2FSK 系统的频带利用率最低。

5.3.3　对信道特性变化的敏感性

在实际通信系统中，除恒参信道之外，还有很多信道属于随参信道，即信道参数会随时间变化。因此，在选择数字调制方式时，还应考虑系统对信道特性的变化是否敏感。在 2FSK 系统中，抽样判决器根据上、下两个支路解调输出抽样值的大小来做出判决，不需要人为地设置判决门限，因而对信道特性的变化不敏感。在 2PSK 系统中，当发送符号“1”和“0”的概率相等时，抽样判决器的最佳判决门限为零，与接收机输入信号的幅度无关。因此，判决门限不随信道特性的变化而变化，接收机总能保持工作在最佳判决门限状态。对于 2ASK 系统，抽样判决器的最佳判决门限为 $a/2$（当 $P(1)=P(0)$时），它与接收机输入信号的幅度有关。当信道特性发生变化时，接收机输入信号的幅度也将发生变化，从而导致最佳判决门限随之而变。这时，接收机不容易保持在最佳判决门限的状态，因此，2ASK 系统对信道特性变化敏感，性能最差。

从几个方面对各种二进制数字调制系统进行比较可以看出，对调制方式和解调方式的选择需要考虑的因素较多。通常，只有对系统的要求做全面的考虑，并且抓住其中最主要的要求，才能做出比较恰当的选择。在恒参信道传输中，如果要求较高的功率利用率，则应选择相干 2PSK 系统和 2DPSK 系统，而 2ASK 系统最不可取；如果要求较高的频带利用率，则应选择相干 2PSK 系统和 2DPSK 系统，而 2FSK 系统最不可取。若传输信道是随参信道，则 2FSK 系统具有更好的适应能力。

5.4　现代数字调制方式

前面我们介绍了三种基本的数字调制方式，即 ASK、FSK 和 PSK。但是，这三种方式都有其不足之处，比如，频带利用率低、抗多径抗衰落能力差、功率谱衰减慢、带外辐射严重等。为了改善这些不足，人们又提出了一些新的调制方式以适应现代通信系统的要求。比如，正交振幅调制（QAM）、最小移频键控（MSK）、高斯最小移频键控（GMSK）、差分正交相移键控（π/4 DQPSK）调制和正交分频复用（OFDM）调制等。限于篇幅，下面仅以 QAM 和 OFDM 调制方式为例，简单介绍一下现代通信的数字调制方式。

5.4.1　正交振幅调制（QAM）

由于 QAM 是一种频带利用率很高的调制方式，因此，在现代通信中广泛应用。下面我们将主要讨论 MQAM（Multiple Quadrature Amplitude Modulation，多进制正交振幅调制）的调制原理，并简单介绍一下它的解调原理和抗噪声性能。

1．MQAM 的调制原理

MQAM 是用两个独立的数字基带信号对两个相互正交的同频载波进行抑制载波的双边带调制，利用这种已调信号在同一带宽内频谱正交的性质来实现两路并行的数字信息传输。设 MQAM 信号的一般表示式为

$$s_{\text{MQAM}}(t)=\sum_n A_n g(t-nT_{\text{s}})\cos(\omega_{\text{c}}t+\varphi_n) \tag{5.4.1}$$

式中，A_n 是数字基带信号的幅度；$g(t-nT_{\text{s}})$是宽度为 T_{s} 的单个数字基带信号波形。式（5.4.1）还可以变换为正交表示形式：

$$\begin{aligned}s_{\text{MQAM}}(t)=&\left[\sum_n A_n g(t-nT_{\text{s}})\cos\varphi_n\right]\cos\omega_{\text{c}}t\\&-\left[\sum_n A_n g(t-nT_{\text{s}})\sin\varphi_n\right]\sin\omega_{\text{c}}t\end{aligned} \tag{5.4.2}$$

令

$$X_n=A_n\cos\varphi_n$$
$$Y_n=A_n\sin\varphi_n$$

则式（5.4.2）变为

$$\begin{aligned}s_{\text{MQAM}}(t)&=\left[\sum_n X_n g(t-nT_{\text{s}})\right]\cos\omega_{\text{c}}t-\left[\sum_n Y_n g(t-nT_{\text{s}})\right]\sin\omega_{\text{c}}t\\&=X(t)\cos\omega_{\text{c}}t-Y(t)\sin\omega_{\text{c}}t\end{aligned} \tag{5.4.3}$$

MQAM 中的振幅 X_n 和 Y_n 可以表示为

$$\begin{cases}X_n=c_nA\\Y_n=d_nA\end{cases} \tag{5.4.4}$$

式中，A 是固定振幅；c_n、d_n 由输入数据确定。c_n、d_n 决定了已调 MQAM 信号在信号空间中的坐标点。

MQAM 信号调制原理图如图 5.4.1 所示。图中，输入的二进制序列经过串/并变换器输出速率减半的两路并行序列，再分别经过 2 到 L 电平变换，形成 L 电平的基带信号。为了抑制已调信号的带外辐射，该 L 电平的基带信号还要经过预调制低通滤波器，形成 $X(t)$和 $Y(t)$，再分别与同相载波和正交载波相乘。最后将两路信号相加即可得到 MQAM 信号。

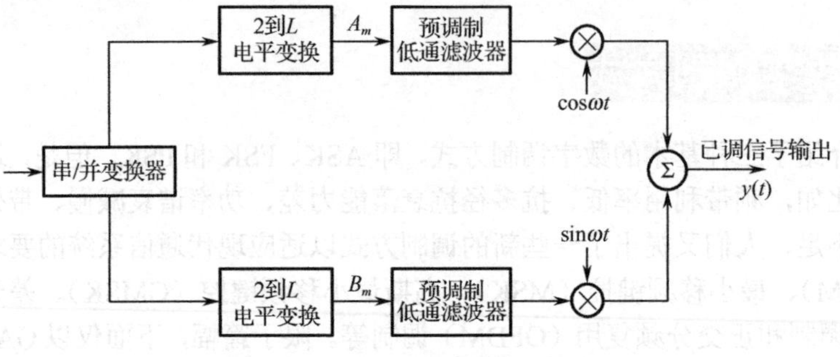

图 5.4.1　MQAM 信号调制原理图

信号矢量端点（简称信息点）的分布图称为星座图。通常，可以用星座图来描述 QAM 信号的信号空间分布状态。对于 M=16 的 16QAM 来说，有多种分布形式的信号星座图。两种具有代表意义的信号星座图如图 5.4.2 所示。在图 5.4.2（a）中，信号点的分布呈方形，故称为方形 16QAM 星座图，也称为标准型 16QAM 星座图。在图 5.4.2（b）中，信号点的分布呈星形，故称为星形 16QAM 星座图。

若信号点之间的最小距离为 $2A$，且所有信号点等概率出现，则信号平均功率为

$$P_s = \frac{A^2}{M}\sum_{n=1}^{M}(c_n^2 + d_n^2) \tag{5.4.5}$$

因此，对于方形 16QAM，信号平均功率为

$$P_s = \frac{A^2}{M}\sum_{n=1}^{M}(c_n^2 + d_n^2) = \frac{A^2}{16}(4\times 2 + 8\times 10 + 4\times 18) = 10A^2$$

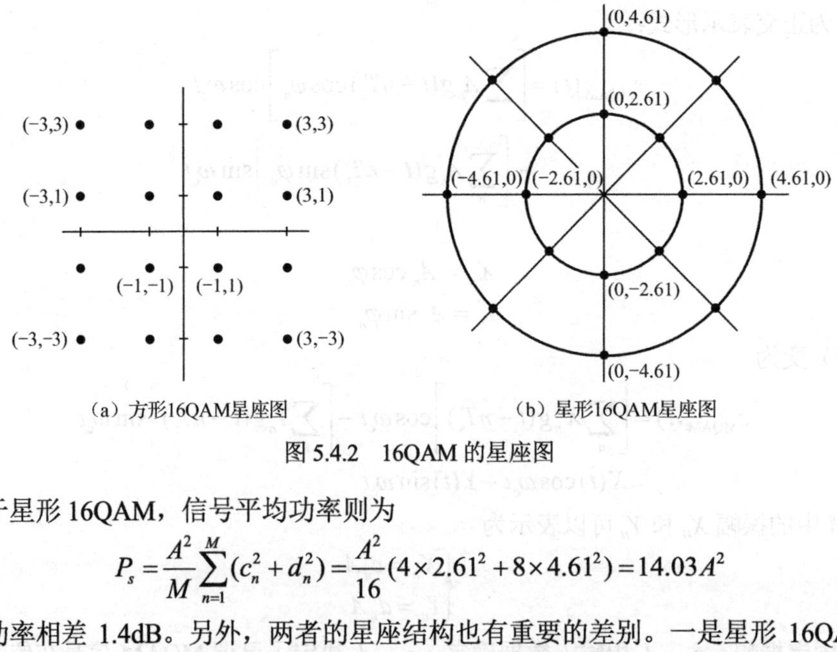

（a）方形16QAM星座图　　（b）星形16QAM星座图

图 5.4.2　16QAM 的星座图

而对于星形 16QAM，信号平均功率则为

$$P_s = \frac{A^2}{M}\sum_{n=1}^{M}(c_n^2 + d_n^2) = \frac{A^2}{16}(4\times 2.61^2 + 8\times 4.61^2) = 14.03A^2$$

两者功率相差 1.4dB。另外，两者的星座结构也有重要的差别。一是星形 16QAM 只有两个振幅值，而方形 16QAM 有三种振幅值；二是星形 16QAM 只有 8 种相位值，而方形 16QAM 有 12 种相位值。这两点使得在衰落信道中，星形 16QAM 比方形 16QAM 更具有吸引力。

M=4, 16, 32, …, 256 时 MQAM 信号的星座图如图 5.4.3 所示。其中，M=4, 16, 64, 256 时星座图为矩形，而 M=32, 128 时星座图为十字形。前者 M 为 2 的偶次方，即每个符号携带偶数个比特信息；后者 M 为 2 的奇次方，即每个符号携带奇数个比特信息。

若已调信号的最大幅度为 1，则 MPSK 信号星座图上信号点间的最小距离为

$$d_{\mathrm{MPSK}}=2\sin\left(\frac{\pi}{M}\right) \tag{5.4.6}$$

而 MQAM 信号矩形星座图上信号点间的最小距离为

$$d_{\mathrm{MQAM}}=\frac{\sqrt{2}}{L-1}=\frac{\sqrt{2}}{\sqrt{M}-1} \tag{5.4.7}$$

式中，L 为星座图上信号点在水平轴和垂直轴上投影的电平数，$M=L^2$。

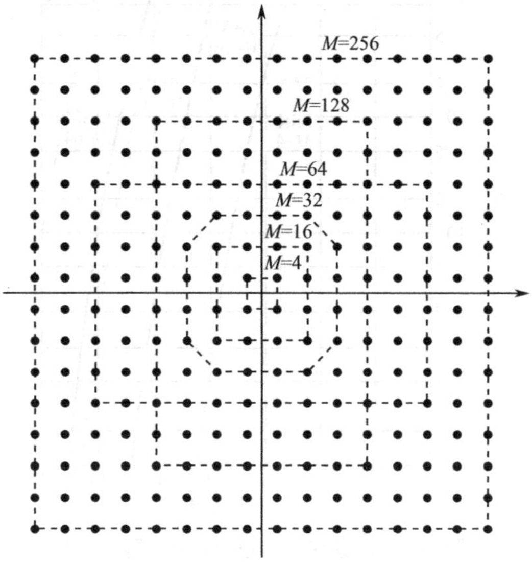

图 5.4.3　MQAM 信号的星座图

由式（5.4.6）和（5.4.7）可以看出，当 $M=4$ 时，$d_{4\mathrm{PSK}}=d_{4\mathrm{QAM}}$，实际上，4PSK 和 4QAM 的星座图相同。当 $M=16$ 时，$d_{16\mathrm{QAM}}=0.47$，而 $d_{16\mathrm{PSK}}=0.39$，$d_{16\mathrm{PSK}}<d_{16\mathrm{QAM}}$。这表明，16QAM 系统的抗干扰能力优于 16PSK 系统。

2．MQAM 解调原理

MQAM 信号同样可以采用正交相干解调方法进行解调，其解调器原理图如图 5.4.4 所示。解调器输入信号与本地恢复的两个正交载波相乘后，经过低通滤波器输出两路多电平基带信号 $X(t)$和 $Y(t)$。多电平判决器对多电平基带信号进行判决和检测，再进行 L 到 2 电平转换和并/串变换最终输出二进制数据。

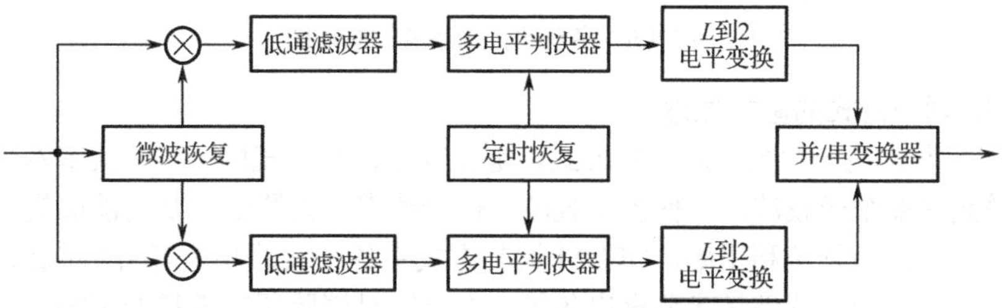

图 5.4.4　MQAM 信号正交相干解调器的原理图

3．MQAM 抗噪声性能

对于方形 QAM，可以看成是由两个相互正交且独立的多电平 ASK 信号叠加而成。因此，利用多电平信号误码率的分析方法，可得到 M 进制 QAM 的误码率为

$$P_e = \left(1 - \frac{1}{L}\right) \mathrm{erfc} \sqrt{\frac{3\log_2 L}{L^2 - 1}\left(\frac{E_b}{n_0}\right)} \tag{5.4.8}$$

式中，$L^2=M$；E_b 为每比特码元能量；n_0 为噪声单边功率谱密度。图 5.4.5 给出了 M 进制方形 QAM 的误码率曲线。

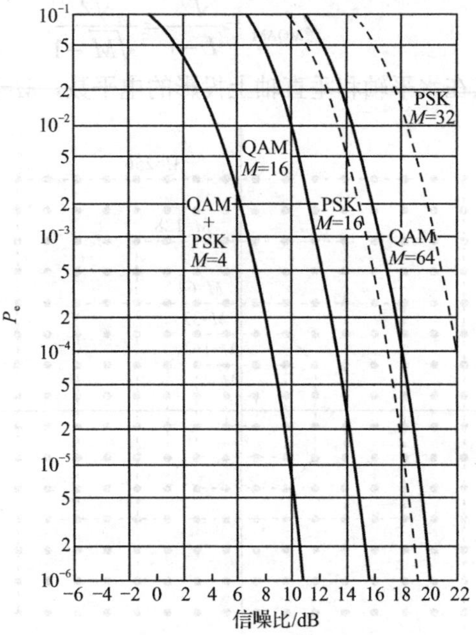

图 5.4.5　M 进制方形 QAM 的误码率曲线

5.4.2　OFDM 调制

前面介绍的 MQAM，以及本书未做讨论的最小移频键控（MSK）、高斯最小移频键控（GMSK）、π/4 DQPSK 等数字调制方式和解调方式都属于串行体制，而与此方式相对应的还有一种体制是并行体制。它将高速率的数据流进行串/并变换，分割为若干路低速率并行数据流，然后每路低速率数据采用一个独立的载波调制并叠加在一起构成发送信号，这种系统称为多载波传输系统。多载波传输系统的原理图如图 5.4.6 所示。

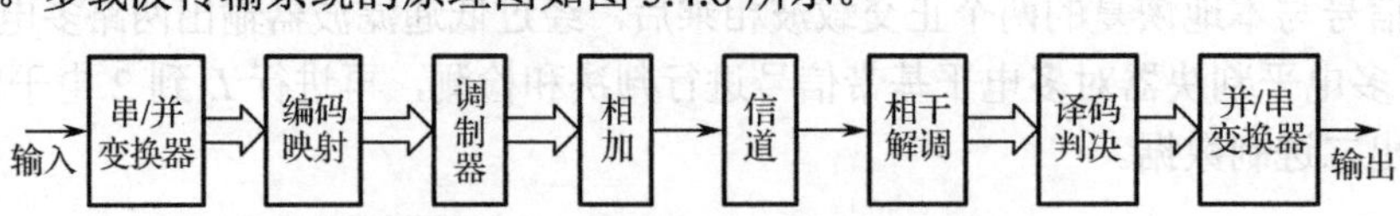

图 5.4.6　多载波传输系统的原理图

1．OFDM 调制方式的基本原理

OFDM 调制方式是一种高效的调制方式，是多载波调制方式的一种，其基本原理是将发送的数据流分散到许多个子载波上，使各子载波的信号速率大为降低，从而能够提高抗多径和抗衰落的能力。为了提高频带利用率，OFDM 调制方式中各子载波频谱有 1/2 重叠，但保持相互正交，在接收端通过相关解调技术分离出各子载波，同时消除码间干扰的影响。

OFDM 信号用复数形式可以表示为

$$s_{\mathrm{OFDM}}(t) = \sum_{m=0}^{M-1} d_m(t) \mathrm{e}^{\mathrm{j}\omega_m t} \tag{5.4.9}$$

其中，

$$\omega_m = \omega_c + m\Delta\omega \tag{5.4.10}$$

式中，ω_m 为第 m 个子载波的角频率；$d_m(t)$为第 m 个子载波上的复数信号。$d_m(t)$在一个码元间隔（又称符号周期）T_s 内为常数，有

$$d_m(t)=d_m \tag{5.4.11}$$

若对信号 $s_{OFDM}(t)$进行采样，采样间隔为 T，则有

$$s_{OFDM}(kT) = \sum_{m=0}^{M-1} d_m e^{j\omega_m kT} = \sum_{m=0}^{M-1} d_m e^{j(\omega_c + k\omega)kT} \tag{5.4.12}$$

假设一个符号周期 T_s 内含有 N 个采样值，即

$$T_s=NT \tag{5.4.13}$$

首先在基带产生 OFDM 信号，然后通过上变频产生输出信号。因此，在基带处理时可令 $\omega_c=0$，则式（5.4.12）可简化为

$$S_{OFDM}(kT) = \sum_{m=0}^{M-1} d_m e^{j(m\Delta\omega)kT} \tag{5.4.14}$$

将式（5.4.14）与离散傅里叶反变换（IDFT）形式

$$g(kT) = \sum_{m=0}^{M-1} G\left(\frac{m}{MT}\right) e^{j2\pi mk/M} \tag{5.4.15}$$

相比较可以看出，若将 $d_m(t)$看作频率采样信号，则 $s_{OFDM}(kT)$为对应的时域信号。比较式（5.4.14）和式（5.4.15）可以看出，若令

$$\Delta f = \frac{1}{NT} = \frac{1}{T_s} \tag{5.4.16}$$

则式（5.4.14）和式（5.4.15）相等。

由此可见，若选择载波频率间隔 $\Delta f = \dfrac{1}{T_s}$，则 OFDM 信号不但保持各子载波相互正交，而且可以用离散傅里叶变换（DFT）来表示。

在 OFDM 系统中引入 DFT 技术对并行数据进行调制和解调，其子带频谱为 $\dfrac{\sin x}{x}$ 函数，OFDM 信号的频谱结构如图 5.4.7 所示。OFDM 信号是通过基带处理来实现的，不需要振荡器组，可大大降低实现 OFDM 系统的复杂性。

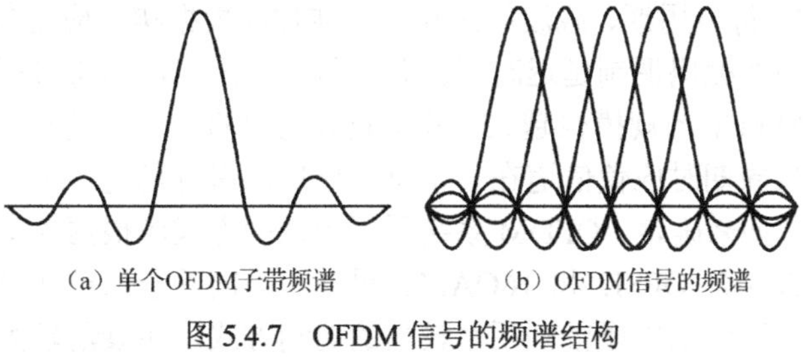

（a）单个OFDM子带频谱　　（b）OFDM信号的频谱

图 5.4.7　OFDM 信号的频谱结构

2. OFDM 信号的调制与解调

OFDM 信号的产生是基于快速离散傅里叶变换（FFT）实现的，其产生原理图如图 5.4.8 所示。图中，输入信息传输速率为 R_b 的二进制数据序列先进行串/并变换。根据 OFDM 符号周期 T_s，将其分成 $c_t=R_bT_s$ 个比特一组。这 c_t 个比特被分配到 N 个子信道上，经过编码后映射为 N 个复数子符号 X_k，其中子信道 k 对应的复数子符号 X_k 代表 b_k 个比特，而且

$$c_t = \sum_{k=0}^{N-1} b_k \tag{5.4.17}$$

Hermitian 对称条件为

$$X_k = X^{*}_{2N-k}\,,\ 0 \leqslant k \leqslant 2N-k \tag{5.4.18}$$

在 Hermitian 对称条件的约束下，$2N$ 点快速离散傅里叶反变换（IFFT）将频域内的 N 个复数子符号 X_k 变换成时域中的 $2N$ 个实数样值 x_k（k=0, 1, …, $2N$−1），加上循环前缀 $x_k=x_{2N+k}$（k=−1, …, −J）之后，这 $2N+J$ 个实数样值就构成了实际的 OFDM 发送符号。x_k 经过并/串变换之后，通过时钟速率为 $f_s=\dfrac{2N+J}{T_s}$ 的 D/A 转换器和低通滤波器输出基带信号。最后经过上变频输出 OFDM 信号。

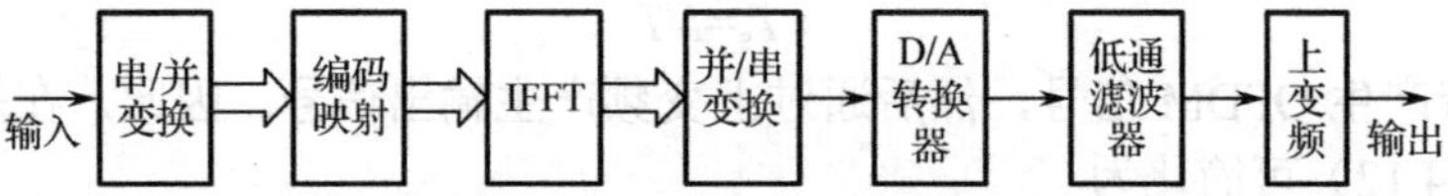

图 5.4.8　OFDM 信号产生原理图

OFDM 信号接收端的原理图如图 5.4.9 所示，其处理过程与发送端相反。接收端输入 OFDM 信号首先经过下变频变换到基带，将 A/D 转换、串/并变换后的信号去除循环前缀，再进行 $2N$ 点 FFT 得到一帧数据。为了对信道失真进行校正，需要对数据进行单抽头或双抽头时域均衡。最后进行译码判决和并/串变换，恢复出发送的二进制数据序列。

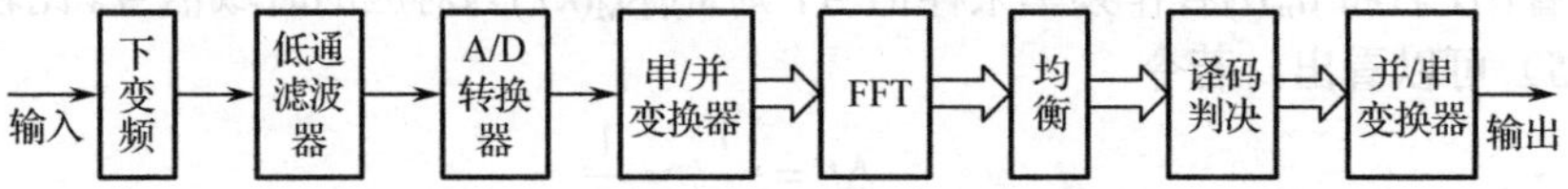

图 5.4.9　OFDM 信号接收端的原理图

由于 OFDM 信号采用的基带调制为 IFFT，可以认为数据的编码映射是在频域进行的，经过 IFFT 变换为时域信号发送出去。接收端通过 FFT 恢复出频域信号。

为了使信号在 IFFT、FFT 前后功率保持不变，DFT 和 IDFT 应满足以下关系：

$$X(k)=\frac{1}{\sqrt{N}}\sum_{n=0}^{N-1}x(n)\exp\left(-\mathrm{j}\frac{2\pi n}{N}k\right),\quad 0\leqslant k\leqslant N-1 \tag{5.4.19}$$

$$x(n)=\frac{1}{\sqrt{N}}\sum_{k=0}^{N-1}X(k)\exp\left(\mathrm{j}\frac{2\pi k}{N}n\right),\quad 0\leqslant n\leqslant N-1 \tag{5.4.20}$$

在 OFDM 系统中，符号周期、载波间距和子载波数应根据实际应用条件合理选择。符号周期的大小影响载波间距及编码调制延迟时间。若信号星座固定，则符号周期越长，抗干扰能力越强，但是载波数量和 FFT 的规模也越大。各子载波间距的大小也受到载波偏移及相位稳定度的影响。一般选定符号周期时应使信道在一个符号周期内保持稳定。子载波的数量根据信道带宽、数据速率及符号周期来确定。OFDM 系统采用的调制方式应根据功率及频带利用率的要求来选择。常用的调制方式有 QPSK 和 16QAM。另外，不同的子信道还可以采用不同的调制方式，特性较好的子信道可以采用频带利用率较高的调制方式，而衰落较大的子信道应选用功率利用率较高的调制方式，这是 OFDM 系统的优点之一。

3. OFDM 系统的性能

1）抗脉冲干扰

OFDM 系统抗脉冲干扰的能力比单载波系统强很多。这是因为对 OFDM 信号的解调是在一个很长的符号周期内积分的，从而使脉冲噪声的影响得以分散。事实上，对脉冲干扰有效的抑制作用是最初研究多载波系统的动机之一。提交给 CCITT 的测试报告表明，能够引起多载波系统发生错误的脉冲噪声的门限电平比单载波系统高 11dB。

2）抗多径传播与衰落

OFDM 系统把信息分散到许多个载波上，大大降低了各子载波的信号速率，使符号周期比多径延迟时间长，从而能够减弱多径传播的影响。采用保护间隔和时域均衡等措施可以有效降低符号间干扰。保护间隔的原理如图 5.4.10 所示。

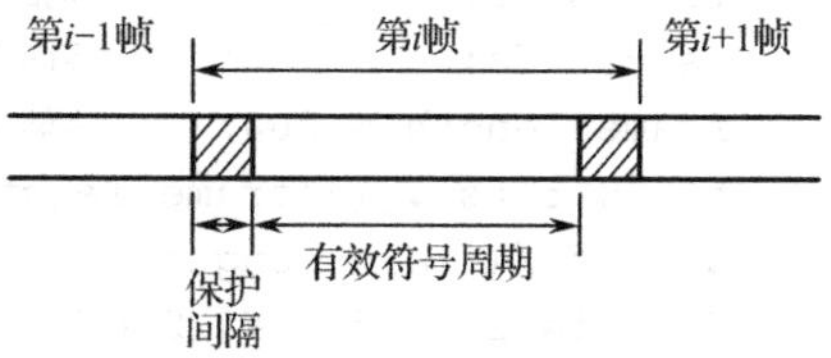

图 5.4.10　保护间隔的原理

3）频带利用率

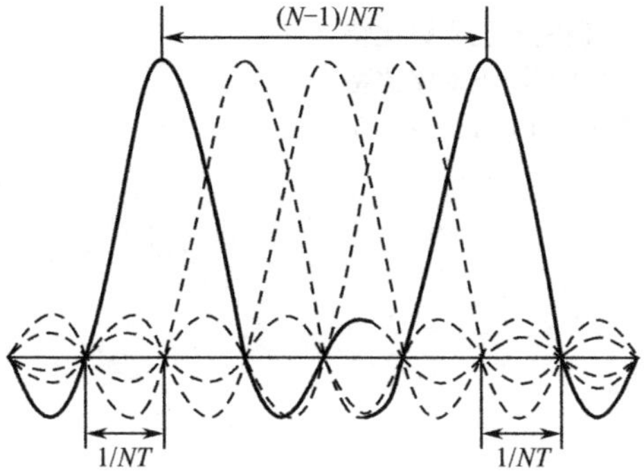

图 5.4.11　OFDM 信号的频谱结构

OFDM 信号由 N 个信号叠加而成，每个信号频谱为 $\frac{\sin x}{x}$ 函数并且与相邻信号频谱有 1/2 重叠，如图 5.4.11 所示。

设信号采样频率为 $1/T$，则每个子载波信号的采样速率为 $\frac{1}{NT}$，即载波间距为 $\frac{1}{NT}$，若将信号两侧的旁瓣忽略，则频谱宽度为

$$B_{\mathrm{OFDM}}=(N-1)\frac{1}{NT}+\frac{2}{NT}=\frac{N+1}{NT} \tag{5.4.21}$$

OFDM 的码元传输速率为

$$R_{\mathrm{Bd}}=\frac{1}{NT}N=\frac{1}{T} \tag{5.4.22}$$

比特率与所采用的调制方式有关，若信号星座点数为 M，则比特率为

$$R_{\mathrm{b}}=\frac{1}{T}\log_2 M \tag{5.4.23}$$

因此，OFDM 系统的频带利用率为

$$\eta_{\mathrm{OFDM}}=\frac{R_{\mathrm{b}}}{B_{\mathrm{OFDM}}}=\frac{N}{N+1}\log_2 M \tag{5.4.24}$$

对于串行系统，当采用 MQAM 方式时，频带利用率为

$$\eta_{\mathrm{MQAM}}=\frac{R_{\mathrm{b}}}{B_{\mathrm{MQAM}}}=\frac{1}{2}\log_2 M \tag{5.4.25}$$

比较式（5.4.24）和式（5.4.25）可以看出，当采用 MQAM 方式时，OFDM 系统的频带利用率比串行系统提高近一倍。

5.4.3　MATLAB 仿真

例 5.4.1　利用 MATLAB 编程产生 16QAM 信号，并绘制 16QAM 信号的功率谱曲线。

解：下面给出主要的 MATLAB 代码及注释。

```
%例 5.4.1 仿真产生 16QAM 信号
%参数设置
Rs = 250;                       %码元速率
Ts = 1/Rs;                      %码元间隔
Rb = 4*Rs;                      %比特率
Tb = 1/Rb;                      %比特宽度
fc = 2*Rb;                      %载波速率
M = 40;                         %每比特内的抽样点数
```

```
fs = M*Rb;                    %抽样速率
ts = 1/fs;                    %时域抽样间隔
frame_length = 200;           %码元个数
t = 0 : ts : (4*frame_length*Tb-ts);            %信号时域范围
df = fs/(frame_length*4*M);                     %频域抽样间隔
f = -fs/2 : df : fs/2-df;                       %信号频域范围
%产生 16QAM 信号
s = randint(1, frame_length*4);                 %产生信息比特
%串并转换
a = s(1 : 2 : end);                             %调制器上支路比特
b = s(2 : 2 : end);                             %调制器下支路比特
%2-4 电平变换，映射关系：01 -> -3, 00 -> -1, 10 -> 1, 11 -> 3.
for i = 1 : length(a)/2
  if a( 2*(i-1)+1 : 2*i ) == [0 1]
    I(i) = -3;
  elseif a( 2*(i-1)+1 : 2*i ) == [0 0]
    I(i) = -1;
  elseif a( 2*(i-1)+1 : 2*i ) == [1 0]
    I(i) = 1;
  elseif a( 2*(i-1)+1 : 2*i ) == [1 1]
    I(i) = 3;
  end
  if b( 2*(i-1)+1 : 2*i ) == [0 1]
    Q(i) = -3;
  elseif b( 2*(i-1)+1 : 2*i ) == [0 0]
    Q(i) = -1;
  elseif b( 2*(i-1)+1 : 2*i ) == [1 0]
    Q(i) = 1;
  elseif b( 2*(i-1)+1 : 2*i ) == [1 1]
    Q(i) = 3;
  end
end
for i = 1:length(I)
  s_i( 4*M*(i-1)+1 : 4*M*i ) = I(i);
  s_q( 4*M*(i-1)+1 : 4*M*i ) = Q(i);
end
%上变频
carri = cos(2*pi*fc*t);              %上支路载波
carrq = -sin(2*pi*fc*t);             %下支路载波
x_i = s_i .* carri;
x_q = s_q .* carrq;
%产生 16QAM 输出信号
x_16QAM = x_i + x_q;
%计算生成信号的功率谱
P_16QAM0 = abs(fft(x_16QAM)/fs).^2 ;
P_16QAM1 = P_16QAM0./max(P_16QAM0);                    %频带归一化谱
P_16QAM = 10*log10(P_16QAM1);                          %以 dB 表示
%输入信息波形
for i = 1 : length(s);
   x_s(M*(i-1)+1 : M*i) = s(i);
```

```
end
%串/并变换后的信号波形
for i = 1 : length(a)
   sa( 2*M*(i-1)+1 : 2*M*i ) = a(i);
   sb( 2*M*(i-1)+1 : 2*M*i ) = b(i);
end
%基带信号功率谱
P_s0 = abs(fft((-1).^x_s)/fs).^2;
P_s1 = P_s0./max(P_s0);                          %基带归一化谱
P_s = 10*log10(P_s1);                            %以 dB 表示
```

图 5.4.12 和图 5.4.13 分别给出了调制信号的波形和功率谱曲线的仿真结果。

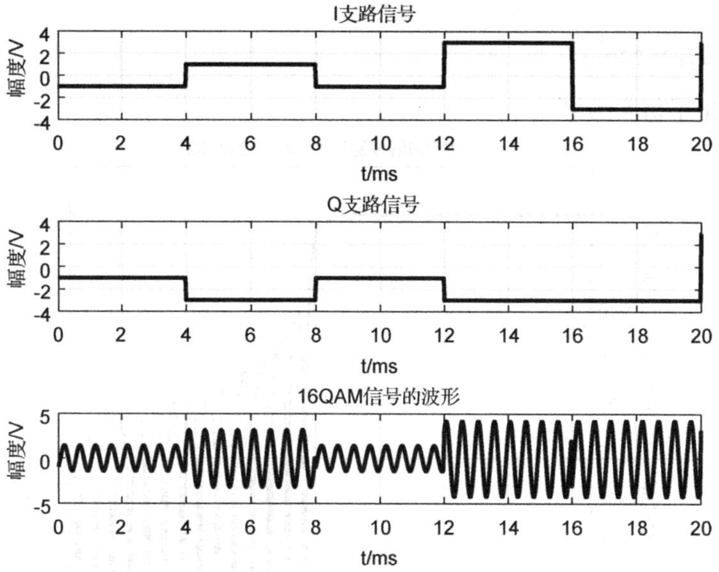

图 5.4.12　基带信号及 16QAM 信号的波形

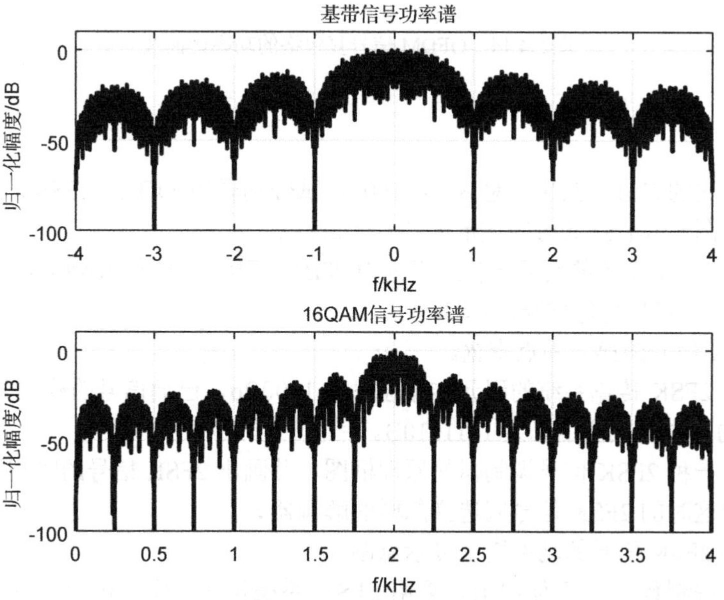

图 5.4.13　功率谱曲线

例 5.4.2 利用 MATLAB 软件绘制 OFDM 信号复包络的功率谱曲线。

解： 下面给出主要的 MATLAB 代码及注释。

```
N=32
T=1;
PSD=0;
f = 0:0.1:30;

for n=0:N-1
   x=SA(pi*f*T-pi*(n-(N-1)/2));
  PSD=PSD+x.*x;
end

PdB = 10*log10(PSD);
```

图 5.4.14 给出了仿真结果。

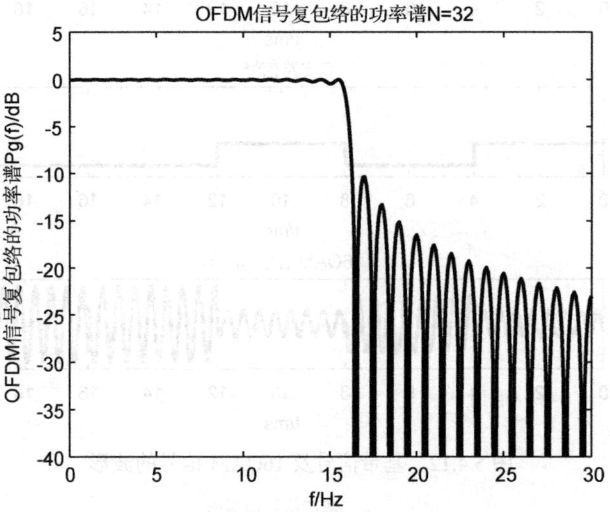

图 5.4.14　OFDM 信号复包络的功率谱曲线

5.5　习题

5.5.1　设发送的二进制数字信息为 1011001，试分别画出 OOK、2FSK、2PSK 及 2DPSK 信号的波形示意图，并总结其时间波形上各有什么特点。

5.5.2　设某 OOK 系统的码元传输速率为 1000Bd，载波信号为 $A\cos(4\pi\times10^6 t)$。

（1）每个码元中包含多少个载波周期？

（2）求 OOK 信号的第一零点带宽。

5.5.3　设某 2FSK 传输系统的码元传输速率为 1000Bd，已调信号的载频分别为 1000Hz 和 2000Hz。发送的二进制数字信息为 1011010B。

（1）试画出一种 2FSK 信号调制器的原理框图，并画出 2FSK 信号的时间波形；

（2）试讨论这时的 2FSK 信号应选择怎样的解调器？

（3）试画出 2FSK 信号的功率谱密度示意图。

5.5.4　设二进制数字信息为 0101，采用 2FSK 系统传输。码元传输速率为 1000Bd。已调信号的载频分别为 3000Hz（对应“1”码）和 1000Hz（对应“0”码）。

（1）若采用包络检波法进行解调，试画出各点时间波形；

（2）若采用相干解调方式进行解调，试画出各点时间波形；

（3）求2FSK信号的第一零点带宽。

5.5.5　设某2PSK传输系统的码元传输速率为1200Bd，载频为2400Hz。发送的二进制数字信息为0100110B。

（1）画出2PSK信号调制器的原理框图，并画出2PSK信号的时间波形。

（2）若采用相干解调方式进行解调，试画出各点时间波形。

（3）若发送符号“0”和符号“1”的概率分别为0.6和0.4，试求出该2PSK信号的功率谱密度表达式。

5.5.6　设发送的绝对码序列为0110110B，采用2DPSK系统传输。已知码元传输速率为2400Bd，载频为2400Hz。

（1）试画出一种2DPSK信号调制器的原理框图。

（2）若采用相干解调加码反变换器方式进行解调，试画出各点时间波形。

（3）若采用差分相干解调方式进行解调，试画出各点时间波形。

5.5.7　在2ASK系统中，已知码元传输速率为2×10^6Bd，信道加性高斯白噪声的单边功率谱密度$n_0=6\times10^{-18}$W/Hz，接收端解调器输入信号的峰值振幅$a=40\mu$V。试求：

（1）采用非相干解调方式接收时，系统的误码率；

（2）采用相干解调方式接收时，系统的误码率。

5.5.8　若某2FSK系统的码元传输速率为2×10^6Bd，发送符号“1”的频率f_1为10MHz，发送符号“0”的频率f_2为10.4MHz，且发送概率相等。接收端解调器输入信号的峰值振幅$a=40\mu$V，信道加性高斯白噪声的单边功率谱密度$n_0=6\times10^{-18}$W/Hz。试求：

（1）2FSK信号的第一零点带宽；

（2）采用非相干解调方式接收时，系统的误码率；

（3）采用相干解调方式接收时，系统的误码率。

5.5.9　在二进制数字调制系统中，已知码元传输速率为1000Bd，接收机输入高斯白噪声的双边功率谱密度$n_0/2=10^{-10}$W/Hz，若要求解调器输出误码率$P_e\leqslant10^{-5}$，试求相干解调2DPSK系统及相干解调2PSK系统所要求的输入信号功率。

第 6 章

雷达收发机及终端设备

前面的章节讨论了现代通信的基本原理与技术，主要涉及通信的基本概念、通信系统的基本组成、模拟调制、数字基带传输、模拟信号的数字传输及数字调制与传输等内容。接下来将主要讨论现代雷达的基本原理、基本技术与系统构成，包括发射机、接收机、雷达终端、雷达方程与目标检测、雷达测量（包括测距、测角和测速）和几种典型的雷达系统。

本章将介绍雷达收发机的任务、基本组成、主要技术指标和典型收发机的工作原理等。此外，本章也将简单介绍雷达系统的终端设备。

6.1 发射机的任务和基本组成

雷达是利用物体反射电磁波的特性来发现目标并确定目标的距离、方位、高度和速度等参数的。因此，雷达工作时要求发射一种特定的大功率无线电信号，而雷达中的发射机就是完成这种任务的，也就是说，发射机为雷达提供一个载波受到调制的大功率射频信号，经馈线和收发开关后再由天线辐射出去。

在雷达系统中，发射机通常分为脉冲调制发射机和连续波发射机，但应用最多的是脉冲调制发射机，它通常又分为单级振荡式发射机和主振放大式发射机两类，分别如图 6.1.1 和图 6.1.2 所示。在图 6.1.1 中，单级振荡式发射机主要由大功率射频振荡器、脉冲调制器和电源等组成。其中，τ为脉冲宽度，而 T_r是脉冲重复周期。如图 6.1.2 所示，主振放大式发射机由射频放大链、脉冲调制器、固体微波源及高压电源等组成。其中，固体微波源是雷达系统的重要组成部分，它主要由高稳定的基准频率源、频率合成器、波形发生器及发射激励（上变频）等组成。

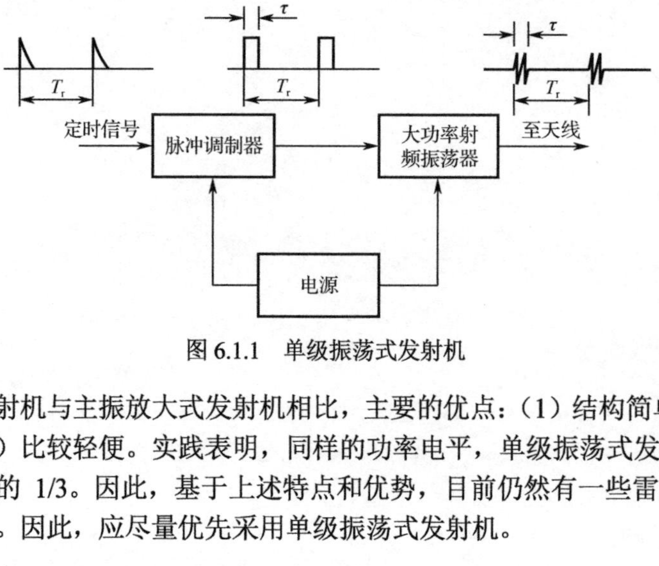

图 6.1.1　单级振荡式发射机

单级振荡式发射机与主振放大式发射机相比，主要的优点：（1）结构简单；（2）成本较低；（3）效率较高；（4）比较轻便。实践表明，同样的功率电平，单级振荡式发射机大约只有主振放大式发射机质量的 1/3。因此，基于上述特点和优势，目前仍然有一些雷达系统采用磁控管单级振荡式发射机。因此，应尽量优先采用单级振荡式发射机。

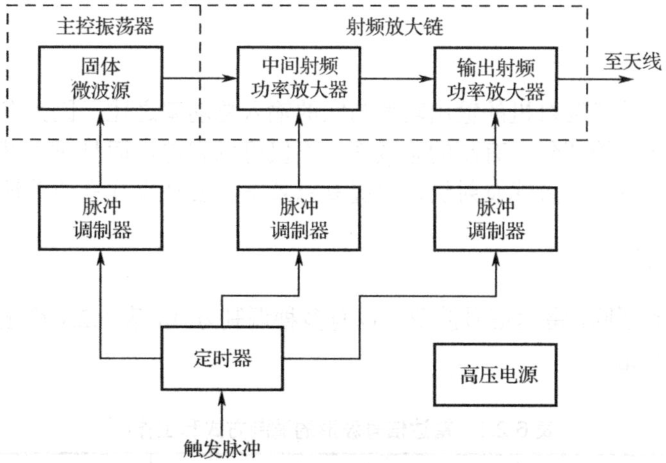

图 6.1.2　主振放大式发射机

但是，单级振荡式发射机也存在频率稳定度差等明显缺点。比如，采用了稳频装置及自动频率控制（AFC）措施的磁控管振荡器的频率稳定度也只有 10^{-5}。同时，单级振荡式发射机前后相继的射频脉冲信号之间的相位是不相等的。此外，单级振荡式发射机不容易产生复杂波形，因而难以满足脉冲压缩和脉冲多普勒等现代雷达系统的要求。所以，当雷达系统对发射机有较高要求时，单级振荡式发射机往往无法满足而必须采用主振放大式发射机。

6.2　发射机的主要技术指标

6.2.1　工作频率或波段

雷达的工作频率或波段是根据雷达的用途确定的。为了提高雷达系统的工作性能和抗干扰能力，有时还要求它能在几个频率上跳变工作或同时工作。工作频率或波段的不同对发射机的设计影响很大，它首先涉及发射管种类的选择。例如，由于早期的远程警戒雷达主要工作在 1000MHz 以下，因此，主要采用微波三、四极管。但在 1000MHz 以上，则大多采用多腔磁控管、大功率速调管、行波管及前向波管等。

随着微波硅双极晶体管的迅猛发展，固态放大器的应用日渐成熟，因此，目前工作在 S 波段的雷达基本上都采用全固态发射机。近年来，随着砷化镓场效应管放大器技术的进步，它与成熟的有源相控阵技术相结合，使得 C 波段和 X 波段全固态有源相控阵发射机得以应用和推广。

6.2.2　输出功率

发射机的输出功率直接影响雷达的威力和抗干扰能力。通常规定发射机送至天线输入端的功率为发射机的输出功率。有时为了测量方便，也可以规定在指定负载上（馈线上一定的电压驻波比）的功率为发射机的输出功率。若是在波段工作的发射机，则还应规定在整个波段中输出功率的最低值，或者规定在波段内输出功率的变化不得大于多少分贝。

脉冲雷达发射机的输出功率又可分为峰值功率 P_t 和平均功率 P_{av}。P_t 是指脉冲期间射频振荡的平均功率（注意，不要与射频正弦振荡的最大瞬时功率相混淆）。P_{av} 是指脉冲重复周期内输出功率的平均值。如果发射波形是简单的矩形脉冲，脉冲宽度为 τ，脉冲重复周期为 T_r，则有

$$P_{av} = P_t \frac{\tau}{T_r} = P_t \tau f_r$$

式中，$f_r = 1/T_r$ 是脉冲重复频率，$\tau / T_r = \tau f_r$ 称作雷达的工作比 D。

6.2.3 总效率

发射机的总效率是指发射机的输出功率与它的输入总功率之比。因为发射机通常在整机中是最耗电和最需要冷却的部分，有高的总效率，不仅可以省电，而且对于减轻整机的体积和质量也很有意义。对于主振放大式发射机，要提高总效率，要特别注意改善输出级的效率。

6.2.4 信号形式

根据雷达体制的不同，雷达信号波形可以有多种调制方式，表 6.2.1 给出了几种常见信号波形的调制方式和工作比。

表 6.2.1 雷达信号波形的调制方式和工作比

波　形	调制方式	工作比/%
简单脉冲	矩形振幅调制	0.01～1
脉冲压缩	线性调频 脉内相位编码	0.1～10
高工作比多普勒	矩形调幅	30～50
调频连续波	线性调频 正弦调频 相位编码	100
连续波		100

图 6.2.1 是三种典型的雷达信号和调制波形。其中，图 6.2.1（a）表示的是简单的固定载频矩形脉冲调制波形，图中的 τ 是脉冲宽度，T_r 是脉冲重复周期。图 6.2.1（b）表示的是脉冲压缩雷达中所用的线性调频信号。图 6.2.1（c）表示的是相位编码脉冲压缩雷达中使用的相位编码信号，这里的 τ_0 是子脉冲宽度。

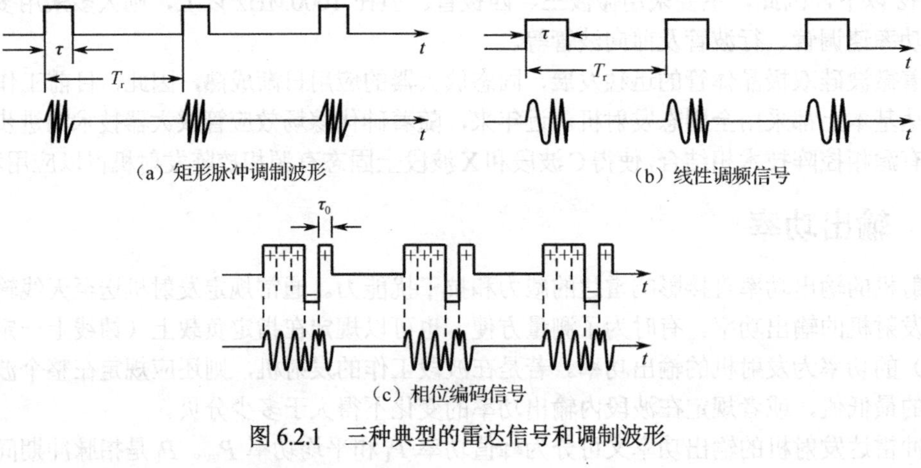

图 6.2.1 三种典型的雷达信号和调制波形

6.2.5 信号的稳定度和频谱纯度

信号的稳定度是指信号的各项参数，例如，信号的振幅、频率（或相位）、脉冲宽度及脉冲重复频率等是否随时间做不应有的变化。雷达信号的任何不稳定都会给雷达整机性能带来不利的影响。例如，对动目标显示雷达，它会造成不应有的系统对消剩余，在脉冲压缩系统中会造成目标的距离旁瓣，以及在脉冲多普勒系统中会造成假目标等。信号参数的不稳定可分为规律性的不稳定与随机性的不稳定两类，规律性的不稳定往往是由电源滤波不良、机械振动等原因引起的，而随机性的不稳定则是由发射管的噪声和调制脉冲的随机起伏引起的。可以在时域或频域对信号的稳定度进行描述，而信号的稳定度在频域又被称为信号的频谱纯度。图 6.2.2 给出的是矩形调幅的射频脉冲序列的理想频谱，它是以载频 f_0 为中心频率，包络呈 sinc 函数状，频率间隔为脉冲重复频率的梳状谱。但是，由于发射机各个模块的非理想和不完善特性，实际的发射信号会在上述理想梳状谱之外产生分布型寄生输出，如图 6.2.3 所示。

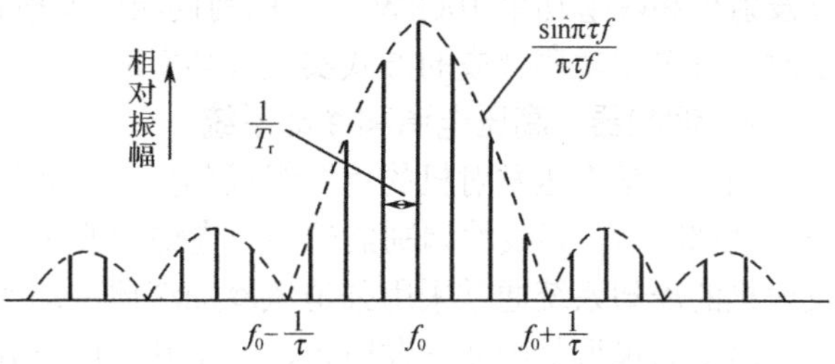

图 6.2.2 矩形调幅的射频脉冲序列的理想频谱

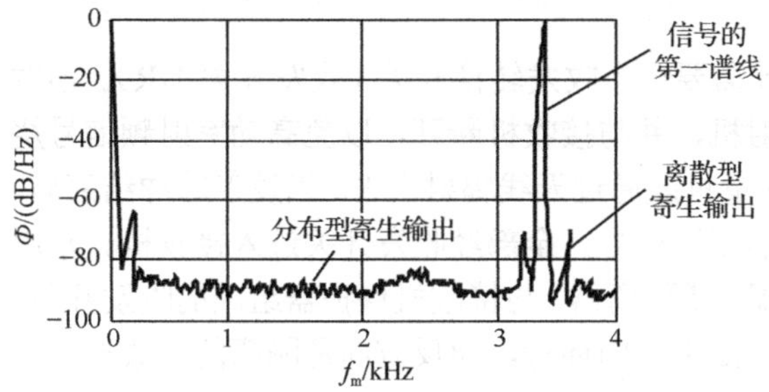

图 6.2.3 实际发射信号的频谱

对于分布型寄生输出，以偏离载频若干赫兹的傅里叶频率（以 f_m 表示）上每单位频带的单边带功率与信号功率之比来衡量信号的频谱纯度，其单位是 dB/Hz。由于分布型寄生输出对于 f_m 的分布是不均匀的，因此信号的频谱纯度是 f_m 的函数，通常用 $L(f_m)$表示。假如测量设备的有效带宽不是 1Hz 而是 ΔB，则所测得的分贝值与 $L(f_m)$的关系可近似表示为

$$L(f_m)=10\lg\frac{\Delta B\text{带宽内的单边带功率}}{\text{信号功率}}-10\lg\Delta B$$

现代雷达对信号的频谱纯度提出了很高的要求。例如，对于脉冲多普勒雷达，典型的要求是-80dB。因此，为了满足信号的频谱纯度要求，发射机需要精心设计。

6.3 发射机的主要部件及应用

现代雷达已被广泛应用于国防、国民经济、航空航天及太空探测等领域。雷达发射机技术除在雷达中应用外，在导航、电子对抗、遥测遥控、医疗设备、仪器仪表和高能微波武器等方面都有广泛应用。

在雷达系统中，根据雷达体制对发射机提出不同的要求。发射机按产生射频信号的方式可分为单级振荡式发射机和主振放大式发射机；按发射信号形式可分为连续波发射机和脉冲调制发射机；按发射机产生射频信号所采用的器件可分为电真空器件发射机和全固态发射机；按用途和应用平台可分为地面雷达发射机、舰载雷达发射机、机载雷达发射机和星载雷达发射机等。

6.3.1 发射机的主要部件

1. 大功率射频振荡器和射频放大链

单级振荡式发射机通常采用与其输出功率和工作频率相匹配的真空三极电子管、四极电子管振荡器或磁控管振荡器。主振放大式发射机的峰值功率在 1MW 内，通常采用行波管或速调管放大器，一般由一级固态放大器驱动一级电真空放大器组成；高增益行波管放大链级数较少但可提供高增益，常用于机载雷达和轻便式移动雷达中；峰值功率高于 1MW 的行波管或速调

管发射机和峰值功率100kW以上的前向波管发射机，则由多级放大链组成。当有更高功率的要求时，可采用功率合成的方式实现大功率应用。

2. 调制器、高压电源和冷却系统

调制器是雷达发射机的重要组成部分。高峰值功率阴极调制微波管需要大功率线性调制器或刚性调制器，其线性调制器的高压电源一般采用多相整流的低频（50Hz或400Hz）电源，而发射机的冷却系统通常采用强迫风冷加液体冷却或强迫风冷、液体冷却加蒸发冷却等方式实现。

对于栅极调制微波管发射机，由于其高压电源、大功率的特性，且电源稳定度和纹波直接影响输出信号的质量，因此通常采用稳定度较高的高频逆变电源，而冷却系统采用强迫风冷加液体冷却的方式实现。

3. 射频器件

射频器件主要涉及收发开关、环行器、定向耦合器、移相器、隔离器和衰减器等部件。下面介绍一下收发开关和环行器。

由于脉冲雷达中的天线通常是共用的，因此需要一个收发转换开关（收发开关T/R）。当发射机发射高频脉冲时，收发开关接通天线与发射机，并与接收机断开，以免高功率射频信号烧毁接收机的高频放大器或混频器。因此，射频能量只能通过天线辐射出去。当发射脉冲结束后，收发开关则断开发射支路，以保证天线接收到的回波信号，全部经收发开关进入接收机。常用的收发开关有平衡式收发开关和由铁氧体环行器（或隔离器）与接收机保护器组成的收发开关。

环行器是多端口器件，射频能量的传输只能沿单方向环行，而反方向是隔离的，故称为环行器。现代雷达的收发设备通常共用天线，因此，雷达系统中常用环行器作双工器。环行器的基本工作原理：它是利用微波铁氧体材料制作的一种特殊器件，可以做成同轴结构，也可以设计成波导结构。其中，微带三端环行器用得最多。用铁氧体材料作介质，上置导带结构，加恒定磁场，就具有环行特性。若改变偏置磁场的方向，则环行的方向会因此而改变。

下面介绍几种典型雷达发射机和关键部件的应用。

6.3.2 单级振荡式发射机

常规脉冲雷达的单级振荡式发射机的组成方框图如图6.3.1所示，其主要由预调器、调制器和振荡器等组成，如图6.3.1所示的虚线框部分。振荡器产生大功率的高频振荡信号，并受调制脉冲控制，因而输出的包络为矩形脉冲调制的高频振荡。单级振荡式发射机的各级波形如图6.3.2所示。图6.3.2中的τ是脉冲宽度，T_r是脉冲重复周期。由于只有一级高频振荡器，因此常称为单级振荡式发射机。

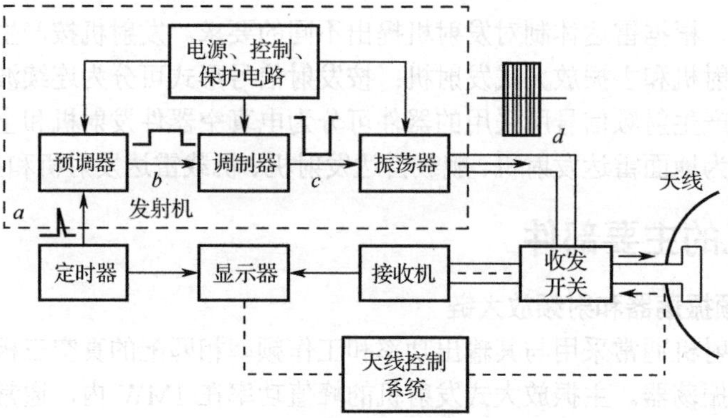

图6.3.1 单级振荡式发射机的组成方框图

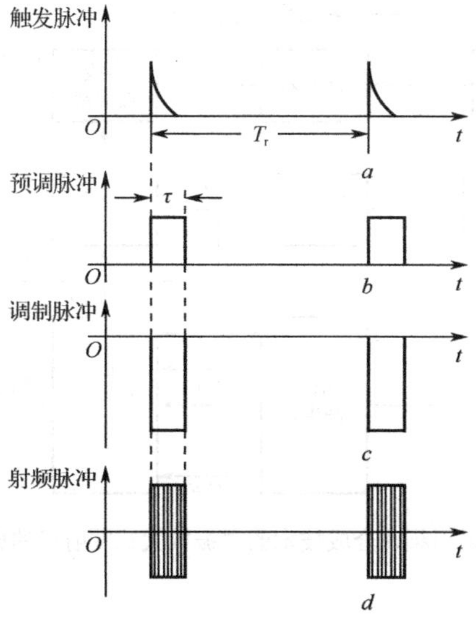

图 6.3.2　单级振荡式发射机的各级波形

6.3.3　主振放大式发射机

下面简单介绍一下主振放大式发射机的特点及其应用。

1．具有很高的频率稳定度

在雷达整机要求有很高的频率稳定度的情况下，必须采用主振放大式发射机。因为在单级振荡式发射机中，信号的载频直接由大功率振荡器决定。由于振荡管的预热漂移、温度漂移、负载变化引起的频率拖曳效应、电子频移、调谐游移及校准误差等，单级振荡式发射机难以达到高的频率精度和频率稳定度。

在主振放大式发射机中，频率精度和频率稳定度由低电平级决定，较易采取各种稳频措施，例如，恒温、防震、稳压及采用晶体滤波、注入稳频及锁相稳频等，所以能够得到很高的频率稳定度。

2．发射相位相参信号

在要求发射相位相参信号的雷达系统（如脉冲多普勒雷达等）中，必须采用主振放大式发射机。所谓相位相参性，是指两个信号的相位之间存在着确定的关系。对于单级振荡式发射机，由于脉冲调制器直接控制振荡器的工作，每个射频脉冲的起始射频相位是由振荡器的噪声决定的，因而相继脉冲的射频相位是随机的，或者说，这种受脉冲调制的振荡器输出的射频信号相位是不相参的。所以，有时把单级振荡式发射机称为非相参发射机。

在主振放大式发射机中，主控振荡器提供的是连续波信号，射频脉冲是通过脉冲调制器控制射频功率放大器达到的。因此，相继射频脉冲之间就具有固定的相位关系。只要主控振荡器有良好的频率稳定度，射频功率放大器有足够的相位稳定度，发射信号就可以具有良好的相位相参性。为此，常把主振放大式发射机称为相参发射机。还需指出，如果雷达系统的发射信号、本振电压、相参振荡电压和定时器的触发脉冲均由同一基准信号提供，那么这些信号之间均保持相位相参性，通常把这种系统称为全相参系统。图 6.3.3 是采用频率合成技术的主振放大式发射机的原理方框图，图 6.3.3 中基准频率振荡器输出的基准信号频率为 F。在这里，发射信号（频率 $f_0=N_iF+MF$）、稳定本振电压（频率 $f_L=N_iF$）、相参振荡电压（频率 $f_C=MF$）和定时器的触发脉冲（脉冲重复频率 $f_r=F/n$）均由基准信号 F 经过倍频、分频及频率合成而产生，它们之间有确定的相位相参性，所以这是一个全相参系统。

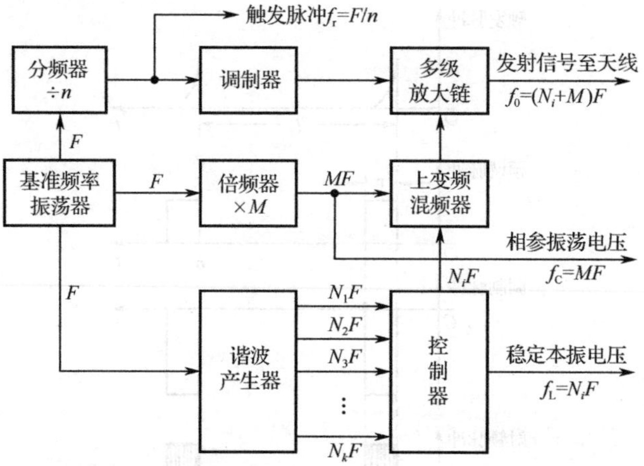

图 6.3.3　采用频率合成技术的主振放大式发射机的原理方框图

3. 适用于频率捷变雷达

频率捷变雷达具有良好的抗干扰能力，这种雷达的每个射频脉冲的载频可以在一定的频带内快速跳变。为了保证接收机能够准确接收到目标回波信号，需要接收机稳定本振电压的频率f_L与发射信号的频率f_0同步跳变。

图 6.3.3 中采用频率合成技术的主振放大式发射机可适用于频率捷变雷达，基准信号频率F经过谐波产生器，得到$N_1F, N_2F, \cdots, N_kF$等不同的频率。在控制器作用下，射频脉冲的载频f_0可以在（N_1F+MF），（N_2F+MF），⋯，（N_kF+MF）之间实现快速跳变，与此同时，稳定本振电压的频率f_L相应地在$N_1F, N_2F, \cdots, N_kF$之间同步跳变。两者之间严格保持固定的差拍频率MF（接收机的中频频率），从而保证回波信号的正确接收。此种结构的雷达系统具有控制灵活、频率跳变速度快、抗干扰性能好等优点。

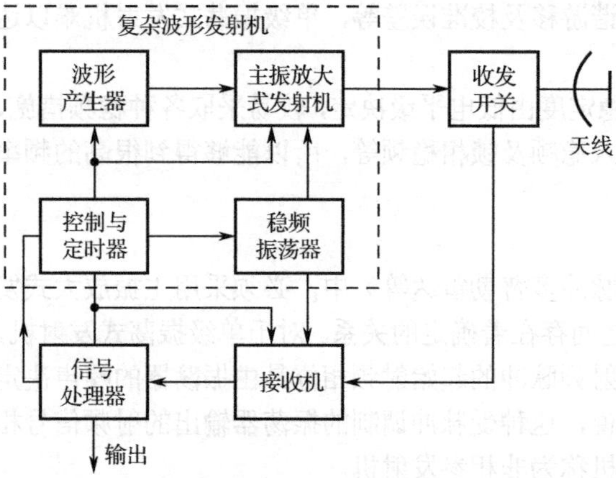

图 6.3.4　能产生复杂波形的多功能现代雷达发射机

4. 能产生复杂波形

主振放大式发射机适用于要求产生复杂波形的雷达系统，而单级振荡式发射机要实现复杂调制比较困难，甚至不可能。对于主振放大式发射机，各种复杂调制可以在低电平的波形发生器中形成，而后接的射频功率放大器只要有足够的增益和带宽即可。图 6.3.4 所示的主振放大式发射机即一种能产生复杂波形的多功能现代雷达发射机。

6.3.4　射频放大链的性能与组成

主振放大式发射机采用多级射频放大链，它的设计质量与微波放大管的选择关系密切。关于各种微波放大管（简称微波管）的工作原理已经在诸如“微波电路”等类似课程中讨论过，在此仅从微波管对发射机性能影响的角度出发讨论微波管的选用问题。前面已经提到，当传统雷达工作频率在 1000MHz 以上时，通常选用直线电子注微波管（O 形管）和正交场型微波管（M 形管）。在 1000MHz 以下用得较多的是微波三、四极管（栅控管）。随着电子技术的进步，现代雷达能够选用高性能的晶体管或场效应管作为微波管。

根据雷达手册等相关设计资料可知，选用什么微波管组成射频放大链要按实际情况具体考虑，不存在适用于一切场合的最佳射频放大链。从传统雷达的使用情况看，在1000MHz以下选用微波三、四极管组成射频放大链，它具有体积小、质量小、工作电压低、相位稳定性和相位特性线性度好、成本低和对负载失配容限大等优点。但是，它的单级增益较低，往往要求的级数较多（为提高增益，通常让前级工作在A类，这样做对射频放大链的总效率影响不大）。它的频带也不易做得宽（新型的将电路元件和管子结合在一起封装于真空壳内的所谓同轴管放大器及将一系列管子结合在一起组成分布放大器的四极管链，则具有10%以上乃至几个倍频程的带宽）。这种射频放大链较多用于地面远程雷达和相控阵雷达中。

在1000MHz以上，射频放大链通常有行波管-行波管、行波管-速调管和行波管-前向波管等几种组成方式。

（1）行波管-行波管射频放大链。这种射频放大链具有较宽的频带，可用较少的级数提供高的增益，因而结构较为简单。但是，它的输出功率往往不大，效率也不是很高，常应用于机载雷达及要求轻便的雷达系统中。

（2）行波管-速调管射频放大链。它的特点是可以提供较大的功率，在增益和效率方面的性能也比较好，但是它的频带较窄，速调管本身及要求的附属设备（如聚焦磁场及冷却和防护设备等），使射频放大链较为笨重，所以这种射频放大链多用于地面雷达。

（3）行波管-前向波管射频放大链。这是一种比较好的折中方案。行波管虽然效率低，用在前级对整个射频放大链影响较小，但可以发挥其高增益的优点。由于行波管提供了足够的增益，使得后级可以采用增益较低的前向波管，而前向波管的高效率特点提高了整个射频放大链的效率，彼此取长补短。这种射频放大链频带较宽，体积和质量相对不大，因而在地面的机动雷达、相控阵雷达（末级通常采用多管输出）及某些空载雷达中的应用日趋增多。

6.4 固态发射机

随着微电子技术，特别是大功率半导体器件工艺水平的快速进步和发展，现代雷达广泛采用固态发射机，甚至全固态发射机。本节将介绍固态发射机的一些基本情况，包括它的发展概况和特点、固态高功率放大器模块、微波单片集成电路（MMIC）收发模块及固态发射机的应用等内容。

6.4.1 发展概况和特点

大功率半导体技术的迅猛发展，使得微波单片集成电路和微波网络技术应用于若干微波功率器件和低噪声收发器件，并组合成固态高功率放大器模块或固态收发模块。固态发射机通常由几十个甚至几千个固态发射模块组成，并已在机载雷达、相控阵雷达及其他高性能雷达中逐步取代传统的微波电子管发射机。

与微波电子管发射机相比，固态发射机具有如下优点：（1）不需要阴极加热，寿命长；（2）具有很高的可靠性；（3）体积小、质量小；（4）工作频带宽、效率高；（5）系统设计和运用灵活；（6）维护方便、成本较低。

6.4.2 固态高功率放大器模块

1. 大功率微波晶体管

大功率微波晶体管的迅速发展，对固态发射机的性能和应用起到重要的推动作用。在S波段以下，通常采用硅双极晶体管；在S波段以上，则较多采用砷化镓场效应管（GaAs FET），目前它们的输出功率在8～10GHz频率上可达20W，而在12GHz以上时只有几瓦。

2. 固态高功率放大器模块的组成

应用先进的集成电路工艺和微波网络技术，将多个大功率微波晶体管的输出功率并行组合，即可制成固态高功率放大器模块。输出功率并行组合的主要要求是高功率和高效率。根据使用要求，固态高功率放大器的输出功率组合方式主要有以下几种：（1）空间合成输出结构；（2）集中合成输出结构；（3）集中合成输出结构的固态高效模块。其中，空间合成输出结构主要用于相控阵雷达。由于没有微波功率合成网络的插入损耗，因此，这种组合方式输出功率的效率很高。

6.4.3 微波单片集成电路收发模块

微波单片集成电路的最新发展，使固态收发模块在相控阵雷达中的应用达到实用阶段。微波单片集成电路采用了新的模块化设计方法，将固态收发模块中的有源器件（线性放大器、低噪声放大器、饱和放大器和有源开关等）和无源器件（电阻、电容、电感、二极管和传输线等）制作在同一块砷化镓（GaAs）基片上，从而大大提高了固态收发模块的技术性能，使得成品的一致性好、尺寸小、质量小。

图 6.4.1 给出了典型的微波单片集成电路收发模块的组成方框图，其主要由功率放大器、低噪声放大器、限幅器和环行器等部件组成，具有高集成度、高可靠性和多功能特点。

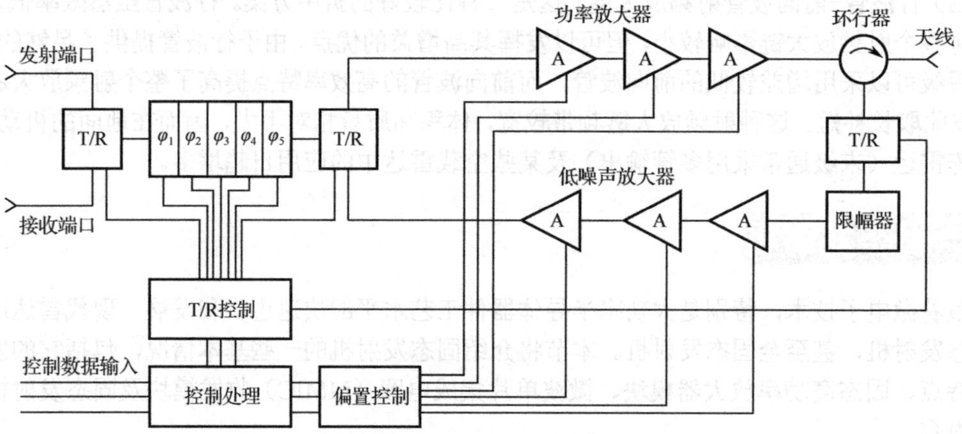

图 6.4.1　用于相控阵雷达的微波单片集成电路收发模块的组成方框图

微波单片集成电路收发模块已经成为相控阵雷达的关键部件。从超高频波段至厘米波波段，都有可供使用的微波单片集成电路收发模块。微波单片集成电路收发模块的主要优点如下。

（1）成本低廉。因为由有源器件和无源器件构成的高集成度和多功能电路是用批量生产工艺制作在相同的基片上的，它不需要常规的电路焊接装配过程，所以成本低廉。

（2）可靠性高。采用先进的集成电路工艺和优化的微波网络技术，没有常规分离元件电路的硬线连接和元件组装过程，因此微波单片集成电路收发模块的可靠性大大提高。

（3）电路性能一致性好，成品率高。微波单片集成电路收发模块是在相同的基片上批量生产制作的，电路性能一致性很好，成品率高，在使用维护中的替换性也很好。

（4）尺寸小、质量小。因为有源器件和无源器件制作在同一块砷化镓基片上，电路的集成度很高，所以它的尺寸和质量与常规的分离元件制作的微波单片集成电路收发模块相比越来越小。

6.4.4 固态发射机的应用

1. 在相控阵雷达中的应用

固态收发模块在相控阵雷达中的应用已受到重视。相控阵天线中的每个阵元都由单个的固态收发模块组成。相控阵天线利用电扫描方式，使每个固态收发模块辐射的能量在空间合成所需要的高功率并输出，从而避免了采用微波网络合成功率所引起的损耗。

典型L波段相控阵固态收发模块的组成方框图如图6.4.2所示。在发射状态时，逻辑控制电路发出指令，使移相器收发开关处于发射方式（保证移相器与预放大器接通）。射频信号经过移相器加到由硅双极晶体管组成的预放大器和功率放大器上，再经过环行器后直接激励相控阵天线中的某个阵元。在接收状态，逻辑控制电路使移相器收发开关处于接收方式（保证低噪声放大器与移相器接通），由天线阵元接收到的射频回波信号经环行器和限幅器收发开关后加至低噪声放大器，然后经过移相器送至射频综合网络。射频综合网络合成从各个阵元的发射/接收组件返回的射频回波信号，最后送至由计算机控制的相控阵雷达信号处理机。

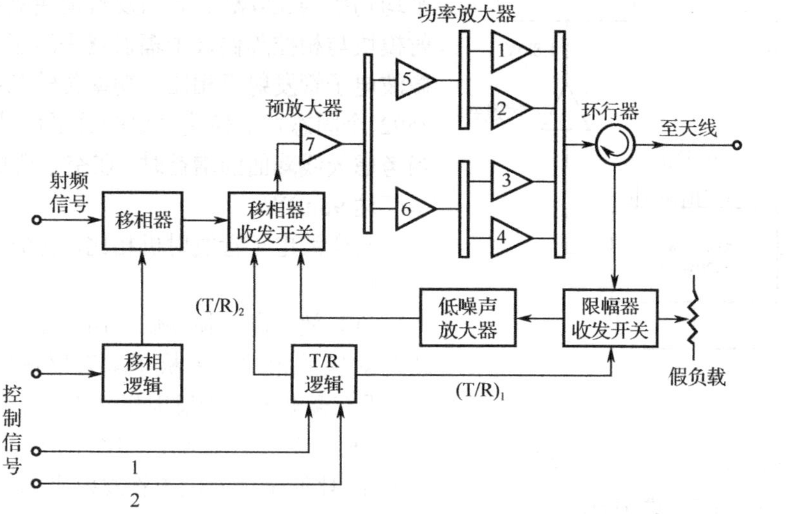

图6.4.2 典型L波段相控阵固态收发模块的组成方框图

2. 在全固态化、高可靠性雷达中的应用

图6.4.3给出了一个L波段全固态化、高可靠性发射机的应用实例。这个固态发射机的输出峰值功率为8kW，平均功率为1.25kW。它的主要特点如下。

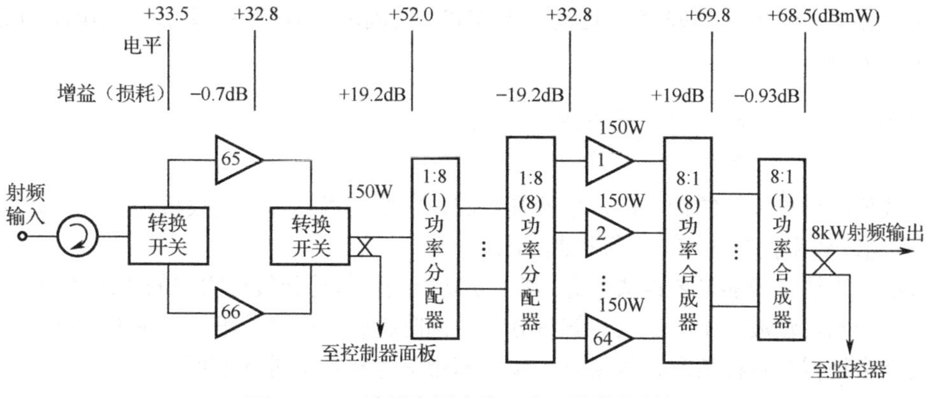

图6.4.3 L波段全固态化、高可靠性发射机

（1）功率放大器由64个固态放大集成组件组成，每个集成组件的峰值功率均为150W，增益为20dB，带宽为200MHz，效率为33%；

（2）采用高性能的1:8功率分配器和8:1功率合成器，保证级间有良好的匹配和高的功率传输效率；

（3）采用两套前置预放大器（组件65和组件66），如果一路预放大器失效，转换开关将自动接通另一路。上述三点使这个固态发射机具有高可靠性，而且体积小、质量小、机动性好。

3．在连续波体制对空监视雷达中的应用

图6.4.4给出了一种用于连续波体制对空监视雷达的固态发射机组成方框图。这个连续波体制对空监视雷达提供高空卫星及其他空中目标的检测和跟踪数据，工作频率为217MHz。为了提高雷达系统的性能，用固态发射机直接代替了原来体积庞大、效率较低的电子管发射机。整个天线阵面由2592个相控阵偶极子辐射器组成，每个辐射器直接由一个平均功率为320W的固态发射模块驱动。由于固态发射模块与相控阵偶极子辐射器采用了一体化结构，与微波电子管发射机相比，功率传输效率提高了1dB。2592个固态发射模块输出的总平均功率为830kW，当考虑天线阵面的增益时，在空中合成的有效辐射功率高达98dBW。

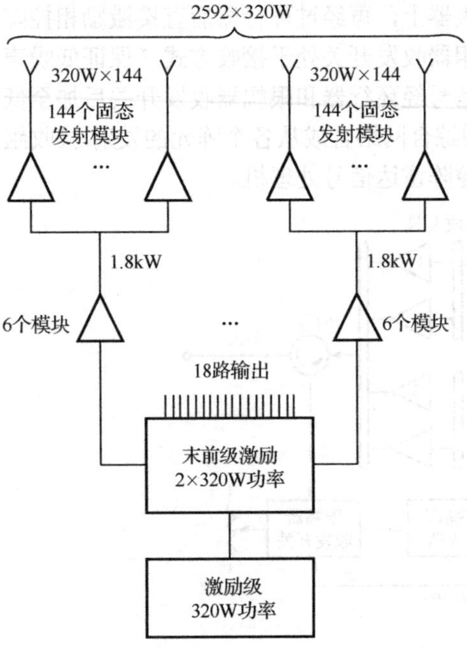

图6.4.4　用于连续波体制对空监视雷达的固态发射机组成方框图

与微波电子管发射机相比，这个固态发射机具有如下优点。

（1）效率高、损耗低。由于2592个固态发射模块与对应的相控阵偶极子辐射器在结构上是一体化的，没有微波电子管发射机必不可少的微波功率输出分配网络带来的损耗，整个固态发射机的效率为52.6%，比原来微波电子管发射机的效率（26.4%）提高了1倍。

（2）可靠性高。固态发射模块本身的平均无故障间隔时间已超过100000h，整个发射系统的可靠性为0.9998。

（3）体积小、质量小、维护方便。原来的微波电子管发射机由18个输出功率为50kW的高功率电子管末级放大器组成，需要的附加安全防护设备很多，而且存在体积庞大和维修困难等问题。此固态发射机使用2592个平均功率为320W的固态发射模块，直流供电电压为28V，使用和维护很方便。

6.5　接收机的组成及主要技术指标

下面我们将讨论雷达的接收机，包括其组成、主要技术指标、接收机前端及自动增益控制（AGC）和自动频率控制（AFC）等控制部件。

接收机是雷达系统的重要组成部分，其主要功能是将雷达天线接收到的微弱信号进行预选、射频放大、混频、滤波、中频放大和解调处理，同时抑制不需要的干扰、杂波和噪声，使回波信号尽可能多地保持目标信息，以便下一步对基带信号和数据进行处理。

6.5.1　超外差式接收机的组成

接收机有多种分类方法，比如，可以按照应用、设计、功能和结构来分。通常，接收机可分为超外差式接收机、超再生式接收机、晶体视放式接收机和调谐高频式接收机四种类型。其中，超外差式接收机因具有灵敏度高、增益高、选择性好和适用性广等优点而被广泛采用。因此，本书将重点介绍超外差式接收机。如图 6.5.1 所示，超外差式接收机的主要组成部分如下。

（1）高频部分，又称接收机“前端”，包括接收机保护器、低噪声高频放大器、混频器和本机振荡器。

（2）中频放大器，包括匹配滤波器。

（3）检波器和视频放大器。

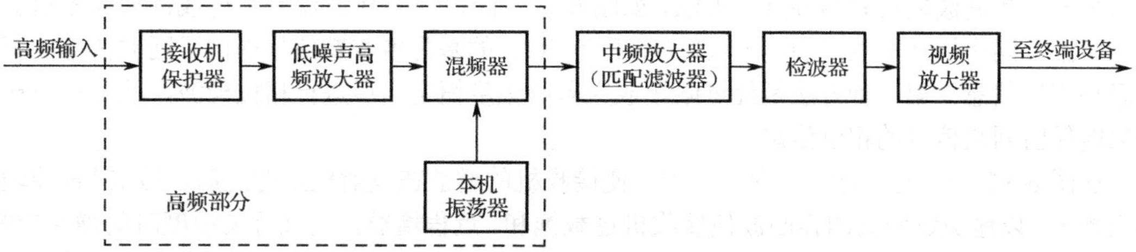

图 6.5.1　超外差式接收机的简化方框图

从天线接收的高频回波脉冲信号通过收发开关加至接收机保护器，一般是经过低噪声高频放大器后再送到混频器。在混频器中，高频回波脉冲信号与本机振荡器的等幅高频电压混频，将信号频率降为中频（IF），再由多级中频放大器对中频脉冲信号进行放大和匹配滤波，以获得最大的输出信噪比，最后经过检波器和视频放大器后送至终端设备。

更为通用的超外差式接收机的一般组成方框图如图 6.5.2 所示，它适用于收、发公用天线的各种脉冲雷达系统。实际的接收机可以不（而且通常也不）包括图中所示的所有部件。

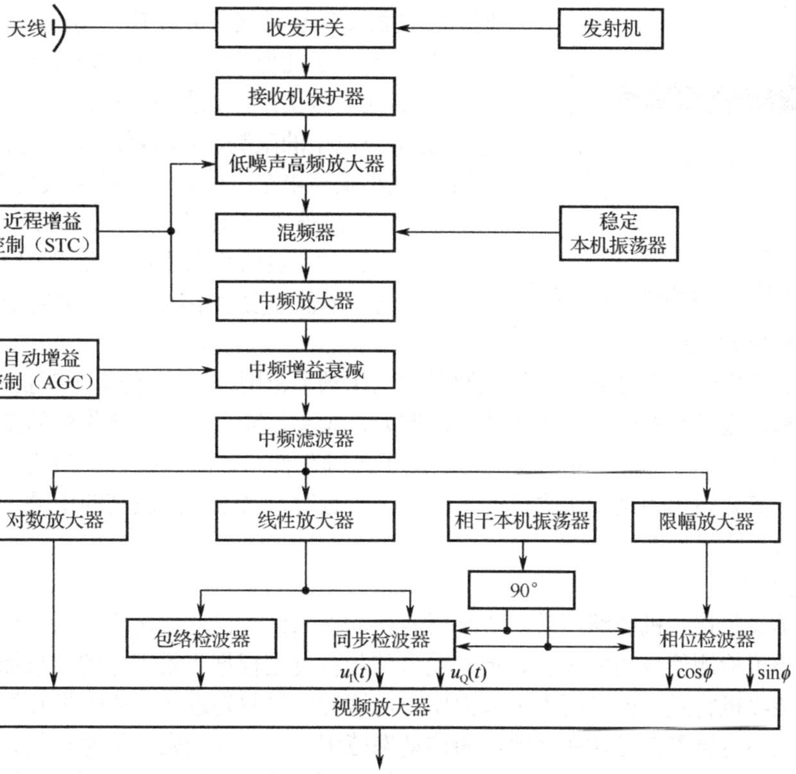

图 6.5.2　超外差式接收机的一般组成方框图

对于非相参接收机，通常需要采用自动频率控制电路，把本机振荡器调谐到比发射频率高或低一个中频的频率。而在相干接收机中，稳定本机振荡器（STALO）的输出是由用来产生发射信号的相干源（频率合成器）提供的。

输入的高频信号与稳定本机振荡信号或本机振荡器信号输出相混频，将信号频率降为中频。信号经过多级中频放大和匹配滤波后，可以对其采用几种处理方法。对于非相干检测，通常采用线性放大器和包络检波器来为检测电路和显示设备提供信息。当要求宽的瞬时动态范围时，可以采用对数放大器，对数放大器能提供大于 80dB 的有效动态范围。对于相干检测，信号中频放大和中频滤波之后有两种处理方法，如图 6.5.2 所示。第一种方法是经过线性放大器后进行同步检波，同步检波器输出的同相（I）和正交（Q）的基带多普勒信号提供了回波信号的振幅信息和相位信息；第二种方法是经过限幅放大器（幅度恒定）后进行相位检波，此时相位检波器只能保留回波信号的相位信息。

在图 6.5.2 中，近程增益控制（STC）使接收机的增益在发射机发射之后，按 R^{-4} 规律随时间而增大，以避免近距离的强回波使接收机过载饱和。近程增益控制又称灵敏度时间增益控制，可以加到低噪声高频放大器和前置中频放大器中。自动增益控制（AGC）是一种反馈技术，用来自动调整接收机的增益，以便在雷达系统跟踪环路中保持适当的增益范围。

6.5.2 超外差式接收机的主要技术指标

1. 灵敏度

灵敏度表示接收机接收微弱信号的能力。接收的信号越微弱，接收机的灵敏度就越高，雷达的作用距离就越远。接收机的灵敏度通常用最小可检测信号功率 $S_{i\min}$ 来表示。当接收机的输入信号功率达到 $S_{i\min}$ 时，接收机就能正常接收并在输出端检测出这一信号。如果信号功率低于此值，信号将被淹没在噪声干扰之中，不能被可靠地检测出来，如图 6.5.3 所示。由于接收机的灵敏度受噪声电平的限制，因此要想提高它的灵敏度，就必须尽力减小噪声电平，同时还应使接收机有足够的增益。

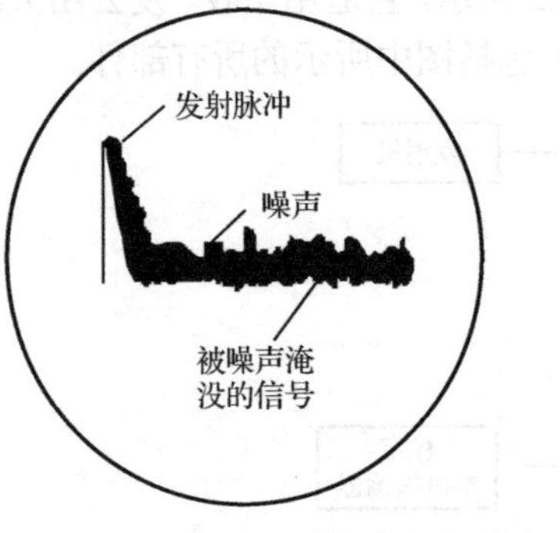

图 6.5.3　显示器上所见到的信号与噪声

目前，超外差式接收机的灵敏度一般为 10^{-12}～10^{-14}W，保证这个灵敏度所需的增益为（120～160）10^{6}～10^{8}dB，这一增益主要由中频放大器来完成。

2. 工作频带宽度

接收机的工作频带宽度表示接收机的瞬时工作频率范围。在复杂的电子对抗和干扰环境中，要求发射机和接收机具有较宽的工作频带，例如，频率捷变雷达要求接收机的工作频带宽度为10%～20%。接收机的工作频带宽度主要取决于高频部件（馈线系统、高频放大器和本机振荡器）的性能。需要指出的是，接收机的工作频带较宽时，必须选择较高的中频，以减小混频器的寄生输出对接收机性能的影响。

3. 动态范围

动态范围表示接收机能够正常工作时所容许的输入信号强度变化的范围。最小输入信号强度通常取最小可检测信号功率 $S_{i\min}$，最大输入信号强度则根据正常工作的要求而定。当输入信号太强时，接收机将发生饱和而失去放大作用，这种现象称为过载。接收机开始出现过载时的输入功率与最小可检测信号功率之比，叫作动态范围。为了保证强弱信号均能正常接收，就要求动态范围大，因此需要采取一定措施，如采用对数放大器、各种增益控制电路等抗干扰措施。

4. 中频的选择和滤波特性

接收机中频的选择和滤波特性是接收机的重要技术指标之一。中频的选择与发射波形的特性、接收机的工作频带宽度及所能提供的高频部件和中频部件的性能有关。在现代接收机中，中频的选择范围是 30MHz～4GHz。当需要在中频增加某些信号处理部件（如脉冲压缩滤波器、对数放大器和限幅器）时，从技术实现来说，中频的选择范围为 30MHz～500MHz 更合适。对于宽频带工作的接收机，应选择较高的中频，以便使虚假的寄生输出减至最小。

减小接收机噪声的关键参数是中频的滤波特性，若中频的滤波特性频带宽度大于回波信号频带宽度，则过多的噪声进入接收机。反之，如果所选择的频带宽度比回波信号频带宽度窄，信号能量将会损失。这两种情况都会使接收机输出的信噪比减小。在白噪声（接收机热噪声）背景下，即当接收机的频率特性为“匹配滤波器”时，输出的信噪比最大。

5. 工作稳定性和频率稳定度

一般来说，工作稳定性是指当环境条件（如温度、湿度、机械振动等）和电源电压发生变化时，接收机的性能参数（如振幅特性、频率特性和相位特性等）受到影响的程度，我们希望影响越小越好。

大多数现代雷达系统需要对一串回波进行相参处理，对本机振荡器的短期频率稳定度有极高的要求（高达 10^{-10} 或者更高），因此，接收机中必须采用频率稳定度和相位稳定度极高的本机振荡器，即简称的“稳定本振”。

6. 抗干扰能力

在现代电子战和复杂的电磁干扰环境中，抗有源干扰和无源干扰是雷达系统的重要任务之一。有源干扰为敌方施放的各种杂波干扰和邻近雷达的异步脉冲干扰，无源干扰主要是指从海浪、雨、雪、地物等反射的杂波干扰和敌机施放的箔片干扰。这些干扰严重影响对目标的正常检测，甚至使整个雷达系统无法工作。现代接收机必须具有各种抗干扰电路。当雷达系统用频率捷变方法抗干扰时，接收机的本机振荡器应与发射机频率同步跳变。同时接收机应有足够大的动态范围，以保证后面的信号处理器有高的处理精度。

7. 微电子化和模块化结构

在现代有源相控阵雷达和数字波束形成（DBF）系统中，通常需要几十路甚至几千路接收机通道。如果采用常规的接收机工艺结构，在体积、质量、耗电、成本和技术实现上都有很大困难。采用微电子化和模块化结构的接收机可以解决上述困难，优选方案是采用单片集成电路，包括微波单片集成电路、中频单片集成电路（IMIC）和专用集成电路（ASIC），其主要优点是体积小、质量小，另外，采用批量生产工艺可使芯片电路性能一致性好，成本也比较低。用上述几种单片集成电路实现的模块化接收机，特别适用于要求数量很大、幅相一致性严格的多路接收系统，如有源相控阵接收系统和数字多波束形成系统。由砷化镓单片制成的 C 波段微波单片集成电路，包括完整的接收机高频电路，即五级高频放大器、可变衰减器、移相器、环行器和限幅开关等，噪声系数为 2.5dB，可变增益为 30dB。

6.6　接收机的噪声与灵敏度

接收机的灵敏度是雷达系统的重要技术指标，而噪声又是影响灵敏度的关键因素，因此，本节主要介绍噪声与灵敏度。

6.6.1　接收机的噪声

1. 电阻热噪声

电阻热噪声是导体中自由电子的无规则热运动形成的噪声。因为导体具有一定的温度，导体中每个自由电子的热运动方向和速度不规则地变化，所以在导体中形成了起伏噪声电流，在导体两端呈现起伏噪声电压。

根据奈奎斯特定律，电阻产生的起伏噪声电压均方值为

$$\overline{u}_n^2 = 4kTRB_n \tag{6.6.1}$$

式中，k 为玻尔兹曼常数，k=1.380658×10^{-23}J/K；T 为电阻温度，以绝对温度（K）计量，室温为17℃，T=T_0=290K；R 为电阻的阻值；B_n 为测试设备的通频带（噪声带宽）。

式（6.6.1）表明，电阻热噪声的大小与电阻的阻值 R、温度 T 和测试设备的通频带 B_n 成正比。

电阻热噪声的功率谱密度 $p(f)$ 是表示噪声频谱分布的重要统计特性，其表达式可直接由式（6.6.1）求得，即

$$p(f)=4kTR \tag{6.6.2}$$

显然，电阻热噪声的功率谱密度是与频率无关的常数。通常把功率谱密度为常数的噪声称为“白噪声”，电阻热噪声在无线电频率范围内就是白噪声的一个典型例子。

2．额定噪声功率

根据电路基础理论，信号电动势为 E_s 而内阻抗为 $Z=R+jX$ 的信号源，当其负载阻抗与信号源内阻匹配，即负载阻抗 $Z^*=R-jX$ 时（如图6.6.1所示），信号源输出的信号功率最大，此时，输出的最大信号功率称为“额定”信号功率（有时称为“资用”功率或“有效”功率），用 S_a 表示其值为

$$S_a = \left(\frac{E_s}{2R}\right)^2 R = \frac{E_s^2}{4R} \tag{6.6.3}$$

同理，把一个内阻抗为 $Z=R+jX$ 的无源二端网络看成一个噪声源，由电阻 R 产生的起伏噪声电压均方值为 $\overline{u}_n^2 = 4kTRB_n$，如图6.6.2所示。假设接收机高频前端的输入阻抗 Z^* 为这个无源二端网络的负载，显然，当负载阻抗 Z^* 与噪声源内阻抗 Z 匹配，即 $Z^*=R-jX$ 时，噪声源输出最大噪声功率，将其称为“额定”噪声功率，用 N_o 表示，其值为

$$N_o = \frac{\overline{u}_n^2}{4R} = kTB_n \tag{6.6.4}$$

因此可以得出以下重要结论：任何无源二端网络输出的额定噪声功率只与其温度 T 和通频带 B_n 有关。

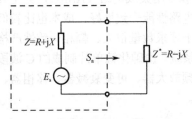

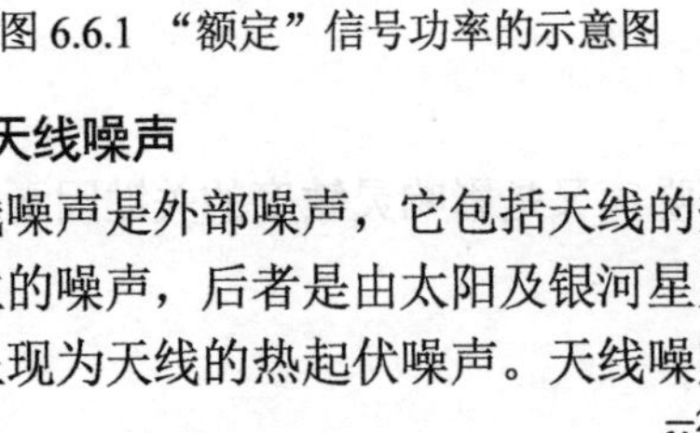

图6.6.1 “额定”信号功率的示意图

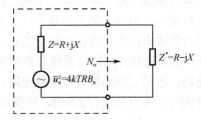

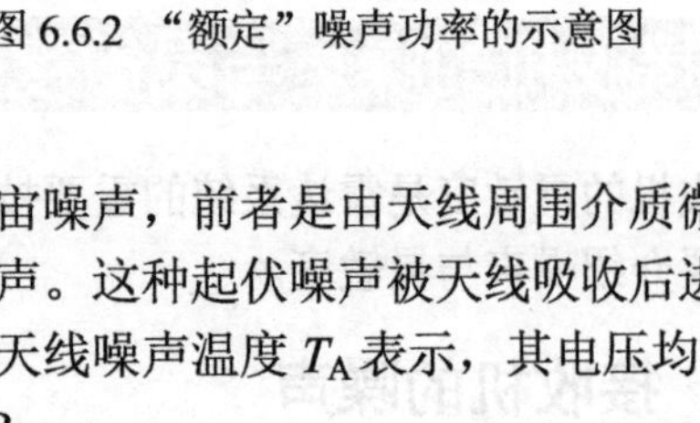

图6.6.2 “额定”噪声功率的示意图

3．天线噪声

天线噪声是外部噪声，它包括天线的热噪声和宇宙噪声，前者是由天线周围介质微粒的热运动产生的噪声，后者是由太阳及银河星系产生的噪声。这种起伏噪声被天线吸收后进入接收机，就呈现为天线的热起伏噪声。天线噪声的大小用天线噪声温度 T_A 表示，其电压均方值为

$$\overline{u}_{nA}^2 = 4kT_A R_A B_n$$

式中，R_A 为天线等效电阻。

天线噪声温度 T_A 取决于接收天线方向图中（包括旁瓣和尾瓣）各辐射源的噪声温度，它与波瓣仰角 θ 和工作频率 f 等因素有关，如图6.6.3所示。T'_A 是假设天线为理想（无损耗、无旁瓣指向地面）的天线噪声温度，但是大多数情况下必须考虑地面噪声温度 T_g，在旁瓣指向地面

的典型情况下，T_g=36K，因此修正后的天线总噪声温度为

$$T_A = 0.876T_A' + 36$$

由图 6.6.3 可以看出，天线噪声温度与频率 f 有关，天线噪声并非真正的白噪声，但在接收机通频带内可近似为白噪声。毫米波段的天线噪声温度比微米波段要高些，22.2GHz 和 60GHz 时的噪声温度最大，这是由水蒸气和氧气吸收谐振引起的。

4. 噪声带宽

功率谱均匀的白噪声，通过具有频率选择性的接收线性系统后，输出的功率谱 $p_{no}(f)$就不再是均匀的了，如图 6.6.4 的实曲线所示。为了分析和计算方便，通常把这个不均匀的噪声功率谱等效为在一定通频带 B_n 内是均匀的功率谱。这个通频带 B_n 称为等效噪声功率谱宽度，一般简称为噪声带宽。因此，噪声带宽可由下式求得：

$$\int_0^\infty p_{no}(f)\mathrm{d}f = p_{no}(f_0)B_n \tag{6.6.5}$$

即

$$B_n = \frac{\int_0^\infty p_{no}(f)\mathrm{d}f}{p_{no}(f)} = \frac{\int_0^\infty |H(f)|^2\mathrm{d}f}{H^2(f_0)}$$

式中，$H^2(f_0)$为线性电路在谐振频率 f_0 处的功率传输系数。

由此可知，噪声带宽 B_n 与信号带宽 B 一样，仅由电路的自身参数决定。若谐振电路级数越多，则 B_n 越接近 B。在接收机中，由于高中频谐振电路的级数较多，因此在测量和计算噪声时，通常可由信号带宽直接代替噪声带宽。

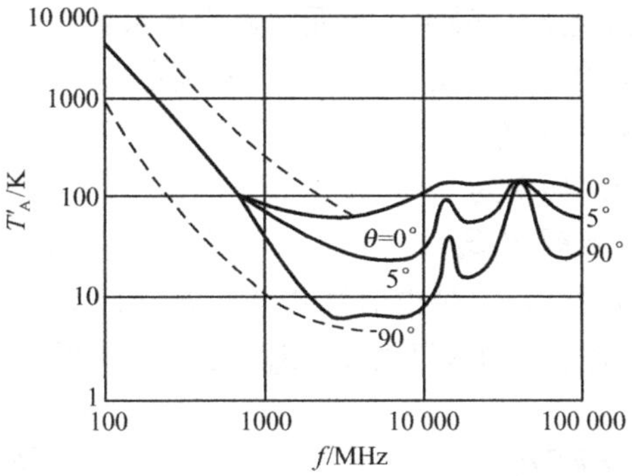

图 6.6.3 天线噪声温度与频率、波瓣仰角的关系

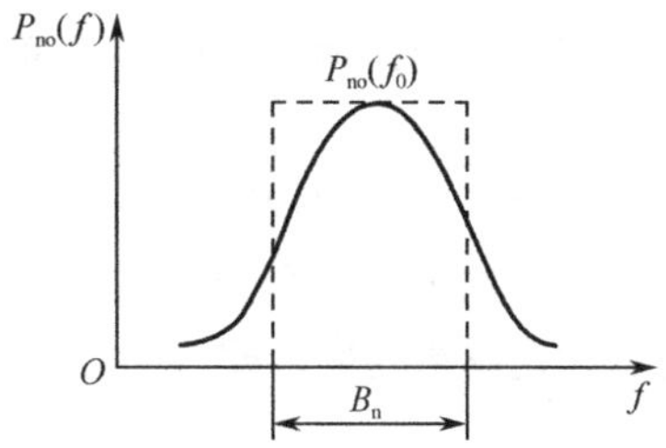

图 6.6.4 噪声带宽的示意图

6.6.2 噪声系数和噪声温度

在接收机中，噪声与信号总是互存和共生的。通常用信噪比 S/N 来表示两者之间的数量关系，其中输出信噪比 S_o/N_o 决定了接收机检测能力的大小。由于接收机内部总是存在噪声的，因此，输入的回波信号通过接收机后信噪比会恶化，即对于实际的接收机而言，总存在输入信噪比小于输出信噪比的关系，即 $S_i/N_i<S_o/N_o$。通常，我们采用噪声系数和噪声温度来衡量接收机噪声性能的好坏。

1. 噪声系数

噪声系数 F 通常被定义为接收机输入端信噪比 S_i/N_i 与输出端信噪比 S_o/N_o 的比值，即

$$F = \frac{S_i/N_i}{S_o/N_o} \tag{6.6.6}$$

式中，S_i 为输入额定信号功率；N_i 为输入额定噪声功率（$N_i=kT_0B_n$）；S_o 为输出额定信号功率；N_o 为输出额定噪声功率。

噪声系数有明确的物理意义，它表示由于接收机内部噪声的影响，使接收机输出端的信噪比相对其输入端的信噪比变差的倍数。噪声系数还可以有第二种定义，即实际接收机的输出额定噪声功率 N_o 与“理想接收机”的输出额定噪声功率 N_iG_a 之比。其中，G_a 为接收机的额定功率增益；N_iG_a 是输入端噪声通过“理想接收机”后，在输出端呈现的额定噪声功率。由此可知，实际接收机的输出额定噪声功率 N_o 由两部分组成：（1）N_iG_a（$N_iG_a=kT_0B_nG_a$）；（2）接收机内部噪声在输出端所呈现的额定噪声功率 ΔN，即 $N_o=N_iG_a+\Delta N=kT_0B_nG_a+\Delta N$。很显然，从噪声系数的第二种定义可更明显地看出噪声系数与接收机内部噪声的关系，实际接收机总会有内部噪声（$\Delta N>0$），因此 $F>1$，只有当接收机是“理想接收机”时，才会有 $F=1$。

下面对噪声系数做几点说明。

（1）噪声系数只适用于接收机的线性电路和准线性电路，即检波器以前的部分。检波器是非线性电路，而混频器可看成准线性电路，因其输入信号和噪声都比本振电压小很多，输入信号与噪声间的相互作用可以忽略。

（2）为使噪声系数具有单值确定性，规定输入噪声以天线等效电阻 R_A 在室温 $T_0=290\text{K}$ 时产生的热噪声为标准，而且噪声系数只由接收机本身参数确定。

（3）噪声系数是没有单位的数值，通常用分贝表示

$$F=10\lg F \tag{6.6.7}$$

（4）噪声系数的概念与定义，可推广到任何无源或有源的四端网络。

应用实例 6.6.1：无源有耗四端网络的噪声系数

接收机的馈线、放大器、移相器等属于无源四端网络，如图 6.6.5 所示。图中，G_a 又可称为额定功率传输系数。由于具有损耗电阻，因此也会产生噪声，下面求其噪声系数。

从网络的输入端向左看，它是一个电阻为 R_A 的无源二端网络，输出的额定噪声功率为

$$N_i = kT_0B_n \tag{6.6.8}$$

经过网络传输，加于负载 R_L 上的外部额定噪声功率为

$$N_iG_a = kT_0B_nG_a \tag{6.6.9}$$

从负载电阻 R_L 向左看，它也是一个无源二端网络，它是由信号源电阻 R_A 和无源四端网络组合而成的，同理，这个无源二端网络输出的额定噪声功率仍为 kT_0B_n，它也是无源四端网络输出的总额定噪声功率，即

$$N_o = kT_0B_n \tag{6.6.10}$$

根据噪声系数的第二种定义，可得

$$F=\frac{N_o}{N_iG_a}=\frac{1}{G_a} \tag{6.6.11}$$

由于无源四端网络的额定功率传输系数 $G_a\leqslant 1$，因此其噪声系数 $F\geqslant 1$。

2．噪声温度

前面已经提到，接收机外部噪声可用天线噪声温度 T_A 来表示，如果用额定功率来计量，接收机外部噪声的额定功率为

$$N_A=kT_AB_n \tag{6.6.12}$$

为了更直观地比较内部噪声与外部噪声的大小，可以把接收机内部噪声在输出端呈现的额定噪声功率 ΔN 等效到输入端来计算，这时内部噪声可以看成是天线电阻 R_A 在温度 T_e 时产生的热噪声，即

$$\Delta N=kT_eB_nG_a \tag{6.6.13}$$

式中，T_e 称为等效噪声温度或简称为噪声温度，此时接收机就变成没有内部噪声的“理想接收机”，其等效电路如图 6.6.6 所示。

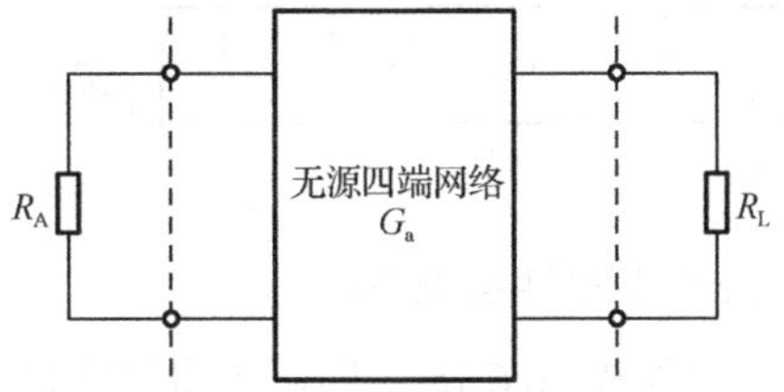

图 6.6.5 无源四端网络

图 6.6.6 接收机内部噪声的换算

将式（6.6.13）代入噪声系数的第二种定义后，可得

$$F=1+\frac{kT_eB_nG_a}{kT_0B_nG_a}=1-\frac{T_e}{T_0}$$

因此可得

$$T_e=(F-1)T_0=(F-1)\times 290 \tag{6.6.14}$$

式（6.6.14）即噪声温度 T_e 的定义表示式，其物理意义是把接收机内部噪声看成“理想接收机”的天线电阻 R_A 在温度 T_e 时所产生的噪声，此时实际接收机变成图 6.6.6 所示的“理想接收机”。

6.6.3 级联电路的噪声系数

为了简便，先考虑两个单元电路级联的情况，如图 6.6.7 所示。图中 F_1、F_2 和 G_1、G_2 分别表示第一、二级电路的噪声系数和额定功率增益。为了计算总噪声系数 F_0，需先求实际输出的额定噪声功率 N_o。由噪声系数的定义可得

$$N_o=kT_0B_nG_1G_2F_0 \tag{6.6.15}$$

而

$$N_o=N_{o12}+\Delta N_2 \tag{6.6.16}$$

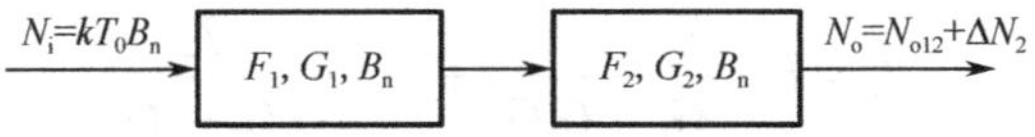

图 6.6.7 两级级联电路

N_o 由两部分组成，第一部分是由第一级的噪声在第二级输出端呈现的额定噪声功率 N_{o12}，其数值为 $kT_0B_nF_1G_1G_2$；第二部分是由第二级所产生的噪声功率 ΔN_2。由噪声系数定义可得

$$\Delta N_2=(F_2-1)kT_0B_nG_2$$

进一步简化得到两级级联电路的总噪声系数为

$$F_0=F_1+\frac{F_2-1}{G_1} \tag{6.6.17}$$

同理可证，n 级电路级联时接收机的总噪声系数为

$$F_0=F_1+\frac{F_2-1}{G_1}+\frac{F_3-1}{G_1G_2}+\cdots+\frac{F_n-1}{G_1G_2\cdots G_{n-1}} \tag{6.6.18}$$

式（6.6.18）给出了重要结论：为了使接收机的总噪声系数小，要求各级的噪声系数小、额定功率增益高。而各级内部噪声的影响并不相同，级数越靠前，对总噪声系数的影响越大。所以总噪声系数主要取决于最前面几级，这就是接收机要采用高增益低噪声高频放大器的主要原因。

需要指出的是，噪声系数的概念和相关公式仅适用于检波器之前的线性电路。

应用实例 6.6.2：接收机射频前端的噪声系数

典型雷达接收机高、中频电路的功能模块级联关系如图 6.6.8 所示，图中给出了各个电路单元的额定功率增益和噪声系数。需要说明的是，为了方便起见，在接收机中可将本振噪声的影响计入混频器内，从而得到混频器简化后的有源四端网络。下面分析和推导整个链路的噪声系数。

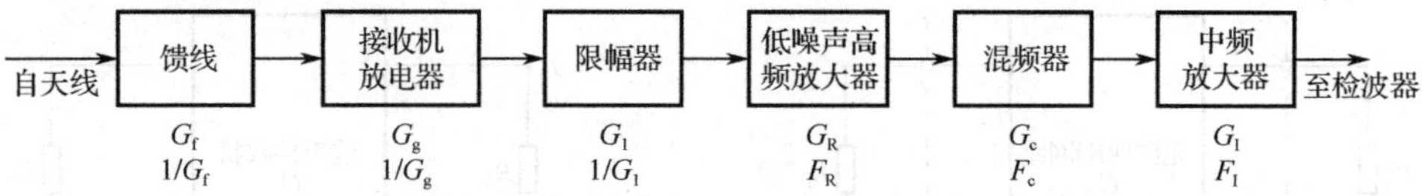

图 6.6.8　典型雷达接收机高、中频电路的功能模块级联关系

将图 6.6.8 中所列各级的额定功率增益和噪声系数代入式（6.6.18），即可求得接收机的总噪声系数：

$$F_0=\frac{1}{G_f G_g G_1}\left(F_R+\frac{F_c-1}{G_R}+\frac{F_I-1}{G_R G_c}\right) \tag{6.6.19}$$

一般都采用高增益（G_R≥20dB）低噪声高频放大器，因此式（6.6.19）可简化为

$$F_0\approx\frac{F_R}{G_f G_g G_1} \tag{6.6.20}$$

若不采用高频放大器，而是直接用混频器作为接收机第一级，则可得

$$F_0=\frac{t_c+F_I-1}{G_f G_g G_1 G_c} \tag{6.6.21}$$

式中，t_c 为混频器的噪声比，通常被定义为实际输出的中频额定噪声功率（$F_c kT_0 B_n G_c$）与仅由等效损耗电阻产生的输出额定噪声功率（$kT_0 B_n$）之比，即

$$t_c=\frac{F_c kT_0 B_n G_c}{kT_0 B_n}=F_c G_c \tag{6.6.22}$$

很显然，晶体管混频器的噪声比 t_c 表示等效有源四端网络中除损耗电阻外的其他噪声源的影响程度。

若接收机的噪声性能用噪声温度 T_e 表示，则它与各级噪声温度之间的关系为

$$T_e=T_1+\frac{T_2}{G_1}+\frac{T_3}{G_1 G_2}+\cdots+\frac{T_n}{G_1 G_2\cdots G_{n-1}} \tag{6.6.23}$$

6.6.4　接收机的灵敏度

接收机的灵敏度表示接收机接收微弱信号的能力。噪声总是伴随着微弱信号，要能检测信号，微弱信号的功率应大于噪声功率或者可以和噪声功率相比。因此，灵敏度用接收机输入端的最小可检测信号功率 $S_{i\,min}$ 来表示。在噪声背景下检测目标，接收机输出端不仅要使信号放大到足够的数值，更重要的是使其输出信噪比 S_o/N_o 达到所需的数值。通常雷达终端检测信号的质量取决于信噪比。

由接收机噪声系数 F_0 的公式：

$$F_0=\frac{S_i/N_i}{S_o/N_o}$$

可得输入额定信号功率为

$$S_i=N_i F_0\frac{S_o}{N_o} \tag{6.6.24}$$

式中，N_i 为接收机输入额定噪声功率，N_i=kT_0B_n，于是进一步得到

$$S_i=kT_0 B_n F_0\frac{S_o}{N_o} \tag{6.6.25}$$

为了保证雷达检测系统发现目标的质量（如在虚警概率为 10^{-6} 的条件下发现概率是 50%或 90%等），接收机的中频输出必须提供足够的信噪比，令 $S_o/N_o\geqslant(S_o/N_o)_{min}$ 时对应的接收机输入信

号功率为最小可检测信号功率，则接收机的实际灵敏度为

$$S_{\text{imin}} = kT_0B_nF_0\left(\frac{S_o}{N_o}\right)_{\min} \tag{6.6.26}$$

通常，我们把$(S_o/N_o)_{\min}$称为识别系数，并用 M 表示，所以灵敏度又可以写为

$$S_{\text{i min}} = kT_0B_nF_0M \tag{6.6.27}$$

为了提高接收机的灵敏度，即减小最小可检测信号功率 $S_{\text{i min}}$，应做到：（1）尽量减小接收机的总噪声系数 F_0，所以通常采用高增益低噪声高频放大器；（2）接收机中频放大器采用匹配滤波器，以便得到白噪声背景下输出的最大信噪比；（3）式（6.6.27）中的识别系数 M 与所要求的检测质量、天线波瓣宽度、扫描速度、雷达脉冲重复频率及检测方法等因素均有关系。在保证整机性能的前提下，应尽量减小 M 的数值。

为了比较不同接收机线性部分的噪声系数 F_0 和噪声带宽 B_n 对灵敏度的影响，需要排除接收机以外的诸多因素，因此，通常令 M=1，这时接收机的灵敏度称为临界灵敏度，其表达式为

$$S_{\text{i min}} = kT_0B_nF_0 \tag{6.6.28}$$

接收机的灵敏度以额定功率表示，并常以相对 1mW 的分贝数计值，即

$$S_{\text{i min}} = 10\lg\frac{S_{\text{imin}}}{10^{-3}} \tag{6.6.29}$$

一般超外差式接收机的灵敏度为−110～−90dBmW。对米波雷达，可用最小可检测电压 $E_{\text{Si min}}$ 表示灵敏度，其表达式为

$$E_{\text{Si min}} = 2\sqrt{S_{\text{imin}}R_A} \tag{6.6.30}$$

对一般超外差式接收机，$E_{\text{Si min}}$ 为 10^{-7}～10^{-6}V。将 kT_0 的数值代入式（6.6.28），$S_{\text{i min}}$ 仍取常用单位 dBmW，则可得到简便计算公式为

$$S_{\text{i min}}=-114\text{dB}+10\times\lg B_n+10\times\lg F_0 \tag{6.6.31}$$

工程应用上，为了方便起见，可利用式（6.6.31）绘制在不同噪声带宽条件下，接收机的灵敏度与噪声系数的关系曲线，如图 6.6.9 所示。例如，当 F_0=6dB，接收机高中频带宽 B_{RI}=1.8MHz 时，由图 6.6.9 可查得 $S_{\text{i min}}$=−104.8dBmW。

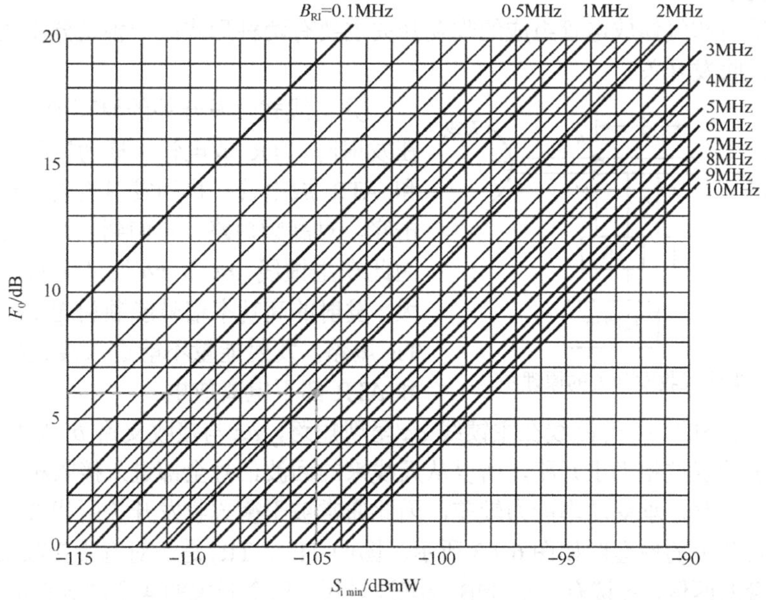

图 6.6.9　不同噪声带宽（B_n=B_{RI}）时，接收机的灵敏度与噪声系数的关系曲线

6.7 接收机的高频部分

超外差式接收机的高频部分主要由收发开关、接收机保护器、低噪声高频放大器、混频器和本机振荡器等组成，如图 6.7.1 所示。由于这些高频器件处于接收机的前端，因此，通常简称为接收机“前端”。

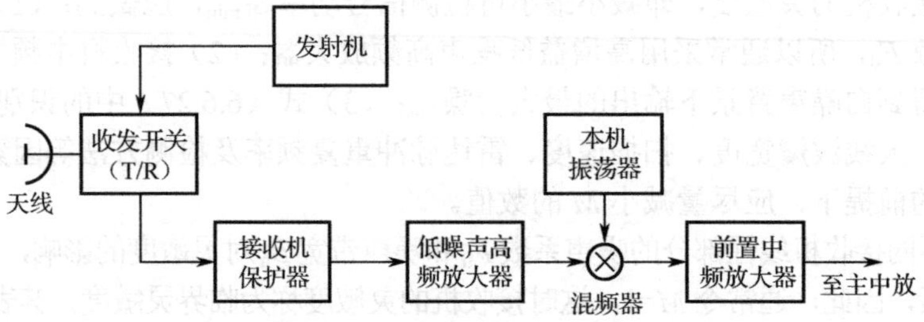

图 6.7.1 接收机的高频部分

由雷达作用距离方程（参见本书第 7 章）可知，当雷达其他参数不变时，为了增大雷达的作用距离，提高接收机的灵敏度（减小噪声系数）与增大发射机功率是等效的。对比两者的耗电、体积、质量和成本，显然前者有利。因此，对低噪声高频放大器的研究尤为重视。目前已研制出许多新型的低噪声高频放大器。

混频器的作用是将高频信号与本振电压进行混频并取出其差拍频率，使信号在中频（一般为 30～500MHz）上进行放大。某些超外差式接收机不采用低噪声高频放大器，而在接收机第一级直接采用混频器，称为直接混频式前端。虽然混频器的噪声系数较某些高频放大器的噪声系数高，但它具有动态范围大、设备简单、结构紧凑和成本低等优点。因此，在对体积、质量等限制严格的某些雷达（如机载雷达和制导雷达等）中，直接混频式前端仍得到了广泛应用。

6.7.1 收发开关和接收机保护器

1. 收发开关

由高频传输线和气体放电管组成的收发开关主要有两种形式：一种是分支线式收发开关，另一种是平衡式收发开关。

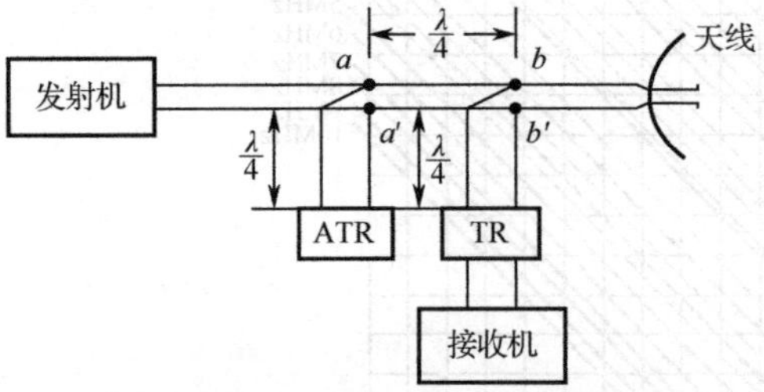

图 6.7.2 分支线式收发开关的原理图

分支线式收发开关的原理图如图 6.7.2 所示。在发射时，TR 放电管（称为接收机保护放电器）和 ATR 放电管（称为发射机隔离放电器）被电离击穿，对高频短路。它们到主馈线的距离约为 $\lambda/4$，因此在主馈线 aa' 和 bb' 处呈现的输入阻抗为无穷大，发射的高功率信号能顺利送至天线。因为此时 TR 短路，发射能量不能进入接收机。接收时，TR 和 ATR 都不电离放电。

此时 ATR 支路的 $\lambda/4$ 开路线在主馈线 aa' 呈现短路，aa' 与接收支路 bb' 处相距 $\lambda/4$，从 bb' 端向发射机看去的阻抗相当于开路，所以从天线来的回波信号全部进入接收机。由于分支线式收发开关的带宽较窄，承受功率能力较差，因此通常被平衡式收发开关所代替。

平衡式收发开关的原理图如图 6.7.3 所示。图中 TR_1、TR_2 是一对宽带接收机保护放电管。在这一对放电管的两侧，各接有一个 3dB 裂缝波导桥，整个开关的 4 个波导口的连接如图 6.7.3

所示。3dB 裂缝波导桥的特性：在 4 个端口中，相邻两端（如端口 1 和端口 2）是相互隔离的，当信号从其一端输入时，从另外两端输出的信号大小相等而相位相差 90°。

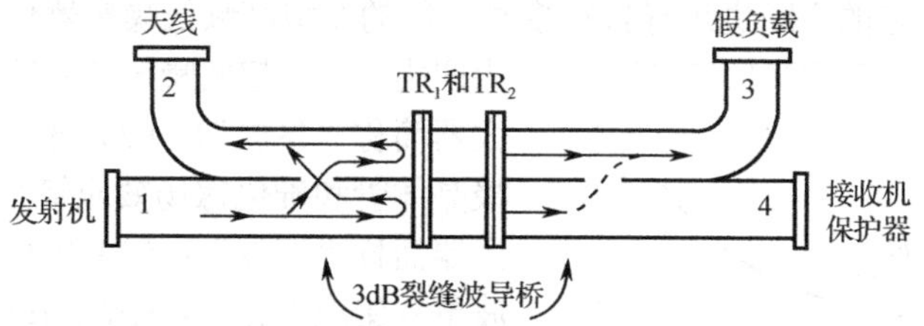

（a）发射状态

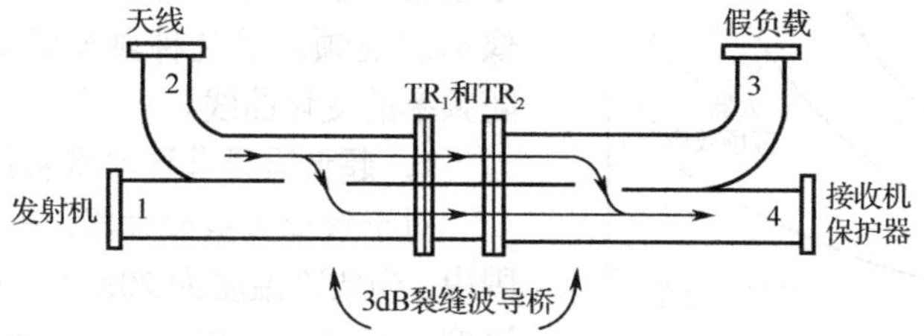

（b）接收状态

图 6.7.3　平衡式收发开关的原理图

2. 接收机保护器

如图 6.7.4 所示，由大功率和低损耗的铁氧体材料制作的环行器、TR 放电管（有源或无源）和二极管限幅器组成的收发开关即接收机保护器。图中，收发开关由铁氧体环行器组成，接收机保护器由 TR 放电管和二极管限幅器构成。

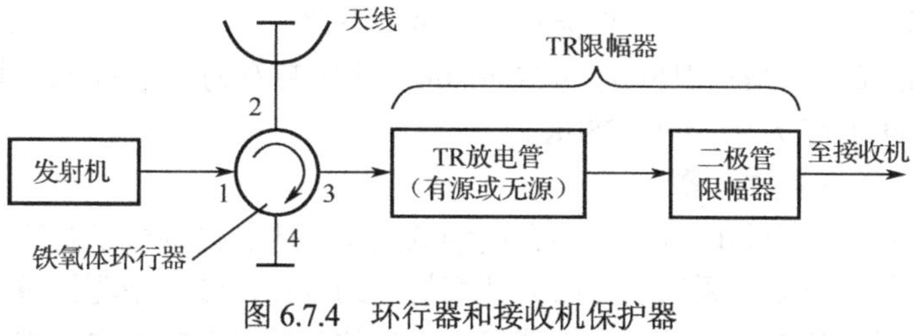

图 6.7.4　环行器和接收机保护器

大功率铁氧体环行器具有结构紧凑、承受功率大、插入损耗小（典型值为 0.5dB）和使用寿命长等优点，但它的发射端 1 和接收端 3 之间的隔离度为 20～30dB。一般来说，接收机与发射机之间的隔离度要求为 60～80dB，所以在环行器接收端 3 与接收机之间必须加上由 TR 放电管和二极管限幅器组成的接收机保护器。

TR 放电管分为有源和无源两类。有源的 TR 放电管工作时必须加一定的辅助电压，使其中一部分气体电离。它有两个缺点：第一个是由于外加辅助电压产生的附加噪声使系统噪声温度增加 50K（约 0.7dB）；第二个是雷达关机时没有辅助电压，TR 放电管不起保护作用，此时邻近雷达的辐射能量将会烧毁接收机。现在已出现了一种新型的无源 TR 放电管，它内部充有处于激发状态的氚气，不需要外加辅助电压，因此在雷达关机时仍能起保护接收机的作用。

图 6.7.4 中的二极管限幅器由 PIN 二极管和变容二极管构成。PIN 二极管限幅器的主要优点是功率容量较大，单个 PIN 二极管承受的脉冲功率可达 10～100kW 但是由于 PIN 二极管的本征层比较厚，因而响应时间较长，前沿尖峰泄漏功率较大。变容二极管多用于低功率限幅器，它的响应时间极短，在 10ns 以下，故而在 TR 放电管后面作限幅器效果很好。

6.7.2 高频放大器和混频器

微电子技术和工艺的不断进步导致很多高性能的新型高频低噪声器件相继问世。大致可分为四类：(1) 超低噪声非致冷参量放大器（参量放大器简称"参放"）；(2) 低噪声晶体管（包括硅双极晶体管和砷化镓场效应管）高频放大器（高频放大器简称"高放"）；(3) 镜像抑制混频器；(4) 微波单片集成电路（MMIC）接收模块。图 6.7.5 给出了室温参量放大器、低噪声晶体管高频放大器和镜像抑制混频器等几种典型低噪声器件的噪声系数随频率的变化曲线。

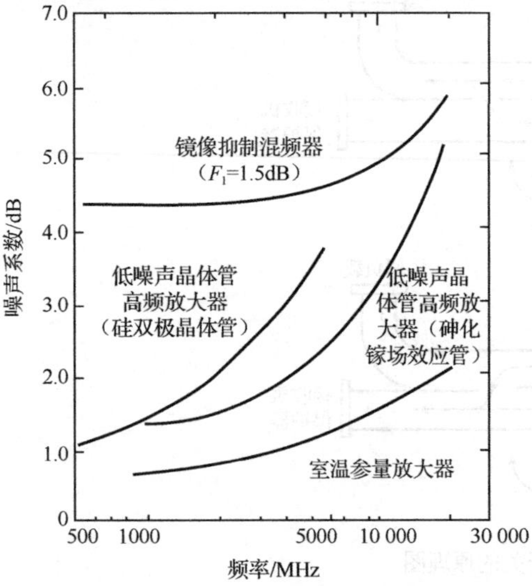

图 6.7.5 几种典型低噪声器件的噪声系数

1. 超低噪声非致冷参量放大器

对于致冷参量放大器，在微波和毫米波频段范围内，当致冷温度为 20K 时，可以得到的等效噪声温度 T_e 为 10～50K，但设备相当复杂，成本昂贵，实际使用较少。

近年来，在改进非致冷参量放大器噪声性能方面，采用了以下器件或设计、工艺：(1) 超高品质因素（高截止频率）、极低分布电容的砷化镓变容二极管；(2) 极低损耗的波导型环行器；(3) 高稳定的毫米波固态泵浦源（f_p=50～100GHz）；(4) 高效率的热电冷却器；(5) 新的微带线路结构和微波单片集成电路的优化设计及先进工艺。因此，非致冷参量放大器的噪声温度已非常接近致冷参量放大器，而且结构精巧、性能稳定、全固态化。

在 0.5～15GHz 范围内噪声温度 T_e 为 30～60K，相对带宽为 5%～15%，增益为 14～20dB。在毫米波段，其噪声温度 T_e 为 300～350K。

2. 低噪声晶体管高频放大器

低噪声砷化镓场效应管和硅双极晶体管高频放大器的研制已取得了新的进展，在电路的设计和工艺结构上进行了革新，采用了：(1) 计算机辅助设计；(2) 精巧的微带线工艺；(3) 多级组件式结构。这样，使它们的低噪声性能仅次于参放，并已在实用中逐步取代行波管高频放大器和隧道二极管放大器。

在低于 3GHz 的频率范围内，采用硅双极晶体管高频放大器。在高于 3GHz 的频率范围内，采用砷化镓场效应管高频放大器。目前在 0.5～15GHz 频率范围内，噪声系数为 1～5dB，单级增益为 6～12dB。

3. 镜像抑制混频器

随着现代混频二极管噪声性能的不断提高，现在很多超外差式接收机直接使用混频器作高频前端。目前高性能的镜像抑制混频器在 1～100GHz 频率范围内，可使噪声系数降至 3～5dB。

一般来说，混频器用来把低功率的信号同高功率的本振信号在非线性器件中混频后，将低功率的信号频率变换成中频（本振和信号的差拍频率）输出。同时，非线性混频的过程将产生许多寄生的高次分量。这些寄生输出将会影响非相参雷达和相参雷达对目标的检测性能，而对相参雷达的检测性能影响更为严重。例如，混频器的寄生输出将会使脉冲多普勒雷达的测距和测速精度下降，使动目标显示（MTI）雷达对地物杂波的相消性能变坏，使高分辨脉冲压缩系统输出的压缩脉冲的旁瓣电平增大。

混频器的非线性效应是产生各种寄生输出的主要原因。加在混频器上的电压 $u(t)$为本振电

压$u_1 e^{jw_1 t}$与信号电压$u_2 e^{jw_2 t}$之和，即

$$u(t) = u_1 e^{jw_1 t} + u_2 e^{jw_2 t} \tag{6.7.1}$$

混频器输出的非线性电流 $i(t)$，可以用 $u(t)$的幂级数表示，即

$$i(t)=a_0+a_1 u(t)+a_2 u_2(t)+\cdots+a_n u_n(t) \tag{6.7.2}$$

根据式（6.7.2），可以得到一个非常有用的下混频的寄生输出图。限于篇幅，这里不再给出此图，也不做进一步讨论。

早期的接收机采用单端混频器，但由于寄生输出大而且对本振的影响严重，噪声性能也差，目前已很少使用。平衡混频器可以抑制偶次谐波产生的寄生输出，还可以抑制本振噪声的影响，因此被广泛使用。由于采用了硅点接触二极管和砷化镓肖特基二极管作混频器，使平衡混频器的噪声性能得到较大改善，工作频率和抗烧毁能力都有明显提高，在 0.3～40GHz 频率范围内噪声系数为 5～8dB。

近年来采用镜像抑制技术和低变频损耗的砷化镓肖特基二极管，使混频器的噪声性能进一步得到改善。图 6.7.6 是镜像抑制混频器的原理图。同相等幅的高频信号分别加至两个二极管混频器（也可以是平衡混频器），本振电压经 90°混合接头后分别加至两个二极管混频器，两个二极管混频器输出的中频信号加到 90°混合接头。在中频输出端，使得镜像干扰相消，中频信号相加。理论分析和实践证明，镜像抑制混频器的噪声系数比一般镜像匹配混频器低 2dB 左右。

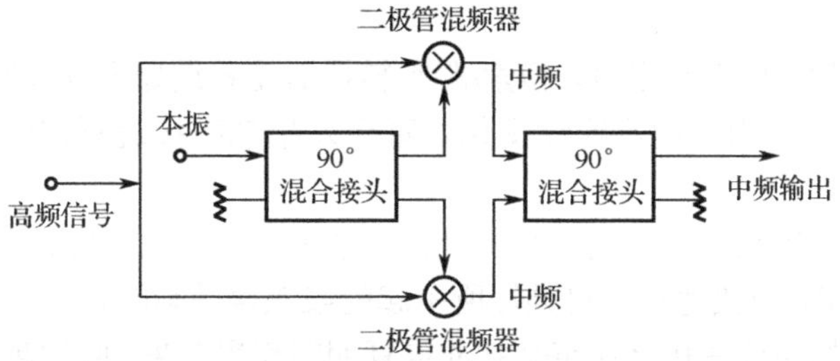

图 6.7.6 镜像抑制混频器的原理图

镜像抑制混频器具有噪声系数低、动态范围大、抗烧毁能力强和成本低等优点。在 0.5～20GHz 频率范围内，噪声系数为 4～6dB。进一步采用计算机辅助设计、高品质因素、低分布电容的砷化镓肖特基二极管和超低噪声系数（$F_1 \leqslant 1$dB）的中频放大器，在 1～100GHz 频率范围内，可使噪声系数降至 3～5dB。

4．微波单片集成电路接收模块

微波单片集成电路接收模块在砷化镓单片上包含完整的接收机高频电路，即衰减器、环行器、移相器和多级低噪声高频放大器等。目前从 L 波段至 C 波段，微波单片集成电路的噪声系数为 2.5～3.5dB。

6.8 本机振荡器和自动频率控制

超外差式接收机利用本机振荡器（简称“本振”，记为 LO）和混频器将天线接收到的高频回波信号变换至便于后端滤波和处理的中频信号。为了获得中频固定的和性能稳定的回波信号，现代雷达接收机要求本振信号的频率能够同步给射频信号的频率，以保证通过混频器后得到的中频信号是频率稳定的。为此，接收机中必须要求本振具有高稳定度，并引入自动频率控制系统。

6.8.1 现代脉冲调制雷达中的自动频率控制

大多数现代脉冲调制雷达要求的频率稳定度很高，不能采用一般的反射速调管作本振，必

须采用稳定本振。根据其自动频率控制（AFC）对象的不同，控制方式可以分为控制稳定本振和控制磁控管两类，前者需用可调谐的稳定本振，后者可用不调谐的稳定本振。

控制磁控管的自动频率控制（简称“自频控”）系统采用的是可调谐磁控管振荡器，因此，可以采用固定频率的稳定本振，如图 6.8.1 所示。

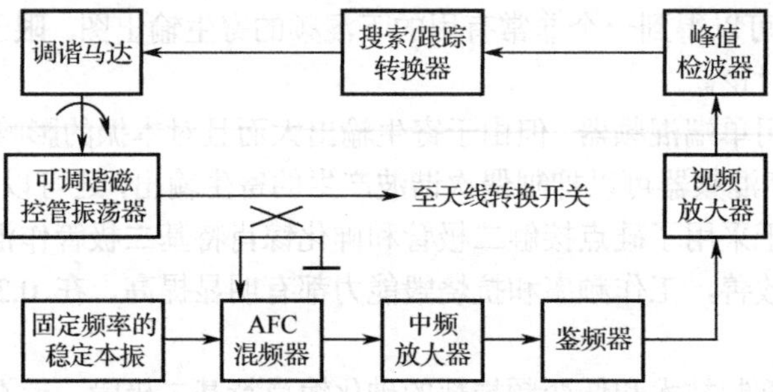

图 6.8.1　控制磁控管的自频控系统

频率跟踪状态时，鉴频器根据差拍频率偏离额定中频的方向和大小，输出一串脉冲信号，经过放大、峰值检波后，取出其直流误差信号，去控制调谐电机转动。电机转动的方向和大小取决于直流误差信号的极性（正或负）和大小，从而使磁控管频率与稳定本振频率之差接近于额定中频。

当差拍频率偏离额定中频很多时，搜索/跟踪转换器使系统处于频率搜索状态，产生周期性锯齿电压，使磁控管频率由低向高连续变化，直至差拍频率接近额定中频，才转为频率跟踪状态。

比较控制磁控管与控制稳定本振的两种自频控系统，前者优于后者。这是因为脉冲信号很窄，磁控管的频谱很宽，由快速动作自频控所引起的载频误差影响较小。而在控制稳定本振时，本振频率误差所引起的相位变化会在整个脉冲重复期间积累起来，时间越长，相位变化将越大，这就会使动目标显示雷达对远距离固定目标的对消性能恶化，因此不少动目标显示雷达都采用控制磁控管的自频控系统。

6.8.2　稳定本振

用作相参标准的稳定本振，其稳定性要求很高。在第 8 章将会分析到，本振的频率稳定度是影响动目标显示雷达性能的主要因素，通常要求其短期频率稳定度高达 10^{-10} 或更高的数量级。

造成稳定本振频率不稳定的因素是各种干扰调制源，它可分为规律性与随机性两类。风扇和电机的机械振动或声振动、电源波纹等产生的不稳定属于规律性的，可以采用防振措施和电源稳压方法减小它们的影响。而由振荡管噪声和电源随机起伏引起的本振寄生频率和噪声属于随机性不稳定，其中以稳定本振所产生的噪声影响更为严重。本振噪声分为调幅噪声和调频（或调相）噪声，调幅噪声比调频噪声的影响小得多，而且可以用平衡混频器或限幅器进行抑制。因而，调频噪声是最主要的一种干扰。对稳定本振的要求一般是根据允许的相位调制频谱来确定的。

几种典型微波信号源的相位调制频谱如图 6.8.2 所示，它是在实验室环境下测得的结果。若在冲击和振动条件下，相位调制则会急剧增大。图 6.8.2 中的曲线表明，即使在这种有利条件下，不稳定的反射型速调管和三极管振荡器也不能适用于许多雷达，应该采用稳定速调管或多级倍频器。因此，若仍然使用速调管振荡器，则必须采用空腔稳定或锁相技术构成的稳定本振。

1. 锁相型稳定本振

采用锁相技术可以构成频率固定的稳定本振，但主要还是用来构成可调谐的稳定本振。所谓“可调谐”，是指频率的变化能以精确的频率间隔离散地阶跃。这种可调谐稳定本振的实现方案之一如图 6.8.3 所示。

基准频率振荡器产生稳定的基准频率 F，经过阶跃二极管倍频 N 次，变成一串频率间隔为 NF 的微波线频谱。速调管输出功率的一部分与线频谱混频，若本振速调管频率为 $f_L \approx \left(N+\dfrac{1}{2}\right)F$，则混频后所得的差拍频率 f_I 接近 $F/2$，经 $F/2$ 中频放大器和限幅器后，与频率为 $F/2$ 的基准频率比相，根据相位误差 $\Delta\theta_e$ 的大小和方向，相位检波器输出相应的误差信号 $u_e=k\Delta\theta_e$，经直流放大后输出 E_C，改变速调管的振荡频率，使其频率准确地锁定在 $\left(N\pm\dfrac{1}{2}\right)F$ 上。因此，只要调节速调管的振荡频率大致为 $\left(N\pm\dfrac{1}{2}\right)F$，锁相回路就能将其频率准确地锁定在 $f_L \approx \left(N\pm\dfrac{1}{2}\right)F$，从而实现频率间隔为 F 的可变调谐。这种稳定本振的稳定性取决于基准频率的稳定性。

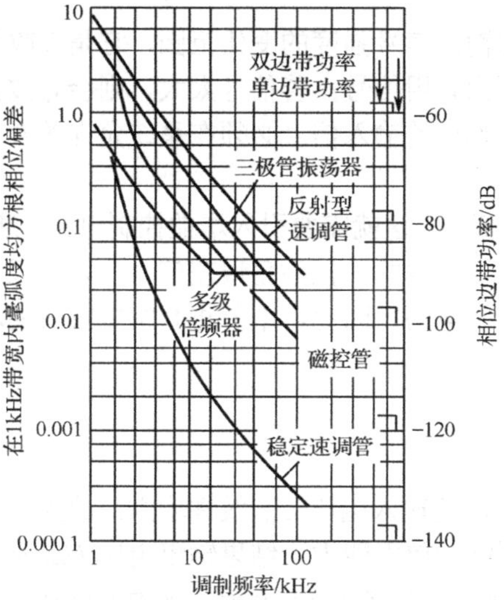

图 6.8.2　典型微波信号源的相位调制频谱

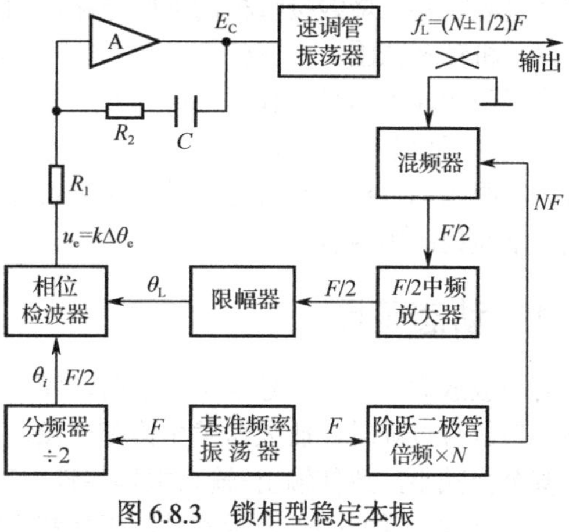

图 6.8.3　锁相型稳定本振

2. 晶振倍频型稳定本振

在相参脉冲放大雷达系统中，通常其载波、稳定本振、相参本振都是由同一个频率基准源倍频而来的，如图 6.8.4 所示。

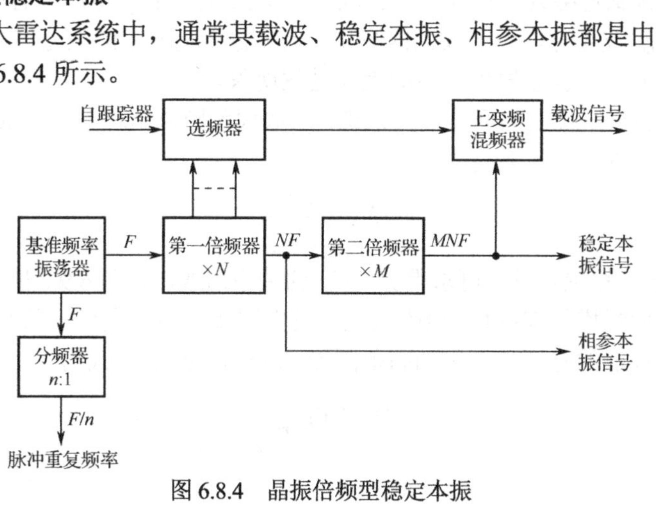

图 6.8.4　晶振倍频型稳定本振

基准频率振荡器产生稳定的基准频率，经过第一倍频器 N 次倍频后输出，作为相参本振信号（中频），再经过第二倍频器 M 次倍频后输出，作为稳定本振信号（微波）。若多普勒频率不大，则把相参本振信号与稳定本振信号通过混频，取其和频分量输出，作为雷达的载波信号。若多普勒频率大，则需从第一倍频器输出一串倍频信号，其频率间隔为基准频率振荡器的频率，对由自跟踪器送来的信号，选择其中能对多普勒频率做最佳校准的一个频率，经与稳定本振信号混频后，作为雷达的载波信号。为了避免产生混频的寄生分量，一般用分频器把基准频率分频而产生脉冲重复频率。

基准频率振荡器采用石英晶体振荡器，其相位不稳定主要是由噪声产生的，在较低的频率上可以获得较好的相位稳定度，一般采用的最佳振荡频率范围为 1～5MHz。用倍频器倍频后，其相位稳定度将与倍频次数成反比地降低。

第一倍频器所需的倍频次数较低，通常采用由变容二极管做成的低阶倍频器。第二倍频器所需的倍频次数较高，通常采用由阶跃二极管做成的高阶倍频器。

6.9 接收机的动态范围和增益控制

接收机的动态范围表示接收机正常工作所允许的输入信号强度的变化范围，它是接收机的一项重要技术指标。输入信号太小，则接收机检测不到有用信号；若信号太大，则会导致接收机饱和过载，甚至烧毁接收机的前端电路。因此，接收机的输入信号必须在系统允许的合理范围（接收机动态范围）内变化。

为了防止输入信号过载，需要扩大接收机的动态范围，这就需要引入增益控制电路。通常，雷达都设计了增益控制电路。比如，自动跟踪雷达需要获得归一化的角误差信号，以便天线及时准确地跟踪动目标，则雷达系统中必须设计增益控制电路。因此，本节将介绍接收机的动态范围及增益控制等内容。

6.9.1 动态范围

对一般放大器，当信号电平较小时，输出电压 U_{om} 随输入电压 U_{im} 线性增大，放大器工作正常。但信号过强时，放大器发生饱和现象，失去正常的放大能力，结果输出电压 U_{om} 不再增大，甚至会减小，致使输出-输入振幅特性出现弯曲下降，如图 6.9.1 所示，这种现象称为放大器发生“过载”。图 6.9.1 表示宽脉冲干扰和回波信号同时通过中频放大器的情况（为了简便起见，仅画出它们的调制包络）：当干扰电压振幅 U_{nm} 较小时，输出电压中有与输入电压 U_{im} 相对应的增量；但当 U_{nm} 较大时，由于放大器饱和，致使输出电压中的信号增量消失，即回波信号丢失。同理，视频放大器也会发生上述的饱和过载现象。

因此，对于叠加在干扰上的回波信号来说，其放大量应该用增量增益 K_d 表示，它是放大器振幅特性曲线上某点的斜率，表达式为

$$K_d = \frac{dU_{om}}{dU_{im}}$$

由图 6.9.1 所示的振幅特性，可求得 K_d-U_{im} 的关系曲线，如图 6.9.2 所示。由此可知，只要接收机中某一级的增量增益 $K_d \leqslant 0$，接收机就会发生过载，即丢失目标回波信号。

接收机抗过载性能的好坏，可用动态范围 D 来表示，其定义式为

$$D = 10\lg\frac{P_{i\max}}{P_{i\min}}$$

或

$$D = 20\lg\frac{P_{imax}}{P_{imin}}$$

式中，$P_{i\,min}$、$U_{i\,min}$ 为最小可检测信号功率、电压；$P_{i\,max}$、$U_{i\,max}$ 为接收机不发生过载所允许接收机输入的最大信号功率、电压。

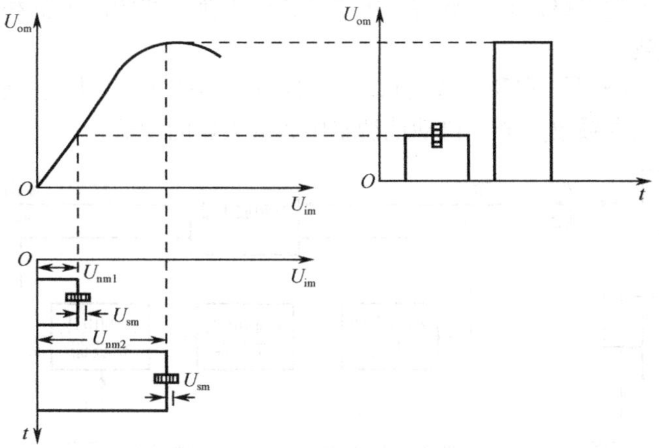

图 6.9.1　宽脉冲干扰和回波信号同时通过中频放大器

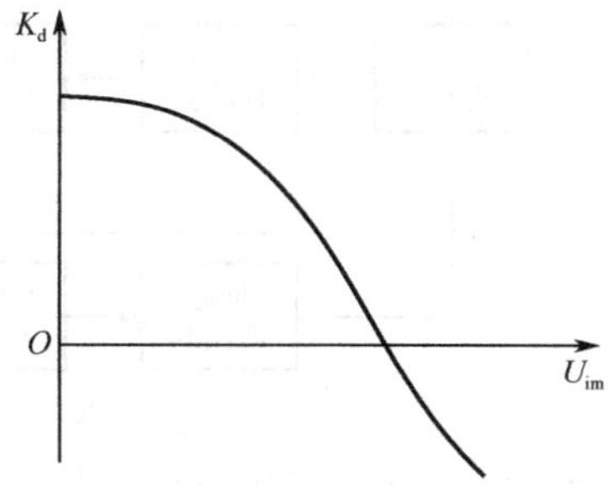

图 6.9.2　K_d-U_{im} 的关系曲线

接收机各部件的动态范围典型值及一些重要参数如表 6.9.1 所示。通过该表可迅速判断哪些部件影响动态范围。但需注意的是，表中各部件的动态范围是用各部件输出端的最大信号与系统噪声电平进行比较而算出的，该部件的所有滤波应在饱和之前完成。表中同时还给出了与动态范围有关的一些重要参数。

表 6.9.1　接收机各部件的动态范围典型值及一些重要参数

参　数	部　件				
	高频传输线	高频放大器	混　频　器	中频滤波器	对数检波器
部件的噪声温度/K	—	520	1300	300	2400
部件的增益（用等幅波测得）/dB	-1	25	-6	15	—
对分布目标的动态范围/dB	—	77	72	78	[80]
对点目标的动态范围/dB	—	88	83	78	[80]
接收机带宽/MHz	—	200	100	2	2
对宽带噪声的动态范围/dB	—	57	55	78	[80]

6.9.2　增益控制

1．自动增益控制（AGC）

在跟踪雷达中，为了保证对目标的自动方向进行跟踪，要求接收机输出的角误差信号强度只与目标偏离天线轴线的夹角（称为“误差角”）有关，而与目标距离的远近、目标反射面积的大小等因素无关。为了得到这种归一化的角误差信号，使天线正确地跟踪动目标，必须采用自动增益控制电路。

图 6.9.3 是一种简单的自动增益控制电路方框图，它由一级峰值检波器和低通滤波器组成。接收机输出的视频脉冲信号，经过峰值检波器，再由低通滤波器除去高频成分之后，就得到自动增益控制电压 U_{AGC}，将它加到被控的中频放大器中去，就完成了增益的自动控制作用。当输

入信号增大时，视频放大器输出 u_o 随之增大，引起控制电压 U_{AGC} 增大，从而使受控中频放大器的增益降低；当输入信号减小时，情况正好相反，即中频放大器的增益将要增大。因此自动增益控制电路是一个负反馈系统。

2．瞬时自动增益控制（IAGC）

这是一种有效的中频放大器的抗过载电路，它能够防止由于等幅波干扰、宽脉冲干扰和低频调幅波干扰等引起的中频放大器过载。

图 6.9.4 是瞬时自动增益控制电路方框图。它和一般的自动增益控制电路原理相似，也是利用负反馈原理将输出电压检波后去控制中频放大器，自动地调整中频放大器的增益。

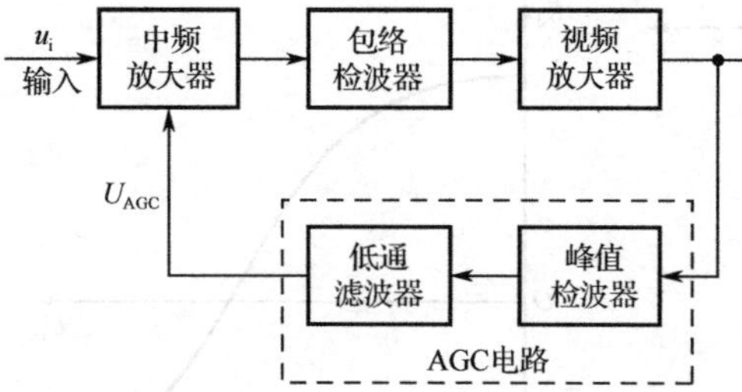

图 6.9.3　一种简单的自动增益控制电路方框图

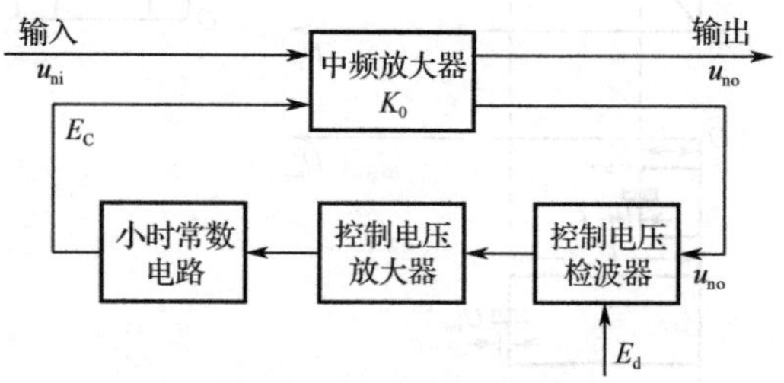

图 6.9.4　瞬时自动增益控制电路方框图

瞬时自动增益控制的目的是使干扰电压受到衰减（要求控制电压 U_C 能瞬时地随着干扰电压而变化），而维持目标信号的增益尽量不变。因此，电路的时常数应这样选择：为了保证在干扰电压的持续时间 τ_n 内能迅速建立起控制电压 U_C，要求电路时常数 $\tau_i<\tau_n$；为了维持目标回波的增益尽量不变，必须保证在目标信号的宽度 τ 内使控制电压来不及建立，即 $\tau_i\gg\tau$，为此电路时常数一般选为

$$\tau_i=(5\sim20)\tau$$

干扰电压一般都很强，所以中频放大器不仅末级有过载的危险，前几级也有可能发生过载。为了得到较好的抗过载效果，增大允许的干扰电压范围，可以在中频放大器的末级和相邻的前几级，都加上瞬时自动增益控制电路。

3．近程增益控制

近程增益控制电路又称“时间增益控制电路”或“灵敏度时间增益控制（STC）电路”，它用来防止近程杂波干扰所引起的中频放大器过载。

杂波干扰（如海浪杂波和地物杂波干扰等）主要出现在近距离处，杂波干扰功率随着距离的增大而相对平滑地减小，如图 6.9.5（a）所示。若把发射信号时刻作为距离的起点，则横轴实际上也就是时间轴。

根据试验，海浪杂波干扰功率 P_{im} 随距离 R 的变化规律为

$$P_{im}=KR^{-a}$$

式中，K 为比例常数，它与雷达的发射功率等因素有关；a 为由试验条件所确定的系数，它与天线波瓣形状等有关，一般 a=2.7～4.7。

近程增益控制的基本原理：当发射机每次发射信号之后，接收机产生一个与干扰功率随时间的变化规律相“匹配”的控制电压 U_C，控制接收机的增益按此规律变化，如图 6.9.5（b）所示，所以近程增益控制电路实际上是一个使接收机灵敏度随时间而变化的控制电路，它可以使接收机不致受近距离的杂波干扰而过载。

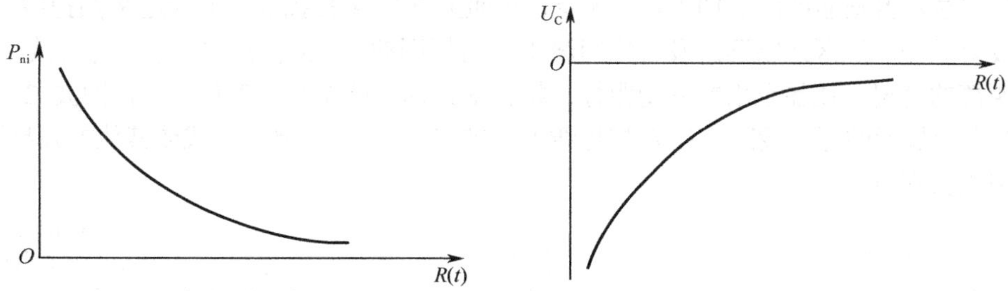

图 6.9.5　杂波干扰功率及控制电压与时间的关系

6.10　雷达终端

本章前几节主要介绍了雷达收发机的基本概念、原理及组成等内容。本节将简单讨论雷达系统中涉及的信息显示技术。

目标的回波信号经雷达接收机处理后，还需要将回波中有关目标的信息与情报，经必要的加工处理后在显示器上以直观的方式呈现给雷达操作人员，这些功能都是由雷达终端来完成的。限于篇幅，本节仅讨论典型的雷达终端信息显示。

6.10.1　雷达终端信息显示的主要类型

雷达终端显示器根据完成的任务可分为距离显示器、平面显示器、高度显示器、情况显示器、综合显示器、光栅扫描显示器等。这里只介绍前面三种显示器。

1．距离显示器

常用的距离显示器有三种基本类型，其画面如图 6.10.1 所示。距离显示器显示目标的斜距坐标，它是一度空间显示器，用光点在荧光屏上偏转的振幅来表示目标回波的大小，所以又称偏转调制显示器。

A 型显示器为直线扫掠，扫掠线起点与发射脉冲同步，扫掠线长度与雷达距离量程相对应，主波与回波之间的扫掠线长代表目标的斜距。A 型显示器的画面如图 6.10.1（a）所示，画面上有发射脉冲（又称主波）、近区地物回波和目标回波，还有距离刻度，这个刻度可以是电子式刻度，也可以是机械刻度。A 型显示器实际上是一个同步示波器。雷达发射脉冲（主波）瞬间，电子束开始从左到右线性扫掠，接收机输出的回波信号显示在主波之后，二者的间距与回波滞后时间成比例。画面上有固定的距离刻度，有时还有移动距标，它迟后于主波的时间，可以由人工控制。根据回波出现位置所对应的刻度（或移动距标迟后主波的时间）就可以读出目标的距离。

J 型显示器是圆周扫掠，它与 A 型显示器相似，所不同的是它把扫掠线从直线变为圆周。目标的斜距取决于主波与回波之间在顺时针方向上扫掠线的弧长。J 型显示器的画面如图 6.10.1（b）所示。

A/R 型显示器有两条扫掠线。上面一条扫掠线和 A 型显示器相同，下面一条是上面扫掠线中一小段的扩展，扩展其中有回波的一小段可以提高测距精度，它是从 A 型显示器演变而来的。在实际工作中常常既要能观察全程信息，又要能对所选择的目标进行较精确的测距，这时只用一个 A 型显示器很难兼顾，若加一个显示器来详细观察选择目标及其附近的情况，则其距离量程可以选择得较小，这个仅显示全程中一部分距离的显示器通常称为 R 型显示器。由于它和 A 型显示器配合使用，因而统称为 A/R 型显示器。

A/R 型显示器画面如图 6.10.1（c）所示，画面上方是 A 扫掠线，下方是 R 扫掠线。A 扫掠线显示发射脉冲、近区地物回波及目标回波 1 和目标回波 2。R 扫掠线显示目标回波 2 及其附近一段距离的情况，还显示出精移动距标。精移动距标以两个亮点夹住了目标回波 2。通常在 R 扫掠线上所显示的那一段距离在 A 扫掠线上以缺口方式、加亮显示方式或其他方式显示出来，以便使用人员观测。

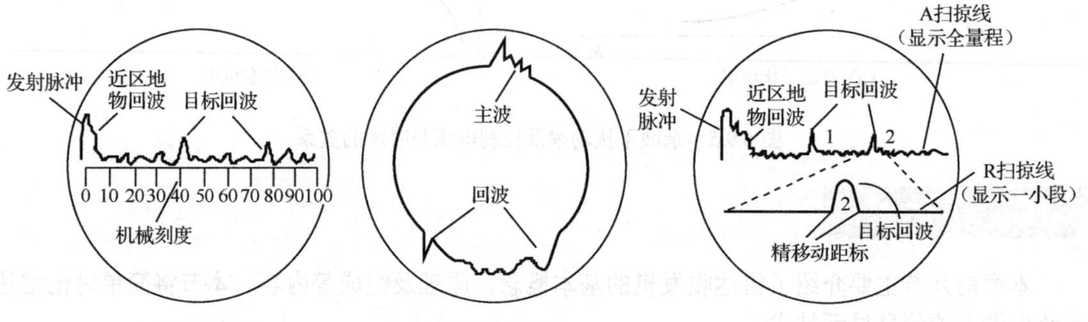

图 6.10.1　三种距离显示器的画面

2. 平面显示器

平面显示器显示雷达目标的斜距和方位两个坐标，它属于二维显示器。它用平面上的亮点位置来表示目标的坐标，属于亮度调制显示器。

平面显示器是使用最广泛的雷达显示器，因为它能够提供 360°（又称全景显示器或环视显示器，简称 PPI 显示器或 P 显）范围内全部平面的目标信息及分布情况，这种分布情况与通用的平面地图是一致的。平面显示器的图像如图 6.10.2 所示。方位角以正北为基准（零方位角），顺时针方向计量；距离则沿半径计量；圆心是雷达站（零距离）。图的中心部分大片目标是近区的杂波所形成的，较远的小亮弧则是动目标，大的是固定目标。

平面显示器既可以用极坐标显示距离和方位，也可以用直角坐标来显示距离和方位，若为后者，则称为 B 式显示器，它以横坐标表示方位，纵坐标表示距离。通常方位角不是取整个 360°，而是取其中的某一段，即雷达所监视的一个较小的范围。如果距离也不取全程，而是某一段，这时的 B 式显示器就叫作微 B 显示器。在观察某一波门范围以内的情况时可以用微 B 显示器。

3. 高度显示器

高度显示器用在测高雷达和地形跟随雷达系统中，统称为 E 式显示器，如图 6.10.3 所示，横坐标表示距离，纵坐标表示仰角或高度，表示高度者又称为 RHI 显示器。在测高雷达中主要用 RHI 显示器。但在精密跟踪雷达中常采用 E 式显示器，并配合 B 式显示器使用。

图 6.10.2　平面显示器的图像

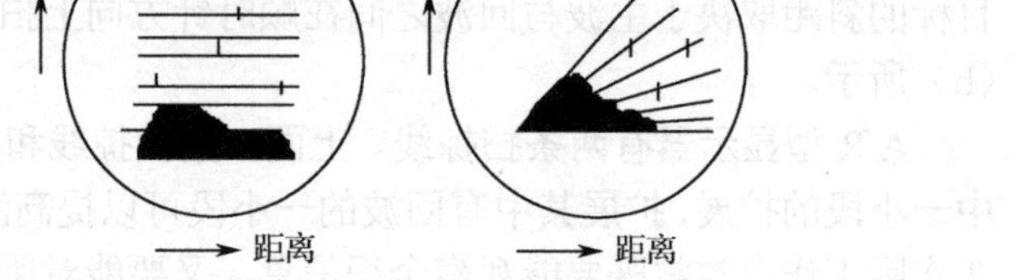

图 6.10.3　高度显示器的两种类型

6.10.2　对显示器的基本要求

对显示器的基本要求是由雷达的战术和技术参数决定的，通常有以下几点。

（1）显示器类型。显示器类型主要根据显示器的任务和显示的内容来选择。

（2）显示的坐标数量、种类和量程。这些参数主要根据雷达的用途和战术指标来确定。

（3）对目标坐标的分辨力。这是指显示器画面上两个相邻目标的分辨能力。

（4）显示器的对比度。对比度是指图像亮度和背景亮度的相对比值的百分数表示，即

$$\text{对比度}=\frac{\text{图像亮度}-\text{背景亮度}}{\text{背景亮度}}\times 100\%$$

对比度的大小直接影响目标的发现和图像的显示质量，一般要求在 200%以上。

（5）图像重显频率。为了使图像画面不致闪烁，要求重新显示的频率必须达到一定数值。

（6）显示图像的失真和误差。有很多因素使图像产生失真和误差，例如，扫描电路的非线性失真、字符和图像位置配合不准确等。

此外，对雷达终端显示器的体积、质量、环境条件、电源电压及功耗等指标也是有要求的。

6.11　习题

6.11.1　简述雷达收发机的基本组成。

6.11.2　以典型的脉冲雷达为例，介绍其基本模块及其功能。

6.11.3　某雷达发射机的峰值功率为800kW，矩形脉冲宽度为3μs，脉冲重复频率为1000Hz，求该发射机的平均功率和工作比。

6.11.4　某雷达接收机的噪声系数为6dB，接收机工作频带宽度为1.8MHz，求其临界灵敏度。

6.11.5　根据完成的任务，雷达终端显示器可分为哪些类型？

第 7 章

雷达方程与目标检测

由于雷达是比较复杂的系统，涉及很多方面的内容，因此在雷达的设计与制造过程中，需要进行方案设计以引导实际的工程开发。方案设计是指基于用户需求，并利用雷达方程来指导雷达系统设计人员进行多种选择和折中考虑的重要指南，并确定符合项目要求的合适方案。雷达方程反映了雷达探测距离与发射机、接收机、天线、目标及其环境等因素之间的相互关系。它不仅用于估计雷达作用距离，还是理解雷达各个分系统参数对雷达整机性能的影响及进行系统设计的重要工具。因此，本章将从雷达方程入手，对雷达作用距离与目标检测等内容进行介绍，以此来指导雷达系统的分析与设计。

7.1 雷达方程

雷达方程是雷达系统方案设计的基础。雷达方程的一些参数是由雷达需要完成的任务决定的，而其他参数由用户单方面决定，需要小心处理。用户通常描述雷达目标性质，雷达工作环境、尺寸和质量的限制，雷达信息的用途及其他约束。雷达系统工程师通过这些信息决定目标雷达截面积，从而满足雷达使用者要求的作用距离、角精度和天线重复扫描时间。一些参数，如天线增益，可能受多个要求或需要的影响。例如，一个特定天线的波束宽度受跟踪精度、临近目标分辨率、特定雷达应用允许的最大天线尺寸、雷达期望距离的要求及雷达频率选择等影响。雷达频率通常受许多方面的影响，包括可用的工作频率。通常，在进行了许多其他指标的折中之后，才考虑雷达的工作频率这个参数。

7.1.1 基本雷达方程

设雷达发射功率为 P_t, 雷达的天线增益为 G_t，则在自由空间工作时，距雷达天线为 R 的目标处的功率密度 S_1 为

$$S_1 = \frac{P_t G_t}{4\pi R^2} \tag{7.1.1}$$

目标受到发射电磁波的照射，因其散射特性将产生散射回波。散射功率的大小显然和目标所在点的发射功率密度 S_1 及目标的特性有关。用目标的散射截面积 σ（其量纲是面积）来表征其散射特性。若假定目标可将接收到的功率无损耗地辐射出来，则可得到目标散射的功率（二次辐射功率）为

$$P_2 = \sigma S_1 = \frac{P_t G_t \sigma}{4\pi R^2} \tag{7.1.2}$$

又假设 P_2 均匀地辐射，则在接收天线处收到的回波功率密度为

$$S_2 = \frac{P_2}{4\pi R^2} = \frac{P_t G_t \sigma}{(4\pi R^2)^2} \tag{7.1.3}$$

若雷达接收天线的有效接收面积为 A_r，则在雷达接收处接收回波功率为 P_r，而

$$P_r = A_r S_2 = \frac{P_t G_t \sigma A_r}{(4\pi R^2)^2} \tag{7.1.4}$$

由天线理论可知，天线增益和有效面积之间有以下关系：

$$G = \frac{4\pi A}{\lambda^2}$$

式中，λ 为所用波长，则接收回波功率可写成如下形式：

$$P_r = \frac{P_t G_t G_r \lambda^2 \sigma}{(4\pi)^3 R^4} \tag{7.1.5}$$

$$P_r = \frac{P_t A_t A_r \sigma}{4\pi \lambda^2 R^4} \tag{7.1.6}$$

单基地脉冲雷达通常收发共用天线，即 $G_t=G_r=G$，$A_t=A_r$，将此关系式代入上式即可得常用结果。

由式（7.1.4）～式（7.1.6）可看出，接收回波功率 P_r 反比于目标与雷达天线间的距离 R 的四次方，这是因为一次雷达中，反射功率经过往返双倍的距离路程，能量衰减很大。接收回波功率 P_r 必须超过最小可检测信号功率 $S_{i\min}$，雷达才能可靠地发现目标，当 P_r 正好等于 $S_{i\min}$ 时，就可得到雷达检测该目标的最大作用距离 R_{max}。因为如果超过这个距离，P_r 进一步减小，就不能可靠地检测到该目标。它们的关系式为

$$P_r = S_{i\min} = \frac{P_t \sigma A_r^2}{4\pi \lambda^2 R_{max}^4} = \frac{P_t G^2 \lambda^2 \sigma}{(4\pi)^3 R_{max}^4} \tag{7.1.7}$$

或

$$R_{max} = \left[\frac{P_t \sigma A_r^2}{4\pi \lambda^2 S_{i\min}}\right]^{\frac{1}{4}} \tag{7.1.8}$$

$$R_{max} = \left[\frac{P_t G^2 \lambda^2 \sigma}{(4\pi)^3 S_{i\min}}\right]^{\frac{1}{4}} \tag{7.1.9}$$

式（7.1.8）和式（7.1.9）是雷达方程的两种基本形式，它表明了作用距离 R_{max} 和雷达参数及目标特性间的关系。

雷达方程虽然给出了作用距离和各参数间的定量关系，但因未考虑设备的实际损耗和环境因素，而且方程中还有两个不可能准确预定的量：目标的反射截面积 σ 和最小可检测信号功率 $S_{i\min}$，因此它常作为一个估算公式，用来考察雷达各参数对雷达作用距离影响的程度。

雷达总是在噪声和其他干扰背景下检测目标的，再加上复杂目标的回波信号本身也是起伏的，故接收机输出的是随机量。雷达作用距离也不是一个确定值而是一个统计值，对于某雷达来讲，不能简单地说它的作用距离是多少，通常只在概率意义上讲，当虚警概率（如 10^{-6}）和发现概率（如 90%）给定时的作用距离是多大。

7.1.2　目标的散射截面积（RCS）

雷达是通过目标的二次散射功率来发现目标的。为了描述目标的后向散射特性，在雷达方程的推导过程中，定义了“点”目标的散射截面积 σ，表达式为

$$P_2 = S_1 \sigma$$

P_2 为目标散射的总功率，S_1 为照射的功率密度。σ 又可写为

$$\sigma = \frac{P_2}{S_1}$$

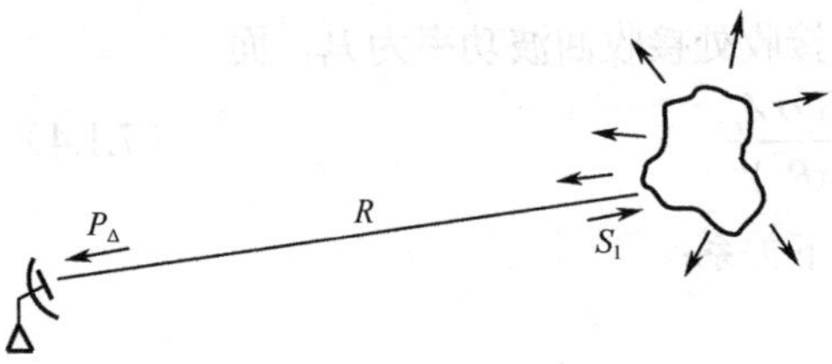

图 7.1.1　目标的散射特性

由于二次散射，在雷达接收点处单位立体角内的散射功率 P_Δ（如图 7.1.1 所示）为

$$P_\Delta = \frac{P_2}{4\pi} = S_1 \frac{\sigma}{4\pi}$$

据此，又可定义目标的散射截面积 σ 为

$$\sigma = 4\pi \cdot \frac{\text{返回接收机每单位立体角内的回波功率}}{\text{入射功率密度}} \tag{7.1.10}$$

σ 定义为在远场条件（平面波照射的条件）下，目标处每单位入射功率密度在接收机处每单位立体角内产生的回波功率乘以 4π。

为了进一步了解 σ 的意义，我们按照定义来考虑一个具有良好导电性能的各向同性的球体截面积。设目标处入射功率密度为 S_1，球目标的几何投影面积为 A_1，则目标所截获的功率为 S_1A_1。由于该球是导电良好且各向同性的，因而它将截获的功率 S_1A_1 全部均匀地辐射到 4π 立体角内，根据式（7.1.10），可定义

$$\sigma_i = 4\pi \frac{S_1 A_1/(4\pi)}{S_1} = A_1 \tag{7.1.11}$$

式（7.1.11）表明，导电性能良好且各向同性的球体，它的截面积 σ_i 等于该球体的几何投影面积。这就是说，任何一个反射体的截面积都可以想象成一个具有各向同性的等效球体的截面积。

等效的意思是指该球体在接收机方向每单位立体角所产生的功率与实际目标散射体所产生的相同，从而将目标的散射截面积理解为一个等效的无耗各向均匀反射体的截获面积（投影面积）。因为实际目标的外形复杂，它的后向散射特性是各部分散射的矢量合成，因而不同的照射方向有不同的目标的散射截面积 σ 值。

除后向散射特性外，有时需要测量和计算目标在其他方向的散射功率，例如，双基地雷达工作时的情况。可以按照同样的概念和方法来定义目标的双基地雷达的散射截面积 σ_b。对复杂目标来讲，σ_b 不仅与发射时的照射方向有关，而且还取决于接收时的散射方向。

7.1.3　MATLAB 仿真

例 7.1.1　利用雷达方程和 MATLAB 软件，绘制在目标的散射截面积和发射功率作为参变量条件下的信噪比（SNR）与探测距离之间的关系曲线。

解：主要的 MATLAB 代码及注释如下。

```
close all
clear all
pt = 1.5e+6;                           %峰值功率（W）
freq = 5.6e+9;                         %雷达工作频率（Hz）
g = 45.0;                              %天线增益（dB）
sigma = 0.1;                           %雷达散射截面积（m²）
b = 5.0e+6;                            %雷达工作带宽（Hz）
nf = 3.0;                              %噪声系数（dB）
loss = 6.0;                            %雷达损耗（dB）
range = linspace(25e3,165e3,1000);     %目标距离从 25km 到 165km，共 1000 个点
snr1 = radar_eq(pt, freq, g, sigma, b, nf, loss, range);
```

```
snr2 = radar_eq(pt, freq, g, sigma/10, b, nf, loss, range);
snr3 = radar_eq(pt, freq, g, sigma*10, b, nf, loss, range);

% plot SNR versus range
snr1 = radar_eq(pt, freq, g, sigma, b, nf, loss, range);
snr2 = radar_eq(pt*.4, freq, g, sigma, b, nf, loss, range);
snr3 = radar_eq(pt*1.8, freq, g, sigma, b, nf, loss, range);
```

图 7.1.2 给出了 MATLAB 仿真结果。

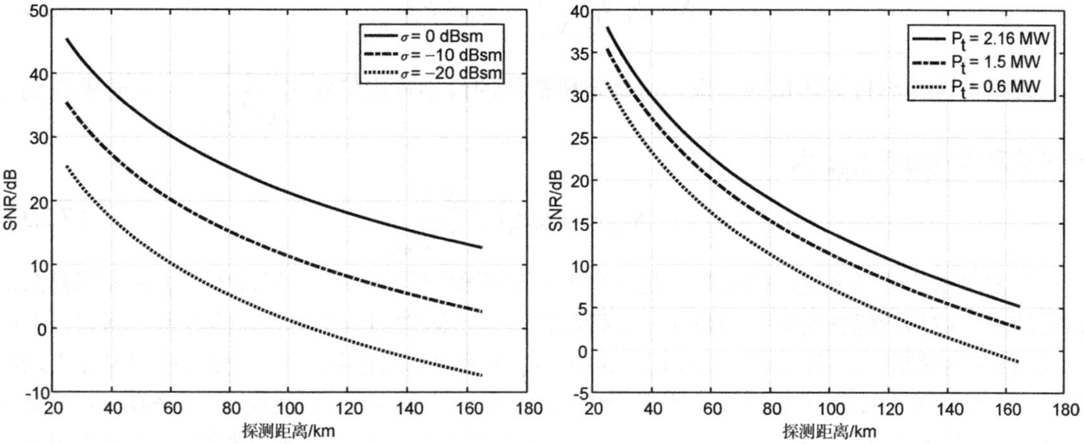

图 7.1.2　在不同目标的散射截面积和发射功率下的 SNR 与探测距离之间的关系曲线

7.2　最小可检测信号

由式（7.1.8）和式（7.1.9）可知，雷达作用距离 $R_{\max}$ 是最小可检测信号功率 $S_{\mathrm{i\,min}}$ 的函数，而 $S_{\mathrm{i\,min}}$ 与信噪比密切相关。因此，为了确定 $R_{\max}$，必须首先分析和计算雷达接收机的最小可检测信噪比。

7.2.1　最小可检测信噪比

典型接收机的信号处理框图如图 7.2.1 所示，一般把检波器以前（中频放大器输出）的部分视为线性的，中频滤波器的特性近似匹配滤波器，从而使中频放大器输出端的信噪比达到最大。

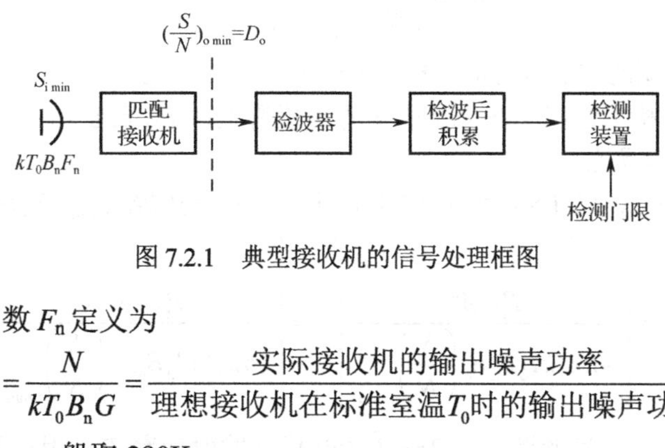

图 7.2.1　典型接收机的信号处理框图

接收机的噪声系数 F_{n} 定义为

$$F_{\mathrm{n}}=\frac{N}{kT_0B_{\mathrm{n}}G}=\frac{\text{实际接收机的输出噪声功率}}{\text{理想接收机在标准室温}T_0\text{时的输出噪声功率}}$$

式中，T_0 为标准室温，一般取 290K。

输出噪声功率通常是在接收机检波器之前测量。大多数接收机中，噪声带宽 B_n 由中频放大器决定，其数值与中频 3dB 带宽相接近。理想接收机的输入噪声功率 N_i 为

$$N_i=kT_0B_n$$

故噪声系数 F_n 亦可写成

$$F_n=\frac{(S/N)_i}{(S/N)_o}=\frac{\text{输入端信噪比}}{\text{输出端信噪比}} \tag{7.2.1}$$

将上式整理后得到输入信号功率 S_i 的表达式为

$$S_i=F_nN_i\left(\frac{S}{N}\right)_o=kT_0B_nF_n\left(\frac{S}{N}\right)_o \tag{7.2.2}$$

根据雷达检测目标质量的要求，可确定所需要的最小输出信噪比 $\left(\frac{S}{N}\right)_{o\min}$，这时就得到最小可检测信号功率 $S_{i\min}$ 为

$$S_{i\min}=kT_0B_nF_n\left(\frac{S}{N}\right)_{o\min} \tag{7.2.3}$$

对常用雷达波形来说，信号功率是一个容易理解和测量的参数，但现代雷达多采用复杂的信号波形，波形所包含的信号能量往往是接收信号可检测性的一个更合适的度量。例如，匹配滤波器输出端的最大信噪比等于 E_r/N_0，其中，E_r 为接收信号能量，N_0 为接收机均匀噪声功率谱密度，在这里以接收信号能量 E_r 来表示信噪比。从一个简单的矩形脉冲波形来看，若其宽度为 τ、信号功率为 S，则接收信号能量 $E_r=S\tau$。噪声功率 N 和噪声功率谱密度 N_0 之间的关系为 $N=N_0B_n$。B_n 为接收机的噪声带宽，一般情况下可认为 $B_n\approx 1/\tau$。这样可得到信噪比的表达式：

$$\frac{S}{N}=\frac{S}{N_0B_n}=\frac{S\tau}{N_0}=\frac{E_r}{N_0} \tag{7.2.4}$$

因此检测目标信号所需的最小输出信噪比为

$$\left(\frac{S}{N}\right)_{o\min}=\left(\frac{E_r}{N_0}\right)_{o\min}$$

在早期雷达中，通常都用各类显示器来观察和检测目标信号，所以称所需的$(S/N)_{o\min}$为识别系数或可见度因子 M。多数现代雷达均采用建立在统计检测理论基础上的统计判决方法来实现信号检测，在这种情况下，检测目标信号所需的最小输出信噪比称为检测因子（Detectability Factor），即

$$D_o=\left(\frac{E_r}{N_0}\right)_{o\min}=\left(\frac{S}{N}\right)_{o\min} \tag{7.2.5}$$

D_o 是在接收机匹配滤波器输出端（检波器输入端）测量的信噪比，如图 7.2.1 所示。检测因子 D_o 就是满足所需检测性能（以检测概率 P_d 和虚警概率 P_{fa} 表征）时，在检波器输入端单个脉冲所需达到的最小信噪比。

将式（7.2.3）代入式（7.1.8）和式（7.1.9）即可获得用$(S/N)_{o\min}$表示的雷达方程：

$$R_{\max}=\left[\frac{P_t\sigma A_r^2}{4\pi\lambda^2kT_0B_nF_n\left(\frac{S}{N}\right)_{o\min}}\right]^{1/4}=\left[\frac{P_tG^2\lambda^2\sigma}{(4\pi)^3kT_0B_nF_n\left(\frac{S}{N}\right)_{o\min}}\right]^{1/4} \tag{7.2.6}$$

利用式（7.2.4），用信号能量 $E_t=P_t\tau=\int_0^\tau P_t\mathrm{d}t$ 代替发射功率 P_t，用检测因子 $D_o=(S/N)_{o\min}$

替换雷达方程式（7.2.6）时，即可得到用检测因子 D_o 表示的雷达方程为

$$R_{\max}=\left[\frac{E_t G_t A_r \sigma}{(4\pi)^2 kT_0 F_n D_o C_B L}\right]^{1/4}=\left[\frac{P_t G_t G_r \sigma \lambda^2}{(4\pi)^3 kT_0 F_n D_o C_B L}\right]^{1/4} \tag{7.2.7}$$

式中增加了带宽校正因子 C_B，$C_B \geqslant 1$，它表示接收机带宽失配所带来的信噪比损失，匹配时 $C_B=1$。L 表示雷达各部分损耗引入的损失系数。

用检测因子 D_o 和信号能量 E_t 表示的雷达方程在使用时有以下优点。

（1）当雷达在检测目标之前有多个脉冲可以积累时，由于积累可改善信噪比，故此时检波器输入端的 $D_o(n)$ 值将下降。因此雷达方程可表明雷达作用距离和脉冲积累数 n 之间的简明关系，可计算和绘制出标准曲线供查用。

（2）用能量表示的雷达方程适用于雷达使用各种复杂脉压信号的情况。只要知道脉冲功率及发射脉冲宽度就可以估算雷达作用距离而不必考虑具体的波形参数。

7.2.2　门限检测

由于接收机噪声通常是宽频带的高斯噪声，因此，雷达检测微弱信号的能力将受到噪声的限制。噪声的起伏特性使得判断信号是否出现变成了一个统计问题，必须按照某种统计检测标准进行判断。尽管有多种统计检测标准可以使用，但是奈曼-皮尔逊准则在雷达目标检测中应用广泛，因此本节仅讨论这种检测标准。奈曼-皮尔逊准则要求在给定信噪比条件下，满足一定虚警概率 P_{fa} 时的发现概率 P_d 最大。如图 7.2.1 所示的接收机检测系统，它首先在中频部分对单个脉冲信号进行匹配滤波，接着进行检波，通常在 n 个脉冲积累后再检测，故先对检波后的 n 个脉冲进行加权积累，然后将积累输出与某一门限电平进行比较，若输出包络超过门限电平，则认为目标存在，否则认为没有目标，这就是门限检测的基本原理。

图 7.2.2 给出了接收机输出的信号加噪声的包络特性，它与 A 型显示器上一次扫掠的图形相似。噪声的随机性导致接收机输出的包络出现起伏。图 7.2.2 中 A、B 和 C 是信号加噪声波形（图 7.2.2 中实线所示）上的三个检测点，设置的检测门限电平如图 7.2.2 中上边的虚线所示，而图 7.2.2 中下边的虚线表示噪声的平均电平。检测原理是，当信号加噪声的包络（实线）电平超过门限电平时，认为雷达检测到一个目标。很显然，A 点信号较强，容易检测出目标，但 B 和 C 两点的信号不易检测出来。B 点回波信号叠加噪声后的总幅度刚好达到门限电平，仍然可以检测出目标。但是，C 点的回波受到噪声影响较大，导致合成振幅较小而不能超过门限电平，此时会丢失目标。若采用降低门限值的办法来检测 C 点信号或其他微弱回波信号，则可能导致在只有噪声的情况下，检测点的电平超过门限电平的概率增大。噪声电平超过门限电平而误判为有信号的事件称为"虚警"（虚假的警报）。"虚警"是应该设法避免的事情。检测时门限电平的高低影响以下两种误判的多少。

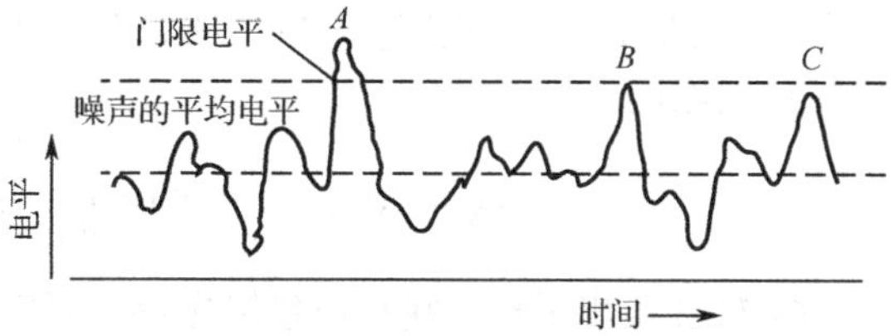

图 7.2.2　接收机输出的典型包络特性

（1）有信号而误判为没有信号（漏警）；

（2）只有噪声时误判为有信号（虚警）。

应根据两种误判的影响大小来选择合适的门限电平。

门限检测是一种统计检测，由于信号叠加有噪声，因此总输出是一个随机量。在输出端根据输出振幅是否超过门限电平来判断有无目标存在，可能出现以下四种情况。

（1）存在目标时判为有目标，这是一种正确判断，称为发现，它的概率称为发现概率 P_d；

（2）存在目标时判为无目标，这是错误判断，称为漏报，它的概率称为漏报概率 P_{la}；

（3）不存在目标时判为无目标，称为正确不发现，它的概率称为正确不发现概率 P_{an}；

（4）不存在目标时判为有目标，称为虚警，这也是一种错误判断，它的概率称为虚警概率 P_{fa}。

显然四种概率存在以下关系：

$$P_d+P_{la}=1，P_{an}+P_{fa}=1$$

每对概率只要知道其中一个就可以计算另一个。下面只讨论常用的发现概率和虚警概率。

门限检测的过程可以由观察员观察显示器来完成，也可以用电子线路自动完成。前者与观察人员的责任心、熟悉程度（或经验）及当时的情况有关。也就是说，这种方法的人为因素对目标检测的影响较大。但是，后者采用电子自动门限检测，避免了人为因素的影响和干扰。这种检测方法可以根据不同类型的噪声和杂波特性，自动调整门限电平以做到恒虚警处理，目标是否存在是通过一定的逻辑判断来完成的。

7.2.3 检测性能和信噪比

雷达信号的检测性能由其发现概率 P_d 和虚警概率 P_{fa} 来描述，P_d 越大，说明发现目标的可能性就越大，与此同时，希望 P_{fa} 的值不超过允许值。下面简单讨论一下这两个参数 P_{fa} 和 P_d。

1．虚警概率 P_{fa}

虚警是指没有信号而仅有噪声时，噪声电平超过门限电平而被误认为信号的事件。噪声电平超过门限电平的概率称为虚警概率。显然，它和噪声统计特性、噪声功率及门限电平的大小密切相关。下面定量地分析它们之间的关系。

通常加到接收机中频滤波器（或中频放大器）上的噪声是宽带高斯噪声，其概率密度函数为

$$p(v)=\frac{1}{\sqrt{2\pi}\sigma}\exp\left(-\frac{v^2}{2\sigma^2}\right) \tag{7.2.8}$$

式中，噪声的均值为零，方差是 σ^2。高斯噪声通过窄带中频滤波器（其带宽远小于其中心频率）后加到包络检波器，根据随机噪声的数学分析可知，检波器输出端噪声包络振幅的概率密度函数为

$$p(r)=\frac{r}{\sigma^2}\exp\left(-\frac{r^2}{2\sigma^2}\right)，\ r\geqslant 0 \tag{7.2.9}$$

式中，r 表示检波器输出端噪声包络的振幅。可以看出，输出端噪声包络振幅的概率密度函数是瑞利分布的。设置门限电平 U_T，噪声包络电平超过门限电平的概率就是虚警概率 P_{fa}，它可以由下式求出：

$$P_{fa}=P(U_T\leqslant r<\infty)=\int_{U_T}^{\infty}\frac{r}{\sigma^2}\exp\left(\frac{r^2}{2\sigma^2}\right)dr=\exp\left(-\frac{U_T^2}{2\sigma^2}\right) \tag{7.2.10}$$

图 7.2.3 给出了输出端噪声包络振幅的概率密度函数，并定性说明了虚警概率与门限电平的关系。当噪声分布函数一定时，虚警的大小完全由门限电平确定。

除虚警概率外，表征虚警数量关系的参数还有虚警时间 T_{fa}，两者之间也有确定的关系。虚警时间的定义有多种，下面给出一种常见的定义方法，如图 7.2.4 所示，即虚假回波（噪声包络电平超过门限电平）之间的平均时间间隔定义为虚警时间 T_{fa}：

$$T_{fa}=\lim_{N\to\infty}\frac{1}{N}\sum_{K=1}^{N}T_K \tag{7.2.11}$$

此处 T_K 为噪声包络电平超过门限电平 U_T 的时间间隔，虚警概率 P_{fa} 也可以近似用实际噪声包络电平超过门限电平的总时间与观察时间之比来求得，即

$$P_{fa}=\frac{\sum_{K=1}^{N}t_K}{\sum_{K=1}^{N}T_K}=\frac{(t_K)_{平均}}{(T_K)_{平均}}=\frac{1}{T_{fa}B} \tag{7.2.12}$$

式中，噪声脉冲的平均宽度$(t_K)_{平均}$近似为带宽 B 的倒数，在用包络检波器的情况下，带宽 B 为中频带宽 B_{IF}。

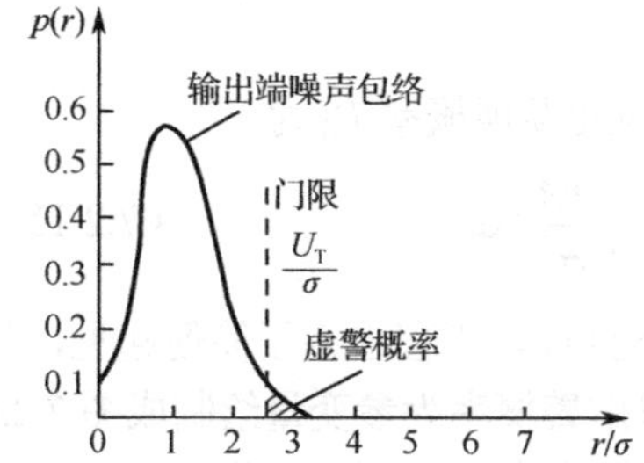

图 7.2.3　虚警概率与门限电平的关系

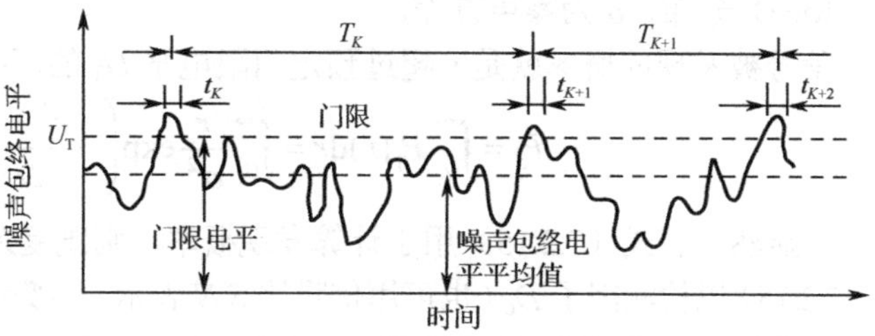

图 7.2.4　虚警时间与虚警概率

同样也可以求得虚警时间与门限电平、接收机带宽等参数之间的关系，将式（7.2.12）代入式（7.2.10）中，可得

$$T_{fa}=\frac{1}{B_{IF}}\exp\left(\frac{U_T^2}{2\sigma^2}\right) \tag{7.2.13}$$

图 7.2.5 给出了虚警时间与门限电平、接收机带宽之间的关系曲线。

实际雷达所要求的虚警概率应该是很小的，因为虚警概率是噪声脉冲在脉冲宽度间隔时间（大致为带宽的倒数）内超过门限的概率。例如，当接收机带宽为 1MHz 时，每秒钟差不多有 10^6 数量级的噪声脉冲，若要保证虚警时间大于 1s，则任一脉冲间隔的虚警概率 P_{fa} 必须低于 10^{-6}。

有时还可用虚警总数 n_f 来表征虚警的大小，其定义为

$$n_f=\frac{T_{fa}}{\tau}$$

它表示在平均虚警时间内所有可能出现的虚警总数，τ 为脉冲宽度。将 τ 等效为噪声的平均宽度时又可得到关系式：

$$n_f=\frac{T_{fa}}{\tau}=T_{fa}B_{IF}=\frac{1}{P_{fa}}$$

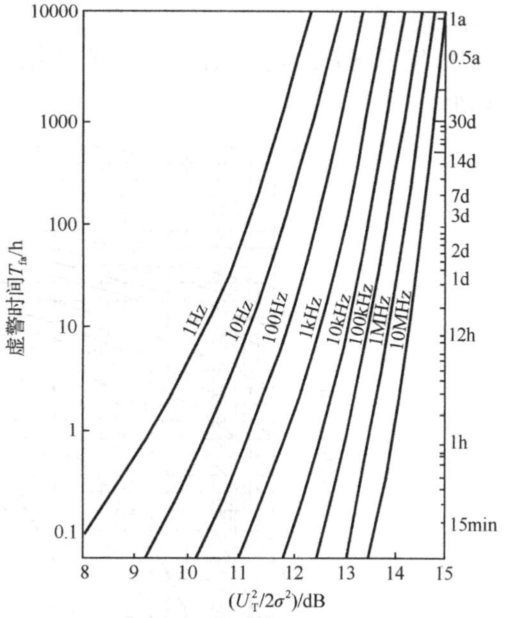

图 7.2.5　虚警时间与门限电平、接收机带宽之间的关系曲线

此式表明，虚警总数就是虚警概率的倒数。

2．发现概率 P_d

为了讨论发现概率 P_d，必须研究信号加噪声通过接收机的情况，然后才能计算信号加噪声电平超过门限电平的概率，即发现概率 P_d。

下面将讨论振幅为 A 的正弦信号同高斯噪声一起输入中频滤波器的情况。设信号的频率是中频滤波器的中心频率 f_{If}，包络检波器输出包络的概率密度函数为

$$P_{\text{d}}(r)=\frac{r}{\sigma^2}\exp\left(-\frac{r^2+A^2}{2\sigma^2}\right)I_0\left(\frac{rA}{\sigma^2}\right) \tag{7.2.14}$$

式中，$I_0(z)$是宗量为 z 的零阶修正贝塞尔函数，定义为

$$I_0(z)=\sum_{n=0}^{\infty}\frac{z^{2n}}{2^{2n}\cdot n!n!}$$

r 为信号加噪声的包络。式（7.2.14）所表示的概率密度函数称为广义瑞利分布，有时也称为莱斯（Rice）分布，σ 为噪声方差。

信号被发现的概率就是 r 超过预定门限电平 U_{T} 的概率，因此发现概率 P_{d} 为

$$P_{\text{d}}=\int_{U_{\text{T}}}^{\infty}P_{\text{d}}(r)\text{d}r=\int_{U_{\text{T}}}^{\infty}\frac{r}{\sigma^2}\exp\left(-\frac{r^2+A^2}{2\sigma^2}\right)I_0\left(\frac{rA}{\sigma^2}\right)\text{d}r \tag{7.2.15}$$

很显然，若式（7.2.15）用于计算发现概率，则既复杂又不直观。工程上为了简便起见，将式（7.2.15）以检测因子 D_{o}（也可用信噪比 S/N 表示）为变量，以虚警概率为参变量绘制成图 7.2.6 所示的曲线。由图可知，当虚警概率一定时，信噪比越大，发现概率也越大。即门限电平一定时，发现概率随信噪比的增大而增大。或者说，当信噪比一定时，虚警概率越小（门限电平越高），发现概率则越小；虚警概率越大，发现概率也越大。此外，噪声和信号加噪声的概率密度函数也能在一定程度上揭示雷达接收机的检测性能，如图 7.2.7 所示。图 7.2.7 中给出了信号加噪声的概率密度函数在 A/σ=3 时的曲线，并标出了相对门限电平（U_{T}/σ=2.5）的位置。当信号加噪声的概率密度函数的变量 r/σ 超过相对门限电平（U_{T}/σ=2.5）时，曲线下的面积即发现概率，而噪声的概率密度函数所在包络超过门限电平时的概率即虚警概率。综上所述，当相对门限电平（U_{T}/σ）一定时，发现概率 P_{d} 随信噪比的增大而增大；而当信噪比一定时，虚警概率 P_{fa} 越小（U_{T}/σ越高），P_{d} 越小。

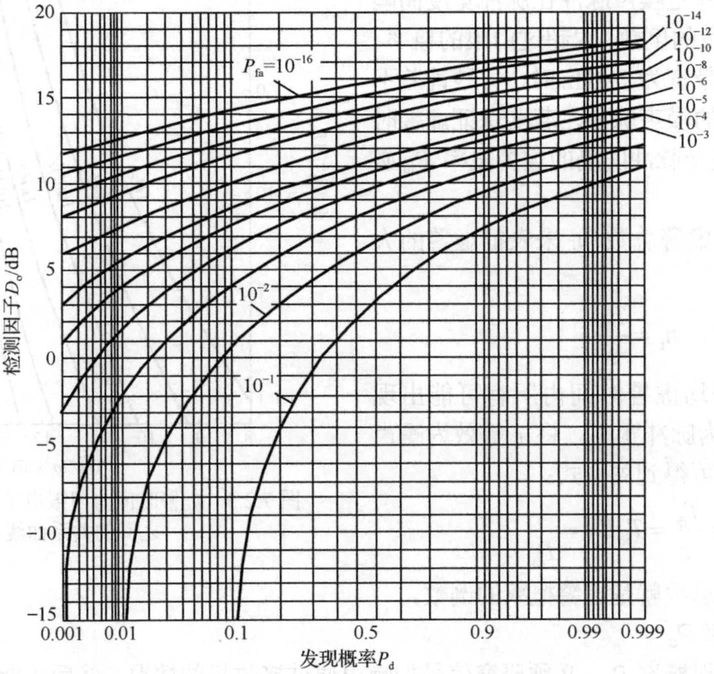

图 7.2.6　非起伏目标单个脉冲线性检波时发现概率和所需检测因子的关系曲线

式（7.2.15）表示了发现概率与门限电平及正弦波振幅的关系，接收机设计人员比较喜欢用电平的关系来讨论问题，而雷达系统的工作人员则采用更方便的功率关系。电平与功率关系为

$$\frac{A}{\sigma}=\frac{\text{信号振幅}}{\text{均方根噪声电平}}=\frac{\sqrt{2}\times(\text{均方根信号电压})}{\text{均方根噪声电平}}=\left(2\frac{\text{信号功率}}{\text{噪声功率}}\right)^{1/2}=\left(\frac{2S}{N}\right)^{1/2} \tag{7.2.16}$$

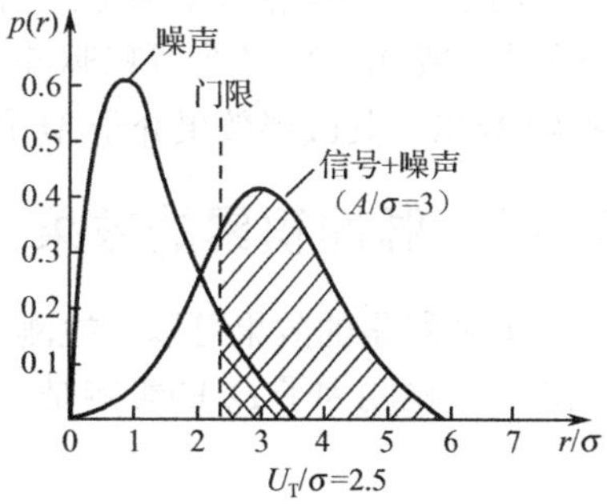

图 7.2.7　用概率密度函数来说明检测性能

由式（7.2.10）可得

$$\frac{U_{\mathrm{T}}^2}{2\sigma^2}=\ln\frac{1}{P_{\mathrm{fa}}} \tag{7.2.17}$$

利用式（7.2.17）和计算发现概率 P_{d} 的式（7.2.15），就可以得出图 7.2.6 所示的曲线族，发现概率 P_{d} 表示为 D_{o}（$D_{\mathrm{o}}=[(S/N)_1=1/2(A/\sigma)^2]$）的函数，而以虚警概率（$P_{\mathrm{fa}}=\exp(-U_{\mathrm{T}}^2/2\sigma^2)$）为参变量。

我们知道，发现概率和虚警时间（或虚警概率）是系统要求的，根据这个规定就可以从图 7.2.6 中查得所需的每一脉冲的最小输出信噪比，即$(S/N)_1=D_{\mathrm{o}}$。这个数值就是在单个脉冲线性检波条件下，由式（7.2.3）计算最小可检测信号时所需用到的信噪比，即$(S/N)_{\mathrm{o\ min}}$（或检测因子 D_{o}）。

例 7.2.1　假设要求的虚警总数为 10^8，试分别计算发现概率为 50%和 90%时，对应所需的最小输出信噪比是多少？

解：

虚警总数 n_{f} 与虚警概率 P_{fa} 之间的关系式为

$$n_{\mathrm{f}}=\frac{1}{P_{\mathrm{fa}}}$$

可得

$$P_{\mathrm{fa}}=10^{-8}$$

再由图 7.2.6 直接查得，当 P_{d} 分别为 50%和 90%时的最小输出信噪比为

$$\left(\frac{S}{N}\right)_{\mathrm{o\ min}}\approx 12.3\ \text{和}\ \left(\frac{S}{N}\right)_{\mathrm{o\ min}}\approx 14.2$$

注意，上述结果的单位是 dB。

7.3　脉冲积累对检测性能的改善

7.2 节介绍的是对单个脉冲进行目标检测的方法，而实际工程应用中的雷达则是对多个脉冲进行积累后再进行目标检测。研究表明，多个脉冲积累后可以有效地提高信噪比，从而改善雷达对目标的检测性能。

若积累是在包络检波前完成的，则称之为检波前积累或中频积累。由于信号在中频积累时需要保持严格的相位关系，即信号是相参的，所以又称之为相参积累或相干积累。而如果积累是在包络检波后完成的，则称之为检波后积累或视频积累。由于信号在包络检波后只保留了幅度信息而丢失了相位信息，因此，在视频积累时信号间不需要保持严格的相位关系，所以又称之为非相参积累或非相干积累。

将 M 个等幅相参中频脉冲信号进行相参积累，可以使信噪比提高为原来的 M 倍（M 为积累的脉冲数）。而 M 个等幅脉冲在包络检波后进行理想积累时，非相参积累后的信噪比改善达不到 M 倍，其改善效果介于 M 和 $\sqrt{M}$ 之间。

7.3.1 脉冲积累的效果

脉冲积累的效果可以用检测因子 D_o 的改变来表示。对于理想的相参积累，M 个等幅脉冲积累后对检测因子 D_o 的影响是

$$D_o(M)=\frac{D_o(1)}{M} \tag{7.3.1}$$

式中，$D_o(M)$表示 M 个脉冲相参积累后的检测因子。因为这种积累使信噪比提高到 M 倍，所以在门限检测前达到相同信噪比时，检波器输入端所要求的单个脉冲信噪比 $D_o(M)$将减小到不积累时的 $D_o(1)$的 M 倍。

非相参积累的效果分析是一件比较困难的事。要计算 M 个视频脉冲积累后的检测能力，首先要求出 M 个信号加噪声及 M 个噪声脉冲经过包络检波并相加后的概率密度函数 $p_{sn}(r)$和 $p_n(r)$，这两个函数与检波器的特性及回波信号特性有关；然后由 $p_{sn}(r)$和 $p_n(r)$按照同样的方法求出 P_d 和 P_{fa}。

$$P_d=\int_{U_T}^{\infty}p_{sn}(r)\mathrm{d}r \tag{7.3.2}$$

$$P_{fa}=\int_{U_T}^{\infty}p_n(r)\mathrm{d}r \tag{7.3.3}$$

为了便于工程应用，可以将计算结果绘制成曲线族，设计时只需查相关曲线即可。限于篇幅，这里不再给出相关曲线图。

7.3.2 积累脉冲数的确定

当雷达天线机械扫描时，可积累的脉冲数（收到的回波脉冲数）取决于天线方位扫描速度及扫描平面上天线方位波束宽度。可以用式（7.3.4）计算方位扫描雷达半功率天线方位波束宽度内接收到的脉冲数 N：

$$N=\frac{\theta_{\alpha,0.5}f_r}{\Omega_\alpha\cos\theta_e}=\frac{\theta_{\alpha,0.5}f_r}{6\omega_m\cos\theta_e} \tag{7.3.4}$$

式中，$\theta_{\alpha,0.5}$ 为半功率天线方位波束宽度，单位为°；Ω_α 为天线方位扫描速度，单位为（°）/s；ω_m 为天线方位扫描角速度，单位为 r/min；f_r 为雷达的脉冲重复频率，单位为 Hz；θ_e 为目标仰角，单位为°。

式（7.3.4）是基于球面几何的特性的，它适用于“有效”方位波束宽度 $\theta_{\alpha,0.5}/\cos\theta_e$ 小于 90°的范围，且波束最大值方向的倾斜角大体上等于 θ_e。当雷达天线波束在方位和仰角二维方向扫描时，也可以推导出相应的公式来计算接收到的脉冲数 N。

某些现代雷达，用电扫天线而不用天线机械运动的方法扫描波束。电扫天线常用步进扫描方式，此时天线波束指向某特定方向并在此方向上发射预置的脉冲数，然后天线波束指向新的方向进行辐射。用这种方法扫描时，接收到的脉冲数由预置的脉冲数决定而与波束宽度无关，且接收到的脉冲回波是等幅的（不考虑目标起伏）。

7.4 其他影响因素

雷达检测目标的距离受多种因素的影响，比如，发射功率、天线增益、目标的散射截面积、

接收机灵敏度及脉冲积累等。除此之外，雷达作用距离还受目标的起伏特性、系统损耗及电磁波在传播过程中的各种因素的影响。

7.4.1　目标的起伏特性

目标的散射截面积大小对雷达检测性能有直接的关系。在工程计算中把目标的散射截面积视为常量，实际上，处于运动状态的目标，视角一直在变化，其散射截面积随之产生起伏。要正确描述目标散射截面积的起伏特性，需要知道它的概率密度函数和相关函数这两个重要参数。然而，由于雷达需要检测的目标十分复杂而且多种多样，因此很难准确地得到各种目标的散射截面积的概率分布和相关函数。

1．施威林（Swerling）起伏模型

通常，用一个接近而又合理的模型来估计目标起伏的影响并进行数学分析。最早提出而且目前仍然常用的目标起伏模型是 Swerling 模型。它把典型的目标起伏分为四种类型：有两种不同的概率密度函数，同时又有两种不同的相关情况。一种是在天线一次扫描期间回波起伏是完全相关的，而扫描与扫描之间是完全不相关的，称为慢起伏目标；另一种是快起伏目标，它们的回波起伏在脉冲与脉冲之间是完全不相关的。

四种目标起伏模型的区分如下：（1）第一类称为 Swerling I 型：慢起伏，瑞利分布；（2）第二类称为 Swerling II 型：快起伏，瑞利分布；（3）第三类称为 Swerling III 型：慢起伏；（4）第四类称为 Swerling IV 型：快起伏。

有了上述四种目标起伏模型后，分析和计算各类起伏目标的检测性能就方便多了。

2．目标起伏对检测性能的影响

研究表明，当发现概率 P_d 比较大时，四种起伏目标比不起伏目标（称为第五类）所需要的信噪比更大。Swerling 模型考虑两类极端情况：扫描间独立和脉冲间独立。实际目标的起伏特性往往介于上述两种情况之间。已经证明，其检测性能也介于两者之间。

为了得到检测起伏目标时的雷达作用距离，可在雷达方程上做一定的修正，即通常所说的加上目标起伏损失。为了达到规定的发现概率 P_d，起伏目标比不起伏目标每一脉冲需要增加一定数量的信噪比。例如，当 P_d =90%时，一、二类起伏目标比不起伏目标需增加的信噪比约为 9dB，而对三、四类目标则需增加约 4dB。

7.4.2　系统损耗

实际工作的雷达系统总会有各种损耗，这些损耗将降低雷达的实际作用距离，因此，在雷达方程中引入系统损耗这一修正量，用 L 表示，得雷达方程：

$$R_{\max}=\left(\frac{P_t G^2\lambda^2\sigma}{(4\pi)^3 kT_0 B_n F_n D_o L}\right)^{\frac{1}{4}}=\left(\frac{P_t A^2\sigma}{4\pi\lambda^2 kT_0 B_n F_n D_o L}\right)^{\frac{1}{4}}$$

式中，L 表示雷达各部分损耗引入的损失系数。这里，L 是大于 1 的值，用正分贝表示。

影响系统损耗的主要因素有以下几种。

1．射频传输损耗

当传输线采用波导传输时，波导损耗指的是连接在发射机输出端到天线之间波导引起的损失，它们包括单位长度波导的损耗、每一波导拐弯处的损耗、旋转关节的损耗、天线收发开关上的损耗及连接不良造成的损耗等。

2．天线波束形状损失

在雷达方程中，天线增益采用最大增益，即认为最大辐射方向对准目标。但在实际工作中天线是扫描的，当天线波束扫过目标时，收到的回波信号振幅按天线波束形状调制。因此，实际收到的回波信号能量比假定按最大增益方向对准目标获得的回波信号能量要小。

3．叠加损失（Collapsing Loss）

7.3 节讨论的信号脉冲积累是基于信号加噪声脉冲的积累。实际上，还有纯粹的噪声脉冲伴随其中，并参加积累，从而导致积累后的信噪比恶化，这个损失称为叠加损失。

4．设备不完善造成的损失

从雷达方程可以看出，作用距离与发射功率、接收机噪声系数等雷达设备的参数均有直接关系。比如，发射机中所用发射管参数的不一致及接收系统中噪声系数的变化等都会引入损失。此外，如果接收机的频率响应与发射信号不匹配，也会引起失配损失。

5．其他损失

到目前为止，我们已经将自由空间的雷达方程式（7.2.7）中各项主要参数做了必要的讨论。式中，P_t（发射机功率）、G_t（天线增益）、λ（工作波长）、B_n（接收机噪声带宽）、F_n（接收机噪声系数）等参数在估算作用距离时均为已知值；σ 为目标的散射截面积，可根据战术应用上拟定的目标来确定，在方程中先用其平均值 σ 代入，而后再计算其起伏损失；C_B 和损失系数 L 值可根据雷达设备的具体情况估算或查表；检测因子 D_o 值与所要求的检测质量（P_d、P_{fa}）、积累脉冲数及积累方式（相参或非相参）、目标的起伏特性等因素有关，可根据具体的条件计算或查找对应的曲线（如图 7.2.6 所示）找到所需的检测因子 $D_o(m)$值。考虑了这些因素后，按雷达方程式（7.2.7）即可估算出雷达在自由空间时的最大作用距离。

7.4.3 电磁波在传播过程中的各种因素

1．大气传播影响

大气传播影响主要包括大气衰减和折射现象两个方面。

1）大气衰减

大气中的氧气和水蒸气是导致电磁波衰减的主因。除正常大气外，在恶劣气候条件下大气中的雨、雾对电磁波也会有衰减作用。

2）大气折射和雷达直视距离

由于大气层是非均匀的，因此，电磁波传播并非直线，而会产生折射现象。大气折射将会对雷达性能产生两个方面的影响：（1）改变雷达的测量距离，产生测距误差；（2）引起仰角误差。电磁波在大气中传播时的折射情况与气候、季节、地区等因素有关。在特殊情况下，如果折射线的曲率和地球曲率相同，就称为超折射现象，这时等效地球半径为无限长，雷达的观测距离不受视距限制，对低空目标的覆盖距离将有明显增大。

雷达直视距离 d_0 是由地球表面的弯曲所引起的，它由雷达天线架设高度 h_1 和目标高度 h_2 决定，而和雷达本身的性能无关。它和雷达的最大作用距离 R_{max} 是两个不同的概念，若计算结果为 $R_{max}>d_0$，则说明是由于天线架设高度 h_1 或目标高度 h_2 限制了检测目标的距离；相反，若 $R_{max}<d_0$，则说明虽然目标处于视线以内，是可以“看到”的，但由于雷达性能达不到 d_0 这个距离而发现不了距离大于 R_{max} 的目标。

2．地面或水面的反射对作用距离的影响

地面或水面的反射是雷达电磁波在非自由空间传播时的一个最主要的影响因素。在许多情况下，地面或水面可近似认为是镜反射的平面，对于架设在地面或水面的雷达，当它们的波束较宽时，除直射波以外，还有地面（或水面）的反射波存在，这样在目标处的电磁场就是直接波与反射波的干涉结果。由于直接波和反射波是由天线不同方向所产生的辐射，并且它们的路程不同，因此两者之间存在振幅和相位差，可能导致雷达不能连续观测目标而出现所谓的观测“盲区”。

7.5 习题

7.5.1 已知某雷达的工作波长λ=5.6cm，发射功率 P_t=2MW，天线增益 G=5000dB，目标的散射截面积（σ=3m^2），接收机噪声系数 F_n=8dB，识别系数 M=2，噪声带宽 B_n=1.6MHz，损失系数 L=4dB，标准室温 T_0=290K。试计算该雷达的实际探测距离。

7.5.2 雷达探测距离与下列哪些因素无关？（　　）

A. 发射功率　B. 收发机质量　C. 接收机的灵敏度　D. 目标的尺寸　E. 目标的速度

7.5.3 已知某雷达对 σ=5m^2 的大型歼击机最大探测距离为 100km，试问：

（a）如果该机采用隐身技术，使 σ 减小到 0.1m^2，此时的最大探测距离为多少？

（b）在（a）条件下，若雷达仍然要保持 100km 的最大探测距离，并将发射功率提高到 10 倍，则接收机灵敏度还将提高到多少？

7.5.4 某单载频脉冲雷达的波长λ=5.5cm，天线增益 G=40dB，在其 300km 的作用距离上发现概率为 90%，虚警概率为 10^{-6}，且知σ=1m^2，F_n=10dB，B_n=20MHz，试问：

（a）不计发射和接收的损耗并忽略大气损耗，在测量期间要发射的最小能量应该是多少？

（b）若该雷达为相干脉冲体制雷达，其他条件不变时，10 个等幅相参中频脉冲信号进行相参积累，如果作用距离要求不变，发射功率 P_t 可以降低为多少？

7.5.5 为了充分利用雷达的最大作用距离 R_{max}=200km，载有发现低飞目标雷达的飞机应飞在怎样的高度上？（目标飞机高度不小于 50m）

7.5.6 某雷达要求虚警时间为 2h，接收机带宽为 1MHz，求虚警概率。若要求虚警时间大于 10h，门限电平 U_T/σ 应取多少？

7.5.7 设要求虚警时间为 15min，中频带宽为 1MHz，分别计算 50%、90%和 99.9%的发现概率所需要的最小输出信噪比各为多少？

第 8 章

雷达测量的基本原理

通常，在雷达搜索到目标之后，需要进一步获取目标相距雷达有多远（距离信息）、目标相对于雷达的位置（方位信息）及目标相对于雷达的速度（速度信息）等重要参数。因此，本章将集中阐述雷达目标的距离、角度和速度等参数测量的基本原理。

下面首先介绍雷达目标的距离测量，并讨论脉冲法测距和调频法测距的基本原理。

8.1 脉冲法测距

雷达测距的基本条件是假设电磁波在均匀介质中以固定的速度直线传播，这里以电磁波在自由空间中传播的速度约等于光速为例，即 $c=3\times10^5$km/s。在图 8.1.1 中，雷达位于 A 点，而在 B 点有一目标，则目标至雷达站的距离（斜距）R 可以通过测量电磁波往返一次所需的时间 t_R 得到，即 $R=\frac{1}{2}ct_R$。而时间 t_R 也就是回波相对于发射信号的延迟，因此，目标测距就是要精确测定延迟时间 t_R。根据雷达发射信号的不同，测定延迟时间通常可以采用脉冲法、调频法和相位法，本节先讨论脉冲法。

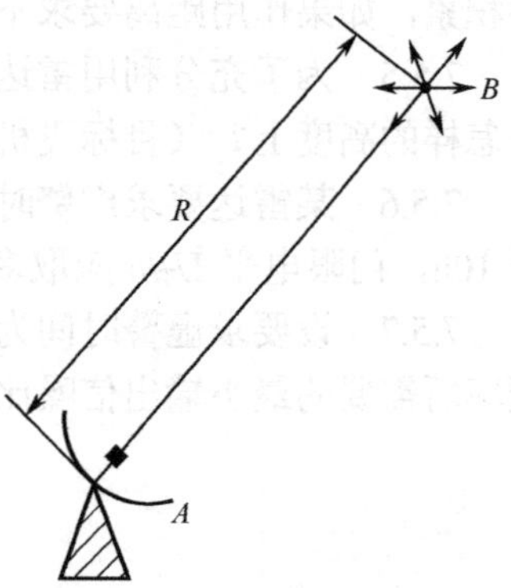

图 8.1.1　目标测距的原理示意图

8.1.1 基本原理

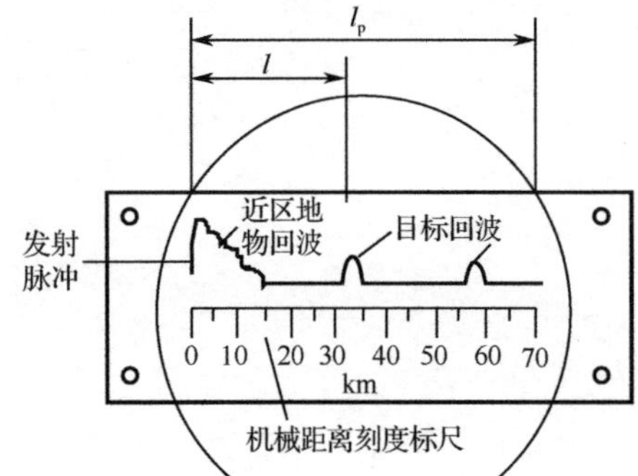

图 8.1.2　具有机械距离刻度标尺的显示器荧光屏画面

在常用的脉冲雷达中，回波信号是滞后于发射脉冲 t_R 的回波脉冲，如图 8.1.2 所示。在荧光屏上目标回波出现的时刻滞后于主波，滞后的时间就是 t_R，测量距离就是要测出时间 t_R。

回波信号的延迟时间 t_R 通常是很短促的，将光速 $c=3\times10^5$km/s 代入脉冲测距公式 $R=\frac{1}{2}ct_R$ 后，得到 $R=0.15t_R$。其中，t_R 的单位为 μs，测得的距离单位为 km，即测距的计时单位是 μs。测量这样量级的时间需要采用快速计时的方法。早期雷达均用显示器作为终端，在显示器画面上根据扫掠量程和回波位置直接测读延迟时间。但是，现代雷达常常采用电子设备自动地测读回波到达的延迟时间 t_R。

有两种定义回波到达时间 t_R 的方法：一种是以目标回波脉冲的前沿作为它的到达时刻；另一种是以回波脉冲的中心（或最大值）作为它的到达时刻。对于通常碰到的点目标，两种定义所得的距离数据只相差一个固定值（约为 $\tau/2$），可以通过距离校零予以消除。如果要测定目标回波的前沿，由于实际的回波信号不是矩形脉冲而近似为钟形，此时可将回波信号与一比较电平相比较，把回波信号穿越比较电平的时刻作为其前沿。用电压比较器是不难实现上述要求的。将脉冲前沿作为到达时刻的缺点是容易受回波大小及噪声的影响，比较电平不稳也会引起误差。因此，在自动距离跟踪系统中常常以回波脉冲的中心作为到达时刻，可以有效地解决上述前沿作为到达时刻带来的问题，其工作原理如图 8.1.3 所示。

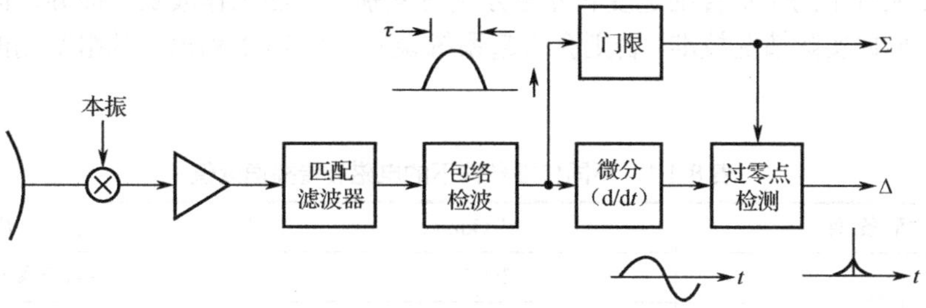

图 8.1.3　回波脉冲中心估计

8.1.2　影响测距精度的因素

雷达在测量目标距离时，不可避免地会产生误差，它从数量上说明了测距精度，是雷达站的主要参数之一。

由测距公式可以看出影响测距精度的因素。对 $R=\dfrac{1}{2}ct_R$ 求全微分，得

$$\mathrm{d}R=\frac{\partial R}{\partial c}\mathrm{d}c+\frac{\partial R}{\partial t_R}\mathrm{d}t_R=\frac{R}{c}\mathrm{d}c+\frac{c}{2}\mathrm{d}t_R \tag{8.1.1}$$

用增量代替微分，可得到测距误差为

$$\Delta R=\frac{R}{c}\Delta c+\frac{c}{2}\Delta t_R \tag{8.1.2}$$

由式（8.1.2）可看出，测距误差由电磁波传播速度 c 的变化 Δc 及测时误差 Δt_R 两部分组成。

误差按其性质可分为系统误差和随机误差两类，系统误差是指在测距时，系统各部分对信号的固定延时所造成的误差，系统误差以多次测量的平均值与被测距离真实值之差来表示。从理论上讲，系统误差在校准雷达时可以被补偿掉，但在实际工作中很难完全地被补偿掉，因此在雷达的技术指标中，常给出允许的系统误差范围。随机误差指因某种偶然因素引起的测距误差，所以又称偶然误差。凡是设备本身工作不稳定性造成的随机误差均称为设备误差，如接收时间滞后的不稳定性、各部分回路参数的偶然变化、晶体振荡器频率的不稳定及读数误差等。凡是系统以外的各种偶然因素引起的误差均称为外界误差，如电磁波传播速度的偶然变化、电磁波在大气中传播时产生的折射及目标反射中心的随机变化等。

随机误差一般不能被补偿掉，因为它在多次测量中所得的距离值不是固定的而是随机的。因此，随机误差是衡量测距精度的主要指标。下面简单介绍三种对雷达测距精度有影响的随机误差。

1．电磁波传播速度变化产生的误差

若大气是均匀的，则电磁波在大气中的传播是等速直线的，此时测距公式中的 c 值可认为是常数。但实际上大气层的分布是不均匀的且其参数随时间、地点而变化。大气密度、湿度、温度等参数的随机变化导致大气传播介质的磁导率和介电常数也发生相应的改变，因而电磁波

传播速度 c 不是常量而是一个随机变量。由式（8.1.2）可知，由电磁波传播速度变化产生的随机误差而引起的相对测距误差为

$$\frac{\Delta R}{R}=\frac{\Delta c}{c} \tag{8.1.3}$$

随着距离 R 的增大，由电磁波传播速度变化产生的随机误差所引起的测距误差 ΔR 也增大。在昼夜间大气中温度、气压及湿度的起伏变化所引起的传播速度变化为 $\Delta c/c\approx 10^{-5}$，若用平均值 c 作为测距计算的标准常数，则所得测距精度亦为同样量级，如 R=60km 时，$\Delta R=60\times 10^3\times 10^{-5}$=0.6m，对常规雷达来讲可以忽略。

电磁波在大气中的平均传播速度和光速亦稍有差别，且随工作波长 λ 而异，因而测距公式中的 c 值亦应根据实际情况校准，否则会引起系统误差，表 8.1.1 列出了几组实测的电磁波传播速度值。

表 8.1.1　不同传播条件下的电磁波传播速度值

传 播 条 件	c/（km/s）	备　注
真空	299776±4	根据 1941 年测得的材料
	299773±10	根据 1944 年测得的材料
利用红外波段光在大气中的传播	299792.4562±0.001	根据 1972 年测得的材料
厘米波（λ=10cm）在地面—飞机间传播，当飞机高度为		
H_1=3.3km	299713	皆为平均值，根据脉冲导航系统测得的材料
H_2=6.5km	299733	
H_3=9.8km	299750	

2．因大气折射引起的误差

当电磁波在大气中传播时，大气介质分布不均匀将造成电磁波折射，因此电磁波传播的路径不是直线而是走过一个弯曲的轨迹。在正折射时电磁波传播途径为一向下弯曲的弧线。

由图 8.1.4 可以看出，虽然目标的真实距离是 R_0，但因电磁波传播途径不是直线而是弯曲弧线，故所测得的回波延迟时间 $t_R=2R/c$，这就产生一个测距误差（同时还有测仰角的误差 $\Delta\beta$）：

$$\Delta R = R - R_0 \tag{8.1.4}$$

ΔR 的大小与大气层对电磁波的折射率有直接关系。如果知道了折射率和高度的关系，就可以计算出不同高度和距离的目标由于大气折射所产生的测距误差，从而给测量值以必要的修正。当目标距离越远、高度越高时，由折射所引起的测距误差 ΔR 也越大。例如，在一般大气条件下，当目标距离为 100km，仰角为 0.1rad 时，测距误差为 16m 数量级。

上述两种误差，都是由雷达外部因素造成的，故又称外界误差。无论采用什么测距方法都无法避免这些误差，只能根据具体情况，做一些可能的校准。

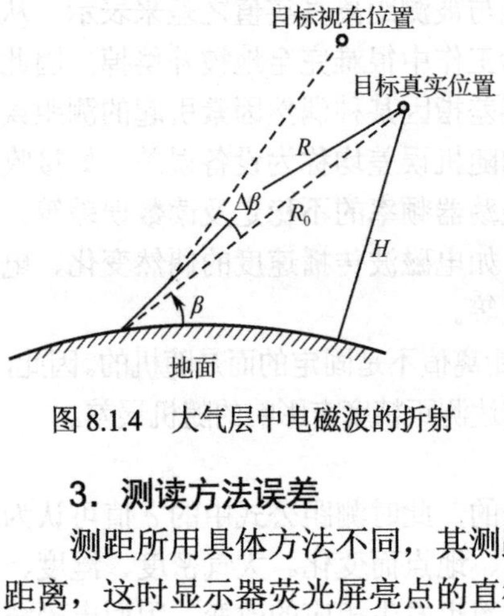

图 8.1.4　大气层中电磁波的折射

3．测读方法误差

测距所用具体方法不同，其测距误差亦有差别。早期的脉冲雷达直接从显示器上测量目标距离，这时显示器荧光屏亮点的直径大小、所用机械刻度或电刻度的精度、人工测读时的惯性

等都将引起测距误差。当采用电子自动测距的方法时，若测读回波脉冲中心，则图 8.1.3 中回波脉冲中心的估计误差（正比于脉冲宽度 τ 而反比于信噪比）及计数器的量化误差等均将造成测距误差。

当采用电子自动测距的方法时的测量误差与测距系统的结构、系统传递函数、目标特性（包括其动态特性和回波起伏特性）、干扰（噪声）的强度等因素均有关系，详情可参考测距系统有关资料。

8.1.3 距离分辨力和测距范围

距离分辨力是指同一方向上两个大小相等的点目标之间的最小可区分距离。在显示器上测距时，距离分辨力主要取决于回波的脉冲宽度 τ，同时也和光点直径 d 所代表的距离有关。图 8.1.5 所示的两个点目标回波的矩形脉冲之间的间隔为 $\tau+d/v_n$，其中 v_n 为扫掠速度，这是距离可分的临界情况，这时定义距离分辨力 Δr_c 为

$$\Delta r_c = \frac{c}{2}\left(\tau + \frac{d}{v_n}\right)$$

式中，d 为光点直径；v_n 为光点扫掠速度（单位为 cm/μs）。

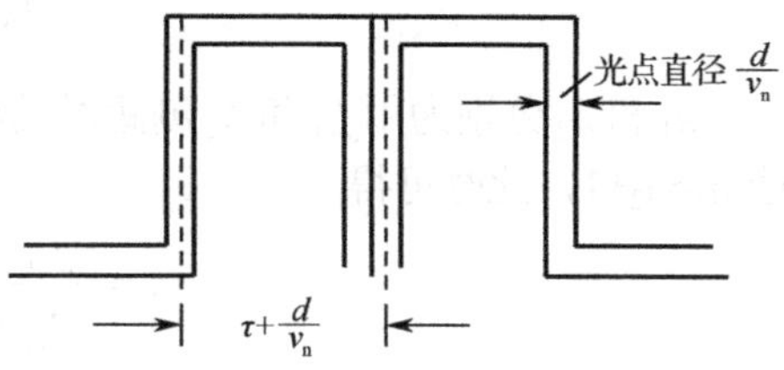

图 8.1.5　距离分辨力

当采用电子自动测距的方法时，距离分辨力由脉冲宽度 τ 或波门宽度 τ_e 决定，如图 8.1.5 所示，脉冲越窄，距离分辨力越好。对于复杂的脉冲压缩信号，决定距离分辨力的是雷达信号的有效带宽 B，有效带宽越宽，距离分辨力越好。距离分辨力 Δr_c 可表示为

$$\Delta r_c = \frac{c}{2}\frac{1}{B} \tag{8.1.5}$$

测距范围包括最小可测距离和最大单值测距范围。所谓最小可测距离，是指雷达能测量的最近的目标的距离。脉冲雷达收发共用天线，在发射脉冲宽度 τ 时间内，接收机和天线馈线系统间是“断开”的，不能正常接收目标回波，发射脉冲过去后天线收发开关恢复到接收状态，也需要一段时间 t_0，在这段时间内，由于不能正常接收回波信号，雷达是很难进行测距的。因此，雷达的最小可测距离为

$$R_{\min} = \frac{1}{2}c(\tau + t_0) \tag{8.1.6}$$

雷达的最大单值测距范围由其脉冲重复周期 T_r 决定。为保证单值测距，通常应选取

$$T_r \geqslant \frac{2}{c}R_{\max}$$

式中，$R_{\max}$ 为被测目标的最大作用距离。

有时雷达重复频率的选择不能满足单值测距的要求，例如，在脉冲多普勒雷达或远程雷达中，目标回波对应的距离 R 为

$$R = \frac{c}{2}(mT_r + t_R)\text{，}m\ 为正整数 \tag{8.1.7}$$

式中，t_R 为测得的回波信号与发射脉冲间的延迟时间（时延）。这时将产生距离模糊，为了得到目标的真实距离 R，必须判定式（8.1.7）中的距离模糊值 m。下面简单讨论判定 m 的方法。

8.1.4 判定距离模糊值的方法

判定距离模糊值 m 的方法有多种，这里仅讨论多种重复频率和“舍脉冲”这两种方法。

1. 多种重复频率判定距离模糊值

设重复频率分别为 f_{r1} 和 f_{r2}，它们都不能满足不模糊测距的要求。f_{r1} 和 f_{r2} 具有公约频率，关系为

$$f_r = \frac{f_{r1}}{N} = \frac{f_{r2}}{N+a}$$

式中，N 和 a 为正整数，常选 a=1，使 N 和 $N+a$ 为互质数。f_r 的选择应保证不模糊测距。

雷达以 f_{r1} 和 f_{r2} 的重复频率交替发射脉冲信号。通过记忆重合装置，将不同 f_r 的发射脉冲信号进行重合，重合后的输出是重复频率为 f_r 的脉冲串。同样也可得到重合后的接收脉冲串，二者之间的延迟时间代表目标的真实距离，如图 8.1.6（a）所示。

以二重复频率为例，t_R 为

$$t_R = t_1 + \frac{n_1}{f_{r1}} = t_2 + \frac{n_2}{f_{r2}}$$

n_1 和 n_2 分别为用 f_{r1} 和 f_{r2} 测距时的模糊数。当 a=1 时，n_1 和 n_2 的关系可能有两种，即 $n_1=n_2$ 或 $n_1=n_2+1$，此时可得

$$t_R = \frac{t_1 f_{r1} - t_2 f_{r2}}{f_{r1} - f_{r2}} \text{ 或 } t_R = \frac{t_1 f_{r1} - t_2 f_{r2} + 1}{f_{r1} - f_{r2}}$$

若按前式算出 t_R 为负值，则应采用后式。

如果采用多个高重复频率测距，就能给出更大的不模糊距离，同时也可兼顾跳开发射脉冲遮蚀的灵活性。下面举出采用三种高重复频率测距的例子来说明。例如，取 $f_{r1}:f_{r2}:f_{r3}=7:8:9$，则不模糊距离是单独采用 f_{r2} 时的 7×9=63 倍。这时在测距系统中可以根据几个模糊的测量值来解出其真实距离。办法可以从余数定理中找到。以三种重复频率为例，真实距离 R_c 为

$$R_c \equiv (C_1A_1+C_2A_2+C_3A_3)\bmod(m_1m_2m_3) \tag{8.1.8}$$

式中，A_1、A_2、A_3 分别为三种重复频率测量时的模糊距离；m_1、m_2、m_3 为三种重复频率的比值。常数 C_1、C_2、C_3 分别为

$$C_1=b_1m_2m_3\bmod(m_1)\equiv 1 \tag{8.1.9a}$$

$$C_2=b_2m_1m_3\bmod(m_2)\equiv 1 \tag{8.1.9b}$$

$$C_3=b_3m_1m_2\bmod(m_3)\equiv 1 \tag{8.1.9c}$$

式中，b_1 为一个最小的整数，它被 m_2m_3 乘后再被 m_1 除，所得余数为 1（b_2 和 b_3 与此类似），mod 表示“模”。

当 m_1、m_2、m_3 选定后，便可确定 C 值，并利用探测到的模糊距离直接计算真实距离 R_c。例如，设 m_1=7，m_2=8，m_3=9；A_1=3，A_2=5，A_3=7，则

$$m_1m_2m_3=504$$

$$b_3=5，5\times7\times8=280，\bmod 9\equiv1，C_3=280$$

$$b_2=7，7\times7\times9=441，\bmod 8\equiv1，C_2=441$$

$$b_1=4，4\times8\times9=288，\bmod 7\equiv1，C_1=288$$

按式（8.1.8）有

$$C_1A_1+C_2A_2+C_3A_3=5029$$

$$R_c\equiv 5029\bmod 504=493$$

即目标的真实距离（或称不模糊距离）的单元数为 R_c=493，不模糊距离 R 为

$$R = R_c\frac{c\tau}{2} = \frac{493}{2}c\tau$$

式中，τ 为距离分辨单元所对应的时宽。

当重复频率选定（$m_1m_2m_3$ 值已定）后，即可按式（8.1.9a）～式（8.1.9c）求得 C_1、C_2、C_3 的值。只要实际测距时分别测到 A_1、A_2、A_3 的值，就可按式（8.1.8）算出目标的真实距离。

2. “舍脉冲”法判定距离模糊值

当发射高重复频率的脉冲信号而产生距离模糊时，可采用“舍脉冲”法来判定 m 值。所谓“舍脉冲”，就是每发射 M 个脉冲时舍弃一个，作为发射脉冲串的附加标志。如图 8.1.6（b）所示，发射脉冲从 A_1 到 A_M，其中 A_2 不发射。与发射脉冲相对应，接收到的回波脉冲同样是每 M 个回波脉冲中缺少一个。只要从 A_2 以后，逐个累计发射脉冲数，直到某一发射脉冲（在图中是 A_{M-2}）后没有回波脉冲（如图 8.1.6 中缺 B_2）时停止计数，则累计的数值就是回波跨越的重复周期数 m。

采用“舍脉冲”法判定距离模糊值时，每组脉冲数 M 应满足以下关系：

$$MT_r > m_{max}T_r + t'_R \tag{8.1.10}$$

式中，m_{max} 是雷达需测量的最远目标所对应的跨周期数；t'_R 的值在 0～T_r。这就是说，MT_r 的值应保证全部距离上不模糊测距。而 M 和 m_{max} 之间的关系则为

$$M > m_{max}+1 \tag{8.1.11}$$

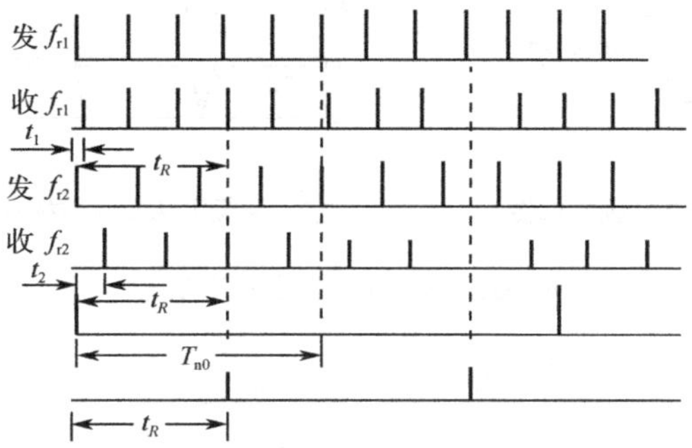

（a）双重高重复频率判定距离模糊值

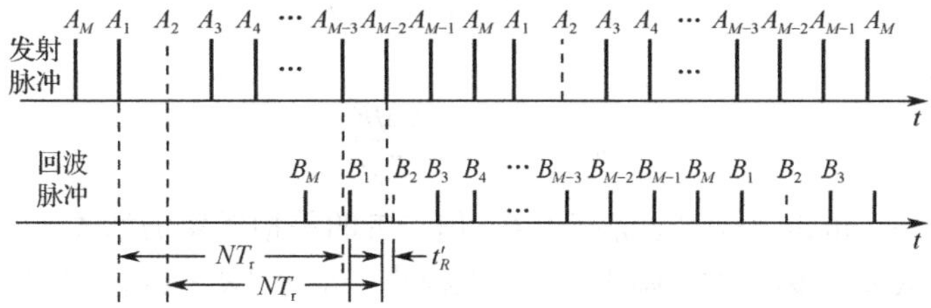

（b）“舍脉冲”法判定距离模糊值

图 8.1.6　判定距离模糊值

8.2　调频法测距

调频法测距既可以用于连续波雷达，也可以用于脉冲雷达。连续发射的信号具有频率调制的标志后就可以测得目标的距离。在高重复频率的脉冲雷达中，发射脉冲频率有规律地调制提供了解模糊距离的可能性。本节将介绍在连续波和脉冲工作条件下调频法测距的基本原理。

8.2.1　连续波调频法测距

连续波调频雷达的组成方框图如图 8.2.1 所示。发射机产生连续高频等幅波，其频率在时间上按三角形规律或按正弦规律变化，目标回波和发射机直接耦合过来的信号会加到接收机混频器内。在无线电磁波传播到目标并返回天线的这段时间内，发射机频率较回波频率已有了变化，

因此在混频器输出端便出现了差拍频率电压。后者经放大、限幅后加到频率计上。由于差拍频率电压的频率与目标距离有关，因此频率计上的刻度可以直接采用距离作为单位。

1．三角形波调频

发射频率按周期性三角形波规律变化的调频雷达工作原理示意图如图 8.2.2 所示。图中 f_t 是发射机的高频发射频率，它的平均频率是 f_{t0}，f_{t0} 变化的周期为 T_m。通常 f_{t0} 为数百兆到数千兆赫兹，而 T_m 为数百分之一秒。f_r 为从目标反射回来的回波频率，它和发射频率的变化规律相同，但在时间上滞后于 t_R，$t_R=2R/c$。发射频率调制的最大频偏为 $\pm\Delta f$，f_b 为发射和接收信号间的差拍频率，平均差拍频率值用 f_{bav} 表示。

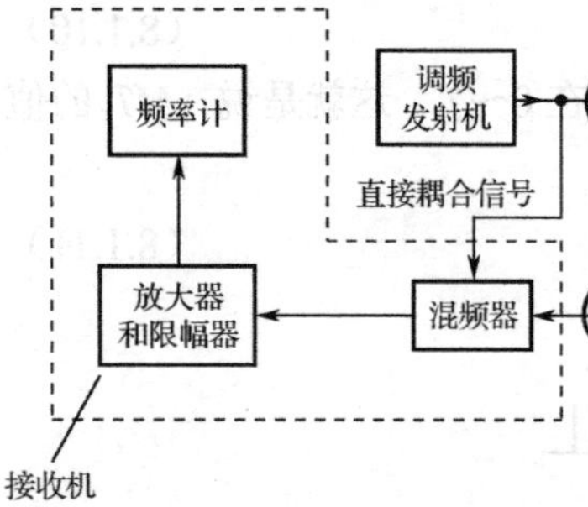

图 8.2.1　连续波调频雷达的组成方框图

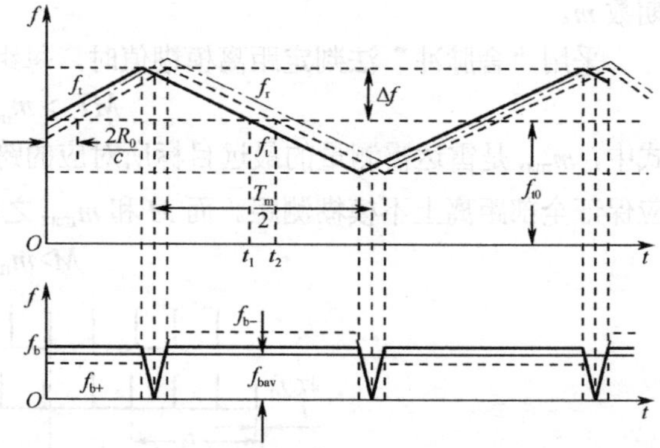

图 8.2.2　调频雷达发射波按三角形波调频的工作原理示意图

如图 8.2.2 所示，发射频率 f_t 和回波频率 f_r 可写成如下表达式：

$$f_t = f_0 + \frac{df}{dt}t = f_0 + \frac{\Delta f}{T_m/4}t$$

$$f_r = f_0 + \frac{4\Delta f}{T_m}\left(t - \frac{2R}{c}\right)$$

差拍频率 f_b 为

$$f_b = f_t - f_r = \frac{8\Delta f R}{T_m c} \tag{8.2.1}$$

在调频的下降段，df/dt 为负值，f_r 高于 f_t，但二者的差拍频率仍如式（8.2.1）所示。

对于一定距离 R 的目标回波，除去在 t 轴上很小一部分 $2R/c$（这里差拍频率急剧地下降至零），其他时间的差拍频率是不变的。若用频率计测量一个周期内的平均差拍频率值 f_{bav}，可得

$$f_{bav} = \frac{8\Delta f R}{T_m c}\left[\frac{T_m - \frac{2R}{c}}{T_m}\right]$$

实际工作中，应保证单值测距且满足

$$T_m \gg \frac{2R}{c}$$

因此可得

$$f_{bav} \approx \frac{8\Delta f}{T_m c}R = f_b$$

由此可得目标距离 R 为

$$R=\frac{c}{8\Delta f}\frac{f_{\rm bav}}{f_{\rm m}} \tag{8.2.2}$$

式中，$f_{\rm m}=1/T_{\rm m}$，为调制频率。

当反射回波来自运动目标，其距离为 R 而径向速度为 v 时，其回波频率 $f_{\rm r}$ 为

$$f_{\rm r}=f_0+f_{\rm d}\pm\frac{4\Delta f}{T_{\rm m}}\left(t-\frac{2R}{c}\right)$$

式中，$f_{\rm d}$ 为多普勒频率，正负号分别表示调制前后半周正负斜率的情况。当 $f_{\rm d}<f_{\rm bav}$ 时，得出的差拍频率为

$$f_{\rm b+}=f_{\rm t}-f_{\rm r}=\frac{8\Delta f}{T_{\rm m}c}R-f_{\rm d}\text{（前半周正向调频范围）}$$

$$f_{\rm b-}=f_{\rm r}-f_{\rm t}=\frac{8\Delta f}{T_{\rm m}c}R+f_{\rm d}\text{（后半周负向调频范围）}$$

可求出目标距离为

$$R=\frac{c}{8\Delta f}\frac{f_{\rm b+}+f_{\rm b-}}{2f_{\rm m}}$$

如果能分别测出 $f_{\rm b+}$和 $f_{\rm b-}$，就可求得目标运动的径向速度 v，$v=\lambda/4(f_{\rm b+}-f_{\rm b-})$。运动目标回波信号的差拍频率曲线如图 8.2.2 中虚线所示。

由于频率计只能读出整数值而不能读出分数，因此这种方法会产生固定误差 ΔR。由式（8.2.2）求出 ΔR 的表示式为

$$\Delta R=\frac{c}{8\Delta f}\cdot\frac{\Delta f_{\rm bav}}{f_{\rm m}} \tag{8.2.3}$$

而 $\Delta f_{\rm bav}/f_{\rm m}$ 表示在一个调制周期 $1/f_{\rm m}$ 内平均差拍频率值 $f_{\rm bav}$ 的误差，当频率测读量化误差为 1 次，即 $\Delta f_{\rm bav}/f_{\rm m}=1$ 时，可得以下结果：

$$\Delta R=\pm\frac{c}{8\Delta f} \tag{8.2.4}$$

可见，固定误差 ΔR 与频偏量 Δf 成反比，而与距离 R_0 及工作频率 f_0 无关。为减小这项误差，往往使 Δf 加大到数十兆赫兹以上，而通常的工作频率则选为数百兆到数千兆赫兹。

2．正弦波调频

上面介绍的三角形波调频通常要求为严格的线性调频，这对于产生这种调频波和进行严格调整都不容易，因而在工程实现上比较困难。这个问题可以采用正弦波调频来解决，其工作原理示意图如图 8.2.3 所示。

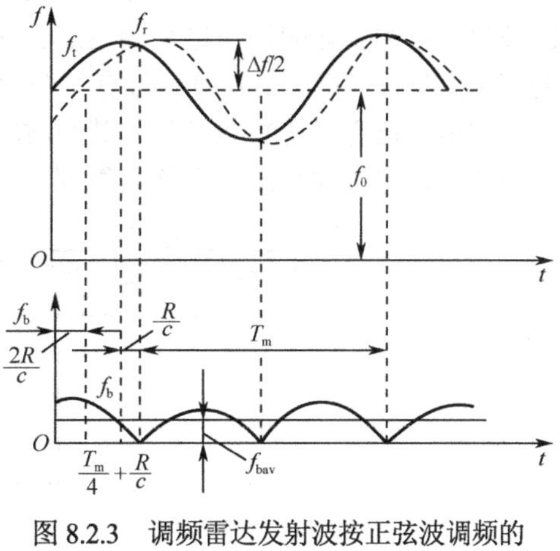

图 8.2.3 调频雷达发射波按正弦波调频的工作原理示意图

用正弦波对连续载频进行调频时，发射信号可表示为

$$u_{\rm t}=U_{\rm t}\sin\left(2\pi f_0t+\frac{\Delta f}{2f_{\rm m}}\sin2\pi f_{\rm m}t\right) \tag{8.2.5}$$

发射频率 $f_{\rm t}$ 为

$$f_{\rm t}=\frac{{\rm d}\varphi_{\rm t}}{{\rm d}t}\cdot\frac{1}{2\pi}=f_0+\frac{\Delta f}{2}\cos2\pi f_{\rm m}t \tag{8.2.6}$$

由目标反射回来的回波电压 $u_{\rm r}$ 滞后一段时间 T（$T=2R/c$），可表示为

$$u_r = U_r \sin\left[2\pi f_0(t-T) + \frac{\Delta f}{2f_m}\sin 2\pi f_m(t-T)\right] \tag{8.2.7}$$

式（8.2.5）～式（8.2.7）中，f_m是调制频率，Δf是频率偏移量。

接收信号与发射信号在混频器中外差后，取其差拍频率电压：

$$u_b = kU_tU_r \sin\left\{\frac{\Delta f}{f_m}\sin \pi f_m T \cdot \cos\left[2\pi f_m\left(t-\frac{T}{2}\right)+2\pi f_0 T\right]\right\} \tag{8.2.8}$$

通常，$T \ll 1/f_m$是成立的，则

$$\sin\pi f_m T \approx \pi f_m T$$

于是，差拍频率f_b和目标距离R成比例且随时间做余弦变化。在周期T_m内平均差拍频率值f_{bav}与R之间的关系和三角波调频时相同，用f_{bav}测距的原理和方法也一样。

3．连续波调频雷达的特点

连续波调频雷达的主要优点如下。

（1）能测量很近的距离，一般可测到数米，而且有较高的测量精度。

（2）雷达线路简单，且体积小、质量小，普遍应用于飞机高度表及微波引信等场合。

连续波调频雷达的主要缺点如下。

（1）难以同时测量多个目标。如想测量多个目标，必须采用大量滤波器和频率计等，会使装置复杂，从而限制其应用范围。

（2）收发间的完善隔离是所有连续波雷达的难题。发射机泄漏功率将阻塞接收机，因而限制了发射功率的大小。发射机噪声的泄漏会直接影响接收机的灵敏度。

8.2.2 脉冲调频测距

8.1 节介绍了脉冲法测距，这种方法的不足之处在于：当重复频率高时，会产生距离模糊。因此，为了解决模糊问题，必须对周期发射的脉冲信号加上某些可识别的“标志”，比如，调频脉冲串也是可用的一种方法，即脉冲调频也可以用于雷达测距，这种方法在本质上与连续波调频测距的方法是相同的。

图 8.2.4（a）是脉冲调频测距的原理框图。脉冲调频时的发射信号频率如图 8.2.4（b）中细实线所示，共分为A、B、C三段，分别采用正斜率调频、负斜率调频和发射恒定频率。由于调频周期T远大于脉冲重复周期T_r，故在每一个调频段中均包含多个脉冲，如图 8.2.4（c）所示。回波信号频率变化的规律也在图 8.2.4（b）上标出以做比较。虚线为回波信号无多普勒频率时的频率变化，它相对于发射信号有一个固定延迟t_d，即将发射信号的调频曲线向右平移t_d即可。当回波信号还有多普勒频率时，其回波频率如图 8.2.4（b）中粗实线所示（图中多普勒频率f_d为正值），它由虚线向上平移f_d得到。

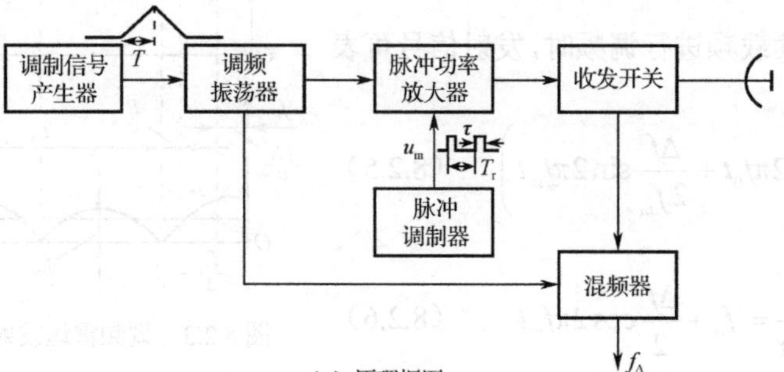

（a）原理框图

图 8.2.4　脉冲调频测距原理

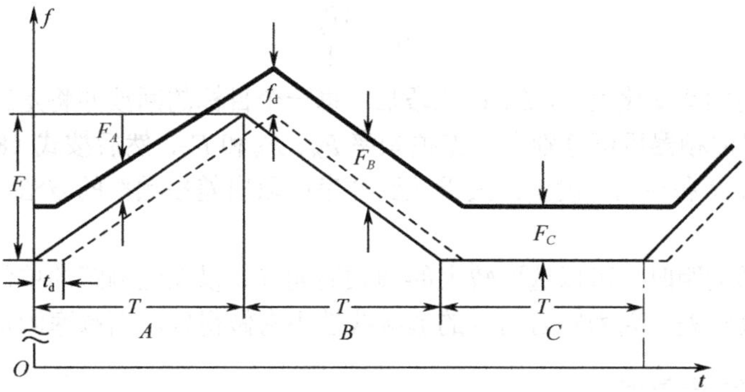

（b）信号频率调制规律

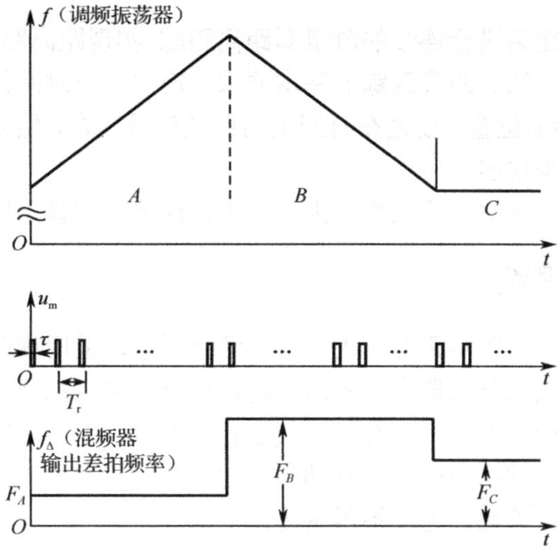

（c）各主要点波形或频率

图 8.2.4　脉冲调频测距原理（续）

接收机混频器中加上了连续振荡的发射信号和回波脉冲，故在混频器输出端可得到收发信号的差拍频率信号。设发射信号的调频斜率为 μ，其表达式为

$$\mu = \frac{F}{T}$$

而 A、B、C 各段收发信号间的差拍频率分别为

$$F_A = f_d - \mu t_d = \frac{2v_r}{\lambda} - \mu\frac{2R}{c}$$

$$F_B = f_d + \mu t_d = \frac{2v_r}{\lambda} + \mu\frac{2R}{c}$$

$$F_C = f_d = \frac{2v_r}{\lambda}$$

由上面三式可得

$$F_B - F_A = 4\mu\frac{R}{c}$$

即

$$R = \frac{F_B - F_A}{4\mu}c \tag{8.2.9}$$

$$v_r = \frac{\lambda F_C}{2} \tag{8.2.10}$$

当发射信号的频率变化为 A、B、C 三段后，每一个目标的回波亦将是三串不同中心频率的脉冲。经过接收机混频器后可分别得到差拍频率 F_A、F_B 和 F_C，然后按式（8.2.9）和式（8.2.10）即可求得目标距离 R 和径向速度 v_r。关于从脉冲串中取出差拍频率的方法，可参考“动目标显示”的有关原理。

在用脉冲调频测距时，可以选取较大的调频周期 T，以保证测距的单值性。这种测距方法的缺点是测量精度较差，因为发射信号的调频线性不易做得好，而频率测量亦不易做得准确。

8.3 距离跟踪原理

测距时需要对目标距离进行连续的测量即距离跟踪。实现距离跟踪的方法可以是人工方法，也可以是半自动或自动方法。距离跟踪的基本要求：产生一个时间位置可调的时标（称为移动刻度或波门），调整时标的位置，使之在时间上与回波信号重合，然后精确地读出时标的时间位置并作为目标的距离数据送出。

由于脉冲法测距在雷达中广泛应用，因此，下面简单介绍基于这种方法的距离跟踪原理。

8.3.1 人工距离跟踪

早期雷达多数只有人工距离跟踪。为了减小测量误差，采用移动的电刻度（电移动指标）作为时间基准。操纵员按照显示器上的画面，将电刻度对准目标回波。从控制器度盘或计数器上读出移动电刻度的准确延迟时间，它可以代表目标距离。因此关键是要产生电移动指标，且其延迟时间可准确读出。常用的产生电移动指标的方法有锯齿电压波法和相位法。这些是早期使用的方法和装置，限于篇幅，这里不再赘述。

8.3.2 自动距离跟踪

自动距离跟踪系统应保证电移动指标自动地跟踪目标回波并连续地给出目标距离数据。整个自动距离跟踪系统应包括对目标的搜索、捕获和自动跟踪三个互相联系的部分。下面首先讨论跟踪的实现方法，然后介绍搜索和捕获的过程。

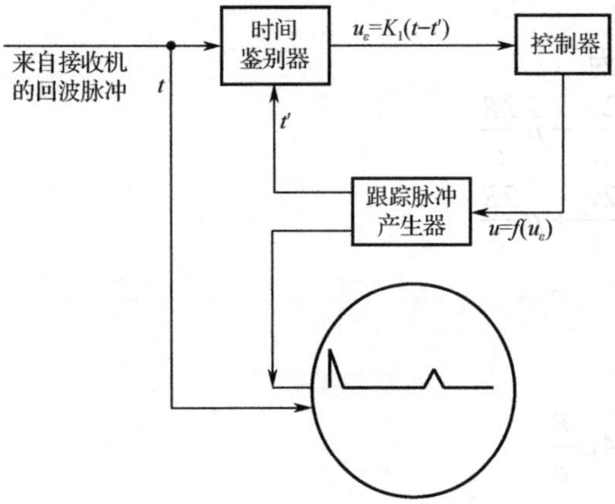

图 8.3.1　自动距离跟踪系统的简化方框图

图 8.3.1 是自动距离跟踪系统的简化方框图。自动距离跟踪系统主要包括时间鉴别器、控制器和跟踪脉冲产生器三部分。显示器在自动距离跟踪系统中仅起监视目标的作用。画面上套住回波的二缺口表示电移动指标，又叫电瞄标志。假设空间一目标已被雷达捕获，目标回波经接收机处理后成为具有一定幅度的视频脉冲，并加到时间鉴别器上，同时加到时间鉴别器上的还有来自跟踪脉冲产生器的跟踪脉冲。自动距离跟踪时所用的跟踪脉冲和人工距离跟踪时的电移动指标本质一样，都是要求它们的延迟时间在测距范围内均匀可变，且其延迟时间能精确地读出。在自动距离跟踪时，跟踪脉冲的另一路和回波脉冲一起加到显示器上，以便观测和监视。时间鉴别器的作用是将跟踪脉冲与回波脉冲在时间上加以比

较，鉴别出它们之间的差 Δt。设回波脉冲相对于基准发射脉冲的延迟时间为 t，跟踪脉冲的延迟时间为 t'，则时间鉴别器输出的误差电压 u_ε 为

$$u_\varepsilon = K_1(t - t') = K_1\Delta t \tag{8.3.1}$$

当跟踪脉冲与回波脉冲在时间上重合，即 $t'=t$ 时，输出的误差电压为零。两者不重合时，输出的误差电压 u_ε 的大小正比于时间的差值，而其正负值根据跟踪脉冲是超前还是滞后于回波脉冲而定。控制器的作用是将误差电压 u_ε 经过适当的变换，将其输出为控制跟踪脉冲产生器工作的信号，其结果是使跟踪脉冲的延迟时间 t' 朝着减小 Δt 的方向变化，直到 $\Delta t=0$ 或达到其他稳定的工作状态。上述自动距离跟踪系统是一个闭环随动系统，输入量是回波信号的延迟时间 t，输出量则是跟踪脉冲延迟时间 t'，而 t' 随着 t 的改变而自动地变化。早期的自动距离跟踪系统是机电模拟设备，这里不再赘述。

8.4 角度测量

为了确定目标的空间位置，雷达在大多数应用情况下，不仅要测定目标的距离，而且还要测定目标的方向，即测定目标的角坐标，其中包括目标的方位角和高低角（仰角）。雷达测角的物理基础是电磁波在均匀介质中传播的直线性和雷达天线的方向性。

由于电磁波沿直线传播，目标散射或反射电磁波前到达的方向，即目标所在方向。但在实际情况下，电磁波并不是在理想均匀的介质中传播的，如大气密度、湿度随高度的不均匀性会造成传播介质的不均匀，以及复杂的地形地物的影响等，使电磁波传播路径发生偏折，从而造成测角误差。通常在近距测角时，由于误差不大，仍可近似认为电磁波是直线传播的。当远程测角时，应根据传播介质的情况，对测量数据（主要是仰角测量）做出必要的修正。

8.4.1 概述

天线的方向性可用它的方向性函数或根据方向性函数画出的方向图表示。但方向性函数的准确表达式往往很复杂，为便于工程计算，常用一些简单函数来近似。比如，余弦函数、高斯函数、辛克函数等。方向图的主要技术指标是半功率波束宽度 $\theta_{0.5}$ 及旁瓣电平。在角度测量时，$\theta_{0.5}$ 的值表征了角度分辨能力并直接影响测角精度，旁瓣电平则主要影响雷达的抗干扰性能。

雷达测角的性能可用测角范围、测角速度、测角准确度、测角精度、角分辨力来衡量。测角准确度用测角误差的大小来表示，它包括雷达系统本身调整不良引起的系统误差和由噪声及各种起伏因素引起的随机误差。而测角精度由随机误差决定。角分辨力指存在多目标的情况下，雷达能在角度上把它们分辨开的能力，通常用雷达在可分辨条件下，同距离的两目标间的最小角坐标之差表示。

测角的方法有相位法和振幅法两类，下面重点介绍这两种方法的测角机理。

8.4.2 相位法测角

1. 基本原理

相位法测角利用多个天线所接收回波信号之间的相位差进行测角。如图 8.4.1 所示，设在 θ 方向有一远区目标，则到达接收点的目标所反射的电波近似为平面波。由于两天线间距为 d，故它们所收到的信号由于存在波程差 ΔR 而产生一相位差 φ，由图 8.4.1 可知

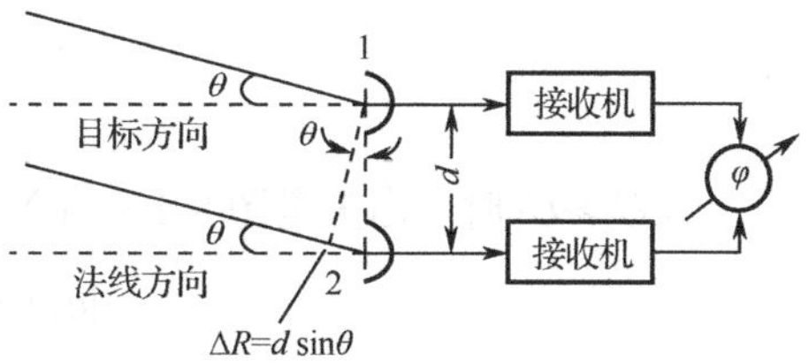

图 8.4.1 相位法测角的原理图

$$\varphi = \frac{2\pi}{\lambda}\Delta R = \frac{2\pi}{\lambda} d \sin\theta \tag{8.4.1}$$

式中，λ 为雷达波长。如用相位计进行比相，测出其相位差 φ，就可以确定目标方向 θ。

由于在较低频率上容易实现比相，因此通常将两天线收到的高频信号与同一本振信号差频后，在中频进行比相。

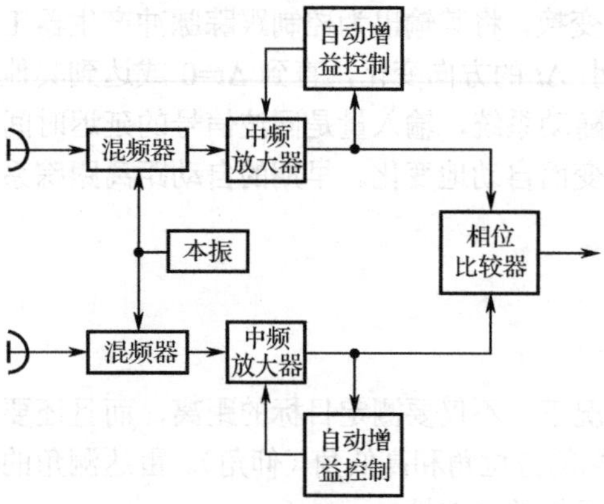

图 8.4.2　相位法测角的原理方框图

设两高频信号为 $u_1=U_1\cos(\omega t-\varphi)$ 和 $u_2=U_2\cos(\omega t)$，本振信号为 $u_L=U_L\cos(\omega_L t+\varphi_L)$。其中，$\varphi$ 为两信号的相位差，φ_L 为本振信号初相。由此可得，u_1 和 u_L 的差拍频率为 $u_{I1}=U_{I1}\cos[(\omega-\omega_L)t-\varphi-\varphi_L]$，$u_2$ 与 u_L 的差拍频率为 $u_{I2}=U_{I2}\cos[(\omega-\omega_L)t-\varphi_L]$。

可见，两中频信号 u_{I1} 与 u_{I2} 之间的相位差仍为 φ。

图 8.4.2 为相位法测角的原理方框图。接收信号经过混频、放大后再加到相位比较器中进行比相。其中自动增益控制电路用来保证中频信号幅度稳定，以免幅度变化引起测角误差。图 8.4.2 中的相位比较器可以通过相位检波器来实现，具体电路及矢量图如图 8.4.3 所示。

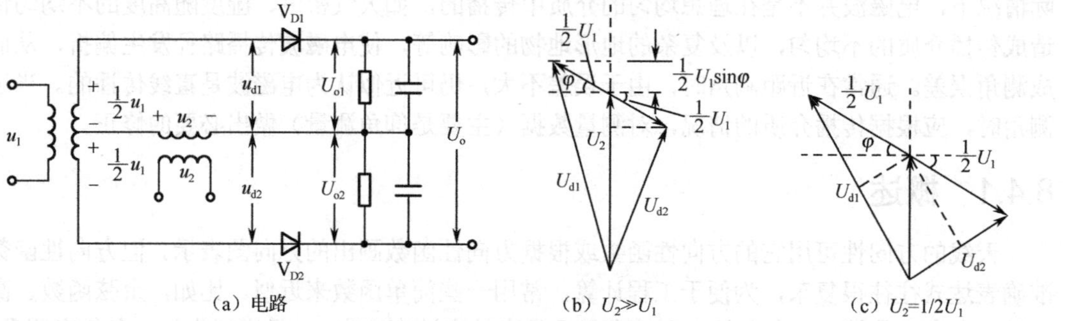

图 8.4.3　二极管相位检波器的电路及矢量图

为讨论方便，设变压器的变压比为 1∶1，电压正方向如图 8.4.3（a）所示，相位比较器输出端应能得到与相位差 φ 成比例的响应。为此当相位差为 φ 的两高频信号加到相位检波器之前时，要预先移相 90°。因此相位检波器两输入信号为

$$u_1=U_1\cos(\omega t-\varphi)$$

$$u_2=U_2=\cos(\omega t-90^\circ)$$

U_1、U_2 为 u_1、u_2 的振幅，通常应保持为常值。现在 u_1 在相位上超前 u_2 的数值为 $90^\circ-\varphi$。由图 8.4.3（a）知

$$u_{d1}=u_2+\frac{1}{2}u_1$$

$$u_{d2}=u_2-\frac{1}{2}u_1$$

当 $U_2 \gg U_1$ 时，由矢量图 8.4.3（b）可知

$$|u_{d1}|=U_{d1}\approx U_2+\frac{1}{2}U_1\sin\varphi$$

$$|u_{d2}|=U_{d2}\approx U_2-\frac{1}{2}U_1\sin\varphi$$

故相位检波器的输出电压为

$$U_o = U_{o1} - U_{o2} = K_d U_{d1} - K_d U_{d2} \\ = K_d U_1 \sin\varphi \tag{8.4.2}$$

式中，K_d 为检波系数。由式（8.4.2）可画出相位检波器的输出特性曲线，如图 8.4.4（a）所示。测出 U_o，便可求出 φ。显然，这种电路的单值测量范围是 $-\pi/2 \sim \pi/2$。当 $\varphi<30°$ 时，$U_o \approx K_d U_1 \varphi$，输出电压 U_o 与 φ 近似为线性关系。

当 $1/2U_1=U_2$ 时，由矢量图 8.4.3（c）可知

$$U_{d1} = 2\times\frac{1}{2}U_1\left|\sin\left(45° + \frac{1}{2}\varphi\right)\right|$$

$$U_{d2} = 2\times\frac{1}{2}U_1\left|\sin\left(45° - \frac{1}{2}\varphi\right)\right|$$

则输出为

$$U_o = K_d U_1\left|\sin\left(45° + \frac{\varphi}{2}\right)\right| - K_d U_1\left|\sin\left(45° - \frac{\varphi}{2}\right)\right|$$

输出特性如图 8.4.4（b）所示，φ 与 U_o 有良好的线性关系，但单值测量范围仍为 $-\pi/2 \sim \pi/2$。为了将单值测量范围扩大到 2π，电路上还需采取附加措施。

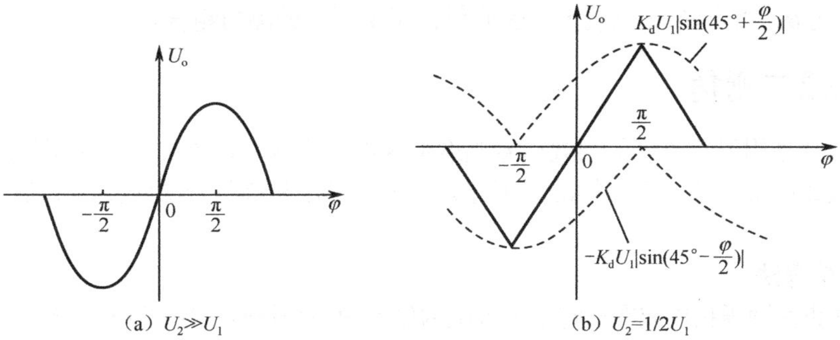

图 8.4.4 相位检波器的输出特性曲线

2. 测角误差与多值性问题

相位差 φ 值测量不准，将产生测角误差，将式（8.4.1）两边取微分得到它们之间的关系为

$$\mathrm{d}\varphi = \frac{2\pi}{\lambda} d\cos\theta \mathrm{d}\theta \\ \mathrm{d}\theta = \frac{\lambda}{2\pi d\cos\theta}\mathrm{d}\varphi \tag{8.4.3}$$

由式（8.4.3）可以看出，采用读数精度高（$\mathrm{d}\varphi$ 小）的相位计，或减小 λ/d 值（增大 d/λ 值），均可提高测角精度。也注意到，当 $\theta=0$ 时，即目标处在天线法线方向时，测角误差 $\mathrm{d}\theta$ 最小。当 θ 增大时 $\mathrm{d}\theta$ 也增大，为保证一定的测角精度，θ 的范围有一定的限制。

增大 d/λ 虽然可提高测角精度，但由式（8.4.1）可知，在感兴趣的 θ 范围（测角范围）内，当 d/λ 加大到一定程度时，φ 值可能超过 2π，此时 $\varphi=2\pi N+\psi$，其中 N 为整数；$\psi<2\pi$，而相位计实际读数为 ψ 值。由于 N 值未知，因而真实的 φ 值不能确定，就出现多值性（模糊）问题。必须解决多值性问题，即只有判定 N 值才能确定目标方向。比较有效的办法是利用三天线测角设备，如图 8.4.5 所示，间距大的天线 1、天线 3 用来实现高精度测量，而间距小的天线 1、天线 2 用来解决多值性问题。

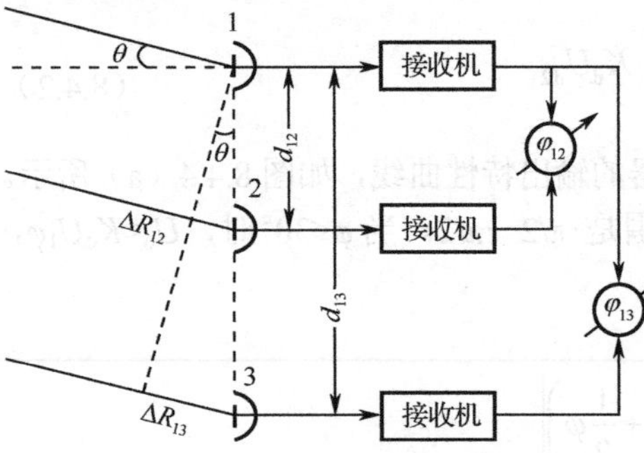

图 8.4.5 三天线相位法测角原理示意图

设目标在 θ 方向，天线 1、天线 2 之间的距离为 d_{12}，天线 1、天线 3 之间的距离为 d_{13}，适当选择 d_{12}，使天线 1、天线 2 收到的信号之间的相位差在测角范围内满足：

$$\varphi_{12} = \frac{2\pi}{\lambda} d_{12} \sin\theta < 2\pi$$

φ_{12} 由相位计 1 读出。

根据要求，选择较大的 d_{13}，则天线 1、天线 3 收到信号的相位差为

$$\varphi_{13} = \frac{2\pi}{\lambda} d_{13} \sin\theta = 2\pi N + \psi \tag{8.4.4}$$

φ_{13} 由相位计 2 读出，但实际读数是小于 2π 的 ψ。为了确定 N 值，可利用如下关系：

$$\frac{\varphi_{13}}{\varphi_{12}} = \frac{d_{13}}{d_{12}} \text{和} \varphi_{13} = \frac{d_{13}}{d_{12}} \varphi_{12} \tag{8.4.5}$$

根据相位计 1 的读数 φ_{12} 可算出 φ_{13}，但 φ_{12} 包含相位计的读数误差，由式（8.4.5）标出的 φ_{13} 具有的误差为相位计误差的 d_{13}/d_{12} 倍，它只是式（8.4.4）的近似值，只要 φ_{12} 的读数误差值不大，就可用它确定 N，即把$(d_{13}/d_{12})\varphi_{12}$除以 2π，所得商的整数部分就是 N 值。然后由式（8.4.4）算出 φ_{13} 并确定 θ。由于 d_{13}/λ 值较大，因此保证了所要求的测角精度。

8.4.3 振幅法测角

振幅法测角指用天线收到的回波信号幅度值来做角度测量，该幅度值的变化规律取决于天线方向图及天线扫描方式。而振幅法又可分为最大信号法和等信号法两类，下面分别予以简单介绍。

1. 最大信号法

当天线波束做圆周扫描或在一定扇形范围内做匀角速扫描时，对收发共用天线的单基地脉冲雷达而言，接收机输出的脉冲串幅度值被天线双程方向图函数所调制，如图 8.4.6（a）所示。找出脉冲串的最大值（中心值），该时刻波束轴线指向即目标所在方向，如图 8.4.6（b）中①所示。

若天线转动角速度为 ω_a（单位为 r/min），雷达重复频率为 f_r，则两脉冲间的天线转角为

$$\Delta\theta_s = \frac{\omega_a \times 360^\circ}{60} \cdot \frac{1}{f_r}$$

这样，天线轴线（最大值）扫过目标方向（θ_t）时，不一定有回波脉冲，就是说 $\Delta\theta_s$ 将产生相应的“量化”测角误差。

在人工录取的雷达里，操纵员在显示器画面上看到回波最大值的同时，可读出目标的角度数据。采用平面位置显示（PPI）二度空间显示器时，扫描线与波束同步转动，根据回波标志中心（相当于最大值）相应的扫描线位置，借助显示器上的机械角刻度或电子角刻度读出目标的角坐标。

在自动录取的雷达中，可以采用以下办法读出回波信号最大值的方向：一般情况下，天线方向图是对称的，因此回波脉冲串的中心位置就是其最大值的方向。测读时可先将回波脉冲串进行二进制量化，其振幅超过门限时取“1”，否则取“0”，如果测量时没有噪声和其他干扰，就可根据出现“1”和消失“1”的时刻，方便且精确地找出回波脉冲串“开始”和“结束”时的角度，两者的中间值就是目标的方向。通常，回波信号中总是混杂着噪声和干扰，为减弱噪声的影响，回波脉冲串在二进制量化前先进行积累，如图 8.4.6（b）中②的实线所示，积累后

的输出将产生一个固定迟延（可用补偿解决），但可提高测角精度。

最大信号法测角也可采用闭环的角度波门跟踪进行，如图 8.4.6（b）中的③、④所示，它的基本原理与距离门做距离跟踪相同。用角度波门技术做角度测量时的精度（受噪声影响）为

$$\sigma_\theta = \frac{\theta_B}{K_p\sqrt{2E/N_0}} = \frac{\theta_B\sqrt{L_p}}{K_p\sqrt{2(S/N)_m^n}} \tag{8.4.6a}$$

式中，E/N_0 为脉冲串能量和噪声谱密度之比，K_p 为误差响应曲线的斜率，如图 8.4.6（b）的⑤所示，θ_B 为天线波束宽度，L_p 为波束形状损失，$(S/N)_m$ 是中心脉冲的信噪比；$n=t_0f_r$，为单程半功率波束宽度内的脉冲数。在最佳积分处理条件下可得到 $K_p/\sqrt{L_p}=1.4$，则得

$$\sigma_\theta = \frac{0.5\theta_B}{\sqrt{\left(\frac{S}{N}\right)_m n}} \tag{8.4.6b}$$

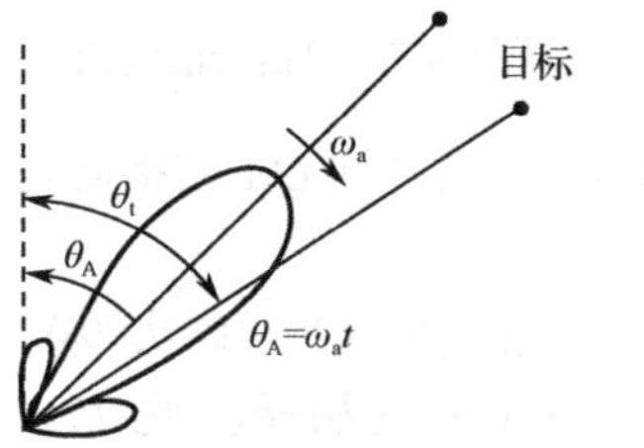

（a）波束扫描

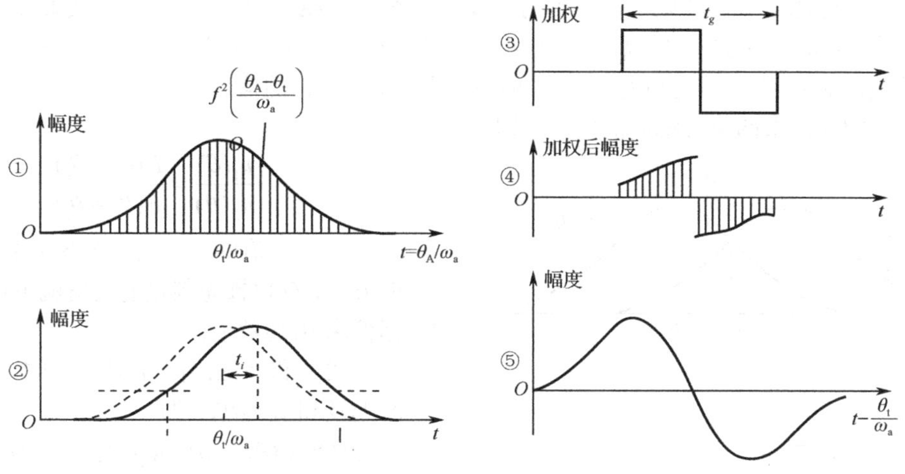

（b）波形图

图 8.4.6　最大信号法测角

最大信号法测角的优点：一是简单；二是用天线方向图的最大值方向测角，此时回波最强，信噪比最大，对检测发现目标是有利的。其主要缺点是直接测量时测量精度不高，约为半功率波束宽度（$\theta_{0.5}$）的 20%。因为天线方向图最大值附近比较平坦，最强点不易判别，因此测量方法改进后可提高精度。另一缺点是不能判别目标偏离波束轴线的方向，故不能用于自动测角。最大信号法测角广泛应用于搜索、引导雷达中。

2. 等信号法

等信号法测角采用两个相同且彼此部分重叠的波束，其天线方向图如图 8.4.7（a）所示。若目标处在两波束的交叠轴 OA 方向，则由两波束收到的信号强度相等，否则一个波束收到的

信号强度高于另一个波束，如图 8.4.7（b）所示，故常称 OA 为等信号轴。当两个波束收到的回波信号相等时，等信号轴所指方向即目标方向。如果目标处在 OB 方向，波束 2 的回波比波束 1 的回波强；处在 OC 方向时，波束 2 的回波较波束 1 的弱，因此比较两个波束回波的强弱就可以判断目标偏离等信号轴的方向并可用查表的办法估计出偏离等信号轴的大小。

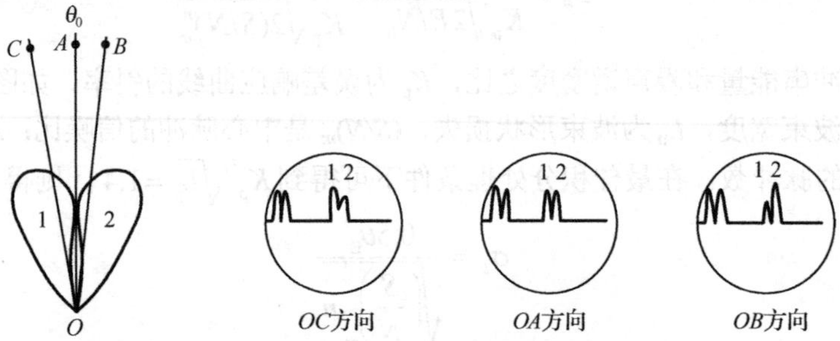

（a）波束　　（b）K型显式器画面

图 8.4.7　等信号法测角

设天线电压方向性函数为 $F(\theta)$，等信号轴 OA 的指向为 θ_0，则波束 1、波束 2 的方向性函数可分别写成：

$$F_1(\theta)=F(\theta_1)=F(\theta+\theta_k-\theta_0)$$

$$F_2(\theta)=F(\theta_2)=F(\theta-\theta_0-\theta_k)$$

式中，θ_k 为 θ_0 与波束最大值方向的偏角。

用等信号法测角时，波束 1 接收到的回波电压值为 $u_1=KF_1(\theta)=KF(\theta_k-\theta_t)$，波束 2 收到的回波电压值为 $u_2=KF_2(\theta)=KF(-\theta_k-\theta_t)=KF(\theta_k+\theta_t)$，式中，$\theta_t$ 为目标方向偏离等信号轴 θ_0 的角度，K 为回波系数。对 u_1 和 u_2 信号进行处理，可以获得目标方向 θ_t 的信息。

（1）比幅法：求两信号幅度的比值，即

$$\frac{u_1(\theta)}{u_2(\theta)}=\frac{F(\theta_k-\theta_t)}{F(\theta_k+\theta_t)}$$

根据比值的大小可以判断目标偏离 θ_0 的方向，查找预先制定的表格就可估计出目标偏离 θ_0 的数值。

（2）和差法：由 u_1 及 u_2 可求得其差值 $\Delta(\theta_t)$及和值 $\Sigma(\theta_t)$，即

$$\Delta(\theta)=u_1(\theta)-u_2(\theta)=K[F(\theta_k-\theta_t)-F(\theta_k+\theta_t)]$$

在等信号轴 $\theta=\theta_0$ 附近，差值 $\Delta(\theta)$可近似表示为

$$\Delta(\theta_t)\approx 2\theta_t\left.\frac{\mathrm{d}F(\theta)}{\mathrm{d}\theta}\right|_{\theta=\theta_0}k$$

而和信号为

$$\Sigma(\theta_t)=u_1(\theta)+u_2(\theta)=K[F(\theta_k-\theta_t)+F(\theta_k+\theta_t)]$$

在 θ_0 附近可近似表示为

$$\Sigma(\theta_t)\approx 2F(\theta_0)k$$

即可求得其和波束与差波束 $\Sigma(\theta_t)$与 $\Delta(\theta_t)$，如图 8.4.8 所示。归一化的和差值为

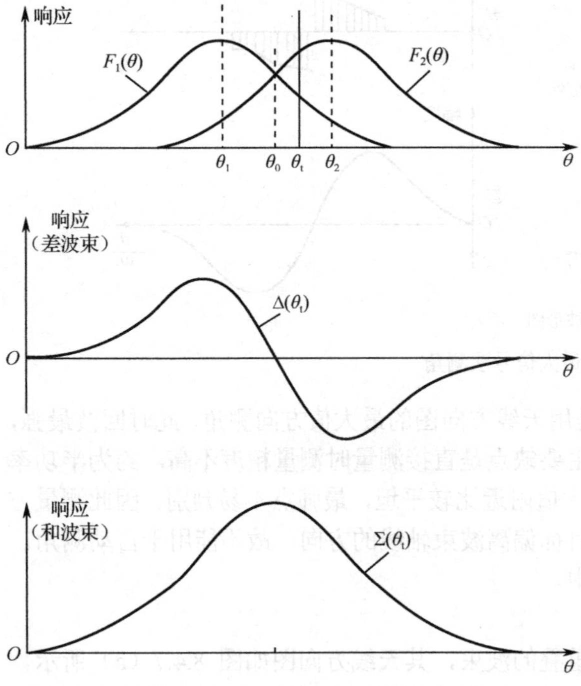

图 8.4.8　和差法测角

$$\frac{\Delta(\theta_t)}{\Sigma(\theta_t)} = \frac{\theta_t}{F(\theta_0)} \frac{dF(\theta)}{d\theta}\bigg|_{\theta=\theta_0} \tag{8.4.7}$$

因为 $\Delta(\theta_t)/\Sigma(\theta_t)$ 正比于目标偏离 θ_0 的角度 θ_t，故可用它来判读角度 θ_t 的大小及方向。

在等信号法中，两个波束可以同时存在，若用两套相同的接收系统同时工作，则其称为同时波瓣法；两波束也可以交替出现，或只要其中一个波束，使它绕 *OA* 轴旋转，波束便按时间顺序在 1、2 位置交替出现，只用一套接收系统工作，该法称为顺序波瓣法。

等信号法的主要优点：（1）测角精度比最大信号法高，因为等信号轴附近的天线方向图斜率较大，目标略微偏离等信号轴时，两信号强度变化较显著。由理论分析可知，对收发共用天线的雷达，精度约为半功率波束宽度的 2%，比最大信号法高约一个量级。（2）根据两个波束收到信号的强弱可判别目标偏离等信号轴的方向，便于自动测角。等信号法的主要缺点：一是测角系统较复杂；二是等信号轴方向不是天线方向图的最大值方向，故在发射功率相同的条件下，作用距离比最大信号法小些。若两波束交点选择在最大值的 0.7～0.8 处，则对收发共用天线的雷达，作用距离比最大信号法减小 20%～30%。等信号法常用来进行自动测角，即应用于跟踪雷达中。

8.4.4　天线波束的扫描方式和方法

天线波束通常以一定的方式依次照射给定空域，以进行目标探测和坐标测量，即天线波束需要扫描。下面简单介绍天线波束的扫描方式和方法。

1. 波束形状和扫描方式

不同用途的雷达，其天线波束形状和扫描方式也会不同。常用的基本波束形状为扇形波束和针状波束。

扇形波束的水平面和垂直面内的波束宽度有较大差别，主要扫描方式是圆周扫描和扇形扫描。圆周扫描时，波束在水平面内做 360°圆周运动，如图 8.4.9 所示。此时，可观察雷达周围目标并测定其距离和方位角坐标。所用波束通常在水平面内很窄，故方位角有较高的测角精度和角分辨力。垂直面内很宽，以保证同时监视较大的仰角空域。地面搜索型雷达垂直面内的波束形状通常做成余割平方形，这样功率利用比较合理，使同一高度不同距离目标的回波强度基本相同。

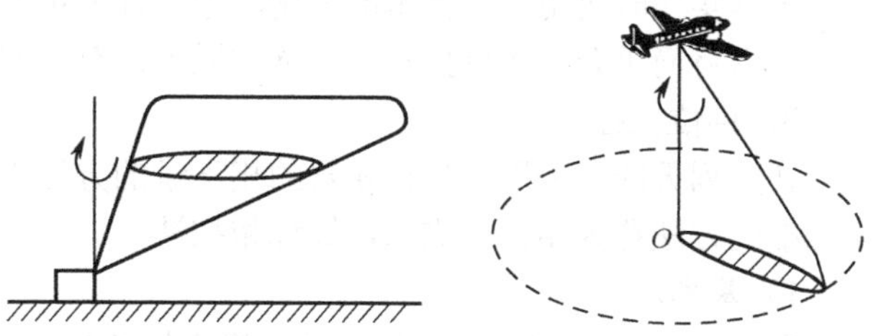

（a）地面雷达　　（b）机载雷达

图 8.4.9　扇形波束圆周扫描

当某一区域需要特别仔细观察时，波束可在所需方位角范围内往返运动，即做扇形扫描。它专门用于测高的雷达，采用波束宽度在垂直面内很窄而水平面内很宽的扇形波束，仰角的测角精度和角分辨力较高。雷达工作时，波束可在水平面内做缓慢圆周运动，同时在一定的仰角范围内做快速扇形扫描（点头式）。

针状波束的水平面和垂直面波束宽度都很窄。采用针状波束可同时测量目标的距离、方位角和仰角，且方位角和仰角两者的角分辨力和测角精度都较高。主要缺点是波束窄，扫完一定空域所需的时间较长，即雷达的搜索能力较差。

根据雷达的不同用途，针状波束的扫描方式有很多，常见的扫描方式有螺旋扫描、分行扫描和锯齿扫描等几种扫描方式。其中，螺旋扫描是指在方位角上进行圆周快扫，同时在仰角上缓慢上升，到顶点后迅速降到起点并重新开始扫描；分行扫描是指方位角上快扫，在仰角上慢扫；而锯齿扫描是指在仰角上快扫而在方位角上缓慢移动。

2．天线波束的扫描方法

天线波束的扫描方法可分为机械性扫描和电扫描两种，下面分别进行简单介绍。

1）机械性扫描

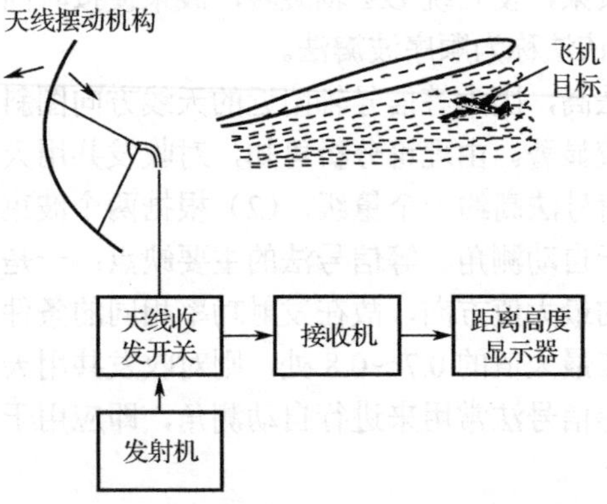

图 8.4.10　馈源不动反射体动的机械性扫描

利用整个天线系统或其某一部分的机械运动来实现波束扫描称为机械性扫描，如环视雷达、跟踪雷达，通常采用整个天线系统转动的方法。比如，图 8.4.10 是馈源不动，反射体相对于馈源往复运动实现波束扇形扫描的一个例子。不难看出，波束偏转的角度为反射体旋转角度的两倍。除此之外，还有一种常见的扫描方法是，反射体不动，馈源左右摆动实现波束扇形扫描。

机械性扫描的优点是简单，主要缺点是机械运动惯性大，扫描速度不高。近年来，快速目标、洲际导弹、人造卫星等的出现，要求雷达采用高增益极窄波束，因此天线口径面往往做得非常庞大，再加上常要求波束扫描的速度很高，用机械办法实现波束扫描无法满足要求，因此必须采用电扫描。

2）电扫描

电扫描时，天线反射体、馈源等不必做机械运动。因无机械惯性限制，扫描速度可大大提高，波束控制迅速、灵便，故这种方法特别适用于要求波束快速扫描及具有巨型天线的雷达中。电扫描的主要缺点是扫描过程中波束宽度将展宽，因而天线增益要减小，所以扫描的角度范围有一定限制。另外，天线系统一般比较复杂。

根据实现时所用基本技术的差别，电扫描又可分为相位扫描法、频率扫描法、时间延迟法等。下面将简单介绍相位扫描法的基本原理及有关问题。

3．相位扫描法

在阵列天线上采用控制移相器的相移量的方法来改变各个阵元的激励相位，从而实现波束电扫描的方法称为相位扫描法，简称相扫法。

1）基本原理

图 8.4.11 为由 N 个阵元组成的一维直线移相器天线阵，阵元间距为 d。为简化分析，先假定每个阵元为无方向性的点辐射源，所有阵元的馈线输入端为等幅同相馈电，各移相器的相移量分别为 $0, \varphi, 2\varphi, \cdots, (N-1)\varphi$，即相邻阵元激励电流之间的相位差为 φ。

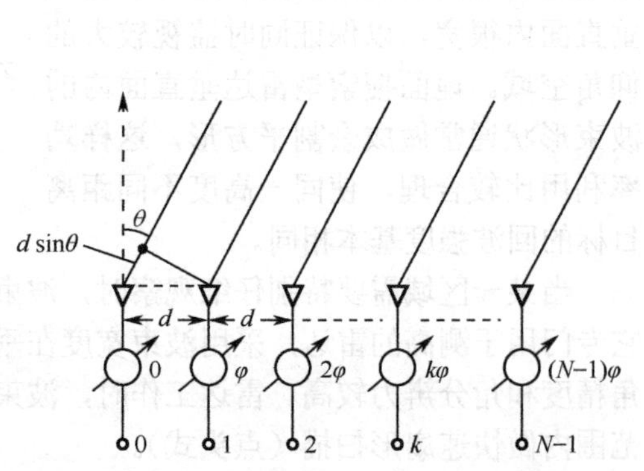

图 8.4.11　N 个阵元组成的一维直线移相器天线阵

现在考虑偏离法线 θ 方向远区某点的场强，它应为各阵元在该点的辐射场的矢量和，即

$$\boldsymbol{E}(\theta)=\boldsymbol{E}_0+\boldsymbol{E}_1+\cdots+\boldsymbol{E}_i+\cdots+\boldsymbol{E}_{N-1}$$
$$=\sum_{k=0}^{N-1}\boldsymbol{E}_k$$

因等幅馈电，且忽略各阵元到该点距离上的微小差别对振幅的影响，可认为各阵元在该点辐射场的振幅相等，用 E 表示。若以零号阵元辐射场 $\boldsymbol{E}_0$ 的相位为基准，则

$$E(\theta)=E\sum_{k=0}^{N-1}\mathrm{e}^{\mathrm{j}k(\psi-\varphi)} \tag{8.4.8}$$

式中，$\psi=\dfrac{2\pi}{\lambda}d\sin\theta$，为由波程差引起的相邻阵元辐射场的相位差；$\varphi$ 为相邻阵元激励电流相位差；$k\psi$ 为由波程差引起的 E_k 对 E_0 的相位引前；$k\varphi$ 为由激励电流相位差引起的 E_k 对 E_0 的相位迟后。

任一阵元辐射场与前一阵元辐射场之间的相位差为 $\psi-\varphi$。按等比级数求和并运用尤拉公式，式（8.4.8）可化简为

$$E(\theta)=E\frac{\sin\left[\dfrac{N}{2}(\psi-\varphi)\right]}{\sin\left[\dfrac{1}{2}(\psi-\varphi)\right]}\mathrm{e}^{\mathrm{j}\left[\frac{N-1}{2}(\psi-\varphi)\right]}$$

由式（8.4.8）容易看出，当 $\varphi=\psi$ 时，各分量同相相加，场强幅值最大，显然

$$|E(\theta)|_{\max}=NE$$

故归一化方向性函数为

$$\begin{aligned}F(\theta)&=\frac{|E(\theta)|}{|E(\theta)|_{\max}}=\left|\frac{1}{N}\frac{\sin\left[\dfrac{N}{2}(\psi-\varphi)\right]}{\sin\left[\dfrac{1}{2}(\psi-\varphi)\right]}\right|\\&=\left|\frac{1}{N}\frac{\sin\left[\dfrac{N}{2}\left(\dfrac{2\pi}{\lambda}d\sin\theta-\varphi\right)\right]}{\sin\left[\dfrac{1}{2}\left(\dfrac{2\pi}{\lambda}d\sin\theta-\varphi\right)\right]}\right|\end{aligned} \tag{8.4.9}$$

当 $\varphi=0$ 时，也就是各阵元等幅同相馈电时，由式（8.4.9）可知，当 $\theta=0$，$F(\theta)=1$ 时，天线方向图最大值在阵列法线方向。若 $\varphi\neq0$，则天线方向图最大值方向（波束指向）就要偏移，偏移角 θ_0 由移相器的相移量 φ 决定，当其关系式为 $\theta=\theta_0$ 时，应有 $F(\theta_0)=1$，由式（8.4.9）可知，应满足

$$\varphi=\psi=\frac{2\pi}{\lambda}d\sin\theta_0 \tag{8.4.10}$$

式（8.4.10）表明，在 θ_0 方向，各阵元的辐射场之间，由波程差引起的相位差正好与移相器引入的相位差相抵消，导致各分量同相相加获最大值。

显然，为满足式（8.4.10），改变 φ 值，可改变波束指向角 θ_0，从而形成波束扫描。也可以用图 8.4.12 来解释，可以看出，图 8.4.12 中 MM' 线上各点电磁波的相位是相同的，称同相波前。天线方向图最大值方向与同相波前垂直（该方向上各辐射分量同相相加），故控制移相器的相移量，改变 φ 值，同相波前倾斜，从而改变波束指向，达到波束扫描的目的。

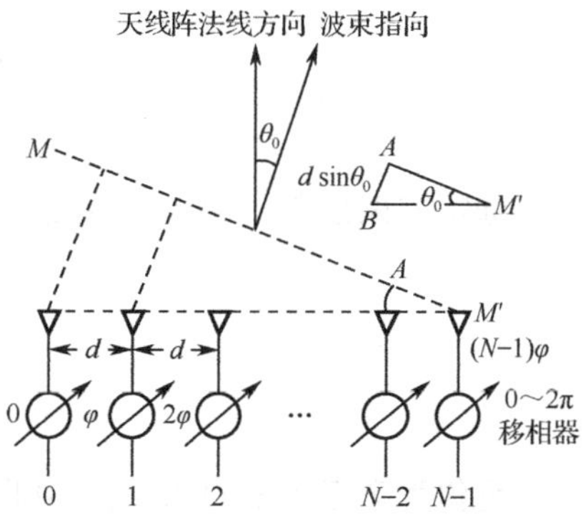

图 8.4.12　一维相扫天线简图

根据天线收发互易原理，上述天线接收时，以上结论仍然成立。

2）栅瓣问题

现在将 φ 与波束指向 θ_0 之间的关系式 $\varphi=(2\pi/\lambda)d\sin\theta_0$ 代入式（8.4.9），得

$$F(\theta)=\left|\frac{1}{N}\frac{\sin\left[\frac{\pi Nd}{\lambda}(\sin\theta-\sin\theta_0)\right]}{\sin\left[\frac{\pi d}{\lambda}(\sin\theta-\sin\theta_0)\right]}\right| \tag{8.4.11}$$

可以看出，当$(\pi Nd/\lambda)(\sin\theta-\sin\theta_0)=0, \pm\pi, \pm2\pi,\cdots, \pm n\pi$（$n$为整数）时，分子为零，若分母不为零，则有$F(\theta)=0$。而当$(\pi d/\lambda)(\sin\theta-\sin\theta_0)=0, \pm\pi, \pm2\pi,\cdots, \pm n\pi$（$n$为整数）时，上式分子、分母同为零，由洛比达法则得$F(\theta)=1$，由此可知$F(\theta)$为多瓣状，如图 8.4.13 所示。

其中，$(\pi d/\lambda)\times(\sin\theta-\sin\theta_0)=0$，当$\theta=\theta_0$时，称为主瓣，其余称为栅瓣。出现栅瓣将会产生测角多值性问题。由图 8.4.13 看出，为避免出现栅瓣，只要保证

$$\left|\frac{\pi d}{\lambda}(\sin\theta-\sin\theta_0)\right|<\pi$$

即

$$\frac{d}{\lambda}<\frac{1}{|\sin\theta-\sin\theta_0|}$$

因$|\sin\theta-\sin\theta_0|\leqslant1+|\sin\theta_0|$，故不出现栅瓣的条件可取为

$$\frac{d}{\lambda}<\frac{1}{1+|\sin\theta_0|}$$

当波长λ取定以后，只要调整阵元间距d以满足上式，便不会出现栅瓣。如要在$-90^\circ<\theta_0<+90^\circ$范围内扫描，则$d/\lambda<1/2$，但通过下面的讨论可看出，当$\theta_0$增大时，波束宽度也要增大，故波束扫描范围不宜取得过大，一般取$|\theta_0|\leqslant60^\circ$或$|\theta_0|\leqslant45^\circ$，此时$d/\lambda<0.53$或$d/\lambda<0.59$。为避免出现栅瓣，通常选$d/\lambda\leqslant1/2$。

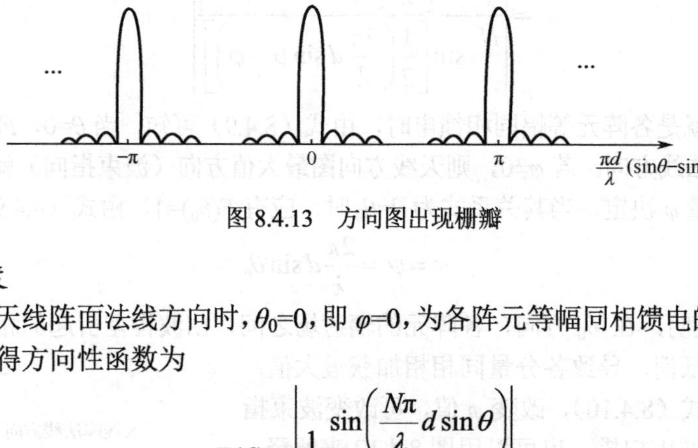

图 8.4.13　方向图出现栅瓣

3）波束宽度

波束指向为天线阵面法线方向时，$\theta_0=0$，即$\varphi=0$，为各阵元等幅同相馈电的情况。由式（8.4.9）或式（8.4.8）可得方向性函数为

$$F(\theta)=\left|\frac{1}{N}\frac{\sin\left(\frac{N\pi}{\lambda}d\sin\theta\right)}{\sin\left(\frac{\pi}{\lambda}d\sin\theta\right)}\right|$$

通常波束很窄，$|\theta|$较小，$\sin[(\pi d/\lambda)\sin\theta]\approx(\pi d/\lambda)\sin\theta$，上式变为

$$F(\theta)=\left|\frac{\sin\left(\frac{N\pi d}{\lambda}\sin\theta\right)}{\frac{N\pi d}{\lambda}\sin\theta}\right| \tag{8.4.12}$$

近似为辛克（sinc）函数，由此可求出半功率波束宽度为

$$\theta_{0.5}\approx\frac{0.886}{Nd}\lambda(\text{rad})\approx\frac{50.8}{Nd}\lambda(^\circ) \tag{8.4.13}$$

其中，Nd 为线阵长度。当 $d=\lambda/2$ 时，得

$$\theta_{0.5} \approx \frac{100}{N}\ (°) \tag{8.4.14}$$

顺便指出，在 $d=\lambda/2$ 的条件下，若要求 $\theta_{0.5}=1°$，则所需阵元数 $N=100$。若要求水平和垂直面内的波束宽度都为 1°，则需 100×100 个阵元。

下面讨论波束扫描对波束宽度和天线增益的影响。扫描时，波束偏离法线方向，$\theta_0\neq0$，方向性函数由式（8.4.11）表示。波束较窄时，$|\theta-\theta_0|$较小，$\sin[(\pi d/\lambda)(\sin\theta-\sin\theta_0)]\approx(\pi d/\lambda)(\sin\theta-\sin\theta_0)$，式（8.4.11）可近似为

$$F(\theta) \approx \left| \frac{\sin\left[\dfrac{N\pi d}{\lambda}(\sin\theta-\sin\theta_0)\right]}{\dfrac{N\pi d}{\lambda}(\sin\theta-\sin\theta_0)} \right|$$

上式是辛克函数。设在半功率波束点上 θ 的值为 θ_+和 θ_-，如图 8.4.14 所示，由辛克函数曲线可知，当 $\dfrac{\sin x}{x}=0.707$ 时，可查出 $x=\pm0.443\pi$，故知当 $\theta=\theta_+$时，应有

$$\frac{N\pi d}{\lambda}(\sin\theta_+ - \sin\theta_0) = 0.443\pi \tag{8.4.15}$$

容易证明

$$\sin\theta_+-\sin\theta_0=\sin(\theta_+-\theta_0)\cos\theta_0-[1-\cos(\theta_+-\theta_0)]\sin\theta_0$$

波束很窄时，$\theta_+-\theta_0$ 很小，上式第二项忽略，可简化为

$$\sin\theta_+-\sin\theta_0\approx(\theta_+-\theta_0)\cos\theta_0$$

代入式（8.4.15），整理得扫描时的波束宽度 $\theta_{0.5s}$ 为

$$\theta_{0.5s} = 2(\theta_+ - \theta_0) \approx \frac{0.886\lambda}{Nd\cos\theta_0}\ (\text{rad}) = \frac{50.8\lambda}{Nd\cos\theta_0}\ (°) = \frac{\theta_{0.5}}{\cos\theta_0} \tag{8.4.16}$$

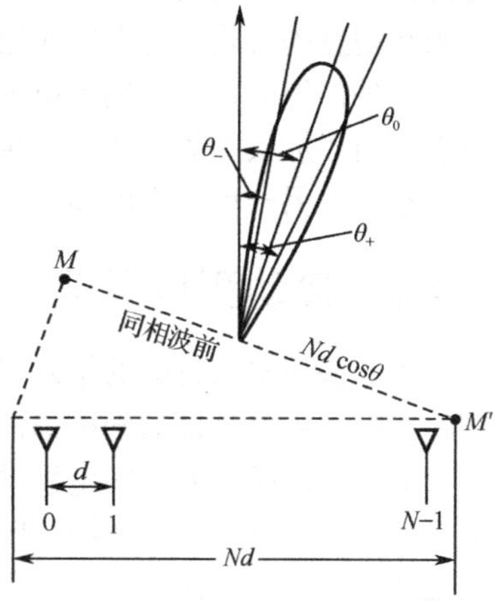

图 8.4.14　扫描时的波束宽度

式中，$\theta_{0.5}$ 为法线方向的半功率波束宽度；λ 为波长。式(8.4.16)也可从概念上定性地得出，因为波束总是指向同相馈电阵列天线的法线方向，将图 8.4.14 中的同相波前 MM'看成同相馈电的直线阵列，但有效长度为 $Nd\cos\theta_0$，代入式（8.4.13）便得式（8.4.16）。

从式（8.4.16）可看出，波束扫描时，随着波束指向 θ_0 的增大，$\theta_{0.5s}$ 要展宽，θ_0 越大，波束变得愈宽。例如，当 $\theta_0=60°$时，$\theta_{0.5s}\approx2\theta_{0.5}$。

随着 θ_0 的增大，波束展宽，会使天线增益下降。我们用阵元总数为 N_0 的方天线阵来说明。

假定天线口径面积为 A，无损耗，口径场均匀分布（口面利用系数等于 1），阵元间距为 d，则有效口径面积 $A=N_0d^2$，法线方向天线增益为

$$G(0) = \frac{4\pi A}{\lambda^2} = \frac{4\pi N_0 d^2}{\lambda^2}$$

当 $d=\lambda/2$ 时，$G(0)=N_0\pi$。

若波束扫到 θ_0 方向，则天线发射或接收能量的有效口径面积 A_s 为面积 A 在扫描等相位面上的投影，即 $A_s=A\cos\theta_0=N_0d^2\cos\theta_0$。如果将天线考虑为匹配接收天线，则扫描波束所收集的能量总和正比于天线口径的投影面积 A_s，所以波束指向处的天线增益为

$$G(\theta_0)=\frac{4\pi A_s}{\lambda^2}=\frac{4\pi N_0 d^2}{\lambda^2}\cos\theta_0$$

当 $d=\lambda/2$ 时，$G(\theta_0)=N_0\pi\cos\theta_0$。可见天线增益随 θ_0 增大而减小。

如果在方位角和仰角两个方向同时扫描，以 $\theta_{0\alpha}$ 和 $\theta_{0\beta}$ 表示波束在方位角和仰角方向对法线的偏离，则

$$G(\theta_{0\alpha},\theta_{0\beta})=N_0\pi\cos\theta_{0\alpha}\cos\theta_{0\beta}$$

当 $\theta_{0\alpha}=\theta_{0\beta}=60°$ 时，$G(\theta_{0\alpha},\theta_{0\beta})=N_0\pi/4$，只有法线方向增益的1/4。

总之，在波束扫描时，由于在 θ_0 方向等效天线口径面尺寸等于天线口径面在等相面上的投影（乘以 $\cos\theta_0$），与法线方向相比，尺寸减小，波束加宽，因而天线增益下降，且随着 θ_0 的增大而加剧，所以波束扫描的角范围通常限制在±60°或±45°之内。若要覆盖半球，至少要三个面天线阵。

必须指出，前面讨论方向性函数时，都是假定每个阵元是无方向性的，当考虑单个阵元的方向性时，总的方向性函数应为上述结果与阵元方向性函数之积。设阵元方向性函数为 $F_e(\theta)$，阵列方向性函数为 $F(\theta)$，则 N 阵元天线阵总的方向性函数 $F_N(\theta)$ 为 $F_N(\theta)=F_e(\theta)\cdot F(\theta)$。当阵元的方向性较差时，在波束扫描范围不大的情况下，对总方向性函数的影响较小，故上述波束宽度和天线增益的公式仍可近似应用。

另外，等间距和等幅馈电的阵列天线旁瓣较大（第一旁瓣电平为−13dB），为了降低旁瓣，可以采用“加权”的办法。一种是振幅加权，使得馈给中间阵元的功率大些，馈给周围阵元的功率小些；另一种是密度加权，即天线阵中心处阵元的数目多些，周围阵元数少些。

8.4.5 自动测角原理

为了快速提供目标的精确坐标值，需要采用自动测角的方法。自动测角时，天线能够自动跟踪目标，并将目标的坐标信息送到计算机系统进行处理。

同自动测距需要时间鉴别器一样，自动测角也需要一个角误差鉴别器，其自动测量的工作机理如下：当目标偏离轴线（出现误差角 ε）时，将会产生一个误差电压，其值正比于 ε，极性随偏离方向的不同而改变。误差电压经跟踪系统的变换、放大处理后，控制天线向减小 ε 方向运动，使天线轴线对准目标。

自动测角的方法有两种，分别是圆锥扫描自动测角和单脉冲自动测角，下面分别进行简单介绍。

1. 圆锥扫描自动测角的基本原理

图 8.4.15（a）所示为一针状波束，它的最大辐射方向 $O'B$ 偏离等信号轴（天线旋转轴）$O'O$ 一个角度 δ，当波束以一定的角速度 ω_s 绕等信号轴天线旋转轴 $O'O$ 旋转时，波束最大辐射方向 $O'B$ 就在空间画出一个圆锥，故称圆锥扫描。若取一个垂直于等信号轴的平面，则波束截面及波束中心（最大辐射方向）的运动轨迹如图 8.4.15（b）所示。

波束在做圆锥扫描的过程中，绕着天线旋转轴旋转，因天线旋转轴方向是等信号轴方向，故扫描过程中这个方向天线的增益始终不变。当天线对准目标时，接收机输出的回波信号为一串等幅脉冲。

若目标偏离等信号轴方向，则在扫描过程中波束最大值旋转在不同位置时，目标有时靠近有时远离天线最大辐射方向，这使得接收的回波信号幅度也产生相应的强弱变化。下面要证明：输出信号近似为正弦波调制的脉冲串，其调制频率为天线的圆锥扫描频率 ω_s，调制深度取决于目标偏离等信号轴方向的大小，而调制波的起始相位 φ 则由目标偏离等信号轴的方向决定。

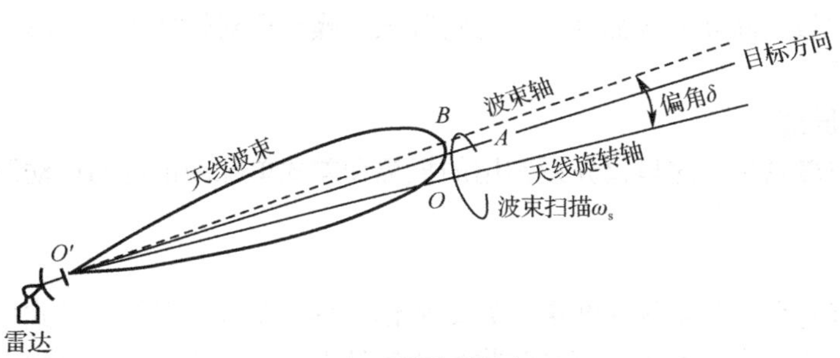

（a）圆锥扫描波束

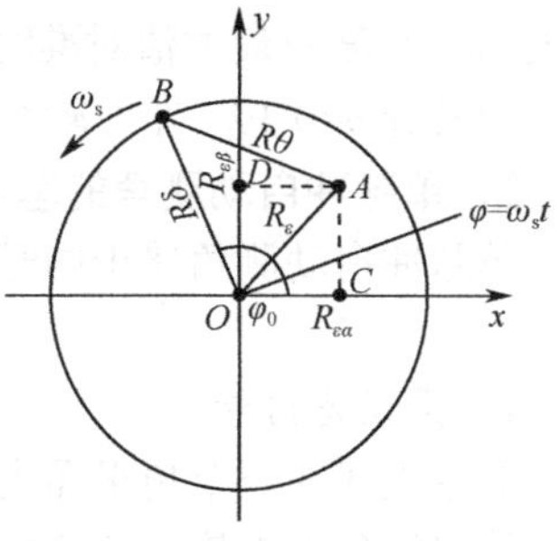

（b）垂直于等信号轴的截面

图 8.4.15　圆锥扫描

如图 8.4.15（b）所示，由垂直平面可以看出，如果目标 A 偏离等信号轴的角度为ε，等信号轴偏离波束最大值的角度（波束偏角）为δ，圆为波束最大值运动的轨迹，在 t 时刻，波束最大值位于 B 点，则此时波束最大值方向与目标方向之间的夹角为 θ。若目标距离为 R，则可求得通过目标的垂直平面上各弧线的长度，如图 8.4.15（b）所示。

在跟踪状态时，通常 ε 很小而满足 $\varepsilon \ll \delta$，由简单的几何关系可求得 θ 角的变化规律为

$$\theta \approx \delta - \varepsilon\cos(\omega_s t - \varphi_0)$$

式中，φ_0 为 OA 与 x 轴的夹角；θ 为目标偏离波束最大方向的角度，它决定了目标回波信号的强弱。设收发共用天线，且其天线波束电压方向性函数为 $F(\theta)$，则收到的信号电压振幅为

$$U = kF^2(\theta) = kF^2[\delta - \varepsilon\cos(\omega_s t - \varphi_0)]$$

将上式在 δ 处展开成泰勒级数并忽略高次项，则得到

$$U = U_0\left[1 - 2\frac{F'(\delta)}{F(\delta)}\varepsilon\cos(\omega_s t - \varphi_0)\right] = U_0\left[1 + \frac{U_m}{U_0}\cos(\omega_s t - \varphi_0)\right] \tag{8.4.17}$$

式中，$U_0=kF^2(\delta)$，为天线轴线对准目标时收到的信号电压振幅。式（8.4.17）表明，对脉冲雷达来讲，当目标处于天线轴线方向时，$\varepsilon=0$，收到的回波是一串等幅脉冲；如果存在 ε 时，收到的回波是振幅受调制的脉冲串，调制频率等于天线的圆锥扫描频率 ω_s，而调制深度为

$$m = \frac{2}{U_0}\frac{F'(\delta)}{F(\delta)}\varepsilon$$

调制深度正比于误差角 ε。

定义测角率为

$$\eta = -\frac{2F'(\delta)}{F(\delta)} = \frac{m}{\varepsilon} \tag{8.4.18}$$

它为单位误差角产生的调制度，它表征角误差鉴别器的灵敏度。

误差信号 $u_c=U_m\cos(\omega_s t-\varphi_0)=U_0 m\cos(\omega_s t-\varphi_0)$的振幅 U_m 表示目标偏离等信号轴的大小，而初相 φ_0 则表示目标偏离的方向，例如，$\varphi_0=0$ 表示目标只有方位角误差。

跟踪雷达中通常有方位角和仰角两个角度跟踪系统，因而要将误差信号 u_c 分解为方位角误差和仰角误差两部分，以控制两个独立的跟踪支路，其数学表达式为

$$u_c = U_m\cos(\omega_s t - \varphi_0) = U_m\cos\varphi_0\cos\omega_s t + U_m\sin\varphi_0\sin\omega_s t \tag{8.4.19}$$

分别取出方位角误差 $U_m\cos\varphi_0=U_0\eta\varepsilon\cos\varphi_0$ 和仰角误差 $U_m\sin\varphi_0=U_0\eta\varepsilon\sin\varphi_0$。误差电压分解的办法是采用两个相位鉴别器，相位鉴别器的基准电压分别为 $U_k\cos\omega_s t$ 和 $U_k\sin\omega_s t$，基准电压取自和天线头扫描电机同轴的基准电压发电机。

圆锥扫描雷达中，波束偏角 δ 的选择影响甚大。增大 δ 时该点方向图斜率 $F'(\delta)$ 亦增大，从而使测角率加大，有利于跟踪性能。与此同时，等信号轴线上目标回波功率减小，波束交叉

损失 L_k（与波束最大值对准时比较）随 δ 增大而增大，它将降低信噪比而对性能不利。综合考虑，通常选 $\delta=0.3\theta_{0.5}$ 左右较合适。

2. 单脉冲自动测角的基本原理

单脉冲自动测角属于同时波瓣测角。这里仅介绍常用的振幅和差式单脉冲雷达的自动测角原理。

1）角误差信号

雷达天线在一个角平面内有两个部分重叠的波束，如图 8.4.16（a）所示，振幅和差式单脉冲雷达取得角误差信号的基本方法是将这两个波束同时收到的信号进行和、差处理，分别得到和信号与差信号。相应的和、差波束如图 8.4.16（b）、（c）所示。其中差信号即该角平面内的角误差信号。

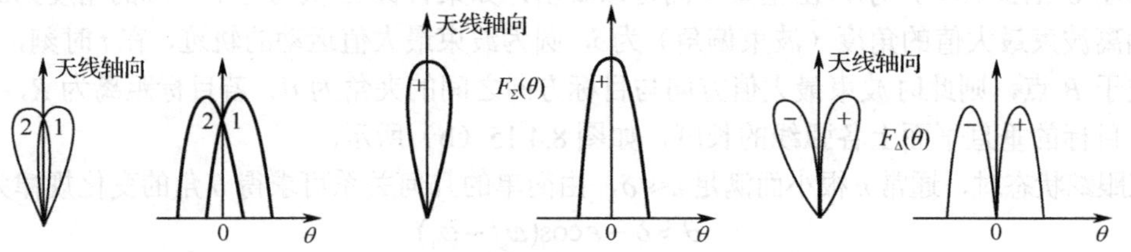

图 8.4.16　振幅和差式单脉冲雷达波束图

由图 8.4.16（a）可以看出，若目标处在天线旋转轴（等信号轴）方向，误差角 $\varepsilon=0$，则两波束收到的回波信号振幅相同，差信号等于零。目标偏离等信号轴而有一误差角 ε 时，差信号输出振幅与 ε 成正比而其符号（相位）则由偏离的方向决定。和信号除用于目标检测和距离跟踪外，还用于角误差信号的相位基准。

2）和差比较器与和差波束

和差比较器（和差网络）是单脉冲雷达的重要部件，由它完成和、差处理，形成和、差波束。用得较多的是双 T 接头，如图 8.4.17（a）所示，它有 4 个端口：Σ（和）端、Δ（差）端和 1、2 端。假定 4 个端口都是匹配的，则从 Σ 端输入信号时，1、2 端便输出等幅同相信号，Δ 端无输出；若从 1、2 端输入同相信号，则 Δ 端输出两者的差信号，Σ 端输出和信号。

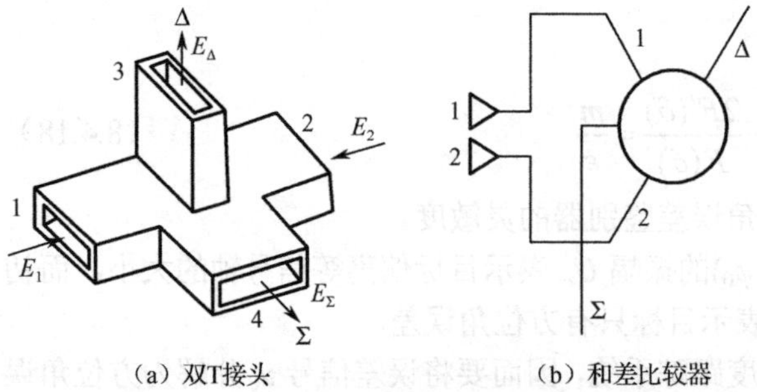

图 8.4.17　双 T 接头及和差比较器示意图

和差比较器的示意图如图 8.4.17（b）所示，它的 1、2 端与形成两个波束的两相邻馈源 1、2 相接。发射时，从发射机来的信号加到和差比较器的 Σ 端，故 1、2 端输出等幅同相信号，两个馈源被同相激励，并辐射相同的功率，结果两波束在空间各点产生的场强同相相加，形成发射和波束 $F_\Sigma(\theta)$，如图 8.4.16（b）所示。接收时，回波脉冲同时被两个波束的馈源所接收。两波束接收到的信号振幅有差异（视目标偏离天线旋转轴的程度），但相位相同（为了实现精密跟踪，波束通常做得很窄，对处在和波束照射范围内的目标，两馈源接收到的回波波程差可忽略不计）。这两个相位相同的信号分别加到和差比较器的 1、2 端。

这时，在 Σ 端，完成两信号同相相加，输出和信号。设和信号为 E_Σ，其振幅为两信号振幅之和，相位与到达 Σ 端的两信号相位相同，且与目标偏离天线旋转轴的方向无关。假定两个波束的方向性函数完全相同，设为$F(\theta)$，两波束接收到的信号电压振幅为E_1、E_2，并且到达和差比较器 Σ 端时保持不变，两波束相对天线旋转轴的偏角为δ，则对于θ方向的目标，和信号的振幅为

$$\begin{aligned}E_{\Sigma}&=|E_{\Sigma}|=E_1+E_2=kF_{\Sigma}(\theta)F(\delta-\theta)+kF_{\Sigma}(\theta)F(\delta+\theta)\\&=kF_{\Sigma}(\theta)[F(\delta-\theta)+F(\delta+\theta)]\\&=kF_{\Sigma}^2(\theta)\end{aligned}$$

式中，$F_{\Sigma}(\theta)=F(\delta-\theta)+F(\delta+\theta)$，为接收和波束方向性函数，与发射和波束的方向性函数完全相同；k为比例系数，它与雷达参数、目标距离、目标特性等因素有关。

在和差比较器的 Δ 端，两信号反相相加，输出差信号，设为E_{Δ}。若到达 Δ 端的两信号用E_1、E_2表示，它们的振幅仍为E_1、E_2，但相位相反，则差信号的振幅为

$$E_{\Delta}=|E_{\Delta}|=|E_1-E_2|$$

E_{Δ}与方向角θ的关系可用上述同样方法求得，为

$$\begin{aligned}E_{\Delta}&=kF_{\Sigma}(\theta)[F(\delta-\theta)-F(\delta+\theta)]\\&=kF_{\Sigma}(\theta)F_{\Delta}(\theta)\end{aligned}$$

式中，$F_{\Delta}(\theta)=F(\delta-\theta)-F(\delta+\theta)$。

即和差比较器 Δ 端对应的接收方向性函数为原来两方向性函数之差，其天线方向图如图 8.4.16（c）所示，称为差波束。

现假定目标的误差角为ε，则差信号振幅为$E_{\Delta}=kF_{\Sigma}(\varepsilon)F_{\Delta}(\varepsilon)$。在跟踪状态，$\varepsilon$很小，将$F_{\Delta}(\varepsilon)$展开成泰勒级数并忽略高次项，则

$$\begin{aligned}E_{\Delta}&=kF_{\Sigma}(\varepsilon)F_{\Delta}'(0)\varepsilon=kF_{\Sigma}(\varepsilon)F_{\Sigma}\frac{F_{\Delta}'(0)}{F_{\Sigma}(0)}\varepsilon\\&\approx kF_{\Sigma}^2(\varepsilon)\eta\varepsilon\end{aligned}\tag{8.4.20}$$

因ε很小，式中$F_{\Sigma}(\varepsilon)\approx F_{\Sigma}(0)$，$\eta=F_{\Delta}'(0)/F_{\Sigma}(0)$。由式（8.4.20）可知，在一定的误差角范围内，差信号的振幅E_{Δ}与误差角ε成正比。

E_{Δ}的相位与E_1、E_2中的强者相同。例如，若目标偏在波束 1 一侧，则$E_1>E_2$，此时E_{Δ}与E_1同相；反之，则与E_2同相。由于在 Δ 端E_1、E_2相位相反，故目标偏向不同，E_{Δ}的相位差为 180°。因此，Δ 端输出差信号的振幅大小表明了目标误差角ε的大小，其相位则表示目标偏离天线旋转轴的方向。

和差比较器可以做到使和信号E_{Σ}的相位与E_1、E_2之一相同。由于E_{Σ}的相位与目标偏向无关，因此只要以和信号E_{Σ}的相位为基准，与差信号E_{Δ}的相位做比较，就可以鉴别目标的偏向。

总之，振幅和差式单脉冲雷达依靠和差比较器的作用得到图 8.4.16 所示的和、差波束，差波束用于测角，和波束用于发射、观察和测距，和波束信号还用作相位比较的基准。

3）相位检波器和角误差信号的变换

和差比较器 Δ 端输出的高频角误差信号还不能用来控制天线跟踪目标，必须把它变换成直流误差电压，其大小应与高频角误差信号的振幅成比例，而其极性应由高频角误差信号的相位来决定，这一变换作用由相位检波器完成。为此，将和、差信号通过各自的接收通道，经中频放大器后一起加到相位检波器上进行相位检波，其中和信号为基准信号。相位检波器输出为

$$U=K_{\mathrm{d}}U_{\Delta}\cos\varphi$$

其中，$U_{\Delta}\propto E_{\Delta}$，为中频差信号振幅；$\varphi$为和、差信号之间的相位差，这里$\varphi=0$或$\varphi=\pi$，因此

$$U=\begin{cases}K_{\mathrm{d}}U_{\Delta}, & \varphi=0\\-K_{\mathrm{d}}U_{\Delta}, & \varphi=\pi\end{cases}$$

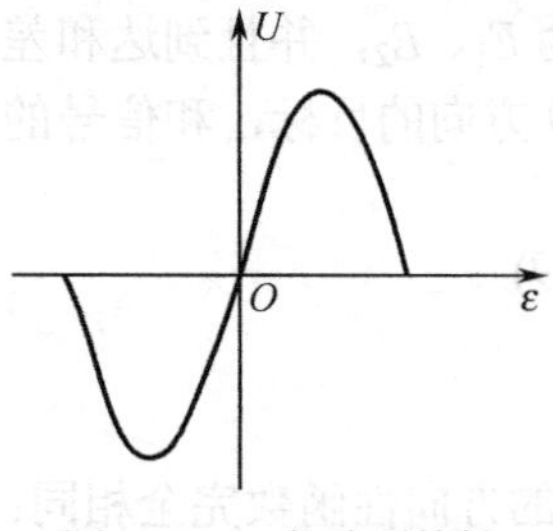

图 8.4.18 角鉴别特性

因为加在相位检波器上的中频和、差信号均为脉冲信号，所以相位检波器输出为正或负极性的视频脉冲（$\varphi=\pi$ 为负极性），其幅度与差信号的振幅（目标误差角 ε）成比例，脉冲的极性（正或负）则反映了目标偏离天线旋转轴的方向。把它变成相应的直流误差电压后，加到伺服系统控制天线向减小误差的方向运动。图 8.4.18 画出了相位检波器输出视频脉冲幅度 U 与目标误差角 ε 的关系曲线，通常将其称为角鉴别特性。

8.5 动目标检测及测速

雷达检测的目标一般都是运动的，诸如飞机、导弹、舰艇及车辆等。但是，这些动目标通常周围都有各种背景，比如，地物、云、雨及海浪等，它们要么是静止的，要么是缓慢运动的。这些背景产生的回波统称为杂波或无源干扰，它们会影响雷达检测动目标。因此，雷达需要从混有各种固定杂波或干扰的回波信息中检测出动目标，并提取动目标的速度等参数信息，这是本节需要解决的问题。

8.5.1 多普勒效应

自 1840 年科学家发现多普勒效应以来，雷达工程师利用该现象在改进检测动目标性能等方面取得了重大成果。下面简单讨论一下雷达接收到动目标回波的信号特征，包括连续波和窄带信号的多普勒效应。

1. 雷达发射连续波的情况

假设雷达发射的信号表示为

$$s(t)=A\cos(\omega_0 t+\varphi)$$

式中，ω_0 为发射角频率；φ 为初相；A 为振幅。

在雷达发射站处接收到由目标反射的回波信号 $s_r(t)$ 为

$$s_r(t)=ks(t-t_r)=kA\cos[\omega_0(t-t_r)+\varphi] \tag{8.5.1}$$

式中，$t_r=2R/c$，为回波滞后于发射信号的时间。其中，R 为目标和雷达站间的距离，c 为电磁波的传播速度，在自由空间传播时它等于光速。k 为回波的衰减系数。

若目标固定不动，则距离 R 为常数。回波与发射信号之间有固定相位差 $\omega_0 t_r=2\pi f_0\cdot 2R/c=(2\pi/\lambda)2R$，它是电磁波往返于雷达站与目标之间所产生的相位滞后。

当目标与雷达站之间有相对运动时，距离 R 随时间变化。设目标以匀速相对雷达站运动，则在 t 时刻，目标与雷达站间的距离 $R(t)$ 为

$$R(t)=R_0-v_r t \tag{8.5.2}$$

式中，R_0 为 t=0 时的距离；v_r 为目标相对雷达站的径向运动速度。

式（8.5.1）说明，在 t 时刻接收到的波形 $s_r(t)$ 上的某点，是在 $t-t_r$ 时刻发射的。由于通常雷达站和目标间的相对运动速度 v_r 远小于电磁波的传播速度 c，故延迟时间 t_r 可近似写为

$$t_r=\frac{2R(t)}{c}=\frac{2}{c}(R_0-v_r t) \tag{8.5.3}$$

回波信号与发射信号相比，高频相位差为

$$\varphi=-\omega_0 t_r=-\omega_0\frac{2}{c}(R_0-v_r t)=-2\pi\frac{2}{\lambda}(R_0-v_r t)$$

φ 是时间 t 的函数，在径向速度 v_r 为常数时，产生的频率差为

$$f_{\mathrm{d}}=\frac{1}{2\pi}\frac{\mathrm{d}\varphi}{\mathrm{d}t}=\frac{2}{\lambda}v_{\mathrm{r}} \tag{8.5.4}$$

这就是多普勒频率，它正比于相对运动的速度而反比于工作波长 λ。当目标飞向雷达站时，多普勒频率为正值，接收信号频率高于发射信号频率，而当目标背离雷达站飞行时，多普勒频率为负值，接收信号频率低于发射信号频率。

多普勒频率可以直观地解释为振荡源发射的电磁波以恒速 c 传播，如果接收者相对于振荡源是不动的，则它在单位时间内收到的振荡数目与振荡源发出的相同，即二者频率相等。若振荡源与接收者之间有相对接近的运动，则接收者在单位时间内收到的振荡数目要比它不动时多一些，也就是接收频率增高；当二者做背向运动时，结果相反。

2．雷达发射窄带信号的情况

常用雷达信号为窄带信号（带宽远小于中心频率），其发射信号可以表示为

$$s(t)=\mathrm{Re}[u(t)\mathrm{e}^{\mathrm{j}\omega_0 t}]$$

式中，Re 表示取实部；$u(t)$为调制信号的复数包络；ω_0为发射角频率。

同连续波发射时的情况相似，由目标反射的回波信号 $s_{\mathrm{r}}(t)$可以写成

$$s_{\mathrm{r}}(t)=ks(t-t_{\mathrm{r}})=\mathrm{Re}[ku(t-t_{\mathrm{r}})\mathrm{e}^{\mathrm{j}\omega_0(t-t_{\mathrm{r}})}] \tag{8.5.5}$$

当目标固定不动时，回波信号的复包络有一固定迟延，而高频则有一个固定相位差。当目标相对雷达站匀速运动时，按式（8.5.3）近似地认为其延迟时间 t_{r} 为

$$t_{\mathrm{r}}=\frac{2R(t)}{c}=\frac{2}{c}(R_0-v_{\mathrm{r}}t)$$

式（8.5.5）的回波信号表示式说明，回波信号比起发射信号来讲，复包络滞后 t_{r}，而高频相位差 $\varphi=-\omega_0 t_{\mathrm{r}}=-2\pi(2/\lambda)(R_0-v_{\mathrm{r}}t)$是时间的函数。当速度 v_{r} 为常数时，$\varphi(t)$引起的频率差为

$$f_{\mathrm{d}}=\frac{1}{2\pi}\frac{\mathrm{d}\varphi}{\mathrm{d}t}=\frac{2}{\lambda}v_{\mathrm{r}}$$

f_{d}为多普勒频率，即回波信号的频率与发射频率有一个频率。

8.5.2　多普勒信息的提取

已知回波信号的多普勒频率 f_{d} 正比于径向速度，而反比于雷达工作波长 λ，即

$$f_{\mathrm{d}}=\frac{2v_{\mathrm{r}}}{\lambda}=\frac{f_0}{c}2v_{\mathrm{r}}$$

$$\frac{f_{\mathrm{d}}}{f_0}=\frac{2v_{\mathrm{r}}}{c}$$

多普勒频率的相对值正比于目标速度与光速之比，f_{d} 的正负值取决于目标运动的方向。在多数情况下，多普勒频率处于音频范围。例如，当 λ=10cm，v_{r}=300m/s 时，求得 f_{d}=6kHz。而此时雷达工作频率为 f_0=3000MHz，目标回波信号频率为 f_{r}=3000MHz±6kHz，两者相差的百分比是很小的。因此要从接收信号中提取多普勒频率需要采用差拍的方法，即设法取出 f_0 和 f_{r} 的差值 f_{d}。

1．连续波雷达的多普勒效应

为取出收发信号频率的差拍频率，可以在接收机相位检波器输入端引入发射信号作为基准电压，在相位检波器输出端即可得到收发频率的差拍频率电压，即多普勒频率电压。这时的基准电压通常称为相参（干）电压，而完成差拍频率比较的相位检波器称为相干检波器。相干检波器是一种相位检波器，在其输入端除加基准电压外，还需要鉴别其差拍频率或相对相位的信号电压。

图 8.5.1（a）～图 8.5.1（c）画出了连续波雷达的组成方框图、获取多普勒频率的差拍矢量图及各主要点的频谱图。

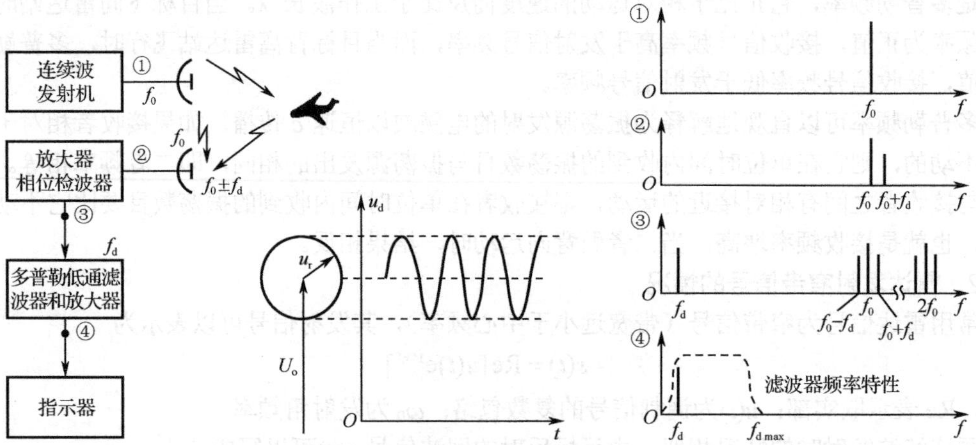

（a）组成方框图　（b）获取多普勒频率的差拍矢量图　（c）频谱图

图 8.5.1　利用多普勒效应的连续波雷达

发射机产生频率为 f_0 的等幅连续波高频振荡，其中绝大部分能量从发射天线辐射到空间，很少部分能量耦合到接收机输入端作为基准电压。混合的发射信号和接收信号经过放大后，在相位检波器输出端取出其差拍电压，隔除其中直流分量，得到多普勒频率信号并送到终端指示器。

对于固定目标信号，由于它和基准信号的相位差 $\varphi=\omega_0 t_r$ 保持常数，故混合相加的合成电压幅度亦不改变。当回波信号振幅 U_r 远小于基准信号振幅 U_0 时，从矢量图上可求得其合成电压为

$$U_\Sigma \approx U_0 + U_r \cos\varphi \tag{8.5.6}$$

包络检波器输出正比于合成信号振幅。对于固定目标，合成矢量不随时间变化，相位检波器输出经隔直流后无输出。而动目标回波与基准电压的相位差随时间按多普勒频率变化，即回波信号矢量围绕基准信号矢量端点以等角速度 ω_d 旋转，这时合成矢量的振幅为

$$U_\Sigma \approx U_0 + U_r \cos(\omega_d t - \varphi_0)$$

经相位检波器取出两电压的差拍，通过隔直流电容器得到输出的多普勒频率信号为

$$U_r \cos(\omega_d t - \varphi_0) \tag{8.5.7}$$

在相位检波器中，还可能产生多种和差组合频率，可用低通滤波器取出所需要的多普勒频率送到终端指示（如频率计），即可测得目标的径向速度值。

2．脉冲工作状态时的多普勒效应

脉冲雷达是最常用的雷达工作方式。当雷达发射脉冲信号时，和连续波发射时一样，动目标回波信号中产生一个附加的多普勒频率分量，所不同的是目标回波仅在脉冲宽度时间内按重复周期出现。

图 8.5.2 画出了利用多普勒效应的脉冲雷达的组成方框图及各主要点的波形图，图 8.5.2（c）所示为多普勒频率 f_d 小于脉冲宽度倒数的情况。

和连续波雷达的工作情况相类比：发射信号按一定的脉冲宽度 τ 和脉冲重复周期 T_r 工作。由连续振荡器取出的电压作为接收机相位检波器的基准电压，基准电压在每一重复周期均和发射信号有相同的起始相位，因而是相参的。

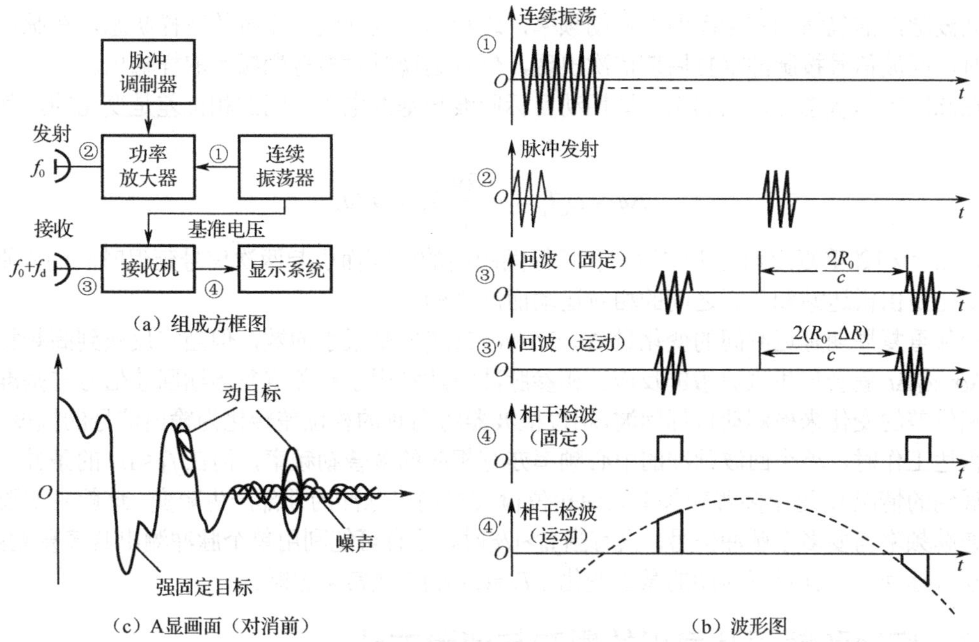

图 8.5.2　利用多普勒效应的脉冲雷达

相位检波器输入端所加电压有两个：连续的基准电压 u_k，$u_k=U_k\sin(\omega_0 t+\varphi'_0)$，其频率和起始相位均与发射信号相同；回波信号 u_r，$u_r=U_r\sin[\omega_0(t-t_r)+\varphi'_0]$，当雷达为脉冲工作状态时，回波信号是脉冲电压，只在信号来到期间（$t_r\leqslant t\leqslant t_r+\tau$）时才存在，其他时间只有基准电压 U_k 加在相位检波器上。经过相位检波器的输出信号为

$$\begin{aligned}u&=K_d U_k(1+m\cos\varphi)\\&=U_0(1+m\cos\varphi)\end{aligned}\tag{8.5.8}$$

式中，U_0 为直流分量，为连续振荡的基准电压经检波后的输出，而 $U_0 m\cos\varphi$ 则代表检波后的信号分量。在脉冲雷达中，由于回波信号为按一定重复周期出现的脉冲，因此 $U_0 m\cos\varphi$ 表示相位检波器输出回波信号的包络。图 8.5.3 给出了相位检波器的输出波形图。对于固定目标来讲，相位差 φ 是常数，为

$$\varphi=\omega_0 t_r=\omega_0\frac{2R_0}{c}$$

合成矢量的幅度不变化，检波后隔去直流分量可得到一串等幅脉冲输出。对动目标回波而言，相位差随时间 t 改变，其变化情况由目标运动的径向速度 v_r 及雷达工作波长 λ 决定，即

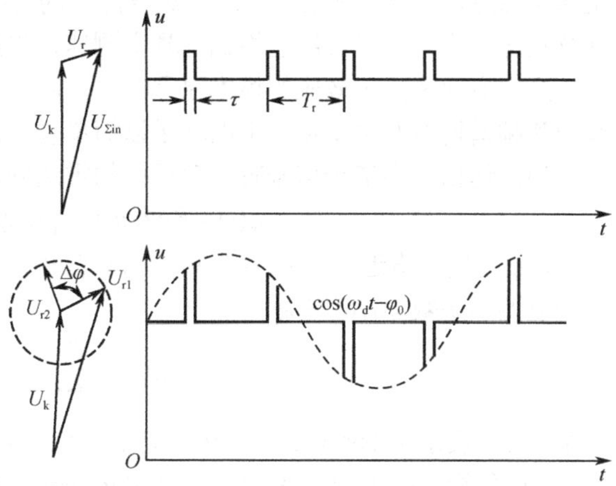

图 8.5.3　相位检波器的输出波形图

$$\varphi=\omega_0 t_r=\omega_0\frac{2R(t)}{c}=\frac{2\pi}{\lambda}2(R_0-v_r t)$$

合成矢量为基准电压 U_k 及回波信号的相加，经检波及隔去直流分量后得到脉冲信号的包络为

$$U_0 m\cos\varphi=U_0 m\cos\varphi\left(\frac{2\omega_0}{c}R_0-\omega_d t\right)_r=U_0 m\cos(\omega_d t-\varphi_0)\tag{8.5.9}$$

回波脉冲的包络调制频率即多普勒频率，这相当于连续波工作时的取样状态，在脉冲工作状态时，回波信号按脉冲重复周期依次出现，信号出现时对多普勒频率取样输出。

在脉冲工作状态时，相邻重复周期动目标回波与基准电压之间的相位差是变化的，其变化量为

$$\Delta\varphi = \omega_{\rm d} T_{\rm r} = \omega_0 \frac{2v_{\rm r}}{c} T_{\rm r} = \omega_0 \Delta t_{\rm r}$$

式中，$\Delta t_{\rm r}$为相邻重复周期由于雷达站和目标间距离的改变而引起两次信号延迟时间的差别。距离的变化是由雷达站和目标之间的相对运动而产生的。

相邻重复周期延迟时间的变化量 $\Delta t_{\rm r}=2\Delta R/c=2v_{\rm r}T_{\rm r}/c$ 是很小的数，但当它反映到高频相位上时，$\Delta\varphi=\omega_0\Delta t_{\rm r}$就会产生很灵敏的反应。相参脉冲雷达利用了相邻重复周期回波信号与基准信号之间相位差的变化来检测动目标回波，相位检波器将高频的相位差转化为输出信号的幅度变化。脉冲雷达工作时，单个回波脉冲的中心频率亦有相应的多普勒频率，但在$f_{\rm d}\ll 1/\tau$的条件下（这是常遇到的情况），这个多普勒频率只使相位检波器输出脉冲的顶部产生畸变。这就表明要检测出多普勒频率需要多个脉冲信号。只有当$f_{\rm d}>1/\tau$时，才有可能利用单个脉冲测出其多普勒频率。对于动目标回波，其重复周期的微小变化 $\Delta T_{\rm r}=(2v_{\rm r}/c)T_{\rm r}$通常可忽略。

8.5.3　盲速和频闪及盲相的影响与消除方法

在雷达利用多普勒效应测速的过程中，出现盲速和频闪及盲相的问题是不可避免的。下面将简单讨论产生这些现象的原因、影响与消除方法。

1．盲速和频闪的产生机理

当雷达处于脉冲工作状态时，将发生区别于连续工作状态的特殊问题，即盲速和频闪效应。所谓盲速，是指目标虽然有一定的径向速度 $v_{\rm r}$，但若其回波信号经过相位检波器后，输出为一串等幅脉冲，与固定目标的回波相同，此时的目标运动速度称为盲速。而频闪效应则是当脉冲工作状态时，相位检波器输出端回波脉冲串的包络调制频率 $F_{\rm d}$，与目标运动的径向速度 $v_{\rm r}$不再保持正比关系。此时若用包络调制频率测速，将产生测速模糊。

产生盲速和频闪效应的根本原因在于，脉冲工作状态时对连续发射的脉冲取样，取样后的波形和频谱均将发生变化。下面将予以简单说明。

当雷达信号为窄带信号时，动目标的雷达回波 $s_{\rm r}(t)$为

$$s_{\rm r}(t) = {\rm Re}\{ku(t-t_{\rm r})\exp[{\rm j}(\omega_0+\omega_{\rm d})(t-t_0)]\}$$

式中，$t_{\rm r}$为复包络迟延，而 $f_{\rm d}$为高频的多普勒频率。当雷达处于脉冲工作状态时，简单脉冲波形的复调制函数 $u(t)$可写成

$$u(t) = \sum_{n=-\infty}^{\infty} {\rm rect}\left(\frac{t-nT_{\rm r}}{\tau}\right)$$

式中，rect 表示矩形函数；τ为脉冲宽度；$T_{\rm r}$为脉冲重复周期。

$u(t)$的频谱 $U(f)$是一串间隔 $f_{\rm r}=1/T_{\rm r}$的谱线，谱线的包络取决于脉冲宽度τ的值。动目标的回波信号是 $u(t-t_{\rm r})$和具有多普勒频率的连续振荡相乘，因而其频谱是两者的卷积，即

$$\begin{aligned} s_{\rm r}(t) \Leftrightarrow S_{\rm r}(f) &= U(f)\otimes[\delta(f-f_0-f_{\rm d})+\delta(f+f_0+f_{\rm d})] \\ &= U(f-f_0-f_{\rm d})+U(f+f_0+f_{\rm d}) \end{aligned}$$

如图 8.5.4（b）所示，相当于把 $U(f)$的频谱中心分别搬移到$f_0+f_{\rm d}$和$-(f_0+f_{\rm d})$的位置上。

相位检波器的输入端加有频率为f_0的相参电压和回波信号电压，在其输出端得到两个电压的差拍频率，如图 8.5.4（d）所示，其谱线的位置在 $nf_{\rm r}\pm f_{\rm d}$处，n=0, ±1, ±2,⋯，谱线的包络与 $U(f)$相同。

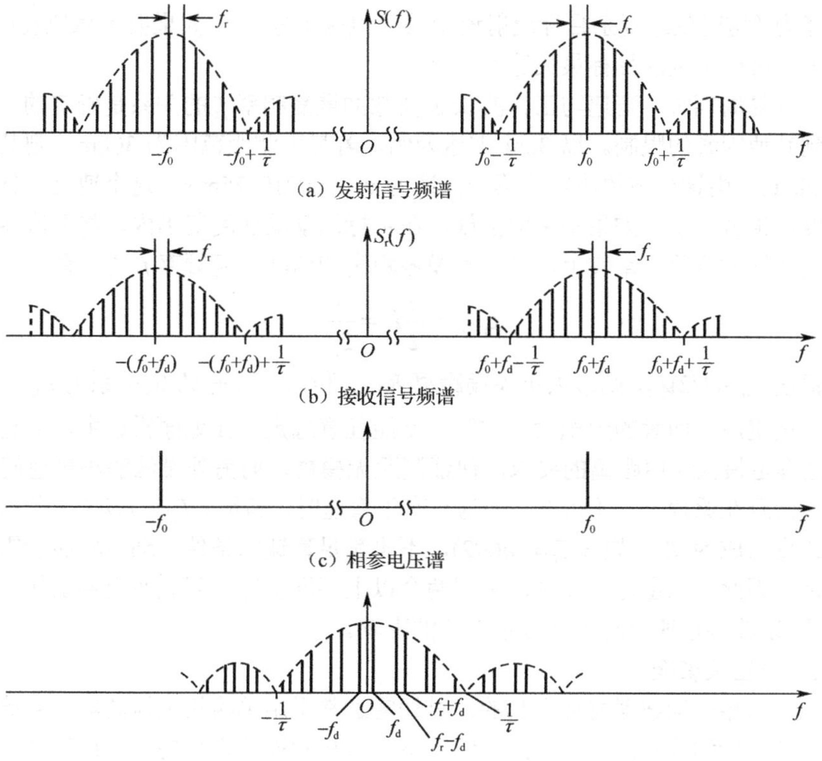

（a）发射信号频谱

（b）接收信号频谱

（c）相参电压谱

（d）相位检波输出谱

图 8.5.4　脉冲工作状态时各主要点的信号频谱图

由图 8.5.4 的频谱图可以看出脉冲信号产生“盲速”的原因：固定目标时，$f_d=0$，其回波的频谱结构与发射信号相同，是由 f_0 和 $f_0\pm nf_r$ 的谱线组成的。对于动目标回波，谱线中心移动 f_d，故其频谱由 f_0+f_d、$f_0+f_d\pm nf_r$ 的谱线组成，经过相位检波器后，得到 f_d 及 $nf_r\pm f_d$ 的差拍频率，其波形为多普勒频率 f_d 调幅的一串脉冲。当 $f_d=nf_r$ 时，动目标回波的谱线由 nf_r 组成，频谱结构与固定目标回波的相同，这时无法区分动目标与固定目标。

从图 8.5.4 的频谱图上也可以分析产生频闪的原因：当多普勒频率 f_d 超过重复频率 f_r 的一半时，频率 nf_r 的上边频分量 nf_r+f_d 与频率 $(n+1)f_r$ 的下边频分量 $(n+1)f_r-f_d$ 在谱线排列的前后位置上交叉。两个不同的多普勒频率 f_{d1} 和 f_{d2} 只要满足 $f_{d1}=nf_r-f_{d2}$，二者的谱线位置就相同而无法区分。同样，当 $f_{d1}=nf_r+f_{d2}$ 时，二者的频谱结构相同也是显而易见的。因此，在相参脉冲雷达中，如果要用相位检波器输出脉冲的包络频率来单值地测定目标的速度，必须满足的条件是

$$f_d \leqslant \frac{1}{2} f_r \tag{8.5.10}$$

这就是说，在取样系统中，要保证信号不失真，取样频率 f_r 必须大于两倍的信号多普勒频率 f_d。否则，将产生测速模糊，需用其他办法辅助解决单值测速问题。

2．盲速及消除盲速影响的方法

如前所述，盲速在相邻两周期动目标回波的相位差为 2π 的整数倍时发生，即

$$\Delta\varphi = 2\pi\frac{2v_r T_r}{\lambda} = 2\pi f_d T_r = 2n\pi$$

这时 $f_{d0}=nf_r$ 或 $v_{r0}=(n/2)\lambda f_r$，$n=1$ 时为第一盲速，表示在脉冲重复周期 T_r 内目标所走过的距离为半个波长。由于处于盲速上的动目标，其回波的频谱结构和固定杂波相同，经过对消器将被消除。因此，动目标显示雷达在检测“盲速”范围内的动目标时，将会产生丢失现象或极大

降低其检测能力（这时依靠复杂目标反射谱中的其他频率分量）。如果要可靠地发现目标，应保证第一盲速大于可能出现的目标最大速度。

但在均匀重复周期时，盲速与工作波长 λ 及脉冲重复频率 f_r 的关系是确定的，这两个参数的选择还受到其他因素的限制。以 3cm 雷达为例，若最大测距范围为 30km，则其脉冲重复频率 f_r 应小于 5kHz，由这个参数决定的第一盲速为 $v_{r01}=(\lambda/2)f_r=75$m/s，这个速度远低于目前超音速目标的速度，也就是说，如果不采取措施，在目标运动的速度范围内，将多次碰到各个盲速点而发生丢失目标的危险。事实上，最大不模糊距离和脉冲重复频率 f_r 的关系为

$$R_{0\max}=\frac{c}{2}T_r=\frac{c}{2f_r}$$

若第一盲速 $v'_{r0}=(1/2)\lambda f_r$，则最大不模糊距离 $R_{0\max}$ 和第一盲速 v'_{r0} 的关系为 $R_{0\max}v'_{r0}=(c/4)\lambda$，当工作波长 λ 选定后，两者的乘积为一常数，不能任意选定。在地面雷达中，常选择其脉冲重复频率 f_r 使之满足最大作用距离的要求，保证测距无模糊，而另外设法解决盲速问题。

解决盲速问题在原理上并不困难，因为在产生盲速时，满足 $v_rT_{r1}=n(\lambda/2)$，若这时将脉冲重复周期略微改变而成为 T_{r2}，则 $v_rT_{r2}\neq n(\lambda/2)$，不再满足盲速的条件，动目标显示雷达就能检测到这一类目标。因此，当雷达工作时，采用两个以上不同脉冲重复频率交替工作（称为参差重复频率），就可以改善盲速对动目标显示雷达的影响。

3．盲相的产生及影响

盲相问题是由相位检波器特性引起的，早期雷达常采用单路相位检波器，由此产生盲相后将减弱雷达对动目标的检测能力。下面介绍一下点盲相和连续盲相的产生机理及其影响。

相位检波器输出经一次对消器后，动目标的回波 Δu 为

$$\Delta u=u'-u=2U_0\sin(\pi f_d T_r)\sin(\omega_d t-\pi f_d T_r-\varphi_0)$$

输出的振幅大小为$|2U_0\sin\pi f_d T_r|$，与多普勒频率有关，其输出的振幅受多普勒频率调制。在某些点上，输出幅值为零，这些点称为盲相点，它由相位检波器的特性（简称相检特性）决定，如图 8.5.5（a）所示。从相检特性上看，如果相邻两个回波脉冲的相位相当于相检特性的 a、c 二点，其相位差虽不同，但是一对相位检波器输出相等的工作点，因此经过相消器后，其输出为零而出现点盲相，如图 8.5.5（b）所示。

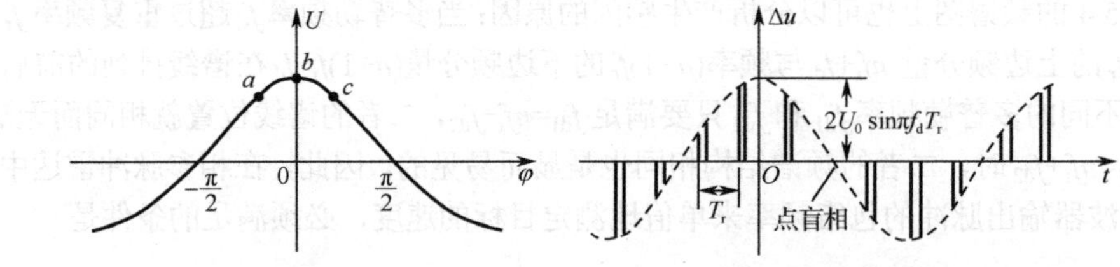

图 8.5.5　相检特性和相消器输出脉冲波形

可以用矢量图来说明相消器的输出。匀速动目标的回波信号用围绕基准电压轴均匀旋转的一个矢量来表示，旋转的速度等于其多普勒频率。相位检波器的输出为该矢量沿基准电压轴方向的投影。一次对消器的输出则为相邻重复周期差矢量在基准电压轴方向的投影，如图 8.5.6（a）所示。当差矢量垂直于该轴时，投影长度为零而出现点盲相。用单路相位检波器时，只能得到信号矢量在基准电压轴上的投影值，形成回波振幅的多普勒调制且可能出现点盲相，这些都会给检测性能带来影响。此外，回波振幅的多普勒调制还会使输出脉冲串的包络失真，这会给角度的测量造成困难。

如果动目标回波叠加在固定杂波上，那么在一般情况下也将产生点盲相，如图 8.5.6（b）

所示。但在强杂波背景下，情况可能发生变化，这时的矢量图如图 8.5.6（c）所示。回波叠加在很强的杂波上，可能产生连续盲相：接收机的限幅作用使动目标和固定杂波的合成矢量变成端点在限幅电平的一小段圆弧上来回摆动的矢量；杂波相对于基准信号的相位不同时，所占弧的位置也不一样，如果碰到像 OO'' 那样的固定杂波相位，其合成矢量经过限幅以后端点在 cd 之间摆动；在所用情况下差矢量均垂直于基准电压轴，相消器几乎没有输出。这种情况称为连续盲相，即对于一定相位的固定杂波，叠加在它上面的动目标回波将连续丢失。

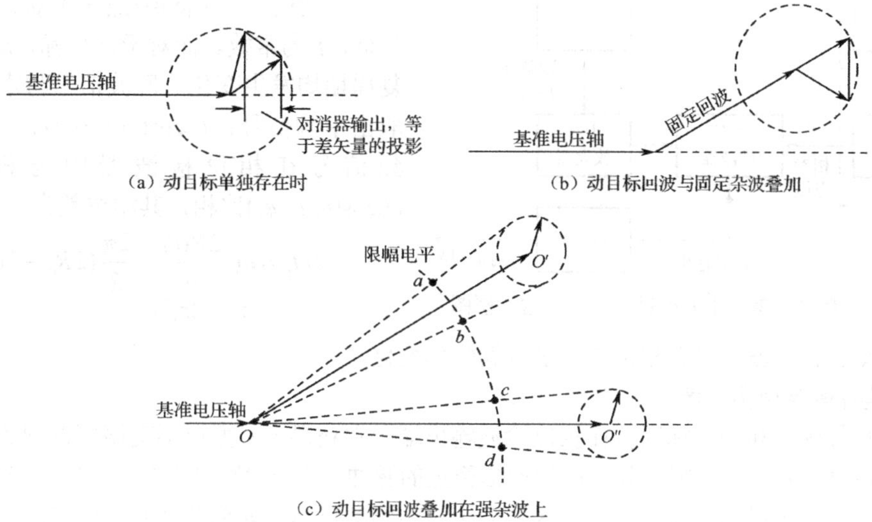

图 8.5.6　用矢量图说明相位检波器和相消器的输出

在实际工作中，对于连续盲相应给予充分注意，因为它可能使得在某次天线扫描里丢失在强杂波背景上的动目标。早期用单路一次相消器时，曾设想用改进相检特性来解决盲相问题。目前由于对动目标显示的性能要求更高，而信号处理的数字技术也可以提供更好的手段，故采用矢量对消器来解决盲相和回波振幅的多普勒调制问题。

8.5.4　动目标显示雷达简介

1. 基本工作原理

如前所述，当脉冲雷达利用多普勒效应来鉴别动目标回波和固定目标回波时，与普通脉冲雷达的差别是必须在相位检波器的输入端加上基准电压（或称相参电压），该电压应和发射信号频率相参并保存发射信号的初相，且在整个接收信号期间连续存在。工程上，基准电压的频率常适用于中频范围内。这个基准电压是相位检波器的相位基准，各种回波信号均与基准电压比较相位。从相位检波器输出的视频脉冲，有固定目标的等幅脉冲串和动目标的调幅脉冲串。通常在送到终端（显示器或数据处理系统）之前要将固定目标回波消去，故要采用相消设备或杂波滤波器，滤去杂波干扰而保存动目标信息。下面介绍获得相参电压和消除固定目标回波的方法。

2. 获得相参电压的方法

获得相参电压的方法有中频全相参（干）动目标显示和锁相相参动目标显示两种，但限于篇幅，本书仅介绍前者。

当雷达发射机采用主振放大器时，每次发射脉冲的初相由连续振荡的主振源控制，发射信号是全相参的，即发射高频脉冲、本振电压、相参电压之间均有确定的相位关系。相位检波通常是在中频上进行的，因为在超外差式接收机中，信号的放大主要依靠中频放大器。在中频进行相位检波，仍能保持和高频相位检波相同的相位关系。

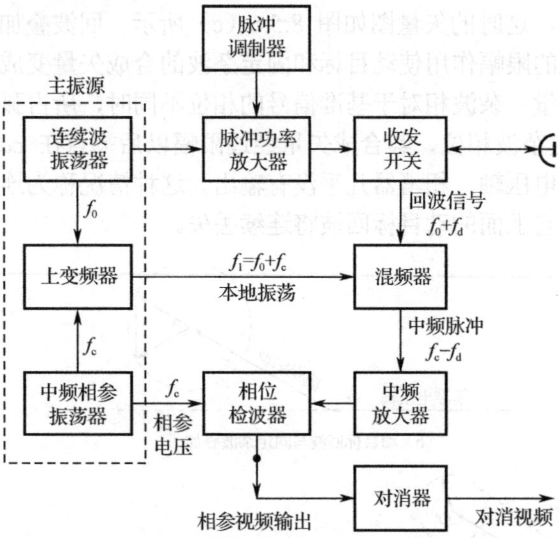

图 8.5.7 中频全相参（干）动目标显示雷达方框图

如图 8.5.7 所示，主振源连续振荡的信号为 $U_0\cos(\omega_0 t+\varphi_0')$，它控制发射信号的频率和相位。中频相参振荡器的输出为 $U_c\cos(\omega_c t+\varphi_c)$。本振信号取主振源连续振荡信号和相参源的和频，即

$$u_1 = U_1\cos[(\omega_0+\omega_c)t+\varphi_0'+\varphi_c] \quad (8.5.11)$$

回波信号为 $U_r\cos[\omega_0(t-t_r)+\varphi_0']$，对于固定目标，$t_r$ 为常数。而对于动目标，t_r 在每个重复周期均发生变化。回波信号与本振混频后取出中频信号：$U_r\cos(\omega_c t+\varphi_c+\omega_0 t_r)$，这个中频信号在相位检波器中与相参电压 $U_c\cos(\omega_c t+\varphi_c)$比相，其相位差为

$$\omega_0 t_r = \omega_0\frac{2R(t)}{c} = \frac{2\pi}{\lambda}(2R_0-2v_d t) = \varphi_0 - 2\pi f_d t$$

对于动目标回波，二者相位差按多普勒频率变化。

3. 消除固定目标回波

固定目标回波和动目标回波在相位检波输出端分别获得一串振幅不变振幅调制的脉冲。再送到偏转调制显示器上，则会分别得到振幅稳定的脉冲和上下“跳动”的“蝴蝶效应”。根据这种波形的特点，可以在偏转显示器上区分固定目标和动目标。如果要把回波信号加到亮度调制显示器或数据处理系统，则需先消除固定目标回波。最直观的方法是将相邻重复周期的信号相减，使固定目标回波由于振幅不变而相互抵消，动目标回波相减后剩下相邻重复周期振幅变化的部分输出。下面仅就相消设备的基本特性和要求做简单介绍。

由相位检波器输出的脉冲包络为

$$u = U_0\cos\varphi$$

式中，φ 为回波与基准电压之间的相位差，表达式为

$$\varphi = -\omega_0 t_r = -\omega_0\frac{2(R_0-v_r t)}{c} = \omega_d t - \varphi_0$$

回波信号按脉冲重复周期 T_r 出现，将回波信号延迟一周期后，其包络为

$$u' = U_0\cos[\omega_d(t-T_r)-\varphi_0] \quad (8.5.12)$$

相消器的输出为两者相减，即

$$\Delta u = u'-u = 2U_0\sin\left(\frac{\omega_d T_r}{2}\right)\sin\left(\omega_d t-\frac{\omega_d T_r}{2}-\varphi_0\right) \quad (8.5.13)$$

输出包络为一多普勒频率的正弦信号，其振幅为

$$\left|2U_0\sin\frac{\omega_d T_r}{2}\right|$$

振幅也是多普勒频率的函数。当 $\omega_d T_r/2 = n\pi(n=1, 2, 3, \cdots)$时，输出振幅为零。这时的目标速度正相当于盲速。此时，动目标回波在相位检波器的输出端与固定目标回波相同，因而经相消设备后输出为零，如图 8.5.8 所示。

相消设备也可以从频率域滤波器的角度来说明，而且为了得到更好的杂波抑制性能，常从频率域设计较好的滤波器来达到。下面求出相消设备的频率响应特性，输出为

$$u_o = u_i(1-e^{-j\omega T_r})$$

网络的频率响应特性为

$$K(\mathrm{j}\omega)=\frac{u_{\mathrm{o}}}{u_{\mathrm{i}}}=(1-\mathrm{e}^{-\mathrm{j}\omega T_{\mathrm{r}}})=(1-\cos\omega T_{\mathrm{r}})+\mathrm{j}\sin\omega T_{\mathrm{r}}=2\sin\pi f T_{\mathrm{r}}\mathrm{e}^{\mathrm{j}\left(\frac{\pi}{2}-\pi f T_{\mathrm{r}}\right)} \tag{8.5.14}$$

其频率响应特性曲线如图 8.5.8（c）所示。

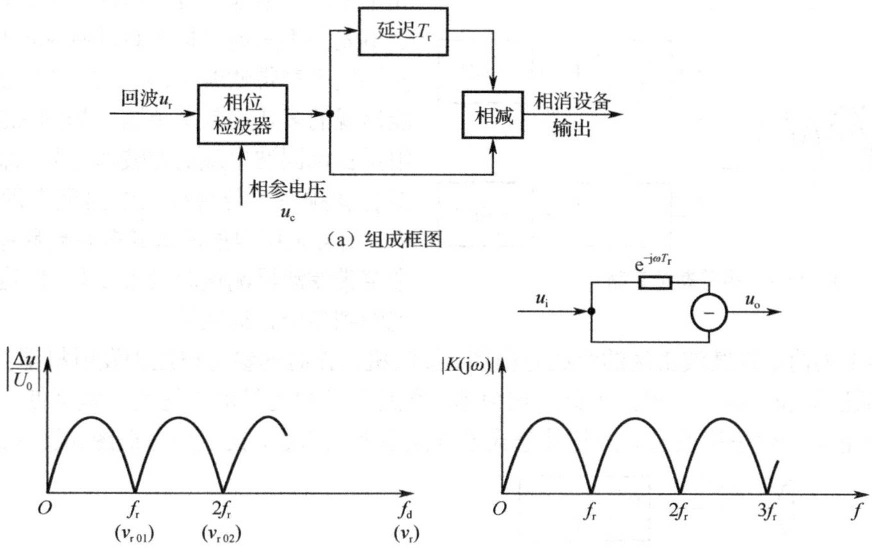

图 8.5.8 相消设备及其输出响应

相消设备等效于一个梳齿形滤波器，其频率响应特性在 $f=nf_r$ 各点均为零。固定目标频谱的特点是，谱线位于 nf_r 点上，因而在理想情况下，通过梳齿形滤波器后输出为零。当目标的多普勒频率为脉冲重复频率的整数倍时，其频谱结构也有相同的特点，故通过上述梳齿状滤波器后无输出。

8.5.5 动目标测速

雷达测量动目标速度可以有多种方法，其中，最容易想到的和容易理解的方法是在确定时间间隔Δt 内测量目标的距离变化量ΔR，就可以利用求平均速度的公式得到 $v=\Delta R/\Delta t$。虽然这种测速方法很简单，也容易实现，但存在两个问题：一是需要较长时间；二是只能测量平均速度，而无法得到动目标的瞬时速度。此外，这种测量方法的准确度也较差，通常作为粗测速度使用。

8.5.1 节介绍的多普勒效应可以测量动目标的速度，其基本原理：当测出目标回波信号的多普勒频率 f_d 后，根据关系式 $f_d=2v_r/\lambda$ 和雷达的工作波长 λ，即可换算出目标的径向速度 v_r。

下面简单介绍连续波雷达和脉冲雷达测量多普勒频率（测速）的基本方法。

1. 连续波雷达测速

1）连续波雷达测速原理

连续波雷达的组成方框图如图 8.5.1 所示。连续波雷达测量多普勒频率的原理已在 8.5.2 节中讨论过。图 8.5.1 中相位检波器的输出经低通滤波器取出多普勒频率信号送到终端测量和指示。低通滤波器的频带应为 Δf 到 $f_{d\max}$，其低频截止端用来消除固定目标回波，同时应照顾到能通过最低多普勒频率的信号；低通滤波器的高频端 $f_{d\max}$ 则应保证目标运动时的最高多普勒频率能够通过。连续波测速时，可以得到单值无模糊的多普勒频率值。

但在实际使用时，这样宽的滤波器通频带是不合适的，因为每一个动目标回波只有一根谱线，其谱线宽度由信号有效长度（或信号观测时间）决定。滤波器的带宽应和谱线宽度相匹配，带宽过宽只能增加噪声而降低测量精度。如果采用和谱线宽度相匹配的窄带滤波器，由于事先并不知道目标多普勒频率的位置，因而需要较多窄带滤波器，依次排列并覆盖目标可能出现的多普勒频率范围，如图 8.5.9 所示。根据目标回波出现的滤波器序号，即可判定其多普勒频率。若目标回波出现在两个滤波器内，则可采用内插法求其多普勒频率。采用多个窄带滤波器测速时设备复杂，但这时有可能观测到多个目标回波。

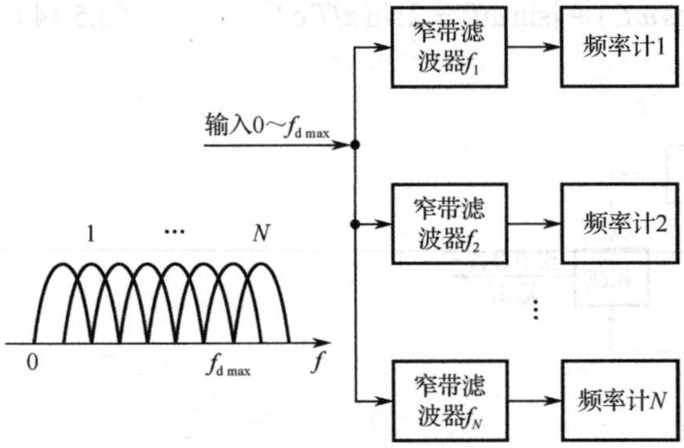

图 8.5.9　多普勒频率测量

图 8.5.1 为简单连续波雷达的组成方框图。接收机工作时的参考电压为发射机泄漏电压，不需要本地振荡器和中频放大器，因此结构简单，但这种简单连续波雷达的灵敏度低。为改善雷达的工作性能，一般采用改进后的超外差式连续波多普勒雷达，其组成方框图如图 8.5.10 所示。

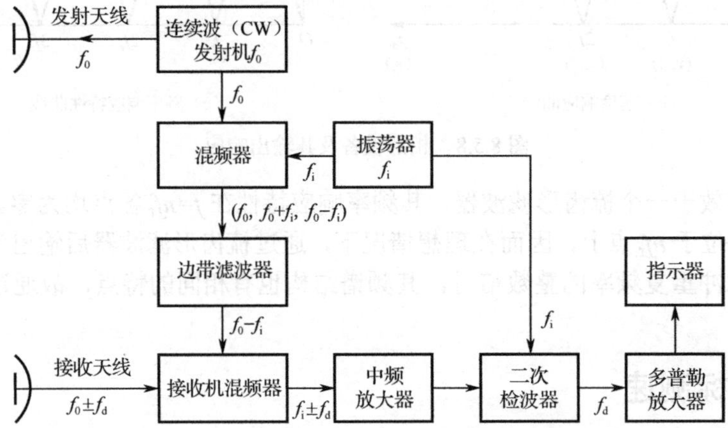

图 8.5.10　超外差式连续波多普勒雷达的组成方框图

限制简单连续波雷达（零中频混频）灵敏度的主要因素是半导体的闪烁噪声，这种噪声的功率和频率成反比，因而在低频端，即大多数多普勒频率所占据的音频段和视频段，其噪声功率较大。当雷达采用零中频混频时，相位检波器（半导体二极管混频器）将引入明显的闪烁噪声，因而降低了接收机的灵敏度。

克服闪烁噪声的办法就是采用超外差式接收机，将中频 f_i 的值选得足够高，使频率为 f_i 时的闪烁噪声降低到普通接收机噪声功率的数量级以下。

连续波雷达在实用上最严重的问题是收发之间的直接耦合。这种耦合除了会造成接收机过载或烧毁，还会增大接收机噪声而降低其灵敏度。发射机因颤噪效应、杂散噪声及不稳定等因素，会产生发射机噪声，由于收发间直接耦合，发射机的噪声将进入接收机而增大其噪声。因此要设法增大连续波雷达收发之间的隔离度。当收发共用天线时，可采用混合接头、环流器等来得到收发间的隔离。根据器件性能和传输线工作状态，一般可选择 20～60dB 的隔离度。如果要取得收发间更高的隔离度，应采用收发分开的天线并加精心的隔离措施。

在图 8.5.10 中，如果要测量多普勒频率的正负值，那么图 8.5.10 中的二次检波器应采用正交双通道处理，以避免单路检波产生的频谱折叠效应。

连续波雷达可用来发现动目标并能单值地测定其径向速度。利用天线系统的方向性可以测定目标的角坐标，但简单的连续波雷达不能测出目标的距离。这种系统的优点是发射系统简单，接收信号频谱集中，因而滤波装置简单，从干扰背景中选择动目标性能好，可发现任一距离上的动目标，故适用于强杂波背景条件（例如，在灌木丛中蠕动的人或爬行的车辆）。由于最小探测距离不受限制，因此可用于雷达信管，或用来测量飞机、炮弹等运动体的速度。

2）连续波多普勒跟踪系统

当只需测量单一目标的速度并要求给出连续和准确的测量数据时，可采用跟踪滤波器来代替 N 个窄带滤波器。下面分别讨论两种跟踪滤波器的实现方法。

（1）频率跟踪滤波器。频率跟踪滤波器的带宽很窄（和信号谱线相匹配），且当多普勒频率变化时，频率跟踪滤波器的中心频率也跟随变化，始终使多普勒频率信号通过而滤去频带之外的噪声。图 8.5.11 为频率跟踪滤波器的组成方框图，这就是一个自动频率微调系统。输入信号的频率为 f_i+f_d（f_i 为固定目标回波的频率），它与压控振荡器输出信号在混频器差拍后，经过放大器和滤波器送到鉴频器。若差拍频率偏离中频 f_z，则鉴频器将输出相应极性和大小的误差控制电压，经低通滤波器后送去控制压控振荡器的工作频率，一直到闭环系统工作达到稳定，这时压控振荡器的输出频率接近于输入频率和中频之和。压控振荡频率的变化就代表了信号的多普勒频率，因而从经过处理后的压控振荡频率中可取出目标的速度信息。

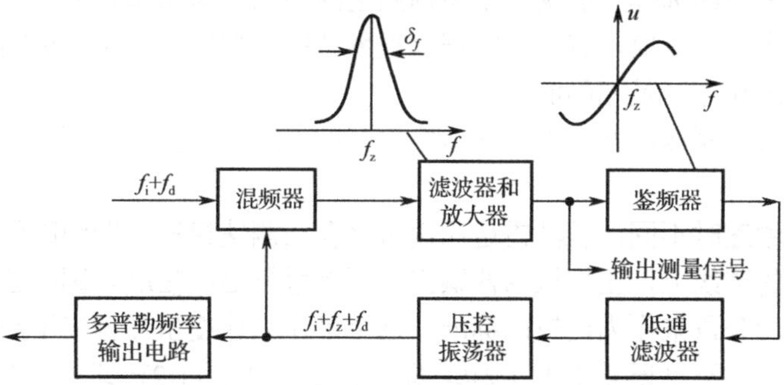

图 8.5.11　频率跟踪滤波器的组成方框图

（2）锁相跟踪滤波器。频率跟踪滤波器是一个一阶有差系统，因为系统中没有积分环节。可以采用锁相回路来得到无稳态频偏的结果。相位差是频率差积分的结果，只有频率差等于零时才能得到固定的相位差。锁相回路的组成方框图及其系统传递函数如图 8.5.12 所示。设输入信号为 $U_i\cos[(\omega_i+\Delta\omega_i)t+\varphi_i]$，其相角增量为 $\theta_i=\Delta\omega_i t+\varphi_i$；而压控振荡器的输出电压为 $U_0\cos[(\omega_0+\Delta\omega_0)t+\varphi_0]$，其相角增量为 $\theta_0=\Delta\omega_0 t+\varphi_0$。鉴相器的输出是输入相角 θ_i 和输出相角 θ_0 之差的函数，当其相角较小时，可用线性函数表示，这时输出电压 $u_1=K_d(\theta_i-\theta_0)$。

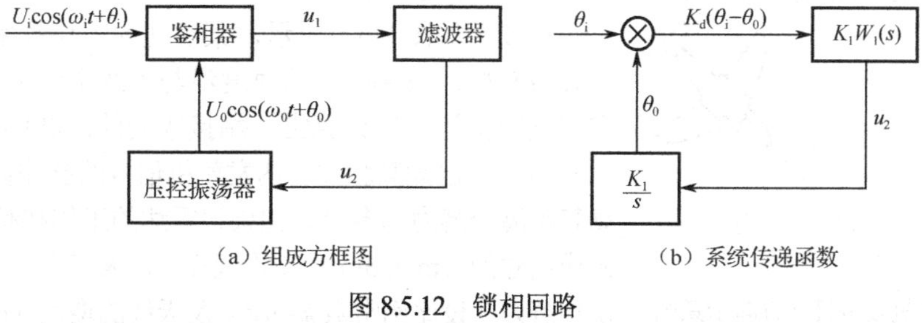

（a）组成方框图　　（b）系统传递函数

图 8.5.12　锁相回路

由于频率是相位的导数，而误差电压 u_2 直接控制压控振荡器的频率，故对输出相角 θ_0 来讲，压控振荡器相当于一个积分环节。系统稳定工作后有相位误差 $\theta_e=\theta_i-\theta_0$ 而没有频率误差。

因此，将锁相回路用作跟踪滤波器时，在压控振荡器输出的频率中取出的多普勒频率，将没有固定的频率误差。但用锁相回路时要求压控振荡器的起始装定值更接近输入值，动目标显示且目标的运动比较平稳。

2. 脉冲雷达测速

脉冲雷达是最常用的雷达体制。相参脉冲雷达可取出目标的速度信息，这时相当于连续波雷达按脉冲重复频率 f_r 取样工作，它的原理已在 8.5.2 节中讨论过。在动目标显示（MTI）和动目标检测（MTD）雷达中，主要利用动目标回波的多普勒频率来分辨动目标和杂波。当然，需要时也可以利用回波的多普勒信息来测定目标的速度，下面予以简单介绍。

脉冲雷达的多目标测速和连续波雷达测速类似，可参考图 8.5.9 所示的测量原理，这里不再赘述。和连续波雷达测速的不同之处在于，取样工作后信号频谱和对应窄带滤波器的频响均是按雷达脉冲重复频率 f_r 周期地重复出现，因而将引起测速模糊。为保证不模糊测速，原则上应满足：

$$f_{d\max} \leqslant \frac{1}{2} f_r$$

式中，$f_{d\max}$ 为目标回波的最大多普勒频率，即选择的脉冲重复频率 f_r 足够大，才能保证不模糊测速。因此在测速时，窄带滤波器的数目 N 通常比用于检测的动目标检测雷达所需滤波器数目要多。

有时雷达重复频率的选择不能满足不模糊测速的要求，即由窄带滤波器输出的数据是模糊速度值。要得到真实的速度值，就应在数据处理系统中有相应的解速度模糊措施。解速度模糊和解距离模糊的原理和方法是相同的。

当只需对单个目标测速，并要求连续地给出其准确速度数据时，可采用脉冲多普勒速度跟踪系统。

和连续波雷达测速时不同，脉冲雷达测速时将存在测速模糊，即跟踪回路不是跟在中心谱线上而是跟在旁边的谱线上，压控振荡器输出的频率增量 $\Delta f=f_d \pm nf_r$。因此首先要判断是否有模糊。可以用距离的微分量来作为比较的标准，这个量作为速度虽然精度不高但是单值的，只要其相应的多普勒频率的测量误差小于$(1/2)f_r$，即 $\Delta f_d=(2/\lambda)\cdot\Delta v_r<(1/2)f_r$ 即可。将测距系统送来的微分量和测速回路的输出量加以比较，求出测速回路的模糊值 n，然后用适当的方式指令测速回路的压控振荡器，强制其频率突变 nf_r 值，使得压控振荡器频率和信号的中心谱线之差能通过窄带滤波器，让系统跟踪在信号的中心谱线上，这样，把压控振荡器的输出送到多普勒频率输出设备就可以读出不模糊的速度值。

8.6 习题

8.6.1 雷达测距有哪几种常用方法？并简述其工作原理。

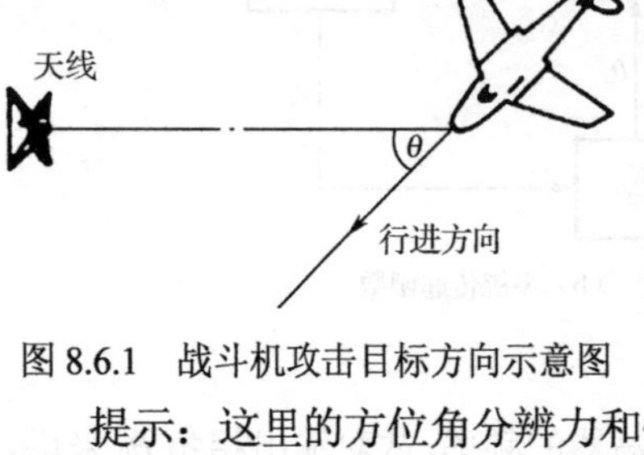

图 8.6.1 战斗机攻击目标方向示意图

8.6.2 如图 8.6.1 所示，某雷达的工作频率为 10GHz，一架战斗机以 300m/s 的速度沿与天线主波束呈θ=60°角的方向飞向雷达，试计算雷达站接收到的回波频率是多少？

8.6.3 已知某脉冲雷达发射机信号的脉冲宽度τ=2s，计算其距离分辨力为多少？如果该雷达的工作载频为 10GHz，天线尺寸为 1m×0.5m（水平×垂直），求其方位角分辨力、仰角分辨力（设比例常数k=4/π）及天线的增益（dB 表示）。

提示：这里的方位角分辨力和仰角分辨力可用如下公式进行计算：

$$\Delta\varphi = \frac{1}{2}\beta_0 = \frac{k\lambda}{D}$$

式中，β_0 表示天线的半功率波束宽度，λ 表示信号波长，D 表示天线孔径。

8.6.4　已知脉冲雷达的中心频率 f_0=3000MHz，回波信号相对发射信号的延迟时间为 1000μs，回波信号的频率为 3000.01MHz，目标运动方向与目标所在方向的夹角为 60°，求目标距离、径向速度与线速度。

8.6.5　简述距离分辨力的定义。写出电子测距时距离分辨力的求解公式，并简单说明其原理。

8.6.6　简述脉冲法测距引入距离模糊的原因。

8.6.7　某常规脉冲雷达采用二重复频率脉冲法测距，采用的二重复频率分别为 f_{r1}=5000Hz，f_{r2}=6000Hz，脉冲宽度为 τ=0.2μs，用 f_{r1} 测得的目标模糊距离为 5km，用 f_{r2} 测得的目标模糊距离为 10km，求：（1）该雷达的距离分辨力；（2）目标的真实距离。

8.6.8　采用双天线相位法测角，$d_{12}=0.5\lambda$，设目标所在的角度为 θ=60°，则两天线收到目标回波的相位差的理论值 φ_{12} 为多少？设两通道间存在相位误差为±5°，则对该目标的测角精度为多少？为了提高测角精度，再设置 3 号天线，并使 $d_{23}=2.5\lambda$，$d_{13}=3\lambda$，通道间相位误差不变，则采用三天线相位法测角，精度最高可达多少？

8.6.9　在圆锥扫描跟踪雷达中，若扫描速度为 15r/min，对图 8.6.2 所示的 A、B、C 三个位置的目标，分别画出接收机的输出视频脉冲序列，并在各图中标明视频序列最大值出现的时刻。

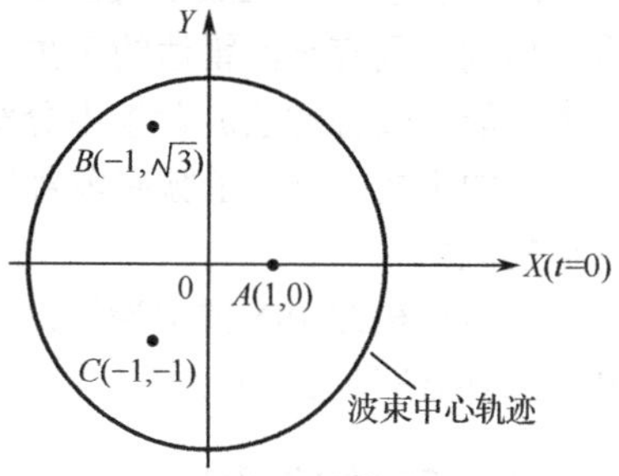

图 8.6.2　圆锥扫描跟踪雷达

8.6.10　脉冲雷达发射全相参脉冲，脉冲重复周期为 T_r，载频为 f_0，目标运动的径向速度为 v_r，Δt_r 为经过一个脉冲重复周期后，目标延迟时间的变化量。（1）求证相邻两回波脉冲与基准信号相位差的变化量 $\Delta\phi$；（2）设 v_r=300m/s，T_r=1000μs，f_0=1500MHz，计算 ΔR，Δt_r，$\Delta\phi$ 各为多少？

8.6.11　若目标运动的最大径向速度为 240m/s，雷达的工作波长为 2cm，重复频率为 1500Hz，则雷达对该目标检测时，会不会出现盲速和频闪效应？为什么？如需克服速度模糊，需采用什么方法？

8.6.12　在动目标显示雷达中，回波脉冲信号经过相位检波器后，会经过一次相消器以消除固定目标回波。请从时域或频域角度说明一次相消器消除固定目标回波的原理。

第9章

现代雷达系统简介

第 6 章至第 8 章主要对雷达的基本原理进行了简单的介绍。本章将进一步介绍几种典型的现代雷达系统，主要包括脉冲多普勒雷达、脉冲压缩雷达、相控阵雷达及合成孔径雷达等。

9.1 脉冲多普勒雷达

脉冲多普勒（Pulse Doppler，PD）雷达是在动目标显示雷达的基础上发展起来的一种新型雷达体制。具有脉冲雷达的距离分辨力，具有连续波雷达的速度分辨力，有更强的抑制杂波的能力，能在较强的杂波背景中分辨出动目标回波。20 世纪 60 年代，为了解决机载下视雷达强地杂波的干扰，研制了脉冲多普勒雷达，即 PD 雷达。PD 雷达明显地提高了在运动杂波中检测目标的能力。

本节以机载 PD 雷达为例，简单阐述 PD 雷达的基本概念，包括定义和分类，并着重分析 PD 雷达的信号与杂波谱等。

9.1.1 基本定义

PD 雷达是通过发射脉冲并利用多普勒效应来检测目标信息的脉冲雷达，通常满足如下三个条件：（1）具有足够高的脉冲重复频率（PRF），使杂波和目标无速度模糊；（2）能够实现对脉冲串频谱单根谱线的多普勒滤波（频域滤波）；（3）由于 PRF 很高，因此，通常会对观测的目标产生距离模糊。很显然，这里定义的 PD 雷达是需要满足高 PRF 要求的。

20 世纪 70 年代中期，研制出了中 PRF 的 PD 雷达。这种雷达具有距离模糊和速度模糊的双重模糊特性，并可在频域上进行多普勒滤波。同期还出现了动目标检测雷达，该雷达采用低 PRF，故无距离模糊，但又可在频域上进行滤波，因而具有速度选择能力，可以将这类雷达归为低 PRF 的 PD 雷达。因此，无论是低 PRF 还是中 PRF 的 PD 雷达，都不能满足前述 PD 雷达所要求的三个条件，但都满足第二个条件，即实现频域滤波。因此，业界对 PD 雷达的定义进行了拓展和完善，能实现对雷达信号脉冲串频谱单根谱线的多普勒滤波（频域滤波），具有对目标进行速度分辨能力的雷达，即可称为 PD 雷达。

9.1.2 分类及应用

如图 9.1.1 所示，PD 雷达可以分为几种类型，其分类的依据就是 PRF 及对应的不模糊距离的要求。不模糊距离是指使雷达对目标回波进行分析时不产生距离模糊的最大距离。可以用图 9.1.2 来进行解释。

图 9.1.2 中，P1～P3 为雷达发射脉冲，S1～S3 为回波脉冲，T_r 为发射脉冲重复周期，τ 为回波的延迟时间。若回波的延迟时间 τ 大于 T_r，比如，对应于 P1 的回波在 S2 位置，我们则不

能判断延迟时间为 τ 还是 $T_r+\tau$，这便产生距离模糊。假设脉冲宽度为 δ，则雷达最大不模糊距离 R_u 为

$$R_u = \frac{c(T_r - \delta)}{2} \approx \frac{cT_r}{2} = \frac{c}{2f_r} \tag{9.1.1}$$

式中，c 为光速；f_r 为脉冲重复频率。

若要解决距离模糊，有如下方法：（1）减小雷达脉冲重复频率；（2）脉冲重复频率参差。

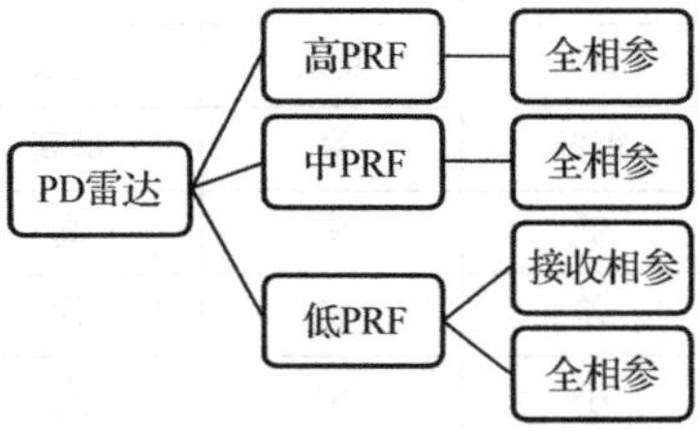

图 9.1.1　PD 雷达的分类

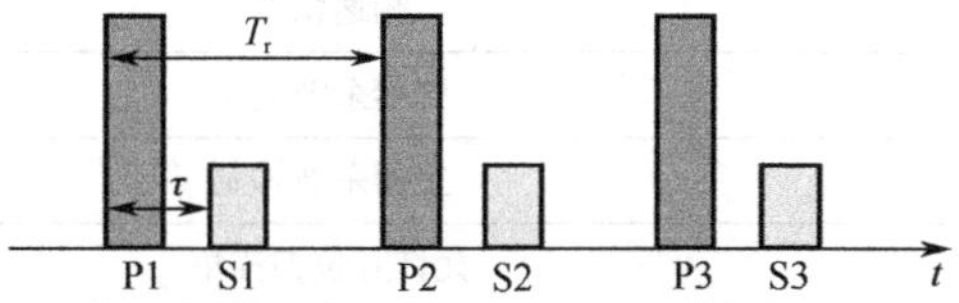

图 9.1.2　PD 雷达进行不模糊距离测量的直观解释

1. 低 PRF 的 PD 雷达

低 PRF 的 PD 雷达是 PRF 足够低，可不模糊测量距离的雷达。低 PRF 的 PD 雷达可用一梳齿状滤波器抑制主瓣杂波。由于目标距离信息是清晰的，因此只有和目标有相同距离的地杂波才能对目标形成干扰，这对信号检测是有利的。由于 PRF 低，因此主瓣杂波频谱宽度将占据 PRF 间隔的很大一部分，特别是在大的方位扫描角情况下有时可达 50%。这样滤除主瓣杂波后的可用检测区就很小了。使用低 PRF 的机载 PD 雷达的方位扫描范围将受到限制。另外，地面低速动目标无法滤除，常混杂在主瓣杂波中。低 PRF 和中 PRF 之间并没有一个清晰的分界，而在某种程度上取决于应用场合。

2. 高 PRF 的 PD 雷达

高 PRF 的 PD 雷达由于 PRF 足够高，对所有感兴趣的目标速度都能不模糊地测量。不模糊测量的最大多普勒频率为

$$f_{d\max} = f_r = \frac{2v_{\max}}{\lambda} \tag{9.1.2}$$

式中，λ 为发射信号的波长。

最初服役的机载 PD 雷达采用的是高 PRF 波形，因而为作战飞机提供了有效的下视发现低空动目标的能力。这种 PD 雷达对目标有非常好的速度分辨力，有一个很宽阔的无杂波检测区。凡是接近速度大于载机地速的目标都能在无杂波区检测，完全不受地、海杂波的影响，限制其检测能力的仅是接收机的内部噪声。由于这种波形对目标距离是模糊的，必须采用多 PRF 测距或线性调频法测距，增加了设备的复杂性。高 PRF 的 PD 雷达的另一个缺点是距离重叠效应形成极高的旁瓣杂波电平，所以对于出现在旁瓣杂波区内的目标检测性能很差。

3. 中 PRF 的 PD 雷达

中 PRF 的 PD 雷达为距离和多普勒两者都产生模糊的 PD 雷达。中 PRF 的 PD 雷达看起来像是综合了高和低 PRF 的 PD 雷达两者的缺点，但却是近年来得到实际应用的一种性能优越的 PD 雷达。它虽然没有低 PRF 的 PD 雷达那样低的旁瓣杂波，但却比高 PRF 的 PD 雷达的旁瓣杂波低得多。因此中 PRF 的 PD 雷达在旁瓣杂波区内对目标的检测性能优于高 PRF 的 PD 雷达。

虽然中 PRF 波形通常对目标的距离和速度都是模糊的，但目前对这两者解模糊的问题都已解决，因而中 PRF 往往是机载 PD 雷达的最佳波形选择。表 9.1.1 是低 PRF、中 PRF 和高 PRF 的 PD 雷达波形的性能比较。

表 9.1.1 低 PRF、中 PRF 和高 PRF 的 PD 雷达波形的性能比较

性 能	比较		
	低 PRF	中 PRF	高 PRF
测距	清晰	模糊	模糊
测速	模糊	模糊	清晰
测距设备	简单	复杂	复杂
信号处理	简单	复杂	复杂
测速精度	很低	高	最高
旁瓣杂波电平	低	中	高
主瓣杂波抑制	差	良	优
允许方位扫描角	小	中	大
分辨地面动目标和空中动目标的能力	差	良	优

4．动目标显示雷达和 PD 雷达的比较

PD 雷达与在雷达原理中讨论过的动目标显示雷达的不同在于，PD 多普勒滤波器在一个窄带滤波器中完成对所选信号的相干积累而动目标显示则通过一宽响应频带传递目标信号，并依靠后续的视频积累器从扩展的脉冲串中恢复信号能量。

在通常被称为动目标显示器的低 PRF 雷达中，人们所关心的距离是不模糊的，但速度通常模糊。表 9.1.2 是动目标显示雷达和 PD 雷达的比较。

表 9.1.2 动目标显示雷达和 PD 雷达的比较

类 型	优 点	缺 点
动目标显示雷达低 PRF	（1）根据距离可区分目标和杂波； （2）无距离模糊； （3）前端灵敏度时间控制（STC）抑制了旁瓣检测，降低了对动态范围的要求	（1）由于多重盲速，多普勒能见度低； （2）对慢目标抑制能力低； （3）不能测量目标运动的径向速度
PD 雷达中 PRF	（1）在目标的各个视角都有良好的性能； （2）有良好的慢速目标抑制能力； （3）可以测量目标运动的径向速度； （4）距离遮挡比高 PRF 时小	（1）有距离幻影； （2）旁瓣杂波限制了雷达性能； （3）由于有距离重叠，导致稳定性要求高
PD 雷达高 PRF	（1）在目标的某些视角上可以无旁瓣杂波干扰； （2）唯一的多普勒盲区在零速； （3）有良好的慢速目标抑制能力； （4）可以测量目标运动的径向速度	（1）旁瓣杂波限制了雷达性能； （2）有距离遮挡； （3）有距离幻影； （4）由于有距离重叠，因此对稳定性要求高

5．PD 雷达的典型应用

PD 雷达主要应用于强杂波背景下检测动目标的雷达系统，表 9.1.3 是 PD 雷达的典型应用和要求。

表 9.1.3 PD 雷达的典型应用和要求

典型应用	要 求
机载或空间监视	探测距离远；距离数据精确
机载截击或火控	中等探测距离；距离和速度数据精确
地面监视	中等探测距离；距离数据精确

续表

典 型 应 用	要　求
战场监视（低速目标检测）	中等探测距离；距离和速度数据精确
导弹寻的头	不需要真实的距离信息
地面武器控制	探测距离近；距离和速度数据精确
气象	距离和速度数据分辨力高
导弹告警	探测距离近；非常低的虚警概率

9.1.3　PD 雷达的杂波

1. PD 雷达的性能指标

PD 雷达的性能可用杂波衰减和杂波下可见度两个指标来描述。首先，PD 雷达的杂波衰减 CA 可以定义为对某一速度目标杂波和信号功率输入比 $(C/S)_{\mathrm{i}}$ 与输出比 $(C/S)_{\mathrm{o}}$ 的比值，即

$$\mathrm{CA}(v_{\mathrm{r}})=\left.\frac{(C/S)_{\mathrm{i}}}{(C/S)_{\mathrm{o}}}\right|_{v_{\mathrm{r}}} \tag{9.1.3}$$

式中，v_{r} 为径向速度。图 9.1.3 对如何得到该式中的相关参数进行了说明。

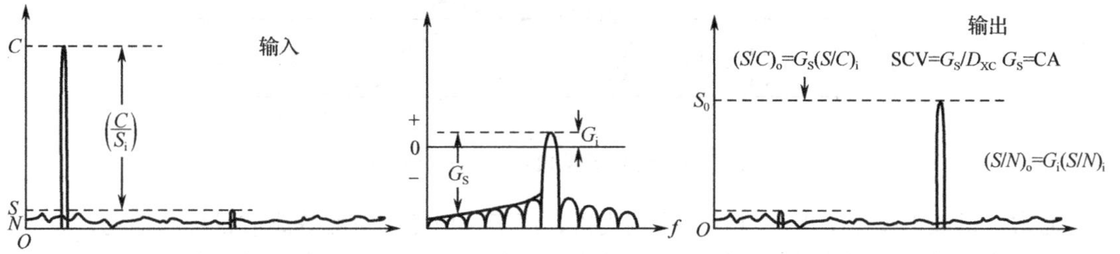

图 9.1.3　PD 雷达 CA 定义中的相关参数说明

其中信号功率输入比是基于单个脉冲测量得到的，而信号功率输出比则在包含此信号的窄带滤波器之后测量得到。输出杂波剩余来自目标多普勒滤波器的旁瓣响应，以及杂波频谱对滤波器的渗透（由于其肩部响应和雷达系统的不稳定性）。

在一个稳定的系统中 CA 由滤波器响应来确定，并等于速度为 v_{r}（从零开始算）时的肩部或旁瓣抑制电平。在一个具有理想滤波器的系统中，CA 由系统的不稳定性确定，用距载波 $f_{\mathrm{d}}=2v_{\mathrm{r}}/\lambda$ 处的噪声边带电平来度量。

接下来我们讨论 PD 雷达杂波下可见度这一指标。尽管杂波下可见度的指标定义方式与动目标显示情况下的指标定义是一样的，但这里仅针对某一速度带内的目标，表达式为

$$\mathrm{SCV}(v_{\mathrm{r}})=\frac{\mathrm{CA}(v_{\mathrm{r}})}{D_{\mathrm{xc}}} \tag{9.1.4}$$

式中，检测因子 D_{xc} 为当已知有后续处理（可能包括后续滤波器输出的非相干积累）时，检测所需的 $(S/C)_{\mathrm{o}}$。

此外，PD 雷达的性能指标还有相对于发射波形匹配的滤波器损耗。限于篇幅，这里不再给出。

上述性能指标均与 PD 雷达的杂波谱有关，因此，下面将对杂波谱予以简单介绍。

2. 机载下视 PD 雷达的杂波谱

PD 雷达的基本特点之一，是在频域-时域分布相当宽广且功率相当强的背景杂波中能检测出有用的信号。这种背景杂波通常被称为脉冲多普勒杂波，其杂波频谱是多普勒频率-距离的函

数。由于杂波频谱的形状和强度决定着雷达对具有不同多普勒频率的目标的检测能力，因此，研究 PD 雷达的杂波具有十分重要的意义。

对于理想的固定不运动的 PD 雷达而言，它的地面杂波频谱在零多普勒频率附近极窄的范围内，其回波功率的计算与脉冲雷达相似。在 PD 雷达处于运动的情况下，例如，机载下视 PD 雷达，当该雷达相对地面运动时，其杂波频谱就被这种相对运动的速度所展宽。我们将以机载下视 PD 雷达为例，对 PD 雷达的地面杂波及其频谱特征进行分析，并且根据杂波的分布情况讨论脉冲重复频率的选择。

机载下视 PD 雷达与地面之间存在着相对运动，再加上雷达天线方向图的影响，使 PD 雷达地面杂波的频谱发生了显著的变化。这种显著变化就是地面杂波被分为主瓣杂波区、旁瓣杂波区和高度线杂波区。图 9.1.4 为机载下视 PD 雷达的典型情形。图中 v_R 为载机地速，Ψ 为地速矢量与地面杂波 A 之间的夹角，v_r 为目标飞行速度，Ψ_T 为目标飞行方向与雷达和目标间视线夹角。

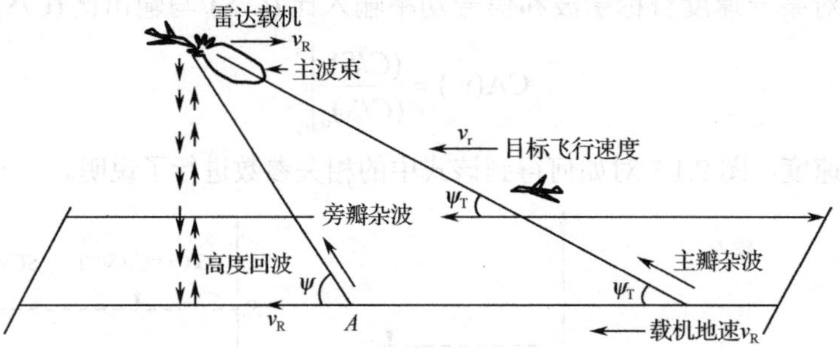

图 9.1.4　机载下视 PD 雷达的典型情形

通常，机载下视 PD 雷达可以观测到飞机、汽车、坦克、轮船等离散目标和地物、海浪、云、雨等连续目标。假若雷达发射信号形式为均匀的矩形射频脉冲串信号，则该矩形射频脉冲串信号的频谱分布是由它的载频 f_0 和边频 $f_0 \pm nf_\tau$ 上的若干条离散谱线所组成（n 是整数）的，其频谱包络为 $\sin x/x$ 形式。

由于一个孤立的目标对雷达发射信号的散射（调制）作用所产生的回波信号的多普勒频率，正比于雷达与动目标之间的径向速度 v_r，因此当雷达平台以 v_R 水平移动，地速矢量与地面一小杂波 A 之间的夹角为 Ψ 时，其多普勒频率为

$$f_d = \frac{2v_R}{\lambda}\cos\Psi \tag{9.1.5}$$

PD 雷达发射 N 个矩形脉冲串，其载频为 f_0，脉冲宽度为 τ，脉冲重复频率为 f_r，脉冲重复周期为 T_r，脉冲持续时间为 NT_r，则 N 个矩形脉冲串序列傅里叶变换的正频率部分如图 9.1.5 所示。因此，$F(\mathrm{j}\omega)$可表示为

$$F(\mathrm{j}\omega) = \frac{A_\tau N}{2}\left\{\frac{\sin(\omega-\omega_0)\frac{NT_r}{2}}{(\omega-\omega_0)\frac{NT_r}{2}} + \sum_{n=1}^{+\infty}\frac{\sin\left(n\omega_r\frac{T_r}{2}\right)}{n\omega_r\frac{T_r}{2}}\right.$$

$$\left.\left[\frac{\sin(\omega-\omega_0+n\omega_r)\frac{NT_r}{2}}{(\omega-\omega_0+n\omega_r)\frac{NT_r}{2}} + \frac{\sin(\omega-\omega_0-n\omega_r)\frac{NT_r}{2}}{(\omega-\omega_0-n\omega_r)\frac{NT_r}{2}}\right]\right\} \tag{9.1.6}$$

式中，$A_\tau N/2$ 是包络的峰值幅度。我们知道，在傅里叶分析中，幅度 A 被定义为载波的峰值幅

度。假设 A 是电压，则其频谱是电压相对于频率变化的频谱图。进一步讲，由于能量正比于电压的平方，通过对傅里叶变换给定的幅度取平方，我们可获得脉冲信号的能量频谱，如图 9.1.6 所示。若信号傅里叶变换给定的幅度是电压，则幅度平方相对于频率变化的图表是信号的功率谱，该图表覆盖的区域为信号的能量。当然，能量等于功率乘以时间。

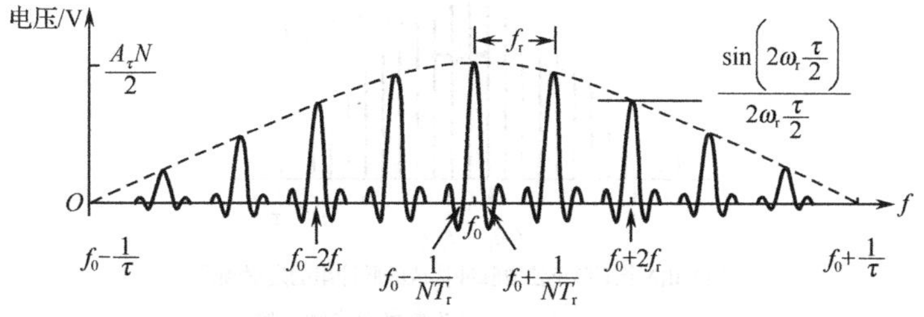

图 9.1.5　具有 N 个矩形脉冲串序列傅里叶变换的正频率部分

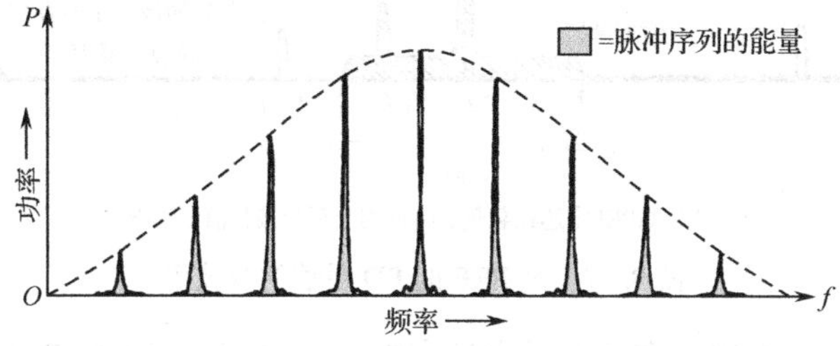

图 9.1.6　脉冲信号的能量频谱

接下来，我们重点讨论杂波谱。

高 PRF 的 PD 雷达中的脉冲串产生一个线谱，脉冲串的载频为 f_0，脉冲宽度为 τ，脉冲重复频率 $f_r = 1/T_r$，总的持续时间为 NT_r。谱线的零点宽度（图中未指明）为 $2/NT_r$，如图 9.1.7（a）所示，谱线间的间隔等于脉冲重复频率。图 9.1.7（b）画出了载频 f_0 与两条邻近的谱线 $f_0 + f_r$ 和 $f_0 - f_r$。由于目标上的驻留时间有限，以及杂波引入的调制等的其他因素影响，接收信号的频谱并不是严格的线谱。在载波频率 f_0 处有来自雷达下面直接反射引起的大的高度回波。这些回波可能比较大。这个高度回波因相对速度为零，而没有多普勒频率。因频谱的折叠或混叠，高度回波（和谱的其余部分）在频率 $f_0 \pm nf_r$ 处重复出现，其中 n 是整数。也可能有发射机信号泄露到接收机。采用中心频率在 f_0 的零凹口滤波器可消除高度回波和发射机泄露。

天线旁瓣照射杂波的入射角范围较大（从 0°到几乎 90°），使杂波的多普勒频率扩展到相对于载波和其他的谱线达到几乎$\pm 2v/\lambda$，v 是雷达的绝对速度。为了方便，在图 9.1.7（b）中旁瓣杂波谱的形状画成均匀的。然而，在实际中杂波谱的形状并不是均匀的。通常，旁瓣杂波的多普勒频率离载波越远，旁瓣杂波的幅度就越小。

在高 PRF 雷达中，由于有许多距离模糊的脉冲同时照射杂波区，天线的旁瓣杂波较大。当占空比为 50%时，天线旁瓣同时照射天线覆盖范围内一半的杂波，比低 PFR 的机载动目标显示（AMTI）雷达多得多。PD 雷达中大的旁瓣杂波说明了为什么它要求改善因子通常比同样性能的机载动目标显示雷达更高。

可以看到，旁瓣杂波所占据的多普勒频域范围相对较大。为了从旁瓣杂波区中检测动目标，可用具有自适应门限的窄带多普勒滤波器组。为了防止旁瓣杂波淹没小的动目标，与常规天线相比，PD 雷达的天线应有超低旁瓣。

雷达的主瓣杂波通常幅度较大，如图 9.1.7（b）所示。它出现在旁瓣杂波区的某个地方。当雷达天线在角度上扫描时，主瓣杂波的多普勒频率也跟着移动，使主瓣杂波在回波信号谱上的位置也随之发生变化。与机载动目标显示雷达一样，平台运动也会影响主瓣杂波的宽度。然而，在PD雷达中，这种谱的宽度展宽通常不是问题，因为与所用的高PRF相比，主瓣杂波即使谱宽展宽了，也是比较小的。

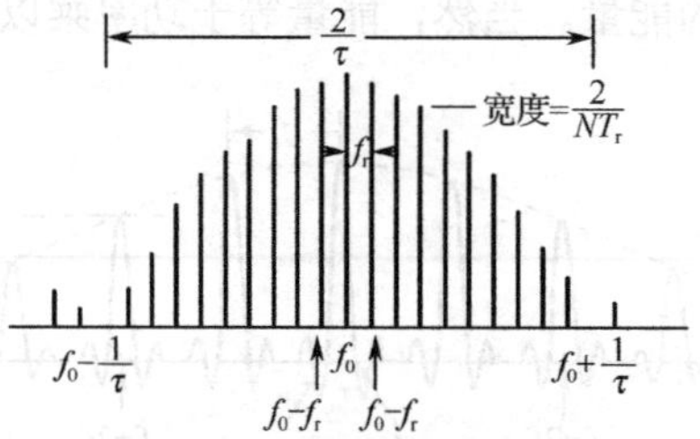

(a) 由N个矩形正弦波脉冲构成的脉冲串的发射频谱

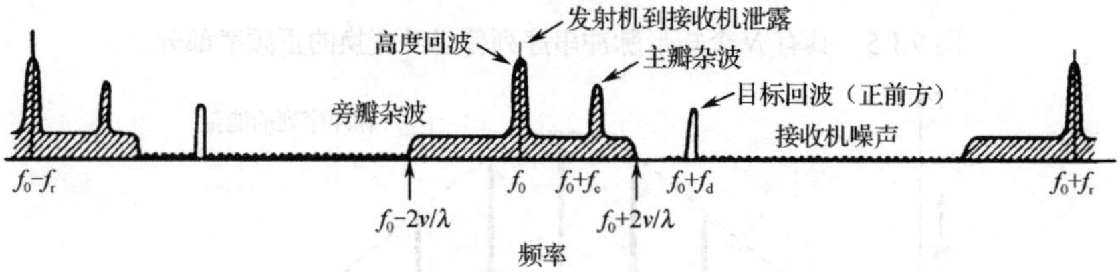

(b) 高PRF雷达在载频f_0附近的一部分接收信号频谱

图 9.1.7　高PRF的PD雷达的杂波谱

从图 9.1.7（b）还可看出，在杂波谱中还存在一个区域，仅有噪声出现，称为无杂波区或接收机噪声区，它对应于雷达前视正在靠近的高速目标，这时目标的多普勒频率较大。一方面，无杂波区的存在是高PRF的PD雷达的一个重要优点，特别适合远距离检测正在靠近的高速目标的场合；另一方面，如果目标的相对速度较低，如当目标被雷达后视或者目标在做横向运动时，回波可能会落在杂波区内，目标的可检测性将比在无杂波区的高速目标低得多。这样的低多普勒频率的目标只能在比无杂波区内高速目标近得多的距离上才能被高PRF的PD雷达检测到。

如上所述，选择高的PRF，是为了使多普勒频率没有模糊及杂波谱没有折叠。通过检查图 9.1.7（b）的频谱可决定要求的PRF。一方面，如果多普勒滤波器组的中心频率始终保持在主瓣杂波的频率处，则最小能用的PRF是$4v_T$，其中v_T是目标的最大地面速度。要使这种情况实现，必须知道主瓣杂波频率，并使用跟踪装置使多普勒滤波器组的中心频率在主瓣杂波频率处。另一方面，如果多普勒滤波器组的中心频率保持不变，固定在雷达发射频率f_0处，则依据天线的最大方位扫描角，PRF 可能达到$\dfrac{4v_T}{\lambda}+\dfrac{2v_R}{\lambda}$。当多普勒滤波器组的中心频率为雷达频率时，所要求的滤波器数大于中心频率为主瓣杂波频率的滤波器数。

1）主瓣杂波

通常，决定地面回波大小的基本因素与决定来自飞机回波大小的因素是一样的。若给定发射频率f_0，则来自一小块地面的杂波功率C_∞为

$$C_\infty=\frac{P_{av}G_TG_R\lambda^2\sigma^0\mathrm{d}A}{R^4} \tag{9.1.7}$$

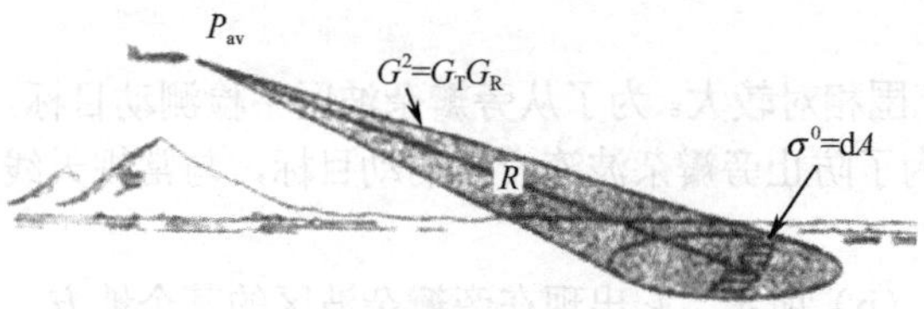

图 9.1.8　一小块地面的杂波功率大小的决定因素

式中，P_{av}为平均发射功率；λ为工作波长；G_T为杂波区方向的发射增益；G_R为杂波区方向的接收增益；而σ^0为杂波后向散射系数，它表示地面面积的微小增量$\mathrm{d}A$的雷达截面积，如图 9.1.8 所示。

因此，来自距离 R 处，增量面积为 $\mathrm{d}A$ 的单块杂波区的杂波噪声比为

$$C/N = \frac{P_{\mathrm{av}} G_{\mathrm{T}} G_{\mathrm{R}} \lambda^2 \sigma^0 \mathrm{d}A}{(4\pi)^3 R^4 L_{\mathrm{c}} k T_{\mathrm{s}} B_{\mathrm{n}}} \tag{9.1.8a}$$

式中，L_{c} 为杂波损耗因子；k 为玻耳兹曼常数，等于 1.380658×10^{-23} J/K；T_{s} 为系统噪声温度，单位为 K；B_{n} 为多普勒滤波器的带宽。

来自每个雷达分辨单元的杂波噪声比是式（9.1.8a）的积分。其积分区域是地面上每个模糊单元的距离和多普勒频率范围。在某些简化条件下，积分可以用解析式表示，但通常都采用数值积分。

由式（9.1.8a），用交叉的阴影面积代替 $\mathrm{d}A$ 并在主波束内对所有的阴影面积相加，可近似得到主瓣杂波功率与噪声功率比为

$$C/N = \frac{P_{\mathrm{av}} \lambda^2 \theta_{\mathrm{az}} (c\tau/2)}{(4\pi)^3 L_{\mathrm{c}} k T_{\mathrm{s}} B_{\mathrm{n}}} \sum \frac{G_{\mathrm{T}} G_{\mathrm{R}} \sigma^0}{R^3 \cos\alpha} \tag{9.1.8b}$$

式中，求和式的边界为发射波束和接收波束的较上者顶端和底端边沿；θ_{az} 为方位半功率点的波束宽度，单位为 rad；τ 为压缩后的脉冲宽度；α 为杂波区的入射余角；其他参数的含义与式（9.1.8a）相同。

机载下视 PD 雷达天线的波束，在某一时刻照射地面时是照射一个地面区域，在此区域内各同心圆环带地面相对载机有着不同的方向。因此，那些不同的环带地面相对载机具有不同的径向速度，并分别相应地产生杂波，这些杂波的总和就构成了主瓣杂波，其多普勒中心频率（主波束中心 $\varPsi_0$ 处对应的多普勒频率）为

$$f_{\mathrm{MB}} = f_{\mathrm{d}}(\varPsi_0) = \frac{2v_{\mathrm{R}}}{\lambda}\cos\varPsi_0 \tag{9.1.9a}$$

假设天线主波束的宽度为 θ_{B}，则主瓣杂波的边缘位置间的最大多普勒频率差值为

$$\Delta f_{\mathrm{MB}} = f_{\mathrm{d}}\left(\varPsi_0 - \frac{\theta_{\mathrm{B}}}{2}\right) - f_{\mathrm{d}}\left(\varPsi_0 + \frac{\theta_{\mathrm{B}}}{2}\right) \approx \frac{2v_{\mathrm{R}}}{\lambda}\theta_{\mathrm{B}}\sin\varPsi_0 \tag{9.1.9b}$$

机载下视 PD 雷达的主瓣杂波的强度与发射功率、天线主波束的增益、地物对电磁波的反射能力、载机与地面之间的高度等因素有关，其强度可以比雷达接收机的噪声强 70～90dB。机载下视 PD 雷达主瓣杂波的频谱与天线主波束的宽度 θ_{B}、方向角 $\varPsi_0$、载机地速 v_{R}、发射信号波长 λ、发射脉冲重复频率 f_{r} 及回波脉冲串的长度、天线扫描的周期变化、地物的变化等因素有关。例如，由于在天线波束扫描地面时，方向角 $\varPsi_0$ 通常处在不断变化的状态且受 $|\cos\varPsi_0|\leqslant 1$ 的限制，因此主瓣杂波的多普勒中心频率 f_{MB} 也在不断变化，并且变化范围在 $\pm 2v_{\mathrm{R}}/\lambda$ 之内。当 PD 雷达使用均匀脉冲串信号时，其频谱的幅度受 $\sin x/x$ 函数限制，$\sin x/x$ 正是单个矩形脉冲的频谱。

2）*旁瓣杂波*

天线旁瓣接收到的雷达回波都是无用的，所以可称其为旁瓣杂波（Side Clutter）。除了高度回波，旁瓣杂波不如主瓣杂波能量集中（每单位多普勒频率上的功率较小），但它占据了很宽的频带。

任何方向上（包括朝后的方向）都有旁瓣，所以，即使不考虑天线的俯视角，总存在指向前方、后方及前后之间各个方向上的旁瓣。因此，旁瓣杂波占据的频带从相应于雷达速度的正频率（$f_{\mathrm{d}} = 2v_{\mathrm{R}}/\lambda$）变化到相等的负频率（小于发射机的频率情况，$f_{\mathrm{d}} = -2v_{\mathrm{R}}/\lambda$），如图 9.1.9 所示。

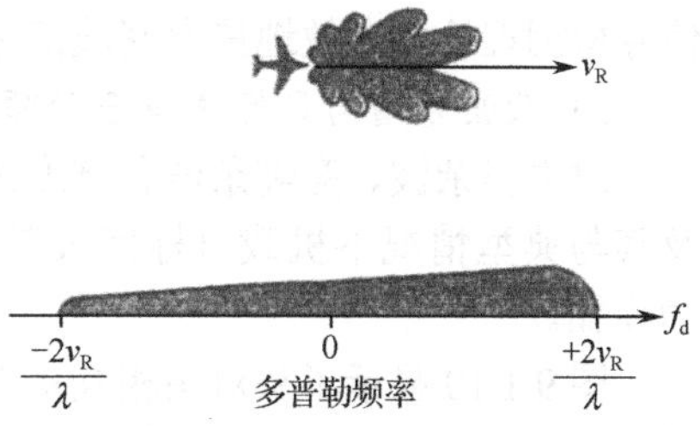

图 9.1.9　旁瓣杂波占据的频带

旁瓣杂波带来恶劣影响的程度取决于雷达频率分辨

力、雷达距离分辨力、旁瓣波束增益、雷达高度、反向散射系数和入射角等。

雷达天线的旁瓣波束增益通常要比它的主波束增益低得多。旁瓣杂波的强度也与载机高度、地物的反射特性、载机地速、天线的参数有关。设旁瓣波束照射到的地面某点与载机地速 v_R 的夹角为ψ，其多普勒频率则为 $f_d=(2v_R/\lambda)\cos\psi$，由于$\psi$ 的变化范围是 $0°\sim360°$，若设旁瓣杂波区的多普勒频率范围为$\pm f_{c,max}$，则

$$f_{c,max}=2v_R/\lambda \tag{9.1.10}$$

当 PD 雷达不运动时，旁瓣杂波与主瓣杂波在频域上相重合；当 PD 雷达运动时，旁瓣杂波与主瓣杂波就分布在不同的频域上。也就是说，用多普勒频率范围 $f_{c,max}=\pm2v_R/\lambda$ 来描述机载下视 PD 雷达的地面杂波时，因为主波束的方向角与旁瓣波束的方向角是不等值的，所以在频域上的主瓣杂波与旁瓣杂波是不同的。此外，它们所探测到的地物也不相同，回波也就不相同；即使地物相同，由于主波束增益与旁瓣波束增益不相同，它们的回波强度也有显著的差别。

3）高度线杂波

当机载下视 PD 雷达做平行于地面的运动时，与速度矢量成ψ 角的地面回波多普勒频率为$(2v_R/\lambda)\cos\psi$。天线方向图中的某个旁瓣垂直照射地面是属于$\psi=0°$ 和 $f_d=0$ 的情况。通常，机载下视 PD 雷达的地面杂波中 $f_d=0$ 位置上的杂波叫作高度线杂波。高度线杂波与发射机泄漏相重合（发射机泄漏不存在多普勒频率），且高度线杂波离雷达距离近，加之垂直反射强，所以在任何时候，在零多普勒频率处总有一个较强的“杂波”。

4）无杂波区

上述情况表明，机载下视 PD 雷达的地面杂波是由主瓣杂波、旁瓣杂波和高度线杂波所组成的。通常恰当选择雷达信号的脉冲重复频率 f_r，可使得其地面杂波既不重叠也不连接，从而出现了无杂波区。也就是说，在无杂波区中，其频谱中不可能有地面杂波，只有接收机内部热噪声的部分。

在图 9.1.4 中，当具有速度 v_T 的目标处于主波束照射之下，v_T 与雷达和目标间视线的夹角为ψ_T 时，其回波多普勒频率为

$$f_{MB}+f_T=f_{MB}+(2v_T/\lambda)\cos\psi_T \tag{9.1.11}$$

它是否出现无杂波区，不但取决于脉冲重复频率 f_r，而且与载机地速 v_R 和发射信号的波长λ 有关。通常，PD 雷达的发射信号总是矩形脉冲，回波脉冲串信号总是受到天线方向图的调制，地物回波形成的杂波在频率轴上总是由以 $\sin x/x$ 函数为包络，以发射脉冲重复频率 f_r 为间隔而重复出现的离散谱线系列构成的。其中每一条谱线的形状受天线照射时间（与脉冲重复频率一起决定回波脉冲串长度）及天线方向图扫描两者双重调制，并与地面上物体的反射特征有关。考虑地面杂波的随机性，在通常情况下，会使每条谱线的形状展宽为高斯曲线形状。PD 雷达回波信号的频谱中既有目标的多普勒信号频谱，又有目标环境中产生的脉冲多普勒杂波频谱，它们两者均与相应的多普勒频率及其距离因素有关。PD 雷达地面杂波的计算非常复杂，在此不做讨论。但只有对地面杂波有了充分的认识和掌握了它的频谱特征之后，才可以利用现有的信号检测理论最有效地提取回波信息。

5）杂波频谱与目标的多普勒频率间关系

对主瓣杂波、旁瓣杂波和高度线杂波的特性逐一熟悉之后，现简要了解一下合成杂波频谱及其与典型情况下机载目标回波频率之间的关系。我们还是假设 PRF 足够高，可避免多普勒模糊。

图 9.1.10 显示了头对头相互接近时目标频率与杂波频率间的关系。由于目标接近速率大于雷达速率，因此目标的多普勒频率大于任一地面回波的频率。

图 9.1.11 显示了追赶目标时的关系。由于目标接近速率小于雷达速率，因此目标的多普勒频率落入旁瓣杂波区，其具体位置取决于雷达的接近速率。

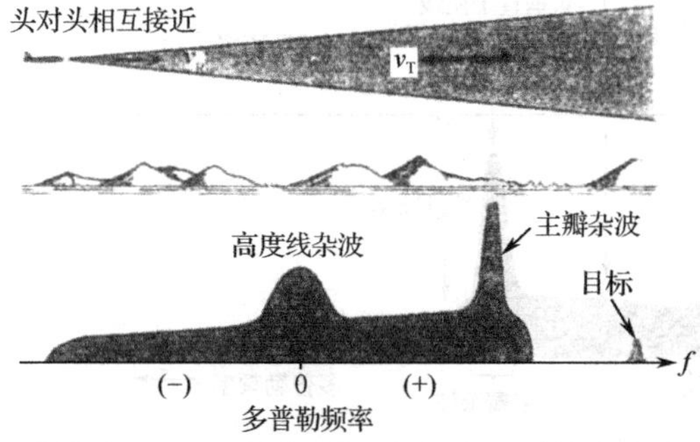

图 9.1.10　目标的多普勒频率大于任一地面回波的频率

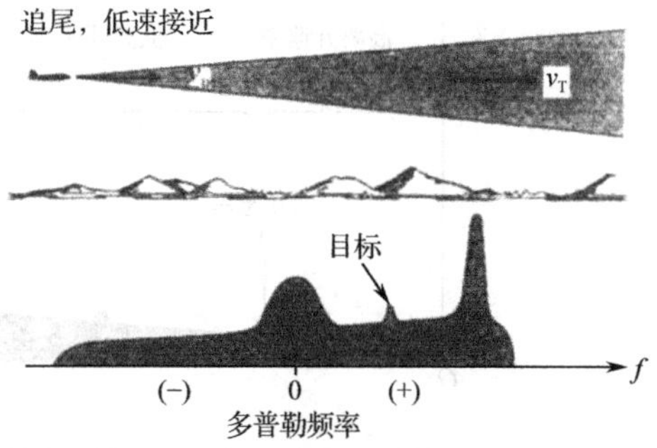

图 9.1.11　目标的多普勒频率落入旁瓣杂波区

在图 9.1.12 中，目标速度垂直于雷达视线，目标的多普勒频率与主瓣杂波相同。幸运的是这种情况很少发生且持续时间很短。

在图 9.1.13 中，目标接近速率为 0，目标与高度线杂波具有相同的多普勒频率。

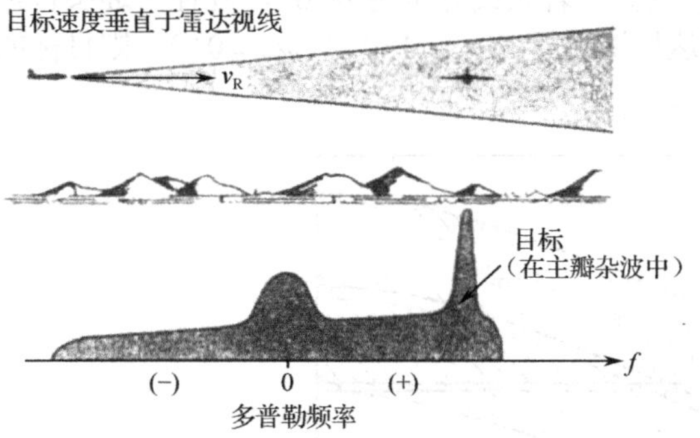

图 9.1.12　目标被主瓣杂波遮盖

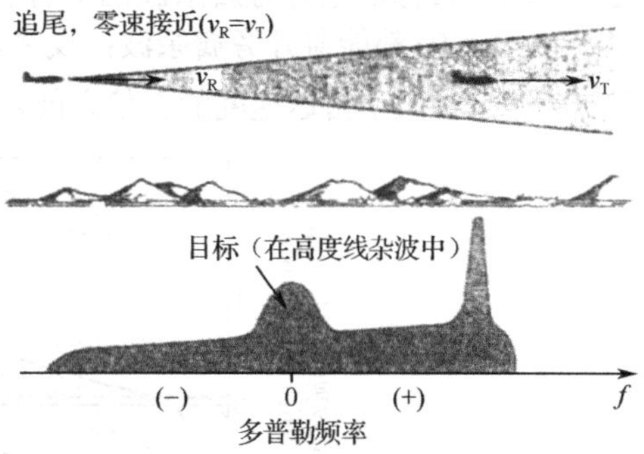

图 9.1.13　目标被高度线杂波遮盖

图 9.1.14 中有两个正在远离的目标。目标 A 的离开速率大于雷达的对地速度（v_R），所以该目标清楚地出现在旁瓣杂波频谱负端的左边。而目标 B 的离开速率小于 v_R，所以该目标出现在旁瓣杂波频谱的负半部分。

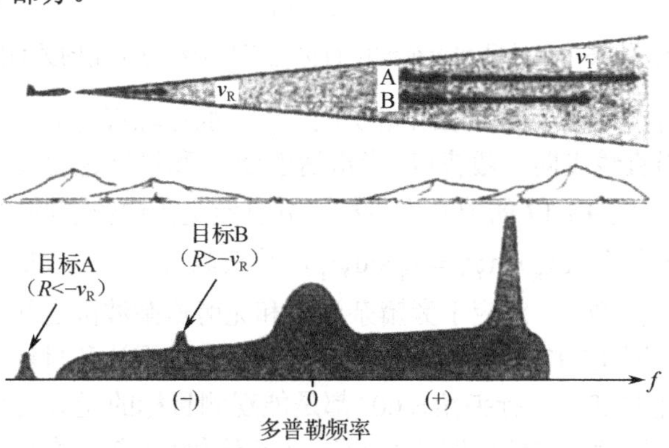

图 9.1.14　离开速率不同目标出现的位置不同

综合以上情况，目标回波多普勒频率与地面回波多普勒频率之间在任意情况下的关系可以方便地用图显示（见图 9.1.15）。需要记住的是，脉冲重复频率较低时会出现多普勒模糊，这种模糊可能引起目标接近速率与地面区域差异很大，使得它们具有相同的多普勒频率。

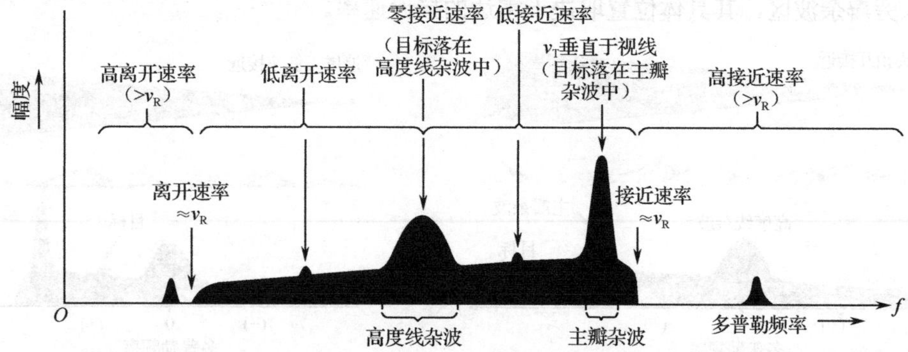

图 9.1.15　对于不同的目标接近速率，目标多普勒频率与地面杂波频谱之间的关系（假定没有出现多普勒频率模糊）

图 9.1.16 为各种不同的杂波多普勒频率区。它们是天线方位角和雷达与目标之间相对速度的函数，再次说明这是对无折叠频谱而言的。纵坐标是目标速度的径向或视线分量，以雷达平台速度为单位，因而主瓣杂波区位于零速度处，而旁瓣杂波区频率边界随天线方位呈正弦变化。这就给出了目标能避开旁瓣杂波的多普勒区域。例如，若天线方位角为 0°，则任一迎头目标（$v_T\cos\psi_T>0$）都能避开旁瓣杂波；反之，若雷达尾追目标（$\psi_T=180°$ 和 $\psi_T=0°$），则目标的径向速度必须大于雷达速度的 2 倍方能避开旁瓣杂波。

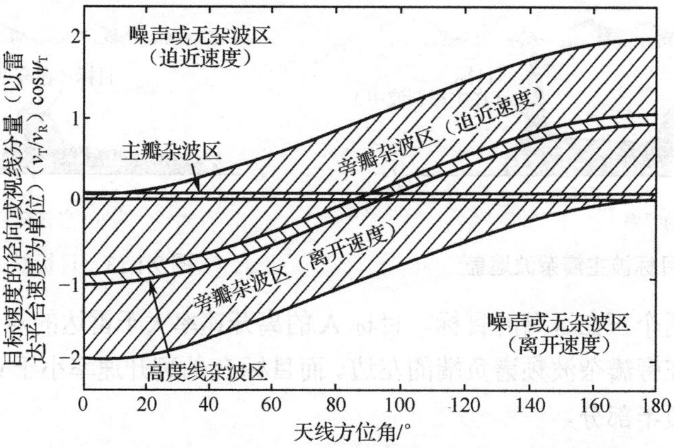

图 9.1.16　杂波区和无杂波区目标速度与天线方位角的关系图

无旁瓣杂波区和旁瓣杂波区还可以用图 9.1.17 所示的目标视角来表示。这里假设截击航路几何图为雷达和目标沿直线飞向一截获点。当雷达速度 v_R 和目标速度 v_T 给定时，雷达观测角 ψ_0 和目标视角 ψ_T 是常数。图 9.1.17 的中心为目标，并且定义指向位于圆周上雷达的角度为视角。目标视角和观测角满足关系式 $v_R\sin\psi_0=v_T\sin\psi_T$，是按截击航向定义的。迎头飞行时，目标的视角为 0°，尾追时则为 180°。对应于旁瓣杂波区和无旁瓣杂波区之间的边界视角是雷达与目标相对速度比的函数。图 9.1.17 给出了 4 种情况。情况①的雷达和目标的速度相等，并且在目标速度矢量两侧，视角与迎头飞行夹角 $\approx 60°$ 都是能观测目标的无旁瓣杂波区。同样，情况②至情况④的条件是目标速度为雷达速度的 0.8 倍、0.6 倍和 0.4 倍。在这三种情况中，能观测目标的无旁瓣杂波区将超过相对目标速度矢量的视角，可达 ±78.5°。再次说明，上述的情况都假设在截击航路上。很明显，目标无旁瓣杂波区的视角总是位于目标视角的前方。注意：高度线杂波区和主瓣杂波区的宽度随条件而变化。

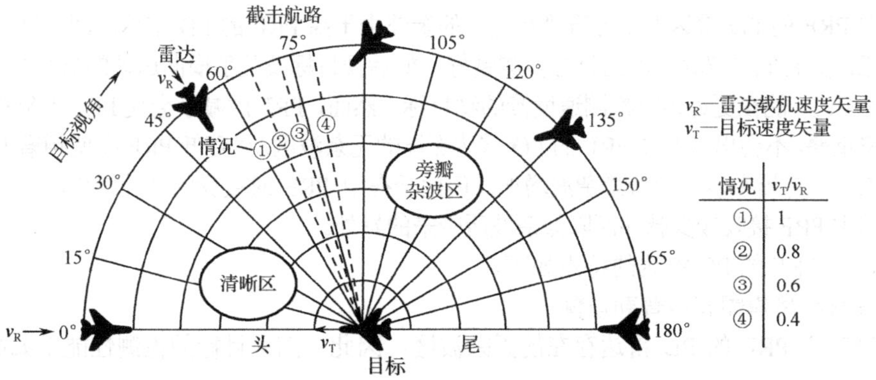

图 9.1.17 旁瓣杂波区与目标视角的关系图

3. 三种 PD 雷达 PRF 选择的比较

前面已经提到，PD 雷达与目标相对静止时，其地面杂波频谱分布在零频附件很窄的范围内；PD 雷达与目标相对运动时，其地面杂波频谱被展宽。除目标及其环境因素外，PD 雷达 PRF 的高低也可以改变其地面杂波频谱的分布情况。

通过杂波谱分析可知，PD 雷达 PRF 的选择是一个很重要的问题，下面对 PD 雷达 PRF 的选择做个比较。

1）低 PRF 情况

对于低 PRF 情况，旁瓣杂波在距离上重叠很少，但在频域上高度重叠。低 PRF 的 PD 雷达特点如下。

（1）没有距离模糊，但有许多多普勒模糊（盲速）。

（2）由于地球的曲率在远距离没有杂波，因而可在无杂波情况下工作。

（3）旁瓣杂波并不像在高 PRF 的 PD 雷达中一样重要。

（4）在相同性能下，要求的平均功率和天线孔径乘积比高 PRF 的 PD 雷达小。

（5）通常比高 PRF 的 PD 雷达更简单。费用通常比同样性能的高 PRF 的 PD 雷达少得多。

一般对远距离（100km 以上）低速机载下视 PD 雷达可考虑采用低 PRF 的机载动目标显示雷达。它采用偏置相位中心天线技术以后，主板杂波频谱宽被压窄，可得到较好的动目标显示性能。目前美国海军用的低空预警飞机 E-2C 及以色列战斗机上的 Volvo 都采用低 PRF 的机载动目标显示雷达。

表 9.1.4 列出了低 PRF 模式的优缺点。

表 9.1.4 低 PRF 模式的优缺点

优 点	缺 点
空-空仰视和地图测绘性能好	空-空俯视性能不好，大部分目标回波可能和主瓣杂波一起被抑制掉
测距精度高，距离分辨力高	地面动目标可能是个问题
可采用简单的脉冲延时测距	多普勒模糊一般很严重，难以解决
可通过距离分辨抑制一般的旁瓣杂波	

2）中 PRF 情况

由于地面旁瓣杂波在时域中是重叠的，因此远距离目标回波可能出现在近距离的旁瓣杂波中。并且旁瓣杂波有一定的重叠，因而测距、测速都存在一定的模糊。因为照射距离模糊单元的脉冲较少，所以中 PRF 的 PD 雷达天线旁瓣“看见”的杂波少于高 PRF 的 PD 雷达。回波谱旁瓣区的杂波电子越低，具有低多普勒速度的目标检测越好（如后视目标及几乎横向运动的目标）。与高 PRF 的 PD 雷达相比，能在更远距离检测速度慢的动目标。然而，PRF 的减小会使 PRF 线靠得更近，旁瓣杂波区将重叠，不会出现像高 PRF 的 PD 雷达那样的无杂波区。尽管低 PRF 会使频谱上的高 PRF 线折叠起来产生旁瓣杂波，使旁瓣杂波增加，但由于在中 PRF 时接受的脉冲较少，这种增加不会完全消除用中 PRF 接收较少脉冲而降低杂波所带来的好处。

因此，中 PRF 的 PD 雷达的特点如下。

（1）具有距离模糊和多普勒模糊。

（2）没有高 PRF 的 PD 雷达存在的无杂波区，因此，高速目标的检测性能不如高 PRF 的 PD 雷达。

（3）较小的距离模糊意味着天线旁瓣看见的杂波较少，因此，与高 PRF 的 PD 雷达相比，可在更远距离检测低相对速度目标。

（4）中 PRF 的 PD 雷达相当于用高速目标的检测能力换取低速目标的更好检测，因此，如果只有一个系统可用的话，战斗机或截击机应用雷达更愿意采用中 PRF 的 PD 雷达。

（5）与高 PRF 的 PD 雷达相比，可获得更好的距离精度和距离分辨力。

（6）为减少旁瓣杂波，天线必须有低的旁瓣。

当同时存在主瓣杂波和强旁瓣杂波时，中等的 PRF 被认为是检测尾随目标，提供良好全方位覆盖的一个解决方案。如果要求的最大作用距离不是特别远，PRF 可设置得足够高，以提供主瓣杂波，并使得周期性频谱线之间间距合适，而又不招致特别严重的距离模糊。

表 9.1.5 列出了中 PRF 模式的优缺点。

表 9.1.5　中 PRF 模式的优缺点

优　点	缺　点
全方位性能好，即抗主瓣杂波和旁瓣杂波的性能都较好	低、高接近速率目标的探测距离均受旁瓣杂波的限制
易于消除地面动目标	距离模糊和多普勒模糊都必须解决
有可能采用脉冲延时测距	需采取专门措施抑制强地面目标的旁瓣杂波

3）高 PRF 情况

高 PRF 的 PD 雷达的特点如下。

（1）无多普勒模糊，但有盲速，并存在许多距离模糊。

（2）在无杂波区可以检测远距离高速接近目标。

（3）低径向速度目标通常被距离上折叠起来的近距离旁瓣杂波淹没在多普勒频域区，检测效果较差。

（4）与低 PRF 的 PD 雷达相比，高 PRF 的 PD 雷达导致更多的杂波通过天线旁瓣进入雷达，因而要求更大的改善因子。

（5）为了使旁瓣杂波最小，天线旁瓣必须十分低。

（6）同其他的雷达相比，距离精度和距离上分辨多个目标的能力比其他雷达差。

高 PRF 的 PD 雷达工作的主要限制：当对付低接近速率的尾随（tail-as-pect）目标时，旁瓣杂波可降低雷达的检测性能。在战斗机通常采用的高 PRF 的 PD 雷达上，事实上从所有目标来的回波被压扁（压缩）到一个比目标回波占据的区域稍宽的中间距离。因此，旁瓣杂波只能用过回波的多普勒频率分辨来抑制。

主瓣杂波问题可通过高 PRF 来解决。主瓣杂波的谱宽一般只是真实目标多普勒频带宽度的小部分，因此工作于高 PRF 时，主瓣杂波不会显著地侵占可能出现目标的频谱范围。此外，由于工作于高 PRF 时所有明显的多普勒模糊都被消除，因此可根据多普勒频率抑制主瓣杂波而不会同时将目标回波抑制掉。只有当目标飞行方向和雷达视线几乎成直角时（这种情况很少发生而且通常只维持很短时间），目标回波才具有与杂波相同的多普勒频率并抑制掉。

以高 PRF 工作还有一些重大优点：首先，在旁瓣杂波的中心谱线频带与该频带的第一个重复图形之间，展现出一个绝对没有杂波的区域（见图 9.1.18）。接近目标的多普勒频率正好在该区域内，该区域正是长距离测距所希望的。其次，接近速率可直接通过检测多普勒频率而测量。最后，对给定的峰值功率，只要提高 PRF 直到占空比达到 50%，就可简单地将平均发射功率增大到最高。工作于低 PRF 时也能得到高的占空比，但是这要求增大脉冲宽度和采用的脉冲压缩比，才能提供用低 PRF 工作所需的距离分辨力。

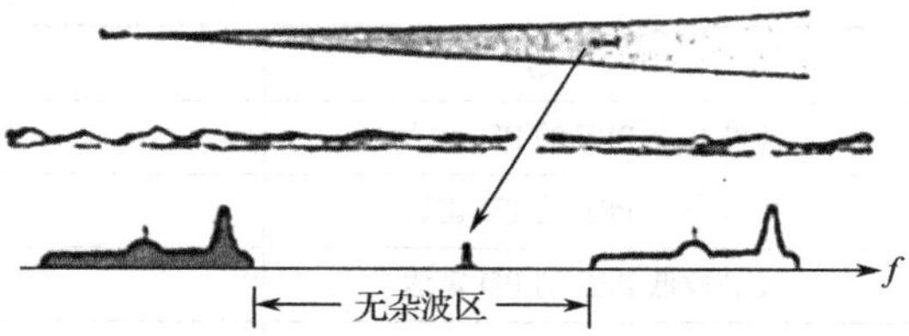

图 9.1.18　高 PRF 提供一个可探测高接近速率目标的无杂波区

表 9.1.6 给出了高 PRF 模式的优缺点。图 9.1.19 给出了中 PRF、高 PRF 时，雷达检测性能随进入方向和作用距离随载机高度的变化。R_0 为单位信噪比的距离，目标高度为 300m，纵坐标表示载机高度，横坐标表示检测概率为 85%时的作用距离 R_{85}。从图中可知，迎面攻击时高 PRF 优于中 PRF。尾随时，在低空，中 PRF 优于高 PRF；在高空，高 PRF 优于中 PRF。

表 9.1.6　高 PRF 模式的优缺点

优　　点	缺　　点
头部能力好：高接近速率目标出现在无杂波区内	对低接近速率的目标，探测距离可能因旁瓣杂波而下降
提高 PRF 可得到高平均功率（若需要，只要适量的脉冲压缩就可使平均功率最大）	不能使用简单而精确的脉冲延时测距法
抑制主瓣杂波时不会同时抑制目标回波	接近速率为零的目标可能与高度线杂波及发射机泄露一起被抑制

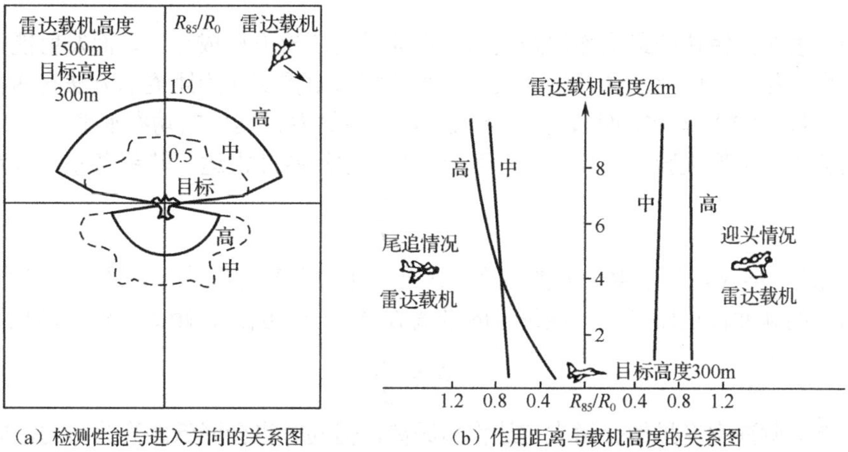

图 9.1.19　中、高 PRF 时，雷达检测性能随进入方向和作用距离随载机高度的变化

综上所述，PRF 是雷达设计师所必须进行的首要选择。并且，在设计多功能雷达时，空-空能力的要求和将该雷达用于空-地的可能性表现为一系列的工作模式，它们用不同波形来满足其各自的特殊任务。

表 9.1.7 归纳了三种 X 波段的机载 PD 雷达的“典型”PRF 值和占空比。表中所列 PRF 和占空比仅是为了说明三种 PRF 模式的差异（特别是占空比）。为了便于比较，表中还包括 UHF 波段和低 PRF 宽域监视机载动目标显示雷达的数据。

表 9.1.7　三种 PRF 模式的比较

雷　达	PRF 值	占 空 比
X 波段高 PRF 的 PD 雷达	100～300kHz	<0.15
X 波段中 PRF 的 PD 雷达	10～30kHz	0.05
X 波段低 PRF 的 PD 雷达	1～3kHz	0.005
UHF 低 PRF 的机载动目标显示雷达	300kHz	低

注：这些只是举例说明值，真实雷达可以用大于或小于所示值的值。

美国 F-15、F-16 和 F-18 战斗机上的 PD 雷达兼有中、高两种 PRF。高空预警飞机 AW-ACS 上的 E-3 雷达只有高 PRF。如果允许采用几种参数的话，那么交替使用中 PRF、高 PRF 的方法，或者再加上在上视时采用低 PRF 的方法，并在低 PRF、中 PRF 时配合采用脉冲压缩技术，将是在所有工作条件下得到远距离检测性能的最有效的方法。

9.2　脉冲压缩雷达

9.2.1　概述

1. 脉冲压缩技术产生的背景及作用

对于脉冲雷达而言，有以下关系式：

$$R_{\max} \propto (E_t)^{\frac{1}{4}}$$

$$E_t = P_t \tau$$

式中，$R_{\max}$ 指雷达的最大作用距离；E_t 指雷达的发射能量；P_t 指雷达的发射功率；τ 指雷达波形的脉冲宽度。

上述关系表明，雷达的最大作用距离与发射能量的四次方根成正比，而发射能量又与发射功率和脉冲宽度相关。因此，通过增大发射信号的能量来提高作用距离的方法有两种，即增大发射功率 P_t，或者增大脉冲宽度 τ，但前者又受限于雷达发射器件的功率水平。

下面来分析一下增大脉冲宽度 τ 是否可行。对于常规脉冲雷达，其距离分辨力为

$$\delta_r = \frac{c}{2B}$$

式中，c 为光速；$B=\Delta f$，为发射信号的带宽。因此，距离分辨力取决于雷达发射信号的带宽 B。

对于简单的脉冲雷达而言，上述信号的带宽 $B=\Delta f=1/\tau$，因此，距离分辨力简化为

$$\delta_r = \frac{c\tau}{2}$$

可见，增大脉冲宽度虽然会增大雷达作用距离，但同时也会降低距离分辨力，即 δ_r 与 $R_{\max}$ 存在矛盾。为此，人们提出了脉冲压缩技术，利用该技术可以很好地解决这个问题。也就是说，在发射时采用宽脉冲以提高发射的平均功率，保证足够的最大作用距离；而在接收时采用相应的脉冲压缩技术以获得窄脉冲，从而提高距离分辨力。

表 9.2.1 给出了几种典型雷达及其脉冲宽度。在脉冲压缩系统中，发射波形在相位或频率上

进行调制，接收时将回波信号加以压缩，使其等效带宽 B_e（Δf_e）满足 $B_e=\Delta f_e \gg 1/\tau$。令 $\tau_e=1/B_e$，则距离分辨力变为 $\delta_r=c\tau_e/2$。这里的 τ_e 表示脉冲压缩之后的有效宽度。因此，脉冲压缩雷达可用宽度为 τ 的发射脉冲获得相当于发射脉冲有效宽度为 τ_e 的脉冲系统的分辨力，所以脉冲压缩技术可以很好地解决 R_{max} 与 δ_r 之间的矛盾。同时，可以定义两者的比值为脉冲压缩比，即 $D=\tau/\tau_e=\tau B_e$，即脉冲压缩比等于信号波形的时宽-带宽积。通常，脉冲压缩比 D 或时宽-带宽积 τB_e 比 1 大得多。

表 9.2.1　几种典型雷达及其脉冲宽度

雷 达 类 型	距离/km	脉 冲 宽 度	分辨率/m
空中交通管制	100	1μs	200
远程监视	300	1μs	200
近程监视	40	0.4μs	50
目标截获	20	0.1～0.2μs	20
跟踪	10～20	50ns	10
高分辨搜索	10	20ns	4

2．脉冲压缩技术的特点

脉冲压缩技术的优点：由于时宽-带宽参数互相独立，因此，可选择较宽的脉冲宽度，使得雷达具有较大的作用距离；同时，脉冲压缩具有较高的距离分辨力；此外，脉冲压缩还会带来较强的抗干扰能力。

当然，脉冲压缩技术也有不足之处。比如，由于加大了时间间隔 T，使得脉冲压缩雷达的最小作用距离增大了；由于发射波形及接收波形都需要进一步处理，因此，增大了信号处理的复杂度；同时，信号压缩之后也可能会引起距离旁瓣的问题；此外，脉冲压缩技术还存在一定的距离模糊和速度模糊等现象。

3．脉冲压缩技术的实现

实现脉冲压缩技术的要求：发射脉冲必须有非线性的相位谱，或必须使其脉冲宽度与有效频谱宽度的乘积远大于 1；接收机中必须有一个压缩网络，其相频特性应与发射信号实现“相位共轭匹配”。

根据以上要求，可以构造理想的脉冲压缩系统。比如，线性调频脉冲压缩，其原理如图 9.2.1 所示。

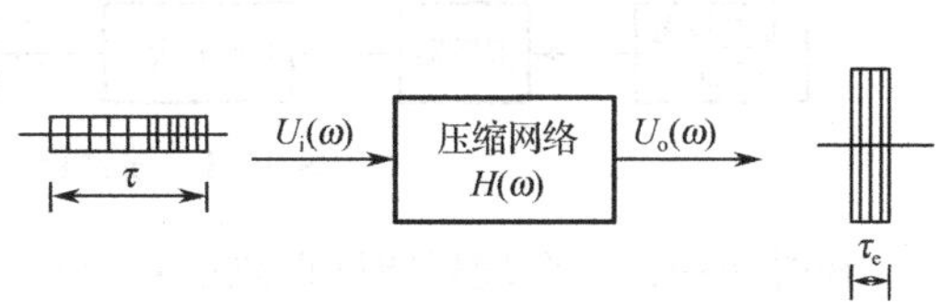

图 9.2.1　理想的线性调频脉冲压缩系统

假设电磁波传播和目标发射过程中，信号无失真，且增益为 1。因此，压缩网络输入端的目标回波脉冲信号就是发射脉冲信号，其包络宽度为 τ，则其频谱为

$$U_i(\omega)=|U_i(\omega)|e^{j\varphi_i(\omega)}$$

压缩网络的频率特性为 $H(\omega)$，根据匹配条件应满足下式：

$$H(\omega)=K|U_i(\omega)|e^{-j\varphi_i(\omega)}e^{-j2\pi f t_{d0}}$$

式中，K 为比例常数；t_{d0} 为压缩网络的固定延时。经压缩后输出信号包络宽度被压缩成 τ_e，峰值提高了，脉冲压缩的输出表达式为

$$U_o(\omega)=U_i(\omega)H(\omega)=K|U_i(\omega)|e^{-j2\pi f t_{d0}}$$

4．基本组成

图 9.2.2 所示为一个基本脉冲压缩雷达的组成方框图。编码的脉冲在波形产生器中以低功率电平产生，并用一个功率放大器发射机放大至所需的峰值发射功率。接收的信号被混频到中频（IF），并被中频放大器放大。然后使用一个脉冲压缩滤波器对信号进行处理，该滤波器由一个匹配滤波器组成，以达到最大信噪比（CSNR）。如果需要，那么匹配滤波器后面接一个加权滤波器以降低时间旁瓣。脉冲压缩滤波器的输出送至包络检波器，由视频放大器放大，并显示给操作者。

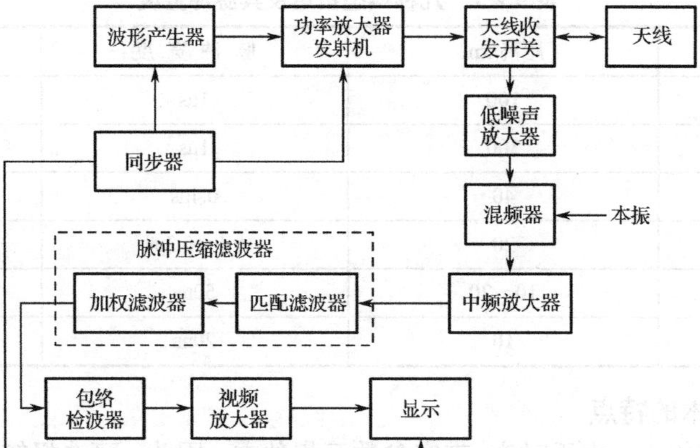

图 9.2.2　一个基本脉冲压缩雷达的组成方框图

9.2.2　线性调频脉冲压缩

图 9.2.3 给出了一种常规线性调频脉冲雷达的组成方框图，图 9.2.3 中发射机是调频的且接收机里也有一个脉冲压缩滤波器（与匹配滤波器相同），该组成方框图与常规雷达的组成方框图相似。不过，目前通常是产生低功率的调频波形并由功率放大器进行功率放大，而不是使用功率振荡器进行调频。

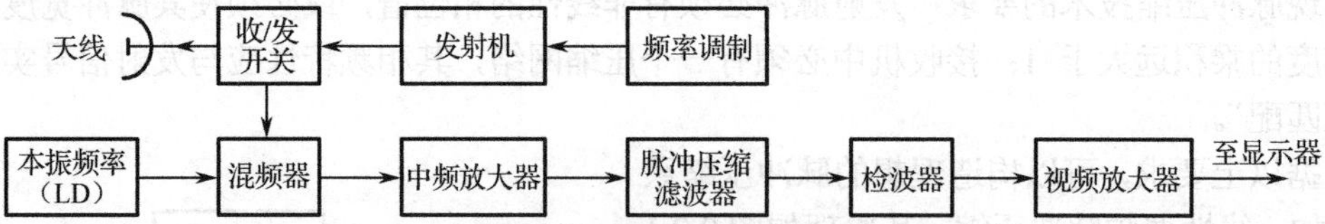

图 9.2.3　线性调频脉冲雷达的组成方框图

在时域中，一个理想线性调频信号或脉冲的持续时间为 τ（单位为 s），振幅为常量，中心频率为 f_0（单位为 Hz），相位 $\theta(t)$ 随时间按一定规律变化。物理探测系统经常发射这种形式的脉冲。由于频率的线性调制，相位是时间的二次函数。当 f_0 为 0 时，信号的复数形式为

$$s(t)=\mathrm{rect}(t/\tau)\exp\{\mathrm{j}\pi\mu t^2\}$$

式中，t 是时间变量（单位为 s）；μ 是线性调频率（单位为 Hz/s）。图 9.2.4 给出了 f_0=0 时的一个复线性调频信号示例。实部和虚部都为时间的振荡函数，振荡频率随着远离时间原点而逐渐增大。

从图 9.2.4（d）的时频关系中可以看出信号被称为线性调频（或 μ 被称为线性调频率）的缘由，为了清楚地观察图 9.2.4（a）和（b）信号的幅度结果，进行了 5 倍的过采样。脉冲相位由上述信号 $s(t)$ 的复数形式的指数项辐角给出，即

$$\varphi(t)=\pi\mu t^2$$

其单位为 rad。如图 9.2.4（c）所示，$\varphi(t)$为时间的二次函数。对时间取微分后的瞬时频率为

$$f=\frac{1}{2\pi}\frac{\mathrm{d}\varphi(t)}{\mathrm{d}t}=\mu t$$

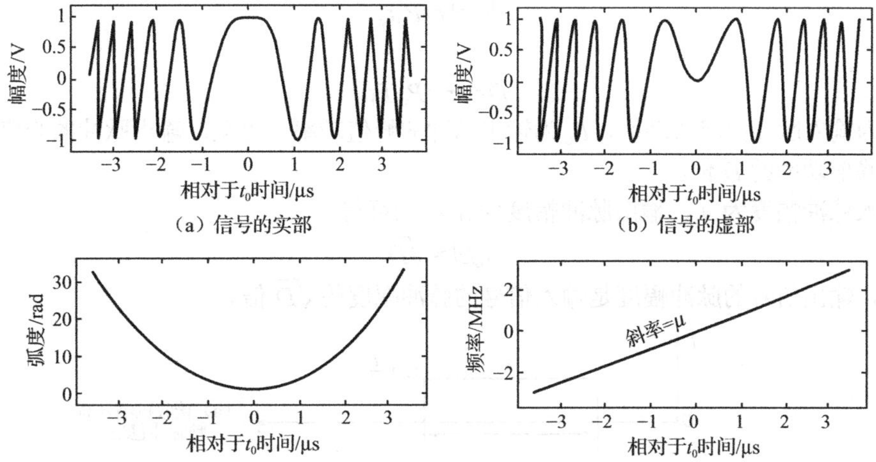

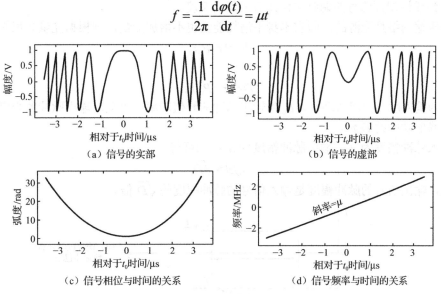

（a）信号的实部　　（b）信号的虚部

（c）信号相位与时间的关系　　（d）信号频率与时间的关系

图 9.2.4　线性调频脉冲的相位和频率

这说明频率是时间 t 的线性函数，斜率为μ（单位为 Hz/s）。带宽指主要线性调频脉冲（简称 chirp）能量占据的频率范围，或者为信号的频率漂移（在实信号中只需考虑正频率）。根据图 9.2.4（d），带宽是线性调频脉冲斜率及其持续时间的乘积，即

$$B=|\mu|\tau$$

带宽的单位为 Hz，它决定了能够达到的分辨力。

由图 9.2.4（c）可知，线性调频脉冲发射信号具有抛物线式的非线性相位谱，且 $B\tau\gg1$，具备了实现脉冲压缩的第一个条件。为了实现脉冲压缩，必须在接收机中设置一个与发射信号“相位共轭匹配”的压缩网络，即相位色散绝对值相同，符号相反；在频率时间特性上则为调频斜率相同，方向相反，满足实现脉冲压缩的第二个条件。也就是说，使接近脉冲开头的频率分量在滤波器中被延迟，使最后发射的分量能够赶上。当所有分量被接收时，相加在一起就可产生一个大的输出。

线性调频脉冲压缩的基本原理如图 9.2.5 所示。图 9.2.5（a）和图 9.2.5（b）表示接收机输入信号，脉冲宽度为 τ，载频由 f_1 到 f_2 线性增长，调制频偏 $\Delta f=f_2-f_1$，调制斜率 $\mu=2\pi\Delta f/\tau$。图 9.2.5（c）为压缩网络的频率时延特性，它与信号共轭匹配的传输特性曲线相对应，其时延特性按线性变化，但为负斜率，与信号的线性调频斜率相反，高频分量延时短，低频分量延时长。因此，线性调频信号低频分量 f_1 最先进入网络，延时最长为 t_{d1}，相隔脉冲宽度 τ 时间的高频分量 f_2，最后进入网络，延时最短为 t_{d2}。这样，线性调频信号的不同频率分量，几乎同相（$\varphi=\omega_1t_{d1}=\omega_2t_{d2}=\cdots=\omega_it_{di}$）从网络输出，压缩成单一载频的窄脉冲 τ_e，其理想输出脉冲包络如图 9.2.5（d）所示。图 9.2.5（e）为线性调频信号脉冲压缩的波形关系示意图。从图 9.2.5（d）可以得到网络信号各斜率成分的延时关系为

$$\tau+t_{d2}=t_{d1}+\tau_e \text{ 即 } \tau_e=\tau-(t_{d1}-t_{d2})$$

因为 $t_{d1}>t_{d2}$，故 $\tau_e<\tau$。可见，线性调频宽脉冲信号的 τ 通过压缩网络后，其宽度被压缩成为窄脉冲 τ_e。由于

$$\tau_e=1/B_e$$

所以，

$$D=\tau/\tau_e=\tau B_e。$$

式中，B_e为线性调频信号的调频频偏或有效频谱宽度。

如果压缩网络是无源的，即它本身不消耗能量也不增加能量，则根据能量守恒原理可得

$$E=P_i\tau=P_o\tau_e$$

所以，

$$D=\tau/\tau_e=P_o/P_i$$

式中，P_i为输入脉冲的峰值功率，P_o为输出脉冲的峰值功率。可见，输出脉冲的峰值功率是输入脉冲的峰值功率的D倍。

若输入脉冲幅度为A_i，输出脉冲幅度为A_o，则可得

$$A_o/A_i=\sqrt{D}$$

也就是说，输出信号的脉冲幅度是输入信号的脉冲幅度的$\sqrt{D}$倍。

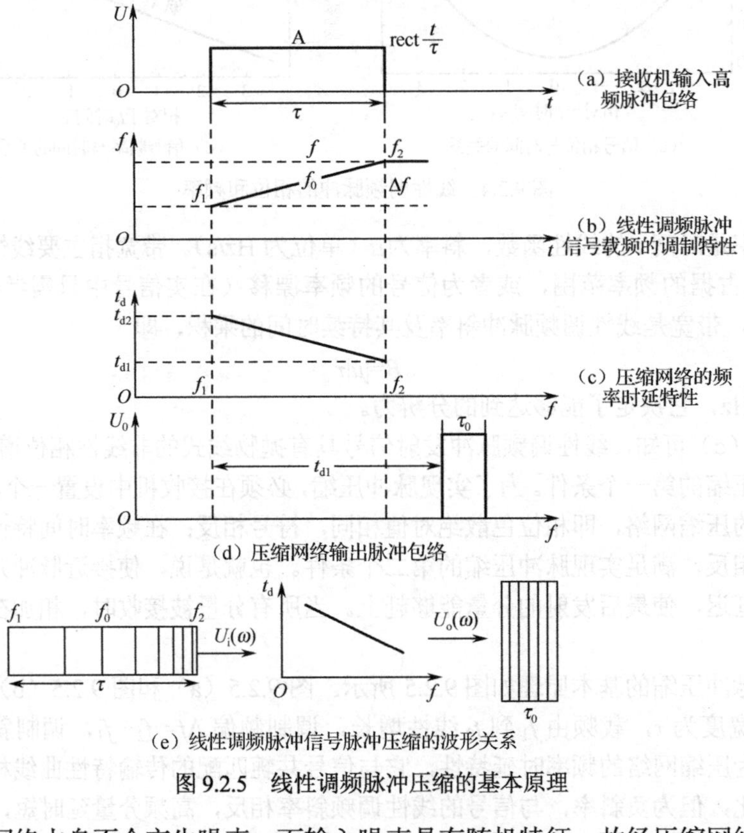

图 9.2.5　线性调频脉冲压缩的基本原理

由于压缩网络本身不会产生噪声，而输入噪声具有随机特征，故经压缩网络后输入噪声并不会被压缩，仍保持在接收机原有噪声电平上。所以，输出脉冲信号的功率信噪比$(S/N)_o$也是输入脉冲信号的功率信噪比$(S/N)_i$的D倍，即

$$(S/N)_o/(S/N)_i=D$$

这就使脉冲压缩雷达的探测距离比采用相同发射脉冲功率和保持相同分辨力的普通脉冲雷达的探测距离增大了$\sqrt[4]{D}$倍（例如，D=16时，则作用距离加大1倍）。

由此可见，接收机输出的目标回波信号具有窄的脉冲宽度和高的峰值功率，正好符合探测距离远和距离分辨力高的要求，充分体现了脉冲压缩技术独特的性能。

以上定性地介绍了线性调频脉冲压缩的基本原理，为了进一步研究线性调频脉冲压缩与脉冲压缩之间的内在关系，还必须采用数学方法进行定量分析。限于篇幅，这里不再做定量分析，

并对线性调频脉冲压缩的频谱特性的讨论也一并略过。

9.3　相控阵雷达

传统的机械扫描和跟踪雷达需要通过天线的转动来控制雷达波束的收/发方向。其中，每转动一圈就是一个扫描周期，与此相应的就是雷达的显示屏上会显示一次扫描的结果。但是，现代雷达更多采用电扫描的工作方式。为了进一步改进雷达的性能，电扫描雷达又通过组阵的方式，形成功能更加强大的相控阵雷达。

“相控阵”的意思就是“相位控制阵列”。相控阵是由许多辐射元（相控阵天线）排列而成的，而各个辐射元的馈电相位是由计算机灵活控制的阵列。相控阵天线是相控阵雷达的关键组成部分。采用有源相控阵天线的雷达系统能够满足不断增长的雷达任务灵活性和多工作模式的需要，允许波束高速捷变、雷达多功能运行，能够结合能量管理的工作模式，也可以由确定的或自适应性的方向图形成，从而满足对高性能雷达系统日益增长的需要，诸如，多目标跟踪、远作用距离、高数据率、自适应抗干扰、快速识别目标、高可靠性，以及同时完成目标搜索、识别、捕获和跟踪等多种功能。限于篇幅，本节简单论述相控阵的基本原理及相控阵雷达的基本组成。

9.3.1　相控阵的基本原理

通常，相控阵天线的阵元（辐射元）少的有几百，多的则可达几千，甚至上万。每个阵元（或一组阵元）后面接有一个可控移相器，控制这些移相器的相移量可改变各阵元间的相对馈电相位，从而改变天线阵面上电磁波的相位分布，使得波束在空间按一定规律扫描。阵列天线有两种基本的形式：一种称为线阵列，所有阵元都排列在一条直线上；另一种称为面阵列，阵元排列在一个面上，通常是一个平面。为了说明相位扫描原理，下面讨论图 9.3.1 所示的 N 个阵元的线性阵列的扫描情况，它由 N 个相距为 d 的阵元组成。假设各阵元为无方向性的点辐射源，而且同相等幅馈电（以零号阵元为相位基准）。在相对于阵轴法线的 θ 方向上，两个阵元之间的波程差 $d\sin\theta$ 引起的相位差为

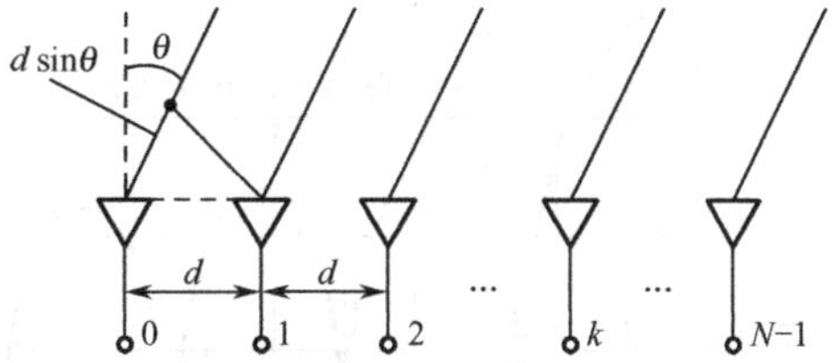

图 9.3.1　线性阵列天线的布局

$$\Psi = \frac{2\pi}{\lambda} d\sin\theta \tag{9.3.1}$$

式中，λ 为接收信号的波长。N 个阵元在 θ 方向远区某一点辐射场强的矢量和为

$$E(\theta) = \sum_{k=0}^{N-1} E_k \mathrm{e}^{\mathrm{j}k\Psi} = E\sum_{k=0}^{N-1} \mathrm{e}^{\mathrm{j}k\Psi} \tag{9.3.2}$$

式中，E_k 为各阵元在远区的辐射场强，当 E_k 均等于 E 时，后一等式才成立。实际上远区 E_k 不一定均相等，因为各阵元的馈电一般要加权。为方便讨论，假设等幅馈电，且忽略因波程差引起的场强差别，也就是假设远区各阵元的辐射场强近似相等，E_k 可用 E 表示。显然，当 $\theta = 0$ 时，电场同相叠加而获得最大值。

天线方向图是表征天线产生电磁场及其能量空间分布的一个性能参量。天线的辐射特性可以用场强（或功率）方向图、相位方向图和极化方向图三者来完备地描述。通常人们比较关心场强方向图。

根据等比级数求和公式及欧拉公式，式（9.3.2）可写成

$$E(\theta)=E\frac{\mathrm{e}^{\mathrm{j}N\psi}-1}{\mathrm{e}^{\mathrm{j}\psi}-1}=E\frac{\mathrm{e}^{\mathrm{j}\frac{N}{2}\psi}\left(\mathrm{e}^{\mathrm{j}\frac{N}{2}\psi}-\mathrm{e}^{-\mathrm{j}\frac{N}{2}\psi}\right)}{\mathrm{e}^{\mathrm{j}\frac{\psi}{2}}\left(\mathrm{e}^{\mathrm{j}\frac{\psi}{2}}-\mathrm{e}^{-\mathrm{j}\frac{\psi}{2}}\right)}=E\frac{\sin(N\psi/2)}{\sin(\psi/2)}\mathrm{e}^{\mathrm{j}\frac{N-1}{2}\psi} \tag{9.3.3}$$

将式（9.3.3）取绝对值并归一化后，得到图 9.3.2 所示的各向同性的 10 个单元阵列的归一化场强方向图 $F_{\mathrm{a}}(\theta)$ 为

$$F_{\mathrm{a}}(\theta)=\frac{|E(\theta)|}{|E_{\max}(\theta)|}=\frac{\sin(N\psi/2)}{N\sin(\psi/2)}=\frac{\sin[\pi N(d/\lambda)\sin\theta]}{N\sin[\pi(d/\lambda)\sin\theta]} \tag{9.3.4}$$

当各个阵元不是无方向性的，而其阵元场强方向图为 $F_{\mathrm{e}}(\theta)$ 时，阵列的场强方向图变为

$$F(\theta)=F_{\mathrm{a}}(\theta)F_{\mathrm{e}}(\theta) \tag{9.3.5}$$

式（9.3.5）即阵列天线的方向图乘积定理。式中，$F_{\mathrm{a}}(\theta)$ 称为阵列场强方向图因子，有时简称为阵因子，而 $F_{\mathrm{e}}(\theta)$ 称为阵元场强方向图因子。

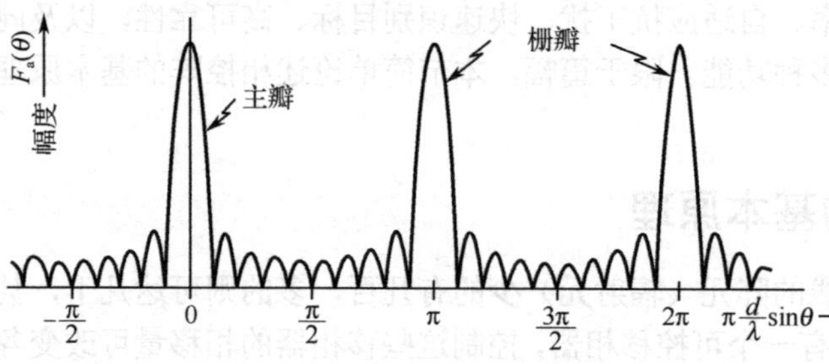

图 9.3.2　10 个单元阵列的归一化场强方向图

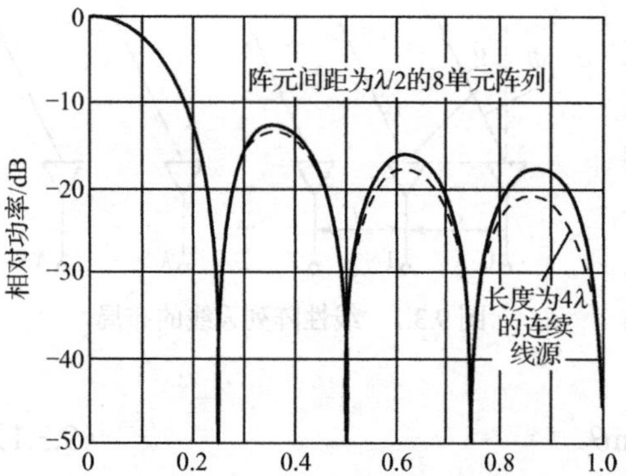

图 9.3.3　阵元间距为 λ/2 的 8 单元阵列辐射方向图

图 9.3.3 给出一个阵元间距为 $\lambda/2$ 的均匀照射的 8 单元阵列辐射方向图。当式（9.3.4）中的 $N\pi(d/\lambda)\sin\theta=0,\pm\pi,\pm2\pi,\cdots,\pm n\pi$（$n$为整数）时，$F_{\mathrm{a}}(\theta)$ 的分子项为 0。而当 $\pi(d/\lambda)\sin\theta=0,\pm\pi,\pm2\pi,\cdots,\pm n\pi$ 时，由于分子和分母均为 0，因此 $F_{\mathrm{a}}(\theta)$ 值不确定。利用洛必达法则，当 $\sin\theta=\pm\frac{n\lambda}{d}$，$n=0,1,2,\cdots$ 时，$F_{\mathrm{a}}(\theta)$ 为最大值，这些最大值都等于 N。在 $n=0$ 时的最大值称为主瓣，n 为其他时的最大值称为栅瓣。栅瓣的间隔是阵元间距和波长的函数。栅瓣出现的角度 θ_{GL} 为

$$\theta_{\mathrm{GL}}=\arcsin(\pm n\lambda/d) \tag{9.3.6}$$

式中，n 是整数。当 $d=\lambda$ 时，$\theta_{\mathrm{GL}}=90°$。当 $d/\lambda=0.5$ 时，由于 $\sin\theta_{\mathrm{GL}}>1$ 不可能成立，所以空间不会出现第一栅瓣。

当 θ 很小时，$\sin\pi\left[\left(\frac{d}{\lambda}\right)\sin\theta\right]\approx\pi(d/\lambda)$，式（9.3.4）可近似为

$$F_{\mathrm{a}}(\theta)\approx\frac{\sin[N\pi(d/\lambda)\sin\theta]}{N\pi(d/\lambda)\sin\theta} \tag{9.3.7}$$

在天线方向图中，两个关键参数是半功率主瓣宽度和旁瓣电平。在式（9.3.7）中，当 θ 很

小时，有 $\sin\theta=\theta$，令 $N\pi\left(\dfrac{d}{\lambda}\right)\theta=u$，式（9.3.7）就变成归一化辛格函数 $\sin u/u$ 形式，如图 9.3.4 所示。

为了使波束在空间迅速扫描，可在每个阵元之后接一个可变移相器，如图 9.3.5 所示。设各阵元移相器的相移量分别为 $0,\varphi,2\varphi,\cdots,(N-1)\varphi$。由于阵元间相对的相位差不为 0，所以在天线阵的法线方向上各阵元的辐射场不能同相相加，因而不是最大辐射方向。当移相器引入的相移 φ 抵消了由于阵元间波程差引起的相位差，即 $\psi=\varphi=2\pi(d/\lambda)\sin\theta_0$ 时，则在偏离法线的 θ_0 角度方向上，由于电场同相叠加而获得最大值。这时，波束指向由阵列法线方向（$\theta=0$）变到 θ_0 方向。简单地说，在图 9.3.5 中，MM' 线上各阵元激发的电磁波的相位是相同的，称为同相波前，波束最大值方向与其同相波前垂直。可见，控制各种移相器的相移量可改变同相波前的位置，从而改变波束指向，达到扫描的目的。此时，式（9.3.2）变成

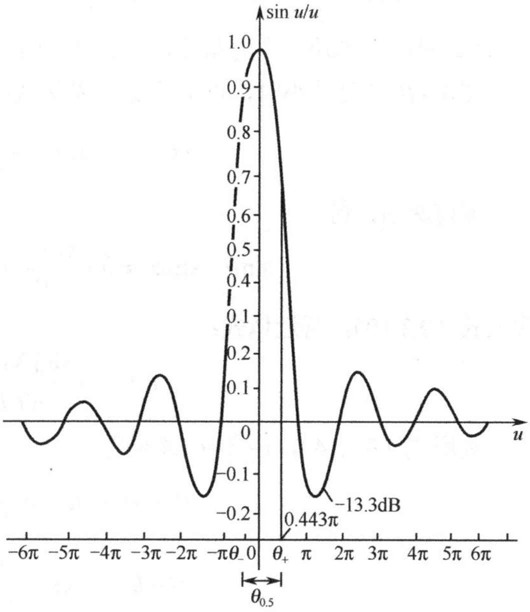

图 9.3.4　归一化辛格函数曲线

$$E(\theta)=E\sum_{k=0}^{N-1}e^{jk(\Psi-\varphi)} \tag{9.3.8}$$

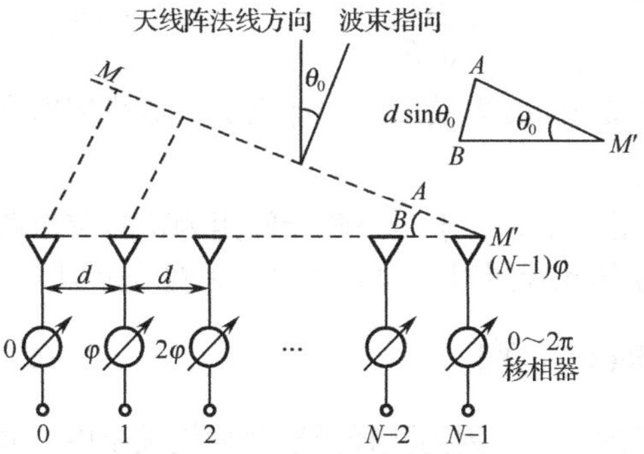

图 9.3.5　相位扫描原理的示意图

式中，Ψ 为相邻阵元间的波程差引入的相位差，φ 为移相器的相移量。令

$$\varphi=2\pi(d/\lambda)\sin\theta_0 \tag{9.3.9}$$

则对于各向同性单元阵列，由式（9.3.7）得扫描时的场强方向图为

$$F_a(\theta)=\frac{\sin[N\pi(d/\lambda)(\sin\theta-\sin\theta_0)]}{N\sin[\pi(d/\lambda)(\sin\theta-\sin\theta_0)]} \tag{9.3.10}$$

由式（9.3.10）可知：

（1）在 $\theta=\theta_0$ 方向上，$F_a(\theta)=1$，有主瓣存在，且主瓣的方向由 $\varphi=2\pi(d/\lambda)\sin\theta_0$ 决定，只要控制移相器的相移量 φ 就可控制最大辐射方向 θ_0，从而形成波束扫描。

（2）在 $\dfrac{\pi d}{\lambda}(\sin\theta-\sin\theta_0)=\pm m\pi$ 的 θ 方向，$m=1,2\cdots$，有与主瓣等幅度的栅瓣存在。栅瓣的出现使测角存在多值性，这是不希望发生的。为了不出现栅瓣，必须使

$$\pi(d/\lambda)|\sin\theta-\sin\theta_0|<\pi \tag{9.3.11}$$

因为
$$|\sin\theta-\sin\theta_0|\leqslant|\sin\theta|+|\sin\theta_0|\leqslant 1+|\sin\theta_0|$$

所以，只要
$$\frac{d}{\lambda}<\frac{1}{1+|\sin\theta_0|} \tag{9.3.12}$$

就一定能满足式（9.3.11），从而保证不出现栅瓣。

（3）波束扫描时，随着 θ_0 的增大波束要展宽。同样，在 $\theta-\theta_0$ 角度较小时，可令

$u = N\pi\left[\left(\frac{d}{\lambda}\right)(\sin\theta - \sin\theta_0)\right]$，于是式（9.3.10）变成$\frac{\sin u}{u}$形式。由图 9.3.4 可知，当$u = \pm 0.443\pi$时，场强方向图的值降到最大值的$\frac{1}{\sqrt{2}}$。用$\theta_+$表示$\theta > \theta_0$时对应于半功率点的角度，$\theta_-$表示$\theta < \theta_0$时对应于半功率点的角度，即$\theta_+$对应于$u = +0.443\pi$，$\theta_-$对应于$u = -0.443\pi$。

在$\theta - \theta_0$角度较小时，在关于u的表达式中，$\sin\theta - \sin\theta_0$可在$\theta_0$处按泰勒级数展开为

$$f(x) = f(x_0) + \frac{f'(x_0)}{1!}(x - x_0) + \frac{f''(x_0)}{2!}(x - x_0)^2 + \cdots \tag{9.3.13}$$

取前两项，得

$$\sin\theta - \sin\theta_0 \approx 0 + \frac{\cos\theta_0}{1!}(\theta - \theta_0) + \cdots \approx (\theta - \theta_0)\cos\theta_0$$

代入式（9.3.10），得近似式：

$$F_a(\theta) \approx \frac{\sin[N(d/\lambda)\cos\theta_0\pi(\theta - \theta_0)]}{N(d/\lambda)\cos\theta_0\pi(\theta - \theta_0)} \tag{9.3.14}$$

利用式（9.3.14），由图 9.3.4 可得

$$\theta_+ - \theta_0 = \arcsin\frac{0.443\lambda}{N d\cos\theta_0} \approx \frac{0.443\lambda}{N d\cos\theta_0}$$

$$\theta_- - \theta_0 = \arcsin\frac{-0.443\lambda}{N d\cos\theta_0} \approx \frac{-0.443\lambda}{N d\cos\theta_0}$$

因而，在θ_0方向上相应的半功率波束宽度$\theta_{0.5s}$为

$$\theta_{0.5s} \approx \frac{0.886\lambda}{N d\cos\theta_0}(\text{rad}) \approx \frac{50.8\lambda}{N d\cos\theta_0}(^\circ) = \frac{\theta_{0.5}}{\cos\theta_0} \tag{9.3.15}$$

可见，θ_0方向的半功率波束宽度$\theta_{0.5s}$与扫描角余弦值$\cos\theta_0$成反比。θ_0愈大，波束展宽愈厉害，当$\theta_0 = 60^\circ$时，$\theta_{0.5s} \approx 2\theta_{0.5}$。

式（9.3.15）适用于均匀线源分布，它很少用在雷达中。对于一个阵元间距为d的N个阵元的线阵，用$a_0 + 2a_1\cos(2\pi n/N)$形式在平台上加余弦的孔径照射，则半功率波束宽度近似为

$$\theta_{0.5} \approx \frac{0.886\lambda}{N d\cos\theta_0}[1 + 0.636(2a_1/a_0)^2] \tag{9.3.16}$$

式中，a_0和a_1是常数，孔径照射中的参数n表示阵元的位置。因为孔径照射是假设关于中心阵元对称的，n取$\pm1, \pm2, \cdots, \pm(N-1)/2$，天线孔径照射覆盖跨度从均匀照射到阵列的末端跌落到零的台坡照射（假定孔径照射是延伸到阵元末端外的$d/2$处）。尽管上述适用于线阵，但类似的结果也可从平面孔径得到；这就是说，波束宽度近似地与$\cos\theta_0$成反比。

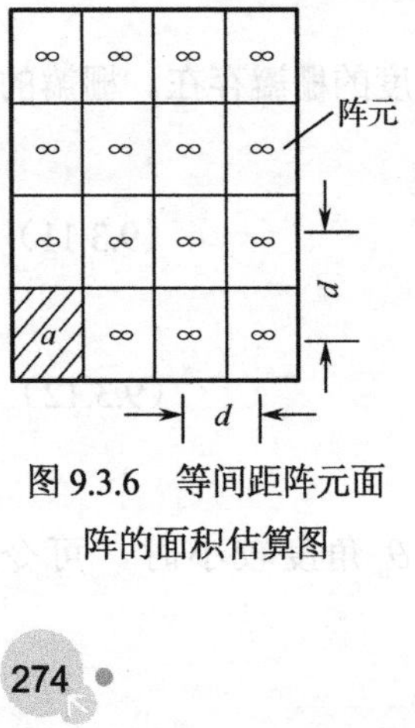

图 9.3.6　等间距阵元面阵的面积估算图

（4）波束扫描时，随着θ_0的增大，对应天线的增益降低。对于等幅照射，面积为A的无损耗口径，其法线方向波束的增益由下式确定：

$$G_0 = 4\pi(A/\lambda^2) \tag{9.3.17}$$

因相控阵的总面积定义为

$$A = Na$$

式中，a表示阵列中每一个阵元占的面积，N为阵元数，如图 9.3.6 所示。当面阵由N个等间距阵元组成，且间距$d = \lambda/2$时，有

$$A = Nd^2 = N\lambda^2/4$$

代入式（9.3.17）得法线方向的增益为

$$G_0 = N\pi$$

在任意的扫描方向，天线口径在扫描方向垂直面的投影为 $A_{\theta_0} = A\cos\theta_0$。若将天线考虑为匹配接收天线，则扫描波束所收集的能量总和正比于天线口径的投影面积 A_{θ_0}，所以增益为

$$G_{0s} = 4\pi A_{\theta_0}/\lambda^2 = (4\pi A/\lambda^2)\cos\theta_0 = N\pi\cos\theta_0 \tag{9.3.18}$$

可见，增益随扫描角的增大而减小。

总之，在波束扫描时，扫描的偏角越大，波束越宽，天线增益越小，因而天线波束性能变差。一般，天线扫描角限制在 60°之内。

以上所述的是等间距等幅度阵列，这种阵列的天线方向图为辛格函数，它所决定的旁瓣电平高（第一旁瓣为-13.2dB），不利于雷达的抗干扰。为了降低旁瓣电平，常采用等间距等幅度加权阵列或密度加权阵列。所谓等间距等幅度加权，即各阵元馈电振幅大小不等，一般馈给阵列中间的阵元功率大些，周围的阵元功率小些，最常用的加权函数为泰勒分布。所谓密度加权，指天线的阵元按一定疏密程度排列，天线阵中心附近阵元密些，周围阵元稀些，而每个阵元的幅度均相等。与等间距等幅度加权阵列相比，阵元数减少了，加权后天线增益有所降低，降低的程度与阵元数减少的程度成正比。波瓣宽度（主要取决于阵列的尺寸）基本一样，而主瓣周围的旁瓣电平有所降低。然而，密度加权阵列是以提高远角度旁瓣电平为代价（由此而降低增益）来换取主瓣附近的旁瓣电平降低的，所以有得有失。

在有源相控阵中，为了简化结构，可以减少发射机品种，提高互换性，所以大型有源相控阵雷达以采用等幅度阵元的密度加权阵列天线为主。

对于非均匀激励的阵列，计算波束宽度和旁瓣电平常采用数值计算法。表 9.3.1 列出了几种孔径照射函数的远场辐射方向图的主要参数。

表 9.3.1 几种孔径照射函数的远场辐射方向图的主要参数

z 轴上的孔径照射函数	相对的最指向性	半功率波束宽度/°	主瓣与第一旁瓣强度比值/dB
均匀的 $A(z)=1$	1	51	13.2
余弦 $A(z)=\cos^n(\pi z/2)$			
$n=0$	1	$51\lambda/d$	13.2
$n=1$	0.810	$69\lambda/d$	23
$n=2$	0.667	$83\lambda/d$	32
$n=3$	0.575	$95\lambda/d$	40
$n=4$	0.515	$111\lambda/d$	48
抛物线状 $A(z)=1-(1-\Delta)z^2$			
$\Delta=1.0$	1	$51\lambda/d$	
$\Delta=0.8$	0.994	$53\lambda/d$	
$\Delta=0.5$	0.970	$56\lambda/d$	
$\Delta=0$	0.833	$66\lambda/d$	
三角形 $A(z)=1-\lvert z\rvert$	0.75	$73\lambda/d$	26.4
圆形 $A(z)=\sqrt{1-z^2}$	0.865	$58.5\lambda/d$	17.6

9.3.2 相控阵雷达的基本组成

相控阵雷达的组成形式有多种，目前典型的相控阵雷达常用移相器控制波束的发射和接收。典型相控阵有两种组成形式，一种是无源相控阵，它共用一个或几个发射机和接收机，如图 9.3.7（a）所示；另一种是有源相控阵，每个天线阵元用一个接收机和发射功率放大器，如图 9.3.7（b）

所示。下面以图 9.3.7（a）所示的无源相控阵雷达的组成方框图为例，简要说明其工作过程：（1）首先，中心计算机根据数据处理后的有关目标的位置坐标，指令波控处理机（一台专用于计算和控制相移量的计算机）计算并控制天线阵中各移相器的相移量，使天线波束按指定空域搜索或跟踪目标；（2）目标回波又经阵列传输到接收机，接收机输出的是模拟信号，经模/数转换后，在信号处理机中处理后送入数据处理机中，中心计算机对目标（坐标、速度和航向等）参数进行平滑，从而得出目标位置和速度等外推数据；（3）根据外推数据，中心计算机再进一步判断目标的轨迹和威胁程度，确定各目标搜索或跟踪的程序。经过上述几个步骤的处理，相控阵雷达完全能够控制全机各系统，从而使雷达工作状态自动地适应空间目标。

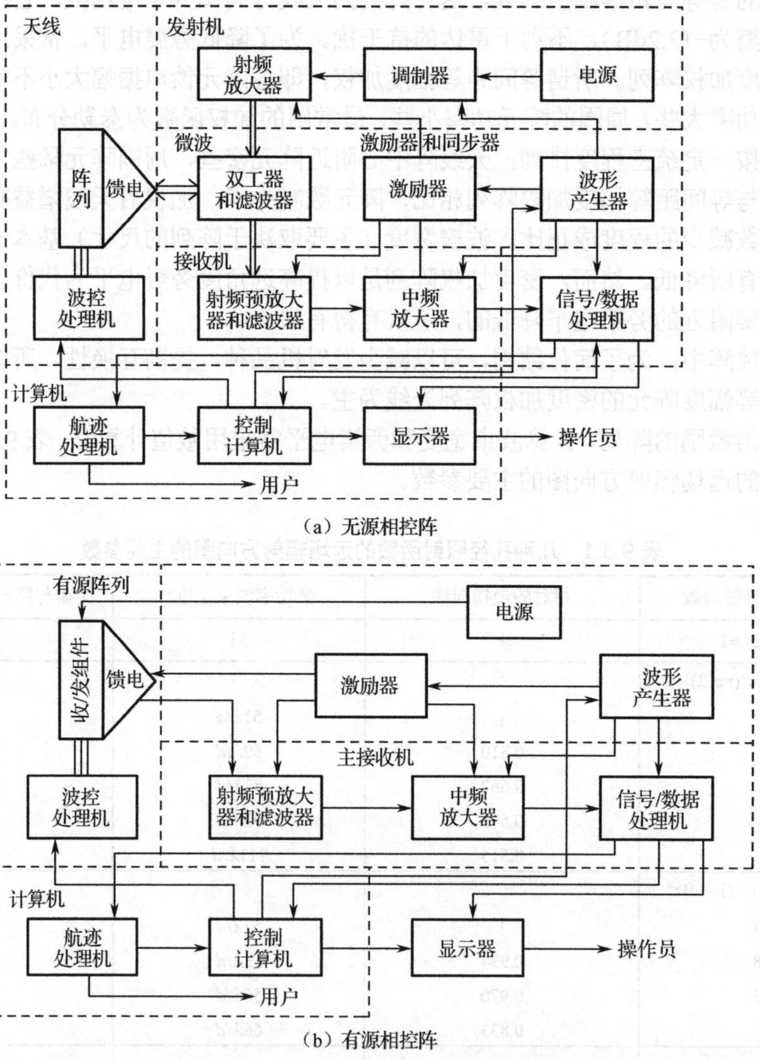

图 9.3.7　典型相控阵雷达的组成方框图

顺便指出，相位扫描是实现电扫描的方法之一。另一种实现电扫描的方法是频率扫描，其天线也由 N 个一定间距的阵元组成，如图 9.3.8 所示。与相位扫描的不同之处在于，它不是靠移相器在不同阵元中产生相位差的，而是通过延迟线产生相位差的。不同频率的输入信号依次经过延迟线（长度为 l）后分别送往各阵元。这样，各阵元之间的输入信号便会产生相应的相位差。因此，和相位扫描一样，一定的频率对应一定的相位差，可以形成一个特定指向的波束。

这种通过改变雷达的工作频率，使天线的波束实现扫描的雷达称为频率扫描雷达，其组成方框图如图 9.3.9 所示。

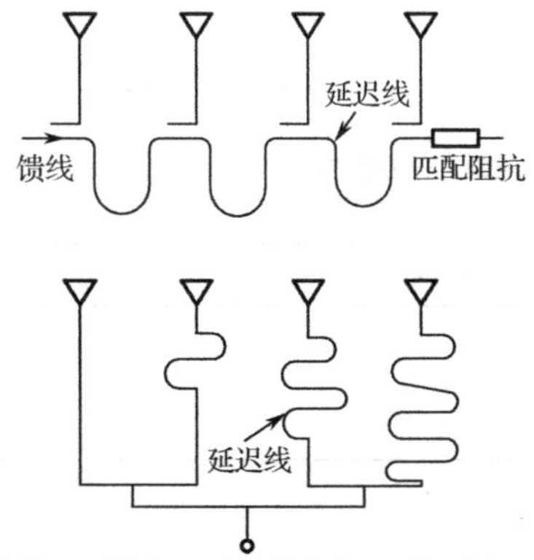

图 9.3.8　频率扫描天线的馈电方式

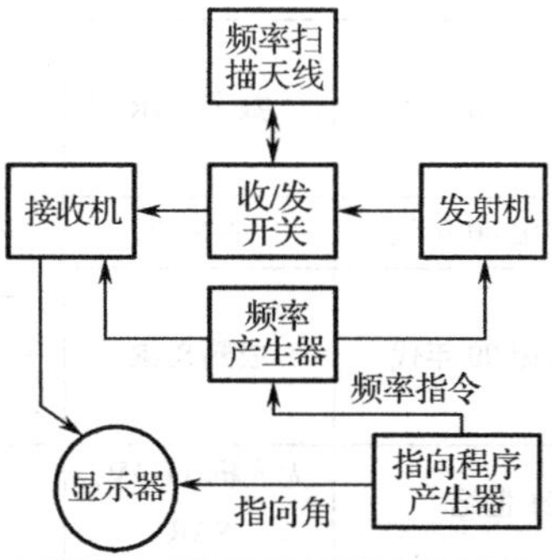

图 9.3.9　频率扫描雷达的组成方框图

相位扫描系统是相控阵雷达的重要组成部分，包括天线阵、移相器、波束指向控制器、波束形成网络等。限于篇幅，这里不再展开论述。

9.4　合成孔径雷达

雷达检测目标的二维像，即径向距离和横向距离参数，可以通过合成孔径（SA）及逆合成孔径（ISA）等方式来获得。合成孔径雷达（Synthetic Aperture Radar，SAR）是利用与目标做相对运动的小孔径天线，把不同位置接受的回波进行相干处理，从而获得较高分辨力的成像雷达。也就是说，合成孔径雷达是主动式微波成像雷达，是利用信号相干处理（合成孔径和脉冲压缩）技术以小的真实孔径天线达到高分辨力成像的雷达系统。

与可见光/红外遥感技术相比，SAR 成像遥感具有以下几个优点。由于雷达是一种拥有自已照射源的传统有源传感系统，因此与无源传感系统不同，它不依靠地球表面反射或辐射的能量，因此雷达在白天或晚上均能获取图像。另外，雷达工作于电磁频谱的微波区，较长波长的微波能量能穿透云层、薄雾和雨。这样，雷达能在可见光/红外系统不能使用的不利天气条件下工作。微波能量的使用也允许观测只有在微波区才有的地球特征，而这些特征采用可见光/红外系统是检测不到的。SAR 系统除可进行高分辨力的地质/地形测绘外，近年来，随着对地侦察和精确打击等任务对高分辨力地面测绘的需求，SAR 技术还广泛应用于监视、搜索、测绘、图像匹配制导等功能，许多先进的战斗机机载雷达也具有 SAR 工作模式。

SAR 的研制始于 20 世纪 50 年代。第一部可工作的 SAR 采用飞行后在地面进行光学处理的方式，生成正侧视条带图像。始于 20 世纪 60 年代的数字信号处理（DPS）为实时 SAR 成像处理带来了希望。首部实时数字 SAR 于 1971 年装机并在空中飞行。数字 SAR 的研制持续多年，并随着数字处理关键技术的进展在不断发展。目前，实时数字处理的 SAR 图像在应用中都已常见。表 9.4.1 总结了 SAR 技术发展的一些时间节点及特征。

表 9.4.1　SAR 技术发展简史

时　间	阶　段	特　征
20 世纪 50 年代	概念研制	——Carl Wiley 的多普勒波束锐化（DBS）概念 ——伊利诺伊大学实验 ——Michigan/Wolverine 项目

续表

时　　间	阶　　段	特　　征
20 世纪 60 年代	光学 SAR	——光学处理 ——非实时
20 世纪 70 年代	数字 SAR	——通过数据链进行实时观察 ——战术/战略精度导航（NAV）更新和武器投射 ——星载 SAR
20 世纪 80 年代	逆 SAR	——基于目标运动和非雷达运动的目标成像
20 世纪 90 年代	成熟 SAR	——商用现代（COTS）元器件 ——先进的算法 ——世界范围
21 世纪	无人机（UAV）SAR	——将 SAR 用于 UAV ——小型 UAV 的微型 SAR

9.4.1 概述

雷达技术中角分辨力（在两坐标雷达中为方位角分辨力或称为横向距离分辨力）的数学表达式为

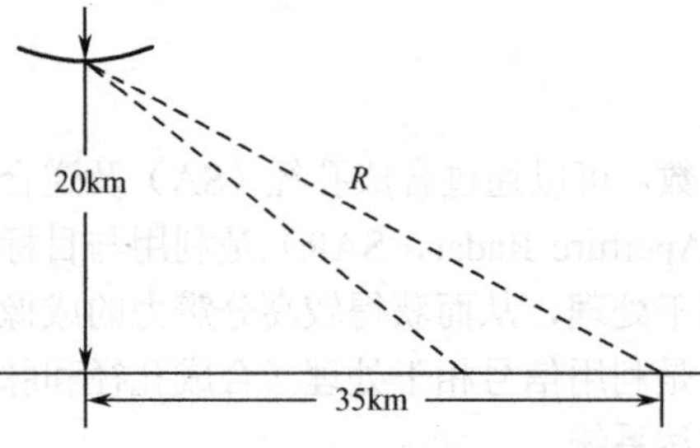

图 9.4.1　侧视雷达侦察、测绘的示意图

$$\delta_x = \lambda R/D \tag{9.4.1}$$

式中，λ 为波长；D 为天线孔径；R 为斜距。

例如，高空侦察飞机的分型高度为 20km，用一 X 波段（λ=3cm）侧视雷达探测，如图 9.4.1 所示。设其方位向孔径 D =4m，则在离航迹 35km 处（此处 $R \approx 40$km）的方位角分辨力约为

$$\delta_x = \lambda R/D = \frac{0.03}{4} \times 40777000 = 300\text{（m）}$$

显然，300m 的方位角分辨力不能满足军事侦察要求。

提高方位角分辨力的常规方法只有两条技术途径：一是采用更短的波长；二是研制尺寸更大的天线。但是这两个技术途径都是有限度的，在某些应用场合是不可取的。然而，可利用雷达与被测物体之间相对运动产生的随时间变化的多普勒效应，对之进行横向相干压缩处理（等效地增大了天线的有效孔径），从而实现高的方位角分辨力。

下面先给出将对常规雷达天线、非聚焦型合成孔径和聚焦型合成孔径三种类型的方位角分辨力比较，且采用合成孔径的专业术语。有关距离和方位角联合分辨力的更详细推导将在本章的后面部分给出。

常规情况的方位角分辨力可由下式给出，即

$$\delta_{x_R} = \lambda R/D \tag{9.4.2}$$

非聚焦型 SAR 的方位角分辨力为

$$\delta_{x_\mu} = \sqrt{\lambda R}/2 \tag{9.4.3}$$

聚焦型 SAR 的方位角分辨力为

$$\delta_{x_s} \approx R\lambda/2L_s \tag{9.4.4}$$

式中，λ 为雷达发射信号的波长（单位为 m）；R 为到需要分辨目标的距离，即雷达距离（单位

为 m)；D 为实际天线的水平孔径有效长度（单位为 m）；δ_{x_R} 为采用实际天线的方位角分辨力（单位为 m）；δ_{x_μ} 和 δ_{x_s} 分别为采用非聚焦型和聚焦型 SAR 的方位角分辨力；L_s 为合成孔径的有效长度（单位为 m）。

图 9.4.2 是这三种情况的方位角分辨力与雷达距离的关系曲线，是在天线孔径为 5ft，波长为 0.1ft 的情况下画出的。

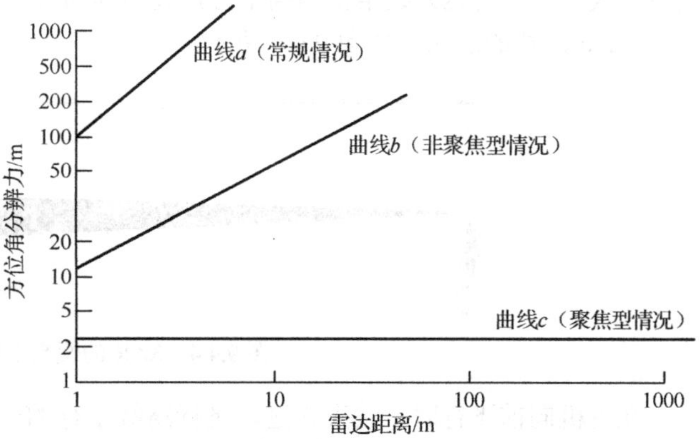

图 9.4.2　三种情况的方位角分辨力与雷达距离的关系曲线

这三种情况的方位角分辨力有三种技术：(1) 常规技术，这种情况下的方位角分辨力依赖于发射波束宽度；(2) 非聚焦型合成孔径技术，合成孔径的长度可以达到非聚焦型合成孔径技术所能容许的数值；(3) 聚焦型合成孔径技术，合成天线的长度等于每个距离上发射波束的线性宽度。

提高方位角分辨力所采用的合成孔径技术原理上有三种不同的方法：由于 SAR 可以在拖曳波束条带模式或者扫描波束广域搜索（WAS）中实现，WAS SAR 常常被称作多普勒波束锐化（DBS），该模式下获得的地图与具有极窄波束的实际阵列产生的地图相同，所以称为 DBS。DBS 模式与 SAR 模式的区别在于阵列长度不与待测区域的距离成正比，而是在所有距离上都一样，本章不做讨论。另两种是侧视 SAR 和利用目标转动的逆合成孔径雷达（ISAR）。其中，让雷达沿直线移动（此时目标不动），并在不同移动位置发射信号，然后对各处接受的回波信号进行综合处理来提高方位角分辨力，就是所谓的 SAR 成像。不难看出，上述合成的重要条件是雷达与目标之间的相对运动。如果让雷达不动而让目标移动，那么同样存在相对运动。根据这一事实，同 SAR 一样可对接收的目标回波信号进行方位角向高分辨合成处理，这就是 ISAR 成像。图 9.4.3（a）和图 9.4.3（b）分别示出了 ISAR 和 SAR 的几何关系。当目标和雷达载体都运动时，该处理称为广义 ISAR 成像处理。

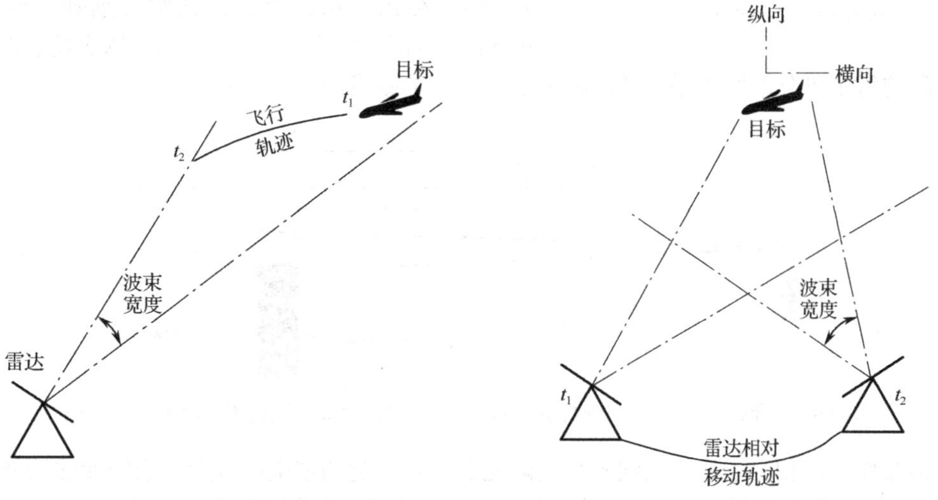

（a）ISAR的几何关系　　（b）SAR的几何关系

图 9.4.3　ISAR 和 SAR 的几何关系示意图

9.4.2 基本原理

先用一个简单例子（非聚焦型阵列）来说明。一部机载 X 波段雷达随飞机以云速度和固定高度直线飞行。雷达天线稍稍指向下方，其指向与飞行路线成 90°的固定角度，测绘 8n mile 处一个 1n mile 宽的区域，如图 9.4.4 所示。

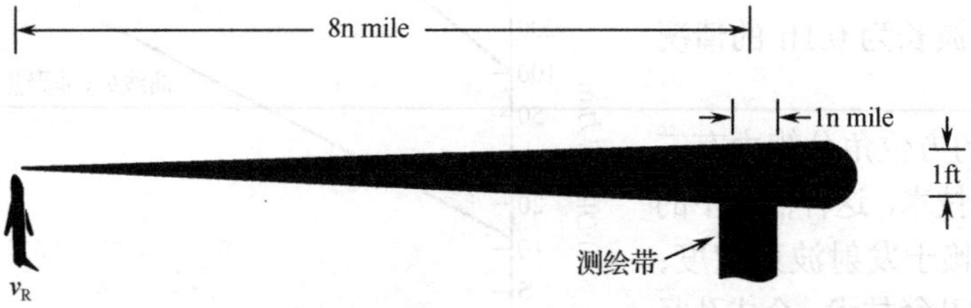

图 9.4.4 SAR 的假想工作状态

在飞机向前飞行时，波束扫过与飞行路线平行的一个宽的地面区域。然而，在该区域中只有一个较窄的部分才是我们真正感兴趣的。比如，它是离飞行路线约 8n mile、宽 1n mile 的条形区域。

飞机的任务是以大约 50ft 的分辨力测绘该条形区域中的地面。正如后面要说明的，为了在 8n mile 距离处获得 50ft 的分辨力，假想的 SAR 必须合成一个大约 50ft 的长阵列。

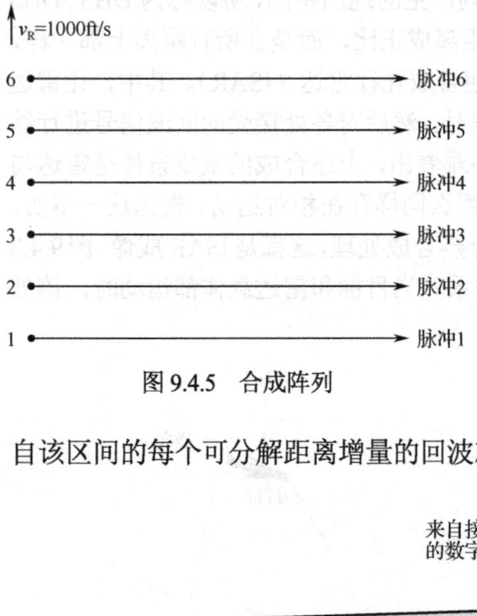

图 9.4.5 合成阵列

假设，飞机的对地速度为 1000ft/s（600n mile/h），PRF 为 1000 个脉冲每秒。那么，雷达每发射一个脉冲，雷达天线中心就沿飞行路线前进 1ft。于是，合成阵列可以认为是由相隔 1ft 的阵元组成的线阵（见图 9.4.5），各点表示发射连续脉冲时的天线中心位置，每个点构成合成孔径的一个阵元。为了合成出所需长度为 50ft 的阵列，需要有 50 个这样的阵元。换句话说，需要将 50 个连续发射脉冲的回波加在一起。

通常，这种相加是在接收机输出信号数字化以后进行的。给出一组距离门，其宽度刚好是要测绘的 1n mile 距离区间，如图 9.4.6 所示，每次发射以后，来自该区间的每个可分解距离增量的回波就加到对应的距离门中去。

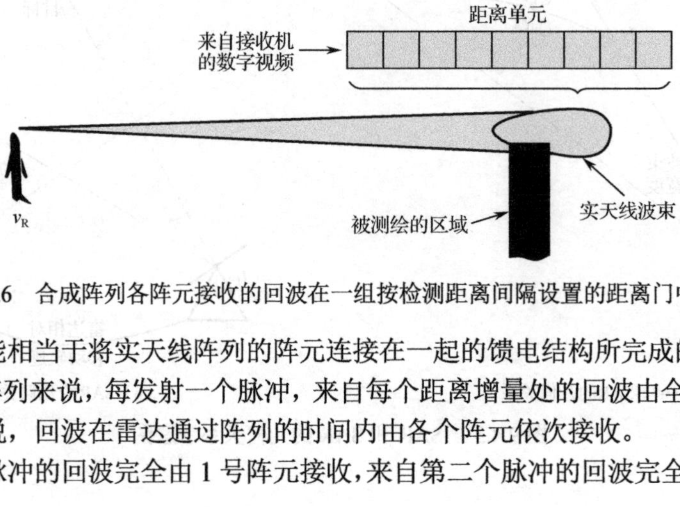

图 9.4.6 合成阵列各阵元接收的回波在一组按检测距离间隔设置的距离门中相加

这种操作功能相当于将实天线阵列的阵元连接在一起的馈电结构所完成的加法功能。其本质差别是，对实阵列来说，每发射一个脉冲，来自每个距离增量处的回波由全部阵元同时接收。而对合成阵列来说，回波在雷达通过阵列的时间内由各个阵元依次接收。

来自第一个脉冲的回波完全由 1 号阵元接收，来自第二个脉冲的回波完全由 2 号阵元接收，以下以此类推。

然而，结果基本上是一样的。若目标距离比阵列长度大得多，则由处在天线轴线（垂直于飞行路线）上的一块地面到每个阵元的距离基本上是相同的。因此，由所有阵元接收到的来自这块地面的回波有几乎相同的射频相位。在与到这块地面的距离相对应的距离门中同相相加后，产生一个和值，如图 9.4.7 所示。

另外，对一块不完全处在轴线上的地面来说，由这块地面到各阵元的距离逐渐出现差异。因此，由各阵元接收到的来自这块地面的回波逐渐出现相位差异，且趋于对消。于是，形成了一个等效的很窄的天线波束，如图 9.4.8 所示，图中给出了零值的情况。

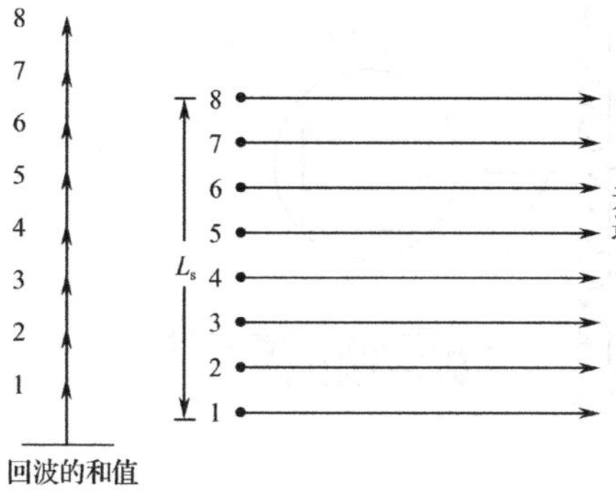

图 9.4.7　回波同相相加

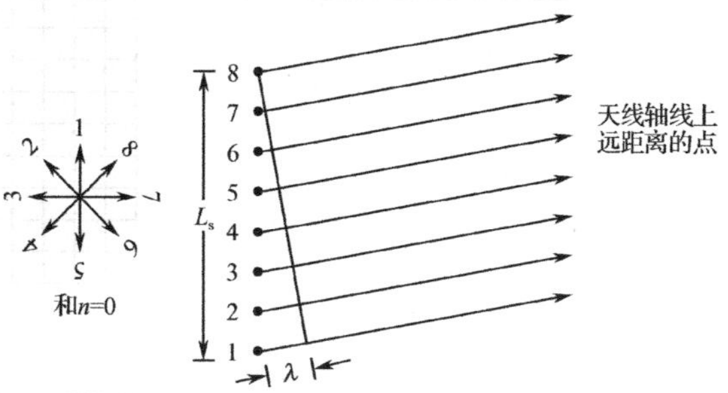

图 9.4.8　回波趋于对消

当形成阵列所需的来自 50 个脉冲的回波积累后，每个距离门中相加的和值就基本上代表了来自单个距离/方位角分辨单元的总回波，如图 9.4.9 所示。因此，一组距离门中的值就代表了来自宽度为 1n mile 的测绘区域内单独一行距离/方位角分辨单元的回波。

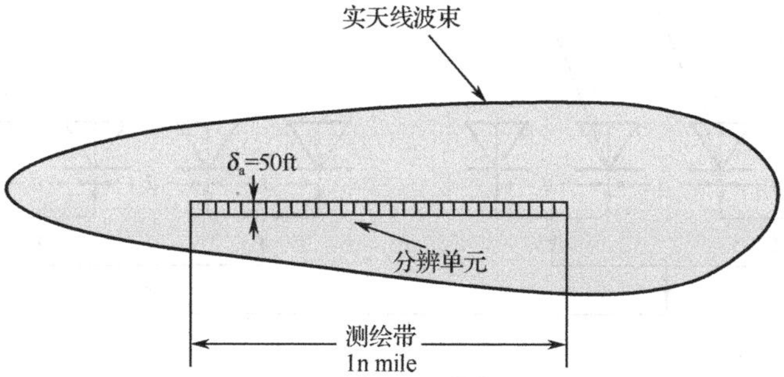

图 9.4.9　50 个脉冲的回波积累

这时，各个距离门中的数据被传输至显示存储器（扫描变换器）的相应位置供雷达显示用，如图 9.4.10 所示。接着，信号处理器开始形成新的一行，雷达波束扫描穿过刚刚测绘过的那行分辨单元之前的 1n mile 宽区域。由于一次形成一行地图，因此，这种 SAR 所采用的信号处理方法就称为逐行处理。

显示存储器存储叠加回波的行数为雷达显示所需的行数。当接收到来自新的一行分辨单元的回波时，存储的回波就向下移一行，为新数据腾出位置，而最底行的数据则被丢弃。在相对缓慢的阵列形成过程中，以高的速率重复扫描显示存储器中的数据，在显示存储器上形成连续图像。这样，随着飞机的飞行，操作员可观看到一个带状区域的图像实时移动通过显示存储器。

下面对 SAR 的基本原理做进一步讨论。

以图 9.4.11 所示的 N 个阵元的线性阵列为例，此线性阵列的辐射方向图可定义为单个阵元辐射方向图和阵因子的乘积。阵因子是阵列里天线阵元均为全向阵元时的总辐射方向图。若忽

略空间损失和阵元的辐射方向图，则阵列的输出可表示为

$$V_{\mathrm{R}} = \sum_{n=1}^{N} \{A_n \exp[-\mathrm{j}(2\pi/\lambda)d]\}^2 \tag{9.4.5}$$

式中，V_{R} 为阵列输面的各阵元幅度的平方之和；A_n 为第 n 个阵元的幅度；d 为线性阵列的阵元间距；N 为阵列中阵元的总数。

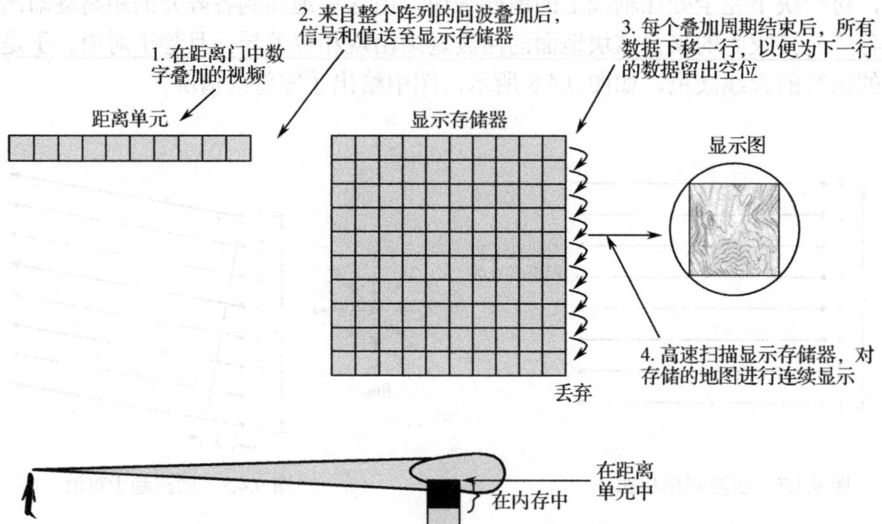

图 9.4.10　合成一个简单非聚焦型阵列的步骤

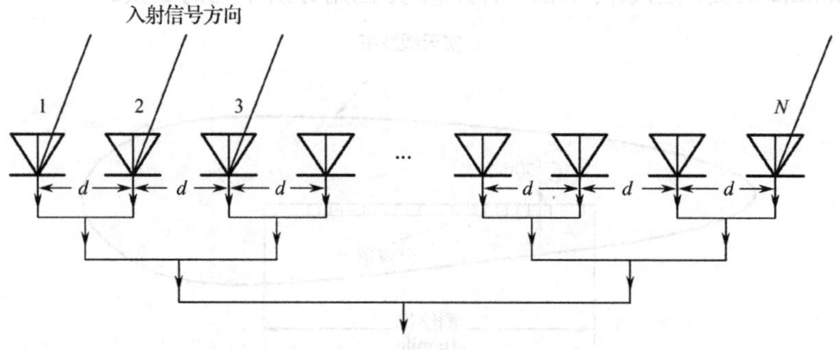

图 9.4.11　N 个阵元的线性阵列天线示意图

因此，阵列的半功率波束宽度为

$$\theta_{0.5} = \lambda/L\,(\mathrm{rad}) \tag{9.4.6}$$

式中，L 为实际阵列的总长度。若阵列对目标的斜距为 R，则其方位角分辨力为

$$\delta_x = \lambda R/L \tag{9.4.7}$$

假如不用这么多的实际小天线，而是只用一个小天线，让这个小天线在一条直线上移动。小天线发出第一个脉冲并接收从目标散射回来的第一个回波脉冲，把它存储起来后，就按理想的直线移动一定距离到第二个位置。小天线在第二个位置上再发一个同样的脉冲（这个脉冲与第一个脉冲之间有一个由时延引起的相位差），并把第二个脉冲回波接收后也存储起来。以此类推，直到这个小天线移动的直线长度相当于阵列大天线的长度为止。这时候把存储起来的所有回波（也是 N 个）都取出来，同样按矢量相加。在忽略空间损失和阵元方向图情况下，其输出为

$$V_s = \sum_{n=1}^{N} \{A_n \exp[-j(2\pi/\lambda)d]\}^2$$

式中，V_s为同一阵元在 N 个位置合成阵列输出的幅度平方之和。其区别在于每个阵元所接收的回波信号是由同一个阵元照射产生的。

所得的实际阵列和合成阵列的双路径方向图的不同点如图 9.4.12 所示。合成阵列的有效半功率波束宽度近似于相同长度实际阵列的一半，即

$$\theta_s = \lambda/2L_s \tag{9.4.8}$$

式中，L_s为合成孔径的有效长度，表示当目标仍在天线波瓣宽度之内时飞机飞过的距离，如图 9.4.13 所示；式（9.4.8）中的系数 2 代表合成阵列系统的特征，出现的原因是往返的相移确定合成阵列的有效辐射方向图，而实际阵列系统只是在接收时才有相移。从图 9.4.12 中还可以看到合成阵列的旁瓣比实际阵列稍高一点。

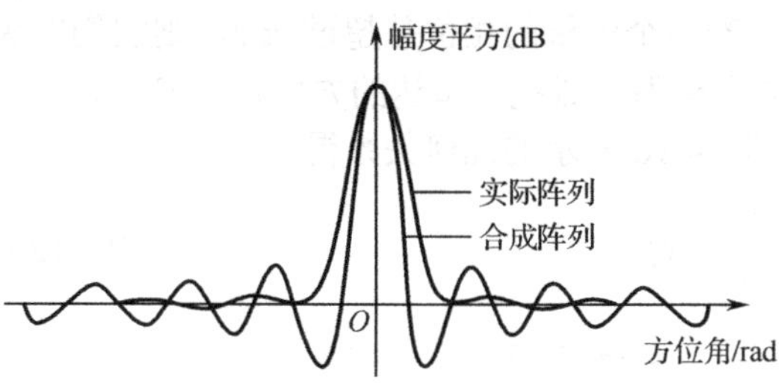

图 9.4.12　实际阵列和合成阵列的双路径方向图

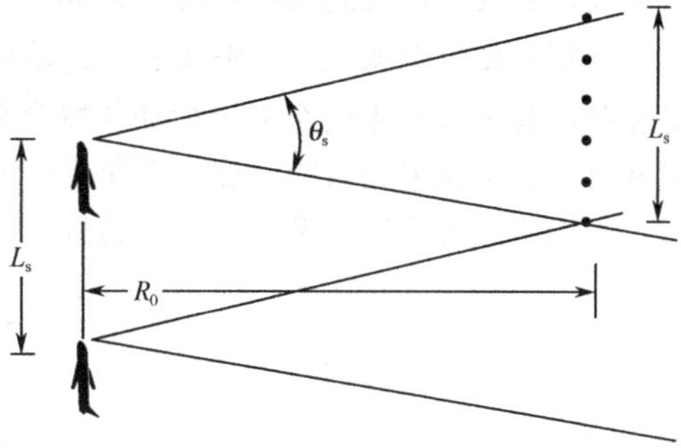

图 9.4.13　侧视 SAR 的几何图

将 D_x 作为单个天线的水平孔径，则合成孔径的长度为

$$L_s = \lambda R/D_x \tag{9.4.9}$$

合成孔径阵列的方位角分辨力为

$$\delta_s = \theta_s R \tag{9.4.10}$$

将式（9.4.8）和式（9.4.9）代入式（9.4.10），得方位角分辨力为

$$\delta_s = \frac{\lambda}{2L_s} R = \frac{\lambda R}{2} \frac{D_x}{\lambda R} = D_x/2 \tag{9.4.11}$$

式（9.4.11）有以下几点需要注意。首先，其方位角分辨力与距离无关。这是由于合成孔径的长度 L_s 与距离呈线性关系，因而长距离目标比短距离目标的合成孔径更大，如图 9.4.14 所示。其次，方位角分辨力和合成孔径的“波束宽度”不随波长变化。虽然式（9.4.8）所表示的合成阵列的有效半功率波束宽度随波长的加长而展宽，但是由于长的波长比短的波长的合成孔径长度更长，从而抵消了合成波束的展宽。

最后，若将单个天线做得更小些，则方位角分辨力就会更好些，这正好与实际天线的方位角分辨力的关系相反，这可用图 9.4.15 来解释。因为单个天线做得越小，其波束就越宽，合成天线的长度就更长。当然，单个天线小到什么程度有其限制，因为它需要足够的增益和孔径，以确保合适的信噪比。

为达到式（9.4.11）的方位角分辨力需要对信号进行附加处理，所需的处理就是要对 SAR 天线在每一位置上所接收到的信号进行相位调整，使这些信号对于一个给定的目标来说是同相的，它属于聚焦型合成孔径。

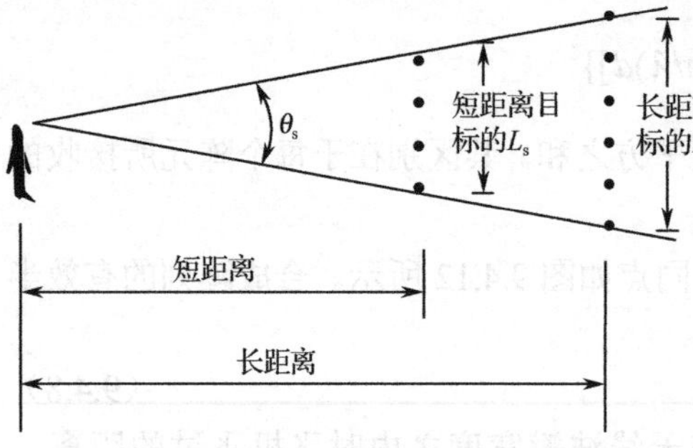

图 9.4.14　目标距离对侧视 SAR 的影响示意图

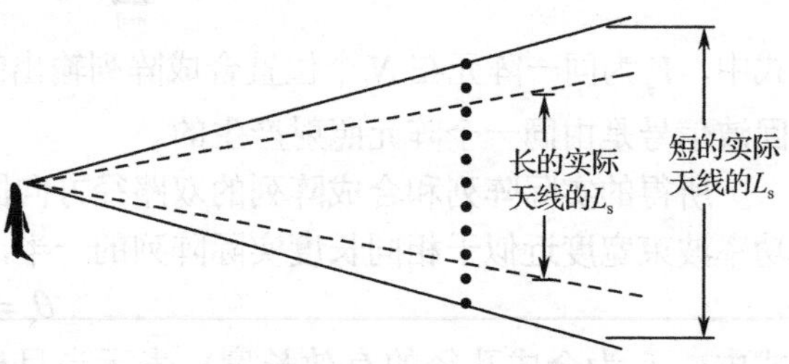

图 9.4.15　单个天线尺寸对侧视 SAR 的影响的示意图

所谓非聚焦型合成孔径就是指不用改变合成孔径内从各种不同位置来的信号的相移量就能完成被存储信号的积累。可以想到，既然对各种不同位置来的回波不进行相位调整，则相应的合成孔径长度一定受到限制。设 L_s 为非聚焦型合成孔径的长度，超过这个长度范围的回波信号由于其相对相位差太大，如果让它与 L_s 范围内的回波信号相加，其结果反而会使能量减弱而不是加强，其很容易用两个矢量相加的概念来理解。若两个矢量的相位差超过 $\pi/2$，则它们的矢量和可能小于原来矢量的幅度。下面我们来计算非聚焦型合成孔径雷达的方位角分辨力。

首先要确定非聚焦型合成孔径的长度 L_s。由图 9.4.16 所示的几何关系得

$$\left(R_0+\frac{\lambda}{8}\right)^2=\frac{L_s^2}{4}+R_0^2 \tag{9.4.12}$$

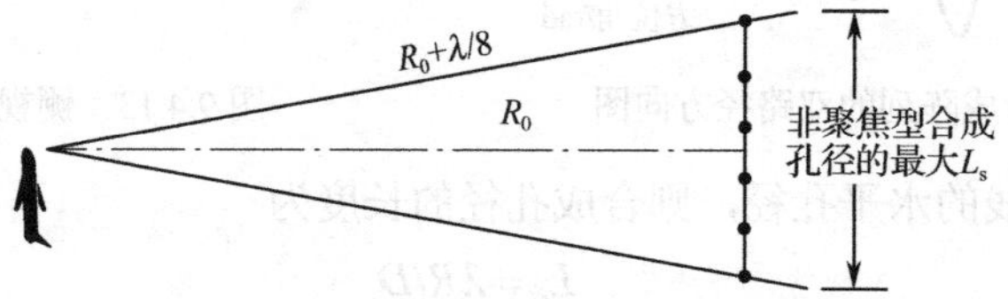

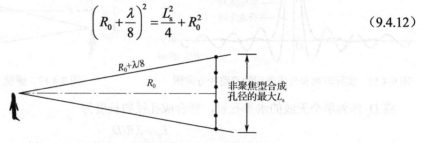

图 9.4.16　非聚焦型合成孔径的 L_s 限制的示意图

图 9.4.16 表明，一个目标到非聚焦型合成阵列中心和边沿的双程距离差应等于 $\lambda/4$，以保证合成孔径范围内的回波相干相加。式（9.4.12）可简化为

$$\lambda\left(R_0+\frac{\lambda}{16}\right)=L_s^2 \tag{9.4.13}$$

式中，R_0 为航线的垂直距离。由于非聚焦型 SAR 处理时，散射体总是在合成孔径的远场区，所以 $R_0 \gg \lambda/16$。式（9.4.13）就变成

$$L_s \approx (\lambda R_0)^{1/2} \tag{9.4.14}$$

将式（9.4.14）代入式（9.4.8），得

$$\theta_s \approx \frac{\lambda}{2}(\lambda R_0)^{-1/2}=\frac{1}{2}\left(\frac{\lambda}{R_0}\right)^{1/2} \tag{9.4.15}$$

将式（9.4.15）代入式（9.4.10），得

$$\delta_s \approx (\lambda R_0)^{1/2} \tag{9.4.16}$$

式中，θ_s 和 δ_s 表示非聚焦型合成阵列的有效半功率波束宽度和方位角分辨力。

图 9.4.17 为非聚焦型 SAR 处理的示意图。首先，在飞行路径每个位置上接收各距离单元上的信号，然后，对不合规格的方位角做校正并加以存储。当各距离单元存储到所需的信号数之后，将来自不同天线位置的信号相干地相加。每个距离单元有一个求和处理。最后将所得结果

送入显示阵列。为产生连续的移动显示，显示阵列对每个求和处理是移动的。

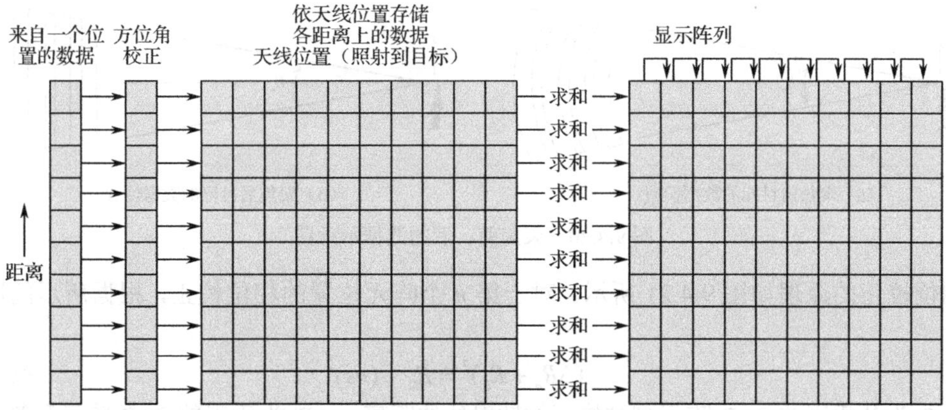

图 9.4.17　非聚焦型 SAR 处理的示意图

对于式（9.4.14）和式（9.4.16）的结果，可通过绘出图9.4.18所示的非聚焦型合成阵列的增益和波束宽度与阵列长度的关系曲线来分析。从图中的几何关系可以看出，对于给定增益及波束宽度，阵列长度与 $\sqrt{\lambda R_0}$ 成正比，这里 λ 为波长，R_0 为距离，为了使图 9.4.18 适用于任何 λ 和 R_0 的组合，阵列长度在这里用 $\sqrt{\lambda R_0}$ 来表示。最大有效阵列长度为

$$L_{\text{eff}} = 1.2\sqrt{\lambda R_0} \tag{9.4.17}$$

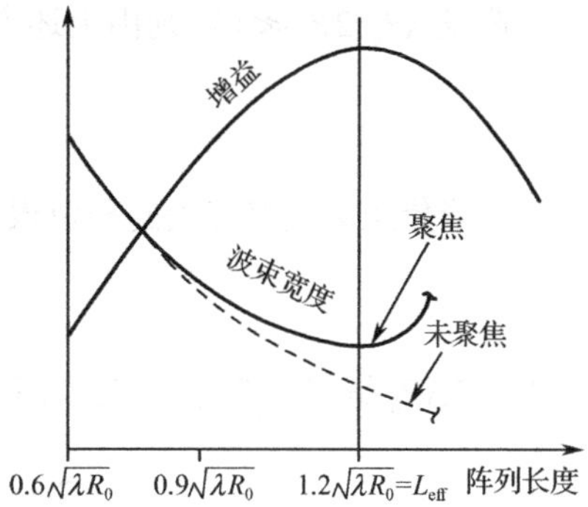

图 9.4.18　阵列长度的增大对非聚焦型合成阵列增益和波束宽度的影响

研究散焦作用的另一个途径是假定从足够远的距离处到各个阵元的视线基本平行，向给定长度的一个非聚焦型合成阵列靠近，那么在此距离上向阵列靠近，阵列的波束宽度不会随其靠近而发生变化。然而，当到达阵列长度为最佳而散焦作用开始显现的距离时，波束宽度开始增大。方位角分辨尺寸，也就是该距离处可达到的最高方位角分辨力，大致是阵列长度的 40%，即

$$\delta_{\text{s max}} = 0.4L_{\text{eff}} \tag{9.4.18}$$

当超过该距离时，就无法像希望的那样使雷达的方位角分辨力与距离无关。当进一步增大阵列长度时，方位角分辨尺寸按距离的平方根而增大，如图 9.4.19 所示。

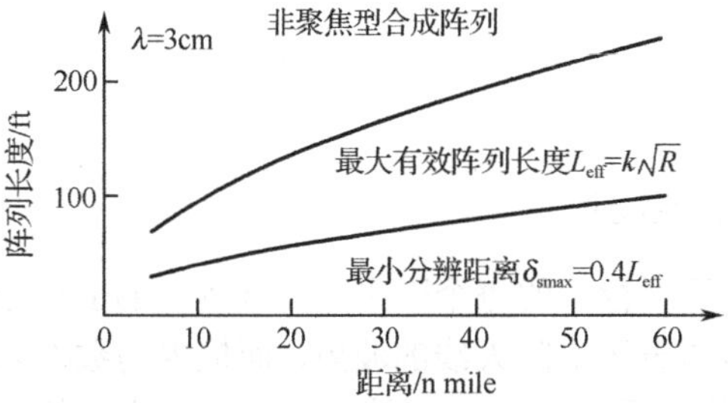

图 9.4.19　非聚焦型合成阵列的最大有效长度按距离的平方根增大

注意：非聚焦型合成阵列的方位角分辨力与实际天线孔径大小无关，采用短的波长可改善方位角分辨力。该方位角分辨力与 $\sqrt{\lambda}$ 成比例地变化，并随着距离的平方根的增大而变差。

在聚焦型 SAR 中，给阵列中每个位置来的信号都加上适当的相移量，并使同一目标的信号都位于同一距离门之内。于是，同目标的距离无关，D_x 的全部方位角分辨力都可以实现。图 9.4.20 示出了距离有差别的一组样本的数据，图 9.4.20（a）为一组原始样本数据，图 9.4.20（b）为一

组聚焦（相位校正）后的样本数据。

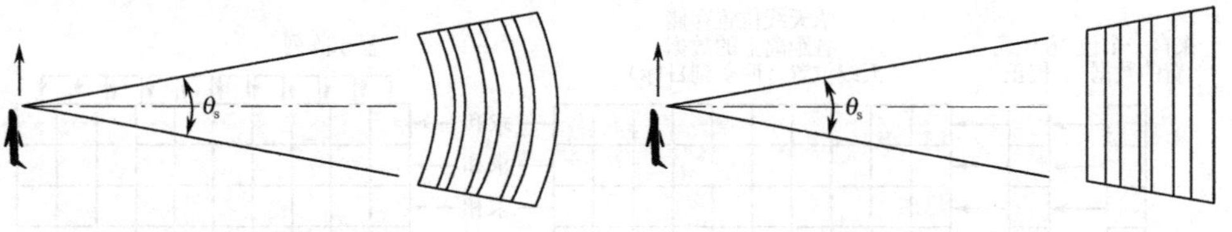

图 9.4.20　聚焦前、后的数据示意图

相位校正的原理如图 9.4.21 所示。对于第 n 个阵元位置的相位校正，根据所示的图形可列出：

$$(\Delta R_n + R_0)^2 = R_0^2 + (ns)^2 \tag{9.4.19}$$

式中，R_0 为从垂直的 SAR 阵元到被校正的散射体的距离；ΔR_n 为垂直的 SAR 阵元和第 n 个阵元之间的距离差；n 为被校正阵元的序号；s 为阵元之间的飞行路径间距。

假设 $\Delta R_n / 2R_0 \ll 1$，则由上述方程解出

$$\Delta R_n = \frac{n^2 s^2}{2R_0} \tag{9.4.20}$$

与聚焦距离误差有关的相位误差为

$$\Delta\varphi_n = \frac{2\pi(2\Delta R_n)}{\lambda} = \frac{2\pi n^2 s^2}{\lambda R_0} \tag{9.4.21}$$

式中，$2\Delta R_n$ 是因为考虑了来回双程。

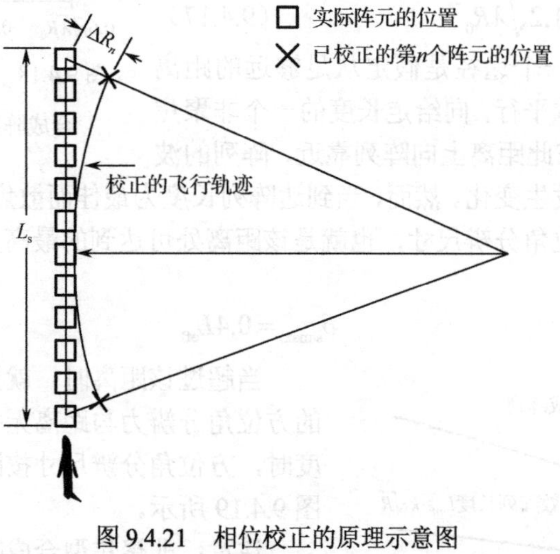

图 9.4.21　相位校正的原理示意图

图 9.4.22 为聚焦处理的示意图。数据阵由每个阵元（行）的每个距离单元（列）的 I 和 Q 两路组成。在相位校正后，数据阵就被“框住了”。该框表示实际天线的波束，而框内的数据为一个 SAR 处理的数据。框内的全部数据阵都实施相位校正，于是，由图 9.4.22（a）表示的数据变换成图 9.4.22（b）表示的数据。其结果在被校正的距离单元范围内求和。这个和就是在被处理的距离和横向距离上的图像像素。然后，沿着飞行途径数据阵列逐步引入下一个图像像素且重复处理。若处理器速度是足够快的，则在显示存储器上将基本实时地呈现一条图像带。若处理器速度不够快，则需将一批阵元数据点加以积累、存储及后处理，以便得到一个图像。

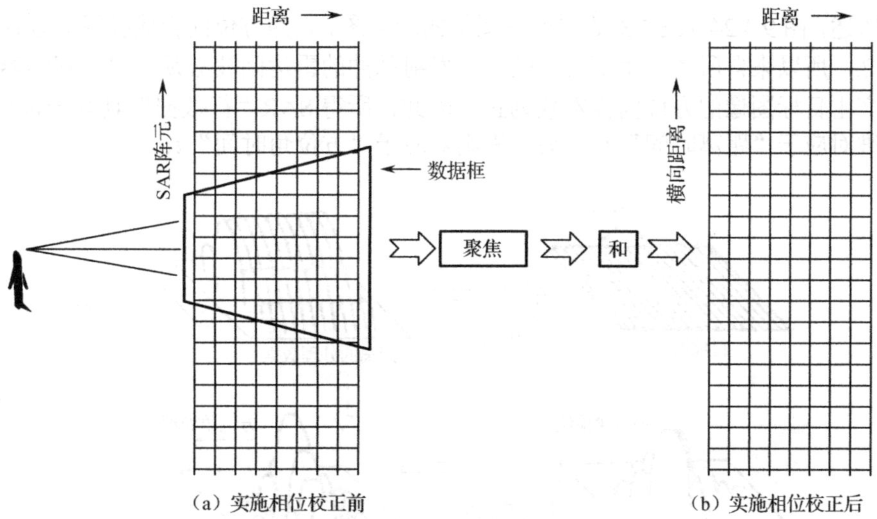

图 9.4.22　聚焦处理的示意图

为了简化，这里省略了预先求和的步骤。此外，还假定阵列长度、脉冲重复频率和距离的组合使分辨横向距离 δ_s 约等于阵元的间距 δ_a。图 9.4.23 是对图 9.4.22 的进一步说明。当未做预先求和时，为了使阵列聚集，必须为各距离门提供与阵元一样多的存储行数。任何一个发射脉冲（阵元）回波到来时，将存储在最上面一行。当接收到最远距离单元的回波时，各行的内容向下移一行，以便为下一个发射脉冲的输入回波留出空位置。最下面一行的内容则被丢弃。

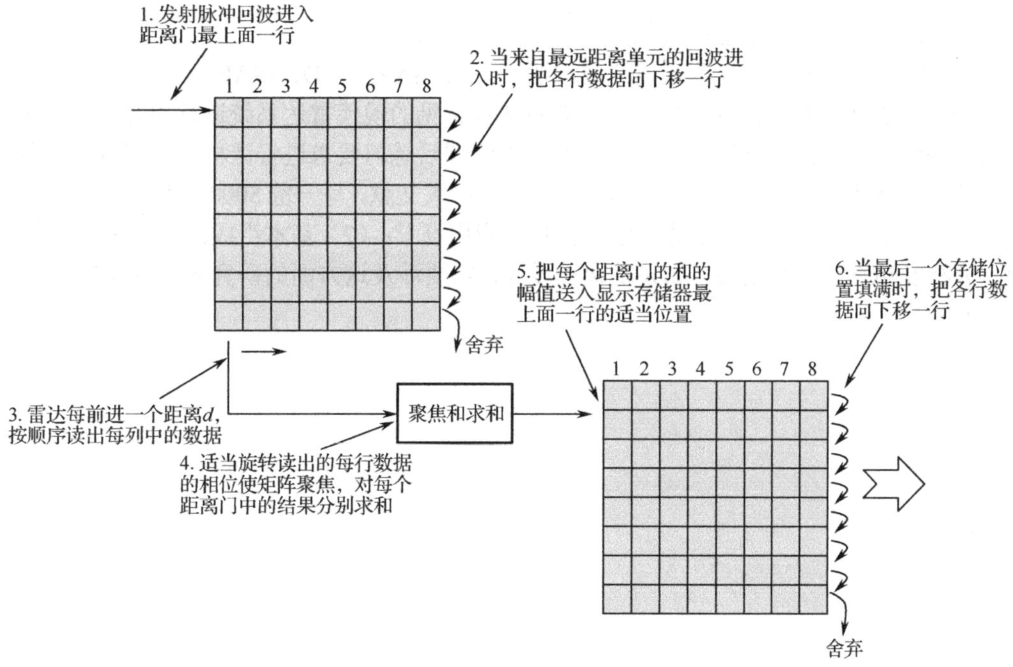

图 9.4.23　逐行处理阵列聚焦

在移位过程中，按顺序读出每个距离门中对应列的数据，并把这些数据做适当相移后再相加（该过程称为方位角压缩过程）。把每个距离门的和的幅值送入显示存储器最上面一行的适当位置。于是，每当接收到来自另一个发射脉冲的回波时（雷达每前进一个等于阵元间距的距离时），合成另一个阵列。

综上所述，图 9.4.24 为 SAR 数据处理图像的示意图。因为方位向合成孔径必须在一个时间周期内建立，所以来自所谓“距离线”的相继发射脉冲的雷达回波必须存储在存储器中，直到获得足够产生目标图像的方位向样本数为止。因此，所得 SAR“行数据”具有一种矩形格式，沿距离一维对应于“距离时间”t_g，另一维则对应于“方位角时间”t_A。

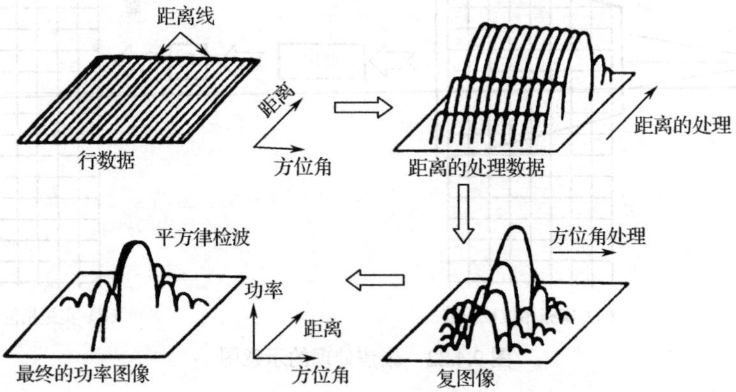

图 9.4.24 SAR 数据处理图像的示意图

9.5 习题

9.5.1 本课程主要讲授了四种现代雷达系统，它们是（ ）、（ ）、（ ）和（ ）。

9.5.2 现代雷达系统中能够成像的是（ ）。

A．常规脉冲雷达 B．普通连续波雷达 C．SAR D．ISAR

9.5.3 由于课时有限，本章内容并没有对 4 种常见的现代雷达系统进行展开论述，因此，需要读者在课后进行深入阅读和学习。为此，本章课后练习要求进行课程设计或综述报告。以本章介绍的四种雷达之一作为研究对象，通过查阅相关文献，写一份 5000 字以上的综述报告或设计文档。基本要求：（1）该雷达产生的背景及应用场景；（2）基本组成；（3）基本原理；（4）计算、分析及仿真过程与结果（如果是课程设计，需要涉及这方面的研究内容）；（5）该雷达的发展趋势。

参 考 文 献

[1] 张辉，曹丽娜. 现代通信原理与技术[M]. 4 版. 西安：西安电子科技大学出版社，2018.

[2] 丁鹭飞，耿富录，陈建春. 雷达原理[M]. 5 版. 北京：电子工业出版社，2014.

[3] 张明友，汪学刚. 雷达系统[M]. 5 版. 北京：电子工业出版社，2018.

[4] 马林，孙俊，方能航. 雷达手册[M]. 3 版. 北京：电子工业出版社，2022.

[5] LEON W，COUCH II. Digital and analog communication systems[M]. 8th ed. Upper Saddle Kiver：Prentice Hall，2011.

[6] 臧国珍，黄葆华，郭明喜. 基于 MATLAB 的通信系统高级仿真[M]. 西安：西安电子科技大学出版社，2019.

[7] 张卫钢. 通信原理与通信技术[M]. 4 版. 西安：西安电子科技大学出版社，2018.

[8] 陈启兴. 通信原理[M]. 北京：国防工业出版社，2017.

[9] 樊昌信. 通信原理习题集[M]. 7 版. 北京：国防工业出版社，2015.

[10] 陈伯孝. 现代雷达系统分析与设计[M]. 西安：西安电子科技大学出版社，2016.

[11] 肖博. 雷达通信一体化研究现状与发展趋势[J]. 电子与信息学报，2019.

[12] 周万幸，胡明春，孙俊. 雷达系统分析与设计[M]. 3 版. 北京：电子工业出版社，2016.

[13] 陈邦媛. 射频通信电路[M]. 3 版. 北京：科学出版社，2020.

[14] 曹志刚，钱亚生. 现代通信原理[M]. 北京：清华大学出版社，2008.

[15] 斯科尼克. 雷达手册[M]. 王军，等译. 北京：电子工业出版社，2003.

[16] 向敬成，张明友. 雷达系统[M]. 北京：电子工业出版社，2001.

[17] 樊昌信，通信原理教程[M]. 4 版. 北京：电子工业出版社，2019.

[18] 宋铁成，徐平平，徐智勇，等. 通信系统[M]. 4 版. 北京：电子工业出版社，2012.

[19] 张传福，赵立英，张宇，等. 5G 移动通信系统及关键技术[M]. 北京：电子工业出版社，2018.

[20] 王宇华. MATLAB R2016a 通信系统仿真[M]. 北京：电子工业出版社，2018.

[21] 廉飞宇，朱月秀. 现代通信技术[M]. 4 版. 北京：电子工业出版社，2018.